U0629577

黄河流域系统治理理论与技术丛书

黄河干支流骨干枢纽群泥沙动态调控关键技术

江恩慧　王远见　侯素珍　易雨君
　　　　　　　　　　　　　　　　　　等 著
邓安军　王　旭　邵学军　屈　博

科学出版社
北　京

内 容 简 介

本书紧扣黄河重大国家战略需求,针对泥沙动态调控这一长期困扰治黄实践的技术难题,提出黄河干支流骨干枢纽群泥沙动态调控序贯决策理论,揭示水库高效输沙机理及泥沙资源利用与动态调控互馈效应,阐明下游河道河流系统对泥沙动态调控的多过程响应机理,研发水动力-强人工措施有机结合的泥沙动态调控技术体系,构建集"过程模拟—效益评价—方案优选"于一体的泥沙动态调控智慧决策平台。

本书可供从事河流泥沙、水沙调控等相关领域研究、规划和管理的专业技术人员及师生阅读与参考。

审图号: GS 京 (2025) 0142 号

图书在版编目(CIP)数据

黄河干支流骨干枢纽群泥沙动态调控关键技术/江恩慧等著. —北京: 科学出版社, 2025.6
(黄河流域系统治理理论与技术丛书)
ISBN 978-7-03-072731-2

Ⅰ.①黄… Ⅱ.①江… Ⅲ.①黄河-河流泥沙-河道整治-研究 Ⅳ.①TV152

中国版本图书馆 CIP 数据核字(2022)第 123309 号

责任编辑: 杨帅英 赵 晶 / 责任校对: 郝甜甜
责任印制: 徐晓晨 / 封面设计: 蓝正设计

科学出版社 出版
北京东黄城根北街 16 号
邮政编码: 100717
http://www.sciencep.com
北京建宏印刷有限公司印刷
科学出版社发行 各地新华书店经销
*
2025 年 6 月第 一 版 开本: 787×1092 1/16
2025 年 6 月第一次印刷 印张: 32 3/4
字数: 777 000
定价: 450.00 元
(如有印装质量问题, 我社负责调换)

总　序

　　人类社会的发展史某种程度上就是一部人水关系演变史。早期人类傍水而居，水退人进，水进人退，河流自身演变决定了人水关系。随着人类社会和工程技术的不断进步，人类在人水关系演变过程中逐渐占据主导地位，尤其是第二次工业革命后，河流受到人类的强烈干扰，各种与河流有关的突发性事件日益增多。这些问题的出现引起了国际社会对河流系统研究的高度重视。

　　流域是地球表层系统的重要组成单元。河流及其自身安全是保障流域内社会经济和生态环境可持续发展的前提。因此，随着流域面临的各种问题交织、互馈关系越来越复杂，流域系统的概念逐渐被学界接受，基于流域系统治理的生态保护和社会经济可持续发展有机协同的科学研究成为大家关注的热点。

　　黄河是中华民族的母亲河。历史上，"三年两决口、百年一改道"，给中华民族带来了沉重灾难。水少沙多、水沙关系不协调，是黄河复杂难治的症结所在。新中国成立以来，黄河治理吸引了以王化云为代表的治黄工作者和科研人员不断探索，取得了 70 多年伏秋大汛不决口的巨大成就。然而，随着近年来流域来水来沙条件显著变化、库区-河道边界约束条件大幅调整、区域社会经济和生态环境良性维持的需求不断增长，特别是黄河流域生态保护和高质量发展重大国家战略的实施，传统研究思维已经不能适应流域系统多维功能协同发挥作用的更高要求。

　　早在 1995 年，黄河水利委员会黄河水利科学研究院钱意颖总工程师和水土保持研究室时明立主任，曾经给钱学森先生写过一封信，希望得到钱先生的帮助，能够在国家科技攻关计划中立项研究黄土高原水土流失治理，发展坝系农业。钱先生收到信后，借一次重要会议的机会与时任水利部部长钱正英先生专门讨论黄河治理工作，他充分意识到黄河治理的复杂性，并很快给钱总工回了信。他指出："中国的水利建设是一项长期基础建设，而且是一项类似于社会经济建设的复杂系统工程，它涉及人民生活、国家经济。"他还提出："对治理黄河这个题目，黄河水利委员会的同志可以用系统科学的观点和方法，发动同志们认真总结过去的经验，讨论全面治河，上游、中游和下游，讨论治河与农、林生产，讨论治河与人民生活，讨论治河与社会经济建设等，以求取得共识，制定一个百年计划，分期协调实施。"在新的发展阶段，黄河治理保护的理论技术研究与工程实践，必须突出流域系统整体性，强化黄河流域治理保护的系统性、流域系统服务功能的协同性、流域系统与各子系统的可持续性。我们在国家自然科学基金重点项目和"十二五"国家科技支撑计划、"十三五"国家重点研发计划、流域水治理重大科技问题研究等项目的支持下，逐步尝试应用系统理论方法，凝练提出了流域系统科学的概念及其理论技术框架，为黄河治理保护提供了强有力的研究工具。

　　为促进学科发展，迫切需要对近 20 年国内外流域系统治理研究成果进行总结。鉴于此，由黄河水利科学研究院发起，联合国内知名水科学专家组成学术团队，策划出版"黄河流域系统治理理论与技术丛书"。本丛书共分为五大板块，涵盖不同研究方向的最新学术成果和前沿探索。板块一：黄河流域发展战略，主要包括基于流域或区域视角的系统治理战略布局和社会经济发展战略等研究成果；板块二：生态环境保护与治理，主要包括流域或区域生态系统配置格局、生态环境治理与修复理论和技术、生态环境保护效应等研究成果；板块三：水沙调控与防洪安全，主要包括水沙高效输移机理、河流系统多过程响应与耦合效应、滩槽协同治理、黄河流域水沙调控暨防洪工程体系战略布局与配置、干支流枢纽群水沙动态调控理论与技术、水库清淤与泥沙资源利用技术与装备、水沙调控模拟仿真与智慧决策等研究成果；板块四：水资源节约集约利用，主要包括水沙资源配置理论与技术、水沙资源节约集约利用理论技术与装备、高效节水与水权水市场理论与技术等研究成果；板块五：工程安全与风险防控，主要包括基于系统理论的工程安全与洪旱涝灾协同防御理论和技术、风险防控与综合减灾技术和装备等研究成果。

　　为保证丛书能够体现我国流域系统治理的研究水平，经得起同行和时间的检验，组织国内多名院士和知名专家组成丛书编委会，对各分册内容指导把关。我们相信，通过丛书编委会和各分册作者的通力合作，会有大批代表性成果面世，为广大流域系统治理研究者洞悉学科发展规律、了解前沿领域和重点发展方向发挥积极作用，为推动我国流域系统治理和学科发展做出应有贡献。

2023 年 9 月

序 一

黄河水沙调控理论技术研究与实践探索为世界河流泥沙学科的研究做出了巨大贡献。从上世纪中叶三门峡水库的建成运行，我国的河流泥沙学者在不平衡输沙、水库异重流、大坝下游河床演变与河道整治、多沙河流水库泥沙数学模型与实体模型模拟技术等方面均取得显著进展，形成了诸多具有国际领先水平的创新性成果。特别是本世纪初以来，以小浪底水库为核心的黄河调水调沙原型试验，不仅使黄河下游河道行洪输沙能力得到极大的恢复，也发挥了巨大的社会经济效益和生态环境效益。

然而，由于泥沙运动规律和工程边界条件的复杂性，"调水容易调沙难"仍是目前所有河流共通的问题，黄河表现的尤为突出。特别是考虑当前动态变化的流域来水来沙条件、动态调整的库区-河道边界条件、动态增长的社会经济发展与生态环境保护需求，黄河水沙调控的理论与技术仍充满挑战。亟待以系统理论方法为支撑，将干支流的水库、河道作为一个完整的体系，通过科学调度以及各环节有机联动控制，实现黄河泥沙的动态调控，支撑流域系统行洪输沙-社会经济-生态环境多维功能的协同发挥。

江恩慧及其团队在"十三五"国家重点研发计划支持下，出版的这本《黄河干支流骨干枢纽群泥沙动态调控关键技术》专著是水沙调控领域的新探索。本书在吸收、借鉴已有江河治理与水沙调控理论与技术研究成果基础上，引入系统理论与方法，阐明黄河流域干支流骨干枢纽群泥沙动态调控的内涵，构建黄河流域干支流骨干枢纽群泥沙动态调控系统理论；揭示枢纽群联合调控水沙输移过程中水-沙-床互馈机理，提出利于高效排沙的水库淤积形态；集成水动力-强人工耦合的枢纽群泥沙动态调控技术体系，提出多维度多层次泥沙动态调控综合效益评价方法和黄河干支流骨干枢纽群泥沙动态调控潜力提升路径。

尤其难能可贵的是，围绕"黄河泥沙动态调控"这一研究目标，江恩慧等创造性的提出"流域系统科学"的概念，从流域系统整体角度破题，为后人研究诸多流域生态保护和高质量发展等相关问题提供了新颖的视角和研究范式，其学术贡献不仅限于研究目标本身，对于治河这门传统学科的发扬光大，也具有重要意义。

中国科学院院士

2022 年 8 月 1 日

序 二

黄河是中华民族的母亲河，孕育了古老而伟大的中华文明。确保黄河实现长久安澜不仅事关中华民族伟大复兴的千秋大计，也是我国黄河流域生态保护和高质量发展重大国家战略的核心内容。同时，黄河又是全世界泥沙含量最高、治理难度最大的河流之一。习近平总书记指出，黄河治理必须紧紧抓住水沙关系调节这个"牛鼻子"。我国在 70 余年治黄过程中，积累大量的科学认知，初步构建黄河水沙调控理论、技术与工程体系，解决以防洪减淤为主要目标的水沙调控问题。站在新的历史起点上，国家发展对黄河治理提出新的更高要求，需要从新的视角，引入新的科学理念，利用新的技术方法，进一步探索黄河水沙管理的新途径。从自然科学的角度来看，黄河作为华北平原塑造的重要自然动力，至今仍然是黄土高原泥沙向海搬运的通道，而在全球气候变化和人类活动的双重影响下，该通道的特性正在发生变化，带来新的问题和挑战。首先，从自然条件来看，全球气候变化和人类活动影响加剧，这显著改变了黄河来水来沙过程，造成小浪底异重流排沙后续动力不足和排沙效率不高、大型水库库尾粗泥沙单靠水动力无法实现排沙出库、下游河道宽滩区人水矛盾突出、河流系统功能协同发挥效能不足等难题；其次，从挑战方面来看，随着综合国力的提升与区域经济协调发展、生态安全、黄河流域生态保护和高质量发展等的推进，国家水网建设规划要求从黄河流域系统整体的角度，精准重构防洪防凌安全-社会经济发展-生态环境改善之间的关系。

针对上述挑战，在"十三五"国家重点研发计划"黄河干支流骨干枢纽群泥沙动态调控关键技术"支持下，黄河水利科学研究院的江恩慧及其团队潜心研究、刻苦攻关，突出流域系统整体性，应用系统理论与方法，围绕黄河泥沙动态调控的行洪输沙-社会经济-生态环境多维功能协同之关键技术难题，开展黄河干支流骨干枢纽群泥沙动态调控关键技术研究，将主要研究成果凝练总结形成本书。书中总结了"133"的黄河干支流骨干枢纽群泥沙动态调控理论技术体系。即"1 项重大发现"，发现水库自加速异重流存在的直接证据；"3 项理论成果"，构建泥沙动态调控序贯决策理论，阐明水库水-沙-床互馈动力学机理，揭示下游河道-河口生态系统多过程响应机理；"3 项技术成果"，提出泥沙动态调控指标体系及阈值，研发水动力-强人工相结合泥沙动态调控技术，构建泥沙动态调控智慧决策平台。成果研究思路与理论创新突出，在理论与实践结合上实现重大突破，具有重大科学价值和工程价值。相信本书的出版对推动河流泥沙学科发展、促进治黄事业和行业科技进步具有显著作用。

张建云

中国工程院院士

2022 年 8 月 5 日

前　言

　　黄河是全球泥沙问题最为严重和最复杂难治的河流，泥沙调控是长期困扰治黄实践的关键技术难题。自 20 世纪 60 年代三门峡水库运行以来，重点围绕黄河防洪减淤目标，开展了长期的水沙调控科学研究与工程实践，初步建成了以龙羊峡、刘家峡、三门峡、小浪底等骨干枢纽为主体的黄河水沙调控工程体系，在防洪防凌安全和全河水量统一调度、水资源高效利用等方面发挥了巨大作用。然而，流域来水来沙条件是动态变化的，库区-河道边界约束条件是动态调整的，区域社会经济发展和生态健康维持的对水沙资源的需求是动态增长的。特别是针对黄河水少沙多的现实状况，黄河水沙调控不仅要注重水量的适应性调度，更要强调泥沙的动态调控，实现河流系统行洪输沙-社会经济-生态环境多维功能协同的目标，探索水动力-强人工措施有机结合的调控技术，突破"调水容易调沙难"的技术瓶颈。

　　在此背景下，2018 年科技部设立重点研发计划项目"黄河干支流骨干枢纽群泥沙动态调控关键技术"，黄河水利科学研究院、中国水利水电科学研究院、清华大学、北京师范大学等 10 家单位，面对难得的历史机遇与巨大的理论突破、技术创新的挑战，围绕黄河干支流骨干枢纽群泥沙动态调控序贯决策理论、水库高效输沙机理及泥沙资源利用与动态调控互馈效应、下游河道河流系统对泥沙动态调控的多过程响应机理、黄河干支流骨干枢纽群多维功能协同的泥沙动态调控模式与技术、黄河干支流骨干枢纽群泥沙动态调控模拟仿真与智慧决策等技术难题，开展了为期 3 年的协同攻关。项目研究过程中，进行实地调研 41 次，组织学术研讨会议 35 次，发表学术论文 129 篇（其中 SCI/EI 59 篇），出版专著 7 部，申请国家专利 24 项、软件著作权 9 项；取得了"133"重要创新成果，即 1 个重大发现（水库自加速水沙异重流）、3 个理论成果（泥沙动态调控序贯决策理论、水库水-沙-床互馈机理和下游多过程作用机理）、3 个技术成果（泥沙动态调控指标体系及阈值、水动力-强人工措施相结合的泥沙动态调控技术和集"过程模拟—效益评价—方案优选"于一体的泥沙动态调控智慧决策平台），有效提升了水沙联合调控能力，实现了库区及河道减淤 5%以上的目标。本书即该项目研究成果的总结与凝练。

　　本书由江恩慧统稿，王远见、侯素珍、易雨君、邓安军、王旭、邵学军、屈博等参与撰写，研究团队百余名科研人员提供了重要技术支持。其中，黄河水利科学研究院王远见主要负责第 2 章全部、第 3 章"水库泥沙资源利用与泥沙动态调控的互馈机制"及"枢纽群联合调控对库区和下游河道水沙输移的叠加效应"等部分研究内容；清华大学邵学军主要负责第 3 章其余部分研究内容；北京师范大学易雨君主要负责第 4 章研究内容；中国水利水电科学研究院邓安军和王旭分别负责第 5 章、第 6 章研究内容；黄河水利科学研究院侯素珍主要负责第 7 章、第 8 章研究内容。王光谦院士、胡春宏院士、倪晋仁院士、彭少兵院士、李文学总工程师、李义天教授、翟家瑞教授级高级工程师等十余名专家提供了宝贵的意见和建议。在此对研究团队各位成员的辛勤努力和专家的智慧奉献深表感谢。

鉴于笔者知识水平有限，书中难免存在不足之处，恳请各位专家学者批评指正。

江恩慧

2023 年 1 月 15 日

目　　录

第1章 绪 论

1.1 研 究 背 景

黄河是全球泥沙问题最为严重和最复杂难治的河流,泥沙调控是长期困扰治黄实践的关键技术难题。自 20 世纪 60 年代三门峡水库运行以来,重点围绕黄河防洪减淤目标,开展了长期的水沙调控科学研究与工程实践,创造性地提出了"蓄清排浑""拦粗排细"等多沙河流水库调度方式,得到国内外的高度认同。特别是 2000 年以来,随着以龙羊峡、刘家峡、三门峡、小浪底等骨干枢纽为主体的黄河水沙调控工程体系初步形成,以小浪底水库为核心的黄河调水调沙试验和持续的工程实践的水沙调控效果得到明显提升,而且在防洪防凌安全和全河水量统一调度、水资源高效利用等方面发挥了巨大作用。

然而,调水容易调沙难。和所有多沙河流水库一样,黄河干支流水库多年的持续运行,使泥沙不断淤积,侵占水库有效库容,造成水库防洪能力降低、供水发电和灌溉等综合效益下降。同时,我们还要清醒地意识到,虽然近年来黄河的来沙量大幅度减少,但黄河流域"水少沙多、水沙关系不协调"的特性尚未根本改变。特别是,随着黄河流域生态保护和高质量发展国家重大战略的推进,如何有效恢复已建水库的淤损库容,提升水库洪水资源化利用(水资源利用)效率,对水库淤积的存量泥沙和未来洪水过程中的增量泥沙实施动态调控,成为水沙调控这一难题的新焦点和新热点。

面对我国区域协调发展战略、乡村振兴战略、生态文明建设等新形势、新要求,面对黄河流域生态保护和高质量发展国家重大战略与国家水资源高效开发利用的新需求,本就水资源极度贫乏的黄河供水区范围不断扩大,黄河流域研究成为一个广域的黄河流域概念;同时,在当今泥沙资源属性日益凸显、泥沙处理与资源利用技术逐步完善的前提下,黄河干支流骨干枢纽群泥沙动态调控面临难得的历史机遇与巨大的理论突破和技术创新的挑战,黄河水沙调控不仅要注重水量的适应性调度,更要强调泥沙的动态调控,提升调沙的能力和技术水平,为实现河流系统行洪输沙-社会经济-生态环境多维功能协同的目标奠定基础。

在"十三五"国家重点研发计划项目的支持下,我们紧扣国家重大战略的迫切需求,融合系统工程、河流泥沙、信息工程等多学科理论研究最新成果,加强跟踪性原型观测,以理论研究、模型试验与数值模拟、地理信息技术等手段为支撑,按照"目标与约束—过程与机理—技术与方案—策略与示范"的总体思路,系统开展了黄河干支流骨干枢纽群泥沙动态关键技术研究。

1.2 研 究 现 状

1.2.1 国内外研究现状

大型水利枢纽是调节河流水沙资源时空分布的重要工具。早期的水沙调控多处于盲目无序的状态,往往是人类在开发利用水资源的过程中发现了泥沙对水库与河道的影响,进而被动地采取相应的应对措施(张庆宁,1993)。20世纪以来,随着坝工技术的发展和水资源开发需求的增长,世界上不少国家开始了流域尺度的综合治理与系统开发,其一般模式是以高坝大库为"龙头"实施梯级开发,调节天然的径流泥沙过程,最有效地利用水沙资源,实现流域自然功能和社会功能的协同发挥,包括密西西比河(张庆宁,1993)、田纳西河(谈国良和万军,2002)、莱茵河(赵纯厚等,2000)、尼罗河(曹文洪和陈东,1998)等河流均取得了不少成功的流域开发和水沙调控的实践经验。

中华人民共和国成立以来,我国兴建了一大批水利水电工程,如水库、堤防、分蓄洪区、取水工程、航运工程、跨流域调水工程等,已经基本构成了各大流域防洪、发电、灌溉、供水和航运等工程体系。这些水利水电工程在造福社会的同时,也带来了一系列新的科学问题和社会问题。从科学意义上看,大坝的修建破坏了河流的连续性;大型控制性水库改变了下泄水沙过程,引起了上下游河流(湖)系统长时间、大范围的自适应调整,这种库区-河道-河口全河流系统对水沙过程变化的宏观调整规律、微观响应机理都是研究者关注的热点问题。另外,已建和在建的各类水利水电工程分属不同的利益主体,既有国家和地方政府,也有发电企业;既有国企,也有民企甚至外企。因此,从工程意义上就需要从流域系统整体的高度统筹考虑,实行流域综合管理和工程的统一调度,发挥流域梯级水库及区域水库群的联合调度优势(黄强和畅建霞,2007),若各自为政,必将导致资源的无序和低效利用,社会经济的高质量发展和流域生态环境的可持续性就无法保证。

流域的梯级开发和全流域的水沙调度是我国水电建设和管理的必然趋势。目前,我国的流域梯级水库群建设已初具规模,已建成或正在建设黄河上游、黄河中游、长江上游等12个重点水电基地,已形成了黄河、长江上游、清江、乌江等梯级水库群联合调度格局。表1-1为黄河流域干流和主要支流的大型水库建设情况(李会安,2000;李国英,2004)。

表 1-1 黄河流域干流和主要支流的大型水库建设情况

水库	库容/亿 m^3	正常蓄水位/m	所在位置
龙羊峡	247.00	2600	上游干流
李家峡	16.50	2180	上游干流
刘家峡	57.00	1735	上游干流
盐锅峡	2.20	1619	上游干流

水库	库容/亿 m³	正常蓄水位/m	所在位置
大柳树（拟）	110.00	1380	上游干流
青铜峡	5.65	1156	上游干流
海勃湾	4.87	1069	上游干流
万家寨	8.96	977	中游干流
碛口（拟）	125.70	785	中游干流
古贤（拟）	16.00	640	中游干流
小浪底	126.50	275	中游干流
西霞院	1.62	134	中游干流
东庄	32.76	789	中游支流
张峰	3.94	759	中游支流
河口村	3.17	275	中游支流
故县	11.75	534.8	中游支流
陆浑	13.20	319.5	中游支流

根据国际大坝委员会（ICOLD）2012 年发布的研究报告，全球已建水库总库容共 7000km³，过去 35 年已淤积库容为 2000km³，年均水库库容淤损率为 0.8%。随着水库建设速度的逐渐放缓，水库泥沙淤积速度反而呈现明显加快的趋势。在美国，过去 1 个世纪有超过 1200 座大坝因泥沙淤积严重而被拆除，在区域尺度上，干旱区的水库淤积速度最快，尤以中东、非洲和亚太地区面临的挑战最为严峻。我国的水库泥沙平均年淤损率更高，达 2.3%，每年因淤积而损失的库容约为 100 亿 m³（姜乃森和傅玲燕，1997）。

水库泥沙淤积的严重挑战和水库群建设运行的实际需求，促使水库泥沙调控的理论与实践研究蓬勃开展。国外最早针对水库泥沙的可持续管理理念从 20 世纪 50 年代开始出现，到 80 年代相关研究开始显著增加。当前，水库泥沙淤积处理、泥沙调控和可持续管理已成为水库规划、设计、建设与运行阶段必须考虑的关键因素，大量相关研究成果已能够为工程师处理水库泥沙问题提供较为全面的技术支撑（江恩慧等，2019）。在泥沙调度模型构建方面，Carriaga 和 Mays（1995）提出以水库下游河道形态变化最小为水库优化调度目标；Nicklow 和 Mays（2000）进一步提出以所在河网中水库群的泥沙冲淤量最小为最优化控制目标，并探索使用离散型最优化控制方法解决泥沙淤积问题。在实践方面，为解决科罗拉多河下游栖息地侵蚀、鱼类营养供给等问题，科罗拉多河管理局多次采取降水拉沙试验，改善了下游的生态环境等；密西西比河流域的开发与治理越来越强调构建系统治理工程体系，兼顾防洪、航运、生态及娱乐等多方面的功能。

我国多沙河流饱受泥沙淤积、河道游荡迁徙之苦，为控制洪水、减少进入下游河道的泥沙，我国修建水库，实施"调"水和"拦"沙措施，因而我国在水库泥沙调度的研究方面起步较早，整体处于国际领先水平。我国从 20 世纪 50 年代的官厅水库（官厅水库水文实验站，1958）、60 年代的三门峡水库开始（杜殿勋和戴明英，1981），积累了大量水库泥沙淤积观测资料；在不平衡输沙（韩其为和何明民，1997）、水库异重流（王光谦等，2000；张俊华等，2018）、大坝下游河床演变与河道整治（胡一三和张红武，1998；江恩惠，2008；陈建国等，2012）、多沙河流水库泥沙数学模型（张俊华等，1999；张红艺等，2001；王增辉等，2015）与实体模型模拟技术（张俊华等，1997，2001）等方面均取得了显著进展。然而，受多种因素制约，我国水库修建后的社会问题和生态环境问题研究与发达国家相比一直处于"跟跑"状态。值得欣喜的是，有关生态系统响应（Yi et al.，2014；Li et al.，2015）、河口地貌（胡春宏和曹文洪，2003；庞家珍和姜明星，2003；余欣等，2018）、湿地演化（崔保山和杨志峰，2006；连煜等，2008；贺强等，2009）等方面的研究已逐渐取得了不少成果。黄河是全世界泥沙问题最突出的河流，针对其水库群泥沙调度的研究也最为充分。早在20世纪60年代，以王化云为代表的老一代治黄专家即提出了"蓄水拦沙"的水沙调控思路（赵炜，2009）；钱宁等（1978）提出在黄河治理中应利用水库合理调节水沙过程，改变河流边界；王士强（1996）提出了考虑对黄河下游减淤效果较好的水库水沙调控方式。

21世纪初，结合小浪底水库调水调沙试验，李国英（2006）提出了基于空间尺度的黄河调水调沙的调控理念，并进一步指出，追求小浪底水库异重流的较高排沙比是黄河汛前调水调沙的重要目标（李国英，2006）；江恩惠等（2005）应用寿命周期模式思考了三门峡水库的运用问题，提出了发挥三门峡水库与小浪底水库联调作用的建议；胡春宏等（2008）和胡春宏（2016a）系统总结了"蓄清排浑"运用方式在实践中得到的优化和完善，提出了黄河三门峡水库、小浪底水库等工程运行方式进一步优化的建议；谈广鸣等（2018）构建了基于水库-河道耦合关系的水库多目标优化调度数学模型，并将该模型应用到黄河小浪底水库水沙联合调度的研究中，取得了显著的优化效果。

需要特别指出的是，由于黄河稀缺的水资源和巨量的泥沙，因此黄河泥沙调度的目标和思路与一般河流显著不同，其基本出发点是在尽可能保障水资源充分利用的基础上，改善库区与河道的淤积环境，其主要矛盾是在水库淤积与河道淤积之间两害相权；而一般河流的泥沙调度则只需尽可能提高水库排沙能力，减轻水库泥沙淤积与下游持续冲刷之害，两难局面相对不那么突出。因此，从世界范围看，黄河的泥沙调控具有其显著的独特性。

1956～2000年多年平均进入黄河下游的沙量为11.2亿t（水利部黄河水利委员会，2013），黄河下游河道持续淤积抬升，在该阶段黄河下游的防洪减淤是水库泥沙调控的重中之重。进入21世纪以来，黄河水沙条件发生了深刻变化（Wang et al.，2015；胡春宏，2016b），黄河水沙调控体系亦初步建成。特别是随着综合国力的提升和国家区域经济协调发展战略、生态安全战略的推进，黄河流域水资源刚性约束下的"防洪减淤-社会经济发展-生态环境改善"之间的关系亟待平衡与协调。在此背景下，黄河泥沙调度应在空间上覆盖全流域、功能上覆盖全维度，时间上覆盖短、中、长期，以实现黄河流域全河行洪输沙-社会经济-生态环境等功能多维协同发展为目标，建立全流域完整的泥沙动态调控理论、技术与工程体系。

1.2.2 亟待解决的关键问题

1. 多维协同的泥沙动态调控序贯决策理论

过去几十年，黄河水沙调控关注的焦点主要是黄河下游防洪减淤。近年来的水量统一调度和调水调沙，兼顾了河口生态恢复和两岸乃至外流域社会经济发展需求，但调控时机、清水下泄造成的河势剧烈变化和取水困难等一系列自然与社会问题，引起了社会与学界的广泛关注。同时，水库淤积进程不可逆转，综合效益的发挥受到严重制约，特别是随着国家和社会对黄河治理提出更高要求，保障黄河行洪输沙-社会经济-生态环境等功能多维协同发展应成为水沙调控的主要目标。因此，迫切需要在水库调度中衡量水库-河道间、多维目标间的损益权衡关系，形成系统理论支撑的水库群全局可行、总体较优的序贯决策。

2. 多沙河流水库高效输沙的水-沙-床互馈动力学机理

泥沙调控和水库淤积形态调整的互馈机理研究缺失，导致无法预测水库淤积形态演变和高效输沙的动力过程。目前，对库区溯源冲刷的认识主要基于经验判断及定性描述，牛顿流体理论无法完全适用异重流输移过程。因此，迫切需要建立具有严格力学机理及物理意义的水库降水溯源冲刷过程及跌坎形成的临界条件，理清急缓流交替的水流流态与泥沙输移耦合的关系，阐明高含沙异重流运动长距离运移的动力学机制，进而揭示水库高效输沙的水-沙-床互馈动力学机理。

3. 下游河流系统行洪输沙-社会经济-生态环境多过程耦合响应机理

泥沙动态调控直接影响下游河道水沙动力过程、河床形态与洲滩演变，进而影响生源物质、污染物质的时空分配和河漫滩土地利用方式等。河流系统演化过程中涉及的多要素间存在着单向传递效应、双向互馈机制、多组分多过程耦合网络关系。这些复杂多过程耦合响应关系的解析与定量表达既是水沙、水环境、水生态等学科交叉的前沿问题，又是水库群泥沙调控下边界约束条件确定的关键。因此，迫切需要在原型观测和数值模拟的基础上，系统揭示泥沙动态调控与下游河流系统行洪输沙-社会经济-生态环境多过程耦合响应机理。

4. 黄河泥沙动态调控指标体系构建方法

泥沙动态调控综合效益的影响因素错综复杂，调控效果的"时-空-量"尺度效应强烈且存在明显的滞后响应。因此，要实现黄河水沙调控的行洪输沙-社会经济-生态环境多维功能协同，必须统筹考虑变化的水沙过程、动态调整的边界约束条件、水库群组合方式等，突破以防洪减淤为主的水沙调控指标体系构建方法，建立多目标、多层次、多组合的泥沙动态调控指标网络架构与指标体系，确定调控指标阈值。

5. 水动力-强人工措施有机结合的泥沙动态调控技术

黄河水沙的严重不协调性导致单靠水动力无法完全解决水库淤积问题，水库泥沙处理和资源利用等强人工措施必须作为泥沙动态调控的有效补充手段。因此，迫切需要耦合水动力调控技术、清水期泥沙负载技术、强人工措施处理水库泥沙成套技术，提出基于泥沙资源利用的水库与下游河道有效减淤技术路径,确定水动力-强人工措施有机结合的方式和时机。

6. 泥沙动态调控模拟仿真系统多模型、多尺度自适应耦合技术

泥沙动态调控是由水量调度、水库冲淤及河道输沙等多物理过程紧密耦合的系统工程。传统的多模型松散耦合方式无法真实反映各模型在不同尺度下数据间的传递与反馈关系，导致模型计算效率低、适应性差。因此，迫切需要解决多模型耦合时空尺度转换准则及数据交换问题，构建多模型、多尺度自适应耦合技术集成的泥沙动态调控模拟仿真系统。

7. 泥沙动态调控的防洪减淤-发电供水-生态环境等综合效益定量评价方法

传统泥沙调控效益评价多局限于水库安全、经济效益等，对防洪减淤、发电供水的社会效益和生态环境效益评价多停留在定性分析层面。因此，迫切需要针对黄河特点，引入并发展国际先进的社会、生态价值定量评估方法，辨识和量化泥沙动态调控综合效益评价代表性指标，提出多层次、多维度流域泥沙动态调控综合效益评估指标体系与评价方法。

1.3 研究内容与思路

1.3.1 研究范围

自黄河流域第一座大型水利枢纽三门峡水库 1960 年建成并投入运用至今 60 多年来，黄河已建成以干流龙羊峡、刘家峡、三门峡、小浪底等骨干水利枢纽为主体，以海勃湾、万家寨水库为补充，联合支流陆浑、故县、河口村等控制性水库组成的水沙调控体系，在黄河防洪、防凌、减淤、供水、发电等方面发挥了巨大作用。此外，干流古贤水利枢纽处于规划中，支流东庄水利枢纽处于建设中，以进一步补充完善黄河水沙调控体系，具体见图 1-1。本书涉及的黄河干支流骨干枢纽群主要是这 11 座水库。

从各水库空间拓扑关系看，黄河干流 7 座水库为串联关系；支流东庄（建设中）、故县、陆浑、河口村水库分属 4 条支流，为并联关系。从各水库空间位置来看，龙羊峡、刘家峡水库位于黄河上游，龙-刘联合调度按照"蓄丰补枯"的原则，尽可能保持较大的调节能力，为全河跨年际的水量调节发挥关键作用；海勃湾水库主要承担防凌任务，在主汛期塑造适宜水沙过程中可以起接力作用;万家寨水库处于承上启下的关键地理位置；三门峡、小浪底（含西霞院）以及支流的故县、陆浑、河口村等水库联合调度，承担黄河下游防洪减淤和水资源利用任务。其中，三门峡水库在汛期洪水期一般敞泄运用，小浪底水库在承担防洪任务的同时还要尽可能塑造协调的水沙关系，陆浑、故县、河口村水库配合进行基于空间尺度的水沙联合调度，通过时空差的控制，实现水沙过程在花园口断面的精准对接，塑造协调的水沙过程。

图 1-1 黄河干支流骨干枢纽群空间分布图

1.3.2 研究内容

根据研究目标与需求，引入系统学理论和方法，突出流域系统概念，以理论研究、模型试验、数值模拟、地理信息技术等手段为支撑，系统开展黄河干支流骨干枢纽群泥沙动态关键技术研究，主要包括以下6个方面。

1）黄河干支流骨干枢纽群泥沙动态调控序贯决策理论

在广泛收集整理已建水库管理运行资料的基础上，系统分析黄河干支流水库泥沙淤积时空演变特征与调控能力，阐明库区泥沙淤积造成水库功能丧失和生态环境变化的时空灾变累积效应，探究水库泥沙淤积在库区-河道-河口河流系统中灾变效应的时空链式传导机制；厘清行洪输沙、社会经济、生态环境等多维协同的泥沙动态调控软硬约束条件，确定影响泥沙动态调控效应的主控因子及置信区间；分别构建东庄—渭河下游、万家寨（古贤）—北干流、干流龙-刘-万-三-小—黄河下游河道、全流域干支流骨干枢纽群—下游河道—河口系统的泥沙动态调控目标函数；借此，建立基于河流系统治理的黄河干支流骨干枢纽群泥沙动态调控序贯决策理论。

2）水库高效输沙机理及泥沙资源利用与动态调控互馈效应

系统开展水库异重流和溯源冲刷过程的现场监测，厘清异重流运移和溯源冲刷过程的物理图形，建立水库溯源冲刷过程中急缓交替的水流运动控制方程，揭示溯源冲刷水沙动力过程及其对泥沙动态调控的响应机制；探明清水与异重流交界面处紊流掺混特征、异重流与床面交界面处泥沙起动与阻力关系，建立水-沙-床耦合的动力学控制方程，阐明异重流长距离稳定运移的动力学机制和临界条件；揭示水库泥沙资源利用与泥沙动态调控的互馈机制、强人工干预的泥沙动态调控对单一水库、库群间水沙量-质-能交换的影响机理；量化串、并联水库蓄泄时序对库区和下游河道水沙输移的叠加效应，明晰水沙过程整体优化的水库群时空对接时机及调控效应。

3）下游河道河流系统对泥沙动态调控的多过程响应机理

开展黄河下游与河口生态要素监测，结合水沙、社会经济等指标，阐明下游河道物质组成与能量耗散沿程分布对水沙动态调控过程的响应规律，揭示下游河道演变对枢纽群泥沙动态调控的多时空尺度响应机理、河势控导工程布局与泥沙动态调控的互馈机制，提出适应于泥沙动态调控的下游河势控导工程优化布局；揭示下游河流生态系统对多重胁迫泥沙动态调控的响应机理；建立滩区土地利用动态模拟模型，厘清泥沙动态调控对滩区土地利用方式的影响机制；构建水沙-水质-水生态-社会经济多过程耦合的网络模型系统，预测不同泥沙动态调控情景下下游河道行洪输沙-社会经济-生态环境系统的演变趋势。

4）黄河干支流骨干枢纽群多维功能协同的泥沙动态调控模式与技术

在系统分析黄河不同河段水沙运移和河床演变基本规律的基础上，建立黄河干支流骨干枢纽群泥沙动态调控指标体系，确定不同水库运行阶段和不同水沙条件下水沙调控指标阈值；构建中长期和场次洪水条件下水库库容维持、下游河道减淤、社会经济健康发展和生态环境良性维持的多维功能协同共赢的黄河干支流骨干枢纽群泥沙动态调控模式；提出不同时期、不同洪水来源、不同约束条件下黄河干支流骨干枢纽群基于水动力-强人工措施有机结合的单-多库泥沙动态调控技术。

5）黄河干支流骨干枢纽群泥沙动态调控方案计算与综合效益评价

研究泥沙动态调控多模型耦合的时空尺度转换准则和数据交换机制，构建多模型自适应模拟仿真系统；设计枢纽（群）不同运用阶段、不同调控目标、不同水沙条件和不同工程布局情景下场次洪水和系列年动态调控方案；辨识泥沙动态调控防洪减淤-发电供水-生态环境等综合效益评价代表性指标，构建综合效益评价指标体系和评价模型；开展方案对比计算，量化不同调控方案的综合效益；建设黄河干支流水库水文泥沙、经济社会与生态环境基础数据库，构建泥沙动态调控智慧决策平台。

6）黄河干支流骨干枢纽群泥沙动态调控潜力与应用示范

提出场次洪水、中长期时间尺度下，黄河干支流骨干枢纽群的泥沙动态调控潜力与实现途径；阐明枢纽群之间的补偿原则与蓄泄秩序，编制骨干枢纽群泥沙动态调控技术规程；通过万家寨-三门峡水库联合调控，开展桃汛洪水冲刷降低潼关高程试验，通过万家寨-三门峡-小浪底联合调控开展调水调沙清水下泄期泥沙负载技术示范，对示范效果进行综合效益评价。

1.3.3　技术路线

随着国家区域协调发展战略、乡村振兴战略与"一带一路"基础设施建设、流域生态恢复重建等政策的强力推进，未来黄河的水沙调控必须跳出传统的以防洪减淤为主的黄河水沙调控模式，以行洪输沙-社会经济-生态环境三者协同为目标，实现河流系统功能的多维共赢。因此，围绕上述研究内容和黄河干支流骨干枢纽群泥沙动态调控的关键科学与技术问题，以系统论思想方法为引领，自然科学与社会科学多学科交叉，以构建基于行洪输沙-社会经济-生态环境等多目标协同的枢纽群泥沙动态调控理论技术体系为目标，采用原型观测、数据挖掘、理论研究、模型试验、数值模拟等相结合的研究手段，按照"目标与约束—过程与机理—技术与方案—策略与示范"的总体思路（图 1-2），开展了全面的研究。

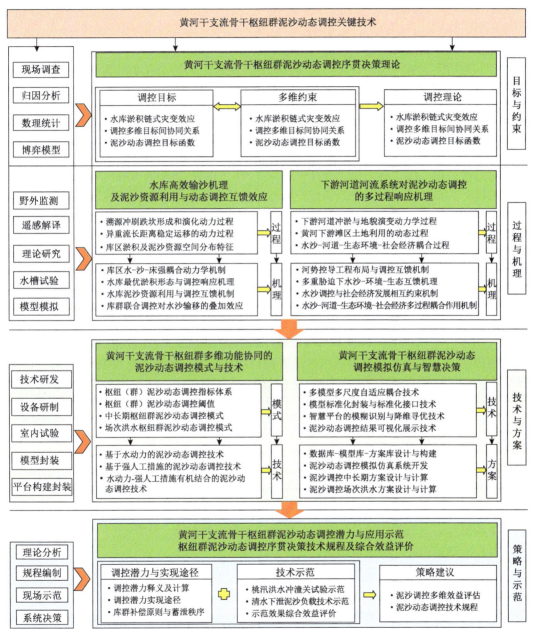

图 1-2　研究总体思路与技术路线

1）原型观测与数据收集

针对科学研究水-沙-床跟踪性监测资料的缺失，采用集无人机航测（拍）、非接触式多波束测深系统（MBS）、声学多普勒流速剖面仪（ADCP）等为一体的湖库水-沙-

床全息化智慧感知监测系统，在黄河汛前调水调沙和主汛期适时开展了库区泥沙运动、异重流运移、河床冲淤演变过程等跟踪测量；应用高分辨率遥感影像，解译并构建了下游滩区土地利用、河口地貌演变长时间序列数据库；应用全自动便携小型气象站和多参数水质分析仪，监测并收集了库区微气候数据和库区、河道水环境要素；收集了干支流骨干枢纽工程设计、流域水沙、河床演变、社会经济、生态环境等数据；构建了泥沙动态调控数据库，装配于自主研发的黄河干支流骨干枢纽群泥沙动态调控智慧决策平台，为科学问题研究及数学模型计算、实体模型试验提供了初始条件和基础数据。

2）理论研究与机理揭示

在理论研究与机理揭示层面，除采用传统的水文学、土力学、河流泥沙动力学、河床演变与河道整治等学科基本原理外，还引入系统理论的多维协同-动态博弈理论、水生态学、社会经济学等学科原理，通过多学科交叉实现基础研究的突破。首先，应用协同学理论和博弈论方法，确定枢纽群在行洪输沙-社会经济-生态环境等多维功能间的动态协同与博弈关系，求解泥沙动态调控在枢纽群之间、下游河道和河口地区配置的纳什均衡解，优化骨干枢纽群泥沙动态调控的序贯决策过程，构建枢纽群泥沙动态调控序贯决策理论架构。其次，应用水力学、土力学、河流动力学等学科基本原理，辅以数据挖掘、数值模拟、模型试验等手段，阐明溯源冲刷跌坎演化的动力过程、库区淤积形态与泥沙动态调控的互馈机制，揭示异重流长距离稳定运移等水库高效输沙的水-沙-床互馈动力学机理。应用社会经济学、水生态学、河床演变与河道整治等学科基本原理，通过野外监测、室内实验、归因分析、遥感解译及数值模拟等手段，揭示下游河道演变对泥沙动态调控的多时空尺度响应机理和河势控导工程布局与泥沙动态调控的互馈机制，揭示下游河流生态系统对多重胁迫的水沙动态调控响应机理、下游河流系统水沙调控-河床演变-生态环境-社会经济多过程耦合响应机理。应用材料学、工程测量学、水利机械和流体力学等学科原理，研发水动力-强人工措施有机结合的泥沙动态调控系列技术与装备，借助小浪底水库实体模型开展气动加沙设备加沙效果的室内模拟试验，在小浪底水利枢纽开展现场技术示范。

3）模型开发及实际应用

在大量前期模型开发的基础上，进一步构建和发展了四套模型。

枢纽群泥沙动态调控序贯决策动态博弈模型。基于该模型确定了枢纽调控收益函数，求解泥沙动态调控的纳什均衡解，优化了不同水沙组合、库群组合、调控目标下的枢纽群泥沙动态调控序贯决策结果。

多沙河流水库泥沙运动多过程模拟数学模型。基于该模型阐明了溯源冲刷形态的发展趋势与极限状态，提出了异重流长距离稳定运移临界条件，揭示了不同类型水库不同淤积形态对泥沙动态调控的响应机理，揭示了强人工干预措施的枢纽群泥沙动态调控对单一水库、库群间、水库与下游河道水沙量-质-能交换的影响机理。

下游河流系统水沙-水质-水生态-社会经济多过程耦合网络模型。基于该模型揭示了下游河流生态系统对多重胁迫水沙动态调控的响应机理，阐明了泥沙动态调控与滩区土地利用格局变化的区域空间制约关系，揭示了泥沙动态调控与下游河流系统行洪输沙-社会经济-生态环境耦合作用机制。

黄河干支流骨干枢纽群泥沙动态调控模拟仿真系统与智慧决策平台。基于该模拟系统，开展了不同时空尺度、不同水沙条件、不同库群组合的水沙调控方案计算分析；耦合了黄河干支流枢纽（群）水文泥沙、经济社会与生态环境基础数据库，泥沙动态调控方案库，泥沙动态调控综合效益评价模型，构建了黄河干支流骨干枢纽群泥沙动态调控智慧决策平台。

黄河流域是国家重要能源基地和粮食主产区。党的十八大以来，提出了生态文明建设、乡村振兴战略、黄河流域生态保护和高质量发展等，都对水库长期有效库容保持和黄河水沙调控体系功效充分发挥提出了更高的要求。泥沙的动态调控一直是制约黄河水沙调控体系功效充分发挥的技术瓶颈。我们直面水库泥沙动态调控理论与技术这一瓶颈问题，提出了适应环境变化和社会发展、水动力-强人工措施有机结合的泥沙动态调控策略与方案，从而将为黄河水沙调控体系功能的持续、高效发挥提供科技支撑。

1.4 主要创新成果

取得的主要创新成果以"133"标识，即 1 个重大发现、3 个理论成果和 3 个技术成果。

1.1 个重大发现

发现了 1 种现象——水库自加速水沙异重流。在小浪底水库库区连续开展了 3 年 10 余次原型观测，成功捕捉了 4 次异重流过程，发现了库区自加速（冲刷型）异重流存在的间接和直接证据；且异重流潜入点附近至坝前生成了水下河道，水下河道入口的位置与异重流潜入点位置重合，异重流全程沿水下河道演进至坝前，水下河道的形成和维持对提高异重流排沙效果作用明显。新的观测发现使判断异重流潜入位置与演进过程更为精准，为使用工程措施改变水下局部地形、控制异重流的潜入和冲刷提供了重要参考依据。

2.3 个理论成果

（1）提出了 1 套理论——泥沙动态调控序贯决策理论。针对黄河流域干支流骨干枢纽群缺乏协同调度机制，多库群协同-博弈关系复杂难解的挑战，引入系统学原理和协同-博弈理论，揭示了不同时空尺度黄河流域水库群多维目标的动态协同-博弈关系，构建了全河泥沙动态调控合作博弈模型，提出了合作条件下各博弈方水沙效益重分配方法，辨析了不同水沙组合对合作博弈过程综合效益增量的影响，提出了黄河干支流骨干枢纽群泥沙动态调控多维约束条件与目标函数，形成了黄河干支流骨干枢纽群多维协同的泥沙动态调控序贯决策理论。

（2）揭示了 1 个水库水-沙-床互馈机理——多沙河流水库高效输沙的水-沙-床互馈动力学机理。基于跌坎冲刷过程的原型观测，构建立面二维数学模型模拟库区溯源冲刷过程，阐明溯源冲刷形态的发展趋势与极限状态；基于长程异重流稳定传播过程的原型观测，建立水-沙-床耦合的动力学控制方程，提出异重流长距离稳定运移临界条件；基于原型观测、理论分析、数学建模方法，构建描述细颗粒淤积物重力驱动流动及溯源冲刷中滩面失稳滑塌过程的三维水沙动力学耦合模型，揭示不同类型水库不同淤积形态对泥沙动态调控的响应机理。

（3）揭示了 1 个下游多过程响应机理——下游河流-河口生态系统对泥沙动态调控的多过程响应机理。基于大量跟踪监测、室内试验和理论研究，揭示了河势控导工程布局与枢纽群泥沙动态调控的互馈机制，揭示了黄河下游河流系统典型生物群落对水沙动态调控的响应机理，构建了基于物种群落和食物网的水沙-水质-水生态综合模拟模型，定量预测了黄河枢纽群水沙动态调控影响下环境因子及典型生物群落适宜生境分布格局及时空演变趋势，揭示了滩区土地利用格局变化与社会经济的互馈影响，识别了枢纽群水沙动态调控对防洪减淤-社会经济-生态环境各子系统的影响和多组分多过程的相互作用关系。

3.3 个技术成果

（1）提出了泥沙动态调控指标体系及阈值。统筹考虑变化的水沙过程、动态调整的边界约束条件、枢纽群组合方式，突破以防洪减淤为主的水沙调控指标体系构建方法，建立多目标、多层次、多组合的泥沙动态调控指标网络架构与指标体系，基于流域系统行洪输沙-社会经济-生态环境多维服务功能的软硬约束，确定不同水库运行阶段、不同水沙条件、不同调控组合的调控指标阈值。

（2）研发了水动力-强人工措施相结合的泥沙动态调控技术。基于"测—取—输—用—评"全链条黄河泥沙资源利用技术体系，剖析了黄河干支流骨干枢纽群泥沙时空分布规律，揭示了水库泥沙资源利用与泥沙动态调控的互馈机制；以实现水库有效库容长久维持和多维功能协同发挥为目标，确定了以泥沙处理与资源利用为主的强人工措施与水流动力相结合的最优调控时机，研发了基于水库泥沙资源利用的水动力-强人工措施相结合的泥沙动态调控技术。

（3）构建了集"过程模拟—效益评价—方案优选"于一体的泥沙动态调控智慧决策平台。研发了针对不同时空尺度调度需求的多模型自适应耦合技术，构建了泥沙动态调控模拟仿真系统，开展了不同要素组合情景下的长系列和场次洪水方案计算；基于能值理论建立了泥沙动态调控方案多维效益评估模型，对不同水沙情景下不同泥沙动态调控模式进行评价分析；集成构建黄河流域泥沙动态调控智慧决策平台，实现全要素下不同泥沙调控方案的智慧识别、综合比选和多维展示。

第 2 章 黄河干支流骨干枢纽群泥沙动态
调控序贯决策理论

黄河水沙关系不协调，是河道淤积抬升、主河槽过流能力下降、"二级悬河"局面形成和加剧、防洪问题突出的症结所在，也是明显区别于国内外其他大江大河的基本特征（胡春宏等，2022）。几十年来，围绕"防洪减淤"这一目标，国家组织开展了大规模的治理保护工作，初步建成了黄河干支流水沙调控工程体系，在防洪防凌和水量调控等方面发挥了巨大的作用。但黄河水少沙多、水沙异源、水沙不平衡和降水年际年内变化大等特性，使其泥沙调控难度大幅提高，这成为长期困扰治黄实践的关键技术难题。另外，近年来，随着经济社会快速发展和国家区域经济协调发展、生态安全、黄河流域生态保护和高质量发展等国家重大战略的持续推进，黄河流域治理目标逐步提升为"防洪安全-社会经济发展-生态环境改善"多维功能的协调发展，对泥沙动态调控提出了新的要求。

然而，现有黄河流域泥沙调控研究整体尚处于工程层面，至今仍未形成一套完善的黄河干支流骨干枢纽群泥沙动态调控序贯决策理论。对于不同水沙条件，如何正确把握不同时空尺度水库群及其利益主体之间的动态协同-博弈关系、合理安排不同水库泥沙调控的蓄泄时序与次序、协调单-多库多维功能目标之间的平衡关系，实现黄河流域防洪减淤、供水发电、生态环境等综合效益的最大化，尚缺乏清晰认识。

本章引入系统原理和方法，按照"明晰现状—预测未来—厘定目标—创新理论"的研究思路，开展了黄河干支流骨干枢纽群泥沙动态调控序贯决策理论研究。调研和分析了黄河干支流水库泥沙淤积时空演变特征与现行调控能力，阐明了水库泥沙淤积的河流系统链式时空多维灾变效应，明确了黄河干支流骨干枢纽群多维协同的泥沙动态调控目标函数，揭示了多库群多目标间动态协同-博弈关系，提出了基于流域系统科学的枢纽群泥沙动态调控序贯决策理论。

2.1 黄河干支流水库泥沙淤积时空演变特征与现行调控能力

黄河干支流骨干枢纽群泥沙淤积的时空演变特征既符合多沙河流建坝淤积的一般规律，也受到黄河本身来水来沙时空分布特征的特殊影响。本节从时间和空间两个维度分析了黄河干支流骨干枢纽群泥沙淤积的时空演变特征，评价了各水库在泥沙调控、防洪、发电调度任务的贡献程度，厘清了各水库的现行调控能力。

2.1.1 黄河干支流骨干枢纽群泥沙淤积时空演变特征

从时间演变特征看，库区泥沙淤积特征与流域来水来沙的变化趋势紧密相关，也受到水库调度方式调整的影响。从空间演变特征看，纵向上，淤积三角洲不断向坝前推进，库区淤积厚度从库尾向坝前不断增加；横向上，在长时期小流量过程作用下，库区河槽逐步萎缩，以平行淤积抬升为主，在较大流量过程及较低库水位共同作用下，河槽下切展宽，河槽过水面积显著扩大，形成明显滩槽；平面上，库区支流淤积迅速，局部出现拦门沙等不利淤积形态等特征。

1. 泥沙淤积的时间演变特征

1）库区泥沙淤积与流域来水来沙变化趋势紧密相关

图 2-1 给出了刘家峡、万家寨、三门峡、小浪底 4 个水库库区年均泥沙淤积量与上游来水含沙量之间的散点图。计算得到四个水库的皮尔逊相关系数分别为：$r_1=0.83$、$r_2=0.76$、$r_3=0.05$、$r_4=0.81$。因此，除三门峡水库外，其余三个水库的库区泥沙淤积量与上游来水含沙量均具有明显（$\alpha=0.05$）的正相关关系，即当上游来水来沙组合为"小水大沙"时，库区泥沙淤积量亦会随之增加。而对于三门峡水库，由于其投入运行后，先后经历了"蓄水拦沙""滞洪排沙"及"蓄清排浑"三个不同寻常的控制运用阶段，其库区泥沙淤积演变过程因而具有显著的不规则特征。

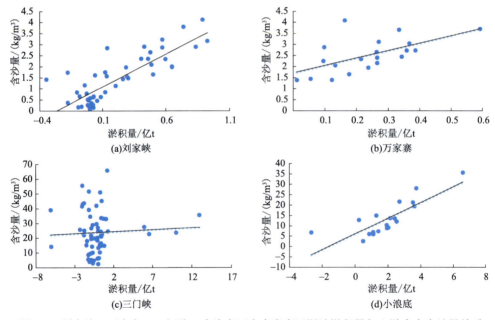

图 2-1　刘家峡、万家寨、三门峡、小浪底四个水库库区泥沙淤积量与上游来水含沙量关系

2）库区泥沙淤积与水库调度方式的相关性

根据以上分析，以三门峡水库为研究重点，探讨水库库区泥沙淤积与水库调度方式的相关性。采用 M-K 趋势检测法分析三门峡水库库区泥沙淤积量的时间演变规律，结果见图 2-2。可以看出，三门峡水库库区泥沙淤积量的时间演变过程明显受水库调度方式的影响。三门峡水库投入运用初期，调度方式为"蓄水拦沙"（1960～1964 年），泥沙淤积量的 UF 曲线介于 0 与 1.96（$\alpha=0.05$）之间，表明该阶段水库呈现淤积状态，并且

淤积量逐年增加;1964 年后,调度方式变为"滞洪排沙",其 UF 曲线小于 0,并逐年减小,在 1974 年达到最小值,表明该阶段三门峡水库库区以显著冲刷为主;自 1974 年至今,调度方式为"蓄清排浑",其 UF 曲线一直介于–1.96～1.96,表明该阶段三门峡水库库区冲淤变化趋势并不显著,处于动平衡状态。

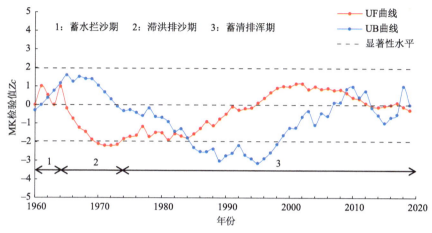

图 2-2　三门峡水库库区泥沙淤积量时间序列 M-K 检测结果

2. 泥沙淤积的空间演变特征

1)纵向淤积形态变化

对于多沙河流黄河上的大多数水库来说,受来水来沙和坝前运用水位的影响,水库沿程淤积是不均匀的,即中间段淤积最厚,其余地方淤积厚度相对较薄,这种特点在水库拦沙期表现得比较明显。这种不均匀淤积并不是偶然的,可以用不平衡输沙含沙量沿程变化的基本方程来表示。泥沙沿程的淤积不均匀性为三角洲的形成提供了内在可能性,也就是说,水库在拦沙运用过程中淤积趋向于三角洲淤积,如刘家峡水库、万家寨水库和小浪底水库,见图 2-3。

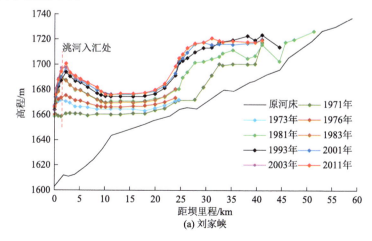

(a) 刘家峡

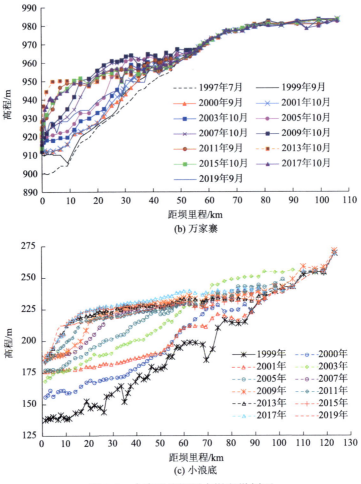

(b) 万家寨

(c) 小浪底

图 2-3　水库干流深泓点淤积纵剖面

此外，部分水库由于泥沙淤积较快以及水库调度，拦沙过程中淤积体呈锥形，进入正常运用期后，淤积形态不断调整而转化为三角洲淤积体，如三门峡水库，见图 2-4。

图 2-4　三门峡库区干流潼关以下河段最低河底高程

2）横向淤积形态调整

多沙河流水库主要有单纯淤积和冲淤交替的横断面淤积调整形态。单纯淤积又可分为淤槽为主、等厚淤积、淤滩为主、淤积面平行抬升四种基本类型，其中前三种主要发生在回水范围内或者水库以蓄水拦沙为主的拦沙初期，最后一种多出现在拦沙后期和正常运用期。随着库区淤积面抬升，在汛前或洪水期水库降低水位进行排沙运用，冲刷河床淤积断面，汛中或汛后抬升水位造成河床冲刷部位的淤积，淤积和冲刷交替变化，使库区横断面形态表现为"死滩活槽"的变化规律，即滩地单纯淤积，而主河槽冲淤交替调整，最终在库区形成高滩深槽，如万家寨水库、小浪底水库，见图 2-5 和图 2-6。

可以看出，万家寨和小浪底水库横断面形态变化均呈现出在长时期小流量过程作用下，库区河槽逐步萎缩，以平行淤积抬升为主；在较大流量过程及较低水库水位共同作用下，河槽下切展宽，河槽过水面积显著扩大，形成明显滩槽。

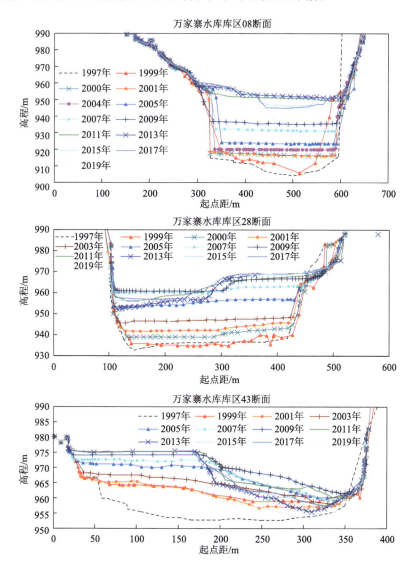

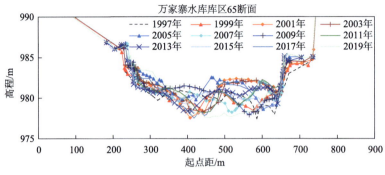

图 2-5　万家寨水库库区横断面形态变化

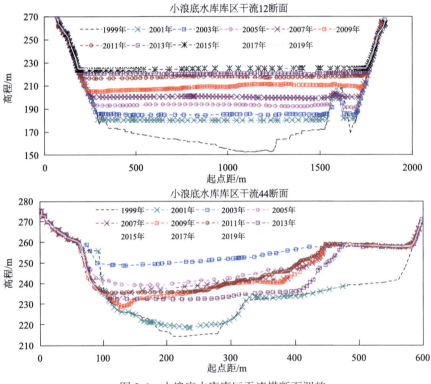

图 2-6　小浪底水库库区干流横断面调整

3）平面淤积形态变化

黄河上的大部分水库投入运用后，由于泥沙淤积，库区淤积面逐年抬升，从上游至下游干流淤积厚度逐渐增加。同时，库区支流随着沟口干流滩面抬升也逐渐抬升，呈现出和干流淤积类似的特点，即上游支流沟口淤积厚度逐渐增加。也有部分水库，由于特殊的库区地形或水沙过程而在库区呈现出干流或支流拦门沙，如刘家峡水库坝前拦门沙和小浪底水库支流畛水拦门沙等。

刘家峡水库洮河口干流沙坝是洮河来水来沙在洮河及坝前地形、水库运用条件下形成的一种特殊淤积形态。洮河异重流进入黄河干流后，呈扇形分别流向干流的上游和下游，在交汇区异重流流速骤降，水流中的泥沙快速落淤，在干支流交汇口形成沙坝，沙坝顶部高于上游干流库区的淤积高程。据统计，1972～1980 年沙坝高程迅速抬升，高程达到 1690.5m，增高幅度达到 29.5m，之后沙坝抬升速度有所减缓，但发展仍然较快，1988 年高程接近 1700m，至 2011 年高程达到 1700.6m，沙坝上游迎水坡高差达到 24.3m。干流沙坝的存在，严重影响水库的正常运行，水库高水位时，沙坝阻挡泥沙在库区的输送；水库低水位时，沙坝拦蓄了其上游的来水，使电站不能正常引水发电。

畛水是小浪底水库最大的支流，位于库区干流右岸 HH11～HH12 断面，距小浪底大坝约 18km，原始库容达 17.67 亿 m³，占支流库容的 33.5%。支流畛水拦门沙坎的存在阻止了干支流水沙交换，支流形成与干流隔绝的水域，支流内部库容无法充分利用，使得支流拦沙减淤效益受到影响，甚至会影响水库防洪效益。畛水拦门沙的发展随干流河床淤积而不断抬高（图 2-7），2010 年汛前畛水一直处于干流三角洲顶点下游，淤积形式基本为异重流倒灌，支流口门淤积面较为平整，与干流河床同步抬升；2010 年汛期三角洲顶点推移到畛水沟口，畛水沟口对应的干流滩面迅速抬升，畛水沟口形成明显的拦门沙坎，高约 7m，之后拦门沙继续逐年抬升，至 2017 年达到最大，约 11m。2018～2020 年幸遇黄河丰水年，小浪底水库在汛期开展持续长时间低水位排沙运用，干流塑造出较大的河槽，畛水内部蓄水下泄的过程中也形成冲沟，与干流连通，拦门沙坎迅速减小。

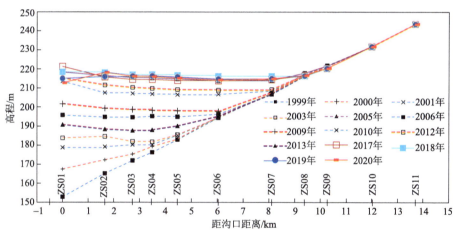

图 2-7　畛水部分年份汛后纵剖面（平均河底高程）

2.1.2　黄河干支流水库及水库群的现行调控能力

黄河干支流水库群规模庞大，实现全流域多目标协同的联合调控是一项复杂的系统工程，调度复杂度高，决策难度大。本节分析了各水库的现行调控能力，评价了各水库在泥沙调控、防洪、发电调度方面的贡献程度，甄别了针对不同目标的重要水库，构建了黄河干支流骨干水库群组层次结构，这对减轻水库群联合调控的复杂度、降低多目标决策难度具有重要的现实意义。

1. 黄河干支流水库群泥沙调控能力

1）水库泥沙调控能力评估方法

就水库本身而言，拦沙和输沙是其处理泥沙的两项基本功能。水库泥沙调控能力为水库拦沙能力和输沙能力的综合，在此分别选择剩余库容比和排沙比作为衡量水库拦沙能力和输沙能力的表征指标。

根据沙莫夫经验公式，水库剩余库容与淤积年份呈指数衰减关系（涂启华和杨赉斐，2006）：

$$V = V_0 \mathrm{e}^{-kt} \tag{2-1}$$

式中，V 为水库剩余库容（亿 m³）；V_0 为水库计算初始库容（亿 m³）；t 为淤积时间（年）；k 为水库库容衰减参数。

根据水库排沙比的定义，有

$$\eta = \frac{Q_{s,out}}{Q_{s,in}} \tag{2-2}$$

式中，$Q_{s,out}$ 为场次洪水的出库平均输沙率（kg/s）；$Q_{s,in}$ 为场次洪水的入库平均输沙率（kg/s）。

对于入库过程，近似有

$$Q_{s,in} = K_1 Q_{in}^2 \tag{2-3}$$

式中，Q_{in} 为入库平均流量（m³/s）；K_1 为待定系数。

而对于出库过程，认为出库含沙量近似等于坝前断面的平均含沙量，则有

$$Q_{s,out} = Q_{out} S_{out} = Q_{out} K_2 \frac{v^3}{gh\omega} \tag{2-4}$$

式中，Q_{out} 为出库平均流量（m³/s）；S_{out} 为出库平均含沙量（kg/m³）；v 为坝前断面平均流速（m/s）；g 为重力加速度（m/s²）；h 为坝前断面平均水深（m）；ω 为坝前断面泥沙平均沉速（m/s）；K_2 为待定系数。

$$v = \frac{Q_{out}}{Bh}, V = K_3 Bh^2 \tag{2-5}$$

式中，B 为坝前断面平均河宽（m）；V 为水库剩余库容（m³）；K_3 为待定系数。

将式（2-3）～式（2-5）代入式（2-2），得到：

$$\eta = K \left(\frac{Q_{out}^2}{Q_{in} V} \right)^2 \frac{1}{B} \frac{1}{\omega} \tag{2-6}$$

式中，$K = K_2 / \left[g K_1 K_3^2 \right]$ 为待定系数。

由此可知，随着水库剩余库容的不断减少，水库的排沙能力在不断增强，其本质上是水库拦蓄能力的降低，导致坝前相同出库流量条件下出库流速显著加快，使得出库含沙量呈几何级数增长。

2）水库拦沙能力评估结果

根据水库实际拦沙能力，将水库分为三类：①已建仍具有拦沙能力的水库，如小浪底水库；②在/待建水库，包括古贤和东庄水库；③其他水库，即已建但不承担拦沙任务或基本丧失拦沙能力的水库，如龙羊峡、刘家峡、海勃湾、万家寨和三门峡水库。

A. 已建仍具有拦沙能力的水库

小浪底水库设计拦沙库容 72.5 亿 m³。该水库自 1999 年 10 月投入运用以来，遇到黄河典型枯水少沙系列，加之进入拦沙后期水利部黄河水利委员会持续加大排沙效果的调度运用，库区淤积速度明显低于设计值。截至 2019 年，剩余拦沙库容为 39.581 亿 m³，占设计拦沙库容的 54.6%，水库仍有较大的拦沙空间。

根据小浪底水库拦沙库容变化资料，应用式（2-1）计算小浪底水库的拦沙能力，得到小浪底水库拦沙库容变化曲线，见图 2-8。ICOLD 2012 年的报告指出，当水库剩余库容比 V/V_0 下降到 20% 以下时，则认为水库丧失了大部分综合效益并接近动态平衡状态，可以推算出小浪底水库达到动态平衡状态的年数为 52 年。

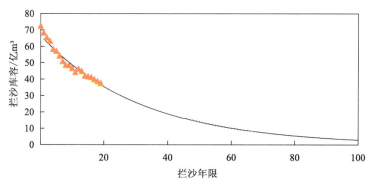

图 2-8　黄河干流小浪底水库拦沙库容衰减变化曲线

B. 在/待建水库

在建的东庄水库工程开发任务以防洪减淤为主，兼顾供水、发电及改善生态环境等综合利用。东庄水利枢纽工程拦沙库容为 20.53 亿 m³，根据东庄水库规模及近期水沙情况，设计年入库沙量 2.1 亿 t，东庄水库的拦沙期可能在 24 年左右。

待建的古贤水利枢纽的开发任务以防洪减淤为主，兼顾发电、供水和灌溉等综合利用。古贤水库建成后拦沙库容为 93.42 亿 m³，根据古贤水利枢纽规模及近期水沙情况，古贤水库的拦沙期可能在 35 年左右。当然，如果古贤水库也能够像小浪底水库一样幸遇有利水沙系列，加之黄河水沙调控理论与技术的逐步完善，调控经验的不断丰富，其拦沙期也会大大延长。

C. 其他水库

其他水库均不具有明显的拦沙能力。其中，黄河上游龙羊峡水库以及下游支流伊河、洛河和沁河上的陆浑、故县和河口村水库均位于黄河清水来源区，入库泥沙较少，不承担拦沙任务；上游海勃湾水库、刘家峡水库和中游万家寨水库、三门峡水库由于泥沙淤积，现有调度模式已进入冲淤相对平衡的状态，已不再具备有效的拦沙功能。

3）水库输沙能力评估结果

由上述拦沙能力评估结果可知，唯有小浪底水库仍有拦沙能力，但处于拦沙能力持续降低态势，同水位下水库剩余库容持续减少，导致相同水沙条件下排沙能力不断增强。因此，在此重点评估小浪底水库的输沙能力。

小浪底水库上游的来水来沙条件很大程度由三门峡水库控制，因此小浪底水库排沙能力的评估，应与水库调度方式相结合。在式（2-6）中，引入入库含沙量 S_{in}，并用水库的回水长度 L 取代剩余库容 V，用泥沙中值粒径 D_{50} 来取代平均沉速 ω，则排沙比公式可改写为

$$\eta = K'\left(\frac{Q_{in}}{\sqrt{gD_{50}^5}}\right)^{\gamma_1}\left(\frac{Q_{out}}{\sqrt{gD_{50}^5}}\right)^{\gamma_2}\left(\frac{S_{in}g}{\gamma}\right)^{\gamma_3}\left(\frac{B}{D_{50}}\right)^{\gamma_4}\left(\frac{L}{D_{50}}\right)^{\gamma_5} \tag{2-7}$$

整理 2002～2019 年共 21 场小浪底水库有显著排沙过程的洪水资料（日均出库含沙量大于 10kg/m³），对式（2-7）进行参数率定，结果为

$$\eta = 5.458\times10^8 W_{in}^{-0.999} Q_{out}^{1.128}\left(V/Q_{out}\right)^{1.415} H_{min}^{-18.852} B^{9.844} J^{0.121} T^{0.737} \tag{2-8}$$

式（2-8）考虑了所有相关影响要素，但三角洲前坡段的平均河宽和比降在实际计算中不易获得，且蓄出比、出库流量与坝前水位之间存在着自相关关系。因此，对其进行了精简，选取入库水量、蓄出比和低水位持续时间作为自变量，则式（2-8）可表示为

$$\eta = 1.16 W_{in}^{0.1}\left(V/Q_{out}\right)^{-0.8}\left(T+1\right)^{0.14} \tag{2-9}$$

式（2-8）与式（2-9）的验证结果如图 2-9 所示。

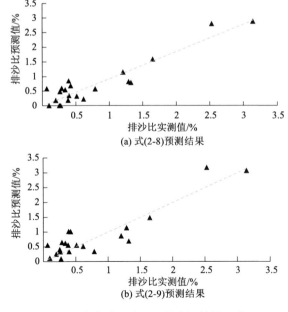

图 2-9　水库输（排）沙能力评估结果验证

虽然式（2-9）的相关系数 0.91 比式（2-8）的相关系统 0.932 略有减小，但计算明显简化很多。由上述水库群拦沙与输沙能力评估可知，就水库群泥沙调控能力而言，小浪底、东庄（在建）、古贤（待建）水库为关键性调控水库；刘家峡、万家寨、三门峡水库已接近冲淤平衡，基本丧失拦沙功能；龙羊峡、海勃湾、陆浑、故县、河口村则不具备对进入黄河下游河道泥沙调控的能力。

2. 黄河干支流水库群防洪能力

1）防洪能力评估方法

水库的防洪能力大小采用削峰率和调蓄率表示。通常情况下，两个指标值越大，表示水库在洪水调控过程中的防洪能力越强，发挥的防洪作用越大。

削峰率表示水库拦蓄洪水后，对洪峰的削减程度，其定义如下：

$$\alpha_i = \frac{Q_{\mathrm{m},i} - q_{\mathrm{m},i}}{Q_{\mathrm{m},i}} \qquad (2\text{-}10)$$

式中，α_i 为第 i 座水库的削峰率；$Q_{\mathrm{m},i}$ 为第 i 座水库的入库洪峰流量；$q_{\mathrm{m},i}$ 为第 i 座水库的出库洪峰流量。

调蓄率指水库拦蓄洪水后，对洪量的削减程度，其定义如下：

$$\delta_i = \frac{W_{\mathrm{入},i} - W_{\mathrm{出},i}}{W_{\mathrm{入},i}} \qquad (2\text{-}11)$$

式中，δ_i 为第 i 座水库的调蓄率；$W_{\mathrm{入},i}$ 为某场洪水中第 i 座水库的入库水量；$W_{\mathrm{出},i}$ 为某场洪水中第 i 座水库的出库水量。

此外，对于黄河中游的小浪底、故县、陆浑、河口村水库这个并联系统而言，可采用黄河下游防洪控制断面花园口水文站的洪量贡献率和洪峰贡献率来反映水库调节对防洪控制断面防洪作用的大小。洪峰贡献率表示水库来水对断面洪峰流量的贡献程度，其定义如下：

$$\gamma_i = Q'_{i,t_{\mathrm{m}}} / Q_{\mathrm{m}} \qquad (2\text{-}12)$$

式中，Q_{m} 为断面总洪水过程的洪峰流量，其洪峰出现时间为 t_{m}；$Q'_{i,t_{\mathrm{m}}}$ 为第 i 座水库入库洪水演算至防洪断面的洪水过程在 t_{m} 时刻的流量。

洪量贡献率表示水库来水对断面洪量的贡献程度，定义如下：

$$\eta_i = W'_i / W_{\mathrm{e}} \times 100\% \qquad (2\text{-}13)$$

式中，W_{e} 为断面总洪水过程在洪峰段的水量；W'_i 为第 i 座水库入库洪水演算至断面在洪峰段内的洪量。

2）防洪能力评估结果

选取 2011 年、2012 年、2018 年 6～8 月洪水对龙羊峡、刘家峡、万家寨、三门峡、小浪底、故县、陆浑、河口村水库实际调度过程中的削峰率和调蓄率进行分析。其中，

2011 年黄河上游唐乃亥站、中游潼关站均发生较大洪水，2012 年、2018 年上游唐乃亥站发生较大洪水。其计算结果如表 2-1 所示。

表 2-1　水库削峰率和调蓄率　　　　　　　（单位：%）

水库	2011 年		2012 年		2018 年	
	削峰率	调蓄率	削峰率	调蓄率	削峰率	调蓄率
龙羊峡	63.02	53.53	46.27	44.45	59.10	32.90
刘家峡	−8.76	−8.75	−41.47	−42.16	−44.94	−36.84
万家寨	−31.84	32.67	1.47	−1.77	0.44	−3.02
三门峡	−98.59	2.16	−8.46	−1.51	8.20	5.64
小浪底	−44.33	−66.56	−3.55	−26.83	7.40	−19.65
故县	43.03	−94.39	44.83	−49.65	−1.37	−3.18
陆浑	78.65	28.03	79.66	39.15	−162.70	−42.30
河口村	—	—	−455.56	−219.27	−844.01	−1096.19

由表 2-1 可以看出，对于上游水库而言，龙羊峡水库削峰率、调蓄率远大于刘家峡水库；对于中游万家寨和三门峡两座水库而言，其汛期基本不发挥防洪作用，以排沙为主要运用方式，水库削峰率、调蓄率无明显规律；对于小浪底、故县、陆浑、河口村并联水库群系统而言，小浪底水库削峰率、调蓄率多为负值。

分析小浪底、故县、陆浑、河口村四座并联水库对防洪控制断面花园口站的洪峰贡献率和洪量贡献率，结果见表 2-2。可以看出，小浪底水库对花园口断面的洪峰贡献率、洪量贡献率远大于故县、陆浑、河口村三座水库。

表 2-2　四座并联水库洪峰贡献率与洪量贡献率　　　　　（单位：%）

水库	2011 年		2012 年		2018 年	
	洪峰贡献率	洪量贡献率	洪峰贡献率	洪量贡献率	洪峰贡献率	洪量贡献率
小浪底	99.86	96.44	99.60	98.61	98.67	98.78
故县	0.09	3.02	0.30	1.03	0.88	0.81
陆浑	0.05	0.54	0.05	0.15	0.35	0.33
河口村	—	—	0.04	0.21	0.10	0.09

综上，龙羊峡水库对黄河上游洪水起主要调节作用，小浪底水库对中游洪水起主要调节作用。

3. 黄河干支流水库群发电能力

1）发电能力评估方法

采用单库发电量占总发电量的比例评价发电能力，计算公式如下：

$$\mu_i = \frac{E_i}{\sum\limits_{i=1}^{N} E_i} \qquad\qquad (2\text{-}14)$$

式中，μ_i 为第 i 座水库的年发电量占所有水库年发电量的比例；E_i 为第 i 座水库的年发电量。

2）发电能力评估结果

统计 2006～2020 年黄河干流龙羊峡、刘家峡、万家寨、三门峡、小浪底五座水库发电量占比，可以发现，小浪底、刘家峡、龙羊峡三座水库年发电量分别占五座水库总发电量的 28%、27% 和 25%，万家寨和三门峡两座水库发电量占比较少，分别为 11% 和 9%。因此，小浪底、刘家峡和龙羊峡水库为主要的水力发电水库。

4. 黄河干支流水库群网络架构及层次划分

综合上述分析，得到黄河干支流骨干水库对枢纽群多目标协同调控的重要性排序，如表 2-3 所示。其中，龙羊峡和小浪底水库属于流域多目标调控的关键水库，刘家峡、万家寨、三门峡水库属于多目标调控的重要水库，海勃湾、故县、陆浑、河口村属于多目标调控的一般水库。

表 2-3　黄河干支流骨干枢纽群对多目标重要性排序

序号	水库	泥沙调控	防洪	发电	总体评价
1	龙羊峡	—	1	1	关键水库
2	刘家峡	2	2	1	重要水库
3	海勃湾	—	—	3	一般水库
4	万家寨	2	2	2	重要水库
5	三门峡	2	2	2	重要水库
6	小浪底	1	1	1	关键水库
7	故县	—	2	3	一般水库
8	陆浑	—	2	3	一般水库
9	河口村	—	2	3	一般水库

2.1.3　黄河干支流骨干枢纽群对水沙过程的调控效应

水利工程修建后将深刻改变进入下游的水沙过程，这种改变既包括径流的年际间与年内时间分配，也包括泥沙总量、泥沙级配的时空分配。从黄河流域骨干枢纽群的调度实践看，单个水库和水库群之间对水沙过程的调控效应既有共同点，也有不同点，本节即对此进行归纳总结。考虑上文枢纽群组结构层次划分，本节在研究单个水利工程的水沙调控效应时，主要以干支流关键水库（龙羊峡、小浪底水库）为研究对象；在研究水利工程群组时，主要考虑关键水库和重要水库的枢纽群组合，即以上游枢纽群组（龙羊峡-刘家峡水库）和中游枢纽群组（三门峡-小浪底水库）为研究对象。

1. 单个水库的调控效应

1）对径流的调控效应

A. 径流调控效应的一般特性

水库对径流过程的调控效应主要受水库库容、水库运用方式、泄洪设施影响。多数情况下，总径流量减少，与水库蓄水引起的渗漏、库面蒸发、工农业引水、向外流域调水等有关。径流量减小的幅度，各水库间差别较大，有的水库完全控制来流，而有的水库则对天然过程改变甚小。至于径流过程的变化，则主要取决于水库的运用方式。如果水库以防洪为主要目标，洪峰流量一般被不同程度地削减；而航运、发电、灌溉也都要求在后汛期大量拦蓄来水，枯水期逐步泄放，以满足发电、航运和下游两岸引水的要求。除了下泄水量减少和洪峰削减，水库下游的日径流过程和年内径流过程也可能被完全改观，这是因为水库白天需要较大发电水流，而夜晚需要的流量减少；年内变化则主要通过水库在汛期拦截来流来满足枯水期水资源综合利用的需求，天然情况下汛期和枯水期出现的时间年际间可能会有所不同。除此之外，水库下游的流量过程由于电站泄流等常出现较为剧烈的急涨急落的波动，虽然这些波动在向下游传播的过程中会逐渐坦化，不会对河床变形造成明显影响，但对河流水生态环境的影响是非常明显的。

本节选取黄河干流上游第一座骨干枢纽龙羊峡水库和中游最后一座骨干枢纽小浪底水库作为研究对象，来阐明单个水库对径流的调节作用。对于多年调节水库龙羊峡来说，水库的调节作用使年际间径流量变化更加均匀。图 2-10 为龙羊峡水库多年进出库水量的对比情况，表 2-4 是龙羊峡水库修建前后多年水量的均值与标准差。从图 2-10 和表 2-4 中可以看出，龙羊峡水库修建前，出库贵德站的年均流量为 219m³/s，由于支流汇入与降雨影响，其略高于入库站唐乃亥站的 212m³/s，并且两站径流量年际变化较大，其标准差数据接近 50m³/s；另外，自 1987 年龙羊峡水库投入运用以来，尽管黄河进入了枯水期（入库唐乃亥站年均水量下降到了 187m³/s），但龙羊峡水库依然显示出巨大的调节作用，使得年际间出库水量更加均匀，1987~2018 年龙羊峡水库的水量年时间序列数据的标准差由入库站的 49m³/s 下降到出库站的 37m³/s。

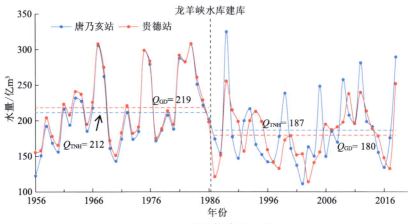

图 2-10　龙羊峡水库修建前后水量对比

表 2-4　龙羊峡水库修建前后水量参数对比

时段		唐乃亥站水量/亿 m³		贵德站水量/亿 m³	
		均值	标准差	均值	标准差
1956~1986 年	（龙羊峡建库前）	212	50	219	48
1987~2018 年	（龙羊峡建库后）	187	49	180	37

图 2-11 和图 2-12 分别为龙羊峡水库和小浪底水库年内逐月进出库流量过程对比。可以看出，龙羊峡水库在调节年际径流量的同时，也调节水量的年内分配：水库运用前，进出库过程极为接近；水库运用后，根据水库及下游用水需求，水库调节使汛期流量削减、非汛期增加，年内变幅减小。小浪底水库运用以来，多次在 6 月下旬至 7 月上旬开展调水调沙，利用水库调节库容以协调水沙关系，实现水库与下游河道不淤积或少淤积的目标。其本质是采用小浪底水库塑造较大流量过程，在短期内形成较大的人造洪峰，实现更大程度的排沙入海，但年内其他时段的流量过程更加趋于均匀，这一点仍与其他水库类似。

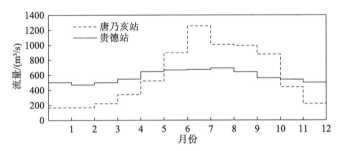

图 2-11　龙羊峡水库运用后进出库流量过程对比（1986~2018 年）

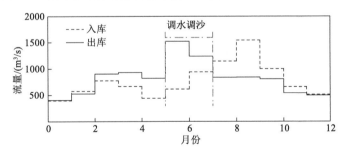

图 2-12　小浪底水库进出库流量过程对比（逐月流量）

B. 对各频率流量级的调整效应

天然情况下，径流过程中不同量级流量对河流系统基本功能的维持起着不同的作用。例如，持续时间较长的枯水流量决定了河道中的基流，对地下水位补给起主要作用；中常洪水流量是塑造河床的主要动力，汛初期调水调沙和汛后期持续的中水过程对于河床基质组成以及一些生物活动起着重要作用。根据水库的运行特性，不同量级的流量出现时机、历时会有不同程度的改变。以龙羊峡与小浪底水库为例，说明各级流量在单一水利枢纽作用下的变化情况。

龙羊峡水库上游分布有唐乃亥站，下游分布有贵德站，两站之间无支流的汇入汇出，因此水库修建前，可认为两站的流量过程近似相等，小浪底水库同样如此。为了避免气温、降水等因素所引起的流量本身固有的变化周期的影响，相对于统计水库蓄水前后不同量级洪水过程的变化，本节研究考虑对比同一时间水库进出站流量过程来阐述单一水利工程对不同量级流量的作用。图 2-13 和图 2-14 分别统计了龙羊峡水库与小浪底水库进出库不同流量级的出现频率。由图可知，龙羊峡水库的出库流量具体表现在小于 1000 m³/s 的流量出现频率大大增加，大于 1000m³/s 的流量出现频率减小，龙羊峡水库的出库流量出现频率向低流量过程单极化发展；而小浪底水库出库流量具体表现在小于 2000m³/s 的流量出现频率增加，2000～3000 m³/s 的流量出现频率减小，4000～5000 m³/s 的流量出现频率增加，小浪底的出库流量频率向两极化方向发展。

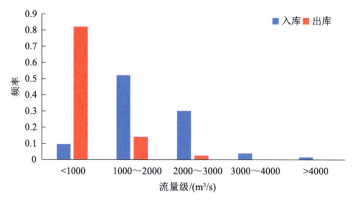

图 2-13　龙羊峡水库进出库各流量级出现频率

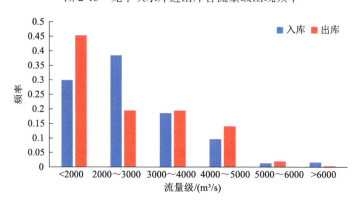

图 2-14　小浪底水库进出库各流量级出现频率

2）对泥沙的调控效应

A. 含沙量及级配变化

水库蓄水后不可避免地要在一定时期内拦蓄上游来沙。水库能够淤积的总沙量取决于水库的死库容，而水库的拦沙排沙则与坝前蓄水位、回水长度等因素有关。

本节选取小浪底水库作为单库代表讨论其泥沙调控效应。小浪底水库运用初期（2000～2006 年）以蓄水拦沙为主，出库沙量急剧减少（图 2-15），年均入库沙量为 3.911 亿 t，出库沙量为 0.643 亿 t，多年平均排沙比为 16.4%。尤其是水库运用前两年，为了增加坝前淤积的铺盖厚度以增强抗渗漏能力，利用异重流排沙出库较少，2000 年、2001

年分别排沙 0.042 亿、0.221 亿 t；2002 年以后，汛前或汛期利用洪水开展调水调沙试验，出库沙量有所增加；2004 年除调水调沙外，汛期高含沙水流集中入库时还进行了浑水水库排沙，全年排沙 1.487 亿 t，为拦沙初期最大值。

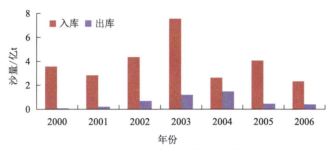

图 2-15　2000～2006 年小浪底进出库沙量对比

小浪底水库运用初期以蓄水拦沙为主，经过水库调节，粗沙几乎被全部拦截，只有粒径较细的中细沙才能被水流挟往下游，与入库泥沙相比，出库泥沙明显细化。拦沙初期入库泥沙中细沙、中沙、粗沙含量分别为 44.6%、28.7% 和 26.7%，而出库泥沙中三者分别为 84.3%、10.3% 和 5.4%（图 2-16），出库细沙含量明显大于入库，而出库中、粗沙含量下降，发挥了水库"拦粗排细"的作用。

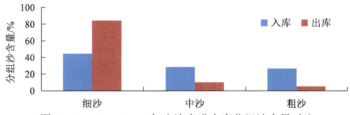

图 2-16　2000～2006 年小浪底进出库分组沙含量对比

小浪底水库进入拦沙后期第一阶段以来（2007 年以来），前汛期遇上游来水较丰时，相继开展降低水位排沙运用，增加汛期排沙机会。此外，随着对水库异重流输移规律认识的深化以及对调水调沙技术的掌握，水库排沙效果不断增强（图 2-17），特别是遇有利水沙条件的 2018～2020 年，实施全河调水调沙，水库排沙比显著提高，2019 年高达 194.87%。2007～2020 年年均入库沙量为 2.446 亿 t、出库沙量为 1.375 亿 t，多年平均排沙比为 56.2%，出库沙量仍明显少于入库沙量。

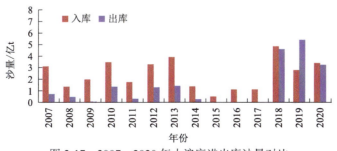

图 2-17　2007～2020 年小浪底进出库沙量对比

尽管水库排沙效果有所增强，但与拦沙初期相比，对泥沙级配调节幅度有所降低，"拦粗排细"的效果有所削弱。2007～2020 年入库泥沙中细沙、中沙和粗沙含量分别占 52.3%、21.4%和 26.3%，出库泥沙中细沙、中沙和粗沙含量分别占 53.8%、20.6%和 25.6%，出库泥沙中细沙含量略高于入库细沙含量，中沙和粗沙含量略低于入库中沙和粗沙含量（图 2-18 ）。

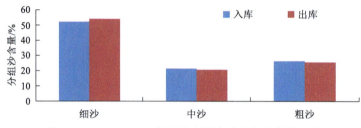

图 2-18　2007～2020 年小浪底进出库分组沙含量对比

B. 沙量年内分配变化

与天然河流相比，水库调节使沙量年内分配与水量的匹配程度更高，也更集中。天然河流的来沙具有集中于汛期，特别是大洪水期的特点。水库修建之后，水库运行水位年内的变化会对下泄沙量的年内分配产生一定的调节作用。一般来讲，水库在一个水文年内的运行过程大体可分为四个阶段：坝前水位下降期——坝前水位从当年最高蓄水位下降至死水位（或防洪限制水位）；主汛期（排沙期）——坝前水位处于防洪限制水位；坝前水位上升期——坝前水位上升至正常蓄水位；蓄水期——坝前水位稳定在最高蓄水位附近（或正常蓄水位）。后面两个阶段可以合并统称为蓄水期。总的来说，在水库运行初期，各个阶段都具有不同程度的拦沙作用，下泄含沙量均有所减小。随着水库运用年限的增加，水库的拦沙效果减弱，特别是主汛期的拦沙量将随着水库运用年限的增加而减小，至水库接近平衡后已变为排沙，其下泄沙量将大于天然情况。

就黄河上水库而言，其也有类似特点。以小浪底水库为例，坝前水位下降期发生在 6 月下旬至 7 月上旬的汛前调水调沙，水库以降低水位排沙为主；主汛期主要指 7 月中旬至 8 月中旬，水库以防洪排沙为主；蓄水期指 8 月中旬至翌年 6 月中旬，水库根据调度规程蓄水抬升水位，直至坝前水位稳定在正常蓄水位。水库排沙主要集中在前两个阶段，由图 2-19 可以看出，泥沙入库出现在 6 月和整个汛期，而出库主要集中在 7 月和 8 月。根据运用阶段进一步划分得到，水库排沙主要集中在汛前调水调沙和汛期主要排沙时段 7 月 1 日～8 月 20 日（扣除汛前调水调沙，下同）。水库运用以来汛前调水调沙和 7 月 1 日～8 月 20 日年均出库沙量分别为 0.153 亿 t 和 0.785 亿 t（图 2-20 ），分别占出库沙量的 13.6% 和 69.4%，相应入库沙量分别为 0.251 亿 t 和 1.235 亿 t，分别占入库沙量的 8.6%和 42.1%。

2. 水库群联合调控效应

1）对径流的调控效应

随着上游修建的水库数量增加，水库群构成之后，对进入库群下游河道的径流调控表现出来的规律和单一水库基本相同，但调节幅度更为显著。本节以龙羊峡-刘家峡水库群为例，分析水库群对径流的调节作用。

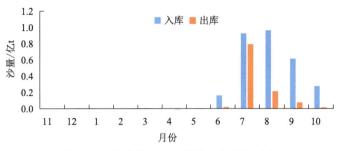

图 2-19　小浪底水库逐月进出库沙量对比

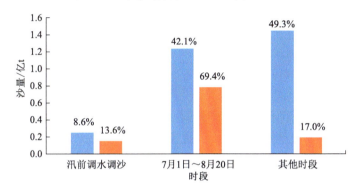

图 2-20　小浪底水库年内不同运用时段进出库沙量对比

图 2-21 给出了龙羊峡-刘家峡水库群进出站水量年际变化，表 2-5 则给出了不同时段对应的径流量统计参数。可以看出，1968 年之前，由于降水与支流入汇的影响，下游小川站年均来水量为 333 亿 m³，远大于上游唐乃亥站的 240 亿 m³；1968 年刘家峡水库建成蓄水，两站的年均来水量差值缩小；而这一趋势在 1986 年龙羊峡水库修建、两库联合运用后进一步加剧。龙羊峡-刘家峡水库群未修建前的天然情况、刘家峡水库修建后、龙羊峡-刘家峡水库群联合运用后，唐乃亥站年径流量分别为小川站的 72%、76% 和 80%。此外，三阶段小川站年均径流量时间序列的标准差分别为 66 亿 m³、61 亿 m³、46 亿 m³，表明相比于单一水库，水库群的联合运用使得下游河道年际间的来水量更加均匀。

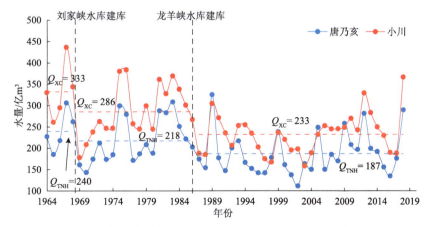

图 2-21　龙羊峡-刘家峡水库群进出站水量年际变化

表 2-5　龙羊峡-刘家峡水库群运用前后进出站径流量统计参数

年份	时段	唐乃亥站年径流量/亿 m³		小川站年径流量/亿 m³	
		均值	标准差	均值	标准差
1964~1968 年	刘家峡水库建库前	240	46	333	66
1969~1986 年	刘家峡水库建库后—龙羊峡水库建库前	218	52	286	61
1987~2018 年	龙羊峡水库建库后	187	49	233	46

2）对泥沙的调控效应

本节以三门峡-小浪底水库群为例，阐述水库群组合对泥沙的调控效应。

A. 含沙量及级配变化

水库对泥沙调控的一般规律总体在水库运用的初期拦沙效率最大，而随着水库运行年限的增加，拦沙效率逐渐减小。对于梯级水库群而言，每一级水库的拦沙作用都会对下游水库入库的泥沙量及过程产生较大影响，虽然水库规模不同或水库所处梯级的差别会造成对泥沙调控效应的差异，但其基本规律是不会改变的。梯级水库群中下游的各级水库入库含沙量都将经历一个从最小值到慢慢恢复增加的过程。单一水库在整个梯级水库群中所处的位置不同，其入库含沙量受到影响的程度也不同，但总体上越靠近下游的水库其入库含沙量会越小，恢复的速度和恢复的过程也越缓慢。

位于黄河上的三门峡水库和小浪底水库对泥沙的联合调控更具特殊性。小浪底水库具有较大的拦沙库容，目前仍处于拦沙阶段，两库联合运用对上游来沙的调节仍以拦蓄为主，只是在小浪底水库的不同运用阶段，拦沙效果有所不同；而三门峡水库目前处于限制运用阶段，其对泥沙的调节功能受到很大程度的制约。总体而言，两座水库联合应用对泥沙的调控作用效果显著，虽然会在一定程度上削弱水库对进入黄河下游河道泥沙级配"拦粗排细"的调整功能，但进一步增大了水库的排沙比，提高了下游河道同等水流条件集中输沙入海的能力。

小浪底水库运用初期，以蓄水拦沙为主，出库沙量急剧减少；而三门峡水库采取蓄清排浑措施，潼关站流量大于 1500m³/s 时敞泄运用，出库沙量增加，对三门峡水库有效库容的恢复非常有利。两级水库联合调节运用的整体效果仍以拦沙为主。其中，2000~2006 年潼关站年均沙量 3.780 亿 t，三门峡站沙量（三门峡水库出库沙量）为 3.981 亿 t，小浪底站沙量（小浪底水库出库沙量）为 0.632 亿 t（图 2-22），三门峡水库平均排沙比为 105.3%，小浪底水库为 15.9%，三门峡、小浪底两库联合排沙比为 16.7%。

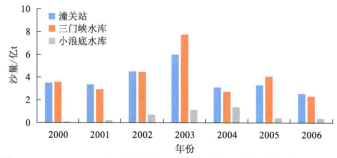

图 2-22　2000~2006 年潼关站、三门峡水库和小浪底水库沙量对比

　　小浪底水库进入拦沙后期第一阶段以来（2007 年以来），前汛期上游来水相对较丰，小浪底水库降低水位排沙运用较多，而洪水期三门峡水库敞泄运用，三门峡水库和小浪底水库排沙均明显增加（图 2-23）。2007～2020 年潼关站沙量平均为 1.791 亿 t，三门峡水库出库沙量为 2.446 亿 t，小浪底水库出库沙量为 1.375 亿 t；三门峡水库多年平均排沙比为 136.6%，小浪底水库多年平均排沙比 56.2%，三门峡、小浪底两库联合排沙比为 76.8%。小浪底水库出库沙量虽有明显增加，但仍小于入库沙量；且小于潼关站含沙量，两库联合运用的效果是继续发挥拦沙作用，为黄河下游河道过流能力的恢复提供前提条件。

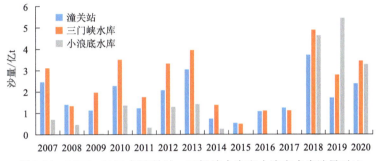

图 2-23　2007～2020 年潼关站、三门峡水库和小浪底水库沙量对比

　　小浪底水库自运用以来，与三门峡水库联合运用拦蓄上游来沙，同时调节着泥沙组成。根据实测资料点绘的 2011～2020 年潼关站、三门峡水库和小浪底水库沙量及分组沙含量见图 2-24 和图 2-25。

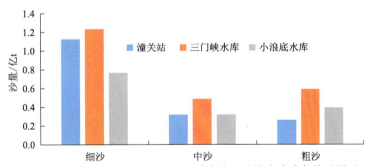

图 2-24　2011～2020 年潼关站、三门峡水库和小浪底水库年均沙量对比

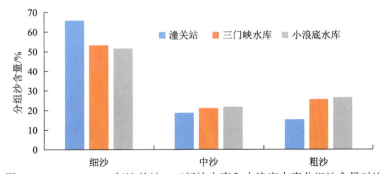

图 2-25　2011～2020 年潼关站、三门峡水库和小浪底水库分组沙含量对比

由图 2-24 和图 2-25 可以得到，2011～2020 年，潼关站年均沙量为 1.713 亿 t，小浪底水库出库沙量为 1.488 亿 t，三门峡和小浪底两库整体表现为淤积。从分组沙量来看，潼关站细沙、中沙、粗沙分别为 1.128 亿 t、0.322 亿 t 和 0.263 亿 t，小浪底水库出库相应分别为 0.769 亿 t、0.324 亿和 0.395 亿 t；淤积全部为细沙，三门峡和小浪底两库联合细沙排沙比为 68.2%；中沙基本冲淤平衡，排沙比为 100.1%；粗沙发生冲刷，排沙比为 150.2%。各水库出库泥沙组成也进行了调整，与潼关站相比，小浪底水库出库细沙含量明显减少，中、粗沙含量有所增加，细沙从 65.8% 减小为 51.7%，中沙从 18.8% 增加为 21.8%，粗沙从 15.4% 增加为 26.6%。也就是说，2011～2020 年，三门峡和小浪底两库联合运用整体表现为拦蓄泥沙，并且拦蓄的全部为细沙，而中沙基本平衡，粗沙表现为少量冲刷。需要说明的是，2007 年之后，洪水期三门峡、小浪底水库进行过多次联合排沙运用，尤其是丰水年 2018 年和 2019 年的联合排沙运用，使三门峡库区冲刷剧烈，而冲刷主要发生在以中、粗沙淤积为主的河槽，这也是造成三门峡水库出库中、粗沙增加的主要原因。

B. 沙量年内分配变化

三门峡-小浪底水库联合调控对沙量年内分配的调整符合水库群调节的一般规律。图 2-26 和图 2-27 分别给出了小浪底水库运用以来潼关站、三门峡水库和小浪底水库沙量年内分配和沙量比例分配结果。

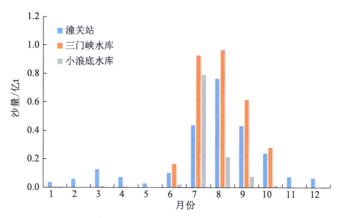

图 2-26　2000～2020 年潼关站、三门峡水库和小浪底水库逐月沙量对比

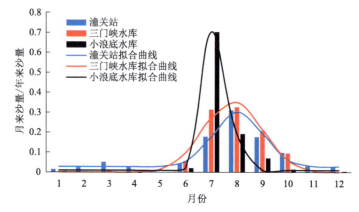

图 2-27　2000～2020 年潼关站、三门峡水库和小浪底水库逐月沙量所占比例分布

由图 2-26 和图 2-27 中可以得到，潼关站全年 12 个月均有泥沙输移，以汛期为主；而三门峡水库泥沙输移基本集中在主汛期，6 月仅有少量泥沙输移；小浪底水库泥沙输移更为集中，主要发生在 7～8 月。2000～2020 年，潼关站汛期沙量占年沙量的 76.5%，其他时段占 23.5%；三门峡水库汛期沙量占年沙量的 94.2%，6 月占 5.5%，其他时段占 0.3%；小浪底水库汛期沙量占年沙量的 97.8%，6 月占 2.0%，其他时段占 0.2%；其中汛期的 7～8 月占年沙量的 85.5%。也就是说，经过两级水库的联合调节，泥沙出库更为集中；或者说越处于下游的水库含沙量年内分配变化的程度越高，来沙集中于汛期大水期的特点越明显。

2.2　水库泥沙淤积的河流系统链式时空多维灾变效应

在水库-河道-河口组成的复杂系统演化过程中，泥沙灾害具有累积效应；水沙关系的不协调、严重的泥沙淤积/冲刷导致的链发性泥沙灾害会随时间的推移越发严重。同时，泥沙淤积/冲刷造成的直接灾害往往通过次生的洪水灾害、河口退蚀等形式体现。本节重点分析泥沙淤积对库区、河道和河口的时空灾变效应，提出不同条件下泥沙灾害发生的多元阈值。在此基础上，本节阐明了水库泥沙淤积在水库-河道-河口河流系统中时空灾变效应的链式传导机制，预测了未来不同工况下泥沙灾害的累积效应。

2.2.1　水库泥沙淤积造成的时空灾变累积效应

1. 库区时空灾变累积效应

库区泥沙灾害主要体现为水库功能丧失。水库的淤积形态决定了库区拦沙、兴利和调洪库容的变化量，也反映了库区泥沙灾害的严重程度，见图 2-28。

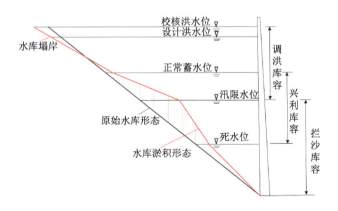

图 2-28　水库淤积形态对库容的影响

随着水库拦沙量的增大，水库拦沙库容逐渐减小，拦沙功能逐年下降；同时，水库的淤积直接导致水库的兴利库容和调洪库容损失，进而导致水库的兴利功能和防洪功能都受到影响。当水库拦沙库容淤满时便彻底失去拦沙功能，若进一步让其发挥拦沙作用，则会使调洪库容和兴利库容进一步缩小，直至水库功能完全丧失。因此，水库的泥沙淤积灾害主要体现于水库功能丧失，故定义水库的拦沙库容为水库的淤积阈值，即当水库淤积量大于水库的设计拦沙库容时，则发生泥沙灾害：

$$\mathrm{TH_{res}}: V_y \leqslant V_s \tag{2-15}$$

式中，$\mathrm{TH_{res}}$ 为水库发生泥沙灾害的临界值；V_y 为水库淤积量；V_s 为设计拦沙库容。

对于拦沙不作为主要功能之一的水库，定义其死水位以下库容为拦沙库容，当死库容淤满后，若水库继续淤积则逐步丧失兴利、防洪能力，此时丧失拦沙功能；对于在设计时考虑了拦沙功能的水库，当拦沙库容淤满时水库丧失拦沙功能。黄河干支流的 11 座主要水库因淤积导致水库拦沙功能丧失的阈值见表 2-6。其中，三门峡水库的阈值按照控制潼关站高程不高于 328m 求得（吴保生等，2007）。

表 2-6　黄河干流骨干水库淤积导致的水库功能丧失阈值

水库	水库功能丧失阈值/亿 $\mathrm{m^3}$
龙羊峡水库	53.4
刘家峡水库	15.4
海勃湾水库	0.44
万家寨水库	4.51
古贤水库（待建）	93.42
三门峡水库	30
小浪底水库	75.5

2. 下游河道的泥沙灾害时空灾变累积效应

1）河道泥沙灾害及其阈值

水库修建前后，河道的泥沙灾害有不同的表现形式。水库修建前，河道受天然不协调水沙过程影响，发生持续淤积，大堤内形成"二级悬河"（图 2-29），其一遇洪水过程则出现"横斜河频发""工程出险""小流量高水位"等现象，它们都是河道泥沙灾害的典型表现形式。在水库建成初期，水库拦沙导致下游河道被冲刷下切，河床高程下降，悬河形势得到缓解，但是又容易造成新的冲刷型灾害，如同流量水位下降导致沿岸取水口取水困难、河道易崩岸塌滩等（图 2-30）；水库拦沙后期，水库逐渐淤积丧失拦沙能力，导致下游河道进入下一轮淤积抬升过程，产生类似水库修建前的各类泥沙灾害。

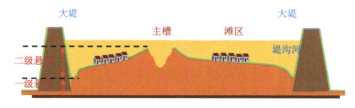

图 2-29　典型河道"二级悬河"示意图

(a) 塌入黄河中的房屋　　　　　　　　　　　(b) 郑州半城降压供水

图 2-30　河道冲刷对滩区居民区和两岸引供水安全的影响

深泓摆动、主河槽游荡等河床横向变形过程容易引起游荡性河段河床形态的剧烈调整，从而对河道防洪安全及滩区土地利用、居民生命财产安全等产生重大影响。河道淤积会导致河道平滩流量和总体过流能力下降，使得"小水大灾"的特点日益突出。例如，1996 年 8 月发生的"96.8"洪水洪峰流量仅为 7680m³/s，远小于 1982 年的"82.8"洪水的 15300m³/s，但花园口水文站的最高水位却比"82.8"洪水的最高水位高出 0.74m，其他各站洪水期间的最高水位均高于"82.8"洪水；豫鲁两省滩区几乎全部进水，淹没面积达 22.86 万 hm²，150 多年没上过水的原阳、封丘、开封等高滩也大面积漫水，平均水深 1.7m，最深 6m，河南省的范县、台前平均漫滩水深均在 2m 以上（胡一三和曹常胜，1997）。

河道中应当维持一定的生态基流和生态水量，否则可能破坏河流系统的生态环境和地方社会经济的服务功能。20 世纪 90 年代，三门峡水库为恢复库容大量排沙，造成黄河下游河道河槽急剧萎缩，河槽最小过流能力一度降低到 1800m³/s；黄河下游的断流现象也频繁发生，断流河长不断增加，其中 1997 年断流天数达 226 天，长度达到 683km。频发的断流，不仅直接影响依靠黄河供水的城乡生活和工农业生产用水，造成黄河下游受水区年均经济损失十几亿元；同时也使水环境容量显著减小，加重了黄河水污染和水环境恶化，加剧了黄河口地区土地盐碱化和河口湿地生态系统退化、生物多样性减少。

根据河道因泥沙问题而可能产生的淤积灾害、冲刷灾害、主河槽失稳灾害和生态灾害，可以确定河道泥沙灾害阈值如下：

$$\text{TH}_{\text{wc}}:\begin{cases} Q_{\text{b}} & \leqslant & Q_{\text{bc}} \\ Q_{\text{max}} & \leqslant & Q_{\text{std}} \\ Q_{\text{min}} & \geqslant & Q_{\text{ec}} \end{cases} \tag{2-16}$$

式中，TH_{wc} 为河道发生灾害的阈值；Q_{b} 为某河段在当前时刻的平滩流量；Q_{bc} 为该河段平滩流量临界值；$Q_{\text{b}} \leqslant Q_{\text{bc}}$ 表征河段应避免的淤积风险；Q_{max} 和 Q_{std} 分别为河段最大流量和河道防洪标准对应流量；$Q_{\text{max}} \leqslant Q_{\text{std}}$ 表征河段应避免的洪水灾害；Q_{min} 和 Q_{ec} 分别为河道最小流量和河道生态流量；$Q_{\text{min}} \geqslant Q_{\text{ec}}$ 表征河段应避免的生态灾难。

对于黄河下游河道，一般认为平滩流量应维持在 4000m³/s 以上，过流能力不低于各河段设计防洪标准（花园口过流能力不低于 22000m³/s，高村不低于 20000m³/s，孙口不低于 17500m³/s，艾山不低于 11000m³/s）。其中，主河槽横向摆动和河道冲刷导致的取水困难都属于河道稳定性问题，但该指标不存在一个"灾害阈值"，即使在河道相对较稳定时，河道的横向摆动也是不可避免的，因此本节研究暂不涉及泥沙灾害的河道失稳阈值。

2）河道泥沙淤积累积效应对来水来沙的响应关系

河道泥沙长期淤积产生的累积效应表现在过流断面淤积萎缩、二级悬河不断发育等，一旦河道萎缩或悬河发育超过某个阈值，遇到对应洪水过程则将演变为泥沙灾害。本节将河道淤积量、平滩流量作为河道泥沙淤积产生累积效应的表征因子，通过构建河道淤积量、平滩流量与来水来沙的响应关系，可将河道淤积量、平滩流量阈值转化为来水来沙关系阈值，为上游水库群联合调度指标的确定提供依据。

采用径流-输沙率经验公式对径流挟沙能力进行拟合，并将径流挟沙能力与输入河段的泥沙量相减，得到河段淤积/冲刷量。考虑到汛期和非汛期径流量和输沙量均相差较大，分别计算汛期和非汛期的泥沙淤积/冲刷量，有

$$\mathrm{Dep} = a_1 \cdot q_f^{a_2} - a_3 \cdot \mathrm{so}_f + a_4 \cdot q_x^{a_5} - a_6 \cdot \mathrm{so}_x \qquad （2\text{-}17）$$

式中，Dep 为某河段年度淤积量（m³）；a_1、a_2、a_3、a_4、a_5、a_6 为参数；so_f、so_x 分别为汛期和非汛期平均输沙率（t/s）；q_f、q_x 分别为汛期和非汛期平均径流量（m³/s）。

分别对小浪底—花园口、花园口—高村、高村—孙口和孙口—利津河段 1960～2010 年的累积淤积量进行模拟，结果如图 2-31 所示，河段淤积统计模型对小浪底—花园口河段、花园口—高村河段的模拟结果较好，R^2 均在 0.95 以上，但对高村—孙口河段模拟结果稍差，仅为 0.63。这可能由于小浪底—花园口河段、花园口—高村河段均属游荡型河道，淤积量较大，因此统计模型的模拟效果更准确。而孙口断面和利津断面在 1965～2017 年基本维持在冲淤平衡状态，累积淤积量相对较小，同时人类活动的影响相对更大（如直接取水、区间入流等），导致淤积模型模拟效果受到影响。

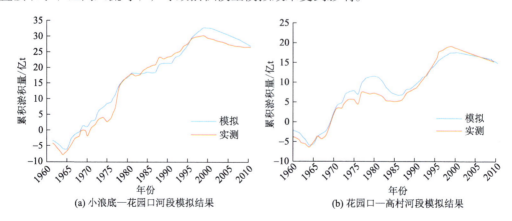

(a) 小浪底—花园口河段模拟结果　　　　　　(b) 花园口—高村河段模拟结果

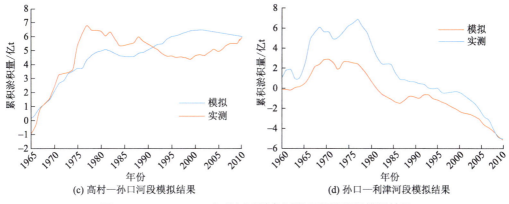

(c) 高村—孙口河段模拟结果　　　　　(d) 孙口—利津河段模拟结果

图 2-31　1960～2010 年黄河下游各河段累积淤积量模拟结果

河道的平滩流量、淤积量都与来水来沙情况有关。通过构建河道平滩流量、河道淤积量与来水来沙的响应关系，可以将河道平滩流量、河道淤积量阈值转化为来水来沙边界条件阈值，为上游水库群联合调度指标的确定提供依据。

采用吴保生（2008a，2008b）提出的滞后响应模型模拟河道平滩流量对来水来沙的响应，公式如下所示：

$$Q_{p,n} = a \cdot Q_f^b \cdot is_f^c + d \cdot Q_{p,n-1} \tag{2-18}$$

式中，$Q_{p,n}$ 为第 n 年的平滩流量；is_f 为汛期平均来沙系数；Q_f 为汛期平均径流量；a、b、c、d 为参数。以汛期平均输沙率 20t/s 为临界点，分别拟合输沙率超过 20t/s 和低于 20t/s 的情景，滞后响应模型分河段的拟合结果如图 2-32 所示，花园口、夹河滩、高村、孙口和利津的 R^2 分别为 0.88、0.65、0.77、0.85 和 0.79，拟合效果较好。

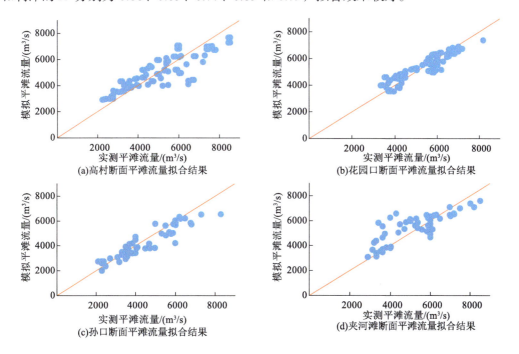

(a)高村断面平滩流量拟合结果　　　　　(b)花园口断面平滩流量拟合结果

(c)孙口断面平滩流量拟合结果　　　　　(d)夹河滩断面平滩流量拟合结果

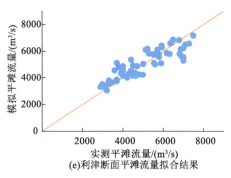

图 2-32　分河段滞后响应模型拟合结果

3. 河口泥沙时空灾变累积效应

1）河口泥沙灾害及其阈值

黄河三角洲河口段在 1985～1988 年，由于黄河来水来沙量锐减，河口段海岸普遍遭受侵蚀，三角洲面积年均减少 19km²。自 1988 年起，河口段三角洲面积近似楔形，黄河尾闾受大堤束范，河道顺直，河口一直处于淤积造陆阶段，1988～1992 年黄河口淤积面积增加 116km²，年平均增加 29km²。自 1992 年后，黄河来水来沙量减少，海岸线变化幅度不大，黄河三角洲淤积处于波动增加的状态，至 1995 年增加淤积面积 62km²，年平均增加淤积面积 20km²。1996 年黄河清 8 改汊，引黄河从北汊入海，新生成小沙嘴，由于来水来沙量较小，新沙嘴缓慢淤积，旧沙嘴不断受到海水侵蚀，黄河河口三角洲总体淤积面积处于小幅波动淤积增加趋势。1999 年小浪底水库投入使用之后，入海泥沙量骤减，新沙嘴遭受海水侵蚀，三角洲面积减小。2002 年后，受黄河上游和黄土高原水土保持等的影响，入黄水沙量逐年减少，但随着黄河调水调沙试验的不断实施，新沙嘴又开始逐步缓慢淤积，旧沙嘴仍不断退蚀，直至 2015 年河口三角洲面积又增加了 25.6km²，年均增加不到 2km²。

河口三角洲的发展过程受上游来水来沙条件和海洋动力的双重作用。黄河河口三角洲随着大量上游来沙送至河口，造成河口海岸淤积外延、河道增长、比降变缓，侵蚀基准面相对升高，输沙能力降低，河口的淤积段抬升，并逐渐向上游发展，抬高洪水水位，造成严重的洪水灾害；同时，河口的发育情况，也将会对河口的生态系统造成较严重的影响；另外，若上游水土保持工作卓有成效，同时大坝拦沙使得进入河口的沙量过少，也会导致河口三角洲的退蚀，不利于河口生态环境的良性维持。因此，我们认为河口的泥沙灾害主要包括，"泥沙过多堵塞河口河道导致改道"和"输沙量过少导致河口三角洲退蚀"。

根据平衡比降理论，在边界条件不变的情况下，河口河道的比降会逐渐趋向于当前条件下的平衡比降。但随着上游泥沙不断进入河口，河口的河长会持续增长；随着河长的增加，在河口河道比降不断逼近平衡比降时，河道也会不断淤积抬高；当河道的水位抬高到一定程度，如特定流量水位高于两岸滩面或河堤时，洪水便容易冲破河槽乃至河堤约束，导致河口流路改道灾害发生。

根据河口泥沙灾害，可以确定灾害阈值，具体如下：

$$\text{TH}_{\text{m}}:\begin{cases} s_t > s_{t-1} \\ h \leqslant h_{\text{s}} \end{cases} \qquad (2\text{-}19)$$

式中，TH_{m} 为河口发生灾害时的临界值；s_t 为三角洲在 t 时刻的面积，当三角洲面积萎缩时，发生退蚀灾害；h 和 h_{s} 分别为河口河道典型流量水位与河口特定流量水位临界值，当河道水位高于改道临界阈值时，发生河口改道灾害。

2）河口泥沙灾害对来水来沙的响应关系

从对黄河河口历史改道数据的分析可以看出，河口改道主要受河口河道淤积抬高的影响。当西河口站 3000m³/s 对应水位高于指定阈值时，河口容易发生改道。河口河道比降受来水来沙和边界条件的影响，会逐渐逼近平衡比降，黄河河口河道比降变化如图 2-33 所示。

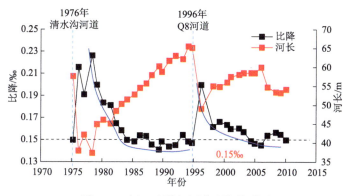

图 2-33　河口改道与河道比降关系图

从图 2-33 中可以看到，1976 年与 1996 年改道后河口河道比降的变化比较一致。首先改道导致河长减小，比降突增；随着河长淤积外延，河道比降不断减小，最终趋于一个定值，并在定值上下波动，久而久之会因河道的淤积抬升再次发生改道。西河口站水位主要与河口比降及河长有关。当上游河道来沙量较大时，一方面河道会淤积外延，河长增长导致坡度放缓；另一方面河道淤积也抬升河床，导致坡度变陡。因此，计算河口改道灾害发生的重点在于确定与上游来水来沙密切相关的河口河道平衡比降。同样采用滞后响应模型计算河口河道比降对来水来沙的响应，可以得到多步递推式：

$$J_i = (1 - \text{e}^{-\beta \Delta t})\, J_{\text{e},i-1} + \text{e}^{(-\beta_i \varDelta)} J_{i-1} \qquad (2\text{-}20)$$

类似地，河道比降的平衡值可以采用如下经验公式进行计算：

$$J_{\text{e},i} = K W_i^a W_{\text{s}}^b \qquad (2\text{-}21)$$

式中，W_i 和 W_{s} 分别为利津站的年来水量（亿 m³）和年来沙量（亿 t）；K、a、b 均为参数。

同时，河道比降还可以用式（2-22）进行计算：

$$J_i = \frac{Z_i}{L_i} \qquad (2\text{-}22)$$

式中，Z_i 为西河口站的 3000m³/s 流量对应水位；L_i 为西河口站至入海口出口的河道长度。

基于式（1-20）～式（1-22）联立方程，推导西河口站 3000m³/s 流量水位计算公式为

$$Z_i = L\left(1 - e^{k\Delta t}\right)J_{e,i} + e^{k\Delta t} \cdot Z_{i-1} \qquad (2\text{-}23)$$

式中，Z_i 为西河口站在 i 时刻的 3000m³/s 流量对应水位。在给定来水来沙、河口河道历史比降的情况下，只要能够计算得到河长，即可得出西河口站 3000m³/s 流量对应水位。

而西河口站以下河长与累积输沙量之间存在显著的线性相关关系，根据历史观测数据，对累积输沙量与西河口站以下河长进行拟合，结果如图 2-34 所示。进一步将河长计算公式代入式（2-23），即可得到西河口站 3000m³/s 流量水位，水位拟合结果见图 2-35。

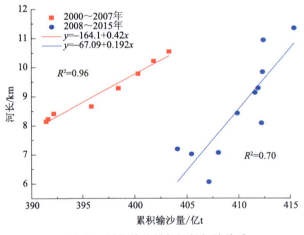

图 2-34　累积输沙量与河长相关关系

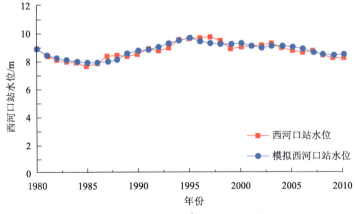

图 2-35　西河口站 3000m³/s 流量水位拟合结果

由图 2-35 可见，滞后响应模型对西河口站的 3000m³/s 流量水位拟合效果良好，能

够反映来水来沙对河口河道淤积的影响。

当前，基于现状条件下现行清水沟流路所能承受的防洪压力和黄河下游的堤防标准情况，其河口入海流路的改道阈值标准是西河口站水位在流量为 10000m³/s 时达到 12m。然而，1980 年以来，黄河口来水来沙量锐减，在多水库联合运用情况下，河口 10000m³/s 洪水出现的概率为千年一遇。前人研究计算结果表明，西河口站流量为 3000m³/s 时的改道阈值为 10.58m。考虑到流量为 3000m³/s 的水位已被广泛采纳这一现实（王开荣等，2007），本节研究采用西河口站 3000m³/s 流量水位 10.58m 作为河口改道阈值。

2.2.2 水库-河道-河口河流系统灾变效应时空链式传导机制

1. 泥沙灾害的时空链式传导机制

泥沙灾害的时空链式传导是通过水沙输移实现的。水库通过对水沙的调节来影响泥沙的输移过程，从而决定泥沙灾害在河流各子系统中的表现形式和影响程度。从空间角度看，泥沙从库区排入下游河道，再从河道运移到河口；水沙条件和河道边界条件、社会经济和生态环境对水沙的需求，决定了从库区排出的泥沙在下游河道河流各子系统中的时空分布。从时间角度看，泥沙灾害由泥沙的累积淤积/冲刷量所决定，当某子系统的累积淤积/冲刷量突破灾害发生阈值时将致灾。这一自库区至下游河道再到河口的泥沙链式传导过程和各子系统泥沙灾害的累积效应，即河流系统中的灾变效应时空链式传导机制的物理图形如图 2-36 所示。

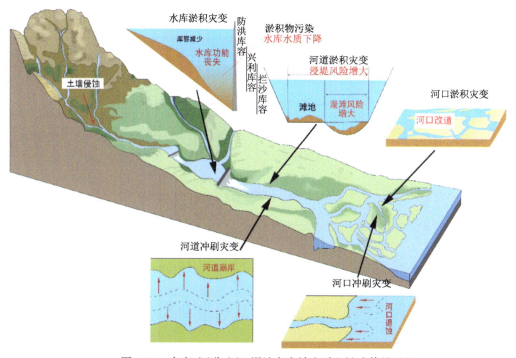

图 2-36 水库-河道-河口泥沙灾变效应时空链式传导过程

水沙在河道中的传输是一个复杂的过程，河道地形受来水来沙的影响会发生改变，地形的改变又会反作用于水沙输移，同一河段在不同时期的输沙能力也有所不同。例如，窄深的河槽更利于输送泥沙，而宽浅的河槽更易落淤。为了简化计算，本节研究暂不考虑河道地形变化对水沙输移的影响。

对于任一河段，建立水沙输移统计模型：

$$\begin{cases} q_n = f(q_n-1) \\ S_n = f(q_{n-1}, S_{n-1}) \end{cases} \qquad n = 2, 3, \cdots, N \qquad (2\text{-}24)$$

式中，q_n 和 q_{n-1} 分别为第 n 河段和第 $n-1$ 河段的流量；S_n 和 S_{n-1} 分别为第 n 河段和第 $n-1$ 河段的泥沙量；f 为函数，基于过去实测水沙和河道淤积冲刷资料统计分析得到相关参数。

由于各河段存在引水、区间入流等情况，当来水量较少时，人类活动的影响将大幅度提高占比。因此，将汛期的实测水沙数据进行分段处理。当汛期平均径流量小于 1000m³/s 时，采用幂函数拟合上下游断面径流的相关关系；当汛期平均径流量大于 1000m³/s 时，采用线性方程拟合上下游断面径流的相关关系。非汛期平均径流分为小于 605m³/s 和大于 605m³/s 两段处理。径流量和来沙量都会对河段输沙效果造成影响，结合径流-输沙率经验公式和上游来沙量，开展下游河段的输沙量计算。分时段对小浪底—花园口、花园口—高村、高村—孙口和孙口—利津河段进行径流和输沙关系拟合，拟合公式如表 2-7 所示，拟合结果如图 2-37 和图 2-38 所示。

表 2-7　水沙在河道中传输关系拟合公式

河段	时段	拟合公式
小浪底—花园口	汛期泥沙	$Q_s = 0.104\overline{Q_1}^{0.611} + 0.7815 S_1$
	非汛期泥沙	$Q_s = 0.37\overline{Q_1}^{0.327} + 0.59 S_1$
	少水汛期	$Q_s = 0.72\overline{Q_1}^{1.0773}$
	多水汛期	$Q_s = 1.105\overline{Q_1} + 56.7$
	少水非汛期	$Q_s = 8.57\overline{Q_1}^{0.66}$
	多水非汛期	$Q_s = 1.03\overline{Q_1} + 24.98$
花园口—高村	汛期泥沙	$Q_s = 0.0028\overline{Q_1}^{1.02} + 0.79 S_1$
	非汛期泥沙	$Q_s = 0.078\overline{Q_1}^{0.505} + 0.718 S_1$
	少水汛期径流	$Q_s = 0.36\overline{Q_1}^{1.14}$
	多水汛期径流	$Q_s = 1.004\overline{Q_1} - 99.7$
	少水非汛期径流	$Q_s = 0.134\overline{Q_1}^{1.28}$
	多水非汛期径流	$Q_s = 1.07\overline{Q_1} - 120.9$

续表

河段	时段	拟合公式
高村—孙口	汛期泥沙	$Q_s = 0.0012\overline{Q_1}^{0.935} + 0.965S_1$
	非汛期泥沙	$Q_s = 0.002\overline{Q_1}^{0.8} + 0.9S_1$
	少水汛期径流	$Q_s = 0.41\overline{Q_1}^{1.13}$
	多水汛期径流	$Q_s = \overline{Q_1} - 51.9$
	少水非汛期径流	$Q_s = 2.42\overline{Q_1}^{0.84}$
	多水非汛期径流	$Q_s = 1.07\overline{Q_1} - 98.6$
孙口—利津	汛期泥沙	$Q_s = 0.00009\overline{Q_1}^{1.47} + 0.895S_1$
	非汛期泥沙	$Q_s = 0.000015\overline{Q_1}^{1.32} + 0.74S_1$
	少水汛期径流	$Q_s = 0.0085\overline{Q_1}^{1.7}$
	多水汛期径流	$Q_s = 1.07\overline{Q_1} - 201.3$
	少水非汛期径流	$Q_s = 7.2 \times 10^{-6}\overline{Q_1}^{2.82}$
	多水非汛期径流	$Q_8 = 1.3\overline{Q_1} - 437.6$

图 2-37　黄河下游河道输沙率拟合结果

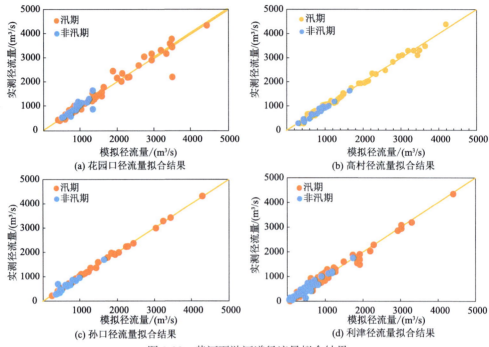

图 2-38 黄河下游河道径流量拟合结果

可以看出，水沙输移统计模型的模拟结果与观测结果基本一致。

泥沙灾害的链式传导过程是通过挟沙水流的不断运动实现的。水沙运动过程中，河道边界条件和水流流速等因子将会不断地发生变化，使得水流的挟沙能力和挟沙量也随之发生相应的改变，进而引起河流系统中各子系统的水沙配置或者河床的淤积/冲刷发生相应的调整，如此不断累积的结果最终导致泥沙灾害的发生。通过上述构建的水沙输移统计模型、西河口站 3000m³/s 流量水位计算模型，可以实现对给定水沙序列条件下长时段河道水沙演进、泥沙淤积和过流断面调整的模拟预测，研判泥沙灾害的发生。不同工况下河流系统中各子系统泥沙灾害累积效应的预测流程如图 2-39 所示。

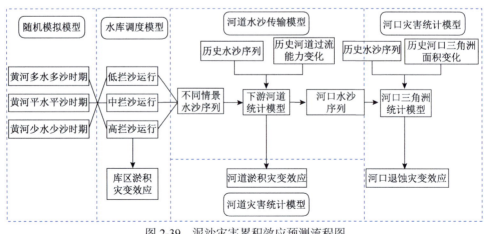

图 2-39 泥沙灾害累积效应预测流程图

2. 不同工况下水库-河道-河口泥沙灾害效应预测

1）水沙工况设定

为了构建不同的来水来沙工况，需要从已知的径流和泥沙序列中截取水沙联合概率分布相对一致的序列。以三门峡水库的来水来沙情况为研究对象，对其进行 M-K 检验，并绘制径流-泥沙双累积曲线，将历史来水来沙分为几个联合概率分布相对一致的时期。结果显示，水沙关系在 1979 年和 1999 年发生了改变。考虑黄河流域在 1980 年水利部发布《小流域水土保持治理办法》后开始小流域综合治理试点、1999 年底小浪底水库下闸蓄水到 2003 年小浪底水库蓄水阶段完成这两个关键节点，同时参考已有文献资料水沙分期结果，本次研究将 1962～1979 年、1979～1999 年和 2003～2017 年三个阶段分别设置为水沙情景的 3 种工况。其中，工况 1 的径流量和泥沙量最大，工况 2 次之，工况 3 的径流量和泥沙量均最小。

考虑到 3 种工况的序列长度均较短，采用随机模拟的方法生成与实测水沙序列分布一致、序列长度更长的随机模拟水沙序列，并采用多时间尺度分位数映射法（MTSQM）进行后处理，改善水沙序列的低频变异性。根据三门峡站的水沙序列，用该方法（MTSQM-EC）进行随机模拟生成随机序列，与未经后处理的原始随机模拟序列（RAW）进行对比，计算结果如图 2-40 所示。可以看出，该方法能够在不改变原模型日尺度分布特性的前提下有效地提高模型的低频特性，显著优于不进行后处理的原模型。

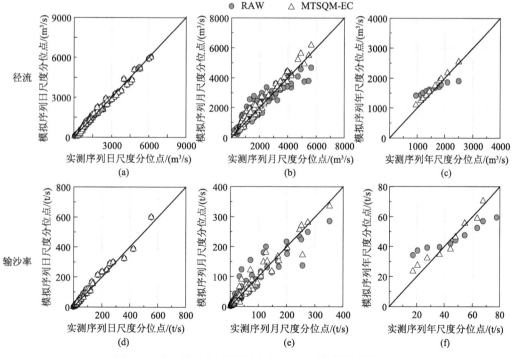

图 2-40　日-月-年尺度不同分位点的实测-模拟结果对比

因此，采用 MTSQM-EC 方法进行随机模拟，以 1962～1979 年、1979～1999 年和 2003～2017 年三门峡水库入库径流泥沙序列为模板，生成 3 种工况各 100 年的水沙系列，分别为工况 1、工况 2 和工况 3，各工况的年均径流量、泥沙量如表 2-8 所示。

表 2-8　各水沙工况年均径流量、泥沙量

	工况 1	工况 2	工况 3
年均径流量/亿 m³	402.5	311.2	237.2
年均来沙量/亿 t	13.8	7.9	2.26

2）水库拦沙运用工况设定

在水库的拦沙调度中，设定水库仅在汛期排沙，非汛期拦截全部来沙，同时制定零排沙（水库拦截所有入库泥沙，直至拦沙库容淤满）、大水年排沙（水库仅在 25%以上的丰水年排沙）和每年排沙（水库每年汛期都排沙）3 种水库拦沙工况。分析在不同来水来沙情况下、小浪底水库不同调度规则情况下，黄河下游河道、河口的泥沙灾害。

将随机模拟模型生成的 3 种工况水沙序列输入水库调度模型，生成经水库调蓄后的水沙序列，共得到 9 种进入下游河道的水沙情景，如表 2-9 所示。

表 2-9　不同水沙情景

工况	情景
工况 1-1	1962～1979 年（零排沙）
工况 1-2	1962～1979 年（大水年排沙）
工况 1-3	1962～1979 年（每年排沙）
工况 2-1	1979～1999 年（零排沙）
工况 2-2	1979～1999 年（大水年排沙）
工况 2-3	1979～1999 年（每年排沙）
工况 3-1	2003～2017 年（零排沙）
工况 3-2	2003～2017 年（大水年排沙）
工况 3-3	2003～2017 年（每年排沙）

不同来水来沙水库调蓄工况下，水库每年的下泄水沙情况如图 2-41 所示。

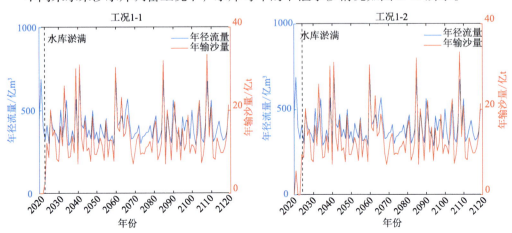

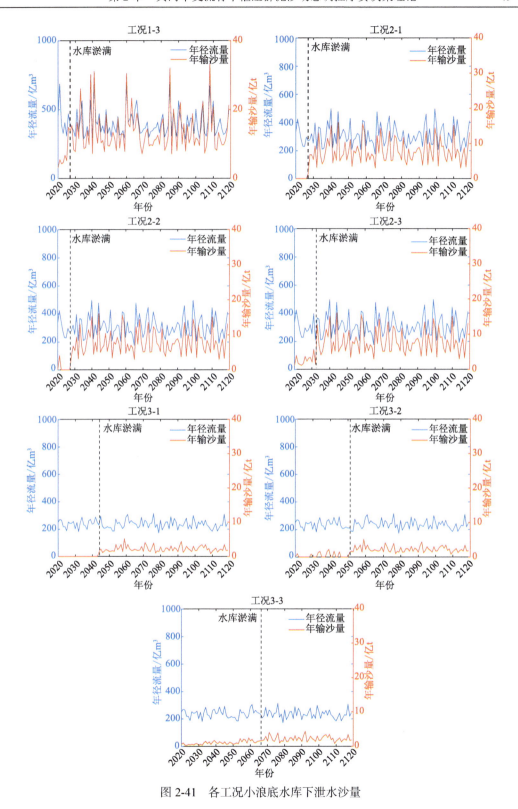

图 2-41　各工况小浪底水库下泄水沙量

可以看出，小浪底水库的拦沙工况和来水来沙情景都会对水库拦沙寿命产生影响。在条件最不利的来水来沙工况 1，小浪底水库淤积速度极快，零排沙、大水年排沙和每年排沙工况下水库的拦沙寿命分别为 3 年、4 年和 7 年；在来水来沙工况 2 条件下，水库的拦沙寿命分别为 7 年、8 年和 13 年；在来水来沙工况 3 条件下，水库的拦沙寿命分别为 24 年、31 年和 46 年。即便在较为理想的来水来沙工况 3 条件下，结合最能延长水库拦沙寿命的每年排沙工况，也仅能保证小浪底水库继续拦沙 46 年。

3）不同工况下河道泥沙灾害发展预测

计算 9 种工况下黄河下游不同河段累积淤积量与平滩流量的变化情况，结果如图 2-42～图 2-50 所示。

可以看出，在水库未淤满、仍存在拦沙能力时，无论何种工况，下游河道都基本能保持不淤积状态，平滩流量相比现状也有所提高。但当水库淤满后，工况 1 和工况 2 都存在河道淤积的情况，平滩流量也大幅萎缩；工况 3 只要保证水库调水调沙正常运行，即使在水库淤满情况下，河道仍能保持不淤积，平滩流量基本维持不变。

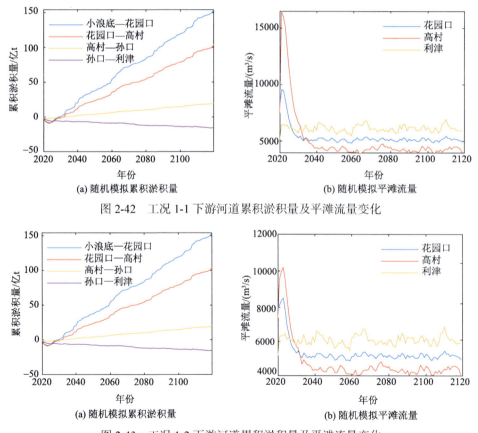

(a) 随机模拟累积淤积量　　　　　　(b) 随机模拟平滩流量

图 2-42　工况 1-1 下游河道累积淤积量及平滩流量变化

(a) 随机模拟累积淤积量　　　　　　(b) 随机模拟平滩流量

图 2-43　工况 1-2 下游河道累积淤积量及平滩流量变化

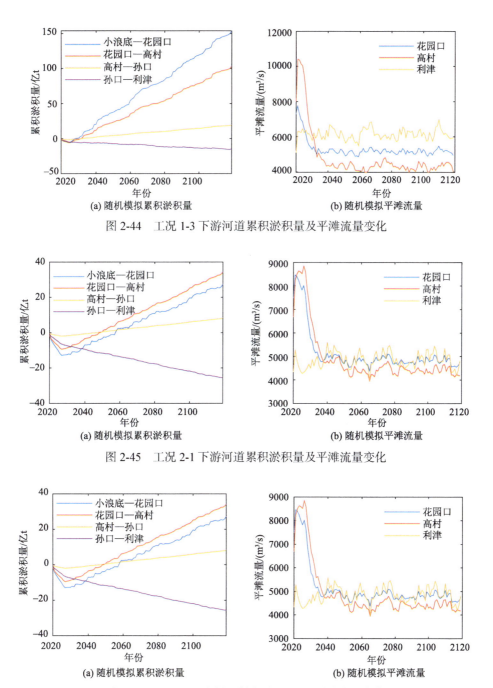

(a) 随机模拟累积淤积量　　　　　　　(b) 随机模拟平滩流量

图 2-44　工况 1-3 下游河道累积淤积量及平滩流量变化

(a) 随机模拟累积淤积量　　　　　　　(b) 随机模拟平滩流量

图 2-45　工况 2-1 下游河道累积淤积量及平滩流量变化

(a) 随机模拟累积淤积量　　　　　　　(b) 随机模拟平滩流量

图 2-46　工况 2-2 下游河道累积淤积量及平滩流量变化

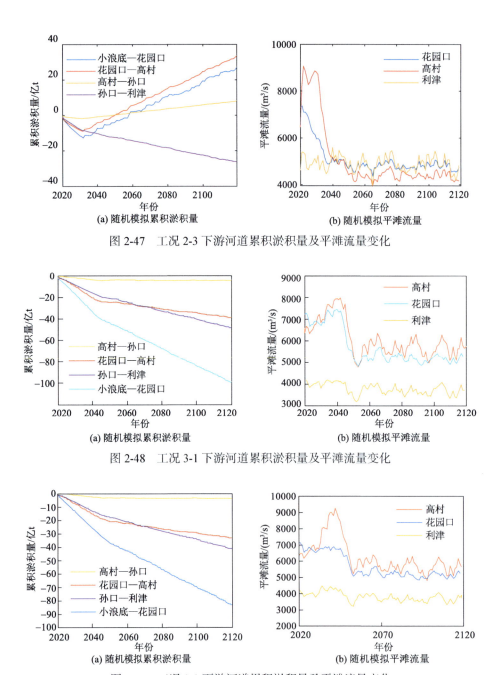

(a) 随机模拟累积淤积量　　　(b) 随机模拟平滩流量

图 2-47　工况 2-3 下游河道累积淤积量及平滩流量变化

(a) 随机模拟累积淤积量　　　(b) 随机模拟平滩流量

图 2-48　工况 3-1 下游河道累积淤积量及平滩流量变化

(a) 随机模拟累积淤积量　　　(b) 随机模拟平滩流量

图 2-49　工况 3-2 下游河道累积淤积量及平滩流量变化

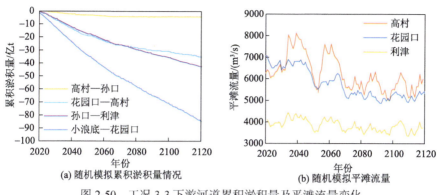

图 2-50　工况 3-3 下游河道累积淤积量及平滩流量变化

此外，不同河段的淤积情况也存在比较大的差别：在工况 1 和工况 2 水库失去拦沙能力后，小浪底—花园口河段和花园口—高村河段累积淤积量最大，高村—孙口河段和孙口—利津河段基本不淤积。这说明黄河河道的淤积主要发生在游荡型河段，过渡型和弯曲型河段的淤积相对更少，这与历史观测结果相符。而在水库拦沙、下游河道发生冲刷的情况下，冲刷也主要发生在游荡型河段，高村—孙口河段和孙口—利津河段的冲刷量相对较少。这与小浪底水库调水调沙促使河床冲刷的结果相符，小浪底水库清水下泄首先冲刷距离小浪底水库最近的小浪底—花园口河段和花园口—高村河段，该处河道坡度最大，同时淤积严重，冲刷效果最好；随着径流向下游河道流动，河道冲刷导致径流含沙量逐渐增加，同时河道坡度逐渐下降，冲刷效果变差。

4）不同工况下河口泥沙灾害发展预测

计算不同工况下河口河道的高程变化情况，如图 2-51 所示。

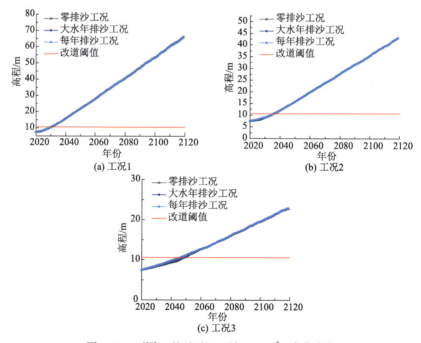

图 2-51　不同工况下西河口站 3000m³/s 水位变化

从图 2-51 中可见，水库拦沙工况对河口泥沙灾害的影响很小，不同水库拦沙工况下西河口站 3000m³/s 高程变化情况几乎重合。这主要是因为小浪底水库下泄清水会导致河道沿程冲刷，不同水库拦沙工况到达河口的泥沙量相差较小。但在实际情况下，随着河道冲刷量的增大，河床中的细沙被冲走，河床表面会粗化形成防冲刷的"盔甲层"，导致后续冲刷量下降。然而，不同的来水来沙工况对河口泥沙灾害影响极大，在零排沙工况和大水年排沙工况中，现有河口河道在水库淤满后迅速淤积，大约 10 年河道即面临改道的风险。而在每年排沙工况情况下，河口河道可以继续使用 25 年。

图 2-52 为不同工况下河口河道的比降变化情况。可以看出，3 种工况下河道比降都呈上升趋势，其中零排沙工况和大水年排沙工况中水库拦沙调度对河口河道比降影响不大，水库调度带来的影响在每年排沙工况中比较明显：零排沙工况下输入河口的泥沙量最少，因此初始状态下河口河道比降相比另外两种工况更小；但随着水库逐渐淤满、丧失拦沙能力，零排沙工况下河道比降迅速回升，在约 2045 年时反超另外两种工况，这说明在此期间河口河道迅速淤积，这与高程变化情况一致。

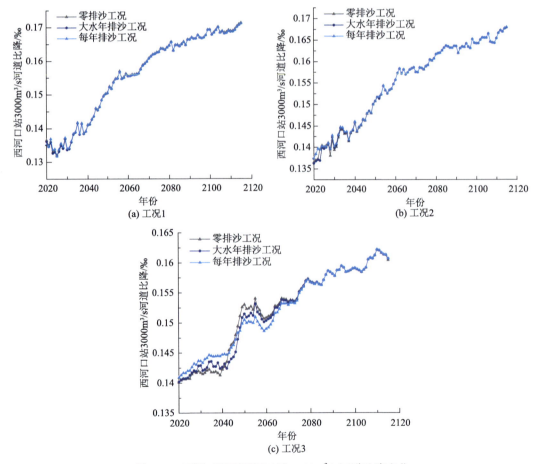

图 2-52   不同工况下西河口站 3000m³/s 河道比降变化

如前所述，河道传输模型未能考虑河道粗化导致的河道泥沙冲刷量减少，因此在水库拦沙期间河口输沙量容易被高估。根据利津站的历史水沙数据直接生成 3 种水沙工况下（1962～1979 年、1979～1999 年、2003～2015 年）的随机模拟径流泥沙序列，定义1962～1979 年为工况 1，1979～1999 年为工况 2，2003～2015 年为工况 3，用随机模拟模型生成 50 年水沙数据。由于在 1962 年后三门峡水库转为"滞洪排沙"运用，基本不发挥拦沙作用，工况 1 和工况 2 可视为无水库拦沙条件下利津站来水来沙工况，而工况3 为小浪底水库拦沙后来水来沙工况。基于随机模拟模型的模拟结果，对这三种工况下河口的泥沙灾害进行分析。设定河口河道初始河长为 97km，并用滞后响应模型计算西河口 3000m³/s 水位的变化情况，结果如图 2-53 所示。

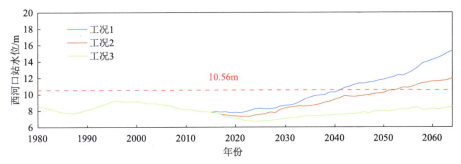

图 2-53　不同工况西河口站 3000m³/s 水位变化情况

由图 2-53 可知，3 种工况下西河口站 3000m³/s 水位都经历了一个先下降后上升的过程。在改道初期，主导西河口站水位变化的因素是河道比降的变化，因河道比降增大，西河口发生冲刷，水位逐渐下降；而随着河道比降逐渐逼近平衡比降，西河口站以下河道比降在平衡比降上下波动，主导西河口站 3000m³/s 水位变化的因素逐渐变为河长的延长，随着河长的增加，西河口站发生淤积，水位逐渐抬高。

三者达到最低水位时间都在 8～10 年，其中，工况 1 中西河口站 3000m³/s 水位在2021 年达到最低值 7.79m，工况 2 中西河口站 3000m³/s 水位在 2021 年达到最低值 7.31m；工况 3 中西河口站 3000m³/s 水位在 2023 年达到最低值 6.75m。在达到最低水位后，3 种工况下西河口站 3000m³/s 水位都开始逐步升高，其中工况 1 抬升速率最快，工况 2 次之，工况 3 最慢。在工况 3 的来水来沙情况下，西河口站水位始终未突破 10.56m 的改道阈值，说明在黄河流域当前的产流产沙条件下，小浪底水库未发生泥沙淤积灾害前，河口河道可以维持基本稳定，在 50 年内不会发生改道；工况 1 和工况 2 则分别在 2035 年和2045 年突破改道阈值，此时可能发生河口改道灾害。

2.3　黄河干支流骨干枢纽群多维协同的泥沙动态调控目标函数

黄河流域水沙调控"调水容易调沙难"，难在动态变化，难在系统治理。泥沙动态调控需要统筹各种影响因素，权衡河流行洪输沙功能、社会经济服务功能和生态环境服务功能的平衡关系。本节从流域系统角度出发，识别了黄河流域行洪输沙、社会经济和生态环境子系统的主要约束因子，综合考虑了各子系统需求，确定了主要约束因子的置信区间。在此基础上，分析了单-多库不同调控目标之间的协同-博弈关系，提出了不同时空尺度多维协同的泥沙动态调控目标函数。

2.3.1 黄河流域系统与泥沙动态调控体系

1. 黄河流域系统的概念与组成

1）黄河流域系统的概念与内涵

在气候变化和人类活动共同影响下，流域内下垫面条件、产汇流关系、水沙情势、河道治理工程以及河流演变等不断发生变化，物质能量输移、社会经济发展以及生态环境维持等对河流的需求也不断发生变化，洪涝灾害、水资源短缺、水环境恶化等问题的出现，使人们不得不重新审视水资源开发利用与经济社会发展以及生态环境演化之间的关系。随着人们对水问题复杂性认知程度的提高，许多研究者开始从系统的角度开展对水问题的研究，提出了水系统、水资源系统、水基系统等概念。

黄河流域作为人与自然相互作用最强烈的区域之一，其社会经济发展依赖于河流服务功能，基于黄河的服务功能属性，将黄河流域系统定义为以水沙输移、床岸组成和涉水工程为物理基础，以水沙资源开发利用和合理配置为核心，以河流行洪输沙基本功能发挥、社会经济可持续发展、生态环境良性维持多维功能协同的复合系统（江恩慧，2019）。其主要特性如下。

（1）整体性：黄河流域系统将河流水沙输移、经济社会发展、生态环境要素等视为一个整体，运用整体论的观点分析其各要素之间的相互关系及在流域尺度上体现出的结构和功能特征。

（2）复杂性：黄河流域系统是一个开放的复杂巨系统，涉及水文泥沙、社会经济、生态环境的众多要素和海量信息，各子系统内部各要素之间的驱动-响应关系、各子系统间的协同-竞争关系、流域整体最优目标与各子系统优化目标之间的关系错综复杂，存在着显著的非线性特征。

（3）多目标性：黄河流域系统治理涉及多要素、多约束、多目标，各部分或各子系统之间具有各自的最优目标和实现途径，这些目标间又存在着相互关联、促进和竞争的关系。黄河流域系统治理需要实现的目标是系统整体的最优目标，属于典型的多属性、多层次、多阶段、多目标的问题。

2）黄河流域系统的结构与组成

黄河流域作为人与自然相互作用最强烈的区域之一，社会经济发展和生态环境保护对河流健康生命的依赖性最强，因此传统的河流系统按空间区域划分的方法已不适应新时期科学研究的要求。根据黄河流域系统的概念和内涵，黄河流域系统可按功能分解为关系到河流基本功能的行洪输沙子系统、支撑经济社会可持续发展的社会经济子系统，以及与生态功能发挥密切相关的生态环境子系统（江恩慧等，2020）。各个子系统之间具有密切的有机联系，共同维系黄河流域系统的存在、发展和演化，见图2-54。

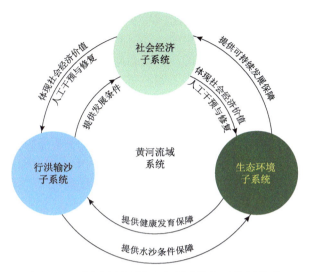

图 2-54　黄河流域系统中各子系统相互作用关系

其中,行洪输沙子系统包括河流河岸带、河床、水体、涉水工程等河流的自然结构,关系到河流水沙物质输移,直接对社会经济和生态环境产生影响。社会经济子系统包括经济社会发展状况如 GDP、粮食产量等,以及体现河流对经济社会发展支撑功能的指标如引水量等;这里的社会经济子系统构成仅限于与河流和经济社会相互作用有关的内容,不包括历史、文化、社会关系等完全隶属于社会系统的内容。生态环境子系统包括河流及滨河区域的生物群落、栖息地、植被等与生态环境有关的组成部分。

3)流域系统的协同性

黄河流域三大子系统是一个有机的生命共同体,彼此依托、相互依赖,互为约束、共生共荣。从表现形式看,行洪输沙子系统的良性运转为社会经济子系统和生态环境子系统提供基础水沙资源,生态环境子系统的健康是流域行洪输沙-社会经济功能可持续发展的重要保障,而社会经济子系统则是河流行洪输沙子系统和生态环境子系统社会价值的具体体现,同时也通过人工方式对行洪输沙子系统和生态环境子系统进行干预和修复。在黄河治理保护实践中,不同目标之间往往处于一种动态博弈的状态,如果不能平衡三个子系统的关系,很容易出现各子系统之间的恶性竞争,从而引发一系列难以弹性恢复的问题。

因此,流域系统治理需把握关键进程,合理配置流域系统多维要素,实现各子系统内部多要素协同、子系统间多功能协同,最终实现流域系统整体功能的协同发挥,支撑流域生态保护和高质量发展。为此,江恩慧、王远见等提出了流域系统科学的概念和基本框架体系,为黄河流域系统治理、生态环境格局配置、水沙调理论与技术的进一步升华等奠定了理论基础。

2. 黄河流域干支流骨干枢纽群泥沙动态调控体系

1)黄河流域泥沙动态调控体系空间布局

根据黄河流域干支流骨干枢纽分布以及现状水沙调控体系特征,黄河上游以龙羊峡、刘家峡和海勃湾为依托,主要为流域泥沙动态调控提供基础的水量和流量过程;中游以万家寨、三门峡和小浪底水库为依托，同时考虑古贤水库，实时开展泥沙动态调控；重要支流以伊河陆浑水库、洛河故县水库、沁河河口村水库为依托，同时考虑在建的东庄水库，开展重要支流配合黄河干流的泥沙动态调控。因此，将黄河流域泥沙动态调控体系分为黄河上游调控子体系、黄河中游调控子体系以及重要支流调控子体系三部分，得到黄河流域泥沙动态调控体系的空间分布。

基于黄河流域系统理论框架体系，突出流域系统整体性，黄河流域的水-沙动态调控，必须统筹考虑其行洪输沙、生态环境和社会经济三个子系统的相互影响和相互制约，各子系统的可持续运行均对泥沙动态调控产生一定的约束，如水库调控能力、河道平滩流量、水沙关系协调、社会经济用水需求、生态环境系统需水等，各种约束因子均对水-沙动态调控做出响应。

2）黄河泥沙动态调控体系的主要控制断面分布

黄河泥沙动态调控体系的主要控制断面如图 2-55 所示。

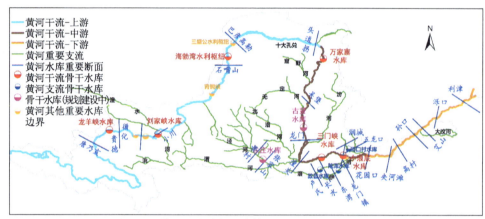

图 2-55　黄河泥沙动态调控体系的主要控制断面分布

黄河上游调控子体系中，龙羊峡水库进出口断面分别为唐乃亥和贵德，刘家峡水库进出口断面分别为循化和小川，海勃湾水库进出口断面分别为石嘴山和巴彦高勒，上中游分界断面为头道拐。

黄河中游调控子体系中，万家寨水库进出口断面分别为头道拐和吴堡，古贤水库（待建）进出口断面分别为吴堡和龙门，三门峡和小浪底水库进出口断面分别为潼关和小浪底，同时考虑黄河下游河道花园口、夹河滩、高村、孙口、艾山、泺口、利津 7 个重要控制断面的约束。

重要支流调控子体系中，在建的东庄水库进出口断面分别为景村和张家山，洛河故县水库进出口断面分别为卢氏和长水，伊河陆浑水库进出口断面分别为东湾和龙门镇，沁河河口村水库进出口断面分别为润城和五龙口。

2.3.2　黄河流域干支流骨干枢纽群泥沙动态调控概念及内涵

1. 黄河流域干支流骨干枢纽群泥沙动态调控的由来

自 20 世纪 60 年代三门峡水库建成运行以来，治黄工作者针对黄河流域水资源严重短缺的现实问题，开展了水量调度的研究与工程实践，至 1999 年逐步形成了黄河水量统一调度的模式。与此同时，重点围绕黄河防洪减淤的目标，开展了长期的水沙调控的科学研究与实践探索，创造性地提出了"蓄清排浑""拦粗排细"等多沙河流水库调度方式，得到了国内外的高度认同。特别是 2000 年以来，随着小浪底水库的投入运用，以龙羊峡、刘家峡、三门峡、小浪底等骨干枢纽为主体的黄河水沙调控工程体系已初步形成，2002～2004 年连续三次开展的大规模黄河调水调沙人工原型试验，使调水调沙成为黄河治理与管理的常规措施。此后，水利部黄河水利委员会和治黄科研人员不断探索，把调水调沙推向了全河水沙联合调控，防洪、防凌及水资源高效利用综合效益显著提高。面对黄河流域生态保护和高质量发展等一系列国家战略需求，面对变化环境下水沙条件及生态环境、社会经济对水沙需求的动态变化，黄河干支流骨干枢纽群泥沙动态调控应运而生，研究成果直接支撑了近年来的黄河汛前调水调沙和全河水沙联合调控，为实现河流系统行洪输沙-社会经济-生态环境多维功能的协同发挥奠定了坚实的理论和技术支撑。黄河流域水沙联合调控研究和实践探索发展历程如图 2-56 所示。

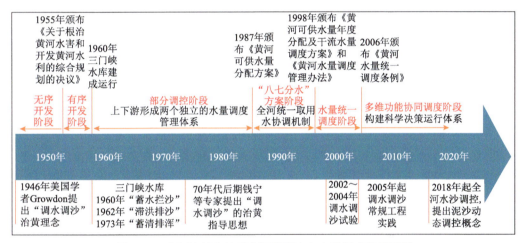

图 2-56　黄河流域水沙联合调控研究与实践探索发展历程

1）黄河水资源调配与水量统一调度

黄河水资源供需矛盾突出，各省份、各部门、各行业存在明显的博弈关系。水资源的调度与管理必须依托水利枢纽工程。随着流域社会经济不断发展，用水矛盾不断加剧，黄河水资源管理和水量调度范围在时间上和空间上不断扩展，经历了无序开发、有序开发、部分调控、"八七分水"方案、水量统一调度、多维功能协同调度等几个阶段。

无序开发阶段：中国在几千年的治黄历史上，虽然产生过一系列的治河方略，但没有形成完整的治河体系，治理措施多局限于下游一隅，黄河水量的开发处于无序阶段。1929 年，国民政府决定组建黄河水利委员会，但统一河政的工作却久拖难行。李仪祉等治河先驱也曾提出上、中、下游并重，防洪、航运、灌溉、发电兼顾的治河方针，但抗日战争中大片国土沦陷，抗日战争胜利后国民党忙于发动内战，统一治理的设想终成泡影。

有序开发阶段：中华人民共和国成立后，党和国家把制定黄河治理规划列入治国理政的重要日程，1955 年第一届全国人民代表大会第二次会议通过的《关于根治黄河水害和开发黄河水利的综合规划的决议》，是迄今为止我国唯一一部经最高国家权力机关审议通过的大江大河综合规划。该规划的出台，标志着黄河进入有计划、有步骤治理的新阶段。党和国家领导人及治黄工作者开始意识到不仅要从根本上治理黄河的洪涝灾害、制止黄河流域的水土流失和消除黄河流域的旱灾，更要充分利用黄河水资源进行灌溉、发电和通航，以满足国民经济对水资源的需求。

部分调控阶段：1960 年三门峡水库投入运行，上游和下游形成了两个相对独立的水量调度管理体系。在上游，1968 年建成的刘家峡水库调节能力较大，下面衔接有多座中型水电站，直接关系到西北地区的水电生产和三省份的工农业用水，与黄河全河段的防汛、防凌密切相关。为此，国家成立专门机构，即黄河上中游水量调度委员会，负责刘家峡、盐锅峡、青铜峡三座水库非汛期的水量分配方案，分配相关地区的工农业用水量，协调发电用水和农业灌溉用水之间的关系，同时提出伏汛和凌汛期的联合运用计划。在下游，三门峡水库作为季调节水库，由水利部黄河水利委员会直接调度，这一阶段黄河下游的用水主要依靠三门峡水库调节。

"八七分水"方案阶段：20 世纪 70 年代起，黄河流域经济发展迅速，黄河水资源开发利用缺乏适应性的规划和管理，水资源开发利用率超过 50%，突破河流承载能力，导致下游自 1972 年开始频繁断流，至 1999 年的 28 年中利津站 21 年发生断流，最长达 226天。20 世纪 80 年代初期，西部地区水资源需求量急剧增大，水资源供需矛盾日益突出。为了缓解黄河断流的形势，提高水资源利用效率，满足各省份用水和国家战略需求，1987年国务院颁布了《黄河可供水量分配方案》（简称"八七分水"方案）。该方案以 1980年实际用水量为基础，综合考虑了沿黄各省份的灌溉规模、工业和城市用水增长，为敏感而棘手的黄河水权切了"蛋糕"（王忠静和郑航，2019；王煜等，2019）。同时，1986年龙羊峡水库下闸蓄水，形成了黄河上中游梯级水库联合运用的格局，水调与电调、不同省份之间的协调任务更加频繁。

水量统一调度阶段：1988～1998 年，虽然实施了"八七分水"方案，但流域机构的管理职能有限，黄河水资源尚未实现统一调度和管理，沿黄各省份取用水缺乏合理的协调机制，导致"八七分水"方案难以有效执行。这一阶段黄河流域用水量迅速增长，从1988 年的 445 亿 m^3 增长至 1999 年的 504 亿 m^3，黄河断流问题依然严峻。断流导致下游河道泥沙淤积严重，河口生态和河道水环境迅速恶化，众多沿河地区工农业生产和居民生活用水困难。1998 年，中国科学院和中国工程院的 163 位院士面对黄河的年年断流联名发出呼吁。同年，国家颁布实施《黄河可供水量年度分配及干流水量调度方案》和《黄河水量调度管理办法》，授权水利部黄河水利委员会负责黄河水量统一调度工作，并对调度的原则、权限、用水申报、用水审批、特殊情况下的水量调度、用水监督等内容进行了规定。这两个法规文件的颁布，标志着黄河水量调度正式走向全河水量统一调度。黄河水量统一调度，扭转了 20 世纪 90 年代黄河几乎年年断流的局面，有效抑制了用水过快增长，使用水效率提升显著，且有力支撑了社会经济发展和国家粮食安全（乔西现，2019）。

多维功能协同调度阶段：我国在 2000 年发布的《全国生态环境保护纲要》中，第一次明确提出了"维护国家生态环境安全"的目标。2015 年，我国颁布实施《中华人民共和国国家安全法》，将生态安全作为维护国家安全的重要任务。生态安全概念的提出和生态安全战略的实施，使黄河水量统一调度更加注重经济社会、生态环境的多维功能协同性。2006 年 8 月 1 日起实施《黄河水量调度条例》，不仅明确了黄河水量区域分配政策的细则，详细划定了各区域、各部门在黄河水调工作中的权责，而且构建了更为科学的水量调度决策运行体系，实现了由局部调度发展至全流域调度、由地表水调度发展至地下水调度、基于生态需求和各种用水过程的多目标调度设计。与此同时，水利部黄河水利委员会自 2008 年开始，结合调水调沙有计划地向黄河三角洲生态补水，并不断探索、完善黄河水沙调控机制，利用干支流水库群实施跨时空联合调度，并先后启动黄河下游生态流量试点工作，开展黄河下游生态调度实践，确定以黄河河口湿地、滨海重盐碱区生态修复项目为重点的生态调度方案。多维功能协同调度在促进流域社会经济发展的同时，使流域生态环境得以改善。

黄河水量统一调度的实施取得了显著成效，但在气候变化和人类活动双重影响下，黄河径流量和入黄泥沙量发生了显著变化，经济社会发展水平和生态环境状况的改变使用水格局也产生了显著变化。来水和用水的随机性造成在制定调度计划和水量分配方案时，难以保证各省份全年配水总量固定比例、月配水指标可调的要求。将黄河流域作为一个复杂系统，考虑系统内部和外部的不确定性，建立流域自适应多目标水量调度模型，实现黄河流域水量精细化调度，是黄河流域水量调度的发展方向。

2）黄河调水调沙试验与工程实践

江河水流中挟带泥沙输移是自然属性，水库在拦截地表径流的同时，存在不同程度的泥沙淤积问题。我国黄河泥沙问题最为严重，导致了河道淤积萎缩、二级悬河、河道摆动改道频繁等一系列问题，从而严重影响防洪安全。朱鹏程（1987）在综述古今中外治黄学说的基础上，说明单纯的防洪不是治理黄河之道，妥善处理与利用黄河泥沙水流的特性才能根治和利用黄河，同时也就能免除洪水的威胁。其中，调水调沙通过调整黄河水沙关系，使其更加符合黄河泥沙的自然规律，这是一项主要的治黄措施。

调水调沙设想的提出，最早可追溯到 20 世纪 40 年代，美国学者 Growdon 等根据黄河的主要症结在于泥沙，在于水少沙多、水沙关系极不协调的特性，在 1946 年治理黄河的初步报告中，率先提出了"调水调沙"的治黄理念，即利用八里胡同水库控制洪水并发电，坝底设排沙设施，每年放空排沙一次，以减少下游淤积。

黄河调水调沙的实践探索起源于三门峡水库。1960 年 9 月三门峡水库采用"蓄水拦沙"的方式投入运行，但由于对黄河泥沙的严重性、复杂性认识不足，三门峡水库淤积严重，严重威胁关中平原的防洪安全。为此，1962 年 3 月和 1973 年 11 月，分别进行了"滞洪排沙"和"蓄清排浑"运行方式的调整，使库区年内泥沙冲淤基本平衡，维持了潼关高程的相对稳定。

20 世纪 70 年代后期，随着治黄实践的不断发展，"上拦下排"的治黄方针暴露出一定的局限性，治黄专家认识到黄河"水少沙多、水沙不平衡"对黄河下游河道淤积的重要影响。钱宁等（1978）指出，应利用骨干水库开展调水调沙，改善泥沙淤积部位。随着 1997 年小浪底工程截流蓄水，治黄专家进行了大型的物理模型试验，找到了理论上实现黄河下游不淤积的临界流量和临界时间。

2002～2004 年三次调水调沙试验,针对不同的水沙情势及调控目标,确立了黄河调水调沙的三种基本模式。2002 年黄河调水调沙试验是针对黄河中游发生的较高含沙量洪水,在准确把握小浪底水库异重流排沙特点与规律的基础上,通过调度水库泄水建筑物不同高程孔洞,分别控制坝前分层流清浑水泄量,以满足调度指标,形成以小浪底水库为主控制调控指标的调度模式。2003 年黄河调水调沙试验是针对黄河中游连续发生较高含沙洪水、水库下游支流发生低含沙洪水,在预测小浪底水库异重流输移过程与浑水水库沉降规律,以及不同量级水流在干支流河道传播过程的基础上,通过启闭小浪底水库不同高程泄水孔洞,塑造一定历时的不同量级高浓度浑水过程,与小浪底水库下游伊洛河、沁河入汇的清水叠加,在花园口断面塑造相对协调的水沙关系。2004 年黄河调水调沙试验充分利用中游水库汛前汛限水位以上的蓄水,形成持续较大流量过程,对黄河下游河槽产生较高强度的冲刷;同时,利用万家寨、三门峡水库蓄水冲刷沉积在三门峡水库与小浪底库区上段的泥沙形成高含沙水流,在小浪底回水区塑造异重流并排沙出库,实现了扩展下游河槽与减少水库淤积的双重目标,形成了干流水库群联合调度塑造异重流的调度模式。

此后,2005～2017 年的调水调沙工程实践,实现了下游主槽的全线冲刷,缓解了下游“二级悬河”的态势,并取得了一系列科技创新成果(韩其为,2008),主要包括:①确立了一套以塑造协调水沙关系为核心的黄河水沙调控基础理论,包括输沙能力计算,调水调沙下泄水沙大小、历时与时机对河道冲淤的理论分析,河床对水沙过程的响应关系,中水河槽的塑造及行洪输沙能力,水库异重流形成与运动的理论等;②揭示了现状条件下,黄河下游河道水沙输移和小浪底水库异重流运动规律,建立了小浪底水库异重流输移与浑水水库沉降过程的数学关系式,并考虑水库安全、下游防洪安全、滩区减灾、水资源安全等综合要求,提出了可维持黄河下游全线冲刷的调控指标;③首创水库群水沙联合调度塑造异重流模式,发展了排沙途径,形成了一套完整的调水调沙技术;④通过系统集成创新,实现了黄河中下游水沙过程的精细调控,提升了应用基础研究与应用技术研究水平。

3)全河水沙联合调控

全河水沙调控概念的提出较晚。2008 年,时任水利部黄河水利委员会主任李国英带队考察宁蒙河道,在宁夏召开座谈会,明确提出“全河调水调沙”这一概念。但由于对宁蒙河段冲淤规律、输沙特性、龙-刘水库调度的影响等方面的科学研究滞后,这一想法未被广泛接受和付诸实践。为此,黄河水利科学研究院展开了积极探索,揭示了宁蒙河段输沙特性、冲淤演变特点及趋势(张晓华等,2008;常温花等,2012),分析了水沙变化特征(苏晓慧等,2013),探明了龙-刘水库联合运用对宁蒙河道冲淤影响及对上游水沙关系的调节机制(田世民等,2013;姚文艺等,2017),论证了全河水沙调控的可行性(王远见等,2020)。

关于宁蒙河道相关研究的成熟,使得全河水沙调控自 2018 年起全面实施。2018～2020 年汛期,黄河流域连续遭遇严重汛情,干流共形成 13 场编号洪水,部分支流多次出现建站以来最大洪水。水利部黄河水利委员会结合工程和防汛实际提出了“一高一低”

水库调度思路（魏向阳等，2021）。龙羊峡水库高水位运行，拦洪削峰确保防洪安全，兼顾水资源综合利用，一旦出现干旱，龙羊峡水库可以向中下游远距离输水。小浪底水库低水位运用，既增加防洪库容，减少下游漫滩概率，又利用小浪底水库低水位时加大库区泥沙淤积冲刷，尽可能多排沙出库，延长水库使用寿命，并对下游河道泥沙进行多年调节调度。"一高一低"的调度方式通过统筹运用水库的"蓄""泄"功能，实现全流域、大尺度、长历时的水沙时空精准对接。在保证水库安全运行的前提下，实现了防洪、减淤、供水、生态、发电等综合效益最大化。

4）动态调控理念的形成及其重要性

实践表明，调水容易调沙难。和所有多沙河流水库一样，黄河干支流水库多年持续运行，泥沙不断淤积，侵占水库有效库容，造成水库防洪能力降低、供水发电和灌溉等综合效益下降。同时，流域来水来沙条件是动态变化的，库区-河道边界约束条件是动态调整的，区域社会经济发展和生态健康维持对水沙资源的需求是动态增长的。因此，虽然近年来黄河的来沙量大幅度减少，来水量也同样减少明显，但黄河流域"水少沙多、水沙关系不协调"的问题仍然突出。面对这一突出问题，黄河水沙调控不仅要注重水量的适应性调度，更要强调泥沙的动态调控，提升调沙的能力和技术水平，拓展泥沙资源利用的方式和途径，为实现河流系统行洪输沙-社会经济-生态环境多维功能协同的目标奠定基础。

面对我国区域协调发展战略、乡村振兴战略、生态文明建设等新形势、新要求，面对黄河流域生态保护和高质量发展国家重大战略与国家水资源高效开发利用的新需求，特别是在当今泥沙资源属性日益凸显、泥沙处理与资源利用技术逐步完善的前提下，黄河干支流骨干枢纽群泥沙动态调控面临巨大的历史机遇与理论突破、技术创新的挑战，受到了国家的高度重视。2018年，江恩慧承担了"十三五"国家重点研发计划项目"黄河干支流骨干枢纽群泥沙动态调控关键技术"；2021年，水利部将"黄河流域泥沙动态调控"列为水利重大关键技术研究工作。

两个项目融合了系统工程、河流泥沙、信息工程等多学科理论研究的最新成果，构建了黄河干支流骨干枢纽群多维协同的泥沙动态调控序贯决策理论，揭示了多沙河流水库高效输沙的水-沙-床互馈动力学机理、下游河道河流系统行洪输沙-社会经济-生态环境多过程耦合响应机理，阐明了中游骨干枢纽群泥沙动态调控与水库泥沙资源利用、下游河道整治工程控导效果及工程布局的互馈机制，确定了泥沙动态调控指标体系与阈值，提出了泥沙动态调控模式与水动力-强人工措施有机结合的调控技术，建立了黄河干支流骨干枢纽群泥沙动态调控模拟仿真系统与智慧决策平台，提出了流域泥沙动态调控综合效益定量评价方法，开展了不同时空尺度、不同调控方案的对比计算和综合效益定量评价，并提出了泥沙动态调控潜力及实现途径，为实现黄河干支流骨干枢纽群有效库容的长久保持和黄河水沙调控体系功效的充分发挥提供了科技支撑。

2. 黄河流域干支流骨干枢纽群泥沙动态调控的内涵

根据以上分析，黄河流域干支流骨干枢纽群泥沙动态调控可定义为：以黄河流域水沙调控工程体系-干支流骨干枢纽群为依托，面对来水来沙条件的动态变化、库区-河道边界条件的动态调整、区域社会经济发展和生态环境良性维持对水-沙资源需求的动态增长，突出流域系统整体性和洪水资源化的迫切性，强调水库清淤与泥沙资源利用有机结合，将洪水挟带的大量泥沙、前期淤积在水库和河道中的泥沙，利用先进的智慧调度决策平台，优化单-多库联合的水动力调沙—强人工清淤—泥沙资源利用全链条技术措施，合理配置流域水-沙资源时空分布，恢复和扩大水库长期有效库容，塑造协调水沙关系，提高河道行洪输沙能力，提升水-沙资源利用效率，实现流域系统行洪输沙-社会经济-生态环境多维功能协同发挥。

与传统的水资源（量）统一调度、调水调沙、水沙联合调控相比，泥沙动态调控的内涵更加丰富，更强调洪水-泥沙的资源属性，更突出水-沙资源的高效利用，更利于黄河流域干支流宝贵的骨干枢纽坝址资源的可持续利用，更符合社会经济和科学技术高度发达的当今及未来黄河流域生态保护和高质量发展的战略需求，对确保黄河长治久安和区域-流域协同的社会经济可持续发展、生态环境的良性维持意义重大。

（1）复杂性。泥沙动态调控除包括水量调控外，还包括更加困难的泥沙调控。不仅要解决多沙河流水库泥沙动态调控序贯决策、泥沙高效输移等理论难题，还要突破水动力、强人工泥沙调控技术及泥沙资源利用技术，实现水沙资源的协同优化配置；另外，泥沙动态调控需要考虑的因素众多，主要包括暴雨洪水、河道边界、各水库限制水位与排沙时机、河道行洪及输沙能力、水库兴利功能、沿程引水等，必须区分主次、动态跟踪预测、综合分析评估。

（2）动态性。泥沙动态调控方案不是固定不变的，而是根据黄河流域干支流各河段水沙条件、流域社会经济发展和生态环境配置格局变化趋势，结合河流系统对泥沙调控的多过程响应关系，实时调整泥沙调控的目标与约束，实现泥沙调控方案的适应性与动态性调整。具体来说，对于场次洪水，要根据黄河流域干支流各河段水沙条件、水库和河道冲淤情况进行实时调整；对于中长期洪水，还要考虑水库库容恢复、供水发电、生态保护以及洪水资源、泥沙资源利用的需求，进行适应性调整。

（3）系统性。泥沙动态调控要系统考虑黄河流域系统行洪输沙功能、社会经济服务功能和生态环境服务功能三个维度，在原有协调水沙关系、防洪防凌安全、水资源优化配置的基础上，进一步恢复和扩大水库长期有效库容，提升洪水资源和泥沙资源利用效率，实现防洪、防凌、减淤、排沙、供水、发电、生态等综合效益最大化。

（4）多元性。泥沙动态调控不仅要考虑溯源冲刷与异重流相机排沙技术、水库动态汛限水位控制技术、水库群高效排沙的时空叠加技术、泥沙动态调控蓄泄对接技术等水动力学技术，还要考虑射流扰沙和挖沙清淤等强人工技术，同时与泥沙资源利用技术有机结合，建立多元集成的动态调控技术，清除水库淤积泥沙。

3. 黄河流域干支流骨干枢纽群泥沙动态调控的目标

黄河流域干支流骨干枢纽群泥沙动态调控的目标是在确保水库防洪安全运行和河道行洪安全的前提下，塑造协调水沙关系，尽可能实现水库和河道减淤，长期保持水库的有效库容，最大限度地高效利用黄河水沙资源，实现黄河流域行洪输沙功能、社会经济服务功能和生态环境服务功能协调发挥，具体如下。

（1）协调水沙关系：拦蓄泥沙并调控水沙，特别是合理拦蓄对下游河道淤积危害最大的粗泥沙，塑造与河道主河槽排洪输沙能力相匹配的水沙过程，包括流量、含沙量、泥沙颗粒级配、洪峰流量过程等，长期维持河道中水河槽行洪输沙功能。

（2）恢复水库库容：调整水库的下泄过程和库区中的水流流态，提升水流挟沙能力范围内水体的含沙量和输沙效率，结合人工清淤与泥沙资源利用措施，清除水库淤积的泥沙，实现水库有效减淤，促进水库库容恢复。

（3）控制和利用洪水：有效控制大洪水，削减洪峰流量，减轻黄河洪水威胁，确保防洪、防凌安全；合理利用中常洪水，联合调水调沙，减轻河道淤积；联合调控塑造人工洪水过程，防止河道主河槽萎缩，维持水库长期有效库容，同时对洪水资源进行科学调蓄利用，缓解地区用水问题。

（4）水沙资源高效利用：合理配置水资源，确保河道不断流，保障输沙用水和生态用水，保障生活供水和生产供水安全；合理利用泥沙资源，尤其是水库库尾末端的粗泥沙，优化水库淤积形态，实现延长水库使用寿命、创造可观经济效益等多赢的效果。同时，改善出库泥沙级配，减轻水库泥沙对下游防洪的影响。

2.3.3　黄河流域干支流骨干枢纽群泥沙动态调控主要约束因子及置信区间

黄河流域泥沙动态调控体系各种约束条件的识别，要综合考虑行洪输沙、社会经济和生态环境三大子系统功能可持续发挥对水-沙量与过程的需求，进而辨析各种约束因子之间的相互作用关系，并基于系统整体服务功能的协同提出各主要约束因子的置信区间。需要说明的是，本节研究对支流的水沙调控，仅以生态环境约束阈值作为其调控的约束条件。

1. 多维约束条件甄选

1）行洪输沙子系统的约束因子

行洪输沙子系统要保障河流行洪输沙基本功能的维持，需要综合考虑河流水文过程、河道行洪输沙的承载能力和水库的水沙调控能力等。因此，行洪输沙基本功能的约束因子可分为径流泥沙特征、河道边界条件和水库调控能力等。

A. 径流泥沙特征指标

径流泥沙特征指标包括反映径流量特征、流量特征以及泥沙特征的指标，主要有年均流量、汛期平均流量、年最大流量、年最小流量、3 日和 7 日最大平均流量。

反映泥沙特征的指标，包括年均含沙量、汛期平均含沙量、年最大含沙量、年最小含沙量、年输沙量、汛期输沙量。

B. 河道边界条件指标

河道边界条件指标包括河道整治工程和平滩流量。河道整治工程主要反映河道对水流的约束强度和约束作用；平滩流量反映了河道某一断面的过流能力，直接影响水库调控过程中下泄流量是否导致漫滩和造成较大的淹没损失。

C. 水库调控能力指标

水库调控能力指标包括防洪、供水、发电等多方面。防洪指标主要指水库的各种限制水位、最大下泄能力等；供水指标主要指为了保证沿岸取用水，水库在一定时期内必需维持的水量和水位等；发电指标主要指水库发电时不产生弃水的满发流量。

2）生态环境子系统的约束因子

生态环境子系统的约束因子包括河流水质、水面面积、栖息地面积、生物多样性、生态需水、植被盖度等。其反映河流系统中各种生物的生存环境、生存范围、物种结构以及生物关键发育时期对流量、水量和涨落时机等一系列需求的保障和满足程度，体现了河流对其生态系统的支撑程度。本次研究以《黄河流域综合规划（2012—2030年）》中黄河流域各河段典型断面生态需水为依据，同时结合相关文献研究成果，确定生态环境约束因子，参见表2-10～表2-14。

表2-10 黄河河道内生态环境用水及重要断面下泄水量控制指标（单位：$10^8 m^3/a$）

控制断面	南水北调东中线工程生效后至西线一期工程生效前	
	河道内生态环境用水量（下限）	断面下泄水量（下限）
龙羊峡	—	209.7
兰州	—	304.9
下河沿	—	299.6
石嘴山	—	260.9
头道拐	200.0	200.0
龙门	—	229.9
三门峡	—	258.7
花园口	—	282.8
高村	—	256.5
利津	187.0	187.0

表2-11 黄河上游河道典型断面生态需水量 （单位：m^3/s）

断面	生态需水		1～3月	4月	5～6月	7～10月	11～12月
石嘴山	低限	流量	150	330		一定量级洪水	150
		脉冲流量	—	400（至少1次，持续时间≥6天）			—
	适宜	流量	300	330	350		300
		脉冲流量	—	900（至少1次，持续时间≥6天）			—
头道拐	低限	流量	125	75	180	一定量级洪水	125
		脉冲流量	—	400（至少1次，持续时间≥8天）			—
	适宜	流量	250	250	250		250

表 2-12　黄河中游河道典型断面生态需水量　　　　（单位：m³/s）

断面	生态需水	1～3 月	4～6 月	7～10 月	11～12 月
龙门	低限流量	130	180	一定量级洪水	130
	适宜流量	240	240		240
潼关	低限流量	150	200	一定量级洪水	150
	适宜流量	240	300		240

表 2-13　黄河下游河道典型断面生态需水量　　　　（单位：m³/s）

断面	生态需水		1～3 月	4 月	5～6 月	7～10 月	11～12 月
花园口	低限	流量	200	200	200	一定量级洪水	200
		脉冲流量	—	1400（至少 1 次，持续时间≥6 天）	—		—
	适宜	流量	400	320	320		400
		脉冲流量	—	1700（至少 1 次，持续时间≥6 天）	—		—
利津	低限	流量	70	75	150	一定量级洪水	70
		脉冲流量	—	400（至少 1 次，持续时间≥7 天）	—		—
	适宜	流量	120	120	250		120
		脉冲流量	—	800（至少 1 次，持续时间≥7 天）	—		—

表 2-14　黄河重要支流典型断面生态需水量　　　　（单位：m³/s）

断面	生态需水	汛期 7～10 月	非汛期 11 月至次年 3 月
黑石关	适宜流量	22.02	9.04
武陟	适宜流量	6.68	3.30

3）社会经济子系统的约束因子

社会经济子系统可持续发展对水沙调控的约束因子包括国内生产总值（GDP）、一产产值、种植面积、粮食产量、引水量等。黄河流域的供水以灌溉为主，因此本次研究在社会经济子系统的约束因子选取过程中，偏重表征农业生产方面的因子。

综上，黄河流域泥沙动态调控需要满足三大子系统可持续运行的约束因子逻辑关系，如图 2-57 所示。

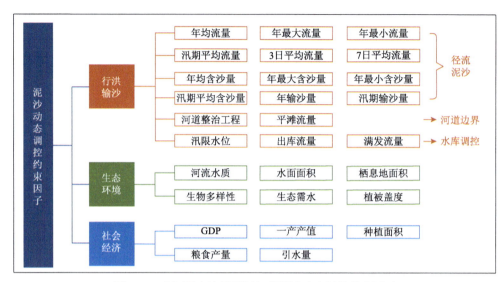

图 2-57 黄河干支流骨干枢纽群泥沙动态调控约束因子

2. 主要约束因子识别

各子系统的约束因子并非相互独立，需要通过相关性检验遴选出主要的约束因子，用这些因子表征各子系统的主要特征并分析各子系统之间的相互作用关系。

1）黄河上游调控子体系

（1）行洪输沙子系统。黄河上游河流行洪输沙功能各表征指标的相关性检验结果见表 2-15 和表 2-16。受篇幅限制，此处仅列出年均径流量和年均含沙量的检验结果。

表 2-15 年均径流量相关性检验结果

	唐乃亥	贵德	循化	小川	石嘴山	巴彦高勒	头道拐
唐乃亥	1	0.808**	0.793**	0.821**	0.801**	0.765**	0.778**
贵德	0.808**	1	0.985**	0.953**	0.910**	0.886**	0.898**
循化	0.793**	0.985**	1	0.966**	0.930**	0.915**	0.918**
小川	0.821**	0.953**	0.966**	1	0.981**	0.969**	0.972**
石嘴山	0.801**	0.910**	0.930**	0.981**	1	0.992**	0.995**
巴彦高勒	0.765**	0.886**	0.915**	0.969**	0.992**	1	0.994**
头道拐	0.778**	0.898**	0.918**	0.972**	0.995**	0.994**	1

"**"表示通过 $\alpha=0.01$ 的显著性检验，"*"表示通过 $\alpha=0.05$ 的显著性检验。全书同。

表 2-16 年均含沙量相关性检验结果

	唐乃亥	贵德	循化	小川	石嘴山	巴彦高勒	头道拐
唐乃亥	1	−0.084	−0.090	−0.084	−0.148	−0.192	−0.083
贵德	−0.084	1	0.871**	0.259	0.272*	0.227	0.740**

续表

	唐乃亥	贵德	循化	小川	石嘴山	巴彦高勒	头道拐
循化	−0.090	0.871**	1	0.353**	0.458**	0.439**	0.655**
小川	−0.084	0.259	0.353**	1	0.603**	0.546**	0.517**
石嘴山	−0.148	0.272*	0.458**	0.603**	1	0.933**	0.617**
巴彦高勒	−0.192	0.227	0.439**	0.546**	0.933**	1	0.545**
头道拐	−0.083	0.740**	0.655**	0.517**	0.617**	0.545**	1

径流泥沙约束因子的检验结果表明，小川断面与其他断面的相关性均较高。对小川断面径流泥沙因子相关性进行检验，各因子相关关系网络结构见图 2-58。其中，各相关线均表示在 $\alpha=0.01$ 显著水平上相关且相关性大于 0.5，红色相关线表示相关性大于 0.7。

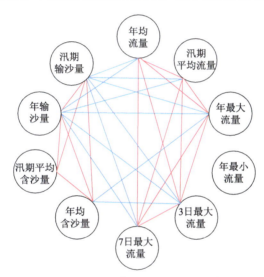

图 2-58   径流泥沙约束因子相关关系网络结构图

可以看出，年均流量和汛期平均流量、年最大流量、3 日最大流量和 7 日最大流量相关性均较高，可用年均流量因子代表径流因子；年均含沙量与汛期平均含沙量、年输沙量和汛期输沙量相关性较高，可用年均含沙量代表泥沙因子；年最小流量与其他因子的相关性均较弱。因此，径流泥沙主要约束因子为小川断面年均流量、年均含沙量和年最小流量。

此外，考虑到黄河上游河道两岸整治工程较少，因此将各河段平滩流量作为上游水库水沙调控的河道边界约束条件，在开展水库泥沙动态调控时，水库下泄的最大流量一般不要超出各河段的平滩流量。通过以上分析，可以得到黄河上游行洪输沙子系统的主要约束因子，如表 2-17 所示。

（2）生态环境子系统。黄河上游生态环境各表征指标的相关性检验结果见图 2-59。其中，石嘴山断面 1～3 月、4 月、5～6 月以及 11～12 月适宜流量保证率，4～6 月适宜脉冲流量次数等约束因子与头道拐断面的相应因子相关性较高。因此，生态环境子系统主要约束因子采用石嘴山断面的各生态环境约束因子，见表 2-18。

表 2-17　行洪输沙子系统主要约束因子

类别	主要约束因子			
径流泥沙	小川断面年均流量	小川断面年最小流量	小川断面年均含沙量	—
河道边界	各河段平滩流量	—	—	—
水库调控	正常蓄水位	汛限水位	最大下泄流量	满发流量

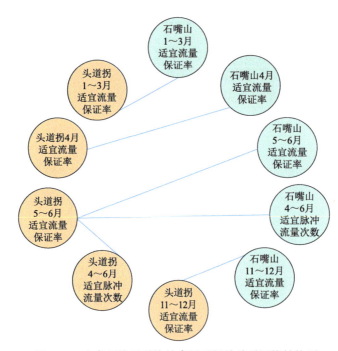

图 2-59　生态环境子系统约束因子相关关系网络结构图

表 2-18　生态环境子系统主要约束因子

类别	主要约束因子			
生态流量	石嘴山断面1~3月适宜流量保证率	石嘴山断面4月适宜流量保证率	石嘴山断面5~6月适宜流量保证率	石嘴山断面11~12月适宜流量保证率
脉冲流量	石嘴山断面4~6月适宜脉冲流量次数	—	—	—

（3）社会经济子系统。统计黄河上游四省份（青海、甘肃、宁夏、内蒙古）的社会经济数据相关性，见表 2-19。可以看出，上游四省份的 GDP、一产产值、粮食产量等具有高度的相关性，可选择其中一省代表该河段其他省份。考虑到四个省份中内蒙古位于最下游，上游水沙条件经水库调控后，在内蒙古河段可正常引水并满足需求，则可认为内蒙古以上的各省份都可满足引水需求，因此选取内蒙古的社会经济表征指标作为社会经济子系统的代表性指标。

表 2-19 社会经济数据相关性检验

相关性	青海GDP	甘肃GDP	宁夏GDP	内蒙古GDP	青海一产产值	甘肃一产产值	宁夏一产产值	内蒙古一产产值	青海粮食产量	甘肃粮食产量	宁夏粮食产量	内蒙古粮食产量
青海 GDP	1	0.997**	0.996**	0.990**	0.996**	0.998**	0.996**	0.986**	0.695**	0.988**	0.928**	0.977**
甘肃 GDP	0.997**	1	0.993**	0.994**	0.998**	0.999**	0.996**	0.993**	0.707**	0.987**	0.944**	0.986**
宁夏 GDP	0.996**	0.993**	1	0.991**	0.993**	0.995**	0.997**	0.985**	0.707**	0.980**	0.933**	0.974**
内蒙古 GDP	0.990**	0.994**	0.991**	1	0.993**	0.993**	0.995**	0.996**	0.737**	0.983**	0.960**	0.986**
青海一产产值	0.996**	0.998**	0.993**	0.993**	1	0.996**	0.995**	0.992**	0.710**	0.990**	0.940**	0.985**
甘肃一产产值	0.998**	0.999**	0.995**	0.993**	0.996**	1	0.998**	0.991**	0.705**	0.987**	0.939**	0.983**
宁夏一产产值	0.996**	0.996**	0.997**	0.995**	0.995**	0.998**	1	0.990**	0.722**	0.983**	0.943**	0.983**
内蒙古一产产值	0.986**	0.993**	0.985**	0.996**	0.992**	0.991**	0.990**	1	0.715**	0.988**	0.959**	0.988**
青海粮食产量	0.695**	0.707**	0.707**	0.737**	0.710**	0.705**	0.722**	0.715**	1	0.657**	0.743**	0.705**
甘肃粮食产量	0.988**	0.987**	0.980**	0.983**	0.990**	0.987**	0.983**	0.988**	0.657**	1	0.925**	0.974**
宁夏粮食产量	0.928**	0.944**	0.933**	0.960**	0.940**	0.939**	0.943**	0.959**	0.743**	0.925**	1	0.963**
内蒙古粮食产量	0.977**	0.986**	0.974**	0.986**	0.985**	0.983**	0.983**	0.988**	0.705**	0.974**	0.963**	1

分析内蒙古社会经济子系统约束因子和内蒙古取水量以及三盛公水利枢纽引水量等因子之间的相关性,结果见图 2-60。可以看出,三盛公水利枢纽引水量与内蒙古取水量指标、社会经济数据均具有较好的相关性。因此,可采用三盛公水利枢纽引水量作为社会经济子系统中的主要约束因子,见表 2-20。

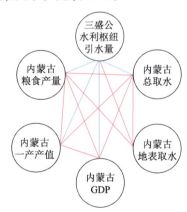

图 2-60 社会经济子系统约束因子相关关系网络结构图

表 2-20 黄河上游多维子系统主要约束因子

子系统	类别	主要约束因子			
	径流泥沙	小川断面年均流量	小川断面年最小流量	小川断面年均含沙量	—
行洪输沙	河道边界	各河段平滩流量	—	—	—
	水库调控	正常蓄水位	汛限水位	最大下泄流量	满发流量

续表

子系统	类别	主要约束因子			
生态环境	生态流量	石嘴山断面 1～3 月适宜流量保证率	石嘴山断面 4 月适宜流量保证率	石嘴山断面 5～6 月适宜流量保证率	石嘴山断面 11～12 月适宜流量保证率
	脉冲流量	石嘴山断面 4～6 月适宜脉冲流量次数	—	—	—
社会经济	引水	三盛公水利枢纽引水量	—	—	—

2）黄河中游调控子体系

（1）行洪输沙子系统。与黄河上游泥沙调控主要约束因子识别过程相一致，本小节检验了黄河中游行洪输沙各表征指标的相关性。结果发现，下游各站各因子的相关性均较高，选择其中某一断面的各因子即可代表其他断面各因子的特性。考虑到花园口断面距离小浪底水库较近，对水库调控响应较为敏感，因此选择花园口断面进行分析。对花园口断面 11 个径流泥沙约束因子进行相关性检验，结果见图 2-61。有关连线连接的约束因子表示显著相关，多项约束因子可用其中一项代替，作为主要约束因子。

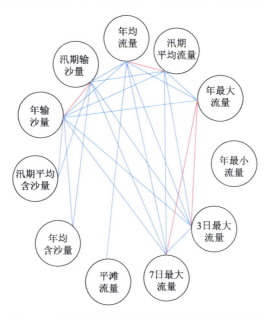

图 2-61　径流泥沙约束因子相关关系网络结构图

综上，最终确定黄河中游泥沙动态调控的径流泥沙主要约束因子为花园口断面的年均流量、年最大流量、年最小流量、年均含沙量 4 个径流泥沙因子，河道整治工程密度、花园口断面平滩流量 2 个河道边界因子，以及水库汛限水位、正常蓄水位、最大下泄流量和满发流量 4 个水库调控因子，见表 2-21。

表 2-21　行洪输沙子系统主要约束因子

类别	主要约束因子			
径流泥沙	花园口断面年均流量	花园口断面年最大流量	花园口断面年最小流量	花园口断面年均含沙量
河道边界	河道整治工程密度	花园口断面平滩流量	—	—
水库调控	正常蓄水位	水库汛限水位	最大下泄流量	满发流量

（2）生态环境子系统。对花园口和利津断面生态需水满足程度的各因子进行相关性检验，结果见图 2-62。可以看出，各因子中大部分适宜流量保证率和低限流量保证率相关度较高，基于当前我国对生态文明建设日益重视的背景，选择适宜流量保证率作为主要约束因子。同时，花园口断面 11~12 月适宜流量保证率与利津断面 11~12 月适宜流量保证率相关度较高，故二者只选取一个作为主要因子，本节研究选取花园口断面 11~12 月适宜流量保证率作为主要约束因子。

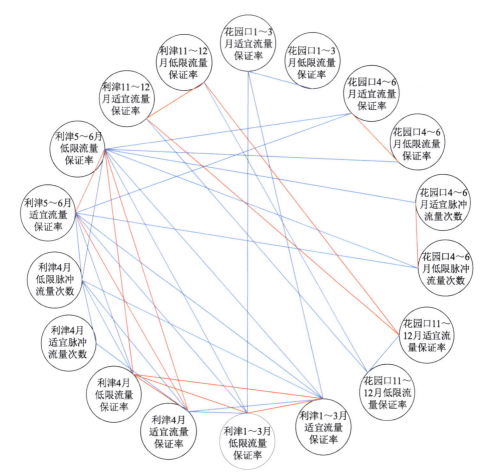

图 2-62　生态环境子系统约束因子相关关系网络结构图

综上，生态环境子系统的主要约束因子包括花园口断面 1～3 月、4～6 月、11～12 月适宜流量保证率，4～6 月适宜脉冲流量次数，利津断面 1～3 月、4 月适宜流量保证率和 4 月适宜脉冲流量次数 7 个因子，见表 2-22。

表 2-22　生态环境子系统主要约束因子

类别	主要约束因子				
生态流量	花园口断面 1～3 月适宜流量保证率	花园口断面 4～6 月适宜流量保证率	花园口断面 11～12 月适宜流量保证率	利津断面 1～3 月适宜流量保证率	利津断面 4 月适宜流量保证率
脉冲流量	花园口断面 4～6 月适宜脉冲流量次数	利津断面 4 月适宜脉冲流量次数	—	—	—

（3）社会经济子系统。社会经济子系统约束因子的社会经济数据特性与径流泥沙因子不同，径流泥沙在输移过程中，上游对下游具有一定的影响，而社会经济数据中相邻行政区域之间的相互影响作用不大，不能用某一行政区域的社会经济数据代表其他行政区域的数据，因此在遴选社会经济数据主要约束因子时，采用黄河下游各县市、各乡镇的平均值来进行分析。黄河下游社会经济主要约束因子之间的相关性检验结果见图 2-63。可以看出，乡镇粮食产量与引水量的相关性较高，同时和乡镇农业施肥量的相关性也较高，表明乡镇粮食产量的提高和施肥量以及引水量有密切关系。因此，考虑各约束因子对水库泥沙调控的约束作用，选择乡镇粮食产量和引水量作为社会经济子系统的主要约束因子。

综上，黄河中（下）游多维子系统的主要约束因子见表 2-23。

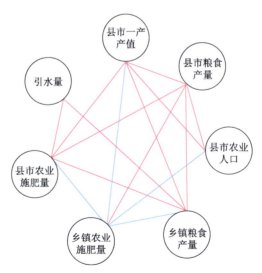

图 2-63　社会经济子系统约束因子相关关系网络结构图

表 2-23 黄河中（下）游多维子系统主要约束因子

子系统	类别	主要约束因子				
行洪输沙	径流泥沙	花园口断面年均流量	花园口断面年最大流量	花园口断面年最小流量	花园口断面年均含沙量	—
	河道边界	河道整治工程密度	花园口断面平滩流量	—	—	—
	水库调控	正常蓄水位	水库汛限水位	最大下泄流量	满发流量	—
生态环境	生态流量	花园口断面1~3月适宜流量保证率	花园口断面4~6月适宜流量保证率	花园口断面11~12月适宜流量保证率	利津断面1~3月适宜流量保证率	利津断面4月适宜流量保证率
	脉冲流量	花园口断面4~6月适宜脉冲流量次数	利津断面4月适宜脉冲流量次数	—	—	—
社会经济	乡镇粮食产量	引水量	—	—	—	—

3. 主要约束因子置信区间

1）黄河上游调控子体系

在以上分析的基础上，进一步辨识黄河上游调控体系主要约束因子之间的相关性，结果见图 2-64。需要注意的是，由于黄河上游水利工程众多，不同时期的径流泥沙特征、引水量及其对社会经济、生态环境的影响也不相同。因此，在进行相关性检验时，选择龙羊峡水库投入运用后的数据系列进行分析，因为该时期以龙羊峡水库为主的黄河上游水沙调控体系基本建成，且在今后一定时期内仍将保持目前的格局，针对该时期的数据进行分析具有现实意义。

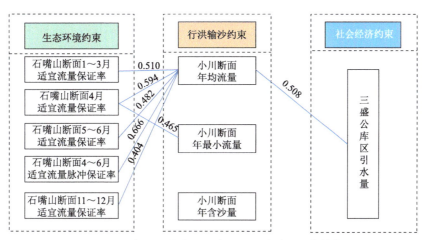

图 2-64 各子系统主要约束因子相关关系网络结构

从图 2-64 中可看到，小川断面的年均流量与三盛公库区引水量以及石嘴山断面适宜流量保证率等具有较高的相关性，小川断面年最小流量与石嘴山断面 4 月适宜流量保证率具有相关性，但相关性比年均流量与其的相关性低。

A. 径流泥沙与生态环境子系统主要约束因子

径流泥沙与生态环境子系统主要约束因子的关系见表 2-24，小川断面不同年均流量下，石嘴山断面不同月份适宜流量保证率有所不同。当小川断面年均流量为 600m³/s 左右时，石嘴山断面适宜流量保证率较低，当年均流量为 700m³/s 左右时，石嘴山断面适宜流量保证率可达 80% 以上。

表 2-24　黄河上游径流泥沙与生态环境子系统主要约束因子的关系

生态环境子系统主要约束因子	1～3 月		4 月		5～6 月		4～6 月		11～12 月	
	年均流量/（m³/s）	适宜流量保证率/%	年均流量/（m³/s）	适宜流量保证率/%	年均流量/（m³/s）	适宜流量保证率/%	年均流量/（m³/s）	适宜脉冲流量次数	年均流量/（m³/s）	适宜流量保证率/%
小川断面年均流量及对应石嘴山断面适宜流量保证率、适宜脉冲流量次数	650	>80	557	<50	514	>50	607	0	700	>70
	704	>90	604	>70	723	>80	732	1	736	>90
	864	100	863	100	855	100	941	2	826	100

B. 径流泥沙与社会经济子系统主要约束因子

小川断面年均流量和三盛公水利枢纽引水量的关系式为

$$W_u = 15.677 Q_x^{0.212} \qquad (2-25)$$

式中，Q_x 为小川断面年均流量（m³/s）。1987 年以来，三盛公水利枢纽年均引水量为 63.5 亿 m³，基本满足用水需求，据此可计算得到小川断面的年均流量需保持在 733.2m³ 及以上。

综上，黄河上游泥沙动态调控多维约束及主要约束因子置信区间见图 2-65。在年尺度调控约束上，小川断面年均流量在 700m³/s 以上，可保障年均至少 1 次适宜脉冲流量过程，适宜流量保证率大于 80%，黄河上游引水稳定；在月尺度调控约束上，4～6 月小川断面下泄水量 57.7 亿 m³/s，可保障 4～6 月生态需水，满足黄河上游引水需求；在日尺度调控约束上，4 月下泄 900m³/s 流量、持续 6 天，4 月其他时段维持日均流量 330m³/s 以上，5 月和 6 月维持日均流量 350m³/s 以上，保障 4～6 月生态需水，满足黄河上游引水需求。

2）黄河中游调控子体系

A. 径流泥沙与生态环境子系统主要约束因子

通过相关性检验得到黄河中（下）游各子系统主要约束因子的相关关系，见图 2-66。可以看出，生态环境子系统主要约束因子与花园口断面年均流量的相关性高于与其他行洪输沙子系统主要约束因子的相关性，社会经济子系统主要约束因子中粮食产量与引水量、花园口断面平滩流量以及河道整治工程密度等的相关性均较高，引水量与花园口断面年均流量和花园口断面年最小流量的相关性较高。

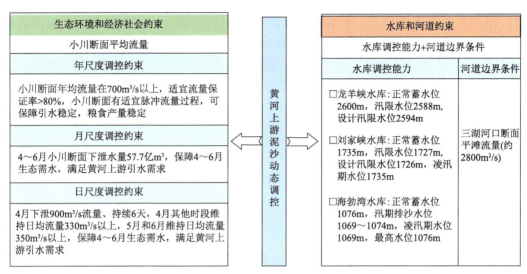

图 2-65　黄河上游泥沙动态调控多维约束及主要约束因子置信区间

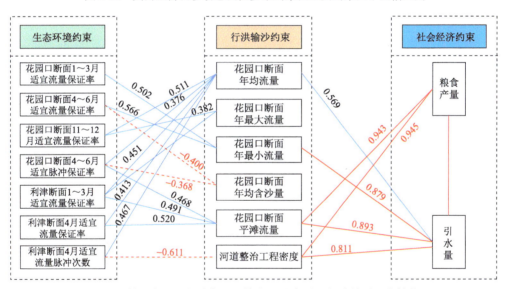

图 2-66　黄河中（下）游各子系统主要约束因子相关关系网络结构图

然而，行洪输沙子系统主要约束因子中的河道整治工程密度、花园口断面平滩流量、花园口断面年均含沙量与生态环境子系统主要约束因子和社会经济子系统主要约束因子的相关性较高，但并不具有物理意义。一方面，随着水库调控、水土保持、河道整治等治理措施的不断完善，黄河下游河道平滩流量不断增加、年均含沙量显著降低、工程密度显著增加。另一方面，随着人们对生态环境的日益重视，黄河下游各断面的生态流量需求满足程度也日益提高。因此，选择年均流量开展其与生态环境子系统和社会经济子系统主要约束因子之间的定量关系分析。

花园口断面年均流量与生态环境子系统约束因子之间的对应关系见表 2-25 和图 2-67。当花园口断面年均流量为 1000～1100m³/s 时，花园口断面 1～3 月、11～12 月适宜流量保证率超过 70%，4～6 月适宜流量保证率超过 90%，4～6 月适宜脉冲流量可发生 1 次；利津断面 1~3 月、4 月适宜流量保证率超过 70%。当花园口断面年均流量为 1200~1300m³/s 时，花园口断面 4~6 月适宜流量保证率可达到 100%。当花园口断面年均流量为 1300~1400m³/s 时，利津断面 1~3 月、4 月适宜流量保证率可达到 100%，4~6 月适宜脉冲流量可发生 1 次。当花园口断面年均流量大于 1400m³/s 时，花园口断面 1~3 月、11~12 月适宜流量保证率可达到 100%；当花园口断面年均流量大于 1500m³/s 时，利津断面 4 月适宜脉冲流量可发生 2 次。当花园口断面年均流量大于 2100m³/s 时，花园口断面 4~6 月适宜脉冲流量可发生 2 次以上。

表 2-25 黄河下游径流泥沙与生态环境主要约束因子对应关系

生态环境主要约束因子	花园口 1~3 月		花园口 4~6 月		花园口 11~12 月		花园口 4~6 月		利津 1~3 月		利津 4 月		利津 4 月	
花园口断面流量及对应的适宜流量保证率及脉冲次数	年均流量/（m³/s）	适宜流量保证率/%	年均流量/（m³/s）	适宜流量保证率/%	年均流量/（m³/s）	适宜流量保证率/%	年均流量/（m³/s）	适宜脉冲流量次数	年均流量/（m³/s）	适宜流量保证率/%	年均流量/（m³/s）	适宜流量保证率/%	年均流量/（m³/s）	适宜脉冲流量次数
	835	<50	1043	<70	655	<50	<1000	0	805	<50	922	<50	989	0
	1177	>70	1153	>90	1032	>70	1100	1	1039	>70	1061	>70	1382	1
	1450	100	1245	100	1411	100	2171	>2	1308	100	1367	100	1533	2

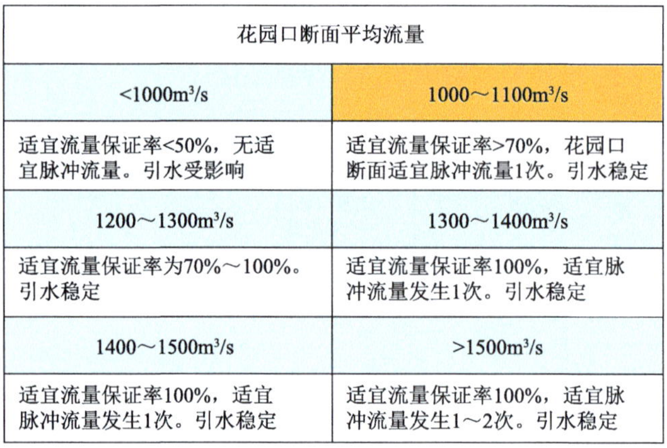

花园口断面平均流量	
<1000m³/s	1000~1100m³/s
适宜流量保证率<50%，无适宜脉冲流量。引水受影响	适宜流量保证率>70%，花园口断面适宜脉冲流量1次。引水稳定
1200~1300m³/s	1300~1400m³/s
适宜流量保证率为70%~100%。引水稳定	适宜流量保证率100%，适宜脉冲流量发生1次。引水稳定
1400~1500m³/s	>1500m³/s
适宜流量保证率100%，适宜脉冲流量发生1次。引水稳定	适宜流量保证率100%，适宜脉冲流量发生1~2次。引水稳定

图 2-67 花园口断面年均流量与生态环境子系统约束因子的关系

B. 径流泥沙与社会经济子系统主要约束因子

通过回归分析，得到粮食产量与引水量的函数关系：

$$F = 19.25 W_{\mathrm{d}}^{0.163} \tag{2-26}$$

式中，F 为粮食产量（10^6kg/a）；W_{d} 为引水量（10^8m³/a）。黄河下游的引水量与花园口断面年均流量的函数关系为

$$W_{\mathrm{d}} = 0.033 Q_{\mathrm{h}} \tag{2-27}$$

式中，Q_h 为花园口断面年均流量（m³/s）。

2005 年以来，黄河下游乡镇平均粮食产量为 3.3 万 t，根据粮食产量与引水量的函数关系，可得每年需要的引水量为 33.7 亿 m³，同时根据引水量与花园口断面年均流量的函数关系，可得花园口断面的年均流量需保持在 1022m³/s 以上。

黄河中（下）游泥沙动态调控需满足行洪输沙、生态环境和社会经济等子系统之间的协同关系，在其调控过程中，各子系统的主要约束因子，尤其是相关性较高的主要约束因子应维持在其置信区间或阈值范围内。根据前述分析，黄河中（下）游泥沙动态调控的多维约束及主要约束因子置信区间见图 2-68。在年尺度调控约束上，推荐按照生态需水保证率大于 70%考虑，保持花园口断面年均流量为 1000～1100m³/s，此时适宜流量保证率在 70%以上，有至少 1 次适宜脉冲流量过程，可保障引水稳定，粮食产量也可基本保持稳定；在月尺度调控约束上，4～5 月花园口断面下泄水量 79.4 亿 m³ 上，可保障 4～6 月生态需水，满足黄河下游引水需求；在日尺度调控约束上，4 月下泄 2400m³/s 流量、持续 6 天，4 月其他时段维持日均流量 1020m³/s 以上，5 月和 6 月分别维持日均流量 820m³/s 和 920m³/s 以上，可保障 4～6 月生态需水，满足黄河下游引水需求。

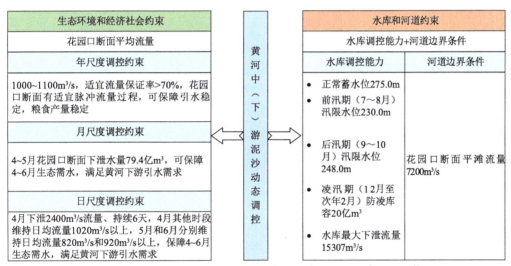

图 2-68　黄河中（下）游泥沙动态调控多维约束及主要约束因子置信区间

3）黄河重要支流调控子体系

黄河重要支流伊洛河黑石关断面和沁河武陟断面的行洪输沙子系统与生态环境子系统主要约束因子的关系见表 2-26 和表 2-27。

表 2-26　支流伊洛河黑石关断面行洪输沙子系统与生态环境子系统主要约束因子的关系

生态环境子系统主要约束因子	黑石关断面汛期		黑石关断面非汛期	
	年均流量/（m³/s）	适宜流量保证率/%	年均流量/（m³/s）	适宜流量保证率/%
年均流量及适宜流量保证率	37.6	<50	30.5	<50
	133.4	>70	129.9	>70
	137.2	>80	131.7	>80
	172	100	166.1	100

当黑石关断面年均流量在 40m³/s 以下时,黑石关断面汛期和非汛期的适宜流量保证率均较低(不足 50%);当年均流量为 134m³/s 左右时,黑石关断面适宜流量保证率在汛期超过 70%,在非汛期可达 80%以上。

当武陟断面年均流量在 15m³/s 以下时,武陟断面汛期和非汛期的适宜流量保证率均较低(不足 50%);当年均流量在 52m³/s 左右时,武陟断面适宜流量保证率在汛期和非汛期可达到 70%以上;当年均流量为 75m³/s 以上时,武陟断面适宜流量保证率在汛期和非汛期可达 80%。

表 2-27　支流沁河武陟断面径流泥沙与生态环境子系统主要约束因子的关系

生态环境子系统主要约束因子	武陟断面汛期		武陟断面非汛期	
	年均流量/(m³/s)	适宜流量保证率/%	年均流量/(m³/s)	适宜流量保证率/%
年均流量及适宜流量保证率	9.9	<50	14.1	<50
	42.5	>70	52.0	>70
	57.5	>80	74.9	>80
	90.8	100	95.9	100

黄河重要支流泥沙动态调控需满足行洪输沙和生态环境之间的协同关系,在其调控过程中,主要约束因子应维持在其置信区间或阈值范围内。根据前述分析,黄河重要支流泥沙动态调控的多维约束及主要约束因子置信区间见图 2-69。

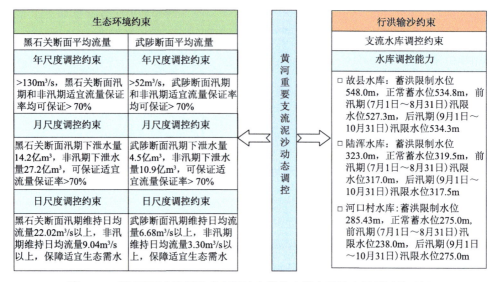

图 2-69　黄河重要支流泥沙动态调控多维约束及主要约束因子置信区间

2.3.4　黄河流域干支流骨干枢纽群泥沙动态调控目标函数构建

1. 黄河流域干支流骨干枢纽群泥沙动态调控目标函数框架

泥沙动态调控目标需要兼顾社会经济、生态环境等多维功能协同,在争取最大经济效益的同时尽可能满足供水需求，减少对生态环境的影响。参考前期相关研究，结合实际数据资料情况，本书构建了年尺度的水库泥沙动态调控的目标函数基本框架，目的是实现单位经济效益的生态影响和缺水率最小，具体形式如下：

$$f = \min \frac{\sqrt{I_{ss}I_e}}{w_p\sum_{i=1}^{n}R_p(i)+w_f\sum_{i=1}^{n}R_f(i)+w_d\sum_{i=1}^{n}R_d(i)+w_s\sum_{i=1}^{n}R_s(i)} \qquad （2-28）$$

式中，f 为目标函数值；I_{ss} 为缺水率（%）；I_e 为生态影响；$R_p(i)$、$R_f(i)$、$R_d(i)$、$R_s(i)$ 分别为第 i 天的发电效益、防洪效益、减淤效益和排沙效益（元）；n 为计算天数（天）；w_p、w_f、w_d、w_s 为发电效益、防洪效益、减淤效益和排沙效益对应的权重，这些参数随着水库所在位置、库容大小、运行目标等的差异而变化。不同水库由于各自来水来沙的总量和年内分布的不同，对于不同效益的重视程度对最终的优化调度目标的影响也不同，因此权重配比也有所不同，需要根据当地的实际数据和特征属性分别确定。

1）缺水率

提高供水保证率，降低缺水率，是水库优化调度的目标之一。水库缺水率计算公式如下：

$$I_{ss} = \max\left(\frac{w_p - w_r}{w_p}, 0\right) \qquad （2-29）$$

式中，w_p 为水库的计划供水量（m³/s）；w_r 为实际供水量（m³/s）。

2）生态影响

关于泥沙对生态的影响评估相对较少，且大多处于定性描述阶段。参考 Richter 等提出的水文指标构建了 33 个相对应的泥沙指标，具体指标见表 2-28。生态影响的计算公式如下：

$$I_e = \frac{1}{n}\sum_{i=1}^{n}e_i \qquad （2-30）$$

$$e_i = \left|\frac{N_{o,i} - N_{e,i}}{N_{e,i}}\right| \times 100\% \qquad （2-31）$$

式中，n 为指标的个数；e_i 为第 i 个指标的计算结果；$N_{o,i}$ 为实际数值在指定范围内的年数；$N_{e,i}$ 为预期数值在指定范围内的年数。当 I_e 值在 0～0.33 时，说明水库调度带来的生态影响较小；当 I_e 值在 0.33～0.67 时，说明水库调度带来的生态影响中等；当 I_e 值大于 0.67 时，说明水库调度带来的生态影响较大。

表 2-28　生态影响指标汇总

分类	径流量指标（33 个）	含沙量指标（33 个）
月状况	1～12 月逐月平均径流量	1～12 月逐月平均含沙量
年极端状况	最大日均径流量 最小日均径流量	最大日均含沙量 最小日均含沙量

分类	径流量指标（33 个）	含沙量指标（33 个）
年极端状况	最大 3 日径流量 最小 3 日径流量 最大 7 日径流量 最小 7 日径流量 最大 30 日径流量 最小 30 日径流量 最大 90 日径流量 最小 90 日径流量 断流天数 最小 7 日平均流量除以年均流量	最大 3 日含沙量 最小 3 日含沙量 最大 7 日含沙量 最小 7 日含沙量 最大 30 日含沙量 最小 30 日含沙量 最大 90 日含沙量 最小 90 日含沙量 清水天数 最小 7 日平均含沙量除以年均含沙量
年极端状况出现时间	年最大日均径流量出现日期 年最小日均径流量出现日期	年最大日均含沙量出现日期 年最小日均含沙量出现日期
高低脉冲的频率与历时	高脉冲流量出现次数 低脉冲流量出现次数 高脉冲流量平均历时 低脉冲流量平均历时	高含沙量出现次数 低含沙量出现次数 高含沙量平均历时 低含沙量平均历时
变化率与频率	径流量日均增长比例 径流量日均减小比例 径流量增减发生变化的次数	含沙量日均增长比例 含沙量日均减小比例 含沙量增减发生变化的次数

3）发电效益

水库的发电效益由上网电价与发电量的乘积得到。水库的发电量不仅与水电站的出力系数、水头、流量及发电时长有关，还需要考虑过机沙量的影响。过高的泥沙含量会使水轮机产生磨蚀，降低机组运行效率与稳定性，带来较大损失，此时水电站通常会选择减少开机台数或是停机避沙峰。因此，当入库含沙量大于最大过机沙量时，水库发电效益为 0；当入库含沙量小于最大过机沙量时，发电效益的计算公式如下：

$$R_{\mathrm{p}} = \varphi N \min\left(Q_{\mathrm{p}}, Q_{\mathrm{p\,max}}\right) \Delta H \Delta t \tag{2-32}$$

式中，φ 为水库的入网电价[元/（kW·h）]；Q_{p} 为过机流量（m³/s）；$Q_{\mathrm{p\,max}}$ 为最大过机流量（m³/s）；ΔH 为发电水头（m）；Δt 为发电时长（h）；N 为水库水电站的出力系数，计算公式如下：

$$N = g\eta \tag{2-33}$$

式中，g 为重力加速度（N/kg），通常取 9.8N/kg；η 为水电站发电效率，可根据水电站装机大小做近似计算，通常大型水电站（装机容量大于 25 万 kW）取 8.5，中型水电站（装机容量在 2.5 万～25 万 kW）取 8～8.5，小型水电站（装机容量小于 2.5 万 kW）取 6～8。

4）防洪效益

计算入库洪水产生的经济损失，常见的做法是依据相关模型计算得到相应流量下下游的淹没范围、淹没水深和淹没历时，然后根据淹没区域的社会经济状况、各类财产在不同淹没深度和淹没历时下的损失程度，计算得到最终的淹没损失值。这种计算方式得到的损失量相对较为精准，但需要对每次的洪水情景进行实时模拟，这超过了本次研究的范畴。借鉴前期研究成果，利用黄河下游洪水演进及灾情评估模型计算得到不同量级洪水淹没损失，将其用于目标函数中下游防洪效益的计算，根据其研究结果拟合得到的黄河下游淹没损失与流量的关系式如下：

$$\mathrm{Fl} = -156.35\left(\ln Q_{\mathrm{out}}\right)^2 + 3071\ln Q_{\mathrm{out}} - 14843 \tag{2-34}$$

式中，Fl 为洪水淹没损失（亿元）；Q_{out} 为出库流量（m³/s）。

黄河上中游由于相应模型的欠缺，上述方法并不适用，故参考黄河水利科学研究院《黄河泥沙资源利用的综合效益评价方法》中水库清淤的调洪效益的计算方式，通过水位-流量关系计算得到出入库流量在下游的水位差，该差值即无水库调控时两岸大堤需要加高的高度，将相应的工程投资乘以不修堤的洪水损失与大堤新增工程投资之间的比例系数间接得到水库的防洪效益，计算公式如下：

$$R_{\mathrm{f}} = ca\sum_{i=1}^{r} S_i \Delta h_{\mathrm{f}i} \tag{2-35}$$

式中，c 为不修堤的洪水损失与大堤新增工程投资之间的比例系数，统一取 5.12（数据来自黄河水利科学研究院）；a 为大堤每填筑 1 m³ 需增加的工程投资（元/m³），根据《公路工程预算定额》（JTG/T B06-02—2007），统一取 24.19 元/m³；r 为河段的个数；S_i 为面积折算系数，其物理意义为 i 河段大堤增高需填筑的土方量与增高高度之间的比值（m²）；$\Delta h_{\mathrm{f}i}$ 为入库流量与出库流量在河段对应水位的差值（m）。

假设出库流量在下游河道不变，通过曼宁公式推导不同流量下对应的河道水深，计算公式如下：

$$h_i = \left(\frac{Q_{\mathrm{out}}n_i}{b_i J^{1/2}}\right)^{3/5} \tag{2-36}$$

式中，h_i 为 i 河段水深（m）；Q_{out} 为出库流量（m³/s）；n_i 为 i 河段糙率；b_i 为 i 河段大堤平均间距（m）；J 为 i 河段比降（‰）。其中，河口镇至禹门口属小北干流，为峡谷型窄深河道，可不考虑防洪问题。利用王远见等（2018）的《泥沙资源利用的综合效益评价方法研究》得到黄河下游各河段水位-流量关系式，见表2-29。

表 2-29　黄河下游各河段水位-流量关系式及面积折算系数

黄河下游河段	水位-流量关系式	面积折算系数（10^6）
铁谢—伊洛河口	$H=1.3908\ln Q+115.92$	6.34
伊洛河口—花园口	$H=1.1987\ln Q+791.701$	7.28
花园口—夹河滩	$H=1.4251\ln Q+74.72$	13.31
夹河滩—高村	$H=1.354\ln Q+61.238$	9.59

黄河下游河段	水位-流量关系式	面积折算系数（10^6）
高村—艾山	$H=2.2867\ln Q+40.047$	24.03
艾山—利津	$H=1.7601\ln Q+12.685$	35.59

注：H 为水位（m）；Q 为流量（m³/s）。

5）减淤效益

水库减淤效益的计算参考防洪效益计算方法。假设没有水库拦截，泥沙在下游河道沿程淤积会导致河床的逐年升高，从而导致洪水位的不断抬升，使得已经形成的"地上悬河"的问题更加突出。为了保障两岸人民的生命财产安全，对于不断抬升的河床，为了维持现有防洪标准，需要不断加高大堤。因此，减淤效益的计算取决于可能导致的堤坝加高的费用，计算公式如下：

$$R_{\mathrm{d}}=ca\sum_{i=1}^{r}S_i\frac{x_i}{b_il_i} \tag{2-37}$$

式中，x_i 为水库拦截的泥沙总量若进入下游河道引起的淤积量（m³），各河段的淤积量按实测多年平均淤积比进行分配；b_i 为 i 河段大堤平均间距（m）；l_i 为 i 河段长度（m）；其余参数同防洪效益。

当水库不开闸排沙时，出库含沙量默认为 0；当水库开闸排沙时，出库含沙量的计算公式如下：

$$S_{\mathrm{out}}=\phi\frac{Q_{\mathrm{out}}^{0.6}\delta^{1.2}}{B^{0.6}}\times10^3 \tag{2-38}$$

式中，S_{out} 为出库含沙量（kg/m³）；ϕ 为侵蚀系数，具体取值范围可参考 Khan 和 Tingsanchali（2009）发表的关于水库优化调度的研究成果；δ 为能坡；B 为侵蚀河道的宽度（m）。

其中，能坡 δ 的计算公式如下：

$$\delta=\frac{H_{\mathrm{norm}}-H}{L} \tag{2-39}$$

式中，H_{norm} 为水库的正常蓄水位（m）；H 为水库当前水位（m），可在已知库容大小的情况下通过各水库的水位库容曲线（依据已有的水位、库容数据拟合得到）计算得到；L 为正常蓄水位下的库区长度（m）。

侵蚀河道宽度 B 的计算公式如下：

$$B=12.8Q_{\mathrm{out}}^{0.5} \tag{2-40}$$

需要特别说明的是，式（2-40）只适用于降水溯源冲刷，对于以异重流排沙为主的水库调度，可考虑采用相应的异重流排沙公式。

龙羊峡、故县、陆浑、河口村四水库上游来沙量少，可按清水考虑，不涉及减淤问题。海勃湾水库库容较小，不承担减淤任务，因此减淤效益也暂不考虑。万家寨水库运行目标中虽然不包括减淤，但在实际调研中发现，万家寨水库库区淤积了大量的泥沙，而且在古贤水库建成后，将与万家寨水库配合实施小北干流的减淤任务，因此本次研究专门对万家寨的减淤效益做了计算。大北干流为峡谷型窄深河道，暂不考虑淤积问题。涉及减淤效益计算的所有水库对应的参数信息见表 2-30。需要特别说明的是，刘家峡水库有 70%～80% 的泥沙来自洮河，来自上游干流的泥沙很少，由于缺少两条支流（洮河、大夏河）的水沙数据，且在实地调研中得知，水库在洮河口安装了专门的排沙洞，可使从洮河汇入的泥沙不进入库区而直接输送到下游，因此在后续计算中刘家峡水库也没有考虑减淤效益。

表 2-30　水库减淤效益计算参数

水库	河道	河段	大堤平均间距/m	长度/km	淤积量占比/%	面积折算系数（10^6）
刘家峡	宁蒙河道	下河沿—青铜峡	2310	318.1	9.18	41.99
		青铜峡—石嘴山	2310	194	13.69	25.61
		石嘴山—巴彦高勒	1443	142	7.40	18.74
		巴彦高勒—三湖河口	3500	221	19.95	29.17
		三湖河口—头道拐	3092	302	49.78	39.86
万家寨古贤	小北干流	禹门口—庙前	6600	42.5	29.65	5.61
		庙前—夹马口	4730	30	11.70	3.96
		夹马口—潼关	11590	60	58.65	7.92
三门峡小浪底	黄河干流下游	铁谢—伊洛河口	7520	48.01	5.10	6.34
		伊洛河口—花园口	8330	55.16	9.20	7.28
		花园口—夹河滩	9850	100.80	22.40	13.31
		夹河滩—高村	11110	72.63	18.20	9.59
		高村—艾山	5450	182.07	26.30	24.03
		艾山—利津	2570	269.64	18.80	35.59
东庄	渭河下游		3000	172	100	0.28

6）排沙效益

水库泥沙动态调控的排沙效益计算公式如下：

$$R_s = \frac{S_d}{D} \frac{\zeta}{V_c} \qquad (2\text{-}41)$$

式中，S_d 为库区减少的泥沙量（kg），通过出库泥沙总量与入库泥沙总量的差值计算得到，当出库泥沙总量小于入库泥沙总量时，S_d 为负值，水库的排沙效益也为负值；D 为泥沙密度（kg/m³），统一取 1200 kg/m³；V_c 为水库的初始库容（亿 m³）；ζ 为水库的总造价（亿元）。11 个水库对应的具体参数值统计见表 2-31。

表 2-31 水库排沙效益计算参数

水库	建造年份	初始库容/亿 m³	水库造价/亿元
龙羊峡	1986	247	22.14
刘家峡	1968	57	6.38
海勃湾	2014	4.87	41.55
万家寨	1998	8.96	60.58
古贤	待建	129.42	511.6
三门峡	1960	354	40
小浪底	1999	126.5	325
东庄	在建	32.76	154.34
故县	1994	11.75	7.0732
陆浑	1965	13.2	1.68
河口村	2014	3.17	27.75

2. 不同时空尺度多维功能协同的泥沙动态调控目标函数

计算各水库目标函数的各项经济效益最终权重配比，代入式（2-28），即可得到对应水库的最终目标函数。

1）权重值的确定

社会经济子系统各要素权重的确定需要综合考虑客观权重和主观权重两部分。客观权重通过熵权法计算得出，用于表征各指标在客观上对整体经济效益变动的重要性；主观权重依据水库运行职能得出，反映了各要素的现实需求。

A. 客观权重

利用熵权法计算各个指标的客观权重，指标 $x_{ij}(t)$ 可表示为

$$\begin{cases} p_{ij}(t) = \dfrac{x_{ij}(t)}{\sum\limits_{t=1}^{n} x_{ij}(t)} \\ e_{ij} = -\dfrac{1}{\ln m}\sum\limits_{t=1}^{n}\big[p_{ij}(t)\ln p_{ij}(t)\big] \\ g_{ij} = 1 - e_{ij} \\ w_{ij} = g_{ij}\Big/\sum\limits_{j=1}^{m} g_{ij} \end{cases} \quad (2\text{-}42)$$

式中，$p_{ij}(t)$ 为指标多年平均的比值；e_{ij} 为信息熵；g_{ij} 为差异系数；n 为数据样本长度。

B. 主观权重

各水库的运行依据各自的职能排序，在指定水库的主观权重时要基于其职能排序赋值。例如，小浪底水库以防洪、减淤为首要目标，其次为防凌，之后是供水和发电职能（防洪=减淤>防凌>供水=发电）；三门峡水库以防洪作为首要目标，其次是防凌，然后

才是发电（防洪>防凌>发电）；万家寨水库的首要目标是供水和发电，其次是防洪，最后是防凌（供水=发电>防洪>防凌）。减淤并不在三门峡和万家寨的运行目标中，但由于黄河高含沙的特性，水库运行中仍不可避免需要考虑减淤和库区排沙的问题。

C. 最终权重

水库的最终权重值由客观权重与主观权重相乘得到。同时，为了直观起见，本书将其乘以一定的系数，使得最终得到的权重值之和为 1。

2）泥沙动态调控目标函数的确定

A. 单库泥沙动态调控目标函数

a. 龙羊峡水库

龙羊峡水库由于防洪效益和发电效益权重的变化对结果没有影响，因此二者的客观权重值均为 0.5。龙羊峡水库以发电为主要运行目标，防洪次之，但考虑到洪水本身危害性较大，本书将发电、防洪对应的主观权重值也均定为 0.5，计算得到二者对应的最终权重值分别为 0.5、0.5。因此，龙羊峡水库优化调度目标函数如下：

$$f = \min \frac{\sqrt{I_{ss}I_e}}{0.5\sum_{i=1}^{n}R_p(i)+0.5\sum_{i=1}^{n}R_f(i)} \qquad (2\text{-}43)$$

将调控目标函数代入优化算法中，计算得到的水库优化调度过程与实际调度过程的对比可见图 2-70。

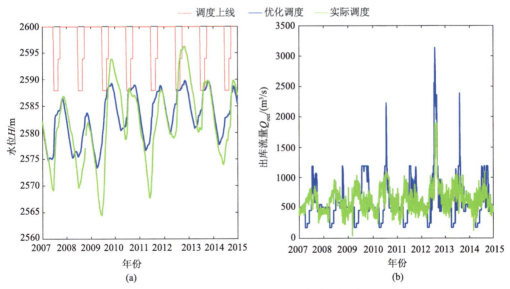

图 2-70　龙羊峡水库多年优化调度过程与实际调度过程对比

从水位看，模拟值与实测值总体趋势比较一致，随着运行年份的增加，年均水位略有上升，但实际水位的波动相对更大一些。实际水位明显低于优化水位的时间出现在每年的 4 月、5 月，此时为了满足下游供水的需求，实际出流量较大；优化调度也考虑了供水，但假设均为库区取水，且将年均 12 亿 m³ 的供水需求平均分配在 4~6 月春灌期和

9~11 月秋灌期，这个分配方式将在联合调度中做进一步优化。从最终结果来看，优化调度多年平均发电效益 5.01 亿元，生态影响 0.75，而实际调度多年平均发电效益 5.27亿元，生态影响 0.8，二者差异不大，但优化结果倾向于更小的生态环境影响。

b. 刘家峡水库

刘家峡水库防洪效益和发电效益权重的设置过程和最终得到的目标函数均同龙羊峡水库一样。将最调控目标函数代入优化算法中，计算得到的水库优化调度过程与实际调度过程的对比可见图 2-71。可以看出，虽然出库流量过程总体看来较为接近，但优化调度过程塑造了更多次数的大流量事件和小流量事件。从数值上看，优化调度多年平均发电效益 4.35 亿元，生态环境影响 0.27；实际调度多年平均发电效益 4.39 亿元，生态环境影响 0.64。虽然优化调度的发电效益略低于实际调度（仅相差 0.04 亿元），但生态环境影响却大大降低，使得水库对其下游河道的生态环境影响从中等程度降低为较低程度，符合当前重视水库调度考虑生态环境影响的实际情况。

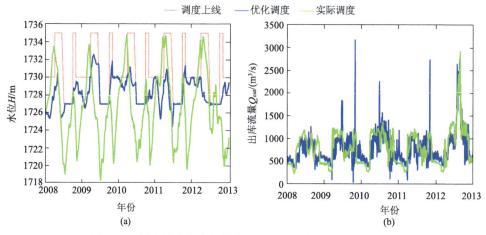

图 2-71 刘家峡水库多年优化调度过程与实际调度过程对比

c. 万家寨水库

采用熵权法计算得到的万家寨水库发电、防洪、减淤、排沙对应的客观权重值分别为 0.19、0.00、0.06、0.75。万家寨以供水、发电为主要目标，防洪、防凌次之，因此将主观权重值定为 1.00、0.80、1.00、1.00×（V_s/V_{s0}），计算得到最终权重值分别为 0.19、0.00、0.06、0.75×（V_s/V_{s0}）。因此，万家寨水库调控的目标函数如下：

$$f = \min \frac{\sqrt{I_{ss}I_e}}{0.19\sum_{i=1}^{n}R_p(i)+0.06\sum_{i=1}^{n}R_d(i)+0.75\dfrac{V_s}{V_{s0}}\sum_{i=1}^{n}R_s(i)} \tag{2-44}$$

将目标函数代入优化算法中，计算得到的水库优化调度过程与实际调度过程的对比可见图 2-72。可以看出，优化调度与实际调度的流量过程接近，排沙时机与历时近乎相同，但优化过程由于排沙时水位较低，因此排沙量更大。当库区淤沙量接近设计淤沙库容时，实际调度过程的淤沙量在此后波动不大，而优化过程有一次较为明显的排沙过程，能够重新腾出万家寨水库的淤沙库容，延长其使用寿命。

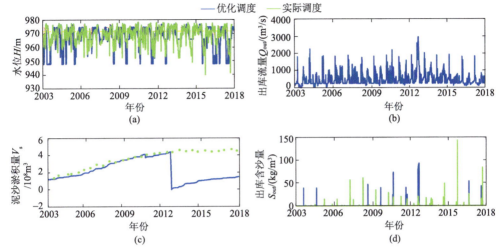

图 2-72　万家寨水库多年优化调度过程与实际调度过程对比

（c）中绿色虚线表示达标实际调度

d. 古贤水库

采用熵权法计算得到古贤水库发电、防洪、减淤、排沙四项经济效益对应的客观权重值分别为 0.67、0.08、0.16、0.08。古贤水库以防洪、减淤为主要开发目标，兼顾供水和发电，因此将发电、防洪、减淤、排沙对应的主观权重值分别定为 0.60、1.00、1.00 和 $0.80 \times (V_s/V_{s0})$。计算得到最终权重值分别为 0.56、0.11、0.23、$0.09 \times (V_s/V_{s0})$。因此，古贤水库水沙调控的目标函数如下：

$$f = \min \frac{\sqrt{I_{ss} I_e}}{0.56 \sum_{i=1}^{n} R_p(i) + 0.11 \sum_{i=1}^{n} R_f(i) + 0.23 \sum_{i=1}^{n} R_d(i) + 0.09 \sum_{i=1}^{n} \frac{V_s(i)}{V_{s0}} R_s(i)} \tag{2-45}$$

将上述目标函数代入优化算法中，计算得到古贤水库多年优化调度过程，见图 2-73。可以看出，古贤水库在 12 年间库区淤沙量逐年增长，到计算时段结束共计淤积泥沙 48.8 亿 t，而入库的多年平均泥沙量为 5.38 亿 t，即有 76% 左右的泥沙都被拦截在了古贤库区内。计算得到的年均发电效益为 16.45 亿元，即年均发电 56.72 亿 kW·h，高于设计年均发电量 54.42 亿 kW·h。

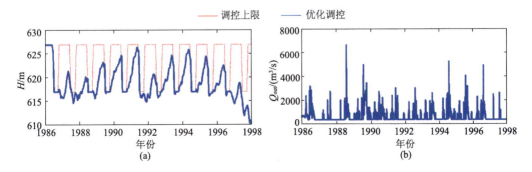

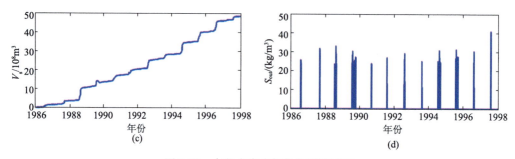

图 2-73　古贤水库多年优化调度过程

e. 东庄水库

采用熵权法计算得到东庄水库发电、防洪、减淤、排沙四项经济效益对应的客观权重值分别为 0.74、0.14、0.08、0.06。东庄水库以防洪、减淤为主要开发目标，兼顾供水、发电、改善生态，因此将主观权重值分别定为 0.60、1.00、1.00、1.00×（V_s/V_{s0}），计算得到最终权重值分别为 0.63、0.20、0.10、0.07×（V_s/V_{s0}）。因此，东庄水库调控目标函数如下：

$$f = \min \frac{\sqrt{I_{ss}I_e}}{0.63\sum_{i=1}^{n}R_p(i)+0.2\sum_{i=1}^{n}R_f(i)+0.1\sum_{i=1}^{n}R_d(i)+0.07\frac{V_s}{V_{s0}}\sum_{i=1}^{n}R_s(i)} \qquad （2-46）$$

将上述目标函数代入优化算法中，计算得到的水库优化调度过程与实际调度过程的对比见图 2-74。

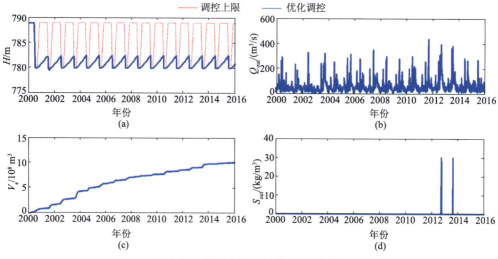

图 2-74　东庄水库多年优化调度过程

由于东庄水库仍在建设中，尚未投入使用，因此无法通过与实际调度过程的比较来分析优化运行的效果。仅从优化调度结果来看，东庄水库在 16 年间库区共淤积了约 10 亿 m^3 的泥沙，以年均来沙量 2.03 亿 m^3 计算，将约 30% 的泥沙拦截在了库区内。计算得到的年均发电效益为 1.47 亿元，即年均发电 4.9 亿 kW·h，相比设计年均发电量 2.6 亿 kW·h 提升了近一倍。

f. 三门峡水库

采用熵权法计算得到的三门峡水库客观权重值分别为 0.26、0.05、0.58、0.11。三门峡不承担减淤任务，发电主要为以水定电，库区排沙虽然重要，但相比防洪还是略轻一级，因此将发电、防洪、减淤、排沙对应的主观权重值定为 0.60、1.00、0.00 和 $0.8 \times (V_s/V_{s0})$，计算得到四个要素对应的最终权重值分别为 0.53、0.17、0.00、$0.30 \times (V_s/V_{s0})$。因此，三门峡水库调控目标函数如下：

$$f = \min \frac{\sqrt{I_{ss}I_e}}{0.53\sum_{i=1}^{n} R_p(i) + 0.17\sum_{i=1}^{n} R_f(i) + 0.30\sum_{i=1}^{n} \frac{V_s(i)}{V_{s0}} R_s(i)} \qquad (2\text{-}47)$$

将上述目标函数代入优化算法中，计算得到的水库优化调度过程与实际调度过程的对比见图 2-75。可以看出，优化调度与实际调度的流量过程十分接近，排沙的频率与时间拟合程度也较高，但优化过程由于排沙时水位更低，因此排沙效果优于实际，使得优化得到的库区淤沙量能始终保持在一个较低的水平。

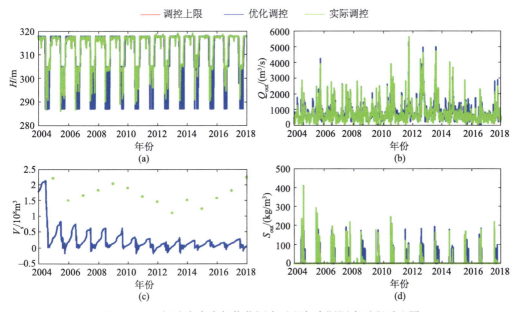

图 2-75　三门峡水库多年优化调度过程与实际调度过程对比图

g. 小浪底水库-下游河道

采用熵权法计算得到的小浪底水库发电、防洪、减淤、排沙对应的客观权重值分别为 0.66、0.06、0.09、0.19。小浪底水库运行最主要的目标为防洪和减淤，发电目标次之，同时考虑到小浪底淤沙库容有限，排沙的重要性会随着已淤库容的不断增加而增大，将发电、防洪、减淤、排沙对应的主观权重值分别定为 0.60、1.00、0.90 和 $0.80 \times (V_s/V_{s0})$，其中 V_s 为库区当前的淤积量，V_{s0} 为水库原始淤沙库容。计算得到发电、防洪、减淤、排沙对应的最终权重值分别为 0.57、0.08、0.25 和 $0.10 \times (V_s/V_{s0})$。因此，小浪底水库调控的目标函数如下：

$$f = \min \frac{\sqrt{I_{ss}I_e}}{0.57\sum_{i=1}^{n} R_p(i) + 0.08\sum_{i=1}^{n} R_f(i) + 0.25\sum_{i=1}^{n} R_d(i) + 0.1\frac{V_s}{V_{s0}}\sum_{i=1}^{n} R_s(i)} \tag{2-48}$$

将上述目标函数代入优化算法中，计算得到的水库优化调度过程与实际调度过程的对比见图 2-76。可以看出，从小浪底库区的淤沙体积来看，优化结果与实际结果比较接近，说明从泥沙调控效果来看，优化目标与实际整体调度目标一致，但具体的调水调沙过程与实际有所不同。从坝前运用水位来看，实际调度更倾向于前汛期低水位排沙，且进入汛期前水位相对较高，而优化调度汛期前水位下降开始时间早，且前汛期水位大多保持在汛限水位 230 m，这与选用水库调度规则曲线进行运行方案的构建有关；从出库含沙量看，二者排沙量基本相同，而实际调度在 2015 年以前每年汛期都会排沙，优化调度则并非每年都有此过程，这正是体现了水库泥沙动态调控的内涵。

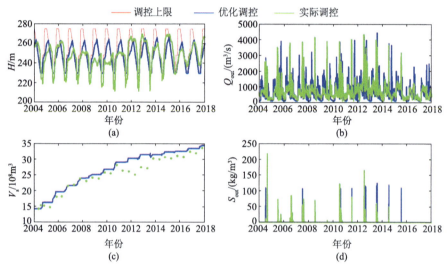

图 2-76　小浪底水库多年优化调度过程与实际调度过程对比

B. 干支流骨干枢纽群泥沙动态联合调控目标函数

a. 万家寨-古贤水库联合调控

采用熵权法计算得到万家寨-古贤水库（简称万-古）联合调控的发电、防洪、减淤、排沙四项经济效益对应的客观权重值分别为 0.49、0.25、0.20、0.06。综合考虑万-古两个水库的调度运行目标，将发电、防洪、减淤、排沙对应的主观权重值分别定为 0.80、1.00、0.90 和 0.80×（V_s/V_{s0}），计算得到最终权重值分别为 0.45、0.29、0.20、0.06×（V_s/V_{s0}）。因此，万-古联合调控的目标函数如下：

$$f = \min \frac{\sqrt{\frac{I_{ss_{wjz}} + I_{ss_{gx}}}{2} \cdot \frac{I_{e_{wjz}} + I_{e_{gx}}}{2}}}{0.45\sum_{i=1}^{n}\left[R_{pwjz}(i) + R_{pgx}(i)\right] + 0.29\sum_{i=1}^{n}\left[R_{fwjz}(i) + R_{fgx}(i)\right] + 0.20\sum_{i=1}^{n}\left[R_{dwjz}(i) + R_{dgx}(i)\right] + 0.06\sum_{i=1}^{n}\left[\frac{V_{swjz}(i)}{V_{s0wjz}}R_{swjz}(i) + \frac{V_{sgx}(i)}{V_{s0gx}}R_{sgx}(i)\right]}$$

$$\tag{2-49}$$

式中，下标 wjz 代表万家寨水库；下标 gx 代表古贤水库。

　　将上述调控目标函数代入优化算法中，计算得到的万家寨水库和古贤水库多年优化调度过程分别见图 2-77 和图 2-78。因为联合调控时采用了 1986～1997 年的水沙系列，而此时万家寨水库尚未修建，优化结果与实际结果没办法比较，因此万家寨水库也仅展示优化调度结果。

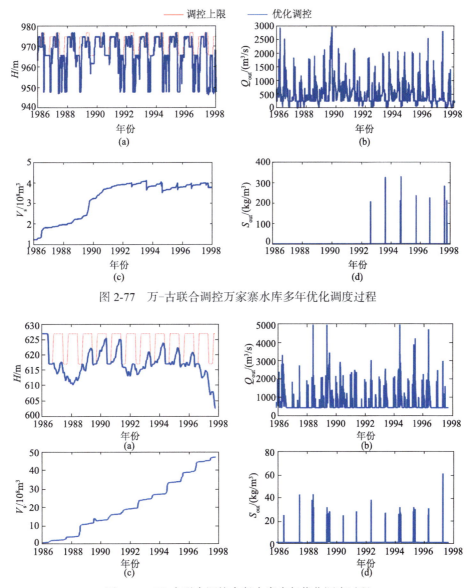

图 2-77　万-古联合调控万家寨水库多年优化调度过程

图 2-78　万-古联合调控古贤水库多年优化调度过程

b. 三门峡-小浪底水库联合调控

　　采用熵权法计算得到三门峡-小浪底水库（简称三-小）联合调控的发电、防洪、减淤、排沙四项经济效益对应的客观权重值分别为 0.76、0.07、0.12、0.05。综合考虑三门峡、小浪底两个水库的运行目标,将四个经济效益对应的主观权重值分别定为0.60、1.00、0.90和0.80 × (V_S/V_{S0})。因此,三-小联合调控的目标函数如下:

$$f = \min \frac{\sqrt{\dfrac{I_{ss_{smx}} + I_{ss_{xld}}}{2} \dfrac{I_{e_{smx}} + I_{e_{xld}}}{2}}}{0.68 \sum\limits_{i=1}^{n} \left[R_{psmx}(i) + R_{pxld}(i) \right] + 0.1 \sum\limits_{i=1}^{n} \left[R_{fsmx}(i) + R_{fxld}(i) \right] + 0.16 \sum\limits_{i=1}^{n} \left[R_{dsmx}(i) + R_{dxld}(i) \right] + 0.06 \sqrt{\dfrac{V_{ssmx}}{V_{s0smx}} \dfrac{V_{sxld}}{V_{s0xld}}} \sum\limits_{i=1}^{n} \left[R_{ssmx}(i) + R_{sxld}(i) \right]}$$

（2-50）

式中,下标smx代表三门峡水库;下标xld代表小浪底水库。

c. 龙羊峡-刘家峡水库联合调控

与龙羊峡、刘家峡单库调度时权重的设置过程一致,本书得到了龙羊峡-刘家峡水库（简称龙-刘）联合调控时发电效益和防洪效益对应的最终权重值,分别为0.5、0.5。因此,龙-刘联合调控的目标函数如下:

$$f = \min \frac{\sqrt{\dfrac{I_{ss_{lyx}} + I_{ss_{ljx}}}{2} \dfrac{I_{e_{lyx}} + I_{e_{ljx}}}{2}}}{0.5 \sum\limits_{i=1}^{n} \left[R_{plyx}(i) + R_{pljx}(i) \right] + 0.5 \sum\limits_{i=1}^{n} \left[R_{flyx}(i) + R_{fljx}(i) \right]}$$

（2-51）

式中,下标lyx代表龙羊峡水库;下标ljx代表刘家峡水库。

d. 龙羊峡-刘家峡-万家寨-三门峡-小浪底-下游河道联合调控

基于龙羊峡、刘家峡、万家寨、三门峡、小浪底各自单库的动态调控目标函数,以及两两联合调度得出的联合调度与单库的动态调控目标函数的差异,可以得出龙羊峡-刘家峡-万家寨-三门峡-小浪底-下游河道联合调控目标函数为

$$f = \min \frac{\sqrt{\dfrac{I_{ss_{lyx}} + I_{ss_{ljx}}}{2} \dfrac{I_{e_{lyx}} + I_{e_{ljx}}}{2}}}{0.5 \sum\limits_{i=1}^{n} \left[R_{plyx}(i) + R_{pljx}(i) \right] + 0.5 \sum\limits_{i=1}^{n} \left[R_{flyx}(i) + R_{fljx}(i) \right]} + \min \frac{\sqrt{I_{ss_{wjz}} I_{e_{wjz}}}}{0.19 \sum\limits_{i=1}^{n} R_{pwjz}(i) + 0.06 \sum\limits_{i=1}^{n} R_{dwjz}(i) + 0.75 \sum\limits_{i=1}^{n} \dfrac{V_{swjz}(i)}{V_{s0wjz}} R_{swjz}(i)}$$

$$+ \min \frac{\sqrt{\dfrac{I_{ss_{smx}} + I_{ss_{xld}}}{2} \dfrac{I_{e_{smx}} + I_{e_{xld}}}{2}}}{0.68 \sum\limits_{i=1}^{n} \left[R_{psmx}(i) + R_{pxld}(i) \right] + 0.1 \sum\limits_{i=1}^{n} \left[R_{fsmx}(i) + R_{fxld}(i) \right] + 0.16 \sum\limits_{i=1}^{n} \left[R_{dsmx}(i) + R_{dxld}(i) \right] + 0.06 \sum\limits_{i=1}^{n} \left[\dfrac{V_{ssmx}(i)}{V_{s0smx}} R_{ssmx}(i) + \dfrac{V_{sxld}(i)}{V_{s0xld}} R_{sxld}(i) \right]}$$

（2-52）

e. 全流域干支流骨干枢纽群-下游河道-河口系统

海勃湾、故县、陆浑、河口村四水库的目标函数与龙羊峡和刘家峡的目标函数一致。基于前期所有单库动态调控目标函数和多库联合调控目标函数的结果,可以得出全流域干支流骨干枢纽群-下游河道-河口系统联合调控的目标函数为

$$f = \min \frac{\sqrt{\dfrac{I_{ss_{lyx}} + I_{ss_{ljx}}}{2} \cdot \dfrac{I_{e_{lyx}} + I_{e_{ljx}}}{2}}}{0.5\sum_{i=1}^{n}\left[R_{plyx}(i) + R_{pljx}(i)\right] + 0.5\sum_{i=1}^{n}\left[R_{flyx}(i) + R_{fljx}(i)\right]} + \min \frac{\sqrt{I_{ss_{hbw}} \cdot I_{e_{hbw}}}}{0.5\sum_{i=1}^{n}R_{phbw}(i) + 0.5\sum_{i=1}^{n}R_{thbw}(i)}$$

$$+ \min \frac{\sqrt{\dfrac{I_{ss_{wjz}} + I_{ss_{gx}}}{2} \cdot \dfrac{I_{e_{wjz}} + I_{e_{gx}}}{2}}}{0.45\sum_{i=1}^{n}\left[R_{pwjz}(i) + R_{pgx}(i)\right] + 0.29\sum_{i=1}^{n}\left[R_{fwjz}(i) + R_{fgx}(i)\right] + 0.20\sum_{i=1}^{n}\left[R_{dwjz}(i) + R_{dgx}(i)\right] + 0.06\sum_{i=1}^{n}\left[\dfrac{V_{swzj}(i)}{V_{s0wjz}}R_{swjz}(i) + \dfrac{V_{sgx}(i)}{V_{s0gx}}R_{sgx}(i)\right]}$$

$$+ \min \frac{\sqrt{\dfrac{I_{ss_{smx}} + I_{ss_{xld}}}{2} \cdot \dfrac{I_{e_{smx}} + I_{e_{xld}}}{2}}}{0.68\sum_{i=1}^{n}\left[R_{psmx}(i) + R_{pxld}(i)\right] + 0.1\sum_{i=1}^{n}\left[R_{fsmx}(i) + R_{fxld}(i)\right] + 0.16\sum_{i=1}^{n}\left[R_{dsmx}(i) + R_{dxld}(i)\right] + 0.06\sum_{i=1}^{n}\left[\dfrac{V_{ssmx}(i)}{V_{s0smx}}R_{ssmx}(i) + \dfrac{V_{sxld}(i)}{V_{s0xld}}R_{sxld}(i)\right]}$$

$$+ \min \frac{\sqrt{I_{ss_{dz}} \cdot I_{e_{dz}}}}{0.63\sum_{i=1}^{n}R_{pdz}(i) + 0.2\sum_{i=1}^{n}R_{fdz}(i) + 0.1\sum_{i=1}^{n}R_{ddz}(i) + 0.07\sum_{i=1}^{n}\dfrac{V_{sdz}(i)}{V_{s0dz}}R_{sdz}(i)}$$

$$+ \min \frac{\sqrt{\dfrac{I_{ss_{gux}} + I_{ss_{lh}} + I_{ss_{hkc}}}{3} \cdot \dfrac{I_{e_{gux}} + I_{e_{lh}} + I_{e_{hkc}}}{3}}}{0.5\sum_{i=1}^{n}\left[R_{pgux}(i) + R_{plh}(i) + R_{phkc}(i)\right] + 0.5\sum_{i=1}^{n}\left[R_{fgux}(i) + R_{flh}(i) + R_{fhkc}(i)\right]}$$

$$(2\text{-}53)$$

式中，下标 hbw 代表海勃湾；gux 代表故县；lh 代表陆浑；hkc 为表河口村；其余下标意思同前。

C. 黄河干支流水库（群）单多库调控目标函数汇总

将所有单库调控及多库联合调控的主客观权重值及最终权重值汇总，见表 2-32。

表 2-32　水库目标函数权重汇总

水库	权重	发电效益	防洪效益	减淤效益	排沙效益
万家寨	客观	0.19	0.00	0.06	0.75
	主观	1.00	0.80	1.00	$1.00\times(V_s/V_{s0})$
	最终	0.19	0.00	0.06	$0.75\times(V_s/V_{s0})$
古贤	客观	0.67	0.08	0.16	0.08
	主观	0.60	1.00	1.00	$0.80\times(V_s/V_{s0})$
	最终	0.56	0.11	0.23	$0.09\times(V_s/V_{s0})$
东庄	客观	0.74	0.14	0.08	0.06
	主观	0.60	1.00	1.00	$1.00\times(V_s/V_{s0})$
	最终	0.63	0.20	0.10	$0.07\times(V_s/V_{s0})$
三门峡	客观	0.26	0.05	0.58	0.11
	主观	0.60	1.00	0.00	$0.80\times(V_s/V_{s0})$
	最终	0.53	0.17	0.00	$0.30\times(V_s/V_{s0})$
小浪底-下游河道	客观	0.66	0.06	0.09	0.19
	主观	0.60	1.00	0.90	$0.80\times(V_s/V_{s0})$
	最终	0.57	0.08	0.25	$0.10\times(V_s/V_{s0})$

续表

水库	权重	发电效益	防洪效益	减淤效益	排沙效益
龙-刘	客观	0.50	0.50	—	—
	主观	1.00	1.00	—	—
	最终	0.50	0.50	—	—
万-古	客观	0.49	0.25	0.20	0.06
	主观	0.80	1.00	0.90	$0.80 \times (V_s/V_{s0})$
	最终	0.45	0.29	0.20	$0.06 \times (V_s/V_{s0})$
三-小	客观	0.76	0.07	0.12	0.05
	主观	0.60	1.00	0.90	$0.80 \times (V_s/V_{s0})$
	最终	0.68	0.10	0.16	$0.06 \times (V_s/V_{s0})$
干支流枢纽群	客观	0.50	0.50	—	—
	主观	1.00	1.00	—	—
	最终	0.50	0.50	—	—

2.4　基于流域系统科学的枢纽群泥沙动态调控序贯决策理论

目前，黄河流域干支流骨干枢纽水沙调控方案各不相同，实现调控方案的系统最优化存在理论与技术瓶颈及管理障碍，无法充分发挥水沙调控体系的整体合力。本节采用协同学与博弈论方法，定量研究各个水库及不同枢纽群联合体调控目标之间的动态协同与博弈过程，基于序贯决策理论，对黄河流域枢纽群泥沙动态调控方案进行了优化，构建了骨干枢纽群泥沙动态调控序贯决策理论架构，为黄河流域系统治理和全河干支流骨干枢纽群水沙联合调控提供了理论依据。由于支流的几座水库调控效益占比较小，本次研究重点以干流的几座骨干水库为主。

2.4.1　泥沙动态调控目标的动态协同与博弈关系

黄河干支流骨干水库联合调控的目标是实现包括防洪目标、发电目标、供水目标、排沙目标、减淤目标和生态环境目标等综合效益最大化。显然各个目标之间相互矛盾、相互竞争，调控过程是一个动态协同和博弈的过程，因此河流多维功能子系统之间的动态协同和博弈过程就是不同治理目标之间的动态协同与博弈过程。

1. 枢纽群联合调控的动态博弈目标

在黄河流域各功能子系统的动态博弈过程中，对于发电目标来说，在保证出力的条件下希望均匀泄水，尽可能维持水库在高水位状态运行，以提高整个调度过程的发电效益最大。供水目标则有一定的季节性，在用水高峰期则要求尽量多供水，不用水时则尽量少弃水；水库水位越高，水库的可供水量就越大，水库下泄流量越大，则水库满足下游供水的程度就越高。黄河干流水库调度必须考虑泥沙问题，同时兼顾水库的排沙和河道的减淤，尤其是汛期不仅要留有一定的冲沙水量，而且要有一定的流量要求，避免出现"小水带大沙"的局面。排沙需要在流量较大时进行，而这时用于发电的流量就会相应地减少。与此同时，发电时为了减少泥沙对水轮机的摩擦伤害，会尽量减少过机含沙量，使得大量泥沙留在了库区，在提升发电效益的同时也提升了减淤效益，而排沙过程中，由于含沙量较大，运行的发电机台数也会大大减少，甚至完全停止发电。考虑到防洪安全，就必须对上游水库出库流量加以约束，使防洪控制断面的流量限制在一定的范围之内，防洪效益要求水库以低水位和小流量运行，水库水位越低，水库预留的防洪库容就越大，水库下泄流量越小，则下游防洪保护对象的威胁就越小。

防洪安全和供水安全是水库建设最重要的目的，关系着汛期库区周边人民的生命财产安全，关系着国民经济的可持续发展。生态用水与河流的健康密切相关，黄河水资源量较少，曾多次因河道生态用水未被满足而产生河流断流或者河槽萎缩的现象。因此，防洪目标、供水目标和生态目标是被优先满足的调控目标，可以将其转化为约束条件，水库多目标调度中各功能子系统的博弈本质上是发电目标、排沙目标和减淤目标三者之间的博弈。由此可知，博弈目标为发电目标、排沙目标和减淤目标；设计变量包括水库下泄流量过程、水库水位过程、水库发电流量过程、水库排沙比等；博弈方的得益可采用发电目标函数、水库排沙目标函数、河道减淤目标函数的响应值来构造，从而得到水库多目标调度的博弈模型。

2. 枢纽群联合调控的动态博弈主体

根据黄河水-沙异源的主要特征，将黄河干流水库联合调控的博弈主体划分为三部分，分别是上游博弈方、中游博弈方和下游博弈方。

1）上游博弈方

龙羊峡和刘家峡水库位于黄河上游，对黄河流域的水资源拥有优先使用权，其以巨大的调节库容，在黄河干流水库群联合调控中为下游提供用水、发电的基本水量，是整个黄河干流的施益方，其中刘家峡水库的可供水量主要用于宁蒙灌区。地处西北内陆地区的宁夏和内蒙古干旱少雨，其农业生产主要依靠引黄河水灌溉，是黄河流域主要的用水河段。以 20 世纪 90 年代为例，宁蒙灌区平均耗用水量达到 97 亿 m³，占全河用水量的 37%。宁蒙灌区的用水高峰期主要集中在非汛期 10～11 月的冬灌期和 3～6 月的春灌期，尤其是 3～6 月，宁蒙灌区与下游同时用水，形成全河用水高峰，其引用水量约占全年的 46%，而此时正值汛前，降雨较少，因而导致黄河水资源供需紧张，以至于自 1972 年以来黄河下游时常发生断流现象，并随着用水量的增加有逐步加重的趋势。宁蒙灌区在无龙羊峡-刘家峡联合调控的情况下，用水期难以保证，刘家峡水库的建设极大地改善了宁蒙灌区的灌溉保证率，使农业生产连续多年稳产高产。因此，在上游博弈方中，龙羊峡水库属于施益水库，刘家峡水库属于受益水库。

2）中游博弈方

万家寨、三门峡和小浪底三座水库位于黄河中游，万家寨和三门峡水库具有季调节能力，小浪底是年调节水库。万家寨、三门峡和小浪底水库位于龙羊峡和刘家峡水库的下游，在水力上接受上游博弈方的调节。龙羊峡-刘家峡调节蓄丰补枯，减少了万家寨-三门峡-小浪底三座水库的汛期来水，同时也减轻了万家寨-三门峡-小浪底三座水库的防洪压力，增加了万家寨-三门峡-小浪底三座水库的非汛期来水，有利于缓解下游供水矛盾。因此，万家寨、三门峡和小浪底水库需要龙羊峡-刘家峡补给水资源，保障中游水库的供水，提高中游水库群的发电和排沙效益。

3）下游博弈方

黄河下游的河南、山东、天津和河北从黄河引水，以满足工农业和城市生活用水的需要，其中河南、山东两省是主要的用水大户，20世纪90年代年均耗水占全河水量的36%，尤其是3～6月，上下游均是用水高峰期，导致黄河水资源供需紧张，易形成断流。同时，黄河下游多为地上悬河，防洪和防凌的任务重大，中游的万家寨、三门峡和小浪底水库直接担负下游的防洪和防凌重任，上游的龙羊峡和刘家峡水库也间接地起到防洪和防凌的作用。另外，沿黄工农业的发展，沿黄耗用河川径流量逐年增加，下游河道水量减少，经常出现断流，从而导致河道冲沙水量减少和河口地区生态环境恶化。上游和中游水库的联合调度可以大大缓解这些矛盾，因此上游博弈方和中游博弈方都对下游具有防洪和防凌补偿效益、生态环境补偿效益以及供水补偿效益等，上游和中游的水库群是下游河道的施益方，下游河道是受益方。

选取的5座典型水库分属5家互不统属的管理单位，这5座水库的管理单位和代表国家的河道管理部门（水利部黄河水利委员会）是本部分研究中参与合作的6个博弈方，见表2-33。

表 2-33　博弈方位置信息和管理部门

序号	博弈方	地理位置	管理部门
1	龙羊峡	青海	黄河上游水电开发有限责任公司
2	刘家峡	甘肃	甘肃省电力公司
3	万家寨	山西、内蒙古	黄河万家寨水利枢纽有限公司
4	三门峡	河南	三门峡水利枢纽管理局
5	小浪底	河南	小浪底水利枢纽管理中心
6	下游河道	河南、山东	水利部黄河水利委员会

2.4.2　枢纽群泥沙动态调控合作博弈模型的构建

1. 泥沙动态调控合作博弈模型框架

水沙调控从上游到下游需要一定的时间，因此上游水库对于水资源的应用方式具有优先决策权，下游水库只能基于上游水库的调度结果进行调度决策。因此，枢纽群泥沙动态调控过程本质上是完全信息的序贯博弈，下游水库已知上游水库的调度决策，并且每个水库的效益函数是公开透明的。

$$P(N) = \{p_1(S_N), p_2(S_N), \cdots, p_i(S_N), \cdots, p_n(S_N)\} \quad N = \{1, 2, \cdots, i, \cdots, n\} \quad （2\text{-}54）$$

式中，N 为所有博弈方的集合；$P(N)$ 为所有水库单独运行下每个博弈方的直接效益。同时，水库之间的合作本质上就是梯级水库的联合调度，因此水库联合调度运行也是一种合作博弈，其目的是让所有参与合作的博弈方的总体效益最大。如果 $M \subseteq N$ 加入了联盟，$P(M) = \{p_1(S_M), p_2(S_M), \cdots, p_i(S_M), \cdots, p_m(S_M)\}$ 是局部水库联合调度中参与者的直接效益集合。合作博弈的核心是效益增量的重分配，要保障每个参与合作的水库的最终效益都优于单独运行和局部联盟运行的效益。

$$G(N) = \left\{ g_1(S_N), g_2(S_N), \cdots, g_i(S_N), \cdots, g_n(S_N) \right\} \tag{2-55}$$

$$g_i(S_N) \geqslant p_i(S_N) \quad \forall i \in N \tag{2-56}$$

$$\sum_{i \in M} g_i(S_N) \geqslant \sum_{i=1}^{m} p_i(S_M) \quad \forall M \subseteq N \tag{2-57}$$

$$g_i(S_N) \geqslant p_i(S_M) \quad \forall i \in M \tag{2-58}$$

式中，$G(N)$ 为大联盟中参与合作的博弈方的最终效益。

2. 泥沙动态调控合作博弈模型目标函数

黄河干支流水库群联合调度目标大致包括五个方面的内容，即防洪目标、发电目标、供水目标、排沙减淤目标和生态环境目标。具体而言，在保证防洪安全的情况下，保证生态基流和河道引水，追求发电指标和排沙减淤指标最优。首先是保证防洪安全，这是黄河水沙联合调控的最基本目标；其次是提供必要的生态基流，通过干流水量调度维持河道不断流；再次是满足干旱时期的供水，通过合理调度优化径流的时空分布过程，保障基础的工农业用水；最后是在实现上述目标的前提下，优化黄河干支流骨干枢纽群的运行方式，达到水库群发电目标最大和排沙减淤效果最优。黄河干支流水库群的动态博弈调度实质上是一个复杂大系统的多目标优化问题，在求解时，将防洪目标、供水目标、生态环境目标转化为约束条件，从而黄河干流水电站补偿问题转化为只有发电和排沙减淤两个目标，即保证发电目标和排沙减淤目标最优。

根据黄河流域干支流水库调度的综合效益分别确定对应的目标函数。

1）防洪效益

水库的防洪效益是指洪水发生时对防洪保护区造成的损失越小，则防洪效益越高。水库的防洪效益与下游河道的过流能力密切相关，水库的下泄流量小于下游河道的过流能力，则不会产生洪水灾害而造成重大的经济损失。

$$\Delta Q_f(t,n) = \begin{cases} 0 & Q_{\text{out}}(t,n) \leqslant Q_{\text{channel}}(t,n) \\ Q_{\text{out}}(t,n) - Q_{\text{channel}}(t,n) & Q_{\text{out}}(t,n) > Q_{\text{channel}}(t,n) \end{cases} \tag{2-59}$$

式中，$\Delta Q_f(t,n)$ 为洪水的严重程度，$\Delta Q_f(t,n)$ 越大，防洪效益越低；$Q_{\text{out}}(t,n)$ 为平均

下泄流量；$Q_{\text{channel}}(t,n)$ 为考虑引水后水库下游河道的过流能力；n 为第 n 个水库的特征参数，$n=1, 2, \cdots, N$；t 为在 t 时段内的特征参数，$t=1, 2, \cdots, T$。

2）发电效益

水库调度的发电效益主要来源于水库在调度期内水电站的发电量，发电量越大，水库创造的发电效益越高。

$$\text{HP}(t,n) = K_n \cdot \Delta t \cdot Q_{\text{pr}}(t,n) \left[\overline{H(t,n)} - H_0(t,n) \right] \tag{2-60}$$

式中，$\text{HP}(t,n)$ 为发电量；K_n 为水电站的出力系数；$Q_{\text{pr}}(t,n)$ 为日均发电流量；$\overline{H(t,n)}$ 为日均坝前水位；$H_0(t,n)$ 为水电站尾水位；Δt 为单位时间长度，此处以日为单位时间长度；t 为第 t 天；n 为骨干枢纽群中从上游至下游的第 n 个水库。

3）供水效益

水库调度需要满足下游工业、农业和居民生活用水，尤其是引黄灌区。供水效益主要体现在对河道引水需求的满足程度上，对河道引水的满足程度越高，则供水效益越大。

$$\Delta Q_f(t,n) = \begin{cases} Q_{\text{div}}(t,n) - Q_{\text{out}}(t,n) & Q_{\text{out}}(t,n) \leqslant Q_{\text{div}}(t,n) \\ 0 & Q_{\text{out}}(t,n) > Q_{\text{div}}(t,n) \end{cases} \tag{2-61}$$

式中，$\Delta Q_f(t,n)$ 为河道缺水程度，$\Delta Q_f(t,n)$ 越高，水库调度产生的供水效益越低；$Q_{\text{div}}(t,n)$ 为水库下游河道引水量。

4）排沙减淤效益

水库调度的排沙减淤效益的定义为水库或河道泥沙淤积量的大小，水库或河道的泥沙淤积量越大，则水库调度带来的排沙减淤效益越小。

$$W_s(t,n) = S(t,n) \cdot Q(t,n) \tag{2-62}$$

$$V_s(t,n) = \left[W_{\text{sin}}(t,n) - W_{\text{sout}}(t,n) \right] / \rho_s \tag{2-63}$$

式中，$W_s(t,n)$ 为日均输沙量；$S(t,n)$ 为日均含沙量；$Q(t,n)$ 为水库入库流量或者下泄流量；$W_{\text{sin}}(t,n)$ 为入库沙量；$W_{\text{sout}}(t,n)$ 为出库沙量；ρ_s 为水库淤积泥沙的湿密度；$V_s(t,n)$ 为淤积体积。

由于水库排沙机理复杂，在水库群联合调度中很容易产生维数灾问题，因此在本研究中主要采用经验公式进行泥沙淤积量计算。三门峡水库的泥沙计算主要采用林秀山壅水排沙公式（李景宗，2006）：

$$\eta(t) = a \lg \left(\frac{V(t) Q_{\text{in}}(t)}{Q_{\text{out}}^2(t)} \right) + b \tag{2-64}$$

式中，$\eta(t)$ 为三门峡水库排沙比；$V(t)$ 为三门峡水库的排沙库容；$Q_{\text{in}}(t)$ 和 $Q_{\text{out}}(t)$ 分别为三门峡水库的日均入库流量和日均出库流量；a 和 b 为常数。

小浪底水库的排沙比计算采用张启舜公式（张启舜和张振秋，1982）：

$$\lambda(t) = -A\lg\left\{2V'(t)\big/\left[Q'_{\mathrm{in}}(t) + Q'_{\mathrm{out}}(t)\right]\right\} + B \qquad (2\text{-}65)$$

式中，$\lambda(t)$ 为小浪底水库排沙比；$V'(t)$ 为小浪底水库的日均库容；$Q'_{\mathrm{in}}(t)$ 和 $Q'_{\mathrm{out}}(t)$ 分别为小浪底水库的日均入库流量和日均出库流量。

由于下游河道没有大坝或水电站，没有调节径流的能力，因此只考虑下游河道的排沙减淤效益。下游河道的泥沙淤积量计算方法采用费祥俊公式（费祥俊等，2009）：

$$W_{\mathrm{sd}} = 86.4Q_{\mathrm{in}}^2(t)\left[\frac{S_{\mathrm{in}}(t)}{Q''_{\mathrm{in}}(t)} - 0.108\left(\frac{S_{\mathrm{in}}(t)}{Q''_{\mathrm{in}}(t)}\right)0.47\right] \qquad (2\text{-}66)$$

式中，W_{sd} 为下游河道淤积沙量；$Q''_{\mathrm{in}}(t)$ 和 $S_{\mathrm{in}}(t)$ 分别为下游河道的来流量和含沙量。

5）生态环境效益

河道的生态环境效益主要体现在水库调度过程中对河道生态需水的满足程度，对河道生态需水量的满足程度越高，则水库调度产生的生态环境效益越高。

6）综合效益

枢纽群泥沙动态调控是一个典型的多目标优化问题，目前处理多目标优化的方法主要有两种：一种是采用数学方法将多目标函数转化为一个综合的单目标函数；另一种是将多目标中某个目标作为目标函数，其他目标转化为约束条件。本研究将这两种方法结合运用。为了保证黄河两岸人民的生命和财产安全，防洪和供水是必须要满足的目标，将这两个目标转化为约束条件，发电效益和排沙减淤效益作为目标函数。

$$B_1(n) = \max\sum_{t=1}^{T}\mathrm{HP}(t,n) \qquad (2\text{-}67)$$

$$B_2(n) = \min\sum_{t=1}^{T}V_S(t,n) \qquad (2\text{-}68)$$

式中，$B_1(n)$ 和 $B_2(n)$ 分别为水库的发电效益和排沙减淤效益。由于发电效益和排沙减淤效益并不属于同一量纲，因此考虑将其统一转化为价值（金额），由此得到骨干枢纽群调度的综合目标函数：

$$B(n) = c_1(n)\cdot B_1(n) - c_2(n)\cdot B_2(n) \qquad (2\text{-}69)$$

式中，$B(n)$ 为水库的最终效益；$c_1(n)$ 为水电的单价；$c_2(n)$ 为水库库容恢复的单位成本；如果优化的主体是黄河干支流水库的下游河道，则 $c_1(n)$ 为 0，$c_2(n)$ 为河道清淤的单位成本。

3. 泥沙动态调控合作博弈模型约束条件

模型约束条件主要包括水量平衡约束、入库流量平衡约束、出库流量平衡约束、水位约束、下泄流量约束、发电流量约束、水电站出力约束。

1）水量平衡约束

$$W_{1,n} = W_{0,n} + \left[Q_{\text{in}}\left(1,n\right) - Q_{\text{out}}\left(1,n\right) \right] \cdot \Delta t \qquad (2\text{-}70)$$

$$W_{t,n} = W_{t-1,n} + \left[Q_{\text{in}}\left(t,n\right) - Q_{\text{out}}\left(t,n\right) \right] \cdot \Delta t \quad 2 \leqslant t \leqslant T \qquad (2\text{-}71)$$

式中，$W_{0,n}$ 为水库初始蓄水量；$W_{t,n}$ 为水库日均蓄水量；$Q_{\text{in}}\left(t,n\right)$ 为水库日均入库流量；$Q_{\text{out}}\left(t,n\right)$ 为水库日均出库流量。

2）入库流量平衡约束

$$Q_{\text{in}}\left(t,n+1\right) = Q_{\text{out}}\left(t,n\right) + Q_{\text{qujian}}\left(t,n+1\right) - Q_{\text{div}}\left(t,n+1\right) \qquad (2\text{-}72)$$

式中，$Q_{\text{in}}\left(t,n+1\right)$ 为日均入库流量；$Q_{\text{qujian}}\left(t,n+1\right)$ 为相邻水库之间的区间流量。

3）出库流量平衡约束

$$Q_{\text{out}}\left(t,n\right) = Q_{\text{pr}}\left(t,n\right) + Q_{\text{npr}}\left(t,n\right) \qquad (2\text{-}73)$$

式中，$Q_{\text{npr}}\left(t,n\right)$ 为水库直接流入下游河道，不参与发电的流量。

4）水位约束

$$Z^{\min}\left(t,n\right) \leqslant Z\left(t,n\right) \leqslant Z^{\max}\left(t,n\right) \qquad (2\text{-}74)$$

$$Z_{0,n} = Z_{\text{beg},n}, \quad Z_{t,n} = Z_{\text{end},n}, \quad Z_{0,n} = f\left(W_{0,n}\right) \quad Z^{\min}\left(t,n\right) \leqslant Z_{t,n} \leqslant Z^{\max}\left(t,n\right) \quad (2\text{-}75)$$

式中，$Z^{\min}\left(t,n\right)$ 和 $Z^{\max}\left(t,n\right)$ 分别为水库运行的最低水位和最高水位；$Z\left(t,n\right)$ 为水库运行过程中的日均水位；$Z_{\text{beg},n}$ 为初始水位；$Z_{\text{end},n}$ 为水库在调度期结束的末水位。

5）下泄流量约束

$$Q_{\text{out}}^{\min}\left(t,n\right) \leqslant Q_{\text{out}}\left(t,n\right) \leqslant Q_{\text{out}}^{\max}\left(t,n\right) \qquad (2\text{-}76)$$

式中，$Q_{\text{out}}^{\min}\left(t,n\right)$ 和 $Q_{\text{out}}^{\max}\left(t,n\right)$ 分别为水库最大限制下泄流量和最小限制下泄流量，$Q_{\text{out}}^{\min}\left(t,n\right)$ 主要取决于水库下游河道的生态基流量和河道引水量的大小，$Q_{\text{out}}^{\max}\left(t,n\right)$ 主要与下游河道的过流能力即平滩流量相关。

6）发电流量约束

$$0 \leqslant Q_{\text{pr}}\left(t,n\right) \leqslant Q_{\text{pr}}^{\max}\left(t,n\right) \qquad (2\text{-}77)$$

式中，$Q_{\text{pr}}^{\max}\left(t,n\right)$ 为水库的最大发电流量，主要受水电站涡轮机的特征参数限制。

7）水电站出力约束

$$0 \leqslant P\left(t,n\right) \leqslant P^{\max}\left(t,n\right) \qquad (2\text{-}78)$$

式中，$P\left(t,n\right)$ 为水电站的日均出力；$P^{\max}\left(t,n\right)$ 为水电站的最大出力，主要取决于水电站的装机容量。

4. 黄河干支流骨干枢纽群合作模式制定

根据以往的调度经验和现实情况，选择了 11 种合作模式，如图 2-79 所示。其中，（1）和（2）代表了所有水库单独运行和大联盟合作与运行的调度方式，（3）用来分析上游水库合作对流域整体效益的影响，（4）用来分析中游水库合作对流域整体效益的影响，（5）是目前常用的水库联合调度方式，（6）～（11）是目前考虑采用的或者尚存争议的一些复合合作模式。

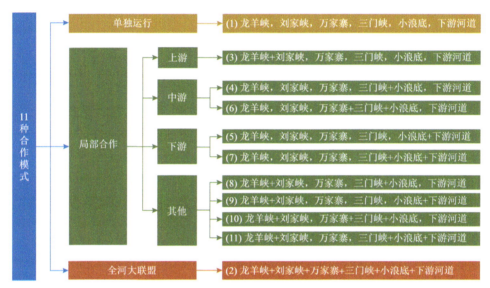

图 2-79　黄河干支流骨干枢纽群合作模式

5. 黄河干支流骨干枢纽群合作博弈结果

以 2019 年为例，分析不同合作模式下流域的效益增量，计算结果见表 2-34。可以看出，模式（2）大联盟合作下的整体效益最高，为 46.3852 亿元，模式（6）的整体效益最低，为 43.2886 亿元。合作模式（2）、（7）、（9）和（10）的综合效益相比于其他合作模式大大提高，这主要是由于万家寨水库加入三门峡和小浪底水库的合作当中，大大提升了三门峡水库的排沙量，减缓了三门峡水库的淤积现状。因此，万家寨水库是调水调沙效益增量的主要来源，如何充分发挥万家寨水库在黄河流域调水调沙体系中的作用至关重要。仅上游水库合作（3）与仅中游水库合作（4）相比，上游水库的合作效益增量略高，约高 0.4275 亿元。因此，上游水库龙羊峡与刘家峡合作的可能性更大，这与当前的调度现状是一致的。

表 2-34　不同合作模式下博弈方的直接效益　　　（单位：亿元）

合作模式	博弈方效益						合计
	龙羊峡	刘家峡	万家寨	三门峡	小浪底	下游河道	
（1）	8.4787	9.5428	5.1135	7.8578	25.2683	−11.3349	44.9262
（2）	8.4787	10.1422	5.2253	7.9186	26.2285	−11.6081	46.3852

续表

合作模式	博弈方效益						合计
	龙羊峡	刘家峡	万家寨	三门峡	小浪底	下游河道	
（3）	8.4787	10.1555	5.2862	7.6910	24.7595	−10.7050	45.6659
（4）	8.4787	9.5428	5.1135	7.6786	25.9302	−11.5054	45.2384
（5）	8.4787	10.1555	5.2862	7.4492	25.3242	−10.9535	45.7403
（6）	8.4787	10.0538	5.3554	6.7909	21.5011	−8.8913	43.2886
（7）	8.4787	10.1555	4.9926	7.9251	26.5871	−12.1129	46.0261
（8）	8.4787	10.1555	5.2862	7.4953	24.7900	−10.3187	45.8870
（9）	8.4787	9.7248	4.9085	8.1056	27.6876	−12.9516	45.9536
（10）	8.4787	10.1555	5.1664	7.8575	25.9042	−11.3089	46.2534
（11）	8.4787	10.0538	5.3554	7.0003	21.0439	−8.4737	43.4584

2.4.3 枢纽群泥沙动态联合调控水沙效益重分配

当所有水库联合调度时[合作模式（2）]，所有博弈方的综合效益总和是最大的，然而一些水库虽然为水库群整体效益的提升做出了贡献，但是却并没有获得效益增量。例如，龙羊峡水库位于黄河流域上游，对水资源的支配拥有优先决策权，但是龙羊峡水库受其装机容量的限制，并没有从水库群联合调度的合作中获得效益增量。这种情况下，如果对龙羊峡水库没有相应的效益补偿措施，龙羊峡水库极有可能脱离大联盟。为此，分别采用夏普利值（Shapley value）、盖特利点（Gately point）和纳什-海萨尼（Nash-Harsanyi）三种方法对 2019 年大联盟的系统效益进行重分配，尽可能让每个博弈方的最终效益相对公平。

1. 效益重分配方法

1）Shapley 值

Shapley 值其实是一种根据个体对大联盟合作情景构建的贡献进行分赏的方法（Shapley，1997）：

$$x_i = \sum_{\substack{S \subseteq N \\ i \in S}} \frac{(n-\hat{s})!(\hat{s}-1)!}{n!} \left[v(s) - v(s \setminus \{i\}) \right] \quad （2-79）$$

式中，$N = \{1,2,3,\cdots,n\}$，代表全部参与者组成的集合（大联盟）；S 为隶属于 N 的一个非空集合；v 为特征函数（效益函数）；n 为参与者的数量；$\hat{s}$ 为集合 S 内的参与者数量；$v(s)$ 为局部集合 S 的最终收益增量；$v(s \setminus \{i\})$ 为不含参与者 i 的集合 S 的效益函数；$\left[v(s) - v(s \setminus \{i\}) \right]$ 反映的是个体 i 在构成合作联盟过程中的贡献值。Shapley 值方法主要适用于大联盟中个体贡献值不同的情况。

2）Gately 点

对于一个在全局合作模式下的原始分配方案 $(x_1, x_2, \cdots, x_n)$，Gately 点方法认为，若利益主体 x_i 决定离开联盟，则它的损失为 $x_i - v\{i\}$，联盟内其他利益主体的损失为（Gately，1974）

$$\Delta S = \sum_{j \neq i} x_j - v(N \setminus \{i\}) \tag{2-80}$$

定义除 i 以外的其他博弈方的效益损失和博弈方 i 的效益损失之比为 i 的逃离倾向：

$$d(x_i) = \frac{\sum_{j \neq i} x_j - v(N \setminus \{i\})}{x_i - v\{i\}} \tag{2-81}$$

式中，$d(x_i)$ 的值越大，i 逃离大联盟造成其他利益主体的相对损失就越大。Gately 点方法旨在让所有利益主体的逃离倾向相等。

3）Nash-Harsanyi

Nash（1953）提出了一种基于两个利益主体的分配方案，Harsanyi（1959）将这种方案扩展到了 n 个利益主体：

$$\Delta E = \max \prod_{i=1}^{n} (x_i - v\{i\}) \tag{2-82}$$

式中，利益主体 i 的效益增量为 $(x_i - v\{i\})$，含义是利益主体 i 从全局合作得到的利益与独立决策得到的利益之差。该原则旨在将所有利益主体的效益增量积最大化。

2. 效益重分配结果

三种方法的效益重分配结果见表 2-35。对比表 2-34 中各水库单独运行的效益发现，不管采用哪种效益重分配方法，龙羊峡、万家寨和三门峡水库始终是被补偿对象，龙羊峡水库被补偿效益最高，万家寨水库被补偿效益最高，三门峡水库被补偿效益最高。相反，刘家峡、小浪底水库和下游河道始终是补偿对象，需要为其他水库提供效益补偿。尽管不同的效益重分配方法产生了不同的效益分配结果，但是所有博弈方的最终效益都优于单独运行模式。龙羊峡、万家寨和小浪底水库获得较多的效益增量，见图 2-80。这主要是因为龙羊峡水库位于黄河流域上游，其调度过程影响着下游水库的来水过程；万家寨水库承上启下，在利用上游来水调节下游水沙平衡中起着关键作用；小浪底水库位于黄河中游的末端部分，且库容较大，对缓解下游淤积起着重要的调节作用。由于下游河道没有调节能力，其水沙效益主要依赖于小浪底水库的调度决策，因此下游河道在黄河流域骨干枢纽群的序贯决策博弈中处于被动地位，一直是效益补偿的提供方。

表 2-35　不同效益分配方法下的各博弈方的最终效益　　（单位：亿元）

分配方法	Shapley 值	Gately 点	Nash-Harsanyi
龙羊峡	8.7635（＋）	8.7955（＋）	9.0075（＋）
刘家峡	9.5786（－）	9.8387（－）	10.0716（－）
万家寨	6.4542（＋）	6.6372（＋）	5.6423（＋）
三门峡	7.9734（＋）	8.0659（＋）	8.3866（＋）
小浪底	25.3056（－）	25.8312（－）	25.7971（－）
下游河道	−11.6902（－）	−12.7834（－）	−12.5200（－）
合计	46.3851	46.3851	46.3851

注："＋"代表接受补偿，"−"代表提供补偿。

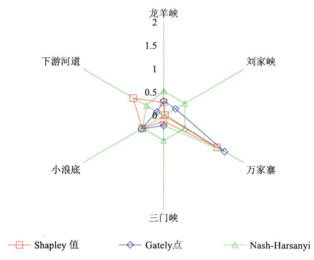

图 2-80　不同效益分配方法各水库效益增量的分配结果

　　由于采用不同的效益重分配方法，各博弈方所获得的最终效益也不尽相同，因此各博弈方对效益重分配方法的偏好也不同。各个博弈方从某效益重分配方法中获得的最终效益越高，该博弈方对该种分配方法的偏好程度也就越高，表 2-36 是各博弈方对不同效益重分配方法的偏好程度。结果显示，假设分配方法通过投票产生，其中一半的利益方对 Nash-Harsanyi 的偏好程度更高，则 Nash-Harsanyi 很有可能最终成为投票选中的分配方法。

表 2-36　各博弈方对不同效益重分配方法的偏好

水库	Shapley 值	Gately 点	Nash-Harsanyi
龙羊峡	3	2	1
刘家峡	2	3	1

水库	Shapley 值	Gately 点	Nash-Harsanyi
万家寨	2	1	3
三门峡	3	2	1
小浪底	2	1	3
下游河道	1	3	2

注："1"代表博弈方选择这种效益重分配方法的意愿最高，"3"代表博弈方选择这种效益重分配方法的意愿最低，"2"代表介于"1"和"3"之间。

3. 与实际运行效果的对比

将 2019 年枢纽群序贯决策博弈的结果与实际运行结果进行对比，见表 2-37。结果显示，大联盟的整体效益比实际调度效益提升了 8.12%，约 3.4845 亿元，这意味着黄河流域干支流骨干枢纽群的调度尚有潜力有待挖掘，并且在优化调度过程中，一方面尚未考虑其他水库对全河调度的调节作用，另一方面尚未考虑溯源冲刷所带来的排沙效益。

表 2-37　2019 年枢纽群序贯决策博弈结果与实际运行结果对比（单位：亿元）

水库	大联盟	实际运行
龙羊峡	8.4787	8.4788
刘家峡	10.1422	8.9167
万家寨	5.2253	3.9750
三门峡	7.9186	8.0354
小浪底	26.2285	27.3847
下游河道	−11.6081	−13.8899
合计	46.3852	42.9007

2.4.4　不同水沙情景下枢纽群合作博弈的纳什均衡解

黄河流域水利枢纽之间的合作非常复杂，不同的水沙条件下水库群的合作博弈结果也不尽相同。因此，不同水沙条件对合作博弈结果的影响需要进一步讨论。

1. 系列年情景下枢纽群序贯决策博弈

基于 2006～2019 年的历史水沙资料计算大联盟合作模式下的系统效益增量，计算结果见图 2-81。不同年份的水沙条件不同，大联盟合作模式下的系统效益增量也各不相同，但是系统效益增量均为正值，最小为 1.00 亿元，最大为 3.10 亿元。

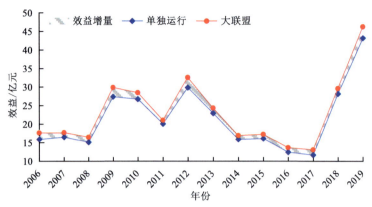

图 2-81　2006～2019 年水库枢纽群大联盟运行效益增量

2. 典型年水沙情景下枢纽群序贯决策博弈

本研究分别探讨了来水来沙频率变化对大联盟系统效益增量的影响。

首先，在来沙频率相同的情况下，定量分析系统效益增量与径流频率曲线之间的关系，见图 2-82 和图 2-83。由图 2-82 和 2-83 可知，在枯水年和丰水年，系统效益增量与径流频率并没有呈现明显的关系。在枯水年，水资源优先满足生产生活用水和河道生态流量，水库几乎没有进行水沙调控的可供水量，系统效益增量持续维持较低水平；系统效益增量主要表现为上游水库合作产生的发电效益增量。在丰水年，流域有足够的水量兼顾发电与排沙调度，整体系统效益增量维持较高水平，发电和排沙效益增量均较大。在平水年，系统效益增量随着径流频率的增大而增大，即平水年条件下，黄河流域越干旱，大联盟合作所带来的系统效益增量越大。其背后的原因在于，在满足必要的生产生活供水后，黄河流域的大型水库在平水年仍有部分水资源可用于水沙调控。黄河流域越干旱，上游水库在不合作的情况下越趋向于抬高水库水位增加发电，则下游的排沙效益相应地就会受到不利影响；而在合作模式下，上游水库将适当释放一定流量过程到下游，有利于水资源的合理分配，特别是增加下游水库与河道的发电和排沙减淤效益，使得系统整体效益得到有效提升。

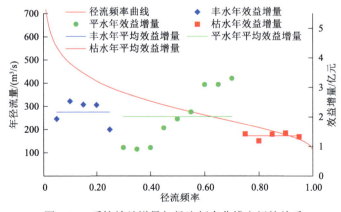

图 2-82　系统效益增量与径流频率曲线之间的关系

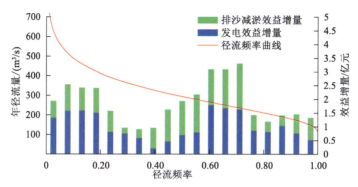

图 2-83　系统效益增量组成与径流频率曲线之间的关系

在径流量相同的情况下，分析不同系统效益增量与泥沙频率曲线之间的关系，见图 2-84。黄河流域来沙量越大，通过全河调度产生的排沙减淤效益越大。因此，在丰沙年更有必要通过全河水沙调控来缓解下游水库与河道淤积。

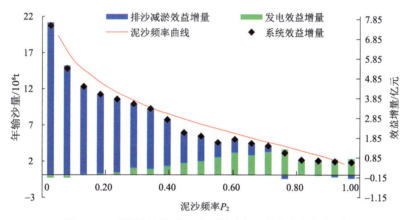

图 2-84　系统效益增量组成与泥沙频率曲线之间的关系

为了进一步研究不同水沙情景下枢纽群大联盟合作的可能性，选择 9 个水沙代表年在相同边界条件下进行水库群序贯决策博弈分析。根据潼关站水沙频率曲线选择 9 种水沙代表情景对大联盟合作结果进行分析，分别为丰水多沙、丰水中沙、丰水少沙、平水多沙、平水中沙、平水少沙、枯水多沙、枯水中沙、枯水少沙，详见表 2-38。

表 2-38　不同水沙情景下径流量与输沙量

水沙情景	频率	水量/亿 m³	沙量/亿 t
丰水多沙	P_1=0.25，P_2=0.25	366.8985	16.6129
丰水中沙	P_1=0.25，P_2=0.50	366.8985	11.1727
丰水少沙	P_1=0.25，P_2=0.75	366.8985	8.4468
平水多沙	P_1=0.50，P_2=0.25	294.6905	12.0734
平水中沙	P_1=0.50，P_2=0.50	294.6905	7.1397
平水少沙	P_1=0.50，P_2=0.75	294.6905	3.9005

续表

水沙情景	频率	水量/亿 m³	沙量/亿 t
枯水多沙	P_1=0.75，P_2=0.25	233.1780	5.3550
枯水中沙	P_1=0.75，P_2=0.50	233.1780	3.3712
枯水少沙	P_1=0.75，P_2=0.75	233.1780	1.2514

在不同水沙情景之下随机模拟了 20 场来水过程，得到不同水文条件下大联盟的系统效益增量分布情况，见图 2-85。在年径流量和年输沙量相同时，不同的水沙过程下大联盟的系统效益增量也各不相同。

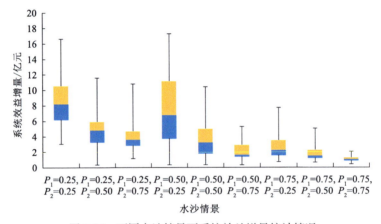

图 2-85　不同水沙情景下系统效益增量统计情况

从图 2-85 中可见，系统效益增量在平水多沙年变化范围最大。为此，以平水多沙年为例，研究不同水沙过程对大联盟合作下系统效益增量的影响。从图 2-86 可知，$Q_{1\text{-}day}^{max}$ 在来水工程中位置越靠前，$Q_{1\text{-}day}^{max}$、$Q_{10\text{-}day}^{max}$、$Q_{50\text{-}day}^{max}$ 越大，系统效益增量越大。当 $Q_{1\text{-}day}^{max}$ 在来水工程中位置越靠后时，刘家峡水库在前期水资源匮乏阶段只能满足宁蒙河道取水，则大联盟合作进行水沙调控的时间缩短，系统效益增量则会大大减少。此外，不均匀的水文过程能够让水库充分发挥其蓄丰补枯的作用，则系统效益增量较大。因此，流量峰值越靠前，水文过程越不均衡，则全河调控所带来的系统效益增量越大。

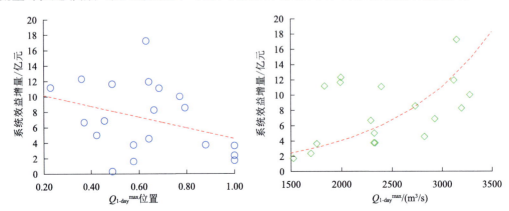

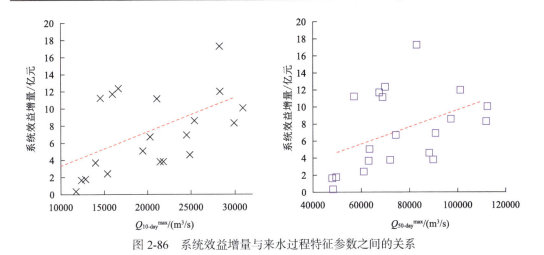

图 2-86　系统效益增量与来水过程特征参数之间的关系

2.4.5　枢纽群泥沙动态调控序贯决策理论架构

序贯决策是指按时间顺序排列起来，以得到有序实施的各种决策。就枢纽群联合调度而言，其本身是一个在时间上有先后之别的多阶段决策过程，该过程的每一个阶段都需要做出决策，从而使整个过程达到最优。泥沙动态调控序贯决策理论按照其时间尺度可分为两个阶段：①泥沙动态调控合作博弈理论与模型，解决确定水沙条件下的枢纽群年内调度方案优化问题；②泥沙动态调控序贯决策理论与模型，解决未来不确定水沙条件下的枢纽群年际调度方案优化问题。第②阶段的调度方案效益期望值需要第①阶段合作博弈模型寻优计算，二者共同构成了泥沙动态调控序贯决策理论架构，见图 2-87。

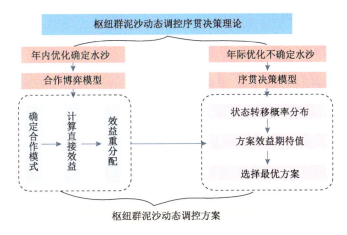

图 2-87　枢纽群泥沙动态调控序贯决策理论架构

传统的泥沙动态调控决策方法偏重确定性长系列调度结果的对比分析，输入的边界条件都是在实时调度过程中跟踪模拟决策研判，将已知的前序水沙过程输入后，再根据趋势补足一定时间段的后续水沙过程，难以充分考虑来水来沙过程和各子系统用水主体的需水过程本身存在的不确定性。本次研究构建的不确定水沙条件下的泥沙动态调控序贯决策模型，是在继承传统决策方法优点、总结分析传统决策方法的不足后，结合泥沙动态调控过程中水沙资源配置结果受来水来沙年际分布不均影响等特点，在模型设计中加入了对来水来沙不确定性的描述和各用水主体水沙配置的动态需求，改进了优化决策过程，较大程度上提升了水库泥沙动态调控多目标决策结果的合理性。

1. 水库泥沙动态调控序贯决策的基本思路和主要特点

水库泥沙动态调控序贯决策的基本思路，即每次决策之前都对整个周期进行通盘优化，但每次仅利用优化结果对当前决策期进行决策，不对计划期进行决策，整个周期逐时段递推，直至完成长系列模拟计算。水文上有不同时间长度的周期之说，从来水来沙的角度看，周期性规律最突出、对实际应用影响最大的是年周期，因此采用多年周期进行优化决策计算。在计算过程中，优化周期是动态变化的或逐时段推进的。优化周期包括决策期和计划期。其中，当前时段（优化周期中的第一时段）构成决策期，其余时段构成计划期，当以相邻三年为优化周期，年为计算时段时，优化周期包含3个时段（即3年），第一年为决策期，后两年为计划期。

水库泥沙动态调控序贯决策的主要特点包括：

（1）合理有效地反映来水来沙的不确定性，使决策结果更加符合客观实际，在非常依赖来水来沙信息的水沙资源配置研究中能够得到很好的使用效果。

（2）与确定性长系列调节法相比，序贯决策法考虑了来水来沙的不确定性，且考虑了上一优化周期的决策过程对下一优化周期的影响。

（3）方法使用方便，普适性较好。在解决来水来沙的不确定性问题上，不需要复杂的随机过程和周期分析等理论与技术。其适用于各种流域与地区，且需要的资料与传统确定性长系列调节方法相同。

（4）如果有更为可靠的未来时段来水来沙信息，如较好的来水来沙预测预报信息，序贯决策法能够实现多年平均信息的替换，从而更好地修正决策偏差。

2. 水库泥沙动态调控序贯决策模型

黄河骨干枢纽群的泥沙动态调控不仅影响着当年流域的水量调度和泥沙调控，同时由于次年来水情况的不确定性，其汛末水位也影响着次年的水沙调控效益。通常情况下，为了使水库兴利效益最大化，若次年来水偏枯，则本年度水库的汛末水位可以适当提高，甚至超蓄，以提高流域用水的保证率；反之，若次年来水偏丰，则本年度水库的汛末水位可以适当降低，以减轻来年的防洪压力。泥沙动态调控合作博弈模型主要是研究在边界条件（优化周期初始水位和末水位）下年内水库调度过程的优化，本节是在合作博弈模型的基础上进一步构建泥沙动态调控序贯决策模型，以两阶段（两年）水库泥沙动态调控为例对水库汛末水位进行决策，实现年际调度效益的优化。

1）序贯决策模型构建

已知决策年的来水来沙过程和需水过程，流域9种代表年（丰水多沙、丰水中沙、丰水少沙、平水多沙、平水中沙、平水少沙、枯水多沙、枯水中沙、枯水少沙）的多年平均来水来沙过程，以及骨干枢纽群的水库调度规则，考虑次年的来水情况，决策汛末水位，使当年和次年的效益之和最优。

（1）确定次年来水来沙过程概率分布和损益值分布。次年来水来沙过程概率和损益值的确定，是通过历史来水来沙资料、降水预报、决策者的经验，结合数理统计理论加以综合确定的。

（2）计算不同决策方案的期望值。系统在 K 个方案下，从当前状态 i 转移到各状态（i=1，2，…，9）实现一次转移后的总期望值 R_i^k 的计算公式为

$$R_i^k = \sum_{j=1}^{9} P_{ij}^k B_{ij}^k \tag{2-83}$$

式中，R_i^k 为在当前来水来沙条件 i 下，采用汛末水位方案 k 实现一次转移后的总期望值；P_{ij}^k 为在当前来水来沙条件 i 下，采用方案 k、次年来水来沙情况为 j 的概率；B_{ij}^k 为在当前来水来沙条件 i 下，采用方案 k、年来水来沙情况为 j 的两年的调度效益总和。

（3）选择最优方案。决策的目的是确定决策期汛末水位的最佳方案，以使在一定时期后，总效益最佳。为叙述方便，引入符号 $d_i^k(n)$，$d_i^k(n)$ 表示在 n 阶段，方案 k 在来水来沙条件 i 下的策略符号。若每年的决策策略 $d_i^k(n)$ 均已知，按时间顺序排列起来，便得到按顺序的决策方案，为

$$\pi = \left[d_1^1(1), d_1^2(2), \cdots \right] \tag{2-84}$$

上述序贯决策方案为各阶段汛末水位方案中的最优方案。最优方案，是指在多阶段决策方案中期望值最大为最优方案，其计算公式为 $\max R_i^k$。

（4）决策方案的实施与反馈。汛末水位决策方案确定后，决策过程并未结束。决策正确与否，必须跟踪检查，发现偏离了目标，应及时反馈并进行控制，修改决策方案，确保实现原定的目标。

2）序贯决策模型求解

要计算决策方案的期望值，首先要根据历史调度资料确定可能的决策方案。以 2019 年为例，选取 2019 年的实际汛末水位、历史平均汛末水位和"一高一低"水位三种方案进行研究，见表 2-39。在计算 2019 年汛末方案的效益期望值的过程中，年内效益期望值依旧采用大联盟合作博弈方式进行寻优计算，见表 2-40。

表 2-39　2019 年骨干枢纽群汛末水位方案设置　　　　　（单位：m）

方案设置	龙羊峡	刘家峡	万家寨	三门峡	小浪底
方案一	2592.74	1726.03	935	305.11	245.58
方案二	2590.35	1724.42	935	304.09	234.55
方案三	2595.22	1722.91	935	304.89	234.52

表 2-40 2019～2020 年不同汛末水位方案下的效益期望值

年份	水沙情景	方案一/亿元	方案二/亿元	方案三/亿元	状态转移概率
2019	平水少沙	46.3851	50.0396	47.3688	
2020	丰水少沙	52.9731	46.3318	52.1505	0.04
	丰水中沙	54.3986	47.1164	53.5282	0.09
	丰水多沙	55.9833	47.3917	54.2700	0.04
	平水少沙	46.5993	39.1022	45.6485	0.16
	平水中沙	48.8932	40.1957	45.7790	0.31
	平水多沙	50.3635	38.8188	48.4170	0.16
	枯水少沙	36.6339	29.5239	36.2104	0.05
	枯水中沙	36.6992	29.1499	36.1946	0.11
	枯水多沙	35.8647	27.3757	36.6989	0.05
2019～2020 年效益期望值		93.9720	89.0085	93.3120	1.00

由计算结果可知，方案一、方案二和方案三的效益期望值分别为 93.9720 亿元、89.0085 亿元和 93.3120 亿元。由此可见，从 2019～2020 年的全局角度来讲，2019 年的实际汛末水位方案和"一高一低"调度方案的综合效益较高，这两个方案均采用龙羊峡水库高水位运行，使得下游水库的发电效益和排沙效益增加，继而提升了兴利效益。对比方案一和方案三，综合效益的提升与小浪底水库的水位关系较小，小浪底水库低水位运行的目的主要在于下游防洪，因此对总体效益的提升并不明显。序贯决策理论在黄河骨干枢纽群泥沙动态调控中的应用结果与当前"一高一低"调控的调度规则相符，尤其是龙羊峡水库的高水位运行。

第3章　水库高效输沙机理及泥沙资源利用与动态调控互馈效应

　　水库异重流排沙和溯源冲刷是多沙河流水库高效排沙的重要方式（李国英，2012），直接影响水库淤积总量与淤积形态发展两个重要的物理过程。为了适应黄河水沙情势变化和社会经济发展、生态环境良性维持对水沙资源日益增长的需求，实现中游干支流水库群泥沙动态调控，迫切需要掌握水库泥沙高效输移机制。目前，国内外学者围绕水库异重流（Parker，1982；Parker et al.，1986；De Cesare et al.，2006；Sequeiros et al.，2009；Hu et al.，2012）和溯源冲刷（韩其为，2003；范家骅，2011；刘茜，2015；齐梅兰和郤艳荣，2017）两种高效输沙模式开展了大量研究，积累了丰富的原型观测、模型试验和数值模拟成果与资料，但限于当时观测技术与装备、计算机技术等条件，对水库泥沙的运移规律和输移机制的认知还存在较多的局限性。在异重流野外观测方面，对水库异重流长程传播过程进行时空连续的跟踪观测国内外尚无先例，异重流长距离输送的动力学机制、临界条件等理论研究尚十分缺乏（Azpiroz-Zabala et al.，2017）；已有水库溯源冲刷研究多局限于经验层面的统计分析，对溯源冲刷过程中跌坎的形成条件与演化机制仍未形成具有严格动力学机理及物理意义的理论成果（王婷等，2014；李涛等，2016）；跌坎形成的临界水流条件不清晰，急缓流交替的水流流态与泥沙输移的耦合关系不明确，从而导致无法准确预测跌坎的发展演变趋势。此外，异重流输移和溯源冲刷与库区泥沙淤积形态的互馈关系研究也明显薄弱，且缺乏综合考虑多重泥沙动态调控手段对水库泥沙冲淤影响机理的探讨，导致无法预测泥沙动态调控对水库淤积形态影响的动力过程。

　　近年来，随着科学技术的进步和经济社会发展需求的增加，人们开始认识到泥沙资源利用是减少黄河泥沙淤积的有效途径之一，江恩慧等（2021）经过10余年的系统研究，取得了泥沙资源利用"测—取—输—用—评"系列创新性成果，并开展了广泛的推广应用。泥沙资源利用将改变库区淤积泥沙的空间分布、级配组成等基本条件，进而影响库区淤积形态和水沙输移过程、排沙效果（江恩慧等，2015）。然而，水库泥沙资源利用与泥沙动态调控的相互作用机制尚有待进一步探索。

　　本章针对以上问题，开展了多沙河流水库泥沙高效输移机理等关键理论问题研究，基于水库异重流长程传播过程、水库降水排沙溯源冲刷过程的时空连续跟踪观测，阐明了水库溯源冲刷水动力过程及冲淤效果，提出了水库异重流跟踪监测及持续运移动力学机制及临界条件，揭示了水库淤积形态调整与泥沙动态调控的互馈关系、枢纽群联合调控对泥沙输移的叠加效应、水库泥沙资源利用与泥沙动态调控的互馈机制，为实现已建及在建大型骨干枢纽群泥沙动态调控提供理论依据。

3.1 水库异重流跟踪监测及持续运移动力学机制与临界条件

异重流的形成是由于高含沙水体与周围清水水体存在密度差异。当高含沙水流进入水库以后，由于水体之间密度的不同，含沙水体不能保持明渠流动状态，会在重力驱使下发生下潜，并沿河床底坡运动。异重流中的泥沙颗粒往往较细，减阻效应明显，在一定水力条件下即可长距离运移，甚至带动周边一定范围内的近底层泥沙一起运动（冲刷河床），排沙出库，因而被认为是水库高效排沙的重要方式之一。异重流输移过程中，悬沙浓度垂向调整情况、床面阻力与泥沙起动的关系、交界面阻力与紊动能的关系等非常复杂，目前还无法解答异重流长距离运移的机理问题。因此，迫切需要集成一套系统的、连续的、水沙信息同步的异重流原型观测方法，实时跟踪采集库区异重流运移过程中连续的流速、泥沙浓度和床面地形等数据，支撑异重流持续运移动力学机理研究。本节采用原型观测、水槽实验、理论分析以及数值模拟四种方法开展系统研究，首次实现了长程异重流的原型跟踪观测，发现了异重流运移过程中形成的水下沟道，探明了清水与异重流交界面处紊流掺混层的紊动特征、异重流与床面交界面处的泥沙起动特性与阻力关系，建立了水-沙-床耦合动力学控制方程；揭示了库区异重流长距离稳定运移的动力学机制，提出了异重流长距离稳定运移的临界条件；阐明了异重流极限排沙状态和前期水下泥沙滞留层对后续异重流的影响。研究成果将为多沙河流水库异重流排沙调度提供坚实的科技支撑。

3.1.1 小浪底水库长距离运行异重流的原型跟踪观测

1. 跟踪观测方案设计

1）观测设备

异重流原型跟踪观测十分困难，靠常规水文测验手段根本无法实现，为此我们采用多种观测仪器设备，全方位跟踪观测。图 3-1 显示了测量船及其上安装的所有仪器设备、测量装置在测量船只上的相对位置等。①定位装置：GPS 系统配合相应的 ArcGIS 地图软件，实现测验过程中点-线的位置确定及测量船航行的导航工作；②河床地形观测：采用多波束回声测深仪（MBES）实现清水条件下河床表面地形的三维测量，采用浅地层剖面仪（PES）实现对河床淤积层的识别以及浑水条件下异重流交界面及床面位置的识别；③水流信息观测：采用声学多普勒流速剖面仪（ADCP）实现垂线上流速的连续测量，采用旋桨式流速仪实现单点流速测量；④悬沙浓度观测：采用悬沙采样器可实现水体中泥沙浓度的原位采样，后期通过烘干法得到泥沙浓度；⑤床沙原位采样：采用河床采样器实现床沙的原位采样，后期通过光学粒度分析仪测量床沙粒径；⑥水深观测：采用压力测深仪实现采样点压力值及温度值的实时记录，并转化为水深值。

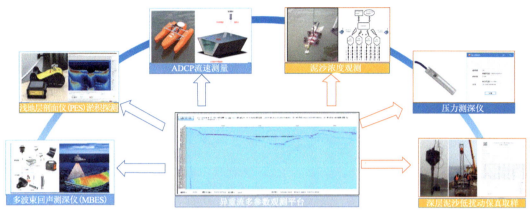

图 3-1　异重流观测仪器设备组合

2）观测内容

2018 年共进行了四次原型测量。测量时段分别标记为 S1、S2、S3、S4，如图 3-2 所示。其中，S1、S4 分别代表汛前、汛后两个时段，应用 MBES 开展了水下三维地形扫描，同时应用 PES 开展了河床底部分层结构测量；S2、S3 时段（即洪水期异重流过程中）仅应用 PES 开展了河床形态测量。由于本次测验是首次对异重流进行跟踪观测，相关经验有限，流速、含沙量测量数据获取不足。

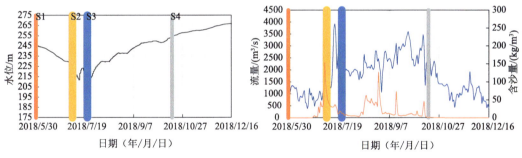

图 3-2　2018 年 4 次原型测量时段及其间水沙入库过程

2019 年除在汛前、汛后进行地形测量外，在汛期异重流运移过程中还进行了水沙测量，主要目的是捕捉异重流自加速过程。该年度观测集中在可能发生自加速异重流的区间，重点观测垂向和剖面流速、含沙量分布。

2020 年小浪底水库持续开展降低水位排沙运用。在此期间，主要观测了异重流沿河道中泓线传播的流速分布及含沙量分布，获得了较为丰富的观测成果。

2. 异重流潜入点位置的观测

汛前测验（S1 时段）：采用多波束开展了三维地形测验。本次观测有一个重大发现，即异重流运移的主流区存在一个明显的水下沟道，它在异重流潜入点附近生成，即水下沟道的起始位置与异重流潜入点位置重合，表明水下沟道是异重流在运移过程中产生的，参见图 3-3。

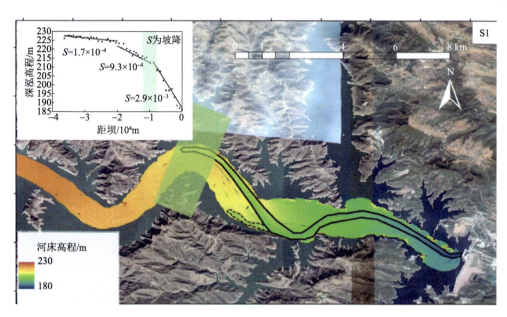

图 3-3　小浪底水库 2018 年汛前（S1 时段）三维地形测量结果

洪水期测验（S2 时段）：实施了 PES 测量，确定了异重流潜入点以及运行的空间位置。S2 测量时段，恰好处于 2018 年汛期首次天然洪水异重流末期，通过两种观测方法共同判定潜入点的准确位置。

第一种方法，通过表面波（以及上游冲下来的漂浮物）空间位置观察确定。如图 3-4 右下角图片所示，在潜入点附近有明显的表面波向平静水面过渡。

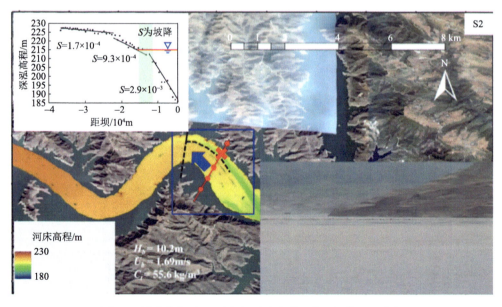

图 3-4　洪水期间（S2 时段）异重流潜入点空间位置的确定

H_b 表示水位；U_b 表示流速；C_i 表示含沙量

第二种方法，通过直接取样测量水沙浓度来确定。如图 3-4 中红线位置所示，实心点位置是取样后没有发现分层流的位置，即水沙在此仍充分混合；红叉位置是明显出现分层异重流的位置。由此可知，异重流潜入后即迅速收敛至水下河道中，即水下河道是异重流的主要运行通道。

通过 S1 时段的测验发现，水下河道的起点位置与潜在的潜入点位置吻合，据此推测水下河道的形成与异重流潜入和运行有很大关系。S2 时段的测量确认了这一关系，即潜入点位置与水下河道的起始位置是重合的。除此之外，还确定了在异重流潜入后即迅速收敛至水下河道内运行。以上内容可概括为两点：①水下河道的生成与异重流的潜入和运移有直接关系；②异重流潜入之后并不是占据整个水库库底平行运移，而是迅速收敛至水下河道内，即水下河道实则是异重流水下的主要运移路径。

3. 首次跟踪监测了库区自加速异重流

S2 时段，利用 PES 开展了单波束折线地形测量。图 3-4 中蓝色矩形框的局部放大效果如图 3-5 所示，其中的折线是利用 PES 对地形进行单波束测量的路径。红色标记的横断面 PES 数据如图 3-6 所示。

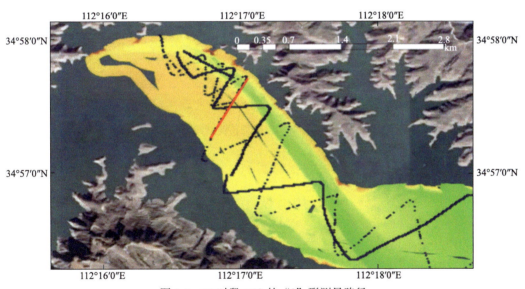

图 3-5　S2 时段 PES 的"8"形测量路径

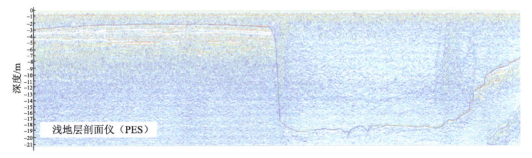

图 3-6　PES 数据处理结果（黑色部分为标识的床面）

将图 3-5 中红色标记断面的汛前 MBES 地形测量数据与 S2 时段的 PES 数据对比，如图 3-7 所示，汛前水深为 8m 的水下河道，经过一次异重流事件（的末期）之后，发生了约 9m 的冲刷。20 世纪 60～80 年代，国际上一些学者曾在理论上预测过异重流可以造成水库的巨大冲刷（Parker，1982），但在野外观测数据的获取上尚无先例。需要指出的是，在异重流运移的过程中，虽然水库坝前水位较低，但未低于上游明渠流和水深明显增加的水体衔接处，即河-库交界线（图 3-4 左上角小图中的红线表示水库水位），由此可以判定这次库底的明显冲刷，并不是所谓的降低水位引起的溯源冲刷所致，而是异重流伴生的加速冲刷引起。因此，原型观测中 S1、S2 两个时段的测量结果首次给出了在河流系统中发生自加速（冲刷型）异重流的间接证据。

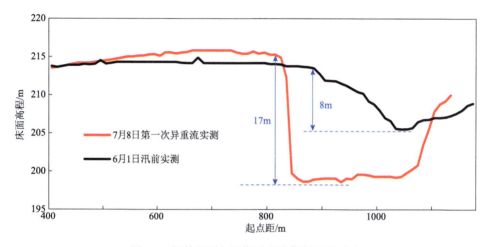

图 3-7　汛前地形与汛期异重流期间地形对比

4. 自加速异重流水沙过程的跟踪观测

虽然自加速异重流过程可通过以上证据间接证实，然而对自加速异重流的水沙过程直接跟踪观测仍有着不可替代的科学和工程意义。

1）2018 年观测情况

图 3-8 为 2018 年首次观测到自加速异重流的水沙测量结果，可见在观测点 1～3 可以直接观测到加速过程，其中观测点 1～2 加速缓慢，而观测点 3 有明显的加速过程。值得注意的是，加速段刚好处于异重流潜入点下游，并且加速最快的处于水下沟道的直线段。

2）2019 年观测情况

2019 年针对两次异重流过程进行了水沙观测（图 3-9 和图 3-10）。第一次异重流的潜入点（红点）位置接近上游岸线，沿着异重流传输路径，全程观测了异重流的加速过程，且发现加速过程不是局部现象，而是绵延 10 km 以上的全程加速，速度从 1.3 m/s 逐步增加到 2.1 m/s。

第二次异重流过程潜入点（蓝点）向下游移动，测量点位集中于潜入点下游。由流速观测结果可知，异重流沿程加速过程明显。值得注意的是，无论是本年度第一次观测的大范围加速过程，还是第二次观测的小范围的局部加速过程，异重流浓度并没有沿程显著变化，而异重流层厚度显著增加。

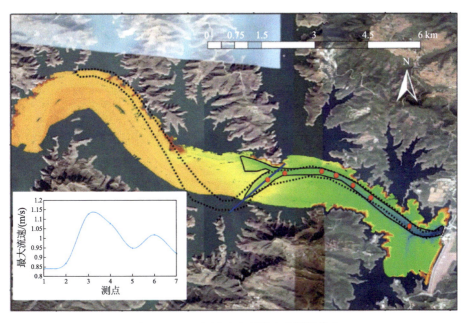

图 3-8　2018 年异重流观测流速测量信息

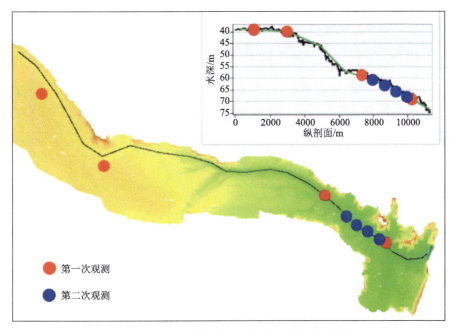

图 3-9　2019 年小浪底库区两次异重流观测位置

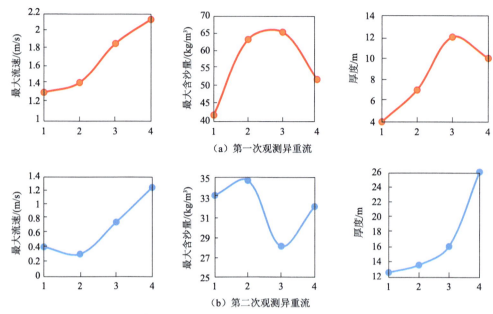

（a）第一次观测异重流

（b）第二次观测异重流

图 3-10　2019 年观测异重流垂线最大流速、最大含沙量和厚度沿程分布

需要注意的是，此次观测的现象与经典"自加速"异重流理论模型预测是相悖的。根据自加速异重流理论模型预测，流速沿程增加，厚度增加缓慢而浓度沿程显著增加；本次观测发现的上述现象可能是下游边界条件（局部梯度增加、下游出口条件）共同作用下形成的一种新的异重流加速机制。

3）2020 年观测情况

有了前两年的观测经验，本年度的观测主要围绕异重流沿程的发展过程展开，重点测量了异重流沿程流速及泥沙的垂向分布。其中，观测点位沿着主河槽布设，在异重流潜入点附近逐渐加密，并在出口的斜坡段也适当加密。

图 3-11 为此次异重流观测的点位布置图，沿程共布置 10 个测点，在潜入点附近布设 3 个测点，沿程布设 4 个测点，并在下游出口斜坡段布设 3 个测点。图 3-12 给出了

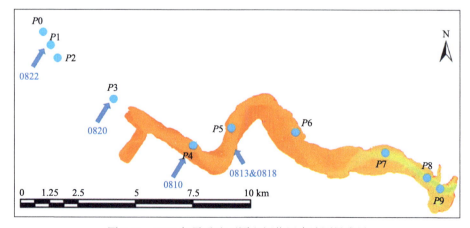

图 3-11　2020 年异重流不同空间位置水沙测量成果

各个站点的流速、含沙量垂线分布，图 3-13 给出了异重流沿程最大流速和最大含沙量沿程分布，$P0\sim P9$ 分别对应图 3-11 中的 10 个测点。

由图 3-12 可知，从流速、含沙量的垂线分布规律来看，异重流潜入及演进过程中，底部含沙量最大，中下部的流速最大；潜入点附近流速的垂线分布差异较小，但随着异重流演进过程的推进，流速的垂线分布差异变得显著。

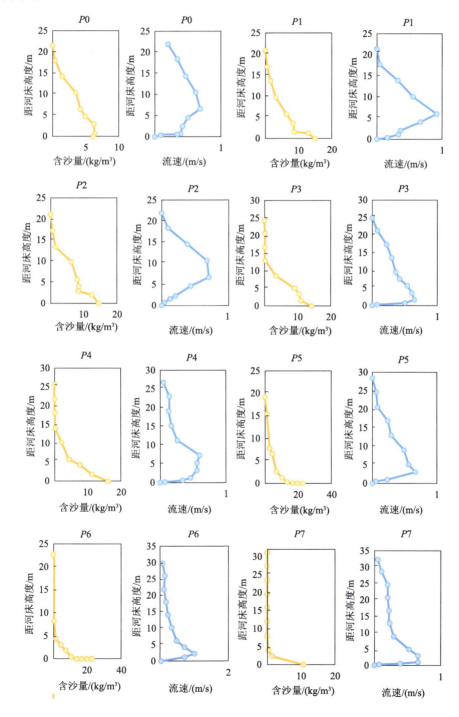

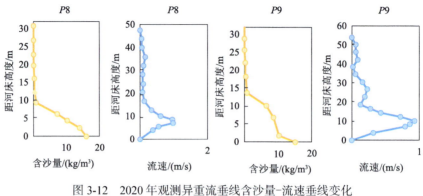

图 3-12 2020 年观测异重流垂线含沙量-流速垂线变化

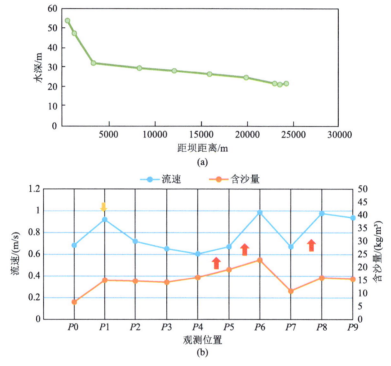

图 3-13 2020 年观测异重流、最大流速和最大含沙量沿程分布

从最大流速、最大含沙量的沿程分布来看，自加速异重流可分为两种类型：一种是潜入过程中由于后续动力充足，异重流潜入河底后，直接形成的自加速异重流；另一种是在异重流演进过程中，河床局部坡度陡变引起的自加速异重流。异重流加速过程通常伴随着含沙量的沿程增长，这也说明自加速异重流会产生显著的冲刷效果，而减速过程对应的含沙量变化过程则更为复杂，应与所处局部地形条件和床沙中值粒径有关系。

3.1.2 异重流长距离稳定运移的动力学机制和临界条件

异重流的动力过程包括异重流的潜入过程以及后续的发展过程，动力因素及阻力因素的相互作用机制促使异重流加速或减速，进而造成异重流长距离输移或者逐步消亡。对于异重流的潜入过程，前人已经积累了非常丰富的经验成果，并结合水库库区的实际观测结果给出了合理的潜入动力条件，但对于异重流后续的发展，特别是自加速过程的动力学机制及临界条件的研究仍较为缺乏。本节从异重流运动的基本控制方程出发，推导了异重流演进过程中的综合动力因子和阻力因子，揭示了异重流长距离稳定运移的动力学机制和临界条件，并通过小浪底水库的实测数据进行了验证，其研究成果对水库人造异重流排沙调度提供了重要的理论支撑。

1. 异重流运动控制方程

异重流运动是水体运动和水中泥沙运动的耦合过程。其中，水体运动基于纳维-斯托克斯方程（N-S 方程）描述，泥沙运动基于简化的对流扩散方程描述，将这两个方程进行垂向积分平均，得到描述异重流运动的控制方程组：

$$\frac{\partial h}{\partial t} + \frac{\partial uh}{\partial x} = e_{\mathrm{w}}u \tag{3-1}$$

$$\frac{\partial ch}{\partial t} + \frac{\partial uch}{\partial x} = v_{\mathrm{s}}\left(E_{\mathrm{s}} - r_{\mathrm{o}}'c\right) \tag{3-2}$$

$$\frac{\partial uh}{\partial t} + \frac{\partial u^2 h}{\partial x} = \frac{1}{2}Rg\frac{\partial c^2 h}{\partial x} + RgchS - u_*^2 \tag{3-3}$$

式中，h 为异重流的平均厚度（m）；u 为异重流的平均速度（m/s）；c 为异重流的平均含沙量（kg/m³）；v_{s} 为泥沙颗粒沉速（m/s）；g 为重力加速度（m/s²）；S 为地形坡度（°）；e_{w} 为清浑交界面的浑水卷吸系数；E_{s} 为底床泥沙上扬通量（kg/m³）；$r_{\mathrm{o}}'c$ 为平衡状态时底部含沙量与平均含沙量的比值系数；R 为泥沙颗粒的水下比重，取 1.65；u_* 为异重流摩阻流速（m/s）。将方程组偏导数项逐项展开，可表示为

$$\frac{\partial h}{\partial t} + u\frac{\partial u}{\partial x} + h\frac{\partial u}{\partial x} = e_{\mathrm{w}}u = R_1 \tag{3-4}$$

其矩阵形式为

$$\frac{\partial Q}{\partial t} + A\frac{\partial Q}{\partial x} = R \tag{3-5}$$

$$Q = \begin{vmatrix} h \\ c \\ u \end{vmatrix}, \quad A = \begin{vmatrix} u & 0 & h \\ 0 & u & h \\ Rgc & 0.5Rgh & u \end{vmatrix}, \quad R = \begin{vmatrix} R_1 \\ R_2 \\ R_3 \end{vmatrix} \tag{3-6}$$

其中，系数矩阵可按照式（3-7）～式（3-10）展开：

$$A = M_{\mathrm{L}}EM_{\mathrm{R}} \tag{3-7}$$

$$E = \begin{vmatrix} u & 0 & 0 \\ 0 & u - \sqrt{Rgch} & 0 \\ 0 & 0 & u + \sqrt{Rgch} \end{vmatrix} \tag{3-8}$$

$$M_{\mathrm{L}} = \begin{vmatrix} -h/2c & -1/\mathrm{tmp} & 1/\mathrm{tmp} \\ 1 & 0 & 0 \\ 0 & 1 & 1 \end{vmatrix} \quad M_{\mathrm{R}} = \begin{vmatrix} 0 & 1 & 0 \\ -\mathrm{tmp}/2 & -\mathrm{tmp}/4 & 0.5 \\ \mathrm{tmp}/2 & \mathrm{tmp}/4 & 0.5 \end{vmatrix} \tag{3-9}$$

$$\mathrm{tmp} = \sqrt{Rgc/h} \tag{3-10}$$

在三条特征线上分别满足如下方程：

$$\begin{cases} \dfrac{\mathrm{d}x_1}{\mathrm{d}t} = u \\[2mm] \dfrac{\mathrm{d}c}{\mathrm{d}t} = R_2 \end{cases} \tag{3-11}$$

$$\begin{cases} \dfrac{\mathrm{d}x_2}{\mathrm{d}t} = u - \sqrt{Rgch} \\[2mm] \dfrac{\mathrm{d}}{\mathrm{d}t}\left(-\dfrac{\mathrm{tmp}}{2}h - \dfrac{\mathrm{tmp}}{4}c + \dfrac{u}{2} + \dfrac{3}{4}\mathrm{tmp} \right) = -\dfrac{\mathrm{tmp}}{2}R_1 - \dfrac{\mathrm{tmp}}{4}R_2 + \dfrac{1}{2}R_3 \end{cases} \tag{3-12}$$

$$\begin{cases} \dfrac{\mathrm{d}x_3}{\mathrm{d}t} = u + \sqrt{Rgch} \\[2mm] \dfrac{\mathrm{d}}{\mathrm{d}t}\left(\dfrac{\mathrm{tmp}}{2}h + \dfrac{\mathrm{tmp}}{4}c + \dfrac{u}{2} - \dfrac{3}{4}\mathrm{tmp} \right) = \dfrac{\mathrm{tmp}}{2}R_1 + \dfrac{\mathrm{tmp}}{4}R_2 + \dfrac{1}{2}R_3 \end{cases} \tag{3-13}$$

考虑齐次化的守恒型方程为

$$\frac{\partial h}{\partial t} + \frac{\partial uh}{\partial x} = 0 \tag{3-14}$$

$$\frac{\partial ch}{\partial t} + \frac{\partial uch}{\partial x} = 0 \tag{3-15}$$

$$\frac{\partial uh}{\partial t} + \frac{\partial u^2 h - \dfrac{1}{2}Rgc^2 h}{\partial x} = 0 \tag{3-16}$$

其特征线方程可简化为

$$\begin{cases} \dfrac{\mathrm{d}x_1}{\mathrm{d}t} = u \\[2mm] \dfrac{\mathrm{d}c}{\mathrm{d}t} = 0 \end{cases} \tag{3-17}$$

$$\begin{cases} \dfrac{\mathrm{d}x_2}{\mathrm{d}t} = u - \sqrt{Rgch} \\ \dfrac{\mathrm{d}}{\mathrm{d}t}\left(-\dfrac{\mathrm{tmp}}{2}h - \dfrac{\mathrm{tmp}}{4}c + \dfrac{u}{2} + \dfrac{3}{4}\mathrm{tmp} \right) = 0 \end{cases} \quad (3\text{-}18)$$

$$\begin{cases} \dfrac{\mathrm{d}x_3}{\mathrm{d}t} = u + \sqrt{Rgch} \\ \dfrac{\mathrm{d}}{\mathrm{d}t}\left(\dfrac{\mathrm{tmp}}{2}h + \dfrac{\mathrm{tmp}}{4}c + \dfrac{u}{2} - \dfrac{3}{4}\mathrm{tmp} \right) = 0 \end{cases} \quad (3\text{-}19)$$

考虑初值有间断的黎曼问题，在激波或者接触间断处需要满足间断关系：

$$\begin{cases} [uh] = D[h] \\ [uch] = D[uh] \end{cases} \quad (3\text{-}20)$$

上述方程成立等同于 $[c] = 0$，即激波或者接触间断前后泥沙含量不变。异重流具有明显的清浑水界面，因而其方程解必定存在膨胀波结构。根据黎曼问题解的几何条件，合理的膨胀波解应位于中间特征线上，其波头及波尾分别在另外两条特征线上。因此，第三个特征波速可以作为异重流头部传播速度的表征。

在第三条特征线上，有如下等式成立：

$$\frac{\mathrm{d}x_3}{\mathrm{d}t} = u + \sqrt{Rgch} \quad (3\text{-}21)$$

$$\frac{\mathrm{d}}{\mathrm{d}t}\left(\frac{1}{2}\left(u + \sqrt{Rgch}\right) + \frac{1}{4}\sqrt{\frac{Rgc}{h}}(c-3) \right) = \frac{1}{2}\sqrt{\frac{Rgc}{h}}R_1 + \frac{1}{4}\sqrt{\frac{Rgc}{h}}R_2 + \frac{1}{2}R_3 \quad (3\text{-}22)$$

简化得

$$a + \frac{1}{2}(c-3)\frac{\mathrm{d}}{\mathrm{d}t}\left(\sqrt{\frac{Rgc}{h}}\right) + \frac{1}{2}\sqrt{\frac{Rgc}{h}}\frac{\mathrm{d}c}{\mathrm{d}t} = \frac{1}{2}\sqrt{\frac{Rgc}{h}}\frac{v_s\left(E_s - r_o' c\right) - ce_w u + 2e_w uh}{h} + \frac{RgchS - u_*^2 - e_w u^2}{h} \quad (3\text{-}23)$$

式中，a 为异重流头部运动的加速度。归并驱动力项、阻力项和非线性项后，式（3-23）可变形为

$$ha = F_{\mathrm{force}} + F_{\mathrm{resistance}} + F_{\mathrm{non\text{-}linear}} \quad (3\text{-}24)$$

$$F_{\mathrm{force}} = Rgchs + \sqrt{Rgch}e_w uh \quad (3\text{-}25)$$

$$F_{\mathrm{resistance}} = -u_*^2 - e_w u^2 \quad (3\text{-}26)$$

$$F_{\mathrm{non\text{-}linear}} = \frac{1}{2}\sqrt{\frac{Rgc}{h}}\left(R_2 - \frac{\mathrm{d}c}{\mathrm{d}t}\right) - \frac{1}{2}(c-3)h\frac{\mathrm{d}}{\mathrm{d}t}\left(\sqrt{\frac{Rgc}{h}}\right) \quad (3\text{-}27)$$

式（3-24）～式（3-27）表明了异重流头部运动加速度的影响因素。其中，驱动力项主要由含沙水体重量沿底坡的分量以及密度差异带来的动水压力构成；阻力项主要由清混交界面的掺混以及异重流与床面的摩擦构成，复杂的非线性项需要进行模化。通常而言，泥沙颗粒、地形、重力加速度是给定的变量，而异重流的代表速度、代表深度、代表含沙量是待求的未知量。为了方便研究，一般假设异重流代表深度已知，异重流代表含沙量与泥沙侵蚀量通过经验关系进行对等转化，如此，方程的未知量就只剩下异重流代表速度。

2. 运动方程定解条件

考虑齐次方程情况，异重流头部加速度可表示为

$$ha = F_{n1} + F_{n2} \tag{3-28}$$

$$F_{n1} = \frac{1}{2}\sqrt{\frac{Rgc}{h}}\left(-\frac{dc}{dt}\right) \tag{3-29}$$

$$F_{n2} = -\frac{1}{2}(c-3)h\frac{d}{dt}\left(\sqrt{\frac{Rgc}{h}}\right) \tag{3-30}$$

由于加速度随着浓度提升而增大，因此第三项的作用可以忽略，则第一条特征线上应满足：

$$\frac{dc}{dt} = R_2 \tag{3-31}$$

在第三条特征线上可做如下简化：

$$\frac{dc}{dt} - R_2 = f(R_2) = f\left[v_s(E_s - r_o'c)\right] = -\frac{1}{2}\sqrt{\frac{Rgc}{h}}v_s(E_s - r_o'c) \tag{3-32}$$

综上，异重流头部运动加速度的表达形式为

$$a = \frac{1}{h}(F_1 - F_R) \tag{3-33}$$

$$F_1 = RgchS + \sqrt{Rgch}e_w uh \tag{3-34}$$

$$F_R = u_*^2 + e_w u^2 + \frac{1}{2}\sqrt{\frac{Rgc}{h}}v_s(E_s - r_o'c) \tag{3-35}$$

引入摩擦系数的概念来计算异重流的摩阻流速u_*：

$$u_*^2 = C_d u^2 \tag{3-36}$$

$$C_d = 0.088Re^{\frac{1}{4}} \tag{3-37}$$

$$Re = \frac{uh}{v} \qquad (3-38)$$

式中，v 为水体的黏性系数；Re 为雷诺数；C_d 为阻力系数。采用原武汉水利水电大学的公式来计算泥沙颗粒的沉降速度：

$$v_s = -4\frac{k_2}{k_1}\frac{v}{D_{50}} + \sqrt{\left(4\frac{k_2}{k_1}\frac{v}{D_{50}}\right)^2 + \frac{4}{3k_1}RgD_{50}} \qquad k_1 = 1.22, k_2 = 4.27 \qquad (3-39)$$

观测资料显示，小浪底水库近坝段的泥沙颗粒粒径小于 100μm，属于细颗粒范畴，因此选用中值粒径作为代表粒径进行简化。

采用式（3-40）～式（3-44）（Ma et al.，2020）计算河床泥沙侵蚀率：

$$E_s = C_d \alpha_s \left(\frac{u_*^2}{RgD_{50}}\right)^{n_s} \qquad (3-40)$$

$$(\alpha_s, n_s) = \begin{cases} (0.90, 5/3) & Z_g > fz_g(\sigma_D) \\ (0.05, 5/2) & Z_g < fz_g(\sigma_D) \end{cases} \qquad (3-41)$$

$$fz_g(\sigma_D) = \begin{cases} 3 & \sigma_D > 2 \\ 21.06 - 9.3\sigma_D & 1.3 \leqslant \sigma_D \leqslant 2 \\ 9.5 & \sigma_D < 1.3 \end{cases} \qquad (3-42)$$

$$Z_g = \frac{u_*}{v_s} \qquad (3-43)$$

$$\sigma_D = \sqrt{\frac{D_{84}}{D_{16}}} \qquad (3-44)$$

异重流在发展过程中会与上层清水掺混，产生明显的涡结构，各种尺度的涡结构不断混搅着清水与浑水，具体表现为清混交界面的不断模糊及异重流厚度的不断增加。在此，采用卷吸系数来概化上述清混界面的卷吸掺混过程：

$$e_w = \frac{0.00153}{0.0204 + 10Ri} \qquad (3-45)$$

$$R_i = \frac{Rgch}{u^2} \qquad (3-46)$$

当异重流与床面物质交换净通量为 0，且清混界面的卷吸过程可被忽略时，下列基本平衡方程成立：

$$RgchS(u_e) = u_*^2(u_e) \qquad (3-47)$$

异重流维持恒定均匀状态。异重流以一定速度向前行进时，泥沙浓度满足如下关系：

$$C_e = E_s / r_o \tag{3-48}$$

$$r_o = 1 + 31.5 Z_g^{-1.46} \tag{3-49}$$

式（3-48）和式（3-49）是在平衡状态下推求的，当异重流偏离此状态时，异重流的泥沙浓度关系也应随之改变，但总体上应具有趋向平衡的运动特征。具体而言，当异重流速度低于平衡速度时，泥沙含量会向上集中，使得比值 r_0 减小；而当异重流速度高于平衡速度时，泥沙含量会向下集中，使得比值 r_0 增大。因此，实际计算时，需要在偏离平衡状态时对 r_0 进行修正，可采用一种简单的修正方法：

$$r_o' = \left(\frac{u}{u_e} \right)^{\alpha_c} r_o \tag{3-50}$$

$$\alpha_c = 0.1797 \ln \left(\frac{sh}{D_{50}} \right) + 0.2949 \tag{3-51}$$

大量研究表明，异重流的水动力特性可大致分为两个分区。当 $R_i < 1$ 时，流动属于超临界运动，此时泥沙集中在底部，即对应于较大的比值 r_0；而当 $R_i > 1$ 时，流动属于亚临界运动，此时浓度剖面呈现较为稳定的分界线，在分界线下方分布均匀，即对应于较小的比值 r_0。考虑到 R_i 与流速的反比关系，因此底部浓度占比规律符合基于平衡观点的结果。也就是说，上述简单的修正关系可以基本描述浓度分布规律。至此，本书建立了描述异重流动力机制的模型架构，在给定的条件下，通过计算驱动力因素以及阻力因素的相互关系，可以判断异重流运移过程中的后续发展方式，为异重流排沙期间的水库调度提供理论依据。

3. 稳定运移的临界条件

如式（3-33）所示，当阻力项 F_R 与动力项 F_I 相等时，异重流头部加速度为0，异重流处于平衡状态。由于阻力项与动力项与水沙因子的非线性关系，加速度为0的点并不唯一。图3-14为异重流稳定运移机理及平衡状态的示意图。可以看出，当代表速度从0开始逐渐增加时，阻力项 F_R 大于动力项 F_I，异重流处于减速状态，位于该区域的异重流将持续不断地减速，直至速度为0，异重流消失，这也是常见的水库异重流所处的运移状态。当有较强的初始动力或局部地形变化发生时，代表速度会增大到阻力项 F_R 与动力项 F_I 相等，此时的异重流处于（动）平衡状态，但位于该平衡状态的异重流在微小扰动下会呈现正反馈现象，即微小扰动会被不断放大，导致异重流继续加速或者持续减速，因此该点是不稳定的平衡状态。随着代表速度的持续增加，动力项 F_I 大于阻力项 F_R，异重流持续加速，直至动力项再次与阻力项平衡，异重流再次达到新的平衡状态。位于该平衡状态下的异重流在微小扰动下将呈现负反馈现象，即微小扰动会被控制缩小而让异重流尽可能稳定在此状态，因此该点为稳定的平衡状态。综上所述，不稳定的平衡状态代表异重流持续运移或者加速运移的下限，稳定的平衡状态代表异重流可能的最大平衡运动速度。

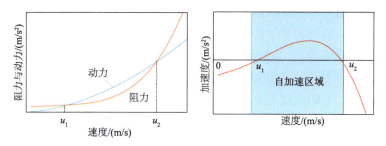

图 3-14　异重流运移动力学机制及平衡状态示意图

接下来采取数值实验的方式探讨两个平衡状态与异重流水库、局部地形坡度之间的关系。借鉴小浪底库区的实际情况，本节选取泥沙中值粒径 15μm，床面地形坡度 0.0005 作为缓坡条件，分别选择异重流厚度 0.7 m、0.8 m 计算各自的动力项与阻力项，给出两种情景下异重流平衡状态对应的代表速度，参见图 3-15。

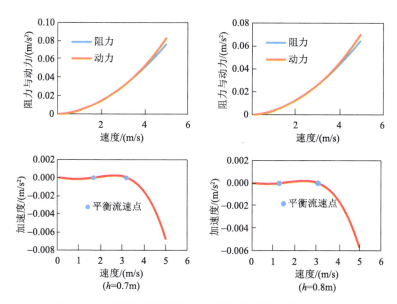

图 3-15　不同异重流厚度（h）下的异重流运移动力关系

可以看出，缓坡时的动力关系呈现了 2 个平衡流速（u_1、u_2），分别对应于不稳定平衡状态和稳定平衡状态。当 h=0.7m 时，u_1=1.7m/s，u_2=3.2m/s；当 h=0.8m 时，u_1=1.3m/s，u_2=3.1m/s；即当异重流厚度增加时，其动力增加的幅度大于阻力增加的幅度，两条线相交点整体向 0 点移动，异重流两种平衡状态对应的代表速度都会减小。也就是说，异重流厚度越大，发生加速异重流的条件就越容易满足。

同样地，陡坡条件下简化受力分析，可将自加速异重流发生的条件 $F_I \geqslant F_R$ 化简为如下关系：

$$K = \frac{v_s \cos \beta}{u \sin \beta} \leq 1 \qquad (3-52)$$

式中，β 为陡坡倾角。选取泥沙粒径 15μm，陡坡坡度 0.005，计算得出异重流代表速度 $u \geq 0.04$m/s。说明，陡坡条件下极小的流速即可产生自加速现象，故而在陡坡地形下只要异重流具有持续输入条件，异重流就具备自加速的可能。因此，异重流能否长距离输移，很大程度取决于异重流在缓坡段的动力关系。

选用 2020 年 8 月 10～18 日的小浪底水库实测数据，对上述自加速异重流发生的临界条件进行验证。2020 年 8 月 10 日实测入库流量 2380 m³/s，入库沙量 30.96 kg/m³，出库流量 2010 m³/s，出库沙量 32.01 kg/m³，库水位 223.55 m。根据实测流速与含沙量横向分布可知，当日潜入点位于三角洲顶点上游 10 km 处，稳定潜入后的异重流代表速度为 1.1 m/s，异重流代表高度为 0.9 m。结合以上动力关系计算分析发现，此次异重流在缓坡段持续加速，能够运移至三角洲顶点，并继续沿陡坡持续加速，这与观测结果具有很好的一致性。

2020 年 8 月 18 日实测入库流量 4710 m³/s，入库沙量 20.35 kg/m³，出库流量 1860 m³/s，出库沙量 11.30 kg/m³，库水位 229.53 m。根据实测流速和含沙量分布可知，当日潜入点位于三角洲顶点上游 7 km 处，稳定潜入后的异重流代表速度为 0.9 m/s，异重流代表高度为 0.8 m，随后持续减速至三角洲顶点处，异重流代表速度为 0.2 m/s，随后沿陡坡段继续加速，并在底坡相对平缓的坝前区逐渐减速。结合以上动力关系分析发现，此次异重流在缓坡段持续减速。设定初始流速为 0.9 m/s，终止流速为 0.2 m/s，根据计算，异重流运移距离在 6～7 km，与观测结果具有很好的一致性。

3.1.3 异重流运动的水-沙-床耦合动力学控制方程

本节在上述异重流原型观测与理论分析的基础上，建立了异重流运动的水-沙-床耦合动力学控制方程，构建了异重流运动水流-挟沙水体-床面耦合模型，模拟了异重流发展和演进过程，揭示了清水与异重流交界面处紊流掺混层的紊动特征，明晰了异重流与床面交界处的泥沙起动特性与阻力关系。

1. 异重流运动的水-沙-床耦合动力学控制方程

目前，水流运动的数值模拟方法主要有 3 种：直接数值模拟方法（DNS）、湍流概化数值模拟方法[雷诺平均数值模拟（RANS）或者大涡模拟（LES）]和垂向平均的分层模型。其中，湍流概化数值模拟方法基于平均的纳维-斯托克斯方程，引入必要的湍流封闭模式来计算水流的运动，可以刻画出水流在时间平均意义上的表现。为了满足实际工程的需要，该模型不追求捕捉流动的微观细节，只关注其在某个时间平均意义下的表现，其具有计算效率高的优势，因此得到了较为广泛的应用。

然而，传统的湍流概化数值模型由于物理量的不守恒特点，需要进行湍流封闭。对于不同的问题，湍流封闭的思路也是不尽相同的。对于异重流而言，其涉及了强烈的水流泥沙作用，有别于传统的明渠挟沙水流，因而在湍流封闭问题上需要特别考虑。在泥沙的作用下, 浓度梯度的存在使得湍动能能量降低, 同时也会出现逆梯度的浮力通量等, 而传统的 RANS 模型并不能很好地反映这些特点, 因此本节研究选择非平稳雷诺平均数值模拟（URANS）来更好地刻画异重流中的湍流特征量的发展。

本节研究中异重流水-沙-床耦合动力学控制方程如下:

$$\frac{\partial U}{\partial x} + \frac{\partial V}{\partial y} = 0 \tag{3-53}$$

$$\frac{\partial U}{\partial t} + U\frac{\partial U}{\partial x} + V\frac{\partial U}{\partial y} = -\frac{1}{\rho}\frac{\partial P}{\partial x} - g\frac{\partial H}{\partial x} + \nu\left(\frac{\partial^2 U}{\partial x^2} + \frac{\partial^2 U}{\partial y^2}\right) + \frac{\partial}{\partial x}\left(-\overline{u'u'}\right) + \frac{\partial}{\partial y}\left(-\overline{u'v'}\right) \tag{3-54}$$

式中, x、y 分别为水平、竖直方向坐标; t 为时间; U、V 分别为流体在 x、y 方向的平均流速; P 为压强; u' 为流体水平方向紊动流速; v' 为垂直方向紊动流速; ρ 为水沙混合流体密度; g 为重力加速度; ν 为流体运动黏度。

泥沙对水流运动的影响主要通过密度项和雷诺应力项体现。其中, 雷诺应力项为

$$-\overline{u_i'u_j'} = \nu_t S_{ij} - \frac{2}{3}k\delta_{ij} \tag{3-55}$$

$$S_{ij} = \frac{\partial U_i}{\partial x_j} + \frac{\partial U_j}{\partial x_i} \tag{3-56}$$

$$\nu_t = \frac{C_\mu}{1+2.5R_i}\frac{k^2}{\varepsilon} \tag{3-57}$$

式中, S_{ij} 为应变率张量; k 为湍动能; R_i 为 Richardson 数, R_i 与泥沙分层效应有关。紊流模型由考虑泥沙作用的 k-ξ 模型求解, 其封闭方式如下:

$$\frac{\partial k}{\partial t} + \frac{\partial Uk}{\partial x} + \frac{\partial Vk}{\partial y} = P_{\text{ro}} + B - \varepsilon + \frac{\partial}{\partial x}\left[\left(\nu + \frac{\nu_t}{\sigma_k}\right)\frac{\partial k}{\partial x}\right] + \frac{\partial}{\partial y}\left[\left(\nu + \frac{\nu_t}{\sigma_k}\right)\frac{\partial k}{\partial y}\right] \tag{3-58}$$

$$\frac{\partial \varepsilon}{\partial t} + \frac{\partial U\varepsilon}{\partial x} + \frac{\partial V\varepsilon}{\partial y} = \frac{\varepsilon}{k}\left(C_{\varepsilon 1}P_{\text{ro}} + C_{\varepsilon 2}B - C_{\varepsilon 3}\varepsilon\right) + \frac{\partial}{\partial x}\left[\left(\nu + \frac{\nu_t}{\sigma_k}\right)\frac{\partial \varepsilon}{\partial x}\right] + \frac{\partial}{\partial y}\left[\left(\nu + \frac{\nu_t}{\sigma_k}\right)\frac{\partial \varepsilon}{\partial y}\right] \tag{3-59}$$

$$P_{\text{ro}} = 2\nu_t\left[\left(\frac{\partial U}{\partial x}\right)^2 + \left(\frac{\partial V}{\partial y}\right)^2\right] + \nu_t\left[\left(\frac{\partial U}{\partial y}\right)^2 + \left(\frac{\partial V}{\partial x}\right)^2\right], B = \frac{g}{\rho_0}\frac{\nu_t}{\sigma_t}\frac{\partial \rho}{\partial y} \tag{3-60}$$

式中, $C_{\varepsilon 1}$=1.44; 当 B<0 时, $C_{\varepsilon 2}$=1; 当 B>0 时, $C_{\varepsilon 2}$=0; $C_{\varepsilon 3}$=1.92, σ_k=1.0, σ_t=1。

立面二维泥沙运动方程如下:

$$\frac{\partial c}{\partial t} + \frac{\partial Uc}{\partial x} + \frac{\partial Vc}{\partial y} = \frac{\partial}{\partial x}\left[\left(\nu_c + \frac{\nu_t}{\sigma_c}\right)\frac{\partial c}{\partial x}\right] + \frac{\partial}{\partial y}\left[\left(\nu_c + \frac{\nu_t}{\sigma_c}\right)\frac{\partial c}{\partial y}\right] \tag{3-61}$$

式中, c 为泥沙浓度。

2. 立面二维水-沙-床耦合的两相流数值模型及验证

将上述控制方程在贴体坐标系中离散，可以更好地模拟水库的真实地形。在贴体坐标系中，计算区域的底部边界以及顶部边界为河床以及自由水面。动水压强的计算采用压力耦合方程组的半隐式方法（SIMPLEC）方法，其中泊松方程计算采用多重网格法；对流项的处理采用权基本无振荡（WENO）格式，所有物理量的离散采用交错网格配置模式。由此构建了立面二维水-沙-床耦合的两相流数值模型，采用水槽试验以及小浪底库区的实测资料进行了模型验证。

1）经典异重流水槽试验结果验证

首先利用 Garcia 异重流水槽实验数据对数值模型进行验证。图 3-16 为不同水平点位泥沙分布的实测值与模拟结果的对比，图 3-17 为清浑分界线的实测与模拟对比结果。可以看出，数值模拟结果与实测资料吻合较好，说明数值模型能够很好地反映水槽试验中异重流演进过程。

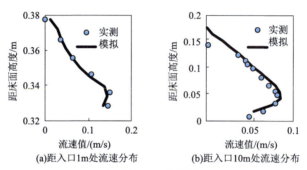

图 3-16　Garcia（1993）实验结果与数值模拟结果对比（泥沙分布）

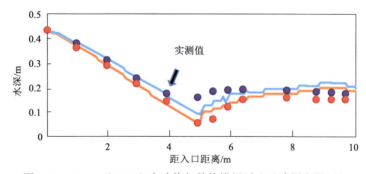

图 3-17　Garcia（1993）实验值与数值模拟对比（清浑交界面）

2）小浪底水库异重流原型实测结果验证

选择小浪底水库 2020 年 8 月 18 日异重流原型观测结果对模型进行了进一步验证。当日小浪底水库实测入库流量 4710 m³/s，入库沙量 20.35 kg/m³；出库流量 1860 m³/s，出库沙量 11.30 kg/m³；坝前库水位 229.53 m。沿程布设 10 个观测点位 $P0$～$P9$，位置见图 3-18。图 3-19 给出了异重流沿程运移过程中流速与含沙量计算值与实测值的对比。其中，蓝色点位代表该水平点位的实测流速最大值，黄色点位代表该水平点位实测含沙量的最大值，蓝色实线代表计算出的沿程最大流速分布，黄色实线代表计算出的沿程最大含沙量分布。

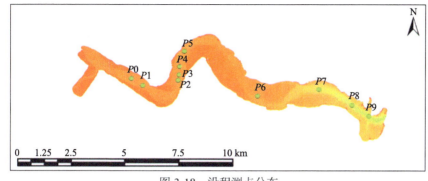

图 3-18 沿程测点分布

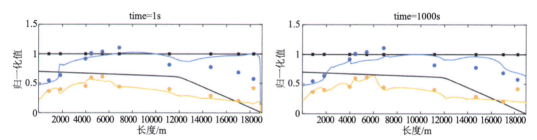

图 3-19 异重流沿程最大流速（蓝）含沙量（黄）的实测（点）与计算（线）对比

time 表示发现异重流潜入后的时间

对比发现，实测值与计算值符合较好。其中，含沙水流在缓坡段运行过程中发生了明显的潜入现象，具体表现为异重流下潜后速度的增加以及泥沙含量的增大；异重流运行至陡坡时，数值计算结果显示异重流将出现持续的加速过程，由于实测点较稀，没有完全捕捉到这一过程；在异重流运行至坝前时，由于出流条件限制，大部分的异重流并不能顺利排出水库，于是在坝前区发生了减速现象，这与原型观测结果一致。

图 3-20 为测量期间沿程各测点的流速剖面及悬沙浓度剖面，对比发现，实测值与模拟值符合较好。潜入前，速度的垂向分布近似于明渠水流，悬沙浓度分布沿垂向较为均匀；潜入后，速度的垂向分布发生明显改变，其最大值出现在垂线中下部，悬沙浓度的分布也发生显著改变，最大泥沙含量出现在底部，并且上层水体的泥沙含量显著降低。

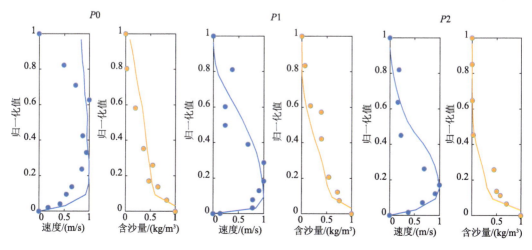

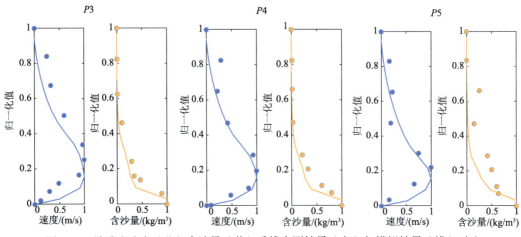

图 3-20 异重流速度（蓝）含沙量（黄）垂线实测结果（点）与模拟结果（线）对比

综上，异重流水槽实验和小浪底水库原型观测的验证结果均表明，本次建立的异重流数学模型可以较好地反映水库异重流的发展过程及动力关系变化。

3. 清水与异重流交界面处紊流掺混层的紊动特征分析

图 3-21 为一概化水库地形条件下异重流清浑交界面上紊动结构特征值的模拟结果，其中蓝线代表最大径向流速分布的位置，红线代表径向流速为 0 的位置，黄线代表泥沙浓度的分界线。紫色短竖线代表蓝线上的垂直流速的方向及大小；短竖线朝下代表水体质点向下运动，短竖线朝上代表水体质点向上运动；短竖线越长，代表垂向运动的速度越大。

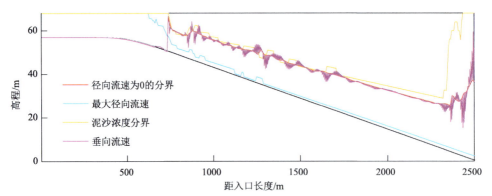

图 3-21 概化水库地形条件下异重流交界面紊动结构特征值计算结果

由图 3-21 可以得出清水与异重流交界面的紊动特征如下：

（1）交界面的径向流速为 0，径向流速为 0 的分界线（红线）与泥沙浓度分界线（黄线）基本重合；

（2）交界面的垂向流速呈现周期性的上下交替分布，意味着交界面存在着不稳定结构的周期性分布（紫色竖线）；

（3）最大径向流速（蓝线）在异重流潜入前位于水表面，潜入后位于河底附近。

图 3-22～图 3-24 分别描述了非稳态雷诺平均方程数值模拟（URANS）计算异重流运行过程中的速度场、浓度场，以及速度矢量场的分布情况，可以清楚地看出，清水与异重流交界面上频繁出现的不稳定结构具有时空不均匀的特点。

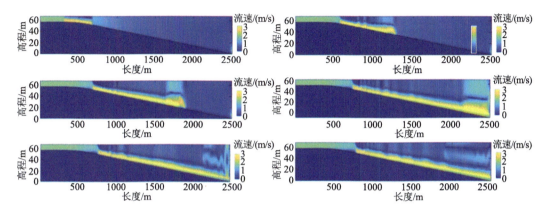

图 3-22　异重流沿程流速分布的 URANS 模拟结果

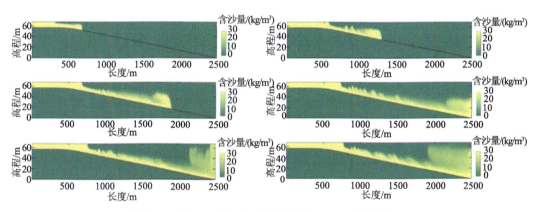

图 3-23　异重流沿程含沙量分布的 URANS 模拟结果

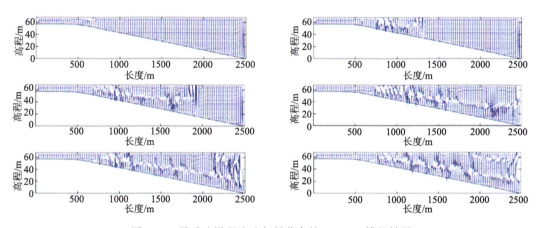

图 3-24　异重流沿程流速矢量分布的 URANS 模拟结果

图 3-25 和图 3-26 分别为坝前 1000m 处、500 m 处流场信息随时间的变化情况。在运动初期，异重流没有到达该处时，流场近似符合明渠分布。该水平点位出现异重流时，流速、浓度、湍流参数均较大，随后湍流结构周期性往复出现。

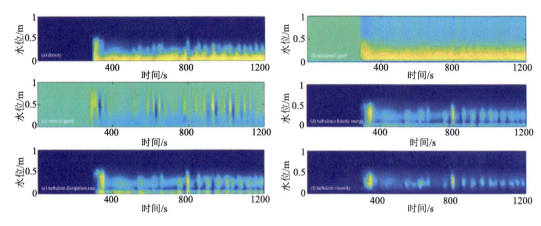

图 3-25　坝前 1000m 处的湍动结构

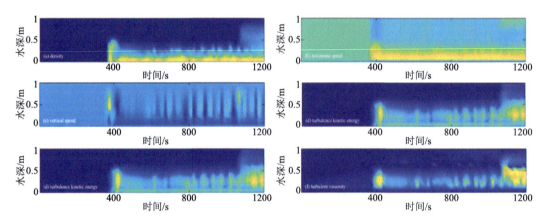

图 3-26　坝前 500m 处的湍动结构

对于泥沙浓度变化而言，单点的浓度与湍流结构的周期性变化相一致，随时间呈现高低交替变化。在坝前 1000m 处，交替变化周期约为 40 s，垂向跨度约为 25% 的当地水深；在坝前 500m 处，交替变化周期约为 80 s，垂向跨度为 20% 的当地水深。两者对比可以发现，不同位置的交界面湍流结构是不同的，靠近潜入点（远离坝前）的界面湍流强度偏大，具体表现为震荡结构具有较高的振幅和频率。

对于纵向流速而言，交界面上的流速接近于 0；垂向流速则表现出非常明显的周期性变化特征，说明交界面的湍流结构强度主要由垂向流速控制。从图 3-25 和图 3-26 中可以看出，当垂向流速向上时，交界面处水体的湍动能较小，相应的湍动能耗散率以及湍流黏性系数均偏小；而垂向流速向下时，交界面处水体的湍动能较大，相应的湍动能耗散率以及湍流黏性系数均偏大。

为了更进一步表明异重流清浑交界面上的紊动结构特征，在本次模拟中提取各个时间点交界面上的湍流统计量（湍动能、湍动能耗散以及湍流黏性系数）。图 3-27 为清浑交界面湍动结构时空变化，其中水平轴线代表空间步长，垂直轴线代表时间步长，黄色像素代表较大的物理量取值，蓝色像素代表较小的物理量取值，取水平流速为 0 点当作清浑交界面的划分界限。可以看出，异重流交界面上的湍流结构具有极其接近的（向下游）传播速度。正是这一现象的存在，直接导致了异重流交界面上的湍流结构在时空上的近似周期性分布。

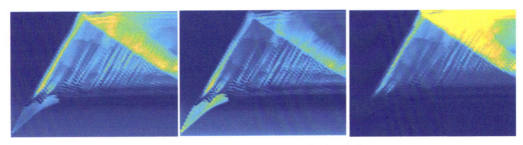

图 3-27　清浑交界面湍动结构时空变化

4. 异重流与床面交界面处的泥沙启动特性与阻力关系

床面处的泥沙启动特性可用泥沙侵蚀速率表示。以小浪底水库为例，采用概化方程计算底部泥沙的侵蚀量，分析侵蚀量与其他水力因素（平均流速、平均水深、沉降速度）的关系，得到异重流与床面交界处泥沙的启动特性与 3 个水力因素之间的关系。

根据曹志先（2012）针对小浪底库区异重流现象的模拟经验，异重流床面处的泥沙启动特性可以由异重流的特征高度及特征流速表示，并类比明渠泥沙侵蚀的张谢公式，异重流作用下的泥沙侵蚀量计算公式可表示为

$$E_{\mathrm{s}}=\frac{1}{20\rho_{\mathrm{s}}}\frac{\left[\bar{u}^{3}/ghv_{\mathrm{s}}\right]^{1.5}}{1+\left[\bar{u}^{3}/45ghv_{\mathrm{s}}\right]^{1.15}} \tag{3-62}$$

式中，ρ_{s} 为泥沙颗粒的密度（kg/m³）；$\bar{u}$ 为异重流的平均流速（m/s）；h 为异重流的平均厚度（m）；v_{s} 为泥沙颗粒的沉降速度（m/s）。

图 3-28 为泥沙侵蚀率与厚度（h）和流速（u）的关系，以及泥沙侵蚀率与沉降速度（v_{s}）和流速的关系，其规律总结如下：

（1）泥沙侵蚀率随流速的变化存在一个最大值。

（2）随着流速的增加，泥沙侵蚀率增加。其他条件相同时，异重流厚度越大，泥沙侵蚀率越小；泥沙颗粒沉降速度越大，泥沙侵蚀率越小。

（3）对于较大厚度的异重流而言，流速增加带来的侵蚀率增幅较小。

（4）对于较小的泥沙颗粒沉降速度而言，流速增加带来的侵蚀率增幅较大。

总的来说，当泥沙颗粒沉降速度越小（粒径越小）、异重流流速越大、异重流厚度越小时，泥沙颗粒越容易从床面上启动，同时泥沙颗粒的群体启动量存在上限。

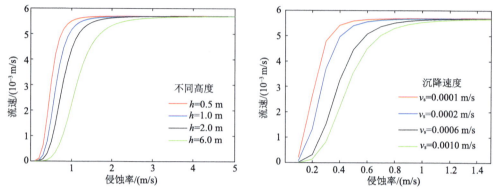

图 3-28　侵蚀率随异重流厚度和泥沙颗粒沉降速度的变化过程

基于明渠水流近壁处流速对数分布规律，床面上的阻力关系可以用剪切应力等效表示，具体计算公式为

$$\tau \big|_{y=y_{\mathrm{a}}} = \rho \left[\frac{\kappa}{\ln\left(y_{\mathrm{a}}/y\right)} \right]^2 u^2 \tag{3-63}$$

式中，τ 为床面的摩擦阻力；u 为近床面流速值；κ 为卡门常数；ρ 为水体密度。

为了说明异重流与床面交界处的阻力关系，本节研究设置了两组数值实验，其中只改变进口泥沙浓度，其他参数条件保持不变。两组数值实验的含沙量浓度分别是 5‰（体积浓度）和 0。对于 5‰含沙量浓度的计算案例而言，在库区可以形成明显的异重流现象；对于含沙量为 0 的计算案例而言，库区不发生异重流过程，仅仅对应水库正常的清水下泄过程，计算结果见图 3-29。

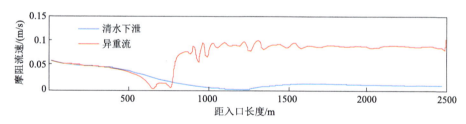

图 3-29　不同泥沙输入浓度条件下摩阻流速的空间分布

从图 3-29 可以看出，①在缓坡段（水平距离 0～500 m），不管输入的水体是否含有泥沙，两种情况对应的摩阻流速接近。这是由于在缓坡段，异重流还没有形成，呈现出明渠流的状态，而这一状态与清水输入产生的明渠流动相似。②在斜坡段上部（水平距离 500～800 m），有异重流出现情况下的摩阻流速明显低于明渠流状态。考虑到异重流的潜入发生范围正位于该区域中，主流开始从近水面处流向底部，底部较低的流速将在小范围内增加，这样的急剧变化将会产生局部的底部回流现象，而回流流速较小，造成较低的摩阻流速。③在斜坡段下部（800～2500m），明渠水流的摩阻流速并没有随着沿程水深的增加而减小，而是略有增加，并且越靠近底部出口，增加的速率越快，这反映了水库底孔出流对坝前河床的塑造作用。集中在床面附近的异重流具有较高的流动速

度,产生的摩阻流速大概是清水的 10 倍,更高的摩阻流速意味着呈指数增长的挟沙能力,这是异重流可实现高效输沙的又一理论佐证。

3.2　水库溯源冲刷的水沙动力过程及对泥沙动态调控的响应机制

溯源冲刷是水库降低水位运用过程中,主河槽内的河床自下而上产生的冲刷过程,是水库高效输沙很重要的一种形式。溯源冲刷往往始于淤积三角洲顶点附近,以跌坎冲刷为主要表现形式;跌坎处水流流态表现出急缓流交替特征,上溯的速度和冲刷幅度在向上游的溯源过程中通常呈逐渐减小趋势,直至消失,其间往往伴随着滩地的横向坍塌。跌坎冲刷的水动力过程复杂,其形成和演化与库区淤积形态、床沙组成、水库调控过程等众多因素有关,因此探索水库溯源冲刷的水沙动力过程及动力学机制具有重要的理论和实践意义。本节重点根据实体模型试验与原型跟踪观测,明晰了跌坎的形成与演化过程;分别构建了有无跌坎情形下水库溯源冲刷过程水沙运动控制方程,通过理论推导确定了跌坎的形成条件,阐明了跌坎发展演化的动力学机制,并得到了小浪底水库跌坎冲刷实测资料的验证;针对跌坎水流流态急缓交替的特点,建立了水库溯源冲刷过程立面二维水沙演进数学模型,通过模型试验和小浪底水库实测资料的验证,证明了所建立的数学模型的可靠性。在此基础上,开展了多种情景下的数值模拟,通过对比分析模拟结果,揭示了跌坎冲刷对泥沙动态调控过程中水库运用水位、前期淤积形态、强人工措施和枢纽群联合调度后续动力加强的响应机制,阐明了溯源冲刷的发展趋势和极限状态。

3.2.1　水库溯源冲刷水流运动方程及跌坎形成条件与演化机制

溯源冲刷局部产生跌坎,跌坎以下形成水流湍急的窄深河槽,随着河槽冲刷大幅度降低,滩地(此处的滩地不是水库运用后期高滩深槽形成以后的滩地,是指在水库拦沙期仅在水库降低水位排沙时才会出露的滩地)尚未固结且处于饱和状态的淤积物失稳,在重力及渗透水压力的共同作用下向主河槽内滑塌,使得河槽与部分滩地淤积面均有较大幅度的下降。本节在系统分析溯源冲刷过程中跌坎形成与演化过程的基础上,通过理论研究建立了溯源冲刷过程水流流态急缓交替运动方程,进而阐明跌坎的形成条件及演化机制。

1. 水库溯源冲刷跌坎形成与演化过程

1)降水冲刷模型试验中的观测

黄河水利科学研究院利用现有的小浪底水库模型进行了 4 个组次的降水冲刷试验。在初始库区淤积量为 32 亿 m³ 的地形条件下,降水冲刷过程控制坝前水位均为 210 m,水沙过程分别采用 16 天(过程 1)和 12 天(过程 2)洪水过程,以对比分析相同边界下不同水沙条件的降水冲刷效果。在初始库区淤积量为 42 亿 m³ 的地形条件下,降水冲刷过程采用的水沙条件均为 12 天洪水过程,控制坝前水位分别为 210 m 及 220 m,以对比分析在相同水沙条件下不同控制水位条件的降水冲刷效果。各试验组次水沙条件与边界条件特征值统计见表 3-1，进口水沙系列见图 3-30。

表 3-1 降水冲刷试验方案及其特征值统计表

淤积量	控制水位/m	历时/天	组次（方案）	入库流量/（m³/s）		入库含沙量/（kg/m³）	
				平均	范围	平均	范围
32 亿 m³	210	16	1（32/210/16）	2962	1240～4660	103.22	43.0～189
	210	12	2（32/210/12）	2210	677～3410	179.66	75.5～340
42 亿 m³	210	12	3（42/210/12）	2210	677～3410	179.66	75.5～340
	220	12	4（42/220/12）	2210	677～3410	179.66	75.5～340

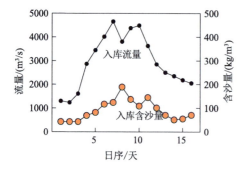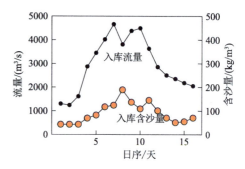

图 3-30 降水冲刷试验入库水沙过程 1（左）与水沙过程 2（右）

试验结果表明，各组次试验在蓄水区缩短至仅在坝前 300～800 m 的小漏斗区范围时，从漏斗上游边缘出现明显的溯源冲刷，局部形成跌水，并向上游发展。某些库段存在多级跌坎，参见图 3-31。在主河槽下切的同时，水位下降，两岸尚未固结且处于饱和状态的淤积物失去稳定，在重力及渗透水压力的共同作用下向主河槽内滑塌，使得滩岸形成向河槽倾斜的形态，见图 3-32。

图 3-31 某库段存在的多级跌坎现象

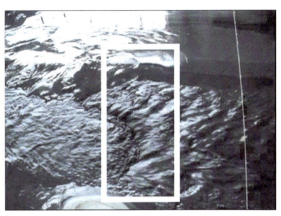

图 3-32　跌坎周边滩地形成向主河槽倾斜的滑塌现象

跌坎上溯伴随着强烈的冲刷过程。四组试验的冲刷效果见表 3-2。

表 3-2　四组冲刷效果对比表（沙量平衡法）

| 组次 | 入库 | | | 出库 | | | 排沙比/% | 冲刷量/亿 t |
	水量/亿 m³	沙量/亿 t	平均含沙量/(kg/m³)	水量/亿 m³	沙量/亿 t	平均含沙量/(kg/m³)		
1	40.95	4.23	103.2	48.67	9.12	187.4	215.9	4.90
2	22.91	4.12	179.7	28.51	6.74	236.5	163.8	2.63
3	22.91	4.12	179.7	31.96	10.25	320.6	249.0	6.13
4	22.91	4.12	179.7	29.02	7.43	256.1	180.6	3.32

　　由表 3-2 可知，四组试验的排沙比均远超过 100%，库区冲刷效果显著，其中相同入库水沙条件（组次 2~4）下，组次 3 的排沙效果最优，说明更大的前期淤积量与更低的坝前控制水位可有效增加排沙效果。而组次 1 的排沙效果相比组次 2 更优，说明更强的入库水动力过程能够产生更显著的冲刷。

　　进一步分析四组次的逐日水位沿程变化（图 3-33），可以看出，组次 1 和组次 3 的跌坎长期存在并逐渐向上游移动，其中组次 1 的跌坎高差还呈现不断增大的趋势（表3-3）；组次 2 和组次 4 的跌坎高差则不断减小并逐渐消亡。这两种模式的观测结果为我们后期开展理论研究和数值模拟提供了宝贵的第一手资料。

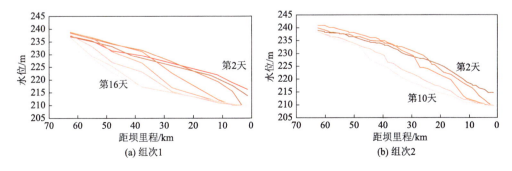

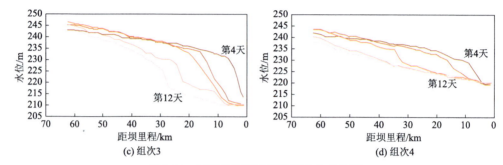

图 3-33　四组次溯源冲刷沿程水位变化图

表 3-3　组次 1 跌坎发展情况统计表

时间		跌坎发生位置（区间）	跌坎高差/m	发展速度/（km/h）
第 4 天	8:14	HH1～HH3	2.70	
	15:46～19:53	HH4～HH5	1.80	0.27
第 5 天	6:52	HH5～HH6	2.10	
	17:08	HH6～HH7	2.94	
第 6 天	7:32	HH7	2.28	
		HH8	3.06	0.13
第 7 天	21:56	畛水口上游 400 m	—	
第 8 天	3:26	HH12	6.72	
第 9 天	3:26	HH18	7.44	
第 10 天	13:43	HH23～HH24	—	0.10
	17:08	HH24	—	

2）小浪底水库库区溯源冲刷原型观测

小浪底水库 2020 年实施了低水位大流量排沙调度，在库区内发生了显著的溯源冲刷。研究团队抓住有利时机，在 2020 年 7 月 22 日～8 月 5 日，运用无人机等观测手段，对库区溯源冲刷过程开展了原型观测，详细记录了跌坎的发展过程及相关信息。小浪底水库入库与出库水位和流量、坝前水位过程如图 3-34 所示。入库水流在 7 月 23 日 14:48 达到流量峰值 4280 m^3/s，23:00 达到含沙量峰值 221 kg/m^3；出库水流在 7 月 24 日 8:00 达到流量峰值 4350 m^3/s，12:30 达到含沙量峰值 245 kg/m^3。

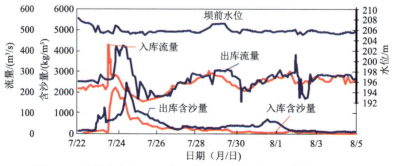

图 3-34　小浪底水库 2020 年 7 月 22 日～8 月 5 日控制运用过程

7月23日18时，在断面 HH3 处发现跌坎冲刷现象（图 3-35），开始对跌坎进行追踪。7月28日16时发展到断面 HH11 处（图 3-36），5天内上溯 13 km，平均每天发展 2.6 km。7月31日11时发展到断面 HH13，其间上溯 4 km，平均每天发展 1.33 km。8月3日11时发展到断面上游 200 m 处，平均每天发展 0.07 km。

图 3-35　7月23日18时断面 HH3 处跌坎观测

图 3-36　7月28日16时断面 HH11 处跌坎观测

本次观测到的小浪底水库跌坎发展范围限于坝前 3.3～21 km，在入库流量和坝前水位基本保持不变的情况下，溯源冲刷发展速度逐渐衰减，见图 3-37。伴随着溯源冲刷，

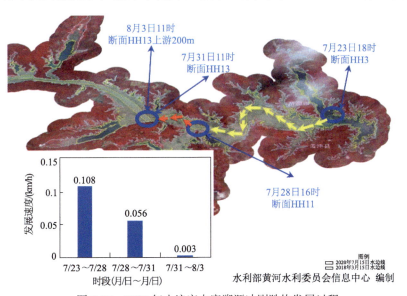

图 3-37　2020年小浪底水库溯源冲刷跌坎发展过程

7月29日～8月2日入库与出库流量相差不大，出库含沙量比入库含沙量有明显的增加。按照输沙率法初步计算在此期间入库沙量0.7亿t，出库沙量1.2亿t，约0.5亿t前期淤积在库区的泥沙被冲刷出库。

2. 水库溯源冲刷过程水沙运动控制方程

为了从理论层面探讨水库溯源冲刷的形成条件和发展趋势，必须首先建立描述有无跌坎情况下的溯源冲刷过程水沙运动控制方程，并通过解析，对比分析两者的差异(图3-38)。

1）无跌坎溯源冲刷过程水沙运动控制方程

在无跌坎情况下，可采用一维水流连续方程、动量方程和Exner河床变形方程描述水库溯源冲刷过程：

$$uh = q_w \tag{3-64}$$

$$u\frac{\partial u}{\partial x} = -g\frac{\partial h}{\partial x} - g\frac{\partial \eta}{\partial x} - \frac{\tau_b}{\rho h} \tag{3-65}$$

$$\left(1 - \lambda_p\right)\frac{\partial \eta}{\partial t} = -E \tag{3-66}$$

式中，h为水流水深；u为垂向平均流速；η为床面高程；t为时间；x为水平沿程距离；q_w为单宽流量；λ_p为河床孔隙率；τ_b为床面切应力；ρ为水流密度；g为重力加速度；E为床面黏性沙上扬通量。床面切应力满足$\tau_b = \rho C_f u^2$，C_f为阻力系数。黏性沙上扬通量为

$$E = \begin{cases} \alpha_1\left(\tau_b - \tau_c\right) & \tau_b > \tau_c \\ 0 & \tau_b \leqslant \tau_c \end{cases} \tag{3-67}$$

式中，$\tau_c = \rho C_f u_c^2$，u_c为起动流速，对应上扬通量$u > u_c$。

$$E = \alpha_1 \tau_c^\gamma \left(\frac{\tau_b}{\tau_c} - 1\right)^\gamma \Rightarrow \alpha\left(\frac{u^2}{u_c^2} - 1\right)^\gamma \tag{3-68}$$

无跌坎溯源冲刷过程可视作在定常比降S下的缓慢均匀侵蚀过程。这种情况下的变量用下标n标记。此时有

$$S = C_f Fr_n^2 \tag{3-69}$$

$$Fr_n^2 = \frac{u_n^3}{gq_w} \tag{3-70}$$

侵蚀导致的河床下降速率为

$$w_n = -\frac{\partial \eta}{\partial t} = \frac{\alpha}{1 - \lambda_p}\left(\frac{u^2}{u_c^2} - 1\right)^\gamma \tag{3-71}$$

无量纲化表达式为

$$\widehat{w}_n = \frac{1-\lambda_\mathrm{p}}{\alpha} w_n = \left(\frac{u^2}{u_\mathrm{c}^2} - 1 \right)^y \tag{3-72}$$

河床溯源移动速率 c_n 满足 $w_n = c_n S$。对于冲淤临界状态下的河床比降 S_c 满足：

$$S_\mathrm{c} = C_\mathrm{f} Fr_\mathrm{c}^2 \tag{3-73}$$

$$Fr_\mathrm{c}^2 = \frac{u_\mathrm{c}^3}{g q_\mathrm{w}} \tag{3-74}$$

与式（3-70）对比，有 $\dfrac{u_n}{u_\mathrm{c}} = \left(\dfrac{Fr_n}{Fr_\mathrm{c}} \right)^{2/3} = S_\mathrm{r}^{1/3}$，　$S_\mathrm{r} = \dfrac{S}{S_\mathrm{c}}$。因此

$$w_n = \frac{1-\lambda_\mathrm{p}}{\alpha} w_n = \left(\frac{u^2}{u_\mathrm{c}^2} - 1 \right)^y = \left(S_\mathrm{r}^{2/3} - 1 \right)^y \tag{3-75}$$

无量纲化表达式为

$$\widehat{c}_n = \frac{1-\lambda_\mathrm{p}}{\alpha} S c_n \tag{3-76}$$

$$w_n = \widehat{c}_n S \tag{3-77}$$

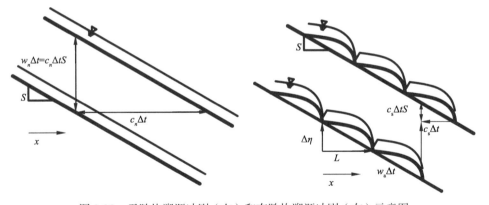

图 3-38　无跌坎溯源冲刷（左）和有跌坎溯源冲刷（右）示意图

2）有跌坎溯源冲刷过程水沙运动控制方程

按照普适性原则，采用周期性波动形式描述梯级跌坎床面形态变化，建立梯级跌坎条件下水沙运动控制方程。当波长趋于无穷时，降为单一跌坎溯源冲刷过程控制方程。普适性波动方程形式如下：

$$\eta(x,t) = \eta_\mathrm{w}(x + c_\mathrm{s} t) - w_\mathrm{a} t \tag{3-78}$$

式中，c_s 为溯源冲刷跌坎移动速率；w_a 为床面下降速率；η_w 为初始波形。跌坎波长 L 和波高 $\Delta\eta$ 满足关系 $\Delta\eta = \eta_w(x) - \eta_w(x+L)$。对于多沙河流水库以黏性泥沙为主的侵蚀性梯级跌坎，在跌坎范围内可以不考虑淤积存在。平均河床比降 S 由淤积形态决定，$S = -\dfrac{\Delta\eta}{L}$。一个波长内平均的床面垂向下切速率为

$$w_s = -\overline{\frac{\partial\eta}{\partial t}} = \frac{\overline{E}}{1-\lambda_p} \tag{3-79}$$

$$\overline{E} = \frac{1}{L}\int_x^{x+L} E \, \mathrm{d}x \tag{3-80}$$

将式（3-79）代入床面变形方程可得

$$-w_a + c_s\frac{\mathrm{d}\eta_w}{\mathrm{d}\tilde{x}} = -\frac{E}{1-\lambda_p} \tag{3-81}$$

其中，$\tilde{x} = x + c_s t$。取其一个波长内的平均值，式（3-81）可简化为

$$w_a + c_s S = w_s \tag{3-82}$$

一维浅水运动方程与时间无关，后续变量坐标变换形式仍不变，有

$$u\frac{\partial u}{\partial x} = -g\frac{\partial h}{\partial x} - g\frac{\partial\eta_w}{\partial x} - \frac{C_f u^2}{h} \tag{3-83}$$

采用无量纲化变量可得

$$u = u_c\hat{u} \tag{3-84}$$

$$h = \frac{q_w}{u_c}\hat{h} \tag{3-85}$$

$$\eta_w = \frac{q_w}{u_c}\hat{\eta} \tag{3-86}$$

$$x = \frac{q_w}{u_c S_c}\hat{x} \tag{3-87}$$

则运动方程和床面变形方程化为

$$\left(Fr_c^2\hat{u} - \hat{u}^{-2}\right)\frac{\mathrm{d}\hat{u}}{\mathrm{d}\hat{x}} = -\frac{\mathrm{d}\hat{\eta}}{\mathrm{d}\hat{x}} - \hat{u}^3 \tag{3-88}$$

$$\hat{c}\frac{\mathrm{d}\hat{\eta}}{\mathrm{d}\hat{x}} = \hat{w}_a - \left(\hat{u}^2 - 1\right)^\gamma \tag{3-89}$$

其中，跌坎无量纲波速和附加河床下切速率分别为

$$\hat{c} = \frac{1-\lambda_{\mathrm{p}}}{\alpha} c_{\mathrm{s}} S_{\mathrm{c}} \tag{3-90}$$

$$\hat{w}_{\mathrm{a}} = \frac{1-\lambda_{\mathrm{p}}}{\alpha} w_{\mathrm{a}} \tag{3-91}$$

无量纲运动方程和床面变形方程消去 η 得到关于 $\hat{u}$ 的非线性常微分方程：

$$\frac{\mathrm{d}\hat{u}}{\mathrm{d}\hat{x}} = \frac{\hat{c}^{-1}\left[\left(\hat{u}^2-1\right)^{\gamma}-\hat{w}_{\mathrm{a}}\right]-\hat{u}^3}{Fr_{\mathrm{c}}^2\hat{u}-\hat{u}^{-2}} \tag{3-92}$$

将移动坐标系起点定于跌坎水跃下游，而下一个水跃位置处河床高程设置为 0，有

$$\hat{\eta}\big|_{x=0} = \Delta\hat{\eta} \tag{3-93}$$

$$\hat{\eta}\big|_{x=\hat{L}} = 0 \tag{3-94}$$

其无量纲形式为

$$\Delta\hat{\eta} = \frac{u_{\mathrm{c}}}{q}\Delta\eta \tag{3-95}$$

$$\hat{L} = \frac{u_{\mathrm{c}}S_{\mathrm{c}}}{q}L \tag{3-96}$$

将床沙起动临界流速作为基本变量。在浅水方程中将跌坎水跃简化为不考虑内部细节的激波，得到对应的无量纲边界条件为

$$\hat{u}\big|_{x-} = 1 \tag{3-97}$$

出口处与起点处形成共轭水深，得到出口边界条件为

$$\hat{u}\big|_{x-L} = \left[\frac{\left(1+8Fr_{\mathrm{c}}^2\right)^{1/2}}{2}\right]^{-1} \tag{3-98}$$

求解 $\hat{u}$ 的非线性常微分方程后，积分床面变形方程得到：

$$\hat{\eta}(\hat{x}) = \frac{1}{\hat{c}}\int_{\hat{x}}^{\hat{L}}\left[\left(\hat{u}^2-1\right)^{\gamma}-\hat{w}_{\mathrm{a}}\right]\mathrm{d}x \tag{3-99}$$

对应跌坎高度为

$$\Delta\hat{\eta} = \frac{1}{\hat{c}}\int_{0}^{\hat{L}}\left[\left(\hat{u}^2-1\right)^{\gamma}-\hat{w}_{\mathrm{a}}\right]\mathrm{d}x \tag{3-100}$$

$$\frac{\Delta\hat{\eta}}{\hat{L}} = \frac{1}{S_c}\frac{\Delta\eta}{L} \tag{3-101}$$

等效平均正常流动由式（3-102）～式（3-104）确定：

$$S = C_f Fr_n^2 \tag{3-102}$$

$$\hat{S} = \frac{\Delta\hat{\eta}}{\hat{L}} \tag{3-103}$$

$$Fr_n^2 = \frac{u_e^3}{gq} \tag{3-104}$$

式中，$\hat{S}$ 为跌坎平均坡度；u_e 为对应的等效正常水流流速。由于 S 为一个与跌坎存在无关的参数，与无跌坎溯源冲刷对比，则有 $u_e = u_n$，即跌坎存在时的等效正常流动水流流速与跌坎不存在时的正常流动水流流速一致。有无跌坎对应的下切速率存在明显差异，有跌坎时下切速率为

$$w_a = \overline{\left(\hat{u}^2 - 1\right)^y} - \hat{c}\frac{\Delta\hat{\eta}}{\hat{L}} = \overline{\left(\hat{u}^2 - 1\right)^y} - \hat{c}\frac{Fr_n^2}{Fr_c^2} \tag{3-105}$$

在水流沿程均不低于临界起动流速的前提下，相对于无跌坎情况，有跌坎时河床下切速率要偏小。

3. 水库溯源冲刷跌坎形成条件及演化机制

1）水库溯源冲刷跌坎形成的临界条件

水库溯源冲刷过程中，跌坎位置满足 $Fr = 1$，在该点处有

$$\hat{u} \equiv \hat{u}_1 = Fr_c^{-2/3} \tag{3-106}$$

将该点流速值代入式（3-92）中，得到该点满足的方程为

$$\frac{\left(\hat{u}_1^2 - 1\right)^y - \hat{w}_a}{\hat{u}_1^3} = \hat{c} \tag{3-107}$$

流速 $\hat{u}$ 的一阶常微分方程在 $\hat{x}_1$ 处：

$$\frac{d\hat{u}}{d\hat{x}} = \left[\frac{2}{3}\frac{\gamma\left(\hat{u}_1^2 - 1\right)^{\gamma-1}\hat{u}_1^2}{\left(\hat{u}_1^2 - 1\right)^y - \hat{w}_a} - 1\right]\hat{u}_1^5 > 0 \tag{3-108}$$

参数 $\hat{w}_a$ 存在上下限 $\hat{w}_{au}$ 和 $\hat{w}_{al}$：

$$\hat{w}_{au} = \left(\hat{u}_1 - 1\right)^r \tag{3-109}$$

$$\hat{w}_{\mathrm{al}} = -\frac{\left(\hat{u}_1^2 - 1\right)^r}{\hat{u}_1^3 - 1} \tag{3-110}$$

2）水库溯源冲刷跌坎演化机制

根据上述理论推导，可以定义急流区形态系数 $\hat{s} = \dfrac{\hat{\eta}_1}{\hat{L}_f}$，$\hat{\eta}_1$ 为 x_1 处的河床高程，$\hat{L}_f$ 为 x_1 下游波形部分，进而探讨水库溯源冲刷跌坎演化机制。

对于一组 Fr_c，随着 Fr_n 增加，S 相对于 S_c 增加，$\hat{c}$、$\hat{L}$、$\Delta\hat{\eta}$ 单调下降，$\hat{w}_a$、$\hat{s}$ 单调增加。Fr_c 为常数时，较大的坡度对应较陡的跌坎、较小的波长和波高；溯源冲刷速率下降，而垂向侵蚀率增加。根据计算得出，当 Fr_n 趋近于其下限 Fr_c 以及 $\hat{w}_a = \hat{w}_{\mathrm{al}}$ 时，$\hat{L}$ 趋近于无穷，当 Fr_n 趋近于其上限无穷大以及 $\hat{w}_a = \hat{w}_{\mathrm{au}}$ 时，$\hat{L}$ 趋近于 0。由 $Fr_c^2 = \dfrac{u_c^3}{gq_w}$ 可知，增加 Fr_c，对应的 u_c 增加，单宽流量 q_w 降低。在整个计算域内，$\hat{c}$、$\hat{L}$、$\Delta\hat{\eta}$ 同样会单调下降，$\hat{w}_a$ 单调增加，而形状系数 $\hat{s}$ 下降。这意味着，对于给定的 S、单宽流量 q_w，临界流速 u_c 增加，对应更缓的跌坎，有更小的溯源速率、波长和波高。由此可以明显看出，较陡的跌坎伴随着较低的 Fr_c，出现较强的水跃，以及很高的 Fr_n，进而引起较高的侵蚀速率。后者可以通过无量纲总下切速率来表示：

$$\hat{w} = \frac{1 - \lambda_p}{\alpha} w \tag{3-111}$$

根据 $\hat{w}_a = \overline{\left(\hat{u}^2 - 1\right)^r} - \hat{c}\dfrac{Fr_n^2}{Fr_c^2}$ 可得到：

$$w = w_a + \hat{c}\frac{Fr_n^2}{Fr_c^2} \tag{3-112}$$

所以，总下切速率 $\hat{w}$ 随着 Fr_n 的增加而增加。

3）跌坎形成临界条件的验证

采用前述降水冲刷模型试验和小浪底水库原型观测数据，对跌坎形成临界条件进行验证。

原型观测床沙粒径取该河段平均值 0.012 mm，对应 C_f 为 0.00112，比降采用 2020 年汛前实测地形资料和该时段平均库水位计算，然后确定 Fr_n；假定顶坡段输沙平衡，确定泥沙起动对应的临界比降，然后与 C_f 结合确定 Fr_c。将原型观测和前文中 4 个组次降水冲刷模型试验结果的 Fr_c 和 Fr_n 点绘于图 3-39。由图 3-39 可知，模型试验组次 1、组次 3 中的跌坎在观测时间段内持续存在；模型试验组次 2、组次 4 和 2020 年原型观测记录了跌坎逐渐向消亡状态发展的全过程。

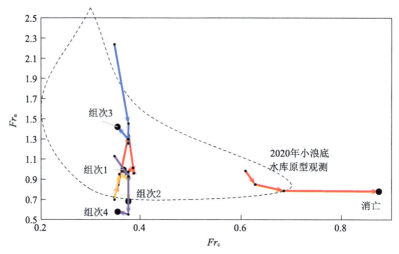

图 3-39 跌坎形成条件判别图及实测数据验证

验证结果进一步印证了前述理论研究、跌坎形成临界条件、跌坎演化机制的正确性和合理性。水库溯源冲刷过程中，淤积形态作为边界条件是已知的，溯源冲刷沿程发展过程中整个跌坎上下游的比降不断发生变化，由于床沙粒径在水库淤积过程中的分布自上而下逐渐细化，跌坎溯源冲刷过程对应床沙粒径则反向逐渐变粗，因而判别图中两个参数均会发生变化，变化的趋势是 Fr_n 逐渐变小，Fr_c 也逐渐变小。对于水库的具体运用过程，两者的变化速度会不断调整。降水冲刷开始，当水流和河道边界条件满足跌坎形成条件时，跌坎发育并向上游逐渐发展，此时两参数位于适用范围内靠近中心的位置（ Fr_c 的数值基本确定），上溯一段距离后，两参数位置逐渐靠近跌坎发生区的边界，此时跌坎速度明显下降。当到达跌坎发生区边缘时，对河床的冲刷显著减弱，跌坎开始停滞不前。而跌坎形态可能会保存相当长的一段时期，直至后续泥沙将其淤积填平。

3.2.2 水库溯源冲刷过程水沙数值模型构建与验证

1. 水库溯源冲刷过程二维水沙运动控制方程

采用数值模型分析溯源冲刷过程中的水-沙-床强耦合动力学机理等问题，需要刻画含沙量和水流流速等垂线分布信息。与垂向平均的模型相比，立面二维模型能够解析溯源冲刷过程中水流流态与泥沙输移的相互关系，同时计算量远小于三维模型，因此本节选择 σ 坐标系下的立面二维水沙数值模型作为主要研究手段。

立面二维水沙数值模型控制方程包括：水流连续方程、在 x 和 z 方向水流运动方程、悬沙输运方程、推移质输沙方程、河床变形方程，具体表达式省略。其中，u、w 分别为笛卡儿坐标系下 x、z 方向的流速，ρ 为水体密度，g 为重力加速度，ε_x、ε_z 分别为纵向和垂向紊动扩散系数，P_d 为动水压力，s 为水体体积含沙量，ω_s 为泥沙颗粒沉速，ε_s 为泥沙紊动扩散系数，p' 为床沙空隙率，H 为水位，h 为水深。垂向流速 w 在 σ 坐标系下为

$$\omega = \frac{w}{h} - \frac{u}{h}\left(\sigma \frac{\partial h}{\partial x} + \frac{\partial H}{\partial x} \right) - \frac{1}{h}\left(\sigma \frac{\partial h}{\partial t} + \frac{\partial H}{\partial t} \right) \qquad （3-113）$$

悬沙输运边界采用水面零通量条件，床面边界条件为

$$\varepsilon_{\mathrm{s}} \frac{\partial c}{\partial z} + \omega_{\mathrm{s}} c = \omega_{\mathrm{s}}\left(c_{\mathrm{b}} \cos \theta - c_{\mathrm{b^*}} \right) = D_{\mathrm{b}} - E_{\mathrm{b}} \qquad （3-114）$$

$$c_{\mathrm{b}} = c_0 + \left\{ 1 - \exp\left[-\left(\omega_{\mathrm{s}} / \varepsilon_{\mathrm{s}} \right)\left(z_0 - \delta \right) \right] \right\} c_{\mathrm{b^*}} \qquad （3-115）$$

式中，$c_{\mathrm{b^*}}$ 为近底饱和泥沙浓度；$\delta = 2D$；c_{b} 为近底泥沙浓度；z_0、c_0 分别为最底层网格中心处高度与泥沙浓度；θ 为垂向与床面法向夹角。

河底饱和泥沙浓度、单宽推移质平衡输沙率、不平衡调整长度的经验公式如下：

$$c_{\mathrm{b^*}} = 0.015 \frac{d_{50} T^{1.5}}{a D_*^{0.3}} \qquad （3-116）$$

$$L_{\mathrm{s}} = 3 d_{50} D_*^{0.6} T^{0.9} \qquad （3-117）$$

$$q_{\mathrm{b^*}} = 0.053 \left[\frac{\rho_{\mathrm{s}} - \rho}{\rho} g \right]^{0.5} \frac{d_{50}^{1.5} T^{2.1}}{D_*^{0.3}} \qquad （3-118）$$

式中，泥沙颗粒参数 $D_* = d_{50}\left[\dfrac{\rho_{\mathrm{s}} - \rho}{\rho v^2} g \right]^{1/3}$，无因次剪切应力余量 $T = \left(u_*'^2 - u_{*\mathrm{cr}}'^2 \right) / u_{*\mathrm{cr}}'^2$。

在进口处，假设其水平流速、含沙量垂向分布达到平衡（由进口下一断面计算处的流速分布来反推进口断面垂线分布，若干时间步后，即达到平衡状态），由进口流量、断面的含沙量可求出进口各点水平流速 u_{m}、含沙量 S_{m}；同时认为：$\dfrac{\partial w}{\partial x} = 0$。

2. 水库溯源冲刷模型构建

1）方程求解的数值格式与算法

采用交错网格离散求解，对流项采用一阶迎风格式。静压求解过程中将流速方程表示成 $AU = H + F$。

$$A_{i+1/2}^n U_{i+1/2}^{n+1} = -g\theta \frac{H_{i+1}^{n+1}}{\Delta x} + F_{i+1/2}^n \qquad （3-119）$$

$$U_{i+1/2}^{n+1} = -g\theta \frac{H_{i+1}^{n+1}}{\Delta x} \left[A_{i+1/2}^n \right]^{-1} + \left[A_{i+1/2}^n \right]^{-1} F_{i+1/2}^n \qquad （3-120）$$

流速垂线平均值采用的矩阵形式为

$$\sum_{j-1}^{N_i} u_{i+1/2,j}^{n+1} \Delta\sigma = \Delta\sigma U_{i+1/2}^{n+1} \qquad （3-121）$$

将式（3-121）代入水位离散方程，得到关于水位的方程，采用雅可比共轭梯度（JCG）方法进行求解。将求得的水位代入运动离散方程，求得流速。

采用分裂模式求解动水压力项，控制方程仅考虑动水压力项。将离散的运动方程代入连续方程，简化得到关于动水压力的离散方程：

$$
\begin{aligned}
&\left[\frac{\Delta t}{\rho h_i^{n+1}\Delta\sigma}\left(D_{i,j}^{n+1}D_{i,j+1/2}^{n+1}-1\right)\right]P_{\mathrm{d}i,j+1}^{n+1}+\left[-\frac{h_i^{n+1}\Delta\sigma\Delta t}{\rho\Delta x^2}P_{\mathrm{d}i+1,j}^{n+1}\right]\\
&+\left[2\frac{h_i^{n+1}\Delta\sigma\Delta t}{\rho\Delta x^2}+\frac{\Delta t}{\rho h_i^{n+1}\Delta\sigma}\left(2-D_{i,j}^{n+1}D_{i,j+1/2}^{n+1}-D_{i,j}^{n+1}D_{i,j-1/2}^{n+1}\right)\right]P_{\mathrm{d}i,j}^{n+1}\\
&+\left[-\frac{h_i^{n+1}\Delta\sigma\Delta t}{\rho\Delta x^2}\right]P_{\mathrm{d}i-1,j}^{n+1}+\left[\frac{\Delta t}{\rho h_i^{n+1}\Delta\sigma}\left(D_{i,j}^{n+1}D_{i,j-1,2}^{n+1}-1\right)\right]P_{\mathrm{d}i,j-1}^{n+1}\\
&=-\left(\frac{h_i^{n+1}\Delta\sigma}{\Delta x}u'_{i+1/2,j}-\frac{h_i^{n+1}\Delta\sigma}{\Delta x}u'_{i-1/2,j}+w'_{i,j+1/2}-w'_{i,j-1/2}-D_{i,j}^{n+1}u'_{i,j+1/2}+D_{i,j}^{n+1}u'_{i,j-1/2}\right)
\end{aligned}
$$

（3-122）

系数矩阵对称正定，仅有五条对角线元素非零，适合采用 JCG 求解。悬沙对流项采用迎风格式：

$$
\left(u\frac{\partial s}{\partial x}\right)_{i,j}^{n}=\frac{1}{2}\left(u_{i,j}^{n+1}+\left|u_{i,j}^{n+1}\right|\right)\frac{s_{i,j}^{n}-s_{i-1,j}^{n}}{\Delta x}+\frac{1}{2}\left(u_{i,j}^{n+1}-\left|u_{i,j}^{n+1}\right|\right)\frac{s_{i+1,j}^{n}-s_{i,j}^{n}}{\Delta x}
$$

（3-123）

$$
\left(\omega\frac{\partial s}{\partial\sigma}\right)_{i,j}^{n}=\frac{1}{2}\left(\omega_{i,j}^{n+1}+\left|\omega_{i,j}^{n+1}\right|\right)\frac{s_{i,j}^{n}-s_{i,j-1}^{n}}{\Delta\sigma}+\frac{1}{2}\left(\omega_{i,j}^{n+1}-\left|\omega_{i,j}^{n+1}\right|\right)\frac{s_{i,j+1}^{n}-s_{i,j}^{n}}{\Delta\sigma}
$$

（3-124）

悬沙对流项离散形式如下，采用追赶法求解。

$$
\begin{aligned}
&-\left(\frac{\Delta t\omega_{\mathrm{s}}}{2h_i^{n+1}\Delta\sigma}+\frac{\Delta t\varepsilon_{i,j+1/2}^{n}}{\left(h_i^{n+1}\Delta\sigma\right)^2}\right)s_{i,j+1}^{n+1}+\left[1+\frac{\Delta t\left(\varepsilon_{i,j+1/2}^{n}+\varepsilon_{i,j-1/2}^{n}\right)}{\left(h_i^{n+1}\Delta\sigma\right)^2}\right]_{i,j}^{n+1}-\left(\frac{\Delta t\omega_{\mathrm{s}}}{2h_i^{n+1}\Delta\sigma}+\frac{\Delta t\varepsilon_{i,j-1/2}^{n}}{\left(h_i^{n+1}\Delta\sigma\right)^2}\right)^{n+1}\\
&=s_{i,j}^{n}+\Delta t\left(u\frac{\partial s}{\partial x}\right)_{i,j}^{n}+\Delta t\left(\omega\frac{\partial s}{\partial\sigma}\right)_{i,j}^{n}+\frac{\Delta t\varepsilon_{\mathrm{s}i+1/2,j}^{n}}{\left(\Delta x\right)^2}s_{i+1,j}^{n}-\frac{\Delta t\left(\varepsilon_{\mathrm{s}i+1/2,j}^{n}+\varepsilon_{\mathrm{s}i-1/2,j}^{n}\right)}{\left(\Delta x\right)^2}s_{i,j}^{n}+\frac{\Delta t\varepsilon_{\mathrm{s}i-1/2,j}^{n}}{\left(\Delta x\right)^2}s_{i-1,j}^{n}
\end{aligned}
$$

（3-125）

2）模型可靠性检验

选择 van Rijn（1986）的沙坑室内水槽试验结果对建立的跌坎溯源冲刷数学模型进行可靠性检验。采用顺直水槽，尺寸为 30 m（长）×0.7 m（深）×0.5 m（宽），床沙粒径 $D_{50}=0.160$ mm、$D_{90}=0.2$ mm，进口平均流速 0.51 m/s，水深 0.39 m，按 0.04 kg/(s·m)进行泥沙补给，以保证跌坎上游平衡输沙，下游 16 m 处设置边坡为 1:3 的沙坑（图 3-40），沿流向选择 5 条垂线进行流速和泥沙浓度测量。

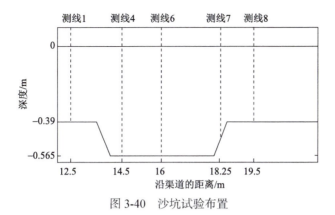

图 3-40　沙坑试验布置

　　模拟设定为均匀沙，垂向分层数为 20，流向网格尺度大小为 0.1 m。图 3-41 和图 3-42 分别为流速与泥沙浓度垂向分布沿程调整情况的模拟与实测结果，可以看出，建立的模型能够较好地模拟沙坑水流流速与泥沙浓度垂向分布的沿程调整情况。

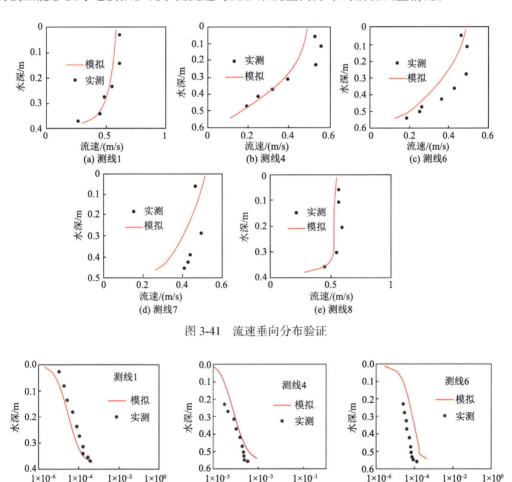

图 3-41　流速垂向分布验证

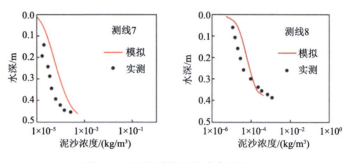

图 3-42　泥沙浓度垂向分布验证

3. 水库溯源冲刷模型验证

选择小浪底水库模型降水冲刷试验中的 4 个组次、2020 年小浪底水库原型观测数据对水库溯源冲刷模型进行了验证。

1）模型试验验证

在小浪底水库模型进行了 4 个组次的降水冲刷试验，试验结果如图 3-43 所示，图中虚线为模拟结果，实线为实测结果。需要注意的是，限于当时的试验手段和条件，以及模型用沙铺设密实受人为因素影响，测量结果存在不确定性。另外，小浪底水库模型中库区坍塌对溯源冲刷影响很大，而这一部分没有在模拟中考虑，使得模拟结果和实际情况存在偏差。但按照试验中的水沙和出口控制条件，计算结果仍然能够较好地模拟各个组次降水冲刷试验中深泓点沿程变化过程，验证了数值模型的可靠性。

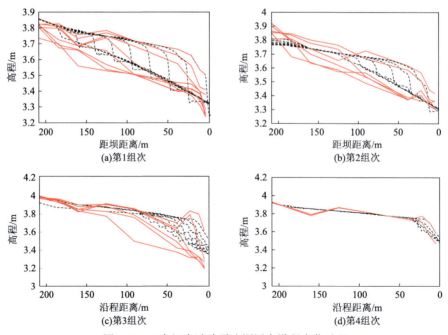

图 3-43　4 个组次试验干流深泓点沿程变化过程

2）原型观测验证

以 2020 年汛前实测小浪底库区地形为基础，模拟水库原型观测的溯源冲刷跌坎的形成演化过程，模拟时间范围为 7 月 22 日～8 月 6 日，进口设置在距坝上游 40km 处，进口水流近似采用小浪底水库出库过程，进口泥沙则在小浪底水库出库过程基础上进行折减。床沙和来沙均按照均匀沙处理，粒径 0.010mm。由于汛前实测地形三角洲淤积顶点在 HH6 断面，本次降水冲刷时 HH3 断面出露，因此需要将三角洲淤积顶点延伸至 HH3 断面。小浪底水库坝前 30km 范围内的模拟结果见图 3-44。

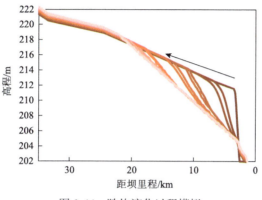

图 3-44　跌坎演化过程模拟

模型中采用冲刷速率最快作为判断跌坎位置的依据。如图 3-45 所示，模拟的跌坎位置在向上游溯源过程中逐渐消失，溯源冲刷速度与实测结果基本一致，这表明建立的模型能够模拟跌坎溯源冲刷过程。

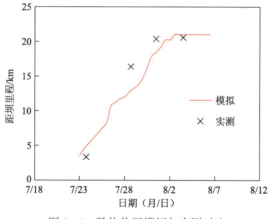

图 3-45　跌坎位置模拟与实测对比

3.2.3　水库溯源冲刷多情景模拟及冲刷形态发展趋势与极限状态

1. 水库溯源冲刷多情景模拟

设计算例进行水库溯源冲刷多情景分析。将水库溯源冲刷过程进行概化，水库长设定为 500m，跌坎上游长 350m、坡度 3‰，对应水库顶坡段，跌坎对应水库前坡段，坡度 1%、长 25m。来沙按照顶坡段平衡输沙，泥沙粒径 0.03mm，跌坎高 0.20m，单宽流量 1/6 m²/s，不考虑横向影响，初始纵坡面按照三角洲淤积形态。

　　泥沙动态调控要素包括水库运用水位、库区前期淤积形态、强人工措施、联合调度后续动力加强等，对应跌坎控制条件依次为跌坎高度、顶坡段坡度、泥沙粒径、单宽流量，计算条件见表3-4，其中算例1作为对照算例（图3-46）。

表 3-4　泥沙调控要素算例说明

泥沙调控要素	控制变量	算例						
水库运用水位	跌坎高度/m	0.10	0.15	0.20	0.25	0.30		
库区前期淤积形态	顶坡段坡度/‰	1	2	3	4	5		
强人工措施	泥沙粒径/mm	0.01	0.015	0.02	0.025	0.03	0.04	0.05
联合调度后续动力加强	单宽流量/（m²/s）	0.016	0.0267	0.033	0.05	0.067	0.10	0.167

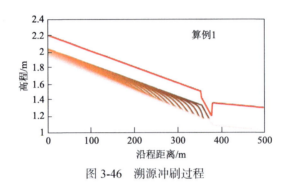

图 3-46　溯源冲刷过程

2. 水库溯源冲刷形态发展趋势与极限状态

1）水库溯源冲刷形态发展趋势

　　跌坎冲刷塑造的地形受淤积体组成影响会出现较大的起伏，当淤积呈层状时，不同深部的抗冲刷能力不同，跌坎临水面一侧的冲刷速率会存在差异，上部冲刷比下部冲刷快时，跌坎会分化为多级跌坎。由于冲刷和剪切应力余量成比例，而不是和剪切力成比例，单一跌坎分化为多级跌坎，剪切力也被分为多个部分，但每个子跌坎的临界剪切应力仍和单一跌坎时的一样，而不会被分。每个子跌坎冲刷时则要分别考虑各自的剪切余量。多级跌坎各剪切力与单一跌坎剪切力满足加和关系，而剪切力余量之和则远小于单一跌坎的情况。侵蚀强度与剪切力余量的 1.5 次方成正比。因此，多级跌坎与单级跌坎的冲刷强度差异更大，也就是说，多级跌坎的冲刷效率要远低于单级跌坎。下部冲刷比上部快时，跌坎会淘刷跌坎根部，跌坎上部的淤积体则会出现悬臂梁式的状态，下部的冲刷发展一方面会造成水流悬空，另一方面会形成冲刷坑，起到对水流消能的作用，使得水流不能有效作用于跌坎根部的淤积体，整体的冲刷速率下降，冲刷效果变差，后续跌坎的溯源发展依赖于跌坎上部淤积体的结构破坏，这个过程相对于水动力侵蚀过程则缓慢很多。

　　均匀沙情景下，前期平衡比降，跌坎发展不会停止，会一直溯源下去。跌坎下游的平衡比降与原平衡比降一致。非均匀沙情景下，前期平衡比降，通过级配调整，跌坎冲刷能够破坏床沙粗化形成的保护层，但下游新平衡比降变陡，跌坎坎高逐渐变小，跌坎溯源过程逐渐弱化，溯源距离与级配关系密切。

2）水库溯源冲刷形态极限状态

考虑淤积影响，在满足跌坎形成条件的前提下，给定跌坎初始高度，通过数值模拟发现，跌坎发展会出现逐渐加强和逐渐衰减两种趋势。其中，逐渐加强的跌坎塑造的地形比原有跌坎要缓，而逐渐衰减的跌坎塑造的地形要陡。通过控制单一变量法，模拟分析跌坎高度、跌坎上游（顶坡段）坡度、床沙平均粒径、单宽流量等指标的影响，发现各个指标都存在极限阈值，超出极限阈值时，跌坎会逐渐加强，低于极限阈值时，跌坎会逐渐衰减，而不衰减也不增强的极限状态是多因素的组合，见表3-5。

表 3-5　极限状态对应阈值

指标	极限状态阈值	超限状态	超下限状态
跌坎高	~0.25m	逐渐加强	逐渐衰减
跌坎上游（顶坡段）坡度	~0.0025	逐渐加强	逐渐衰减
床沙平均粒径	~0.01mm	逐渐加强	逐渐衰减
单宽流量	~0.05m^2/s	逐渐加强	逐渐衰减

当指标未达到阈值时，跌坎冲刷逐渐衰减至消失，存在极限状态。以跌坎冲刷最大强度减少至初值一半作为跌坎的半衰期 T，采用半衰期内跌坎发展距离 L 作为参照来描述跌坎极限状态。如图3-47所示，跌坎消失之前溯源冲刷速度 V（m/s）与泥沙粒径 D（mm）的关系满足：

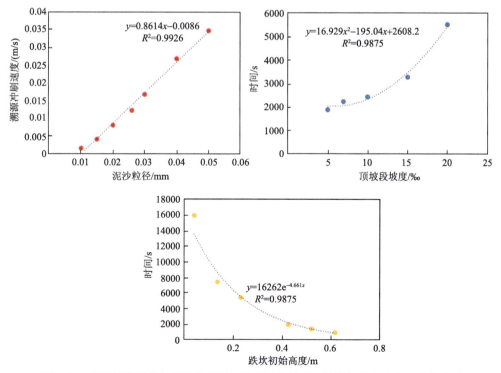

图 3-47　溯源冲刷速度与泥沙粒径关系及顶坡段坡度、跌坎初始高度与半衰期关系

$$V = 0.8614D - 0.0086 \qquad （3\text{-}126）$$

跌坎初始高度 Z（m）与半衰期 T（s）的关系满足：

$$T = 16262\exp(-4.661Z) \qquad （3\text{-}127）$$

顶坡段坡度 S（‰）与半衰期 T（s）的关系满足：

$$T = 16.929S^2 - 195.04S + 2608.2 \qquad （3\text{-}128）$$

3.2.4　跌坎冲刷过程和冲刷效果与泥沙动态调控的响应机制

1. 跌坎冲刷过程和冲刷效果对水库运用水位的响应机制

随着水库水位的降低，三角洲淤积顶点逐步出露，库区水位与三角洲顶点上游处水位构成一定的高差，该处水流由缓流变为急流，出现跌水并形成跌坎。库区水位的差异对应初始跌坎高度的差异，两者高差越大，跌坎高度越高。不同跌坎高度对应的溯源冲刷过程算例结果如图 3-48 和图 3-49。

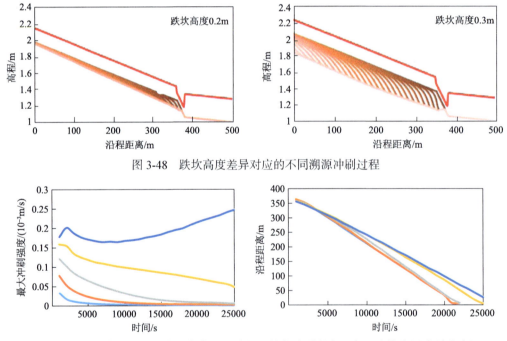

图 3-48　跌坎高度差异对应的不同溯源冲刷过程

图 3-49　跌坎高度差异对应的变化过程（左：最大冲刷强度；右：跌坎溯源冲刷移动）
图中数值表示跌坎高度；图中 5 条线分别表示 0.1m（浅蓝线）、0.15m（橙色线）、0.2m（灰色线）、
0.25m（黄色线）、0.3m（深蓝线）

可以看出，水库运用水位越低，对应跌坎高度越高，溯源冲刷速率和冲刷效果越好。较小的初始跌坎高度下，溯源冲刷强度逐渐减小，跌坎逐渐趋于消失，溯源冲刷后的坡度要比原来的坡度大；较大的初始高度下，跌坎能够长期维持，溯源冲刷强度不变，溯

源冲刷后的坡度和原来的坡度一致。因此，跌坎初始高度的差异对后续跌坎溯源发展的趋势影响很大，跌坎冲刷对水库运用水位的响应关键在于三角洲顶点出露的高低。

2. 跌坎冲刷过程和冲刷效果对库区前期淤积形态的响应机制

跌坎的形成需要水库中淤积体存在上下游坡度转折构成跌坎顶点，这对应了三角洲淤积形态。对于其他淤积体形态，跌坎通常较难形成。本节基于三角洲淤积形态，分析不同顶坡段坡度变化对跌坎发展演化的影响，不同顶坡段坡度对应的溯源冲刷过程算例结果如图 3-50 和图 3-51。

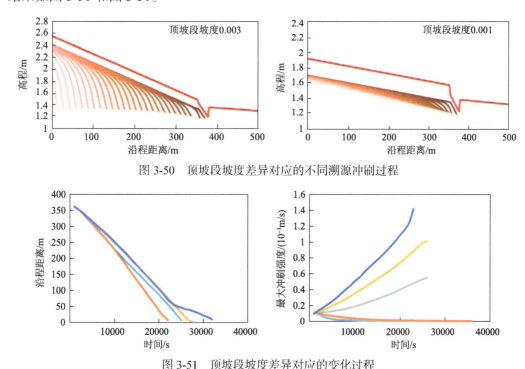

图 3-50　顶坡段坡度差异对应的不同溯源冲刷过程

图 3-51　顶坡段坡度差异对应的变化过程

图中数值表示顶坡段坡度；图中 5 条线分别表示 0.001（浅蓝线）、0.002（橙色线）、0.003（灰色线）、
0.004（黄色线）、0.005（深蓝线）

可以看出，不同的顶坡段坡度对跌坎的发展和冲刷效果影响非常明显。跌坎冲刷向上游发展过程中，跌坎塑造的下游坡度同样受跌坎冲刷强度影响。顶坡段坡度较小时，跌坎根部溯源冲刷受淹没水流消能作用大，溯源冲刷速率比跌坎上部的小，导致跌坎逐渐趋于平缓，冲刷逐渐减弱，跌坎塑造的顶坡段坡度则会比原来偏大；顶坡段坡度较大时，顶坡段本身水动力强，相同跌坎高度下跌坎的冲刷能力也强，跌坎高度会因为跌坎下游的逐渐刷深和跌坎上溯中淤积体加厚而急剧加大，导致跌坎溯源过程愈演愈烈，后续会向多级跌坎发展。

总的来说，跌坎溯源冲刷顶坡段坡度越陡，溯源冲刷的距离越远，冲刷效果越好。因此，跌坎冲刷对库区前期淤积形态响应的关键在于如何塑造有利于跌坎溯源冲刷的顶坡段大坡度的三角洲淤积形态。

3. 跌坎冲刷过程和冲刷效果对强人工措施的响应机制

强人工措施改变局部河段的床沙级配组成。粗泥沙的利用会使得此处的床沙细化,上游来水来沙保持不变时,本应向下输运的部分粗泥沙落淤会在此处持续落淤,使得向下游输运的泥沙细化。本节将强人工措施概化为对来沙和床沙泥沙粒径的改变,不同泥沙粒径对应的溯源冲刷过程算例结果如图 3-52 和图 3-53 所示。

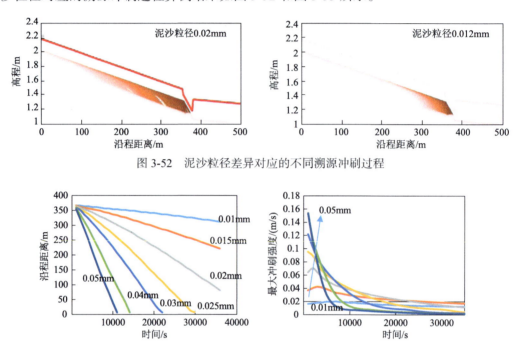

图 3-52　泥沙粒径差异对应的不同溯源冲刷过程

图 3-53　泥沙粒径差异对应的变化过程
图中数值表示泥沙粒径

可以看出,泥沙越细越难被侵蚀,跌坎溯源过程则会比较缓慢,但跌坎能够长期存在,后期随着跌坎消亡形成的河床比降沿程则会有变化;较粗的泥沙缺少黏性,跌坎溯源冲刷过程比较快,同时跌坎也快速消亡,后续的溯源冲刷则是在没有跌坎情况下发生的,冲刷后的比降较为一致。总体来说,粗泥沙开采利用的强人工措施切断了粗泥沙对床沙级配调整过程的影响,促进了跌坎的长期保存。

4. 跌坎冲刷过程和冲刷效果对联合调度后续动力加强的响应机制

联合调度后续动力加强表现为较大流量的水流过程历时延长,库区水位降低至低于三角洲顶点高程时,三角洲顶点处的流量直接影响跌坎冲刷。按照平均流量进行考虑时,较大流量的水流过程历时延长可表现为冲刷流量加大。本节将后续动力加强概化为对单宽流量的改变,不同单宽流量的溯源冲刷过程算例结果如图 3-54 和图 3-55。

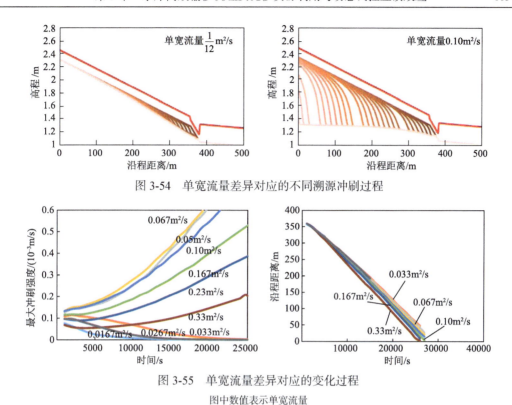

图 3-54　单宽流量差异对应的不同溯源冲刷过程

图 3-55　单宽流量差异对应的变化过程

图中数值表示单宽流量

可以看出，不同流量下跌坎前后缓流状态的正常水深不同，对应不同的跌坎水流冲刷能力以及下游淹没水深。在流量较小情况下，下游淹没水深较小，跌坎水流冲刷能力较低，溯源冲刷速度慢，同时跌坎根部的侵蚀能力不足，跌坎衰减速度快；在流量较大情况下，情况相反，跌坎溯源冲刷速度快，同时跌坎根部侵蚀能力较强，跌坎衰减速度变慢。总的来说，联合调度可使来流流量增加，比较有利于跌坎冲刷效果。

3.3　水库高效排沙淤积形态及其对泥沙动态调控的响应机理

水库淤积形态是影响库容分布、水库高效排沙的一个重要条件。淤积形态与水库自身特点、入库水沙条件以及水库运用方式等因素有关，而淤积形态亦会进一步影响水库输沙，进而影响水库设计功能的有效发挥。因此，深入掌握水库淤积形态的形成机理及其模拟方法具有重要意义。本节通过试验研究揭示了水库细颗粒淤积物的流变特性与流型特征，构建了水库细颗粒淤积物失稳滑塌流动过程的本构方程，与三维水沙输移模型相耦合，建立了考虑细颗粒淤积物流动特性的水库淤积形态模拟方法，并采用实测资料进行了验证分析，在此基础上开展了典型水库不同淤积形态对泥沙动态调控的响应研究，明晰了利于高效排沙的优化淤积形态，并探讨了维持优化淤积形态的调控方法。

3.3.1 水库细颗粒淤积物流变特性与流型特征

1. 流变特性

通过采集小浪底水库近坝段典型淤积物样品（中值粒径约 0.01 mm），采用数显流变仪进行了不同密度条件下的细颗粒淤积物流变特性试验，在此基础上分析了流变特性参数屈服应力（τ_B）和黏度系数（μ）与密度之间的关系。不同密度的淤积物是采用一定量的细颗粒泥沙样品加入适当水体配备并充分搅拌均匀而成的，淤积物密度控制在 $1.08\sim1.35$ g/cm^3，共进行了 7 种不同密度的试验，随后点绘了流变特性参数与密度的关系。

如图 3-56 所示，水库细颗粒淤积物的 τ_B 和 μ 随淤积物密度的不同而发生变化，当淤积物密度较小时，流变参数随密度的变化较缓；当淤积物密度较大时，流变参数随密度的变化较快，中间存在从缓变到急变的转化过程。需要注意的是，当淤积物密度大于 $1.20\sim1.25$ g/cm^3 时，流变参数随密度的变化速率都快速增大，也就是说，淤积物的流动性快速减弱，不易流动。

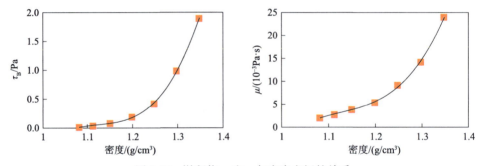

图 3-56　淤积物 τ_B 和 μ 与密度之间的关系

表征细颗粒淤积物流变特性的参数 τ_B 和 μ 可表示为

$$\tau_B = c_1 C_v^{c_2} \tag{3-129}$$

$$\mu = \mu_w \left(1 + c_3 C_v^{c_4}\right) \tag{3-130}$$

式中，$C_v = \dfrac{\rho_m - \rho_f}{\rho_s - \rho_f}$ 为细颗粒淤积物的体积含沙量；ρ_m 和 ρ_f 分别为细颗粒淤积物和水体的密度；ρ_s 为泥沙容重；μ_w 为清水黏度；c_1、c_2、c_3、c_4 为四项参数，根据本研究试验数据率定，四项参数可分别取值 660、3.7、220 和 1.6。

2. 流型特征

分别对不同密度淤积物样品（包括 1082 kg/m^3、1112 kg/m^3、1150 kg/m^3）、不同转速（剪切速度）下的黏度系数（μ）进行试验分析。如图 3-57 所示，随着密度的增加，μ 逐渐增加；μ 随转速（剪切速度）的变化较小，在 $6\sim60$ r/min 的转速范围内其变化值一般在 5%以内，可基本认为在同一密度条件下，μ 接近一定值。密度较小的水库细颗粒淤积物在克服自身屈服应力（τ_B）后即可发生流动，其 μ 随剪切速度的变化（较小）基本不变，由此可认为未密实的低密度水库细颗粒淤积物为典型宾汉流体。

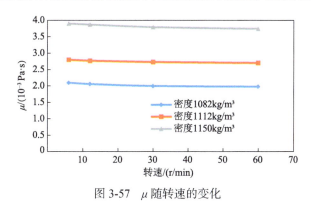

图 3-57　μ 随转速的变化

3.3.2　考虑细颗粒淤积物失稳滑塌的水库淤积形态数值模拟方法

像黄河上的万家寨水库、三门峡水库、小浪底水库，在降低水位排沙的过程中，两岸边滩往往会出现大面积的失稳滑塌、流动现象。因此，对于以细颗粒泥沙淤积为主的水库而言，在进行水库淤积过程和形态的模拟计算时，除了要考虑传统的水沙输移外，还必须考虑已落淤的细颗粒淤积物自身失稳滑塌流动过程。本节将结合细颗粒淤积物的流变特征，对考虑细颗粒淤积物滑塌流动的水库淤积形态的数值模拟方法进行探讨。

1. 细颗粒淤积物失稳滑塌流动模拟方法

沉积历时较短的水库细颗粒淤积物属于典型的宾汉流体，运动之前需克服自身宾汉极限剪切力 τ_B（屈服应力）。采用临界坡度作为两岸细颗粒淤积物失稳流动的判别标准，通过引入水体、淤积物、床面之间的界面受力分析，建立淤积物失稳流动模式，描述其失稳后的流动及其泥沙重分配过程。

1）淤积物失稳滑塌流动的判别

两岸细颗粒淤积物沉积往往有一定坡度，记为 J，则当地形坡降大于临界坡降（$J > J_c$）时（$J_c = \tau_B/\gamma_s$，γ_s 为细颗粒淤积物的容重），淤积物将因其自重会沿着坡向失稳、滑塌、流动。不同容重的细颗粒淤积物具有不同的宾汉极限剪切力，根据前述试验分析建立的细颗粒淤积物宾汉极限剪切力计算公式进行失稳判别，即首先计算两岸边壁地形坡降 J，再根据分析时段内落淤的细颗粒淤积物厚度 Δz，以及其宾汉极限剪切力 τ_B 和容重 γ_s，来计算临界坡降 J_c，当地形坡降大于临界坡降（$J > J_c$）时，即可判断细颗粒淤积物发生失稳流动。

2）细颗粒淤积物失稳流动方程

细颗粒淤积物发生失稳流动后，由于细颗粒淤积物厚度相对较小，流动过程具有近似平面水流的性质，流场特性在垂直方向的变化量远小于平面方向的变化量，因此通过对沿深度平均值进行简化，得到细颗粒淤积物失稳流动方程组。

流体流动连续方程为

$$\frac{\partial Z}{\partial t} + \frac{\partial M}{\partial x} + \frac{\partial N}{\partial y} = q \tag{3-131}$$

引入水体、淤积物、床面之间的界面受力分析，且忽略扩散项，下部细颗粒淤积运动方程可表示为

$$\frac{\partial N}{\partial t} + \frac{\partial uN}{\partial x} + \frac{\partial vN}{\partial y} = -gh\frac{\partial Z}{\partial y} - \frac{1}{\rho_m}(\tau_{m,by} - \tau_{m,sy}) \tag{3-132}$$

式中，Z 为细颗粒淤积物表面高程；$M=uh$，$N=vh$，h 为细颗粒淤积物厚度，u、v 分别为细颗粒淤积物在 x、y 方向的流动速度；q 为单位面积上细颗粒淤积物的源汇强度，通过对各单元格失稳判别后计算得到，即 $q=(\Delta z-\Delta z_c)/\mathrm{d}t$，$\Delta z_c$ 为可停留的临界厚度$[\Delta z_c = \tau_B/(\gamma_s \cdot J_c)]$；$g$ 为有效重力加速度；$\tau_{m,by}$ 分别为细颗粒淤积物和下部床面间的切应力在 y 方向上的分量；$\tau_{m,sy}$ 分别为细颗粒淤积物和上部水体间切应力在 y 方向上的分量。

细颗粒淤积物与下部床面以及上部水体之间的切应力由式（3-133）和式（3-134）计算：

$$\binom{\tau_{m,bx}}{\tau_{m,by}} = \binom{u}{v}\frac{f_m\rho_m}{8}\sqrt{u^2+v^2} \tag{3-133}$$

$$\binom{\tau_{m,sx}}{\tau_{m,sy}} = \binom{u_f-u}{v_f-v}\frac{f_s\rho_f}{8}\sqrt{(u_f-u)^2+(v_f-v)^2} \tag{3-134}$$

式中，u_f 和 v_f 分别为淤积物上部水体的流速在 x、y 方向上的分量；ρ_f 和 ρ_m 分别为上部水体和细颗粒淤积物的密度；f_s 和 f_m 分别为细颗粒淤积物与上层水体和下部床面之间的摩阻系数。

细颗粒淤积物与底部床面间的摩阻系数是描述淤积物流动过程的关键参数。在近似假定剪切流动区切应力分布与明渠均匀层流切应力分布相等的基础上，可推求细颗粒淤积物与底部床面间摩擦系数的表达式：

$$f_m = \frac{24\mu}{\rho_m u_m h\left(1+\dfrac{N_e}{2}\right)(1-N_e)^2} = \frac{24}{Re_B\left(1-\dfrac{3N_e}{2}+\dfrac{N_e^3}{2}\right)} \tag{3-135}$$

$$\frac{f_m}{8g} = \frac{n^2}{h^{1/3}} \tag{3-136}$$

2. 水沙运动方程

1）水流运动方程

三维水流模型采用各向同性不可压缩流体雷诺方程组，用标准 k-ε 模型来计算紊动

黏性系数。笛卡儿坐标系下的水流基本方程组可统一写成如下形式：

$$\frac{\partial}{\partial t}(\phi) + \frac{\partial}{\partial x_i}(u_i \phi) = \frac{\partial}{\partial x_i}\left(\Gamma_e \frac{\partial \phi}{\partial x_i}\right) + S \tag{3-137}$$

式中对于不同方程的变量表达见表 3-6。

表 3-6　水流基本方程统一形式中各方程变量

方程	Γ_e	S
连续	0	0
x 动量	v_e	$-\dfrac{1}{\rho_0}\dfrac{\partial p}{\partial x} + \dfrac{\partial}{\partial x}\left(v_e \dfrac{\partial u}{\partial x}\right) + \dfrac{\partial}{\partial y}\left(v_e \dfrac{\partial v}{\partial x}\right) + \dfrac{\partial}{\partial z}\left(v_e \dfrac{\partial w}{\partial x}\right)$
y 动量	v_e	$-\dfrac{1}{\rho_0}\dfrac{\partial p}{\partial y} + \dfrac{\partial}{\partial x}\left(v_e \dfrac{\partial u}{\partial y}\right) + \dfrac{\partial}{\partial y}\left(v_e \dfrac{\partial v}{\partial y}\right) + \dfrac{\partial}{\partial z}\left(v_e \dfrac{\partial w}{\partial y}\right)$
z 动量	v_e	$-\dfrac{\rho}{\rho_0}g - \dfrac{1}{\rho_0}\dfrac{\partial p}{\partial z} + \dfrac{\partial}{\partial x}\left(v_e \dfrac{\partial u}{\partial z}\right) + \dfrac{\partial}{\partial y}\left(v_e \dfrac{\partial v}{\partial z}\right) + \dfrac{\partial}{\partial z}\left(v_e \dfrac{\partial w}{\partial z}\right)$
k 方程	$v + v_t/\sigma_k$	$G - \varepsilon$
ε 方程	$v + v_t/\sigma_\varepsilon$	$\dfrac{\varepsilon}{k}(c_1 G - c_2 \varepsilon)$

表 3-6 中，u、v、w 分别为沿 x、y、z 方向的流速；ρ_0、ρ 分别为清水密度（参考密度）和含沙水流混合流体的平均密度（由含沙量与密度的关系确定）；g 为重力加速度；p 为总压强；v_e 为有效黏性系数，$v_e = v + v_t$；v 为水流黏性系数；v_t 为紊动黏性系数：$v_t = C_\mu k^2/\varepsilon$；$k$ 为紊流动能；ε 为紊流动能耗散率；G 为紊流动能产生项；紊流常数：$C_\mu = 0.09$，$\sigma_k = 1.0$，$\sigma_\varepsilon = 1.3$。

2）泥沙运动方程

三维非均匀悬沙输移方程在笛卡儿坐标系下可表示为

$$\begin{aligned}
&\frac{\partial S_k}{\partial t} + \frac{\partial}{\partial x}(u S_k) + \frac{\partial}{\partial y}(v S_k) + \frac{\partial}{\partial z}(w S_k) \\
&= \frac{\partial}{\partial x}\left(\varepsilon_s \frac{\partial S_k}{\partial x}\right) + \frac{\partial}{\partial y}\left(\varepsilon_s \frac{\partial S_k}{\partial y}\right) + \frac{\partial}{\partial z}\left(\varepsilon_s \frac{\partial S_k}{\partial z}\right) + \frac{\partial}{\partial z}(\omega_{sk} S_k)
\end{aligned} \tag{3-138}$$

式中，S_k 为第 k 组含沙量；ω_{sk} 为相应的泥沙沉速；ε_s 为泥沙扩散系数，$\varepsilon_s = v + v_t/\sigma_s$，$\sigma_s$ 为 Schmidt 数。

3）河床冲淤变形方程

河床冲淤变形方程根据网格内泥沙通量守恒原理来确定，即

$$\gamma_s' \frac{\partial Z_b}{\partial t} + \frac{\partial q_{Tx}}{\partial x} + \frac{\partial q_{Ty}}{\partial y} = 0 \tag{3-139}$$

式中，γ'_s 为泥沙干容重；q_{Tx} 和 q_{Ty} 分别为通过沿水深积分得到的沿 x 和 y 方向的总泥沙通量。

$$q_{Ty} = \sum_{k=1}^{ns} \int_a^h \left(vs_k - \frac{v_t}{\sigma_c} \frac{\partial s_k}{\partial y} \right) \mathrm{d}z + \sum_{k=ns+1}^{n} \alpha_{by} q_{bk} \qquad (3\text{-}140)$$

3. 数值求解方法

三维水沙模型与细颗粒淤积物失稳滑塌流动方程均采用有限体积法进行离散，采用 SIMPLEC 算法进行模型求解，具体求解过程如下：

（1）首先采用三维水沙输移模型，计算水流、泥沙运动信息，获得水库泥沙的落淤过程及落淤厚度（Δz）分布。

（2）根据计算的水库淤积厚度及地形坡降，由细颗粒淤积物失稳判别条件（即 $J > \tau_B/\gamma_s$）判断各单元格淤积物是否失稳流动；若出现失稳，则计算各单元格源汇强度 q，并进入下一步［即下面第（3）步］；若未发生失稳流动，则返回前一步［即上面第（1）步］，继续计算水库泥沙冲淤过程。

（3）求解细颗粒淤积物流动方程，并通过 SIMPLEC 算法求解连续方程，确定水库淤积物重新分布后的河床高程，返回第（2）步进行各单元格淤积物失稳判断计算。

（4）重复第（1）～第（3）步，直至水库淤积形态计算结束。

4. 模型验证

1）经典水槽实验验证

选用 van Kessel 和 Kranenburg 所做的浮泥缓坡重力流动实验（Rijn，1986），对本节研究建立的细颗粒淤积物运动模型进行验证。实验装置布置如图 3-58 所示。试验过程中，水槽中充满水，泥浆与斜坡用一挡板隔开，当挡板抬高至一定高度时，泥浆以一定流量释放，采用电磁流量计监测流量并保持流量不变。测点位于距挡板 1.27 m（$P1$）处，主要用于测量流速垂向分布和密度垂向分布。

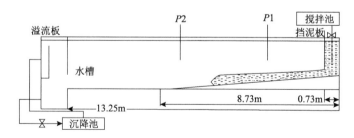

图 3-58　van Kessel 和 Kranenburg 实验装置布置示意图

选取浮泥密度为 1050 kg/m³、1200 kg/m³ 的实验结果对模型进行验证。实验过程中，上部浮泥的流量为 7.4 L/s，挡板抬升的孔口高度分别为 0.07 m、0.05 m。数值模型分别模拟泥浆淤积物的流动以及由此引起的上部水流的运动情况，模型网格尺寸为 0.01 m，计算时间步长为 0.01 s。

图 3-59 为 $P1$ 测点处模拟结果与实测流速垂向分布的对比。可以看出，浮泥密度为 1200 kg/m³ 时，因淤积物流体运动较慢，实测数据显示上部水体和淤积物层间有较为明显的分界面，淤积物的厚度约为 0.05 m，平均流速约 0.19 m/s，同时淤积物的流动也带动上部水体有了一定的流动。数值模拟 $P1$ 测点的细颗粒淤积物厚度为 0.047 m，模拟得到的淤积物垂向平均流速约 0.17 m/s，与实测数据均较为接近，并较好地模拟出实验中上、下双层异型流体的运动。浮泥密度为 1050 kg/m³ 时，数值模拟相对欠佳，但最大流速结果与实测数据接近。

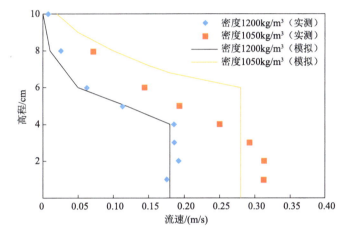

图 3-59　流速沿垂向分布验证结果

图 3-60 为密度垂向分布的对比。可以看出，密度为 1200 kg/m³ 时，上层水体与下层淤积物存在明显的分界面，当密度减小至 1050 kg/m³ 时，上层水体与下层淤积物之间已不存在明显的分界面。

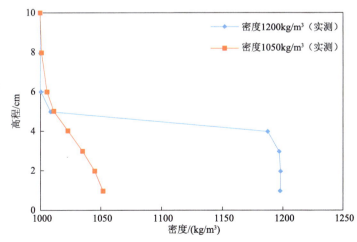

图 3-60　密度沿垂向分布验证结果

图 3-61 为淤积物密度为 1200 kg/m³ 时，淤积物流动过程中不同时刻的运动情况。可以看出，淤积物在初始流量和重力驱动作用下沿斜坡向下滑动，当淤积物到达坡底水平段时，由于重力驱动力减小，流动减缓，在坡脚处淤积物逐渐淤高。数值模拟结果表明，建立的淤积物流动模型可以较合理地描述分层运动中底部淤积物沿斜坡向下流动和汇聚的过程。

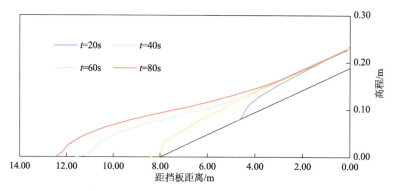

图 3-61　不同时刻淤积物流动过程模拟结果

2）小浪底水库原型验证结果

模型验证计算范围上起 HH56 断面、下至小浪底水库大坝，河道长约 123 km。计算网格为 1800 m×240 m，平均网格尺度沿水流方向约为 70 m、沿横断面方向约为 10 m，垂向网格为 13 层。初始地形采用小浪底水库 2010 年 4 月汛前实测地形，床面淤积物粒径采用沿程实测资料，模型进口水沙条件采用 2010 年 4～10 月实际入库过程，出口边界条件采用出库水沙过程。泥沙计算时间步长 60 s，细颗粒淤积物与上层水体之间的摩阻系数 f_s 以及细颗粒淤积物与下部床面之间的摩阻系数 f_m 分别取值 0.02 和 5，泥沙落淤后，淤积物密度取值 1080 kg/m³。

小浪底水库淤积纵剖面形态为典型的三角洲淤积形态，模拟结果与实测结果对比情况见表 3-7。从表 3-7 中可以看出，模拟结果与实测结果基本吻合，说明所建立的水库淤积形态模拟数学模型可较好地反映小浪底水库的冲淤特征。

表 3-7　2010 年 4～10 月小浪底水库淤积形态模拟与实测结果对比　　　（单位：亿 m³）

	HH37 断面以上	HH37 断面—三角洲顶点	三角洲顶点—坝前
实测	−0.11	−0.57	1.73
模拟	−0.12	−0.43	1.52

图 3-62 为横断面淤积形态模拟结果与实测结果的对比情况，冲淤主要发生在高程相对较低的主河槽部分。其中，距坝里程在 22 km 以上的上游库段略有冲刷，横断面形态的调整主要表现为主河槽部位的冲刷；距坝里程在 20 km 以内的近坝段（HH13 断面以下）则淤积相对明显。数学模型模拟的横断面淤积形态与实测结果基本吻合。

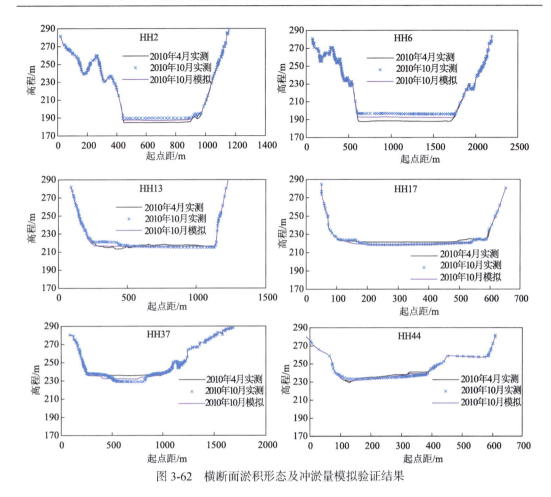

图 3-62 横断面淤积形态及冲淤量模拟验证结果

3.3.3 水库不同淤积形态对泥沙动态调控的响应

水库淤积形态比较复杂，通常可概括为三角洲、锥体和带状淤积 3 种典型类型（韩其为，2003）。其中，三角洲淤积形态和锥体淤积形态是较为常见的类型，小浪底水库和万家寨水库均属于三角洲淤积形态。水库在不同的淤积阶段表现出不同的淤积形态，三角洲向前推进的部位、前坡比降等都差异很大，不仅与入库的水沙条件直接相关，也受水库运用方式影响巨大，同时也受水沙调控体系的完善程度影响。万家寨水库已经进入正常运用期，小浪底水库仍处于拦沙期，它们的淤积形态存在明显的差异。以这两座水库为背景，分别探讨水库在不同运用阶段不同淤积形态的水库对泥沙动态调控的响应。

1. 拦沙期的小浪底水库

1）淤积形态设置

以小浪底水库现状边界状况为背景，分别采用现状地形的三角洲淤积形态和重新设置的锥体淤积形态，对比分析拦沙期水库对泥沙动态调控的响应。其中，锥体淤积形态设置以 2010 年 10 月实际水库泥沙淤积量为基础，在同等淤积量且库尾比降相当的前提下概化出锥体淤积形态，见图 3-63。入库水沙过程分别选用 2010 年和 2013 年汛期小浪底水库水沙调度过程。2010 年汛期入库平均流量为 1127 m³/s、入库平均含沙量为 29.27 kg/m³；2013 年汛期入库平均流量为 1640 m³/s、入库平均含沙量为 22.65 kg/m³（表 3-8）。

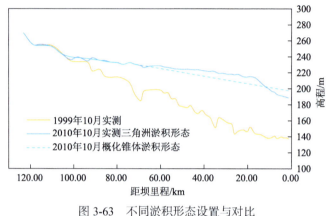

图 3-63　不同淤积形态设置与对比

表 3-8　不同淤积形态排沙比对比

时间	入库平均流量/（m³/s）	入库平均含沙量/（kg/m³）	三角洲淤积形态排沙比/%	锥体淤积形态排沙比/%
2010 年汛期	1127	29.27	35.7	27.6
2013 年汛期	1640	22.65	31.4	24.1

2）不同淤积形态的排沙效果

对不同淤积形态下的水库排沙情况进行计算，统计结果见表 3-8。可以看出，相同调控方式下，三角洲淤积形态的排沙比要大于锥体淤积形态的排沙比，亦即三角洲淤积形态更有利于水库排沙。

图 3-64 显示的是两种淤积形态下小浪底水库干流典型断面流速分布情况（流量 $Q=$ 3000 m³/s，坝前水位 220 m）。可以看出，在锥体淤积形态下，水流流速沿程减小特征较明显；相对而言，三角洲顶点以上部位的流速明显较大，这一流速分布特征更有利于泥沙较长距离输移至坝前。

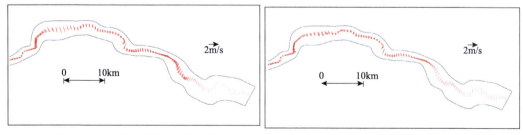

图 3-64　不同淤积形态下的流场分布（左：三角洲淤积形态；右：锥体淤积形态）

此外，根据异重流形成条件的相关理论亦可说明此问题。小浪底水库异重流潜入点水深可由式（3-141）计算：

$$h_0 = \left(\frac{1}{0.6\eta_g} \frac{Q^2}{gB^2} \right)^{1/3} \qquad (3\text{-}141)$$

异重流水深可由式（3-142）计算：

$$h'_n = \left(\frac{\lambda'}{8\eta_g g} \frac{Q^2}{J_0 B^2} \right)^{1/3} \qquad (3\text{-}142)$$

式中，η_g 为重力修正系数；g 为重力加速度；Q 为流量；B 为异重流过流宽度；J_0 为水库底坡；λ' 为异重流阻力系数，取 0.02。

若异重流水深 $h'_n < h_0$，则说明异重流潜入成功，否则异重流水深将超过表层清水水面，异重流消失；当 $h'_n / h_0 = 1$ 时，可求得相应临界底坡，$J_{0,c} = J_0 = 0.001875$，即一般来讲，异重流还应满足水库底坡 $J_0 > J_{0,c}$。

小浪底水库库区如果是锥体淤积形态，河床平均比降约为 0.00042，底坡在大多数时段均小于临界底坡，因此难以形成异重流输沙流态。如果是现状的三角洲淤积形态时，近坝段的底坡比降大大提高，约为 0.0019，大于临界底坡，因此较易形成异重流输沙流态。由此进一步说明，三角洲淤积形态更有利于异重流的形成和泥沙出库，提高水库排沙比，其是相对较优的水库淤积形态。

2. 准冲淤平衡的万家寨水库

1）淤积形态设置

万家寨水库淤积形态对泥沙动态调控的响应，同样有三角洲淤积形态和锥体淤积形态两种。锥体淤积形态设置以 2012 年 4 月实际水库泥沙淤积量为基础，在同等淤积量且库尾比降与三角洲淤积形态相当的前提下概化出锥体淤积形态，见图 3-65。

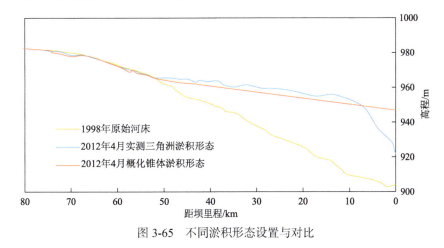

图 3-65　不同淤积形态设置与对比

2）不同淤积形态的排沙效果

采用 2012 年和 2013 年汛期万家寨水库实际调控方式，对不同淤积形态下的水库排沙情况进行了计算，统计结果见表 3-9。可以看出，同一调控方式下，三角洲淤积形态的排沙比大于锥体淤积形态的排沙比，亦即三角洲淤积形态更有利于水库排沙，这一结论与小浪底水库基本一致。

表 3-9　不同淤积形态排沙效果对比

时间	入库水量/亿 m^3	入库平均含沙量/(kg/m^3)	三角洲淤积形态排沙比/%	锥体淤积形态排沙比/%
2012 年汛期	172	2.91	109.6	98.5
2013 年汛期	91	4.01	129.8	116.1

此外，从理论分析角度，万家寨水库概化锥体淤积形态平均比降约为 0.00035，而三角洲淤积形态坝前比降则约为 0.0039，两者相差 10 倍左右。因此，三角洲淤积形态更有利于异重流的形成和泥沙出库，提高水库排沙比。

由此进一步说明，无论是拦沙淤积型水库（小浪底水库），还是准冲淤平衡型水库（万家寨水库），三角洲淤积形态更有利于异重流的形成和泥沙出库、提高水库排沙比，是相对较优的水库淤积形态。

3.4　水库泥沙资源利用与泥沙动态调控的互馈机制

3.4.1　新时期维持和优化水库淤积形态的调控方法

水库淤积是世界性难题，黄河流域的水库淤积更是直接影响水库安全运行、综合效益持续发挥的桎梏。近些年，随着社会经济的高速发展，泥沙的"资源"属性凸显，砂（沙）石资源紧缺成为国际共同关注的话题。在国内，随着生态安全、"一带一路"、乡村振兴等的推进，砂（沙）石资源供需矛盾日益突出。水库泥沙处理与能源利用有机结合的理念逐步得到学术界和社会各界的认同，转变传统观念，变泥沙灾害被动防御为泥沙资源主动利用，实现防洪减淤和解决区域社会经济发展砂（沙）石资源紧缺难题的有机协同，是解决黄河严重泥沙问题的有效途径。黄河水利科学研究院持续十几年的系统研究，形成了黄河泥沙资源利用"测—取—输—用—评"全链条技术，并得到广泛的推广应用，"黄河泥沙资源利用关键技术"也获得了河南省科技进步奖一等奖。

因此，黄河流域水库泥沙动态调控的总体思路是应坚持水动力调控和泥沙资源利用的有机结合。对于淤积在库尾和中部的较粗泥沙，应通过人工措施清淤，为社会经济发展提供沙（砂）石资源，同时将扰动起来的细泥沙通过水力输送至坝前排沙出库，这不仅产生直接的减淤效益，也为塑造有利的库区淤积形态提供前提条件。

三角洲淤积形态是有利于高效输沙的淤积形态，因此在水库调度运用过程中，应考虑适时进行排沙运用，尽可能延长由三角洲淤积形态转化为锥体淤积形态的时间，以更有利于减少水库淤积，增强水库运用的灵活性和水沙调控能力。受水库的自然分选作用，泥沙沿程落淤，库尾淤积泥沙相对较粗，坝前淤积的泥沙相对较细，黄河上的水库坝前淤积物中值粒径基本在 0.01 mm 以下。

根据以上分析，尚未密实的低密度水库细颗粒淤积物为典型宾汉流体，具有较明显的流动特性。当两岸细颗粒淤积物坡度超过临界值时，其通过自重就可以沿着坡度方向滑塌流动。因此，可充分利用水库泥沙这些运动特性，采用适当的调度方式恢复坝前库容，维持三角洲淤积形态。当较大洪水入库时迅速大幅度下降坝前水位，可使局部库段水深小于平衡水深，或者使下游水位低于其上游淤积面高程，从而促使坝前淤积物产生溯源冲刷，并逐渐向上游发展，加大排沙效果。

3.4.2　库区粗泥沙动态落淤规律及其力学指标空间分布特征

1. 库区粗泥沙动态落淤规律

影响库区粗泥沙动态落淤的因素主要包括入库水沙条件、库区边界条件、排沙条件等。以资料相对齐全的小浪底水库为例，分析库区粗泥沙的动态落淤规律。小浪底水库自运用以来，主要排沙形式为洪水期异重流排沙或异重流形成的浑水水库排沙，洪水包括中上游水库群联合调控塑造的洪水过程和汛期的自然洪水过程。本次研究选取 2004～2015 年汛前调水调沙塑造的人造洪水排沙过程和 2007 年、2010 年、2012 年、2018 年汛期利用自然洪水并经过水库群联合调控的洪水过程，进行库区粗泥沙落淤规律的研究。

图 3-66 和图 3-67 分别为不同排沙情况下入库、出库泥沙及淤积物组成情况。可以看出：①受入库水沙条件影响，汛前和汛期调水调沙均排沙、仅汛前调水调沙排沙、未排沙年份的粗沙分别占入库沙量的 28%、27% 和 21%，细沙分别占入库沙量的 51%、50% 和 61%。由于异重流排沙以细沙为主，因此出库泥沙中粗沙比例较低，其中汛前和汛期调水调沙均排沙、仅汛前调水调沙排沙的年份粗沙分别占出库沙量的 11%、8%。②受

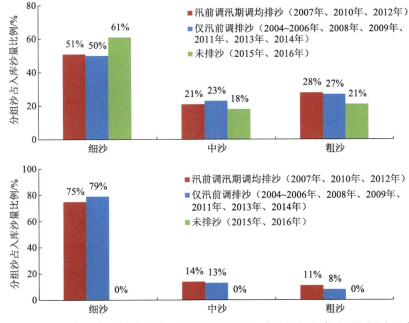

图 3-66　2004 年以来小浪底水库不同排沙情况下入库（上）出库（下）泥沙组成

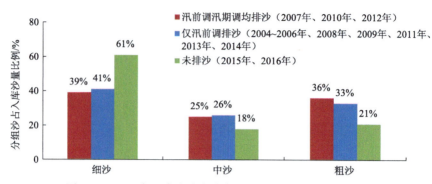

图 3-67　2004 年以来小浪底水库不同排沙情况下淤积物组成

排沙条件影响，库区淤积物组成差别较大。未排沙年份库区淤积物中粗沙比例最低，仅为 21%；相对而言，仅汛前调水调沙排沙、汛前和汛期调水调沙均排沙的年份淤积物中粗沙比例明显较高，分别为 33%、36%。

选取 2008 年（排沙比小于 1）、2010 年（排沙比大于 1）两个典型年汛前调水调沙期小浪底水库排沙实测资料，进一步分析库区粗泥沙动态落淤规律，水库入出库、淤积泥沙的分组统计情况见表 3-10。可以看出：①粗沙淤积占比最大，2008 年、2010 年汛前调水调沙期间库区粗沙淤积占入库比例分别为 86.39%、41.14%；②细沙不但没有在库区造成淤积，而且三角洲顶坡段的冲刷作用还带走了前期淤积在库区的细沙，2008 年汛前调水调沙期间库区细沙淤积量减少了 0.122 亿 t，2010 年减少了 0.230 亿 t。

表 3-10　2008 年和 2010 年汛前调水调沙期间水库入出库及淤积泥沙的分组统计情况

年份	时段（月.日）	级配	入库沙量/亿 t	出库沙量/亿 t	淤积量/亿 t	排沙比/%
2008	6.27～7.3	细沙	0.239	0.361	−0.122	150.97
		中沙	0.208	0.057	0.151	27.37
		粗沙	0.294	0.040	0.254	13.52
		全沙	0.741	0.458	0.283	61.81
2010	7.4～7.7	细沙	0.126	0.356	−0.230	282.7
		中沙	0.117	0.094	0.023	80.5
		粗沙	0.175	0.103	0.072	58.9
		全沙	0.418	0.553	−0.135	132.3

小浪底水库 2004～2010 年汛前异重流排沙期分组沙排沙比与全沙排沙比的关系见图 3-68。可以看出：①随着全沙排沙比的增加，分组沙排沙比也在增大，粗沙增加幅度最小，细沙增加幅度最大；②2008 年、2010 年出库细沙量之所以大于入库细沙量，是因为库区三角洲洲面发生了冲刷，补充了形成异重流运移过程中的沙源，同时也表明，三角洲顶坡段淤积的泥沙偏细，淤积时间短、密实度低，易通过水沙调控排沙出库。

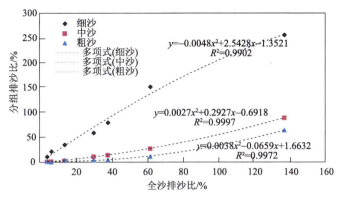

图 3-68　小浪底水库分组沙排沙比与全沙排沙比相关图

2. 库区淤积泥沙物理化学特性及力学指标空间分布特征

根据《土工试验规程》（SL237—1999）中的环刀法、烘干法等方法，对青铜峡水库、三门峡水库、小浪底水库取得的深层低扰动泥沙样本进行处理，研究分析了淤积泥沙级配、湿密度、干密度、含水率等力学指标的空间分布特征。

1）青铜峡水库

青铜峡水库河床质泥沙组成沿程分布见图 3-69，可以看出：①所有采样点的河床质级配接近，泥沙颗粒组成比较均匀。②大多数断面级配横向分布是左右岸偏细（0.025～0.065 mm），中间主河槽偏粗（0.125～0.294 mm）；纵向分布是下游细、中上游偏粗。③淤积泥沙的中数粒径范围，QT2、QT4、QT6 断面为 0.032～0.051 mm，QT6、QT8、QT10、QT12 断面为 0.024～0.052 mm、主河槽为 0.130～0.216 mm，QT14、QT16、QT18 断面为 0.028～0.064 mm，QT16 断面为 0.250 mm、主河槽为 0.028 mm，QT20、QT24 断面为 0.031～0.14 mm、主河槽为 0.269 mm，QT24、QT26、QT28 断面为 5.20～7.70 mm。

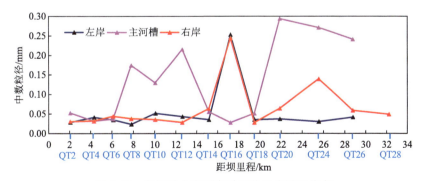

图 3-69　青铜峡水库河床质泥沙组成沿程分布

2）三门峡水库

三门峡水库河床质泥沙中值粒径空间分布情况见图 3-70。可以看出，三门峡水库的泥沙组成与青铜峡水库相比整体偏小，泥沙中值粒径范围均在 0.30 mm 以内，且绝大部分样本的中值粒径集中在 0.05 mm 范围内。从垂向变化上看，部分断面位置的泥沙呈现随深度增加粒径变粗的现象，如 HY02、HY15、HY20 等，有些断面位置泥沙比较均匀，粒径随深度变化不大。从沿程分布来看,水库上游断面泥沙中值粒径整体明显偏粗,下游断面泥沙中值粒径整体较小。

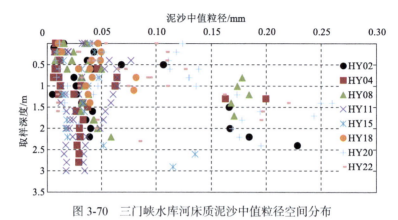

图 3-70　三门峡水库河床质泥沙中值粒径空间分布

3）小浪底水库

小浪底水库河床质泥沙中值粒径空间分布情况见图 3-71。可以看出,小浪底水库的泥沙整体偏细,泥沙中值粒径范围均在 0.25 mm 以内,且绝大部分泥沙的中值粒径集中在 0.05 mm 范围内。从垂向变化上看,规律不甚明显,有的断面随深度增加逐渐变细,如 HH38;有的断面随深度增加逐渐变粗,如 HH32;还有一些沿程变化不大,如 HH28和 HH40。从沿程分布来看,水库上游断面 HH44、HH42、HH40、HH38 等断面位置的泥沙中值粒径明显偏粗,HH32 断面以下库区范围内泥沙的中值粒径较小,特别是 HH6至 HH20 断面,泥沙粒径逐渐变细,多集中在 0.05 mm 以下。

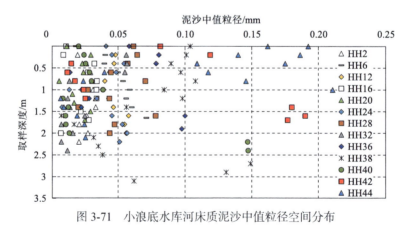

图 3-71　小浪底水库河床质泥沙中值粒径空间分布

3. 水库泥沙资源利用的空间区划

1）青铜峡水库

综合考虑青铜峡水库库区形态、淤积情况、湿地保护、供水安全、大坝安全等因素,泥沙资源主要集中在 QT22 断面至大坝之间,见表 3-11。以 1967 年河道地形为初始边界,截至 2018 年,青铜峡水库库区理论上可利用的泥沙资源总量共有 1.866 亿 m³。其中,泥沙粒径大于 0.050 mm 的粗沙 0.582 亿 m³，约占 31.19%；泥沙粒径介于 0.025～0.050 mm 的中沙 1.016 亿 m³，约占 54.45%；泥沙粒径小于 0.025 mm 的细沙 0.268 亿 m³，约占 14.36%。

表 3-11　青铜峡水库可利用泥沙资源空间分布　　　（单位：亿 m³）

河段	QT00～QT06	QT06～QT13	QT13～QT18	QT18～QT22	合计
粗沙		0.143	0.169	0.270	0.582
中沙	0.088	0.274	0.334	0.320	1.016
细沙	0.138	0.082	0.048		0.268
总量	0.226	0.499	0.551	0.590	1.866

2）万家寨水库

以 1997 年建库前地形为初始边界，淤积在库区内的泥沙均可作为可利用的泥沙资源。根据 1997 年和 2018 年万家寨水库实测大断面资料，泥沙资源主要集中在 WD54 断面至大坝之间，见表 3-12。理论上可利用的泥沙资源共有 4.544 亿 m³。其中，泥沙粒径大于 0.050 mm 的粗沙 1.338 亿 m³，约占 29.45%；泥沙粒径介于 0.025～0.050 mm 的中沙 1.222 亿 m³，约占 26.89%；泥沙粒径小于 0.025 mm 的细沙 1.984 亿 m³，约占 43.66%。

表 3-12　万家寨水库可利用泥沙资源空间分布　　　（单位：亿 m³）

河段	WD01～WD23	WD23～WD54	合计
粗沙	0.623	0.715	1.338
中沙	0.758	0.464	1.222
细沙	1.403	0.581	1.984
总量	2.784	1.760	4.544

3）三门峡水库

以三门峡水库建库前（1960 年汛前）地形为初始边界，淤积在库区 318 m 高程以下的泥沙均可作为可利用泥沙资源。根据 1960 年和 2018 年三门峡水库实测大断面资料，三门峡水库理论上可利用的泥沙资源总量共有 14.802 亿 m³。其中，泥沙粒径大于 0.050 mm 的粗沙 8.564 亿 m³，约占 57.86%；泥沙粒径介于 0.025～0.050 mm 的中沙 2.535 亿 m³，约占 17.13%；泥沙粒径小于 0.025 mm 的细沙 3.703 亿 m³，约占 25.02%，见表 3-13。

表 3-13　三门峡水库可利用泥沙资源空间分布　　　（单位：亿 m³）

河段	HY1～HY12	HY12～HY22	HY22～HY30	HY30～HY36	HY36～HY41	合计
粗沙	0.709	2.420	3.052	1.505	0.878	8.564
中沙	0.578	1.085	0.511	0.234	0.127	2.535
细沙	1.153	1.591	0.692	0.209	0.058	3.703
总量	2.440	5.096	4.255	1.948	1.063	14.802

4）小浪底水库

以 1999 年建库前地形为初始边界，截至 2018 年小浪底水库理论上可利用泥沙资源总量共有 24.66 亿 m³。其中，泥沙粒径大于 0.050 mm 的粗沙 9.07 亿 m³，约占 36.78%；泥沙粒径介于 0.025～0.050 mm 的中沙 7.80 亿 m³，约占 31.63%；泥沙粒径小于 0.025 mm 的细沙 7.79 亿 m³，约占 31.59%。泥沙资源主要集中在 HH44 断面至大坝之间，见表 3-14。

表 3-14　小浪底水库可利用泥沙资源空间分布　　　　　　（单位：亿 m³）

河段	HH0～HH12	HH12～HH24	HH24～HH32	HH32～HH44	HH44～HH56	合计
粗沙	4.18	1.77	1.49	1.44	0.19	9.07
中沙	3.77	2.31	1.03	0.65	0.04	7.80
细沙	2.17	2.83	1.37	1.35	0.07	7.79
总量	10.12	6.91	3.89	3.44	0.30	24.66

3.4.3　泥沙资源利用与水库泥沙动态调控的互馈机制

1. 泥沙资源利用对水库泥沙动态调控的影响

1）水库泥沙资源利用对水库排沙能力提升的作用

通过水库清淤，清淤的泥沙全部用于泥沙资源利用，可以重新调整水库淤积形态和床沙级配，在不断恢复水库长期有效库容的同时，也可以有效提升水库排沙效率。作为对比，分别选取 2017 年汛期小浪底水库无排沙、2019 年小浪底水库排沙较多两个典型年作为基准条件，分别把小浪底水库汛前地形作为初始条件，在 HH36～HH49 断面实施清淤作业，清淤深度设计相应断面平行降低 1 m、2 m、3 m、4 m 和 5 m 五种方案，以汛期水沙过程、汛期运行水位等实测资料为控制条件，采用水库泥沙一维数学模型，模拟分析水库清淤和泥沙资源利用对水库排沙效果的影响。计算得到的 2017 年、2019 年汛后小浪底水库不同清淤设计方案下库区纵剖面变化过程，见图 3-72 和图 3-73；与当年实际调度结果相比，不同方案的累积减淤量见图 3-74。

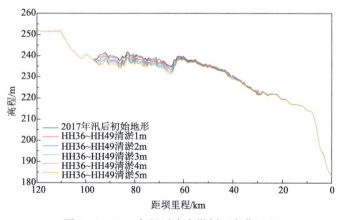

图 3-72　2017 年汛后水库纵剖面变化过程

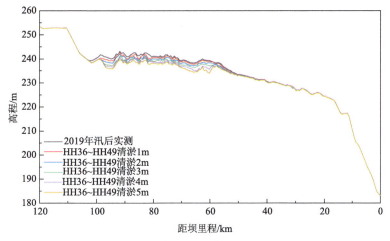

图 3-73　2019 年汛后水库纵剖面变化过程

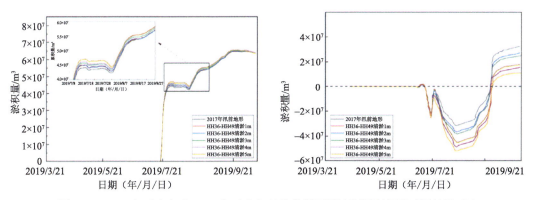

图 3-74　2017 年（左）和 2019 年（右）基准条件下泥沙资源利用的减淤效果对比

由图 3-74 可知，2017 年基准条件下的五种方案，小浪底水库的淤积主要发生在清淤河段内，清淤深度越深，淤积越明显，清淤位置下游的沿程淤积减弱得越明显。由于 2017 年小浪底水库来水来沙偏枯，不同清淤方案的累积淤积量随时间变化一致，库区均没有达到排沙条件，故而没有排沙。

2019 年基准条件下的五种方案，小浪底水库的淤积主要发生在清淤范围和坝前三角洲前坡段，清淤河段的下游发生了不同程度的冲刷。清淤深度和清淤量越大，相应清淤河段和其下游不同位置的淤积和冲刷也相应增大。2019 年小浪底水库来水来沙偏丰，汛期来沙 2.79 亿 t，不同清淤方案小浪底水库库区的淤积和冲刷随时间的变化差异明显，清淤强度越大，越有利于库区排沙效率的提升。根据数学模型计算结果（图 3-75），如果在 HH36～HH49 断面整体清淤 5m，与不实施清淤的情况相比，库区淤积量由 0.32 亿 m^3 减少至 0.12 亿 m^3，汛期排沙比由 84%提高至 94%，说明在库区适当河段实施人工清淤能够显著提升水库的排沙效率，有利于水库有效库容的长期维持。

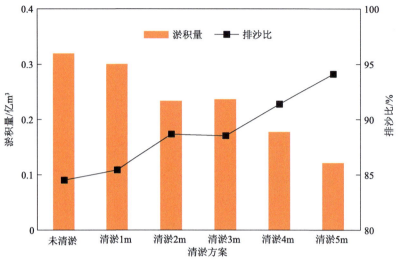

图 3-75　2019 年基准条件下泥沙资源利用的减淤效果对比

2）水库泥沙资源利用对下游河道河槽维持与水沙输移的影响

在水流条件相同的情况下，如果通过泥沙资源利用将水库库尾的粗沙清淤出库，势必会降低出库泥沙的颗粒级配，增加下游河道水流的输沙能力，减少下游河道的泥沙淤积；相反，则会降低水流的输沙能力，增加河道泥沙淤积。以黄河下游河道为例，探讨小浪底水库库尾粗沙资源利用后，水库多排细沙对下游河道水沙输移的影响。

以往研究表明，黄河下游河道的淤积强度（即单位水量淤积量，负值为冲刷量）与进入下游含沙量的关系最为密切，具有"多来、多排、多淤"的特点。统计黄河下游平均流量大于 2000 m³/s 的洪水淤积强度与平均含沙量的关系（图 3-76）发现，洪水平均含沙量较低时河道发生冲刷，且随着含沙量的降低单位水量的冲刷量增大；当含沙量约大于 35 kg/m³ 后，河道基本上呈淤积状态，且水流含沙量越高，单位水量的淤积量越大。

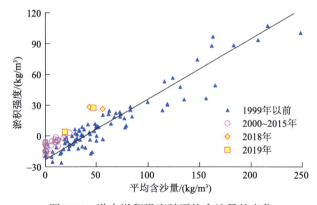

图 3-76　洪水淤积强度随平均含沙量的变化

统计场次洪水时间尺度上进入下游平均流量、平均含沙量、细颗粒泥沙比例与下游河道淤积强度的关系发现，淤积强度与进入下游平均含沙量关系密切，同时受进入下游平均流量大小的影响较大，来沙组成粗细程度影响次之。因此，将含沙量作为第一因子，流量作为第二因子，细颗粒泥沙比例作为第三因子，建立了全黄河下游河道淤积强度与水沙因子的关系：

$$\mathrm{dS}_{\mathrm{qxy}} = \left(0.00032S_{\mathrm{x}} - 0.00002Q_{\mathrm{x}} + 0.65\right)S_{\mathrm{x}} - 0.004Q_{\mathrm{x}} - 0.2P_{\mathrm{x}} - 10 \qquad （3-143）$$

式中，$\mathrm{dS}_{\mathrm{qxy}}$ 为全黄河下游淤积强度（$\mathrm{kg/m^3}$）；Q_{x} 为进入下游的平均流量（$\mathrm{m^3/s}$）；S_{x} 为进入下游的平均含沙量（$\mathrm{kg/m^3}$）；P_{x} 为进入下游的细颗粒泥沙比例，计算值与实测值对比见图 3-77。

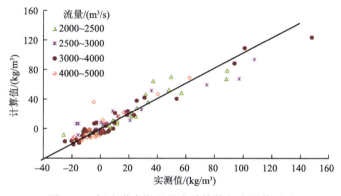

图 3-77　场次洪水淤积强度计算值与实测值对比

2006 年以来小浪底水库集中排沙时段，下游河道淤积强度与平均含沙量关系见图 3-78。2000 年小浪底水库运用以来的场次洪水淤积强度多数小于 0，表明下游河道由持续淤积转为显著冲刷。个别年份（如 2018 年和 2019 年）下游河道发生淤积，淤积主要位于夹河滩以上河段。其主要原因，一是小浪底水库调水调沙后期集中排沙，后续输沙动力不足；二是下游河道主河槽在过去 20 年持续冲刷过程中粗化严重，床沙平均粒径增加 2～4 倍。

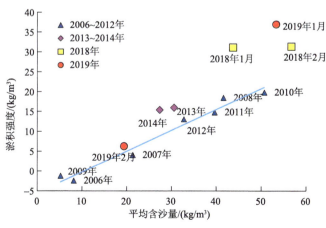

图 3-78　小浪底水库集中排沙时段下游河道淤积强度与平均含沙量关系

此外，由式（3-143）可知，下泄细颗粒泥沙占比增大，会进一步降低河道淤积强度，减缓河道淤积。这是因为，一方面，细颗粒泥沙与床面交换后，能够抑制床面粗化，降低河道阻力；另一方面，细颗粒泥沙增加了浑水水流的黏性，降低了粗沙的沉速，进而提高了水流挟沙能力。因此，水库粗泥沙的资源利用可以改变进入下游的细沙占比，增加下游河道水流的细颗粒泥沙含量，减少下游河道的泥沙淤积。

2. 泥沙动态调控对水库泥沙资源利用的反馈影响

水库不同的泥沙调控方式直接影响着库区泥沙淤积形态与粗、中、细泥沙的空间分布格局。以小浪底水库为例，分析不同调度情景下水库粗、中、细泥沙的冲淤量，以此阐明水库泥沙动态调控对泥沙资源利用空间格局的影响。

小浪底水库自运用以来，场次洪水排沙过程中进出库悬移质平均粒径变化范围较大，其与粗沙含量及排沙比关系见图3-79。可以看出，小浪底水库悬移质平均粒径随水库排沙比的增加而增大；小浪底水库进、出库悬移质平均粒径与粗沙含量存在较好的正相关关系，可以用式（3-144）来描述：

$$d_{pj} = 0.0011a + 0.0077 \quad\quad\quad （3-144）$$

式中，d_{pj} 为场次洪水悬移质平均粒径（mm）；a 为粗沙含量（%）。

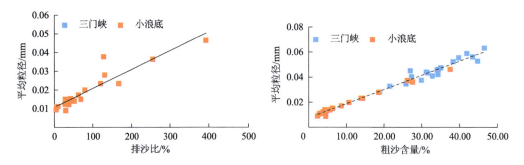

图 3-79　小浪底站泥沙平均粒径与小浪底水库排沙比（左）和粗泥沙含量（右）的关系

采用出库与入库泥沙平均粒径比值 α 作为判别指标。当 $\alpha>1$ 时，则说明排出库外的粗沙含量较高，出库大于入库；当 $\alpha<1$ 时，则说明排出库外的粗沙含量小于入库，而中、细沙出库比例较大；当 $\alpha=1$ 时，则说明进出库泥沙组成接近。小浪底水库场次洪水全沙排沙比与平均粒径比值 α 的关系见图3-80。可以看出，α 随全沙排沙比的增加而增大。根据拟合曲线可以得到，当全沙排沙比为300%时，平均粒径比值 α 约为1.0，表明出库泥沙和入库泥沙级配基本相同，多排出的 200%的泥沙为前期淤积的粗、中、细沙。为了减少粗沙对下游河道的影响，当平均粒径比值 α 等于 1 时（全沙排沙比 300%），对应的坝前水位应作为水库排沙期平均水位的下限值。

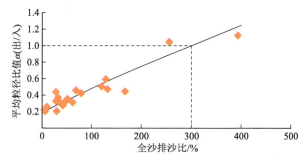

图 3-80　小浪底水库场次洪水全沙排沙比与平均粒径比值 α 的关系

小浪底水库分组泥沙的排沙比与全沙排沙比关系见图 3-81。可以看出，随着全沙排沙比的增加，各分组泥沙的排沙比也不断增加；当全沙排沙比较小时，随着全沙排沙比的增加，细沙排沙比增加相对较快，中沙次之，粗沙排沙比增加速度相对较慢；当全沙排沙比较大时，中沙排沙比迅速增加，且增加幅度大于全沙排沙比，说明水库将绝大部分入库的粗沙，甚至库区前期淤积的粗沙排出了库外。同时，我们也看到，当粗沙排沙比为 100% 时，全沙排沙比约 170%，表明该场洪水带来的粗沙全部被排出库外，多出来的 70% 为前期淤积的中、细沙，对应的坝前水位应确定为排沙期平均水位的上限值。

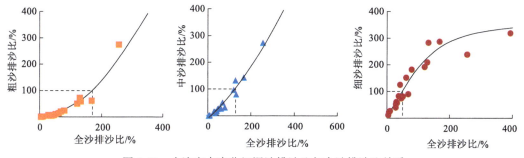

图 3-81　小浪底水库分组泥沙排沙比与全沙排沙比关系

另外，当中沙排沙比为 100% 时，全沙排沙比基本稳定在 130%，表明场次洪水带来的中沙全部被排出库外，多出来的 30% 为前期淤积的细沙，对应的坝前水位应确定为水库排沙期平均水位的上限值。

当细沙排沙比为 100% 时，全沙排沙比基本稳定在 50%。

小浪底水库不同排沙比对应的出库悬沙平均粒径及粗沙占比见表 3-15。可以看出，①当排沙比为 300% 时，出库平均粒径约为 0.046 mm，出库粗沙占比约 33.9%；该出库平均粒径不仅大于多年入库泥沙平均粒径 0.036 mm，也大于洪水期入库泥沙平均粒径 0.042 mm，出库粗沙占比也大于多年粗沙占比 25.8% 和洪水期入库粗泥沙占比 30.7%。这表明水库排沙比为 300% 时，水库不仅完全输送了洪水期的来沙，而且将前期淤积物中较多的粗沙也排出了库外。②当排沙比为 170% 时，出库平均粒径为 0.030 mm，出库粗沙占比约 19.9%，二者均小于多年和场次洪水对应值，表明水库在输送该场洪水全部来沙的同时，还冲走了水库前期淤积物中的部分中、细沙。③当场次洪水水库排沙比等于130%时，粗沙排沙比为100%，表明水库仅排出了该场洪水的中、细沙，洪水带来的部分粗沙仍淤积在水库中；当水库排沙比小于130%时，中、粗沙将淤积在水库中占用拦沙库容。④当场次洪水水库排沙比小于50%时，表明场次洪水带来的细沙也大部分被淤积在了水库中。

表 3-15　小浪底水库不同排沙比对应的出库悬沙平均粒径及粗沙占比

排沙比	平均粒径/mm	粗沙占比/%
50%	0.016	6.55
100%	0.023	12.9
130%	0.026	16.2
170%	0.030	19.9
300%	0.046	33.9
350%	0.051	39.4

因此，对于场次洪水泥沙的动态调控，随着排沙比的增加而多排出的粗沙改变了库区粗沙的空间分布，泥沙资源利用空间格局也将随之改变。因排沙比增加而多排出库的泥沙的平均粒径及粗沙占比见表3-16。可以看出，当场次洪水排沙比由130%增加至170%时，粗沙排沙比将达到100%，水库多排出的泥沙的平均粒径约为0.042 mm，水库多排出的泥沙中粗沙占比31.9%，该值接近洪水期入库泥沙的平均粒径0.042 mm和粗沙平均含量30.7%。这也表明，为了更好地减少中、细沙占用拦沙库容而多排出的泥沙组成接近场次洪水的泥沙级配，这将不会对水库泥沙淤积造成较大的不利影响。因此，场次洪水排沙比170%是较为合理的排沙上线。

表 3-16　因排沙比增加而多排出库的泥沙的平均粒径及粗沙占比

排沙比抬升比较	平均粒径/mm	粗沙占比/%
50%～100%	0.029	25.8
100%～130%	0.039	27.2
130%～170%	0.042	31.9
170%～300%	0.066	52.2
300%～350%	0.086	72.4

同时，当场次排沙比由170%增加至300%时，水库多排出的泥沙平均粒径为0.066 mm，水库多排出的泥沙中粗沙占比52.2%，该值明显大于洪水期入库泥沙的平均级配值。当场次洪水排沙比由300%增加至350%时，水库多排出的泥沙的平均粒径为0.086 mm，水库多排出的泥沙中粗沙占比72.4%，这表明因排沙比增加而多排出的泥沙较粗且占比较大，这部分泥沙容易造成下游河道的淤积。

为了更直观地对比排沙比增加而增加的粗沙排沙效果，本书分析了2018年7月1～26日和2019年7月7日～8月1日洪水期小浪底水库不同排沙比对应的出库泥沙的相关参数，见表 3-17 和表 3-18。可以看出，2018 年 7 月 1～26 日，小浪底水库入库沙量 1.675 亿 t，当排沙比为 170% 时，出库沙量为 2.848 亿 t，其中粗沙为 0.567 亿 t，占出库沙量的 19.9%；当排沙比达到 300% 时，出库沙量为 5.025 亿 t，其中粗沙为 1.703 亿 t，占出库沙量的 33.9%。说明，当排沙比由 170% 增加至 300% 时，出库沙量增加 2.177 亿 t，其中粗沙增加 1.136 亿 t，占 52.2%，该值明显大于该场洪水实测入库的粗沙含量 25.7%。

同时，我们还看到，2019 年 7 月 7 日～8 月 1 日，当排沙比由 170% 增加至 300% 时，出库沙量增加 1.486 亿 t，其中粗沙增加 0.765 亿 t，粗沙含量也明显大于该场洪水实测入库粗沙的占比 37.6%。

表 3-17　2018 年 7 月 1～26 日洪水期小浪底水库不同排沙比对应的出库泥沙的相关参数

入库沙量	排沙比/%	出库粗沙占比/%	出库沙量/亿 t	出库粗沙量/亿 t	排沙比增加而多排出库的沙量及粗沙占比		
					多排出库的沙量/亿 t	多排出库的粗沙量/亿 t	粗泥沙占比/%
1.675 亿 t	50	6.6	0.838	0.055			
	100	12.9	1.675	0.216	0.837	0.161	19.2
	130	16.2	2.178	0.353	0.503	0.137	27.2
	170	19.9	2.848	0.567	0.670	0.214	31.9
	300	33.9	5.025	1.703	2.177	1.136	52.2
	350	39.4	5.863	2.310	0.838	0.607	72.4

表 3-18　2019 年 7 月 7 日～8 月 1 日洪水期小浪底水库不同排沙比对应的出库泥沙的相关参数

入库沙量	排沙比/%	出库粗沙占比/%	出库沙量/亿 t	出库粗沙量/亿 t	排沙比增加而多排出库的沙量及粗沙占比		
					多排出库的沙量/亿 t	多排出库的粗沙量/亿 t	粗泥沙占比/%
1.143 亿 t	50	6.5	0.572	0.037			
	100	12.9	1.143	0.147	0.571	0.110	19.3
	130	16.2	1.486	0.241	0.343	0.094	27.4
	170	19.9	1.943	0.387	0.457	0.146	31.9
	300	33.6	3.429	1.152	1.486	0.765	51.5
	350	39.4	4.001	1.576	0.572	0.424	74.1

3. 水库泥沙动态调控与泥沙资源利用的互馈机制

黄河水沙的严重不协调性导致单靠水动力无法完全解决水库淤积问题，水库泥沙处理和资源利用等强人工措施必须作为泥沙动态调控的有效补充手段。水库泥沙的动态调控和泥沙资源利用是一个相互反馈的过程，彼此存在着相互关联的依存关系和互馈机制，参见图 3-82。

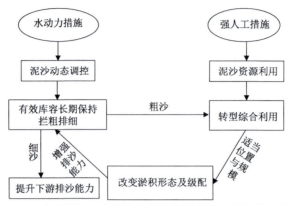

图 3-82　水库泥沙动态调控与泥沙资源利用互馈机制示意图

如果二者结合得好，彼此可以相互增效，达到事半功倍乃至数倍的倍增效果。泥沙动态调控的水动力措施，不仅可以实现拦粗排细，优化库区淤积形态，长期保持有效库容，控制粗、中、细泥沙空间分布的目标，而且可以为泥沙资源利用提供粗、细泥沙自然分选场所。泥沙资源利用的强人工措施，不仅可以有效恢复淤损库容、优化库区淤积形态、减少粗泥沙出库比例、有利于下游河道行洪输沙能力的维持和提高，而且可以为地方经济建设提供所需砂（沙）石资源、有利于生态环境维持和国家生态安全战略实施，还可以为水库泥沙动态调控打开更大的调度空间；如果能够推动泥沙资源的转型利用，经济效益将更大。

水库泥沙动态调控与泥沙资源利用的互馈机制展开了说，可谓是多方面的，效益是多重的。为了简便，根据上述计算结果，我们进一步统计水库泥沙动态调控增大的排沙效果与泥沙资源利用量的增量之间的关系，示例如图 3-83 所示，它们存在明显的正相关关系。图 3-83 中以 HH36～HH49 库段未清淤情况为参照，按前述清淤 1～5m 情形下 2019 年汛后该库段增加的淤积量作为泥沙资源利用量的增量，随着泥沙资源利用强度的增加，后续该库段淤积量增加，使得泥沙资源利用量获得增量，同时向下游输运的粗沙减少，下游库段排沙比增大，泥沙资源利用与水库泥沙动态调控之间存在协同促进的作用。如果再加上下游河道的减淤效益、水利枢纽的发电效益、供水效益、生态环境效益等，其倍增效益将十分可观。本次研究仅提供一个研究思路，留待感兴趣的同仁继续探讨。

图 3-83　水库泥沙动态调控与泥沙资源利用互馈机制示意图

3.5　枢纽群联合调控对库区和下游河道水沙输移的叠加效应

3.5.1　泥沙动态调控对库区水-沙-床的规律性影响

多沙水库泥沙动态调控对库区水-沙-床的规律性影响体现在如下三个方面：从水动力过程看，库区水位下降会导致水面比降局部增大、流速局部加大、水流流态局部由缓流向急流转变，库区的溯源冲刷持续向上游传播，易出现多级跌坎；从输沙过程看，库区水位下降，水流动力增强，输沙能力会得到提升，输沙状态由超饱和输沙向不饱和输沙转变，输沙形式在一定条件下会从明流输沙向异重流输沙转变；从库区淤积形态看，不同坝前水位、平均含沙浓度、平均流量的边界条件下，泥沙动态调控在纵向上改变了库区冲淤部位和冲淤量，使得纵剖面淤积形态、河床纵比降、床沙级配产生相应调整。

1. 泥沙动态调控对库区水动力过程和溯源冲刷的影响

泥沙动态调控主要通过坝前水位影响着库区的水动力过程，特别是在库水位持续降低条件下，库区将出现显著的溯源冲刷过程，并持续向上游传播。

依据 2002～2004 年、2008 年、2013 年、2018～2020 年 8 年小浪底水库的实测初始地形，设置不同的坝前水位和来流流量，采用上文构建的溯源冲刷水动力学模型，以水流的 Fr 数判定跌坎个数，可以计算得出库区溯源冲刷过程中跌坎的发育情况。上游来流流量选择 500m³/s、2500m³/s、4500m³/s、6500m³/s 四个流量级，坝前水位取值范围 204～260m，间隔 2m。计算结果表明，溯源冲刷跌坎数量与库区前期淤积量、坝前水位、入库流量之间存在明显的相关关系。泥沙动态调控对库区水动力过程的影响规律可以总结如下：

（1）库区前期淤积量越大，跌坎数量越多。同一坝前水位下，淤积量和跌坎数量的关系如图 3-84，库区前期淤积量大小对跌坎数量影响明显。2004 年之前，库区淤积量较小，库区整体水深较大，水流流速较小，泥沙落淤位置在空间上分布相对均匀，库区三角洲顶点距离坝前较远，前坡段坡度较缓，难以满足跌坎形成和维持的水动力条件。随着小浪底水库的累积淤积，库区地形发生了较大变化，三角洲顶点向坝前不断推进，坡度逐渐变大，2018～2020 年不同流量级下的跌坎数量较 2002～2004 年明显增加。

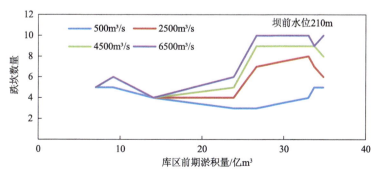

图 3-84　不同流量级下跌坎数量与库区前期淤积量的关系

（2）水流动力越强，跌坎数量越多。在相同淤积量条件下，入库流量越大，水流强度越大，跌坎数量越多。汛期更有利于形成多级跌坎形式的溯源冲刷。

（3）坝前水位越低，跌坎数量越多。随着坝前水位的降低，壅水作用逐渐消失，跌坎逐渐向上游发展。高水位时，三角洲的前坡段沿程水深明显加大，水流挟沙能力明显下降，是泥沙落淤的主要部位。当水位下降低于三角洲前缘高程，形成跌水水流并出现溯源冲刷时，挟沙力会局部显著提升。不同于沿程冲刷，跌坎处水流急缓流态的交替变化消耗的大部分水流动能直接用于床面泥沙侵蚀，提高冲刷侵蚀效率，溯源冲刷向上游发展过程中，进一步受到淤积体分层的影响，库区发育形成多级跌坎，见图 3-85。

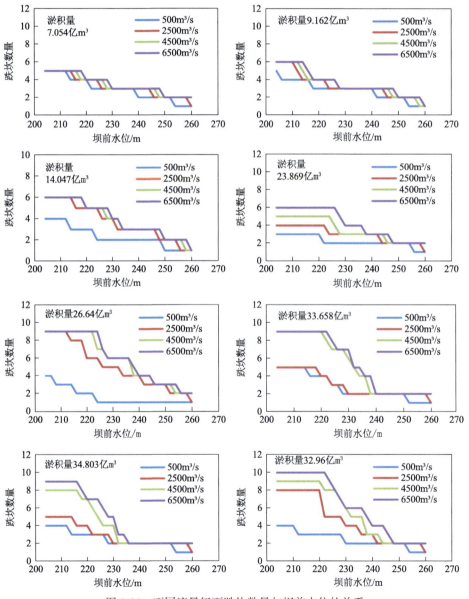

图 3-85　不同流量级下跌坎数量与坝前水位的关系

2. 泥沙动态调控对库区泥沙输移的影响

泥沙动态调控过程中,水位下降在改变了库区水动力条件的同时,也提升了输沙能力,输沙状态由超饱和输沙向不饱和输沙转变,输沙形式在一定条件下会从明流输沙向异重流输沙转变。多年的调水调沙实践表明,异重流在小浪底库区的潜入点位置变动极大,上下相距可超过 50km,直接影响了异重流运移过程和排沙出库效果。相较而言,当异重流在三角洲顶点附近潜入时,距坝前较近,且由洲面段缓坡到前坡段陡坡,异重流运动的动力增强,持续运移到坝前排沙出库的概率较大,利于实现异重流潜入—输移—排沙的全过程人工控制。

因此,本次研究开展异重流在三角洲顶点潜入时含沙量、流量、坝前水位关系计算。计算结果如图 3-86~图 3-88 所示,可以看出:

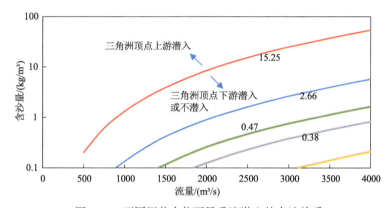

图 3-86 不同坝前水位下异重流潜入的水沙关系

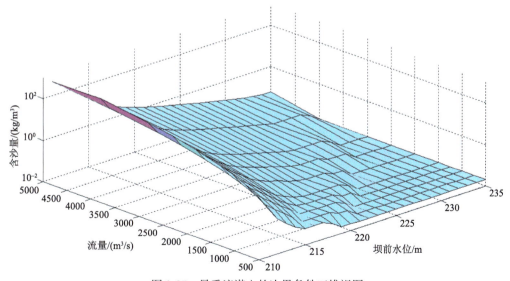

图 3-87 异重流潜入的边界条件三维视图

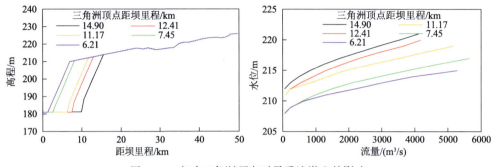

图 3-88　变动三角洲顶点对异重流潜入的影响

（1）流量越大，含沙量越小，潜入点越向下游移动。由异重流潜入的水深判别关系式（$h_p \geq 0.811 q^{2/3} / S_c^{0.25}$，$q$ 为单宽流量，S_c 为含沙量）可知，流量越大，含沙量越小，需要的潜入点水深越大，与图中规律一致。

（2）当坝前水位低于三角洲顶点高程时，异重流只能在顶点以下某位置潜入或不发生潜入；当坝前水位高于三角洲顶点高程时，随着水位升高，在三角洲顶点以上发生潜入的概率会不断增大。这是因为当坝前水位显著高于三角洲顶点高程时，则在顶点以上的三角洲洲面水深即有可能达到潜入条件，水位越高，潜入点越向上游移动。

（3）相同来水来沙条件下，三角洲顶点距坝越近，异重流在顶点潜入对应的水位越低；相同水位条件下，三角洲顶点距坝越近，异重流在顶点潜入对应的流量越大，含沙量越小。换句话说，三角洲顶点越向下游延伸，异重流在顶点处潜入需要越低的水位、越小的流量和含沙量，异重流潜入条件更难满足。

3. 泥沙动态调控对库区淤积形态的影响

泥沙动态调整一方面在纵向上改变了库区冲淤部位和冲淤量，使得纵剖面淤积形态发生变化，河床纵比降得到调整；另一方面改变了泥沙的横向冲淤规律，实现了横断面形态调整。不同流量级、坝前水位、含沙量下的小浪底水库库区冲淤变化有明显的差异，表层床沙粒径由于在冲淤过程中与悬沙发生交换，库区河床比降和表层床沙粒径的长时段调整趋于对应的平衡状态。

在此基于小浪底水库 2019 年汛前地形，分析不同流量、含沙量、坝前水位对库区冲淤的影响。案例设置的初始条件以流量 2000 m³/s、含沙量 10 kg/m³、坝前水位 225 m 为参照，通过调整流量、含沙量、坝前水位等，计算不同情况下库区的累积冲淤量、床沙粒径、库区淤积形态，如图 3-89 所示（模拟水沙过程历时 170 天结果）。图 3-90 和图 3-91 是库区淤积量、表层泥沙中值粒径（D_{50}）与水位、含沙量、流量的三维关系图，对应的模拟水沙过程参照场次洪水历时选择 20 天，图中 x 为距坝里程。

从图 3-91 中可以看出：

（1）流量越大，顶坡段上冲下淤越明显，冲淤调整后的纵比降越小。库区床沙 D_{50} 随着流量增加逐渐粗化，满足一般冲淤动态调整的规律。距坝 110km 以上库段河床多基岩不参与冲刷，其余库段河床整体呈现 D_{50} 沿程先增大后减小的分布。

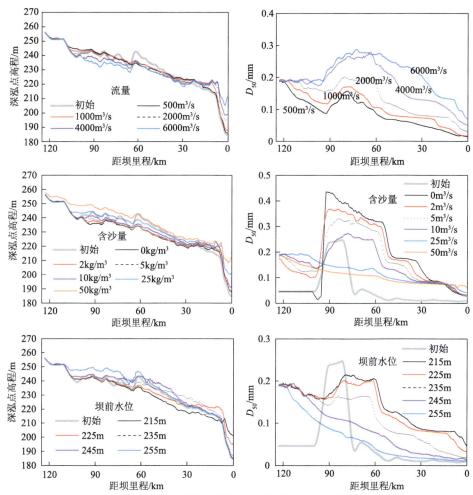

图 3-89　不同含沙量下小浪底库区中值粒径 D_{50}、深泓点高程变化
右上图图中数值表示流量

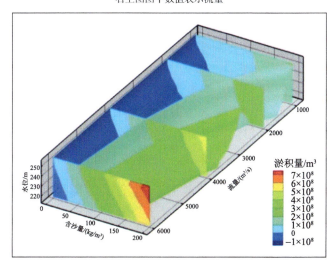

图 3-90　库区淤积量与水位、含沙量、流量的三维关系

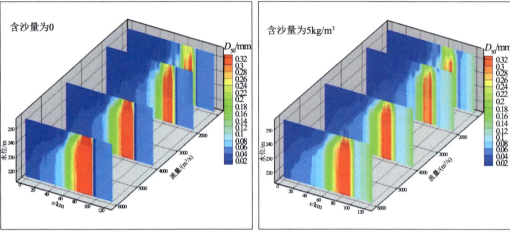

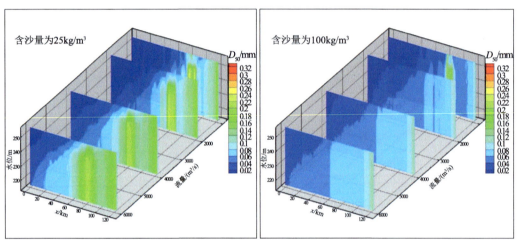

图 3-91　库区表层泥沙 D_{50} 与水位、含沙量、流量的三维关系

（2）含沙量为 0 的清水入库时，库区为净冲刷。随着含沙量的增加，冲刷强度逐渐降低，随后变为淤积。含沙量越大，冲淤调整后的河床纵比降越大，越有利于增大库区输沙能力，形成一个自适应的负反馈调整过程。淤积的主要部位随着坝前水位抬升而不断向上游移动。

（3）不同坝前水位下，D_{50} 均呈现上大下小的特点。随着坝前水位提高，整个库区的 D_{50} 均不同程度的减小。当含沙量为 0 时，在距坝 90km 以下（上游库段多基岩河床不可冲刷）库区表层床沙 D_{50} 沿程均较初始设置值显著增大，随着含沙量增加，库区 D_{50} 逐渐减小。

3.5.2　枢纽群泥沙动态调控对水沙量-质-能交换的影响机理

1. 泥沙动态调控影响河流水沙量-质-能交换的逻辑架构

泥沙动态调控对河流行洪输沙功能产生的影响体现在量、质、能三个方面。通过对不同时间尺度水量和沙量的调节，实现削峰、滞洪、拦沙，这是对水沙"量"的影响；通过库区水流流速调整和河床冲淤演变，改变了水质条件和悬移泥沙级配，这是对水沙"质"的影响；对水沙过程的动态调控改变了洪峰和沙峰大小，流量和输沙过程非均匀性得到调整，进而改变水流的输沙能力，水沙关系的协调程度得到提升，这是对挟沙水流"能"的影响。泥沙动态调控影响水沙量-质-能交换的逻辑架构如图 3-92 所示。

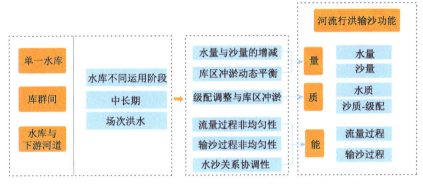

图 3-92　泥沙动态调控影响水沙量-质-能交换的逻辑架构

2. 泥沙动态调控对单一水库水沙量-质-能交换的影响

以三门峡水库为例，说明泥沙动态调控对单一水库水沙量-质-能交换的影响。

"量"的影响以月尺度计。三门峡水库对入库水量过程有明显的调节作用。将三门峡水库出库和入库多年平均的月均输水量和输沙量相减，得到三门峡水库对水量和沙量的月调节过程，如图 3-93 所示。5 月、6 月出库水量明显大于入库水量，1 月、2 月、9 月、10 月入库水量明显大于出库水量。三门峡水库对各月沙量过程的调节作用更加显著，存在明显的周期性，主要受水库汛期低水位、非汛期高水位影响，汛期排沙显著，非汛期有一定淤积，全年基本达到冲淤平衡。

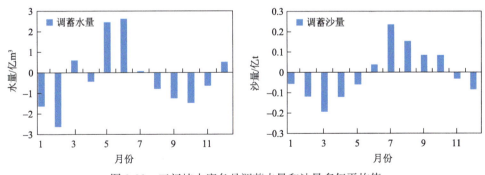

图 3-93　三门峡水库各月调蓄水量和沙量多年平均值

三门峡水库泥沙动态调控改变了输运泥沙级配的时空特征。如图 3-94 所示，以 2008 年汛期实际调度过程为例，在三门峡水库敞泄排沙时段（7 月 1～3 日），库区发生冲刷，出库泥沙级配较粗；在控制运用排沙时段（7 月 4 日～10 月 18 日），出库泥沙级配明显偏细。因为三门峡水库年尺度冲淤基本平衡，故年尺度进出库泥沙级配基本相当。

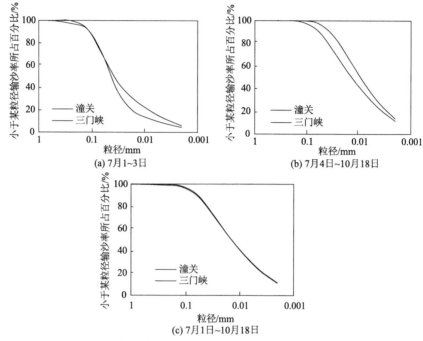

图 3-94　三门峡水库 2008 年汛期悬移质泥沙中值粒径和级配

对洪水过程的动态调控改变了流量和含沙量过程，水沙关系的协调程度发生变化，最终体现在出库水沙过程和库区冲淤调整上。选取 2014～2016 年（枯水少沙）和 2018～2019 年（丰水少沙）两个时间段，设置四种调度方案分析泥沙动态调控对三门峡库区冲淤的影响。三门峡水库模拟调度方案见表 3-19，库区冲淤模拟结果见表 3-20。

表 3-19　三门峡水库模拟调度方案

系列	方案	7～8 月（前汛期）	9～10 月（后汛期）
2018～2019 年	1	流量大于 1500m³/s 敞泄不超过 20 天，其余时段 305m 运用	305m 运用
	2	流量大于 1500m³/s 敞泄不超过 10 天，其余时段 305m 运用	流量大于 1500m³/s 敞泄不超过 10 天，其余时段 305m 运用
2014～2016 年	3	流量大于 1500m³/s 敞泄不超过 20 天，其余时段 305m 运用	305m 运用
	4	流量大于 1500m³/s 敞泄不超过 10 天，其余时段 305m 运用	9 月下旬敞泄不超过 10 天，其余时段 305m 运用

表 3-20　不同工况三门峡库区冲淤模拟结果　　　　　　（单位：亿 t）

方案	大坝－HY41	大坝－HY22	HY22－HY30	HY30－HY36	HY36－HY41
方案 1	−0.980	−0.454	−0.396	−0.181	0.052
方案 2	−1.190	−0.576	−0.467	−0.204	0.059
方案 3	0.120	0.109	0.027	−0.014	−0.002
方案 4	−0.406	−0.349	−0.038	−0.017	−0.002

注：表中正值为泥沙淤积量，负值为泥沙冲刷量。

对于单库调节而言，泥沙动态调控对水沙量-质-能的影响概况如下：

（1）三门峡水库水量和沙量调控作用在月尺度上十分明显。对洪水调节体现在多年平均的 5～6 月调蓄水量超过 2 亿 m³；对各月沙量过程的调节作用存在明显的周期性，汛期排沙显著，非汛期有一定淤积，多年平均条件下 7～10 月出库比入库沙量多 0.527 亿 t。

（2）三门峡水库对泥沙级配的调整具有明显的阶段性。在三门峡水库敞泄排沙时段，库区发生冲刷，出库泥沙级配粗化；在控制运用排沙时段，出库泥沙级配明显细化；年尺度进出库泥沙级配基本相当。

（3）泥沙动态调控极大地影响了库区冲淤演变过程。增加水库敞泄排沙的频次，可以有效增加水库的冲刷效率。例如，2014～2016 年枯水年，为了提高水库发电等综合效益，将一年一次敞泄变为一年两次，库区冲淤演变由淤积 0.12 亿 t 变为冲刷 0.406 亿 t，从而更有利于长期有效库容的恢复与维持。

3. 泥沙动态调控对水库群水沙量-质-能交换的影响

以三门峡水库-小浪底水库联合调控为例，说明枢纽群泥沙动态调控对水沙量-质-能交换的影响。选择 1843 年、1933 年两场上大洪水进行三门峡水库-小浪底水库联合调度方案计算，调控原则按照国家防汛抗旱总指挥部批复的《黄河洪水调度方案》。设置不考虑三门峡水库和小浪底水库，三门峡水库和小浪底水库分别按敞泄、控泄、调控运用，组合不同联合调控方案，如表 3-21；各自出库流量和含沙量过程模拟结果见图 3-95～图 3-98。

表 3-21　三门峡水库-小浪底水库联合调控方案设置

算例编号	三门峡水库	小浪底水库
0+0	不考虑	不考虑
0+X	不考虑	调控
S0+X	敞泄	调控
S1+X	控泄、305m	调控

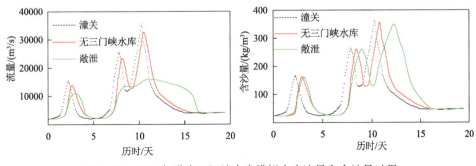

图 3-95　1843 年洪水三门峡水库模拟出库流量和含沙量过程

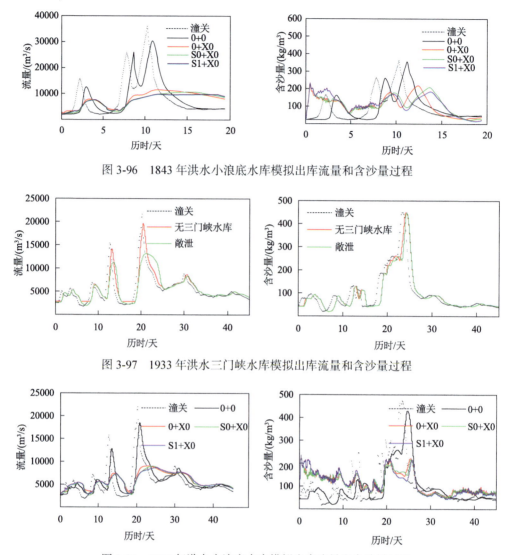

图 3-96　1843 年洪水小浪底水库模拟出库流量和含沙量过程

图 3-97　1933 年洪水三门峡水库模拟出库流量和含沙量过程

图 3-98　1933 年洪水小浪底水库模拟出库流量和含沙量过程

统计不同算例下上大洪水的调蓄量和削峰率，如表 3-22 所示。可以看出，泥沙动态调控对三门峡水库-小浪底水库间水沙量-质-能交换的影响具有如下特征。

表 3-22　典型上大洪水三门峡与小浪底水库联合调控效果

算例编号	1843 年		1933 年	
	削峰率/%	调蓄/亿 m³	削峰率/%	调蓄/亿 m³
0+0	15.6	13.0	15.5	12.0
0+X	68.1	48.5	58.5	28.6
S0+X	70.2	54.4	58.8	31.3
S1+X	72.8	54.1	60.1	30.4

（1）水库群联合调控的削峰作用明显大于单库调控。对于上述两场典型上大洪水而言，三门峡与小浪底水库联合调控（S1+X）比小浪底水库单独调控（0+X）的蓄洪量增加 1.8 亿～5.6 亿 m³，洪峰削减率增大 1.6%～4.7%；比三门峡水库敞泄+小浪底水库调控（S0+X）时，洪峰削减率增大 1.3%～2.6%。

（2）水库群联合调控的排沙效果明显大于单库调控。小浪底水库单库调控时（0+X），两场典型洪水分别排沙 10.7 亿 t、17.6 亿 t；两库联合调控运用（S1+X），分别向下游河道排沙 14.3 亿 t、24.1 亿 t，排沙量与单库调控相比分别增加 3.6 亿 t 和 6.5 亿 t。

3.5.3　水库群蓄泄秩序的叠加效应

水库群蓄泄秩序对大洪水调控的叠加效应主要表现在水库群下泄流量和含沙量过程演进到黄河下游防洪关键控制断面-花园口站的组合结果，其中不考虑水库存在和水库敞泄运用是该水库蓄泄秩序的两种最极端情形，按照国家防汛抗旱总指挥部批复的《黄河洪水调度方案》进行水库调控是水库群联合调控蓄泄秩序的典型代表。这三种水库群蓄泄秩序的调控结果差异最大，本次研究为表明水库群蓄泄秩序的叠加效应，即采用这三种调控方式进行对比研究。

串联水库的蓄泄秩序叠加效应以三门峡水库和小浪底水库联合调控运用为例，并联水库的蓄泄秩序叠加效应以黄河干流三门峡水库、小浪底水库和支流的河口村水库、陆浑水库、故县水库联合调控运用为例。

1. 串联水库蓄泄秩序的叠加效应

串联水库蓄泄秩序对上大洪水的叠加效应较为明显，仍选择 1843 年、1933 年典型上大洪水过程，计算三门峡水库、小浪底水库不同蓄泄秩序下水沙演进过程和对下游河道冲淤的影响。计算方案设置如表 3-23 所示，调控原则按照国家防汛抗旱总指挥部批复的《黄河洪水调度方案》。

表 3-23　三门峡水库-小浪底水库联合调控蓄泄秩序调控方案设置

算例编号	三门峡水库	小浪底水库
0+0	不考虑	不考虑
0+X1–205	不考虑	调控、205m
0+X1–215	不考虑	调控、215m
0+X1–225	不考虑	调控、225m
0+X1–235	不考虑	调控、235m
S0+X1–205	敞泄	调控、205m
S0+X1–215	敞泄	调控、215m
S0+X1–225	敞泄	调控、225m
S0+X1–235	敞泄	调控、235m
S1+X1–205	控泄、305m	调控、205m
S1+X1–215	控泄、305m	调控、215m

续表

算例编号	三门峡水库	小浪底水库
S1+X1-225	控泄、305m	调控、225m
S1+X1-235	控泄、305m	调控、235m

三门峡水库分别设置不考虑三门峡水库、敞泄、控泄三种调控方式，控泄起调水位设置 305m；小浪底水库分别设置不考虑小浪底水库、调控两种调控方式，调控起调水位分别设置 205m、215m、225m、235m 四种情况。1843 年、1933 年洪水小浪底至花园口区间汇流较小，区间汇流不考虑支流水库的调控作用，各自出库流量和含沙量过程模拟结果见图 3-99～图 3-104，调蓄量和削峰率计算结果如表 3-24 所示。

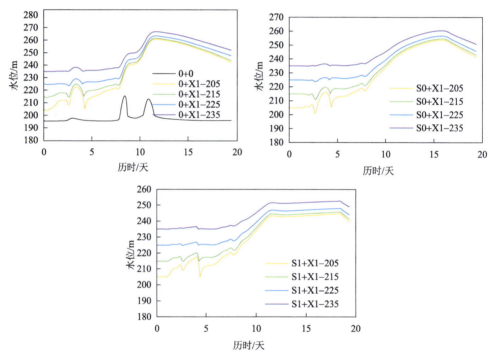

图 3-99　1843 年洪水小浪底水库模拟出库水位过程

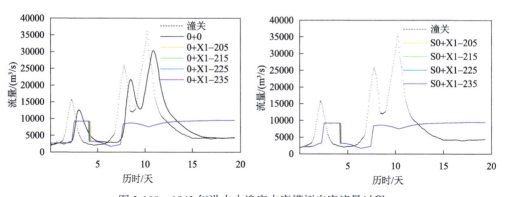

图 3-100　1843 年洪水小浪底水库模拟出库流量过程

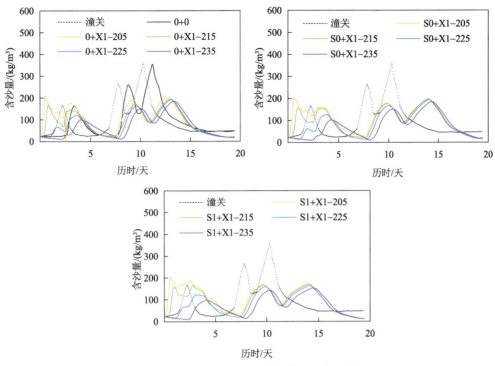

图 3-101　1843 年洪水小浪底水库模拟出库含沙量过程

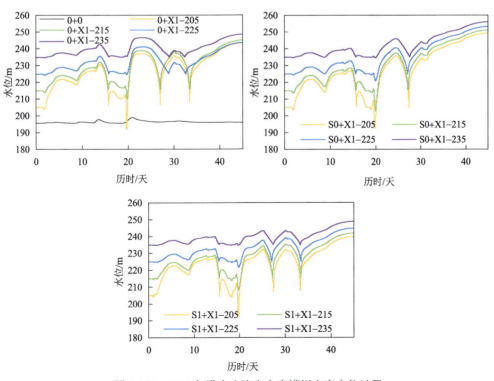

图 3-102　1933 年洪水小浪底水库模拟出库水位过程

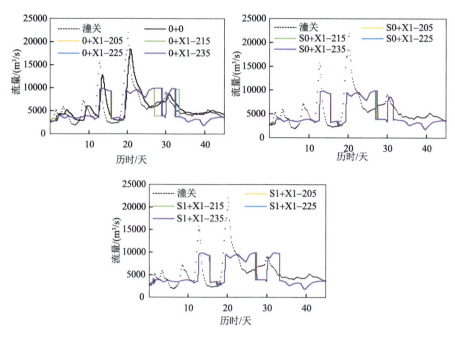

图 3-103　1933 年洪水小浪底水库模拟出库流量过程

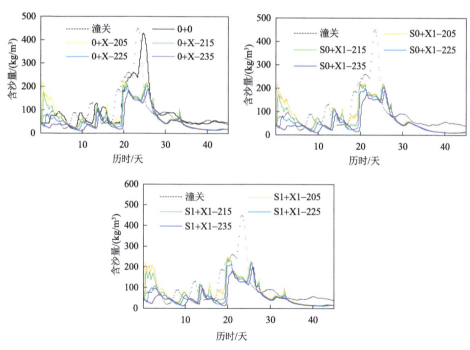

图 3-104　1933 年洪水小浪底水库模拟出库含沙量过程

表 3-24　典型上大洪水三门峡与小浪底水库联合调控蓄泄秩序的影响

算例编号	1843 年			1933 年		
	小浪底出库沙量/亿 t	削峰率/%	调蓄水量/亿 m³	小浪底出库沙量/亿 t	削峰率/%	调蓄水量/亿 m³
0+0	20.1	15.6	13.0	23.1	15.5	12.0
0+X - 205	11.6	73.6	54.4	19.2	55.0	45.4
0+X - 215	11.0	73.6	54.4	17.8	55.0	45.7
0+X - 225	10.1	73.6	54.4	16.0	55.0	42.9
0+X - 235	9.2	73.6	54.4	14.1	54.9	42.7
S0+X1 - 205	13.2	73.6	55.1	22.9	54.9	50.0
S0+X1 - 215	12.5	73.6	55.1	19.6	54.9	50.4
S0+X1 - 225	11.1	73.6	55.2	16.5	54.9	50.6
S0+X1 - 235	10.0	73.6	55.2	13.5	55.0	49.7
S1+X1 - 205	12.5	73.6	54.7	18.9	55.0	44.7
S1+X1 - 215	11.5	73.6	54.7	17.6	55.0	45.0
S1+X1 - 225	10.4	73.6	54.8	16.1	55.0	45.3
S1+X1 - 235	9.1	73.6	54.8	13.6	55.0	44.8

由表 3-24 可知,三门峡水库和小浪底水库应对上大洪水的合理蓄泄秩序是三门峡水库采用控泄或敞泄方式迎洪,其间小浪底水库降低水位腾库迎洪,三门峡水库下泄洪水进入库区后,小浪底水库控泄运行。

上述计算结果表明,三门峡水库对大洪水过程的调蓄能力较弱,但能够发挥明显的削峰作用。三门峡水库自然滞洪削峰对两库联合运用在洪量调蓄方面的叠加效应影响较小,两库联合运用在洪量调蓄方面的叠加效应主要体现在小浪底水库对洪水的调蓄作用。单独考虑三门峡水库的调控,虽然在两场上大洪水过程中三门峡水库都发生了明显冲刷,但对小浪底水库和下游河道均造成明显的淤积。两场上大洪水,小浪底水库与三门峡水库联合调控蓄泄的叠加效应明显,对洪水水量和输沙的调节作用增强,蓄水量增加 1 亿~5 亿 m³、输沙量增加 0.5 亿~5 亿 t;小浪底水库的起调水位不同,对水库的输沙影响较大,水位每抬升 5m,出库沙量减少 0.5 亿~2 亿 t。

2. 并联水库蓄泄秩序的叠加效应

并联水库蓄泄秩序对下大洪水的叠加效应较为明显。以 1958 年、1982 年典型下大洪水过程为例,设置三种不同调控方案进行对比计算。三门峡水库和小浪底水库的起调水位分别为 305m 和 235m,水库调控原则均按照国家防汛抗旱总指挥部批复的《黄河洪水调度方案》。河口村水库、故县水库、陆浑水库调控方式分别设置不考虑水库调洪(0+0+0)、敞泄运用(HGL0)和按照国家防汛抗旱总指挥部批复的《黄河洪水调度方案》调控运用(HGL3)。计算结果如图 3-105~图 3-111 所示。

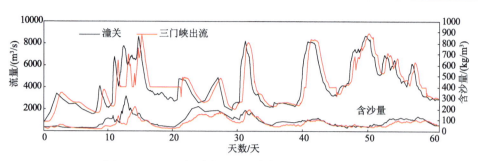

图 3-105 1958 年洪水三门峡水库出库过程计算结果

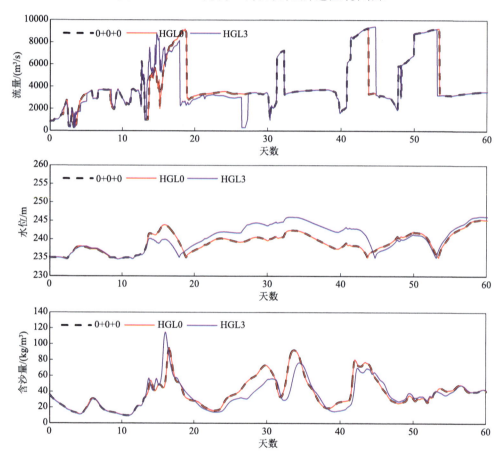

图 3-106 1958 年洪水小浪底水库出库过程计算结果

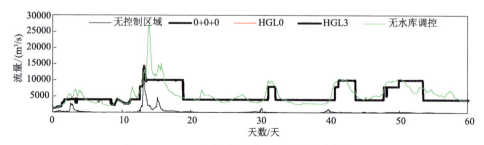

图 3-107 1958 年洪水花园口流量过程计算结果

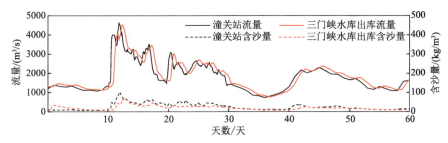

图 3-108　1982 年洪水三门峡水库出库过程计算结果

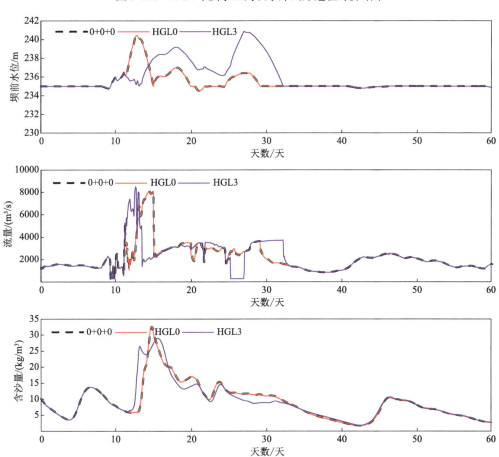

图 3-109　1982 年洪水小浪底水库坝前水位及出库流量、含沙量过程计算结果

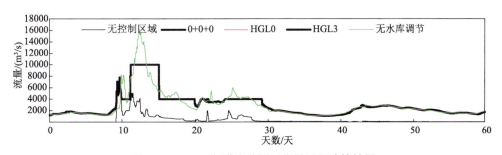

图 3-110　1982 年洪水花园口流量过程计算结果

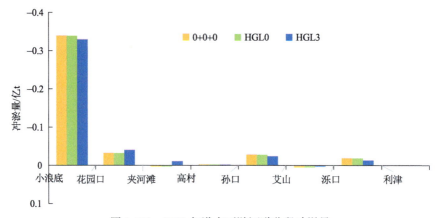

图 3-111　1982 年洪水下游河道分段冲淤量

负值表示泥沙冲刷量；正值表示泥沙淤积量

由图 3-105～图 3-111 可知,并联水库应对下大洪水的合理蓄泄秩序是三大支流水库在确保防洪安全的情况下控泄洪水；小浪底水库调蓄空间大,可根据支流水库的泄流量进行调整,凑泄花园口的适宜流量过程。

计算结果表明,小浪底水库虽然调蓄库容大,但对下大洪水的调节作用有限,为了保障黄河下游防洪安全,必须发挥支流水库的滞洪削峰作用。对于两场典型下大洪水而言,小浪底水库与支流水库蓄泄的叠加效应表现如下：

（1）黄河下游干支流水库联合调控能明显减轻小浪底水库和下游河道的防洪压力。不考虑支流水库运用比考虑支流水库运用的花园口洪峰对应的小浪底水库水位能够降低约 6m。对于 1982 年洪水,增加支流水库运用可以使得 10000m³/s 流量级历时从 3.75 天缩短至 1.87 天。

（2）黄河下游干支流水库联合调控减少了小浪底水库出库沙量,增加了下游河道的冲刷。对于 1982 年洪水输沙,联合运用下小浪底水库出库沙量减少 0.11 亿 t,下游花园口—夹河滩、夹河滩—高村冲刷量各增加 0.01 亿 t。

3.5.4　水沙过程整体优化的水库群时空对接时机及调控效应

水沙过程整体优化目标,即充分发挥水动力作用,通过联合调控黄河干流万家寨、三门峡、小浪底水库及支流故县、陆浑、河口村水库,辅以强人工措施的水库泥沙处理与资源利用,实现水库及枢纽群的高效输沙和下游河道行洪输沙功能的充分发挥。

要实现上述目标,关键是把握枢纽群泥沙动态调控自上而下的三个关键时空对接过程。一是以提升三门峡水库降水冲刷效果为主要目标,根据万家寨、三门峡水库运行的边界条件,确定万家寨水库下泄水沙过程与时机；二是以小浪底水库异重流高效排沙为主要目标,根据三门峡、小浪底水库运行的边界条件,确定三门峡水库下泄水沙过程与时机；三是以下游河道防洪安全和行洪输沙功能充分发挥为主要目标,根据小浪底、故县、陆浑、河口村水库运行的边界条件,确定并联水库群下泄水沙过程与时机。

1. 万家寨水库与三门峡水库对接时机

万家寨水库与三门峡水库对接时机优化，目的是使三门峡水库库区的溯源冲刷效果最大化。理想状态下，万家寨水库下泄流量到达三门峡水库时，三门峡水库正好转为敞泄排沙运用，万家寨水库泄放的水流冲刷三门峡水库库区淤积的泥沙，一方面恢复了三门峡水库的有效库容，另一方面三门峡水库出库的较高含沙水流，可为小浪底水库异重流塑造提供后续动力和沙源。

图 3-112 给出了黄河万家寨—潼关 100～1500 m³/s 流量级水流传播时间，图 3-113 表示不同流量下潼关洪水到达三门峡坝前的传播时间，二者结合即可指导万家寨水库与三门峡水库水沙对接时机的确定。从图 3-113 可以看出，三门峡水库坝前水位和潼关来流过程均会对库区洪水演进时间产生影响。三门峡水库的坝前水位越高，流量越大，洪水传播过程中的重力波作用明显大于动力波，因此洪水到达坝前的传播时间越短；来流量越大，坝前水位对洪水波到达坝前的传播时间影响越小。相似的结论在三峡水库得到了验证（陈力和段唯鑫，2014），如图 3-114。

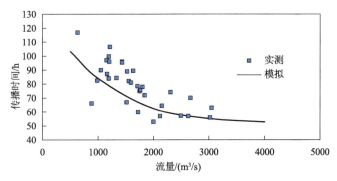

图 3-112　万家寨—潼关洪水传播时间

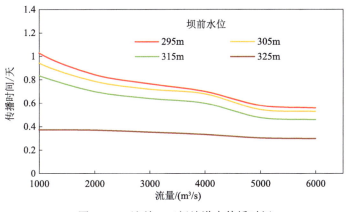

图 3-113　潼关—三门峡洪水传播时间

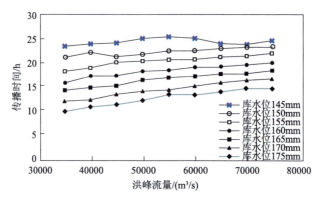

图 3-114　不同洪峰流量三峡水库库区洪水传播时间与库水位相关关系图

2. 三门峡水库与小浪底水库对接时机

三门峡水库与小浪底水库对接时机优化的目的是，尽可能在小浪底库区塑造人工异重流，实现小浪底水库的高效排沙。对于含沙量较高的洪水，应以塑造浑水异重流且维持长距离输运出库为目标，尽可能满足异重流在三角洲顶点附近潜入，对应小浪底水库应及时调整坝前水位满足其潜入条件；对于含沙量较低的中小洪水，应以满足库区淤积滩面不再淤高、主河槽通过溯源冲刷恢复库容为目标，对应小浪底水库水位应低于淤积滩面；对于超标准大洪水，应以下游防洪安全为目标，控制出库流量。三门峡水库出库至小浪底水库坝前不同流量级水流的传播时间计算结果见图 3-115。类似地，从图 3-115中可以看出，坝前水位和三门峡水库出库流量均会对洪水在小浪底水库库区的传播时间产生影响。小浪底水库的坝前水位越高，来流量越大，洪水传播的时间越短；来流量越大，坝前水位对传播时间的影响越小。

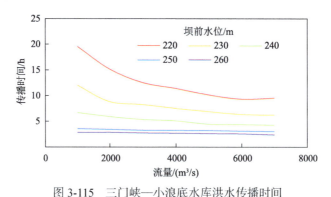

图 3-115　三门峡—小浪底水库洪水传播时间

3. 小浪底水库与支流水库群对接时机

小浪底水库与支流水库群的对接时机优化的目的是，通过小浪底水库塑造一定历时和一定大小的流量、含沙量及泥沙颗粒级配过程，加载于小浪底水库下游伊洛河、沁河的"清水"之上，并使之在干支流交汇处准确对接，最终形成花园口站协调的水沙关系，既排出小浪底水库泥沙，又使小浪底—花园口"清水"不空载运行，充分发挥黄河下游河道行洪输沙功能。图 3-116～图 3-119 分别表示陆浑—黑石关、故县—黑石关、黑石关—花园口和河口村—花园口的洪水传播时间。图 3-120 表示小浪底—花园口洪水传播时间，洪水传播时间与流量和河床阻力相关，同一流量，河床阻力越大，传播时间越长。

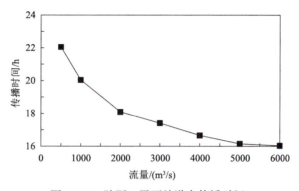

图 3-116 陆浑—黑石关洪水传播时间

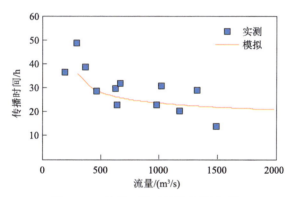

图 3-117 故县—黑石关洪水传播时间

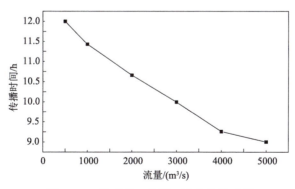

图 3-118 黑石关—花园口洪水传播时间

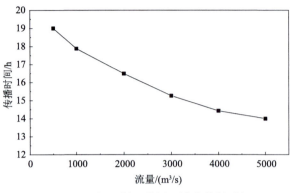

图 3-119　河口村—花园口洪水传播时间

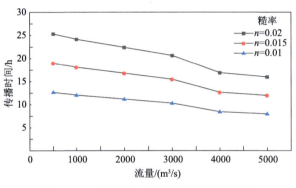

图 3-120　小浪底—花园口洪水传播时间

4. 水沙过程整体优化的水库群调控效应

综上所述,水沙过程整体优化的水库群调控存在显著的叠加效应。万家寨水库下泄流量过程到达三门峡水库时,三门峡水库应正好转为敞泄排沙运用,水流冲刷三门峡水库库区淤积的泥沙,一方面恢复了三门峡水库的有效库容,另一方面下泄形成较高含沙量水流,为小浪底水库库区塑造异重流提供了后续动力和沙源;三门峡水库下泄较高含沙水流至小浪底库区后,小浪底水库适时调节坝前水位和出库流量过程,人工塑造长程异重流排沙出库,实现水库的高效输沙;异重流排沙出库后,与支流水库群释放的清水过程汇合,发挥清水的泥沙负载作用,协调花园口以下水沙关系,在确保下游河道防洪安全的基础上,充分发挥河道的行洪输沙功能。

在水库群整体优化的过程中,滚动观测和实时修正至关重要。实际调度必须根据万家寨—三门峡—小浪底—花园口间 24h(4h 间隔)的流量过程实测结果,分析推算、实时修正各水库的坝前水位、出库流量、含沙量,实施关键水沙过程时空对接。特别是在潼关、花园口等关键控制断面加强实时监测,一旦发现偏差,实时进行修正,最终使整个过程达到精准可控,实现枢纽群高效输沙和下游河道行洪输沙功能充分发挥的双赢目标。

第4章　下游河道河流系统对泥沙动态调控的
多过程响应机理

河流系统的服务功能是多方面的。河流系统的演化受河流本身水沙输移能力、区域社会经济发展、生态环境良性维持等多过程综合影响，同时各过程之间彼此互馈作用（Determan et al.，2021；Hein et al.，2021）。受国情、国力和人们认知水平的制约，以往的黄河水沙调控重点关注黄河下游的防洪减淤，有关科学研究也多集中在水沙输移规律与机理、河床演变与河道整治等方面（许炯心，2012；李军华等，2018；胡一三等，2020）。

近 20 年的黄河调水调沙试验和工程实践，使治黄工作者更加坚定了调水调沙的信心，也充分认识到泥沙调控的难度和适时动态调控的重要性。近年来，随着河道整治工程建设和水沙调控体系的逐步完善，黄河泥沙动态调控具备了基本条件。受理论研究水平的影响，目前黄河水沙调控虽然兼顾了河口生态恢复和两岸乃至外流域社会经济发展对水资源的需求（章光新，2008；Song et al.，2020；宋劼等，2020；Hou et al.，2021），但仍难以满足当前国家和社会对黄河治理提出的更高要求，离黄河流域行洪输沙-社会经济-生态环境多维协同的治理目标还存在一定差距（岳瑜素等，2020）。同时，在当前泥沙资源属性日益彰显的新时代，泥沙淤积与河流系统功能有效发挥之间的矛盾关系也发生了显著变化。因此，面对新情势和新挑战，迫切需要开展防洪减淤、生态环境、社会经济对黄河干支流枢纽群泥沙动态调控的多时空尺度响应机理研究，提出满足黄河下游河流系统多维功能协同发挥的水-沙调控过程。

本章基于水沙动态调控下对下游河流系统水沙-环境生态-社会经济的多过程耦合网络结构的梳理，面向黄河下游防洪减淤、生态环境健康、社会经济发展的现实需求，采用野外观测、室内实验、理论研究、统计分析、模型计算等手段，揭示了多重人类活动影响下下游河流系统水沙-水环境-水生态-社会经济演变机制；提出了未来适应骨干枢纽群泥沙动态调控的下游河势控导工程优化布局，确定了下游河道纵横断面与平面形态稳定控制指标及阈值；揭示了多重胁迫对下游河流生态系统的胁迫水平及关键影响区；构建了黄河下游滩区行洪输沙-社会经济协调发展的系统动力学模型，阐明了下游宽滩区土地开发利用潜力，优化了滩区土地管理方案；提出了适宜的调水调沙过程和时机，为干支流骨干枢纽群泥沙动态调控实现多重人为干扰下下游河流系统多维功能的协同提供了理论和技术支撑。

4.1　下游河道演变对枢纽群泥沙动态调控的多时空尺度响应机理

黄河上中游的水沙动态调控直接影响进入下游河道的物质组成和能量耗散，进入下游河道的物质和能量变化将直接影响下游河道演化，包括河床形态和洲滩演变等。本节主要从下游河道物质组成与能量耗散沿程分布对水沙动态调控过程的响应规律、下游河床演变对泥沙动态调控的响应规律及趋势预测等方面,阐述下游河道演变对枢纽群泥沙动态调控的多时空尺度响应机理。

4.1.1 下游河道物质组成与能量沿程分布对水沙动态调控的响应规律

1. 下游河道物质组成时空变化特征及其对水沙动态调控的响应规律

在水库的不同运用阶段,下游河道物质组成对水沙动态调控的响应不同,表现出以下的变化特征和响应规律。

随水沙条件和河道边界条件的改变,河道物质组成也会发生相应的调整。下游河道的物质组成主要是水和泥沙。在来水来沙方面,枢纽群的不同运用阶段,进入下游的水沙各不相同,水库运用也将改变汛期和非汛期进入下游河道的水沙比例。以三门峡水库为例,1960 年 10 月～1964 年 10 月为三门峡水库蓄水拦沙期,进入黄河下游的水量增加,沙量大幅减少(图 4-1)。1960 年以前每年进入黄河下游的平均水量为 452.1 亿 m³,平均沙量为 17.10 亿 t。1960～1964 年平均来水量增加到 558.8 亿 m³,平均来沙量减少到 5.82 亿 t。汛期来水量和来沙量占全年的比例减小,非汛期来水量和来沙量占全年的比例增加(图 4-2)。

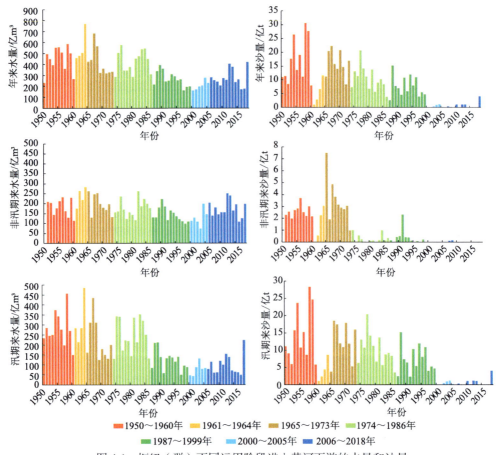

图 4-1　枢纽(群)不同运用阶段进入黄河下游的水量和沙量

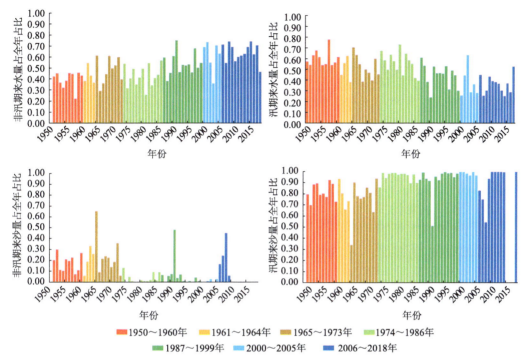

图 4-2　枢纽（群）不同运用阶段非汛期、汛期进入黄河下游水量和沙量占比

1964 年 11 月～1973 年 10 月，为三门峡水库滞洪排沙期，与之前相比，进入黄河下游的水量大幅减少，沙量大幅增加，主要表现为非汛期进入黄河下游的水量增加，而汛期进入黄河下游的水量进一步减少；相反，非汛期进入黄河下游的沙量比例下降到 21.37%，汛期进入黄河下游的沙量从占全年的 73.77% 提高到 78.63%。

1973～1985 年，三门峡水库"蓄清排浑"控制运用，进入黄河下游的水量比之前略有增加，沙量比之前减少；其中非汛期进入黄河下游的水量较滞洪排沙期减少，汛期增加；非汛期进入黄河下游的沙量比例较滞洪排沙期下降较多，从 21.37% 降至 3.04%；汛期进入黄河下游的沙量比例较滞洪排沙期明显增长，从 78.63% 增至 96.97%。

1986～1999 年，由于黄河中上游地区降水量的减少与水资源的大规模开发利用，进入黄河下游的水量明显减少，加上上中游地区的综合治理，进入黄河的沙量有所减少，从而出现了黄河下游历史上少有的枯水少沙组合。其间进入黄河下游的年均水量降至 300 亿 m³ 以下，年均沙量也降至 7.62 亿 t。这期间，三门峡水库为了多排沙恢复库容，往往利用桃汛洪水在汛期适时加大排沙，导致非汛期来沙量增加，汛期来沙量依然很大。

1999 年底小浪底水库下闸蓄水，三门峡与小浪底水库联合运用，水沙关系的变化远较三门峡水库单独运行时期显著得多。2000～2006 年属于小浪底水库拦沙初期，进入黄河下游的水量和沙量都大幅减少。非汛期来水量进一步大幅增加，从之前的占全年总量的 53.57% 增加到 63.47%，汛期的来水量进一步下降，下降幅度达到 10%。来沙量从 7.88 亿 t 减小到 0.65 亿 t，非汛期来沙量从占全年的 5.17% 下降到 2.90%，汛期来沙量从占全年的 94.86% 提高到 97.10%。

2007～2017 年属于小浪底水库拦沙期，进入黄河下游的水量比之前有所回升，但仍然偏少，为 266.6 亿 m³；进入黄河下游的沙量仅为 0.54 亿 t。非汛期进入黄河下游的水量稍有增加，从之前占全年总量的 63.47%增加到 64.79%，汛期的水量稍有下降。非汛期进入黄河下游的沙量从占全年的 2.90%增加到 6.63%，汛期的沙量从占全年的 97.10%下降为 93.37%。

2018～2020 年，黄河上游进入丰水期，连续 3 年进入黄河下游的水量大幅度增加，年均进入黄河下游的水量超过了 450 亿 m³，增幅达到 71%；万家寨-三门峡-小浪底水库联合调控及 "一高一低" 全河调水调沙的实施，使得进入黄河下游的沙量也大幅增加，年平均超过 3 亿 t。

泥沙级配是河流泥沙研究的重要因子，也是表征黄河下游河流物质组成的关键参数之一。为了分析黄河下游河道物质组成的时空变化特征，我们统计了不同时期下游河道床沙粒径的沿程分布情况。

从图 4-3 可以看出，随着时间的推移床沙总体呈粗化态势，但同一断面随着上中游水库（群）不同运用阶段的变化，河床淤积物质的粗化、细化有明显调整和传递的过程。其中，花园口断面 1950～2019 年总的粗化程度最大，床沙中值粒径（D_{50}）的粗化程度达到了 122%；孙口断面的粗化程度最小，为 19.7%；利津断面 1950～2019 年的粗化程度为 54.2%。下游河道上下河段的差异也比较明显，高村以上是宽河道，具有天然的调节水沙能力，对泥沙的量和级配均调整幅度较大，汛期多表现为泥沙堆积区，非汛期又成为泥沙的主要恢复来源区，故该河段在整个下游河道粗化细化调整幅度最明显；艾山以下是下游河道的窄河段，艾山—利津床沙 D_{50} 变化不明显，沿程变化基本上属于平行抬升，变化幅度基本一致。

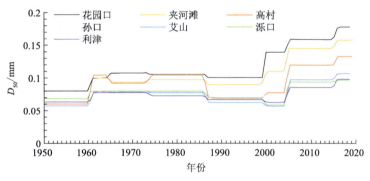

图 4-3　不同时期下游河道床沙 D_{50} 沿程变化

从时间尺度上看，1960 年以前，黄河下游河道水沙基本属于天然来水来沙期，水量相对较丰，来沙也较多，且这一时期河道整治工程不完善，河势摆动非常大，河道淤积较多，床沙组成从上到下相对变幅较小；2000 年之后，随着小浪底水库的运用和下游河道整治工程的逐步完善，河势摆动范围减小，河槽床沙调整幅度较大，床沙组成粗化明显。

具体来说，三门峡水库蓄水拦沙运用期，河床整体粗化，花园口的粗化程度达到了 25%；三门峡水库滞洪拦沙，床沙粗化比前一阶段有所降低；三门峡水库蓄清排浑运用，主河槽床沙变化不大。2000 年小浪底水库开始运用后，黄河下游河道的床沙持续粗化，且逐渐趋于稳定。其中，小浪底水库运用初期花园口床沙粗化明显，增幅达到60%；2006～2017 年，河床粗化程度比前期有所下降，逐渐趋于平稳，花园口床沙 D_{50} 稳定在 0.16～0.17（图 4-4）。2018 年是一个典型的丰水年，小浪底水库持续调控下泄较大流量过程，花园口断面全年实测径流量 447.8 亿 m^3，河床级配粗化幅度显著增大。

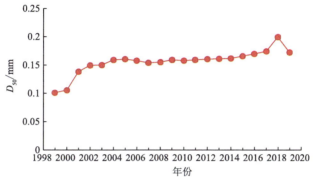

图 4-4　小浪底运用后花园口床沙 D_{50} 变化

2. 下游河道能量耗散沿程分布变化特征及其对水沙动态调控的响应规律

冲积河流体系内部能量分配、耗散调整将使能量的沿程分配保持均匀一致，满足单位河长内水流功率最小。这一能量分布规律无论是对于长时间系列还是对于短时间尺度都是能够满足的。

对于任一河段，单位体积水体所具有的能量可表示为势能和动能之和，即

$$E_i = \gamma\left(\Delta Z_i + V_i^2 / 2g\right) \tag{4-1}$$

式中，ΔZ_i、V_i 分别表示河段 i 的落差和平均流速。

从长时段平均考虑，能量分布规律应满足：

$$\overline{E_i} = \frac{1}{T}\int_0^T \gamma\Delta Z_i \mathrm{d}t + \frac{1}{T}\int_0^T \gamma\frac{v_i^2}{2g}\mathrm{d}t = C \tag{4-2}$$

式（4-2）右端第一项势能改变部分，就是某河段单位水体 i 河流能量的沿程耗散，也可说是水流克服当地摩擦阻力、切割地貌所做的功，其中：

$$\gamma\Delta Z_i = \gamma J_i \Delta l_i = \gamma J_i V_i \Delta t_i \tag{4-3}$$

式中，J_i、Δl_i 分别为河段 i 的总比降和河槽长度；Δt_i 为水流流经河段 i 的时间。

式（4-3）中若其中一项能量发生变化，另一项能量也必然会相应改变。例如，水沙条件变化引起的动能项 $\gamma V_i^2 / 2g$ 改变，则势必会通过调整河段比降、长度等使势能 $\gamma\Delta Z_i$ 有相应改变。

冲积河流是自然环境中的一个动态反馈系统。在河流系统上游修建水库群，实施水

沙的动态调控，会在很大程度上改变或影响进入下游河道的径流、泥沙数量和过程，导致河流能量耗散沿程分布发生变化，从而引起河道比降和河道形态做出响应性反馈调整。以下利用最小能耗原理，计算黄河下游花园口、高村、利津三个典型断面在不同水沙动态调控下能量耗散的变化过程。挟沙水流的水力机械能是由水和悬移质所组成的浑水水体的势能和动能的总和。

在此，利用式（4-4）表示典型断面的能耗。

$$P = \gamma Q J \tag{4-4}$$

式中，γ 为单位体积（水体）的重力（N/m³）；Q 为流量（m³/s），即单位时间内流过某断面的水体；γQ 为单位时间水体流过的总重力；J 为比降，表示单位流程（长度）落差，也就是总重力做功的距离（‰）；P 为单位时间内流过断面的总水体在单位长度（流程）上所耗散的能量（J）。

表 4-1 给出了不同时期黄河下游河道沿程能量耗散平均值及其他参数值，图 4-5 是黄河下游河道能量耗散沿程分布情况。从空间层面看其整体趋势，能量耗散从上段到下段沿程逐渐递减，且不同水沙调控方式下沿程各站的能量耗散不同。从时间尺度看，除 1973～1986 年外，下游能量耗散整体处于一个较为稳定的范围内。

表 4-1　不同时期黄河下游河道沿程能量耗散平均值及其他参数值

时期	花园口				高村				利津			
	γ	Q	J	P	γ	Q	J	P	γ	Q	J	P
1960 年以前	1017	1780	2.08	0.439	1014	1773	1.60	0.356	1013	1996	1.30	0.331
1960～1964 年	1008	1798	1.69	0.328	1008	1723	1.36	0.232	1010	3059	1.09	0.405
1965～1966 年	1013	2116	2.06	0.468	1012	2232	1.40	0.292	1011	2446	0.99	0.310
1967～1973 年	1021	1840	2.51	0.512	1022	2365	1.56	0.349	1019	2319	1.05	0.302
1974～1986 年	1021	3022	3.16	1.123	1015	3630	1.47	0.559	1016	3130	1.46	0.510
1987～1999 年	1020	1176	2.17	0.287	1019	1012	1.41	0.144	1027	652	1.22	0.096
2000～2015 年	1004	1998	2.64	0.526	1005	2315	1.41	0.347	1006	2141	1.35	0.338
2016～2019 年	1005	1961	2.34	0.384	1007	2354	1.16	0.277	1007	1938	1.05	0.243

图 4-6 给出了花园口站影响单位能量耗散的敏感因素。可以看出，单位能量耗散随流量变化最为敏感，其次是比降，而浑水容重对能量耗散影响不大。其中，能量耗散变化较大的 1973～1986 年，该时期 1980～1985 年为典型的丰水少沙系列，洪水期水量大、沙量少，中大流量历时较长，非常有利于河道输沙。1986～1999 年处于枯水期，比降与前一时段相比有所下降，单位能量耗散下降到稳定范围。2000 年小浪底水库运用后，2000～2015 年和 2016～2019 年流量变化不大，河床比降先上升后下降，单位能量耗散也表现出先上升后下降的态势。

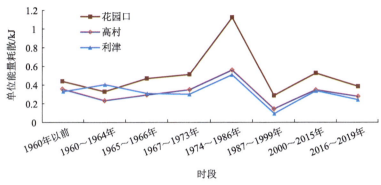

图 4-5　不同运用时期黄河下游河道能量耗散沿程分布

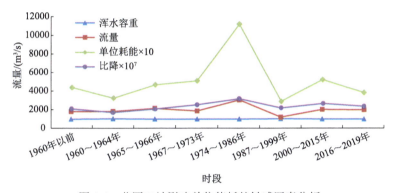

图 4-6　花园口站影响单位能耗的敏感因素分析

浑水容重、单位耗能、比降三个指标的单位与流量不一，因此纵坐标可看作参照量。考虑到单位耗能、比降与流量的取值相差较大，为便于图中展示，将两个指标的值分别乘以 10 和 10^7

4.1.2　下游河床演变对泥沙动态调控的响应规律

水库群对其下游河道的影响主要表现形式之一就体现在来水来沙变化引起的河床演变调整。不同时期随着来水来沙情势和水库运用方式的不同，进入下游河道的水沙条件差别较大，进而引起河床演变的动态调整。

1. 水库建成初期下游河道水-沙-床的时空演变特征

水库建成初期属于蓄水拦沙运用阶段，水库对径流、泥沙调节作用较大，汛期出库径流量和泥沙量减少。1960 年 10 月～1964 年 10 月为三门峡水库蓄水拦沙期，极大地改变了天然来水来沙过程，进入黄河下游的水量增加，来沙量大幅减少。洪峰流量大幅度削减，最大削峰比达 68%左右，中水流量持续时间加长，洪峰过程明显坦化，花园口流量 3000m³/s 以上的历时年均 48 天。

此时，水库除异重流排沙外，下泄沙量很少而且非常细。下游河道自上而下普遍发生冲刷，主要集中在高村以上河段，河道的冲刷使河槽排洪能力增大。花园口—高村河段由于当时河道整治工程不完善，河道边界控制性较差，河床既有下切，又有展宽，断面形态变化不大，仍呈现典型的宽浅散乱态势；高村以下两岸河道工程控制较好，主河槽以下切为主。该时期下游河道冲刷泥沙以细沙为主,这是因为该时期流量大,河道整治工程数量少,河势摆动范围相对较大,泥沙冲刷不仅来自河槽,同样滩地塌失也会补给大量的细泥沙。河道发生冲刷,平滩流量增大,花园口附近河槽过流能力达到 6840m³/s,下游河道河槽过流能力平均比三门峡水库修建前(1960 年以前)增加了 1000m³/s 左右。

1999~2006 年属于小浪底水库拦沙初期,进入黄河下游的水量和沙量都大幅减少,此阶段下游河道全段发生明显的冲刷下切,沿程冲刷量分布呈现两头大、中间小的特点,即高村以上河段和艾山以下河段冲刷较多,高村—艾山河段冲刷较少。其中,高村以上河段冲刷 5.949 亿 m³,占冲刷总量的 75%,特别是夹河滩以上河段冲刷量达 5.13 亿 m³,占冲刷总量的 65%;艾山—利津河段冲刷 1.322 亿 m³,占冲刷总量的 16.7%;高村—孙口河段仅冲刷 0.385 亿 m³,占冲刷总量的 4.5%。

从冲淤沿程发展情况看,冲刷不断向下游发展。2000 年由于小浪底水库大量蓄水,运用年内基本为小流量下泄过程,冲刷主要发生在夹河滩以上河段,2001 年小浪底水库仍然是小流量下泄过程,冲刷主要发生在高村以上,较 2000 年冲刷距离有所增加,2002 年非汛期下游平均流量 509m³/s,冲刷发展到孙口,冲刷河段明显下移。2003 年非汛期下游平均流量虽然仅 331m³/s,冲刷发展到艾山,冲刷重心仍在花园口—夹河滩河段,占下游冲刷量的 99%。2004 年非汛期下游平均流量虽然达 1026m³/s,较 2001 年、2002 年、2003 年非汛期平均流量都大,但冲刷距离相对较短,仅发展到高村。2005 年非汛期来水量较 2004 年小,汛期水量与 2004 年基本持平,但汛期平均含沙量较低,冲刷发展到孙口。2006 年整个调水调沙期间,小浪底水库出库沙量 0.0841 亿 t、水量 53.86 亿 m³,利津站输沙量 0.648 亿 t、水量 48.13 亿 m³,由于河段引沙,小浪底至利津河段冲刷量为 0.601 亿 t,除夹河滩—高村和艾山—泺口微淤外,其他河段均发生冲刷。与前几次调水调沙相比,虽然本次调水调沙进入下游河道平均流量有所增加,但冲刷效率仅为 11.06kg/m³,小于前几次调水调沙过程,夹河滩—高村和艾山—泺口还发生了微淤。这是由于小浪底水库建成后,下游河道发生连续冲刷,河床粗化,抗冲刷性增强,下游河道的引水也是本次调水调沙冲刷效率降低的一个因素。

同时,黄河下游主河槽逐渐刷深,过流能力大幅增加,下游 7 个站的平滩流量整体提高,且表现为上段增加得多、下段增加得少。2000~2006 年花园口站平滩流量从 3600m³/s 恢复到 5500m³/s,夹河滩站从 3300m³/s 增加到 5000m³/s,高村站从 2600m³/s 左右增加到 4500m³/s,孙口站从 2450m³/s 左右增加到 3500m³/s,利津站从 3100m³/s 左右增加到 4000m³/s。

2. 水库拦沙后期下游河道水-沙-床的时空演变特征

1964 年 11 月~1973 年 10 月为三门峡水库滞洪排沙期,该时期属于平水多沙系列。三门峡水库全年敞开闸门泄流排沙,经过两次改建,泄流能力逐渐增大,出库的水沙过程有所改善,但水库的滞洪削峰作用依然较大,削峰率可达 30%~40%,出库的流量过程调匀,排沙较少,而洪水过后降低水位排沙,形成“大水带小沙、小水带大沙”水沙关系极不协调的过程,这种水沙关系非常不利于下游河道均衡输沙,造成下游河道淤积量增加，而且主河槽淤得多、滩地淤得少，造成滩槽高差减小，特别是艾山以下主河槽淤积加重，排洪能力上大下小的矛盾更加尖锐。小浪底—利津河段年均淤积 3.172 亿 m³，其中小浪底—花园口、花园口—高村、高村—艾山、艾山—利津四河段年均淤积分别为 0.587 亿 m³、1.511 亿 m³、0.554 亿 m³、0.52 亿 m³，分别占 18.5%、47.6%、17.5%、16.4%。这种运用方式实质上是把大洪水淤滩刷槽的概率降低了，本应淤在滩地的泥沙，而由于水库的滞洪作用留在库内，洪水过后降低水位排沙淤在下游河道主河槽内，改变了淤积部位。同时，由于 1958 年大洪水之后两岸开始普遍修建生产堤，一般洪水只在生产堤之间运行，生产堤与大堤之间滩地进水概率较小，淤积量自然减小，因此局部河段在两岸大堤之间已逐步形成一条河床高于生产堤以外滩地的"二级悬河"。这一阶段，下游河道河槽的平滩流量开始大幅下降，过流能力降低，花园口站从 1964 年 8200m³/s 下降到 3560m³/s，夹河滩站从 8500m³/s 下降到 3400m³/s，高村从 9500m³/s 下降到 3500m³/s，孙口从 8300m³/s 下降到 3780m³/s，利津站从 7500m³/s 下降到 3800m³/s。

2007～2017 年属于小浪底水库拦沙期，受上游来水来沙情势变化和水库拦沙作用的影响，进入黄河下游的水量整体呈增多趋势，沙量大幅减少。花园口最大日均流量基本稳定，最小日均流量随着这些年上游来水量增加和全河水资源统一调度的影响逐年有所增加（图 4-7），最大和最小日均含沙量逐渐减小（图 4-8）。这一阶段，黄河下游河床进一步冲刷，冲刷量有逐步减小的趋势，主河槽窄深且逐渐趋于稳定，河势摆动幅度减小，河床粗化，河槽平滩流量继续增加且增加幅度逐渐趋于平稳，下游河道过流能力逐年有所提高。

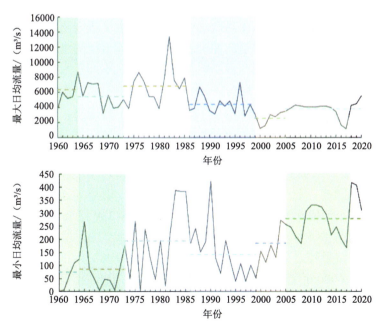

图 4-7　水库不同运用时期黄河下游花园口站最大和最小日均流量变化

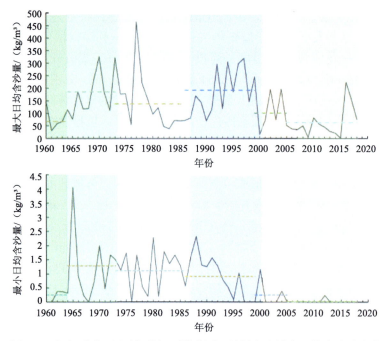

图 4-8　水库不同运用时期黄河下游花园口站最大和最小日均含沙量变化

3. 水库正常运用期下游河道水-沙-床的时空演变特征

1973～1985 年三门峡水库"蓄清排浑"控制运用，即水库在非汛期蓄水拦沙，下泄清水，下游河道发生冲刷；汛期水库降低水位排沙，加大了进入下游河道的泥沙量，下游往往会发生一定程度的淤积。河道的冲刷或淤积随水库下泄的水沙量和水沙关系的协调程度发生相应的响应，演变过程明显不同于建库前，也不同于水库滞洪运用期。这期间，黄河下游共发生了两场典型洪水：一是 1977 年的高含沙洪水，花园口最大流量 10800m³/s，最大实测含沙量 809kg/m³；二是 1982 年 8 月洪水，花园口最大洪峰流量 15300m³/s，为中华人民共和国成立后发生的第二大、三门峡水库修建后最大洪峰值，该场洪水洪量大，最大含沙量仅 47.44kg/m³。该时期，黄河下游河道演变经历了 1973～1980 年以淤积为主与 1981～1985 年以冲刷为主的两个不同阶段；小浪底—花园口河段年均冲刷 0.264 亿 m³；花园口—利津河段年均淤积 0.500 亿 m³，其中花园口—高村、高村—艾山、艾山—利津三个河段年均淤积分别为 0.093 亿 m³、0.339 亿 m³、0.068 亿 m³，分别占该河段总淤积量的 18.5%、67.8%、13.7%。

该时期，平滩流量较之前总体略有增加。其中，到 1980 年汛前，下游河道的平滩流量增大到 4000～6000m³/s，接近建库前的水平。1981～1985 年黄河下游来水来沙条件十分有利，河道平滩流量进一步增大；到 1985 年汛前，下游河道平滩流量平均达 6000～7000m³/s。花园口断面平滩流量呈现出波动中逐渐增加的趋势，从 1974 年 4120m³/s 增加到 1985 年 6900m³/s（图 4-9）；夹河滩断面从 1974 年 3600m³/s 增加到 1985 年 7000m³/s；高村断面从 1974 年 3370m³/s 增加到 1985 年 7600m³/s，此间经历两次较大波动，1974～1977 年呈现持续增加趋势，之后逐渐减小，到 1981 年降至 3900 m³/s，随后又持续增加，达到该时段的最大值;孙口呈现和高村一样的变化趋势,从 1974 年 3350m³/s 增加到 1985 年 6500m³/s,1983 年达到该时段的最大值,为 6800 m³/s;泺口和利津断面与高村和孙口断面的变化趋势类似,泺口从 1974 年 3000 m³/s 增加到 1985 年 6000m³/s,利津断面从 1974 年 3600m³/s 增加到 1985 年 6300m³/s,1983 年达到该时段的最大值,为 7000m³/s。

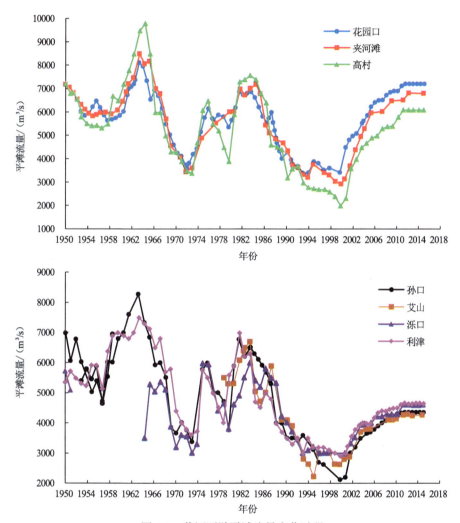

图 4-9　黄河下游平滩流量变化过程

1985~1999 年,是黄河下游枯水少沙时期,来水连续偏枯,而来沙年际变化较大,中枯水流量历时变长。这期间,黄河下游发生的最大洪水为 1996 年 8 月洪水,花园口洪峰流量为 7860m³/s,仅相当于洪峰流量的多年平均值,但下游绝大部分河段出现历史最高洪水位,漫滩淹没损失十分严重。

由于这期间来沙偏少,下游河道淤积总量并不是很大,小浪底—利津河段年均淤积 1.636 亿 m³,其中小浪底—花园口、花园口—高村、高村—艾山、艾山—利津四河段年均淤积分别为 0.306 亿 m³、0.792 亿 m³、0.247 亿 m³、0.290 亿 m³,分别占总淤积量的 18.7%、48.4%、15.1%、17.7%。但是,最不利的情况是,淤积的泥沙大部分集中在主河槽内，造成主河槽严重萎缩，尤其是高含沙小洪水机遇的增多，使得河南宽河段主河槽及嫩滩淤积严重，同流量水位升高较快，加剧了"二级悬河"的发展，增大了黄河下游的防洪压力。

水库不同运用时期黄河下游沿程各河段冲淤量整体分布情况如图 4-10 所示。

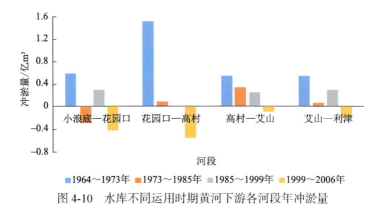

图 4-10　水库不同运用时期黄河下游各河段年冲淤量

1986 年之后，下游河槽迅速回淤，平滩流量急剧减小。到 1996 年汛期，下游主要控制断面的平滩流量已下降到 3000m³/s 左右，接近 1973 年汛前的情况。1997～1999 年黄河下游花园口和夹河滩断面冲刷，平滩流量有所回升，高村和孙口断面继续下降。艾山断面于 1997 年达到近 70 年的最小值 2200m³/s。泺口和利津断面微冲，平滩流量平稳中略有回升。

以上均为三门峡水库进入正常运用期之后黄河下游河道的表现情况，由于水利部黄河水利委员会在总结三门峡水库调度运用经验和系统研究水沙调控下黄河下游河床演变规律的基础上，通过理论探索和大量实体模型试验，科学制定小浪底水库及水库群联合调控指标和调度方案，加之仅 20 年有利的来水来沙条件，不仅小浪底水库有效库容得以保持，也使黄河下游河道河槽过流能力得到不断提高，目前小浪底水库仍处于拦沙运用后期。顺便地，我们给出 2018～2020 年下游河道冲淤变化情况。由于这几年黄河上游持续丰水，水利部黄河水利委员会抓住有利时机实施全河汛前调水调沙，并形象地称其为"一高一低"调度，有效兼顾了黄河水资源的年度和多年调节。"一高一低"调度，即龙羊峡水库在满足汛期调度规程的前提下拦洪削峰，尽量高水位运行，一方面为全河水资源高效利用储备水量，另一方面减小汛期洪水调节空间，尽量少削弱汛期进入宁蒙河段的洪峰流量，缓解龙-刘水库运用对宁蒙河段淤积造成的影响；小浪底水库尽量降低水位运用加大排沙效果，一方面腾库迎洪，另一方面尽可能地恢复小浪底水库有效库容，延长其使用寿命。2018 年和 2019 年汛前调水调沙使小浪底水库排沙期下游河道发生了显著淤积，但淤积均集中在夹河滩以上河段；2019 年水库出库粗颗粒泥沙比例偏高，使得 2019 年淤积量和淤积比大于 2018 年；2020 年黄河下游利津以上河段呈现微淤的状态，淤积量为 1.003 亿 t，其中大部分淤积在了夹河滩以上。淤积的这些泥沙经过汛期和汛后下泄清水期的冲刷，基本实现了冲淤平衡，2018～2020 年黄河下游的平滩流量比之前略有增加。

4.1.3　泥沙动态调控黄河下游河床演变趋势预测

1. 下游河道冲淤演变准二维水动力学模型简介

本次研究采用黄河水利科学研究院自主开发的黄河下游准二维短时冲淤调整与长期地貌演变的动力学模型进行河床演变趋势预测。该模型计算选用描述水流与泥沙运动的水流连续方程、水流运动方程、泥沙连续方程和河床变形方程，并通过引入附加系数 K_1 及泥沙非饱和系数 f_1，完善了河床变形方程和泥沙连续方程，使其更适用于多沙河流的水沙运动特性，大大提高了模型的可预测性，多年来在小浪底水库调水调沙方案确定及黄河下游河道防洪与综合治理中发挥了重要作用。

本研究重新构建了平滩流量计算模块，用于预测分析小浪底水库拦沙后期黄河下游平滩流量的变化，并采用 2013～2016 年实测结果进行了验证。图 4-11 给出了花园口至利津不同年份平滩流量实测与模拟结果的对比情况，可以看出该模型模拟精度较高，能很好地预测黄河下游河道平滩流量的变化。

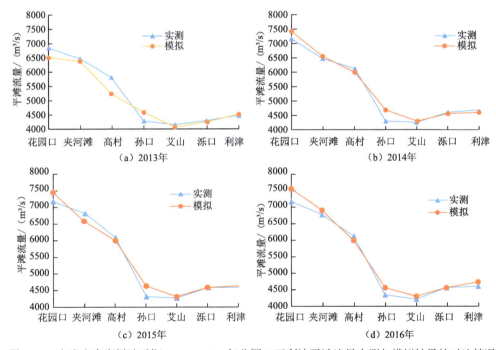

图 4-11　小浪底水库拦沙后期 2013～2016 年花园口至利津平滩流量实测与模拟结果的对比情况

2. 典型场次洪水不同泥沙调控方式下黄河下游河床演变趋势预测

选用黄河下游 1977 年、1992 年和 1996 年 3 场不同水沙组合、洪水演进特征颇具代表性的典型洪水开展预测计算。

针对 3 场典型洪水，分别设置了原型实际运用方式和不同调控运用方式。原型实际运用方式直接采用实测水沙过程开展黄河下游河床演变预测模拟。不同调控运用方式主要采用考虑小浪底水库的控泄和敞泄运用两种方式，控泄方式拟定控制花园口流量不大于 4000m³/s 方案，小浪底起调水位分别采用 220m 和 225m；敞泄运用方式拟定小浪底水库预泄、不预泄两种方式，预泄时小浪底水库起调水位 225m，不预泄时小浪底水库起调水位分别采用 220m 和 225m。

各典型洪水不同调控运用方式下的小浪底水库运用水位如表 4-2 所示。

表 4-2　高含沙中常洪水各运用方式小浪底水库起调水位

典型（年.月）	起止时间（日）				控泄/m	敞泄/m	
	开始时间		结束时间			不预泄	预泄
1977.8	8	1	8	14	225、220	225、220	225
1992.8	8	7	9	3	225、220	225、220	225
1996.8	7	31	8	15	225、220	225、220	225

1）1977 年典型洪水

1977 年是典型的丰沙年，三门峡水库年水量仅 307 亿 m³，年沙量却高达 20.8 亿 t，且主要集中在 7 月、8 月连续出现的两场高含沙洪水中。7 月洪水主要来自渭河、北洛河、延河等支流，小浪底水库最大流量为 8100m³/s，最大含沙量为 535kg/m³；8 月洪水主要来自龙门以上偏关河至秃尾河之间的降雨，小浪底水库最大流量为 10100m³/s，最大含沙量高达 941 kg/m³。两场高含沙洪水在黄河下游河道中均表现为严重淤积，淤积部位主要在高村以上的宽浅游荡型河段，占黄河下游总淤积量的 80%以上。

模拟不同调控方式下 1977 年洪水黄河下游各河段的冲淤变化情况，如图 4-12 所示。同一起调水位控制下敞泄+预泄模式，下游河道的淤积量最大，相同调控运用模式下起

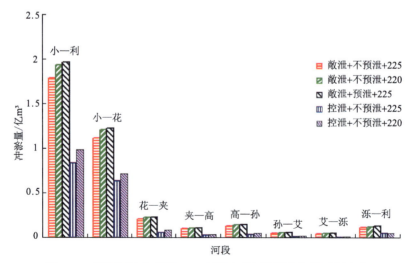

图 4-12　不同调控方式下 1977 年洪水黄河下游各河段冲淤变化

小—利，小浪底—利津；小—花，小浪底—花园口；花—夹，花园口—夹河滩；夹—高，
夹河滩—高村；高—孙，高村—孙口；孙—艾，孙口—艾山；艾—泺，艾山—泺口；泺—利，
泺口—利津。下同

调水位 220m 的淤积量比 225m 的淤积量偏大。高村以上的淤积量占全下游淤积量的 80% 左右，其中敞泄模式下小浪底—花园口的淤积量占全下游淤积量的 60% 以上，控泄模式下小浪底—花园口的淤积量占全下游淤积量的 70% 以上。从整个河段来讲，各调控模式的淤积比均达到了 50% 左右，控泄模式淤积比略小于敞泄模式，敞泄模式下预泄的淤积比略小于不预泄模式。

2）1992 年典型洪水

1992 年 8 月 16 日，花园口站出现了流量为 6260 m³/s 的高含沙洪水，洪水位（94.42 m）比 1982 年花园口流量为 15300 m³/s 时的洪水位还高 0.34 m。本次高含沙洪水花园口最大流量（6260 m³/s）和最大含沙量（535kg/m³）不同步，典型的沙峰在前、洪峰在后，这种不利的水沙搭配造成了花园口—夹河滩河段的严重淤积，仅 8 月 5～19 日河道淤积量就达 1.92 亿 t（输沙率法计算），淤积主要发生在边滩上，淤积厚度达 1.2 m 左右，对河槽形态破坏非常严重。

模拟不同调控方式下 1992 年洪水黄河下游各河段的冲淤情况，如图 4-13 所示。同一起调水位下敞泄+预泄模式，黄河下游河道的淤积量最大，相同调控运用模式下起调水位 220m 的淤积量同样比汛限水位 225m 的大；高村以上的淤积量占全下游淤积量的 80% 以上，其中敞泄模式下小浪底—花园口的淤积量占全下游淤积量的 70% 左右，控泄模式下小浪底—花园口的淤积量占全下游淤积量的近 75%。从各调控模式的来沙量和淤积比计算结果可以看出，整个下游河段，各调控运用模式的淤积比均超过了 50%；敞泄+预泄+225 模式的淤积比略大于敞泄+不预泄+225 模式，但略小于敞泄+不预泄+220 模式。

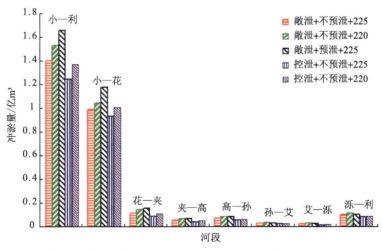

图 4-13　不同调控方式下 1992 年洪水黄河下游各河段冲淤变化

3）1996 年典型洪水

受 1996 年 7 月 8 号台风的影响，黄河中游山西和陕西（简称山陕）区间及三门峡—花园口区间分别于 7 月 31 日～8 月 1 日和 8 月 2～4 日普降中、大雨，局部地区降大到暴雨。黄河小浪底站、伊洛河黑石关站、沁河武陟站均在 8 月 2～7 日出现洪水，洪水传播序递叠加形成花园口站第一号洪峰。8 月 8～9 日山陕区间又降暴雨，黄河中游峡谷区吴堡、龙门、潼关站相继出现 9600m³/s、11200m³/s、7500m³/s 的尖瘦型洪峰，传播至下游形成黄河下游第二号洪峰。两场洪水洪峰传播到孙口河段叠加为一个峰，于 8 月下旬进入渤海。

同样地，我们模拟了不同调控方式下 1996 年洪水各河段的冲淤情况，结果如图 4-14 所示。同一起调水位下敞泄+预泄模式的淤积量最大，相同运用调控模式下起调水位 220m 方案黄河下游的淤积量比起调水位 225m 的偏大；高村以上的淤积量占全下游淤积量的 90%以上，其中敞泄模式下小浪底—花园口的淤积量占全下游淤积量的 80%左右，控泄模式下小浪底—花园口、泺口—利津河段微淤，花园口—泺口河段表现为冲刷。

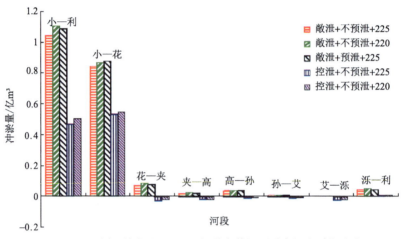

图 4-14　不同调控方式下 1996 年洪水黄河下游各河段冲淤变化

3. 中长期泥沙动态调控下黄河下游河床演变趋势预测

采用黄河流域综合规划设计的中长期水沙系列开展计算。其中，前 3 年采用黄河流域水文年鉴资料，随后采用流域规划的 22 年水沙过程；2030 年以后的 140 年采用 1965～1999 年+1919～1997 年+1956～1981 年水沙过程。

根据规划"桃花峪 2100 年生效"的水沙系列，干流参与调控的枢纽群包括小浪底水库+古贤水库+碛口水库+桃花峪水库。表 4-3 列出了不同时段进入下游的水沙量统计情况。

表 4-3　165 年中不同时段进入下游水沙量

	时段	桃花峪 2100 年生效	
		水量/亿 m³	沙量/亿 t
	前 15 年（小浪底水库拦沙）	4290.9	49.49
	第二阶段 30 年（古贤水库拦沙）	8893.6	179.75
总水沙量	第三阶段 50 年（碛口水库拦沙）	13050.3	238.29
	后 70 年（小浪底、古贤、碛口正常运用）	21622.2	579.98
	桃花峪水库拦沙量	47857	1047.51

续表

时段		桃花峪 2100 年生效	
		水量/亿 m^3	沙量/亿 t
平均水沙量	前 15 年（小浪底水库拦沙）	286.1	3.30
	第二阶段 30 年（古贤水库拦沙）	296.5	5.99
	第三阶段 50 年（碛口水库拦沙）	261.0	4.77
	后 70 年（小浪底、古贤、碛口正常运用）	308.9	8.29
	桃花峪水库拦沙量	290.0	6.35

模拟的不同阶段不同工程边界条件下黄河下游各时段各河段累积冲淤量，参见表 4-4。从表 4-4 中可以看出以下内容。

表 4-4　165 年终各河段累积冲淤量　　（单位：亿 m^3）

时段	小—利	小—花	花—夹	夹—高	高—孙	孙—艾	艾—泺	泺—利
前 15 年	−5.693	−1.350	−1.647	−0.713	−0.685	−0.252	−0.601	−0.445
第二阶段 30 年	27.830	4.533	5.487	4.738	6.088	2.357	1.530	3.097
第三阶段 50 年	34.799	8.288	6.180	5.336	6.280	2.574	2.341	3.800
桃花峪水库运用 3 年	1.240	0.197	0.527	0.162	0.061	0.275	0.048	−0.030
后 67 年	125.857	21.343	26.073	14.924	30.101	16.938	6.383	10.095

阶段 1：从目前黄河水沙情势和小浪底水库运行实际情况看，该时段小浪底水库还应该处于拦沙运用后期，进入黄河下游河道的年均水量 286.1 亿 m^3，年均沙量 3.30 亿 t。由于进入下游的沙量明显较少，下游河道总体上表现为冲刷，全下游共冲刷 5.693 亿 m^3，年均冲刷 0.380 亿 m^3。其中，高村以上宽河道冲刷 3.710 亿 m^3，占总冲刷量的 65.2%；高村—艾山河段冲刷 0.937 亿 m^3，占总冲刷量的 16.5%；艾山—利津河段冲刷 1.046 亿 m^3，占总冲刷量的 18.4%。从冲淤量的时间分布看，前 5 年因小浪底水库拦沙作用更显著，冲刷量也较大，共冲刷 4.840 亿 m^3，占 15 年冲刷量的 85.0%；后 10 年小浪底水库排沙量逐渐增大，加之前期床沙粗化，河道糙率增大，各河段输沙能力有所下降，全下游仅冲刷 0.853 亿 m^3。

阶段 2：该阶段小浪底水库逐步进入正常运用期，古贤水库开始运用，30 年运用期内进入下游河道的年均沙量 5.99 亿 t，年均水量 296.5 亿 m^3，年均沙量与年均水量分别比前 15 年大 2.69 亿 t、10.4 亿 m^3。这期间全下游整体表现为淤积，共淤积 27.830 亿 m^3，年均淤积 0.928 亿 m^3。其中，高村以上宽河道淤积 14.758 亿 m^3，占总冲淤量的 53.0%；高村—艾山河段淤积 8.445 亿 m^3，占总淤积量的 30.3%；艾山—利津河段淤积 4.627 亿 m^3，占总冲刷量的 16.6%。

在小浪底水库和古贤水库运用的 45 年内，全下游共淤积 22.137 亿 m³，年均淤积量为 0.492 亿 m³。

阶段 3：该阶段碛口水库开始运用，在运用期的 50 年内，黄河下游年均水量为 261.0 亿 m³，年均沙量为 4.77 亿 t。这期间全下游共淤积 34.799 亿 m³，年均淤积 0.696 亿 m³。其中，高村以上宽河道淤积了 19.804 亿 m³，占总冲淤量的 56.9%，高村—艾山河段淤积 8.854 亿 m³，占总淤积量的 25.4%；艾山—利津河段淤积 6.141 亿 m³，占总冲刷量的 17.6%。

在小浪底水库、古贤水库和碛口水库运用的 95 年内，全下游共淤积 56.936 亿 m³，年均淤积量为 0.599 亿 m³。

阶段 4：在桃花峪水库运用的 3 年中，进入黄河下游的年均沙量为 5.99 亿 t，年均水量为 359.62 亿 m³。这期间全下游共淤积 1.240 亿 m³，年均淤积 0.413 亿 m³。其中，高村以上宽河道淤积 0.886 亿 m³，占总淤积量的 71.5%。

在小浪底水库、古贤水库、碛口水库和桃花峪水库运用的 98 年内，全下游共淤积 58.176 亿 m³，年均淤积量为 0.594 亿 m³。

阶段 5：中游水库均逐步进入正常运用期的 67 年中，调控泥沙的作用大大减弱，年均沙量 8.39 亿 t，年均水量 306.6 亿 m³。这期间全下游共淤积 125.857 亿 m³，年均淤积 1.878 亿 m³。其中，高村以上宽河道淤积 62.340 亿 m³，占总冲淤量的 49.5%，高村—艾山河段淤积 47.039 亿 m³，占总淤积量的 37.4%；艾山—利津河段淤积 16.478 亿 m³，占总冲刷量的 13.1%。与之前的 98 年相比，高村以上宽河道、艾山—利津河段所占比例有所下降，高村—艾山河段所占比例有所增加。

在 165 年中，下游共淤积 184.033 亿 m³，年均淤积量 1.115 亿 m³。从中可以看出，江恩慧团队近 10 年持续推动的水库泥沙处理与资源利用作为泥沙动态调控的重要措施之一，对减轻水库与下游河道淤积、协调水沙关系意义重大。

4. 未来滩区控导工程连线防护后下游河床演变趋势预测

本次研究还预测了未来滩区控导工程连线情景下黄河下游河道的河床演变情况。基于"3 亿 t"和"6 亿 t"两个来沙系列，对比分析了"宽河固堤"现状条件、控导工程连线方案和"窄河固堤"等 13 种方案黄河下游河床演变趋势。

从全断面淤积量来看，"3 亿 t"系列各方案随堤距增加淤积量差别不大，"6 亿 t"系列各方案淤积量随堤距增加逐渐增加，3.5km 以下增幅较大，3.5km 以上增幅较小，趋势逐渐变缓（图 4-15）。在淤积厚度方面，"3 亿 t"系列各方案淤积厚度在 0.5m 以下，淤积厚度随堤距变化不明显，"6 亿 t"系列各方案淤积厚度分布于 1~2.5m，淤积厚度随堤距增加逐渐减小，且减小趋势比较明显。

从主河槽和滩地的淤积量分布看，"3 亿 t"水沙系列条件下，堤距越宽主河槽淤积量变化不大，滩地淤积量增加（图 4-16）；"6 亿 t"水沙系列条件下，堤距越宽，主河槽淤积量略微下降，滩地淤积量呈大幅增加的趋势。从淤积厚度看，"3 亿 t"水沙系列主河槽和滩地淤积厚度随堤距变化不大，淤积厚度均小于 1m；"6 亿 t"水沙系列条件下，堤距越宽，主河槽淤积厚度减小，变化范围在 0.5m 以内，滩地淤积厚度随堤距变化不大。

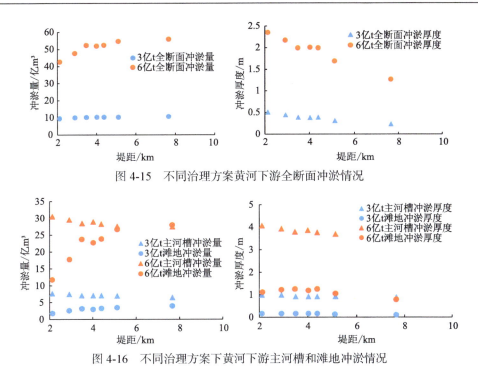

图 4-15　不同治理方案黄河下游全断面冲淤情况

图 4-16　不同治理方案下黄河下游主河槽和滩地冲淤情况

从均衡输沙的角度分析，"3 亿 t"水沙系列条件下，艾山以上河段全断面冲淤厚度随堤距增加逐渐降低，艾山以下河段变化不大（图 4-17）；"6 亿 t"水沙系列条件下，艾山以上河段全断面冲淤厚度随堤距增加呈大幅减小的趋势；艾山以下河段冲淤厚度随堤距变化不明显，在 1～1.5m。宽河段和窄河段主河槽冲淤厚度随堤距减小略微减小，滩地冲淤厚度随堤距变化不大。

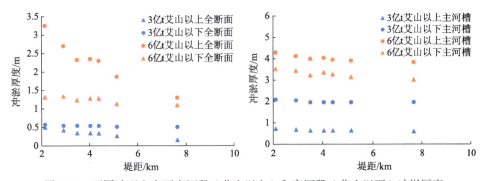

图 4-17　不同治理方案下宽河段（艾山以上）和窄河段（艾山以下）冲淤厚度

从"3 亿 t"和"6 亿 t"两个水沙系列河南宽河段和山东窄河段的淤积比例看（表 4-5），不同治理方案下山东河段淤积量"3 亿 t"均比"6 亿 t"虽然绝对淤积量小，但淤积比例大。从淤积厚度看，"3 亿 t"山东河段淤积厚度均大于河南河段，"6 亿 t"河南河段淤积厚度均大于山东河段。

表 4-5 不同治理模式下不同方案艾山上下河段淤积比例

水沙系列	模式	方案	淤积比例/%	
			艾山以上	艾山以下
3 亿 t	宽河固堤现状模式	现状无生产堤	59.08	40.92
		现状有生产堤	56.85	43.16
	宽河固堤控导工程连线模式	控导工程连线 3.5km-6000	57.14	42.86
		控导工程连线 3.5km-8000	57.14	42.86
		控导工程连线 3.5km-10000	57.14	42.86
		控导工程连线 2.5km-6000	55.42	44.58
		控导工程连线 2.5km-8000	55.42	44.58
		控导工程连线 2.5km-10000	55.42	44.58
		控导工程连线 1.5km-6000	52.21	47.79
		控导工程连线 1.5km-8000	52.47	47.54
		控导工程连线 1.5km-10000	52.47	47.54
	窄河固堤模式	窄河 3.5km	57.14	42.86
		窄河 5.0km	58.06	41.94
6 亿 t	宽河固堤现状模式	现状无生产堤	83.17	16.83
		现状有生产堤	79.23	20.77
	宽河固堤控导工程连线模式	控导工程连线 3.5km-6000	79.40	20.60
		控导工程连线 3.5km-8000	79.45	20.55
		控导工程连线 3.5km-10000	79.49	20.51
		控导工程连线 2.5km-6000	76.74	23.26
		控导工程连线 2.5km-8000	76.68	23.32
		控导工程连线 2.5km-10000	76.39	23.61
		控导工程连线 1.5km-6000	73.81	26.19
		控导工程连线 1.5km-8000	73.97	26.04
		控导工程连线 1.5km-10000	74.34	25.66
	窄河固堤模式	窄河 3.5km	80.21	19.79
		窄河 5.0km	82.62	17.38

"3 亿 t"水沙系列不同方案相比，宽河固堤现状无生产堤方案，艾山以下淤积比例最小，其次为窄河固堤 5.0km 方案，宽河固堤控导工程连线 1.5km-6000 方案艾山以下淤积比例最大，达 47.79%。淤积厚度，全下游宽河固堤现状无生产堤方案最小，为 0.24m；艾山以上淤积厚度最小为宽河固堤现状无生产堤方案 0.18 m，最大为宽河固堤控导工程连线 1.5km-8000 方案和控导工程连线 1.5km-10000 方案，均大于 0.5m。艾山以下淤积厚度各方案差别不大。

"6 亿 t"水沙系列不同方案相比，宽河固堤现状无生产堤艾山以下淤积比例最小，其次为窄河固堤 5.0km 方案，宽河固堤控导工程连线 1.5km-6000 方案艾山以下淤积比例最大，达到 26.19%。淤积厚度全下游宽河固堤现状无生产堤方案最小，为 1.27m，宽河固堤控导工程连线 1.5km-10000 方案为 2.38m；艾山以上淤积厚度最小为宽河固堤现状无生产堤方案 1.31m，最大为宽河固堤控导工程连线 1.5km-10000 方案，为 3.29m；艾山以下淤积厚度最小为宽河固堤现状无生产堤方案 1.12m，最大为控导工程连线 2.5km-10000 方案为 1.35m。

综上所述，从悬河、二级悬河治理及解放滩区的角度考虑，"3 亿 t"水沙系列条件下，宽河固堤模式和窄河固堤模式，以及不同控导工程连线防护标准下，全断面淤积厚度随堤距增加变化不大，主河槽和滩地淤积厚度随堤距也变化不大；各个方案中控导工程连线 1.5km-10000 方案解放滩区面积最大。"6 亿 t"水沙系列条件下，各个方案全断面淤积厚度随堤距增加明显减小，其中宽河固堤现状无生产堤模式最小，且主河槽淤积厚度和其他方案增加不多，从悬河、二级悬河治理的角度考虑，宽河固堤现状无生产堤模式略优。因此，我们可以预测，实施水库泥沙资源利用，有效减少进入黄河下游河道的泥沙量，对协调黄河水沙关系、提高防洪安全的保障能力作用显著。

4.2　下游河势控导工程布局与水库泥沙动态调控的互馈机制

本节针对下游河流系统河道演变、河势控导工程布局和水库泥沙动态调控等不同边界条件变化，探索了有限控制边界对游荡型河道河势演变的约束机制，揭示了河势控导工程不同布局形式与水沙调控的互馈效应，建立了未来滩区控导工程连线防护后下游河道纵横断面与平面河势稳定控制指标和阈值，提出了适应于黄河水沙动态调控的下游河势控导工程优化布局。

4.2.1　有限控制边界对游荡型河道河势演变的约束机制

1. 有限控制边界不同约束强度对河势稳定控制的试验研究

为研究有限控制边界不同约束强度对游荡型河道河势稳定的控制作用，本书开展了不同工程约束条件下河道河势演变规律试验。试验水槽长 40m、宽 3.5m；模型水平比例尺 1∶1500，垂直比例尺 1∶120；模型沙采用粉煤灰，河床比降为 0.2‰。将不同时间节点的工程密度作为试验参数，设计了不同河势控导工程约束下的模型试验方案。试验共 2 个组次，分别为四组工程和九组工程，对应的工程密度分别为 41.2% 和 92.7%。河势控导工程具体布置形式如图 4-18 所示，3 组试验水沙序列见表 4-6。

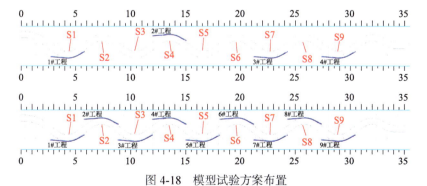

图 4-18　模型试验方案布置

上：四组工程布置方案；下：九组工程布置方案。图中 S1~S9 为 9 个弯道的编号，刻度旁数字为距水槽入口处的距离，单位为 m

表 4-6　模型试验水沙条件

水沙序列 1			水沙序列 2			水沙序列 3		
天数/天	流量/（m³/s）	含沙量/（kg/m³）	天数/天	流量/（m³/s）	含沙量/（kg/m³）	天数/天	流量/（m³/s）	含沙量/（kg/m³）
154	800	0	116	800	0	116	800	0
23	4000	0	17	4000	10	17	4000	20
33	2600	0	25	2600	5	25	2600	10
153	800	0	116	800	0	116	800	0

注：表中天数表示一年中持续某一流量过程的天数。

2. 不同工程约束强度条件下河势演变

1）四组工程试验结果

试验前三年的水沙过程为水沙序列 1，为清水循环不加沙。第 1 年放水结束后，与初始河势进行对比，河势变化明显，表现在没有工程布置的河段，摆动幅度较大，CS27（表示图 4-19 中横坐标第 27 点位，全书同）断面主流线摆动达 720m。在工程布置的河段，且经过调整主流靠近工程，四组工程均起到了控制河势的作用。S3、S5、S8 弯道弯顶发生明显的后挫。第 2 年放水结束后，河势总体变化不大，S5 弯道处向右岸有小幅度摆动。S8 弯道继续发生明显后挫，直接导致 CS28 断面处出现横河的畸形河势，水流以 90° 的入流角度直接顶冲工程，极大地增加了工程的出险概率。

第 4 年开始改变水沙条件为水沙序列 2，到第 7 年保持该水沙条件。第 4 年放水结束后，发现河势变化不大，仅个别断面有小幅度的摆动。第 5 年放水结束后，河势在不同位置处表现出不同的演变规律。没有工程控制的河段，弯道部分总体上有向凹岸摆动的趋势，S2、S3、S5、S8 四个弯道主流左右摆动幅度在 150m 左右。S6 弯道部分摆动幅度比较大，CS19 断面主流摆动幅度达 1.05km，且平面形态上由一弯演变成三弯，出现"Ω"形畸形河湾，使该处河势的演变情况更加复杂。CS28 断面处畸形河势没有改善，主流顶冲工程现象仍然存在。在有工程控制的河段，河势的主要变化是工程靠溜点的后挫。

第 6 年河势的演变情况与第 5 年演变规律基本一致，除 CS19～CS23 断面间河势情况比较复杂外，其他河段依照前一年演变规律有小幅度的摆动。第 7 年河势的变化为，CS19～CS23 断面间河湾数量重新演变为一个，河势演变的复杂性在一定程度上有所减轻，但是该位置处畸形河湾仍然存在，对于河势的演变仍然是非常不利的条件。此外，CS28～CS30 断面形成"勾"形河湾，甚至出现水流流向上游的现象，在工程靠溜处水流转向达 120°，容易在弯顶上部形成环流，对工程上首滩地造成严重冲刷，使工程出险概率增大。

第 8 年开始改变水沙条件为水沙序列 3，增大含沙量后河势整体摆动幅度加大，河势摆动规律仍是弯道部分朝向凹岸方向摆动，直线段部分主要受前段弯道摆动方向的影响，未表现出明显的方向性。直线河段加长后，有表现出河湾增多的趋势。工程控制的河段，河势基本稳定，但需要注意的是，最后一组工程靠溜位置持续后挫，已经处于半脱河状态，且畸形河湾仍然存在。第九年与第十年保持水沙条件，河势有明显的调整，CS10～CS13 断面形成"Ω"形畸形河湾。第 10 年放水结束后，最后一组工程仅 20%的长度靠河，如图 4-19，若放水继续，有很大概率完全脱河。

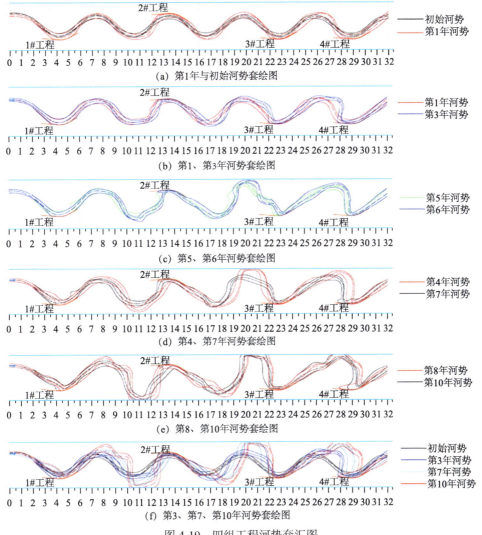

图 4-19　四组工程河势套汇图

图中刻度旁数字为距离水槽入口处的距离，单位为 m。下同

2）九组工程试验结果

试验前 3 年保持水沙条件为水沙序列 1。整体河势基本保持稳定，工程对河势的控制作用比较好，每个河湾处均有工程控制主流没有发生较大幅度摆动，在两组工程连接段，主流有小幅度的摆动，工程的入流位置也保持稳定，未出现明显的上提、下挫现象。

第 4 年开始改变水沙条件为水沙序列 2，到第 7 年保持该水沙条件。这 4 年中，整治工程对河流的约束作用较强，河势基本保持稳定，变化主要体现在，整治工程着溜位置的后挫。经过 4 年的累积，后挫距离比较大，有 4 组工程着溜位置后挫超过 1500m，其余的 5 组工程着溜位置后挫距离也在 500m 以上。第 8 年开始改变水沙条件为水沙序列 3，到第 10 年保持该水沙条件。这 3 年中，由于工程条件的约束，河势摆动的幅度依旧较小，工程着溜位置不再是全部后挫，部分工程着溜位置出现了上提的现象。需要注意的是，到第 10 年放水结束时，第 2 组工程已经基本处于脱河状态，主流线偏离工程较大距离，工程基本失去对河势的控制作用，河势套汇见图 4-20 所示。

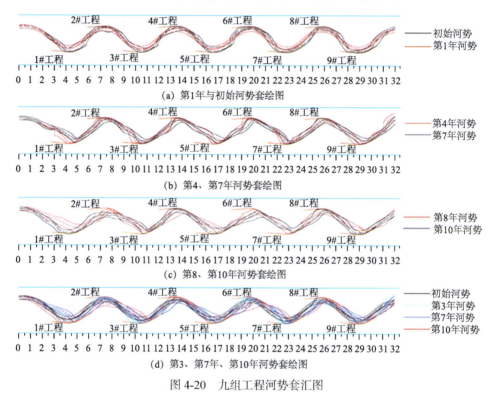

图 4-20　九组工程河势套汇图

综上所述，四组工程试验中，由于工程对河道约束程度有限，其河势调整过程较为复杂，尤其是当含沙量增大后，未受工程控制河段的主流线在短时间内发生巨大摆动，在弯顶处未受控制的河湾发生明显的上提或下挫，甚至出现主流顶冲工程的现象，畸形河湾和工程出险的概率增加，对河道防洪安全极为不利。而九组工程试验中，由于工程密度增加，对河道约束作用提高，当水沙条件改变后，除部分弯道河势有小幅度调整外，其余河道河势整体较为稳定。这表明，当河道整治工程密度达到一定程度且与水沙条件相匹配时，河道整治工程能对河势的控制作用较好。

3. 不同约束强度条件下河道形态调整

1）四组工程试验结果

断面形态变化。图 4-21 为不同试验年份典型断面形态套绘。可以看出，施放清水序列时，各断面主河槽均整体表现为下切，水深增大，断面形态向窄深方向发展。改变水沙条件增大含沙量以后，河床淤积抬高，河道逐步由窄深转向宽浅。继续加大含沙量以后，河道淤积更为严重，水流受边壁阻挡坐弯形成畸形河势；CS4、CS14 断面由于受到工程的约束未发生特别明显的形态改变，但同样受工程约束的 CS29 断面，由于受尾门影响，河道严重淤积，着溜点下挫，工程前出现畸形河势，断面发生严重变形。

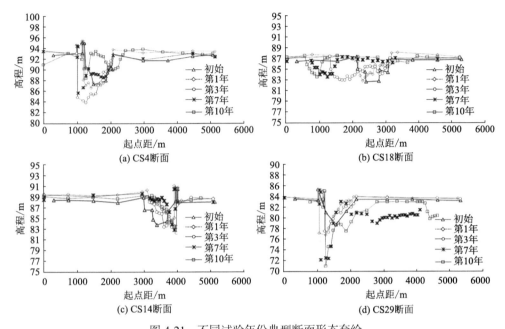

图 4-21　不同试验年份典型断面形态套绘

注：（a）（b）中 1958.10 等数字表示年月；（c）中 1958 等数字表示年份

　　宽深比变化。表 4-7 和表 4-8 为试验期间 7 个典型断面形态参数变化统计情况。可以看出，受工程约束的断面，宽深比在清水冲刷时逐渐减小，持续增大含沙量后，由于河道逐渐淤积，宽深比再次变大；对于未受工程约束的断面，其形态调整迅速，变得更加宽浅，宽深比更大。

表 4-7　受工程约束断面形态参数统计表

时间	CS4 断面			CS14 断面			CS29 断面		
	平滩河宽 B/m	平均水深 H/m	$\sqrt{B}/H$	平滩河宽 B/m	平均水深 H/m	$\sqrt{B}/H$	平滩河宽 B/m	平均水深 H/m	$\sqrt{B}/H$
初始	870	2.56	11.52	975	3.30	9.46	1050	3.98	8.13
第1年	900	5.03	5.96	825	3.42	8.40	1050	3.19	10.15
第3年	900	5.53	5.42	900	3.71	8.09	930	3.18	9.59
第7年	1050	3.65	8.88	975	1.78	17.58	600	2.45	10.01
第10年	900	1.92	15.63	750	1.91	14.35	—	—	—

表 4-8 未受工程约束断面形态参数统计表

时间	CS8 断面			CS11 断面			CS18 断面			CS20 断面		
	平滩河宽/m	平均水深/m	$\sqrt{B}/H$	平滩河宽/m	平均水深/m	$\sqrt{B}/H$	平滩河宽/m	平均水深/m	$\sqrt{B}/H$	平滩河宽/m	平均水深/m	$\sqrt{B}/H$
初始	975	3.10	10.09	900	3.80	7.89	975	2.80	11.17	1005	4.31	7.36
第1年	1125	2.05	16.35	1200	2.32	14.96	1170	2.59	13.20	1080	2.10	15.65
第3年	1125	2.84	11.79	1200	2.44	14.22	1050	2.95	10.98	1350	1.84	20.01
第7年	1050	1.91	16.98	900	1.98	15.15	780	2.50	11.19	—	—	—
第10年	900	1.90	15.82	—	—	—	675	2.26	11.52	—	—	—

断面深泓点摆动。表4-9为试验过程中典型断面深泓点逐年摆动距离统计。从表4-9中可以看出，本组试验各断面深泓点均有一定的左右摆动。未受工程约束的断面，如CS11、CS18、CS20断面，单次最大摆幅都达到400m以上，并且在小含沙量水沙条件下，断面已经摆动至试验水槽边壁附近。

表 4-9 四组河势控导工程试验中各断面逐年深弘点摆动距离 （单位：m）

断面	第1年	第2年	第3年	第4年	第5年	第6年	第7年	第8年	第9年	第10年
CS4	−75	0	−75	−135	135	−0	−150	75	−45	0
CS8	150	0	300	−300	0	225	0	300	75	225
CS11	−225	−225	−150	300	−150	−300	−525	−600	0	0
CS14	150	0	75	150	75	150	−150	105	75	0
CS18	195	−400	−425	−225	−225	0	0	75	−300	−150
CS20	150	225	0	225	450	150	150	−150	150	0
CS29	−150	−150	75	−45	−75	−120	15	150	0	−30

2）九组工程试验结果

断面形态变化。由于工程数量的增加，河势控导工程对河道的控制作用较好，变换不同水沙条件时，河道断面形态未发生明显的改变，规律性较为一致（图4-22）。施放清水序列时，各断面主河槽形态大体表现为明显下切，水深增大，断面形态向窄深方向发展；加大含沙量以后，主河槽有一定程度的淤积，平均河底高程抬高，整体断面形态改变并不明显，但仍有部分弯道即使受工程约束，其断面形态伴随着含沙量的增加出现一定的调整。

宽深比变化。表4-10为4个典型断面形态参数变化情况统计。可以看出，所有断面受工程约束程度较好，其宽深比随含沙量的增大虽表现出先减小后增大的规律，但整体数值变化不大，规律性非常一致，说明此时河道的稳定性较好。

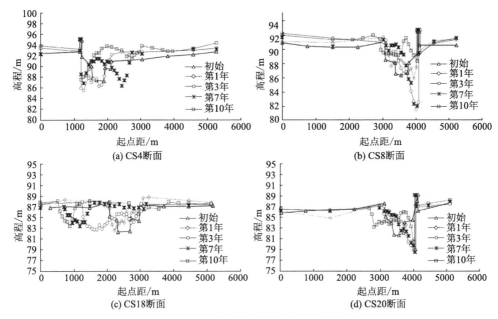

图 4-22　不同试验年份典型断面形态套绘

表 4-10　受工程约束断面形态参数统计表

时间	CS4 断面			CS8 断面			CS20 断面			CS29 断面		
	平滩河宽/m	平均水深/m	$\sqrt{B}/H$	平滩河宽/m	平均水深/m	$\sqrt{B}/H$	平滩河宽/m	平均水深/m	$\sqrt{B}/H$	平滩河宽/m	平均水深/m	$\sqrt{B}/H$
初始	870	2.508	11.76	975	3.096	10.09	1005	4.31	7.36	960	3.98	7.78
第 1 年	975	2.772	11.26	975	3.408	9.16	930	3.26	9.34	885	2.90	10.24
第 6 年	900	4.068	7.37	975	4.044	7.72	825	3.66	7.85	900	2.75	10.92
第 7 年	975	3.65	8.55	975	2.916	10.71	1095	2.90	11.39	930	4.48	6.81
第 11 年	750	2.484	11.03	975	1.74	17.95	1050	2.22	14.60	1230	2.65	13.22

深泓点摆动。表 4-11 为九组工程试验中典型断面逐年深泓点摆动距离统计情况。从表 4-11 中可以看出，由于河道整治工程密度的加大，河道受到很强的人工约束，各断面逐年的摆动幅度较前两组试验都有所降低，河道整体较为稳定。

表 4-11　九组河势控导工程试验中各断面逐年深弘点摆动距离　　（单位：m）

断面	第 1 年	第 2 年	第 3 年	第 4 年	第 5 年	第 6 年	第 7 年	第 8 年	第 9 年	第 10 年
CS4	0	−150	−75	0	−75	75	0	−75	150	0
CS8	75	125	75	75	105	−105	105	0	−30	−75
CS18	−75	−75	0	0	0	0	150	−150	75	−150
CS20	75	0	0	0	0	−40	−50	−40	−75	−150
CS29	60	75	−75	75	−60	30	0	30	−30	0

综上，九组工程试验由于河道受到较强的人工约束，改变水沙条件后，河道形态并未发生较大幅度的改变，仅有局部断面发生小范围的调整，断面形态稳定性较好。但是在

四组工程试验中，由于工程密度较小，两两工程间距离较远，改变水沙条件后，河槽出现明显淤积，河道形态发生了相对较大的调整，尤其是未受工程控制的河段，增大含沙量以后，断面发生横向摆动并严重变形。因此，在河势控导工程密度较小时，影响河道形态调整的主要因素是水沙条件，此时含沙量的增大极易引发断面的横向摆动，甚至出现畸形河势；只有当河势控导工程密度达到一定程度后，工程对河道及断面形态的约束作用才显著提升，对水沙条件的变化也才具备了较大的适应性，才能使河道维持较为稳定的断面形态。

4.2.2 河势控导工程不同布局方式与水沙调控的互馈效应

1. 黄河下游河势控导工程布局形式

1）单个有限控制边界工程的平面形态

黄河下游河势控导工程的平面形态多种多样，很不规则，大体上可分为三类。①凸出型：从平面上看，工程突入河中，如黑岗口险工[图 4-23（a）]；②平顺型：工程平面布局比较平顺或呈微凸微凹相结合的外形，如花园口险工[图 4-23（b）]；③凹入型：工程平面外形为凹入的弧线，如路那里险工[图 4-23（c）]。

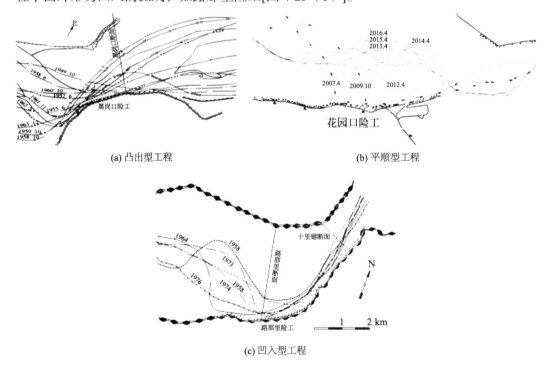

(a) 凸出型工程 (b) 平顺型工程

(c) 凹入型工程

图 4-23　不同类型工程的平面形态

注：（a）（b）中 1958.10 等数字表示年.月；（c）中 1958 等数字表示年份

大量实践研究表明，凸出型和平顺型两类工程，随着工程着溜点的微小调整，迎送流关系发生较大的变化，送溜到下一工程的着溜范围变化较大，就会难以有效地控制出溜的流向，因此对于河势变化调整迅速的黄河下游而言，凸出型和平顺型两类工程不能作为河势控导效果较好的工程平面形态。凹入型工程对不同来溜方向适应能力强，既能迎溜、导溜，又能送溜，对河势有很强的控制能力，因此比较适合黄河下游河势控导工程的布局要求，是较好的工程平面形态。河势控导工程采用凹入型工程布局，目前水利部黄河水利委员会对黄河下游布局形式不好、控导效果较差的险工，大多已采用上延下续的办法予以了改造。江恩慧和李军华等在长期中小流量下河道整治工程迎送流关系研究中，已检验了该工程形态对中小流量河势的迎送溜效果较为理想（江恩慧等，2008）。

因此，本次研究采用的河势控导工程外形布置形式均为凹入型的标准形式，每处河势控导工程的丁坝、垛头或护岸工程的前缘连线称为河势控导工程位置线，其作用是确定河势控导工程的长度和具体位置。工程位置线按照工程与水流的作用关系，自上而下可分为三段，上段为迎溜段，应采用较大的弯道半径或与治导线相切的直线，使工程线离开治导线一定距离，以适应上游来溜方向的变化，利于迎溜入弯，切忌布置成折线，以避免折点上下出溜方向的改变。中段为导流段，弯道半径明显小于迎溜段，以用于调整和改变水流方向。下段为送溜段，弯道半径较中段稍大，以便削弱弯道环流，规顺流势、送溜出弯。这种工程线布置习惯上称为"上平、下缓、中间陡"形式，其优点是水流入弯后较为平顺，导溜能力强，出溜方向稳，坝前淘刷较轻，较易防守。河南原阳的双井控导工程被认为是最成功的工程平面布局，如图 4-24 所示。

图 4-24　原阳双井控导工程平面图

2）黄河下游河势控导工程整体布局形式

河势演变的基本规律之一是"大水趋直、小水坐弯"。在天然状态下，河弯变化反映在平面形态上就是河弯的发展和消亡，一旦稳定了河弯，水流的流向就被稳定下来。水流经过弯道时，会做弧线运动，当水流离开弯道后，丧失了向心力，会沿弯道切线方向做离心运动。黄河下游游荡型河道整治实践表明，要使河势得到稳定，就必须把沿程河弯逐步固定下来，黄河下游"微弯型整治"就是这一思路的集中体现。河势控导工程整体布局的关键是河道整治治导线的设计，如图 4-25 示。按照微弯型整治思路，一般需

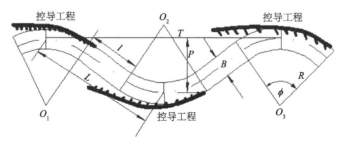

图 4-25　河道整治工程布局及流路规划示意图

B 代表整治河宽；O_1、O_2、O_3 代表河湾圆心

要明确的主要设计参数有：整治流量、整治河宽、排洪河宽及河湾要素等。河湾要素主要包括弯曲半径 R、中心角 ϕ、直河段长 l、河湾间距 L、弯曲幅度 P 及河湾跨度 T 等。

2. 不同工程布局方式对河道水沙输移的影响

本次研究河势控导工程不同布局方式对河道水沙输移的影响重点关注的是不同整治河宽条件下的影响。采用黄河水利科学研究院已有的多沙河流非恒定准二维水沙数学模型，对小浪底—利津河段的冲淤演变进行了计算分析。

（1）计算条件。模型计算河段为铁谢—西河口。考虑到小浪底水库即将进入正常运用期，为保守起见，初始地形及初始床沙级配采用 2005 年汛前大断面及床沙组成实测资料。河道边界条件设置两个不同河槽宽度：一是现状条件下河槽宽度为 1.0～1.2km 的宽槽方案（简称"宽槽"方案）；二是高村以上宽河段河槽宽度缩窄至 0.8～1km，高村以下河槽宽度缩窄至 0.6km 的窄槽方案（简称"窄槽"方案）。基于水利部黄河水利委员会对未来水沙变化趋势的研究成果，以及近几年黄河流域综合规划修编等工作中黄河勘测规划设计有限公司对未来 165 年（2005～2169 年）水沙系列的设计成果，本次模型计算采用其中前 45 年的水沙系列，沿程引水以旁侧出流的方式分大河段均匀引出。初始出口水位流量关系采用西河口 2005 年设计水位流量关系控制。

本次数学模型计算选取的 45 年水沙系列共分为两个水沙系列：①小水小沙系列，选取 165 水沙系列的前 45 年，其中前 15 年是小浪底水库拦沙运用期（2005～2019 年），后 30 年是古贤水库拦沙运用期（2020～2049 年）。②大水大沙系列，前 15 年与小水小沙系列相同，后 30 年选取 165 年水沙系列中工程正常运用的 2100～2129 年，具体见表 4-12 和图 4-26。其中，小水小沙系列与大水大沙系列前 15 年年均水量和年均沙量均分别为 286.1 亿 m^3、3.30 亿 t；后 30 年年均水量和年均沙量分别为 296.5 亿 m^3、333.7 亿 m^3 和 5.99 亿 t、8.53 亿 t。

表 4-12　不同时段进入下游水沙量统计

时段		小水小沙系列		大水大沙系列	
		水量/亿 m^3	沙量/亿 t	水量/亿 m^3	沙量/亿 t
总水沙量	2005～2019 年（小浪底水库拦沙）	4290.9	49.49	4290.9	49.49
	2020～2049 年	8893.6	179.75	10010.2	255.77
	2005～2049 年	13184.5	229.24	14301.1	305.26
平均水沙量	2005～2019 年（小浪底水库拦沙）	286.1	3.30	286.1	3.30
	2020～2049 年	296.5	5.99	333.7	8.53
	2005～2049 年	293.0	5.09	317.8	6.78

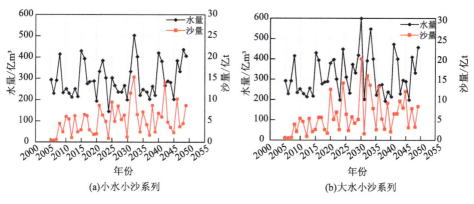

图 4-26　不同水沙系列不同时段进入下游水沙量统计

（2）冲淤量计算结果。表 4-13 和表 4-14 分别列出了各方案各河段累积冲淤量和累积减淤量。图 4-27 分别点绘了小水小沙系列与大水大沙系列分河段累积冲淤量。图 4-28 点绘了高村以上与高村以下减淤量对比。可以看出，高村以下的减淤量随高村以上的减淤量的减小而减小；相对而言，高村以上减淤量大于高村以下减淤量。

表 4-13　各方案累积冲淤量统计　（单位：亿 m³）

河段	2019 年				2049 年			
	小水小沙系列		大水大沙系列		小水小沙系列		大水大沙系列	
	宽槽	窄槽	宽槽	窄槽	宽槽	窄槽	宽槽	窄槽
小浪底—花园口	−1.350	−2.085	−1.350	−2.085	3.184	−0.707	2.191	−1.220
花园口—夹河滩	−1.647	−1.900	−1.647	−1.900	3.839	2.351	1.316	1.099
夹河滩—高村	−0.713	−0.691	−0.713	−0.691	4.025	4.537	5.797	6.199
高村—孙口	−0.685	−0.634	−0.685	−0.634	5.404	6.153	14.908	15.424
孙口—艾山	−0.252	−0.231	−0.252	−0.231	2.104	2.389	4.410	4.692
艾山—利津	−1.046	−0.972	−1.046	−0.972	3.581	4.069	6.747	7.215
小浪底—利津	−5.693	−6.513	−5.693	−6.513	22.138	18.793	35.370	33.409

表 4-14　各方案累积减淤量（"宽槽"—"窄槽"）统计　（单位：亿 m³）

河段	小水小沙系列			大水大沙系列		
	前 15 年	后 30 年	合计	前 15 年	后 30 年	合计
小浪底—花园口	0.735	3.155	3.890	0.735	2.677	3.412
花园口—夹河滩	0.253	1.236	1.489	0.253	−0.035	0.218
夹河滩—高村	−0.022	−0.490	−0.512	−0.022	−0.380	−0.402
高村—孙口	−0.051	−0.699	−0.750	−0.051	−0.465	−0.516
孙口—艾山	−0.021	−0.263	−0.284	−0.021	−0.261	−0.282
艾山—利津	−0.073	−0.414	−0.487	−0.073	−0.394	−0.467
小浪底—利津	0.820	2.525	3.345	0.820	1.140	1.960

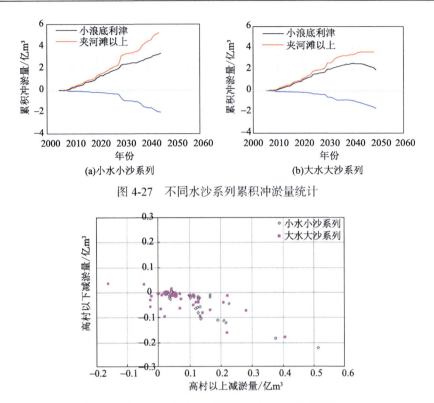

图 4-27　不同水沙系列累积冲淤量统计

图 4-28　各方案高村以上减淤量与高村以下减淤量对比

研究表明，相对于"宽槽"方案而言，夹河滩以上多淤积的泥沙，当河道缩窄后，并不能全部被输送入海。小水小沙系列中，河道缩窄后，"宽槽"方案在夹河滩以上多淤积的泥沙有 62%被输送入海，有 38%将会淤积到夹河滩以下河段。大水大沙系列中，河道缩窄后，"宽槽"方案在夹河滩以上多淤积的泥沙有 54%被输送入海，有 46%将会淤积到夹河滩以下河段，这正是人们担心的"冲河南、淤山东"现象，其对河南防洪形势改善不大，但对山东防洪安全影响极大，显然是不可取的。通过以上研究，发现减小河宽有利河道输沙，但应调节水沙使上下河段输沙均衡；减小河宽有利于河势控制，但应在不影响河道排洪的情况下进行，因此推荐潜坝的工程形式。

3. 水沙与河道边界互馈效应

在河道控导工程密度为 62.5%的基础上，分别开展了工程密度为 82%、90%、88.7%和 89.4%的四组长系列大型动床模型试验。前两组试验方案的实体模型检验中取"78～82 + 87～89 + 77"九年设计水沙系列作为试验水沙条件；后两组试验方案的实体模型检验中取"78～82 + 87～89 + 77 + 90 + 92～96"15 年设计水沙系列作为试验水沙条件。分析了 15 年水沙系列下来沙量、来沙系数与河床冲淤量的关系（图 4-29），当来沙系数小于 0.016 时，河道总体发生冲刷，当来沙系数大于 0.016 时，河道趋向淤积，由此可见来沙系数与河道的冲淤密切相关。

通过实验研究表明，在 89%工程密度情况下，当黄河下游来水的含沙量为 60～

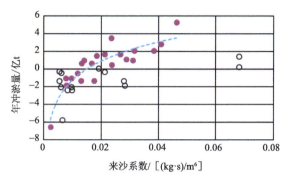

图 4-29　铁谢至高村来沙系数与年冲淤量的关系

$100kg/m^3$ 时，容易塑造出比较宽浅的断面，这对于黄河下游恢复稳定的中水河槽是不利的。如果来水含沙量小于 $50kg/m^3$ 和大于 $120kg/m^3$ 时，塑造的断面是较为窄深的，这对于黄河下游中水河槽的塑造是有利的。也就是说，调水调沙或者进行多年水沙调节时，如果要塑造中水河槽，含沙量可能要采取两个范围的数据，一个是 $50kg/m^3$ 以下，一个是 $120kg/m^3$ 以上。

4. 水沙调控阈值

（1）研究发现，不同时期各河段冲淤临界流量存在一定的起伏变化和明显的传递效应，含沙量小于 $10kg/m^3$ 时，随含沙量的提高，河道逐步进入不同程度的超饱和输沙，河道输沙与淤积并存，要想输送更多泥沙，随着河流流程的下移，河道比降变缓，需要的输沙流量必须逐步增大；含沙量位于 $20\sim30kg/m^3$ 时，要保证山东河道不淤积，流量应大于 $2500m^3/s$。

（2）研究建立了不同流量级下含沙量与淤积比关系，分析了不同流量级下各河段输沙均衡的表现：在含沙量<$15kg/m^3$ 条件下，①当 $1000m^3/s$<流量<$2000m^3/s$ 时，花园口—利津四个河段冲淤规律表现不明显，各个河段均有冲有淤；②当 $2000m^3/s$<流量<$3000m^3/s$ 时，花园口—利津四个河段均以冲刷为主，淤积幅度很小；③当 $3000m^3/s$<流量<$4000m^3/s$ 时，黄河下游花园口—利津四个河段全线冲刷，冲刷效果比较明显；④当 $4000m^3/s$<流量<$5000m^3/s$ 时，黄河下游花园口—利津四个河段全线冲刷，冲刷效果明显。在 $15kg/m^3$<含沙量<$80kg/m^3$ 条件下，①当 $1000m^3/s$<流量<$2000m^3/s$ 时，花园口—利津四个河段以淤积为主；②当 $2000m^3/s$<流量<$3000m^3/s$ 时，花园口—利津四个河段冲淤幅度都不大，输沙基本均衡；③当 $3000m^3/s$<流量<$4000m^3/s$ 时，花园口—利津四个河段以冲刷为主；④当 $4000m^3/s$<流量<$5000m^3/s$ 时，花园口—利津四个河段以冲刷为主，冲刷效果比较明显，进一步细化了水沙调节的指标。因此，对于下游调控时，洪水流量应避免 $1000\sim2500m^3/s$，含沙量避免 $50\sim120kg/m^3$。即小浪底下泄流量非汛期 $1000 m^3/s$，汛期在 $2500m^3/s$ 以上；含沙量汛期避免 $50\sim120kg/m^3$。

（3）通过理论研究与对黄河下游不同流量级灾情评价，提出了黄河在防洪调度过程中要尽量避免 $4000\sim6000m^3/s$ 的一般漫滩洪水。对于含沙量较小的中小洪水要适当拦蓄，灵活调度。反之，若泥沙淤积在花园口以上河段，可调度 $1000\sim2500m^3/s$，使泥沙输至下游、保持均衡；根据大漫滩洪水、一般漫滩洪水对下游造成的损失及对河槽的塑造与输沙效率影响分析成果，调度尽量避免 4000～6000m³/s 的一般漫滩洪水；对于大洪水要坚持"淤滩刷槽"的调度方式。

4.2.3　黄河下游游荡型河道河势稳定控制指标及阈值

1. 河势相对稳定指标的构建

河势，即河道水流的平面形式及发展趋势，包括河道水流动力轴线的位置、走向及河湾、岸线、沙洲、心滩等分布与变化趋势。此前黄河下游游荡型河道整治的目标是缩小游荡范围，已有成果多关注的是黄河下游游荡型河道河势演变规律及河型判别，研究思路多基于水沙因子与河道断面形态等对河势变化的影响。随着我国社会经济的发展，国家对黄河下游游荡型河道治理提出了"稳定河势"的明确要求，但是对于游荡型河道河势的稳定控制指标至今鲜有人涉及。根据黄河下游游荡型河道河势变化的平面分布特征，本次研究一反传统研究模式，从反映河势摆动强度和河势变化累积效应的几何参数入手，提出了河势相对稳定指标（relative stability index of river regime，RSIRR）。

将相邻时间间隔 Δt（一般取 $\Delta t = t - t_0 = 1$ 年）内同一观测断面上的两条主流线之间的距离定义为主流的迁移幅度 d_t；为了消除河宽的影响，定义无量纲化的指标 $s_t = |d_t/b_t|$（b_t 为 t 时刻所对应的河宽）来表示 Δt 内主流相对迁移幅度的大小。显然，主流摆动幅度应为时间的函数，即 $s_t = f(t)$。在 t_0 时刻做泰勒展开，得到：

$$f(t) = f(t_0) + f'(t_0) \times \Delta t + \frac{f''(t_0)}{2!} \times (\Delta t)^2 + R_2(t) \tag{4-5}$$

式中，$f'(t_0)$ 和 $f''(t_0)$ 分别为 t_0 时刻河势摆动的速率指标与加速度指标：

$$v_{t_0} = f'(t_0) = \frac{\left| s_{t_0} - s_{t_0 - \Delta t} \right|}{\Delta t \times b_{t_0}} \tag{4-6}$$

$$a_{t_0} = f'(t_0) = \frac{\left| v_{t_0} - v_{t_0 - \Delta t} \right|}{\Delta t \times b_{t_0}} \tag{4-7}$$

假定河势摆动过程是一个连续可导的函数，那么在下一时刻的摆动幅度是由当前的摆动幅度、摆动速率、摆动加速度的组合表达式决定的。因此，定义河势稳定状态的量化指标为

$$s_t = s_{t_0} + v_{t_0} \times \Delta t + \frac{1}{2} a_{t_0} \times \Delta t^2 \tag{4-8}$$

指标中的系数根据断面聚类结果计算各类别对应的 F 统计量：

$$F = \frac{SS(TR)/(g-1)}{SSE/(\sum_{i=1}^{g} n_i - g)} \tag{4-9}$$

其中，

$$SS(TR) = \sum_{i=1}^{g} n_i (\overline{x_i} - \overline{x})^2 \tag{4-10}$$

$$SSE = \sum_{i=1}^{g} \sum_{j=1}^{n_i} (x_{ij} - \overline{x_i})^2 \tag{4-11}$$

式中，SS（TR）为组间平方和；SSE 为组内平方和；g 为自由度，即分类组数；n_i 为第 i 组内的变量个数；$\overline{x_i}$ 为第 i 组的指标均值；$\overline{x}$ 为所有类别指标的总均值；x_{ij} 为第 i 组内第 j 个指标取值。

由式（4-9）～式（4-11）可知，F 值越大，该变量组间弥散度就越大，而该变量在组内的变差就很小，也即该变量在所有变量中对聚类结果的贡献也就越高。因此，对于多元聚类而言，可针对各个指标计算其 F 统计量，应用 F 统计量的大小即对各个因素进行排序和赋权，通过实际演算，最终可以得到描述河势稳定状态的精确表达式为

$$RSIRR = \beta_1 s_{t_0} + \beta_2 v_{t_0} + \beta_3 a_{t_0} \tag{4-12}$$

式（4-12）即所求的河势稳定状态量化指标。

2. 河势相对稳定指标的阈值

将 RSIRR 运用于黄河下游游荡型河段（简称游荡段）以率定其系数与阈值。本书搜集了黄河下游游荡段（图 4-30）28 个断面自 1960～2015 年共 55 年的汛后深泓线起点距数据，其中，深泓线定义为断面上河床高程最低点的连线，而深泓线起点距则为断面上

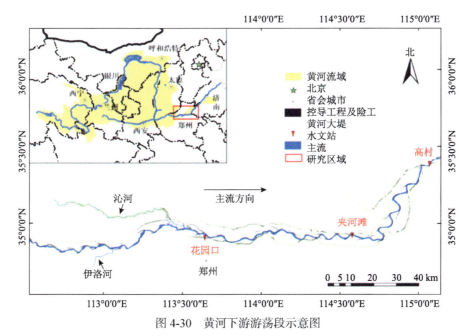

图 4-30　黄河下游游荡段示意图

深泓点距离黄河左岸大堤的距离。因此,深泓线的摆幅=|当年汛后深泓线起点距-上一年汛后深泓线起点距|,而对应的无量纲摆幅指标(s)=摆幅/当年年平均河宽;进一步地,摆幅速率=|当年摆动幅度-上一年摆动幅度|/时间间隔,而对应的无量纲摆幅速率指标(v)=速率/当年年平均河宽;类似地,摆幅加速度=|当年摆幅速率-上一年摆幅速率|/时间间隔,而对应的无量纲摆幅加速度指标(a)=摆幅加速度/当年年平均河宽。其中,以年为时间单位,则上述指标中的时间间隔均取1年。最终计算得到了黄河下游游荡段深泓线迁移幅度、速率、加速度时间序列,该时间序列的均值统计如表4-15所示。

表4-15 黄河下游游荡段各断面特征指标表

断面	摆幅/m	摆幅速率/(m/a)	摆幅加速度/(m/a²)	摆幅指标	摆幅速率指标	摆幅加速度指标
铁谢(TX)	235.67	446.04	258.40	0.2713	0.5001	0.3028
下古街(XGJ)	534.49	901.91	790.38	0.2733	0.4706	0.4037
花园镇(HYZ)	351.84	567.69	458.67	0.1969	0.3394	0.3327
马峪沟(MYG)	483.27	710.66	520.60	0.2409	0.3908	0.2907
裴峪(PY)	564.54	909.34	672.45	0.2989	0.5313	0.3828
伊洛河口(YLHK)	829.07	1520.43	820.00	0.3497	0.6692	0.3704
孤柏嘴(GBZ)	487.60	953.90	799.65	0.2888	0.6439	0.5583
罗村坡(LCP)	547.05	979.55	657.69	0.2177	0.3938	0.2914
官庄峪(GZY)	853.32	1529.94	1040.14	0.3531	0.6049	0.4000
秦厂(QC)	439.50	701.08	489.97	0.2550	0.3744	0.2446
花园口(HYK)	1070.45	2015.75	1085.28	0.4511	0.8768	0.5519
八堡(BB)	913.92	1579.98	1165.30	0.4105	0.7459	0.5346
来童寨(LTZ)	682.76	1317.98	1018.07	0.3563	0.8309	0.7271
黑石(HS)	908.96	1439.12	1170.24	0.4298	0.6551	0.5060
辛寨(XZ)	1113.67	2025.44	1496.36	0.4458	0.8446	0.6271
韦城(WC)	1337.18	2197.83	1576.51	0.5827	0.9370	0.7117
黑岗口(HGK)	579.84	1072.83	614.76	0.4719	0.9676	0.6057
柳园口(LYK)	783.88	1344.21	929.98	0.5588	0.9662	0.7446
古城(GC)	997.63	1828.87	1187.55	0.5809	1.0325	0.6616
曹岗(CG)	525.64	904.42	604.48	0.4215	0.7207	0.4605
夹河滩(JHT)	670.82	1196.23	954.61	0.3771	0.6617	0.5039
东坝头(DBT)	445.78	888.78	693.49	0.4084	0.8457	0.6807
禅房(CF)	650.93	1196.49	659.78	0.5242	0.9618	0.5090
油坊寨(YFZ)	975.77	1687.58	1213.87	0.3238	0.5892	0.4355
马寨(MZ)	546.46	995.48	544.32	0.1194	0.2367	0.1662
杨小寨(YXZ)	623.52	1086.13	697.78	0.2590	0.4400	0.3325
河道(HD)	384.31	684.57	403.56	0.2168	0.3839	0.3351
高村(GC)	475.71	927.45	440.62	0.4550	0.8700	0.4427

将上述 28 个断面按照摆幅、速率、加速度三个指标进行聚类，以率定 RSIRR 的三个参数。聚类结构如图 4-31 所示。

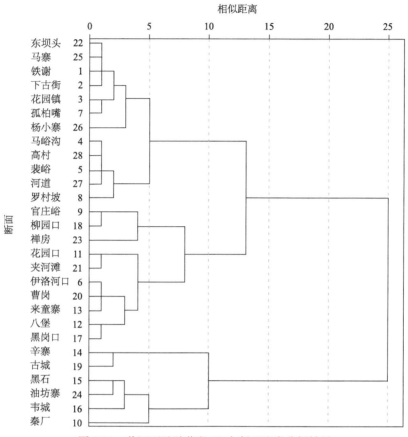

图 4-31　黄河下游游荡段 28 个断面聚类分析结果

当相似距离取一个适中值时（这里为 10~15），黄河下游游荡段断面根据其河势稳定与否可分为三类：不稳定断面的摆幅指标（s）、摆幅速率指标（v）、摆幅加速度指标（a）三指标均为最大，稳定断面的最小，而过渡段面的处在两者之间。根据上述分类后的 s、v、a 三指标，分别计算其 F 统计量，然后给系数 β_1、β_2、β_3 赋值，可得

$$F_1 : F_2 : F_3 = 51.929 : 101.432 : 95.38 = \beta_1 : \beta_2 : \beta_3 = 0.512 : 1 : 0.94 \qquad (4\text{-}13)$$

将上述系数代入河势相对稳定指标公式，可得

$$\text{RSIRR} = 0.512 s_t + v_t + 0.94 a_t \qquad (4\text{-}14)$$

式（4-14）即黄河下游铁谢—高村游荡段断面河势相对稳定指标的计算公式，应用于上述 28 个断面数据中，计算出各断面 1985~2009 年河势相对稳定指标年均值（图 4-32），并根据计算结果划分河势相对稳定指标阈值。根据各断面类别的取值范围，可取断面河势相对稳定指标的上下阈值分别为：$\text{RSIRR}_l = 2$ 与 $\text{RSIRR}_h = 4.5$，即 $\text{RSIRR} > \text{RSIRR}_h$

时，则该断面为不稳定断面；RSIRR < RSIRR$_l$时，断面为河段稳定断面；而过渡断面则介于两者之间。

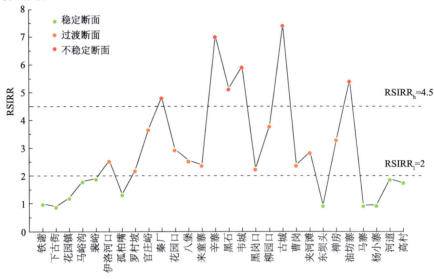

图 4-32　黄河下游游荡段 28 个断面河势稳定性指标计算结果

3. 河势相对稳定指标的应用

通过空间插值算法，将断面河势稳定性指标推广到河道尺度，计算并判定了黄河下游铁谢—高村游荡河段 1985～2009 年各年份河段尺度的河势状态，结果如图 4-33 与图 4-34 所示。对于由聚类结果所得到的表达式，黄河下游河道各断面每年均有 1 个 Ω 值与之对应，计算 1960～2015 年所有断面的 Ω 值，绘制出图 4-33 所示。

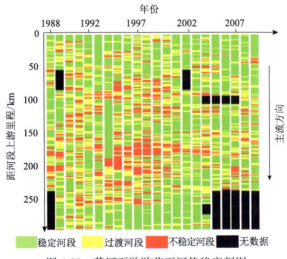

图 4-33　黄河下游游荡型河势稳定判别

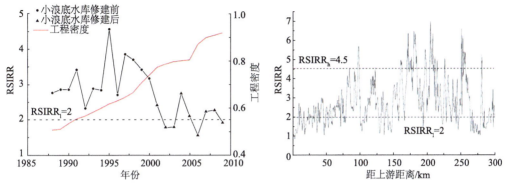

图 4-34　黄河下游游荡段河势相对稳定指标时间（左）与空间（右）分布

从河势相对稳定指标的时间分布中可以看到，研究河段整体的河势随时间渐趋于稳定状态。小浪底水库正式投入运用前（2000 年），河势相对稳定指标年均取值均大于下阈值点，表明河段整体的河势处于不稳定或过渡状态；伴随着小浪底水库调水调沙的实施，下游河道河床被刷深，使得主河槽过流能力与防洪能力大大改善，再加之河道整治工程的不断建设，黄河下游游荡段河势得到了进一步的控制，河势相对稳定指标的年均取值已稳定在下阈值点附近，但局部河势变化仍然存在，即河段整体的河势介于稳定与过渡状态之间。

从河势相对稳定指标的空间分布可以看到，与之前仅有的 28 个典型断面相比，RSIRR 的取值变化更加复杂，因而更能充分反映研究河段上任意位置的河势稳定状态。对于研究河段的不同位置而言，处于过渡状态的部分占比最大，可达到整体河段的 57.6%，其次为稳定状态，为 31.6%。不稳定类别占比最小，仅为 10.8%，且分布较为集中，主要为秦厂断面附近河段，辛寨断面—古城断面河段，油坊寨断面附近河段，且全河段河势相对稳定指标多年均值的最大值出现在柳园口断面与古城断面之间。

4. 河势相对稳定指标的验证与预测

河势相对稳定指标计算结果通过与钱宁的游荡指标的对比来进行合理性验证。钱宁认为，影响主流摆动的因素为流量涨落速度（$\frac{\Delta Q}{0.5TQ_n}$）、流量变幅（$\frac{Q_{\max}-Q_{\min}}{Q_{\max}+Q_{\min}}$）、河流稳定性（$\frac{hJ}{D_{35}}$）、两岸的约束（$\frac{B}{h}$ 与 $\frac{W}{B}$），并且通过对黄河下游游荡段实测资料进行回归分析，提出反映河流游荡强度的指标 θ：

$$\theta=(\frac{\Delta Q}{0.5TQ_n})(\frac{Q_{\max}-Q_{\min}}{Q_{\max}+Q_{\min}})^{0.6}(\frac{hJ}{D_{35}})^{0.6}(\frac{B}{h})^{0.45}(\frac{W}{B})^{0.3} \qquad (4-15)$$

初步认为：$\theta>5$ 时为游荡型河流，$\theta<2$ 时为非游荡型河流。考虑到研究河段上仅有花园口、夹河滩、高村三水文站数据相对完备，因此选择与之对应的三断面为典型断面，搜集了 1988～1998 年水文数据，分别计算了钱宁游荡指标。验证结果如图 4-35 所示。

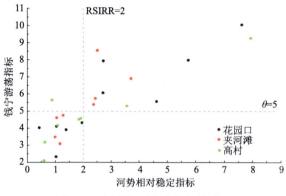

图 4-35　河势相对稳定指标的验证

可以看出，RSIRR<2 与 θ<5 的数据点几乎完全重叠，证明两种方法评价得到的稳定断面的结论吻合度很高。

除了在已知当年的河势摆动过程后对河势稳定状态进行计算与评估外，同时也对河势相对稳定指标的预测功能进行了讨论。

首先，将第 t-1 年的不稳定断面数（ $RSIRR_{t,k} > 4.5$ ）记作 m_1，第 t 年这些断面中仍为不稳定或过渡段面（ $RSIRR_{t,k} > 2$ ）的数目记作 n_1，则第 t 年河势不稳定状态仍持续的概率 P_1 可表示为

$$P_1 = \frac{n_1}{m_1} \qquad (4\text{-}16)$$

此外，对于所有相邻两年份的 $RSIRR_{t,k}$，第 t-1 年中大于某一特定值 RSIRR′（RSIRR′从 0 始依次增加）的断面数记作 m'，第二年中这些断面中为不稳定及过渡段面的数目记作 n'，即得到第 t-1 年不稳定河段在下一年仍保持不稳定状态的概率 P_2 的表达式为

$$P_2 = \frac{n'}{m'} \qquad (4\text{-}17)$$

计算各年份的概率 P_1、P_2 及 P_1 的平均值 $\overline{P}$，结果如图 4-36 所示。

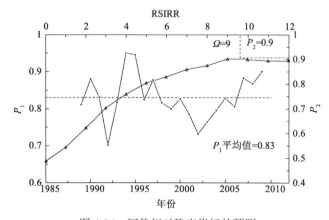

图 4-36　河势相对稳定指标的预测

从 P_1 的逐年变化趋势中可以看到，它的平均值为 0.83，这表明当年计算的不稳定断面在未来一年中仍有超过 80% 的可能性保持不稳定状态，在防洪中应予以重点关注。概率 P_2 表示大于某一河势相对稳定指标的断面在第二年转化为非稳定断面的概率。当 RSIRR'=0 时，P_2 的取值展现出随机性，略小于 0.5；随着 RSIRR' 的增大，概率 P_2 逐渐增大；直到 RSIRR' 值增大到 9 时，P_2 稳定在 0.9 左右且不再增大。考虑到大于 9 的数据量极少，仅占全部的 5%，因此可以得出结论：当河势相对稳定指标超过 RSIRR=9 这一临界值后，该断面在第二年为非稳定断面的概率高达 90%。河势稳定性指标的预测功能使其为河道整治提供了理论支撑。

4.2.4　适应枢纽群泥沙动态调控的黄河下游河势控导工程优化布局

1. 游荡性河道河势控导工程整体布局模式

根据上述研究，近期长历时的枯水流量对下游河道的造床作用逐渐增加，现行河势控导工程布局与调控水沙过程的不和谐度显著增加，基于水沙输移与河床演变的自适应原理，河势控导工程必须考虑水沙过程的这一变化，并兼顾大洪水期滩槽水沙交换和滩区社会经济的可持续发展。借此，我们提出了适应新时期水沙变化的"洪-中-枯"兼容的"三级流路"控制技术。第一，工程总体布局依照中水流路设计，稳定主河槽，塑造高效排洪输沙通道；在发生整治流量（4000m³/s）左右的中常洪水时，河道整治工程（丁坝群组成）及其下首的潜坝发挥主要作用，河势主流被控制在中水流路的范围内，槽宽 800～1000m，逐渐形成包括枯水河槽的中水河槽。第二，枯水流路，通过下延潜坝，并适当加大送流段弯曲率和工程长度，以加强对小水的导流、送流作用，主动规避塌滩坐弯、畸形河势的频繁发生；在流量 1000m³/s 以下的小水时，通过可淹没的潜坝以增加河道迎送流长度，河势主流被约束控制在小水流路的范围内，槽宽 500m 左右，逐渐形成相对窄深的枯水河槽；同时，为了消除目前的畸形河势或应急抢险，在两个弯道间的直河段的中水河槽内两侧布设透水桩坝。第三，大洪水流路，洪水漫过下延潜坝自由行洪，保障滩区行洪滞洪沉沙与漫滩水流归槽，实现充分的滩槽水沙交换；由丁坝群形成的河道整治工程发挥控导作用，其下首的潜坝及透水丁坝都过流，大部分水流被约束在两岸控导工程间的河槽内（大水流路），洪水流量的 70%～80% 在主河槽。在水位控制方面，上直线段的高程按 5000m³/s 水位控制，弯道段的工程高程按 4000m³/s 水位控制，下延直线段的潜坝工程按 1000m³/s 水位控制，参见图 4-37。

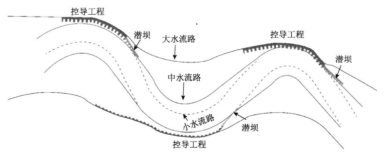

图 4-37　三级流路河势稳定控制工程布局方案

2. 游荡型河道河势控导工程优化方案

根据前述研究成果,我们通过实体模型试验,对游荡型河道每一个河势控导工程都提出了具体的优化方案,其目标是稳定控制黄河下游游荡型河道河势。本次优化后的河道整治工程方案,不仅能够控导中常洪水河势、充分兼顾小流量河势、有利于防洪工程安全,还能够保证在大洪水及超标准洪水时漫滩过流通畅,使主河槽具有足够的过洪能力。铁谢至伊洛河口、高村至国那里河段的整治河宽不小于 1.6km,伊洛河口至高村河段的整治河宽不小于 2.0km,整治河宽不足 2.0km 的河段全部采用潜坝形式进行整治。拟建工程的布设共 49 处,工程总长度约为 32.5km。丁坝高程采用 2020 年 4000m³/s 水位加 0.5m 超高,潜坝高程采用 2020 年 1000m³/s 水位。同时,对一些河段的规划治导线进行了调整,如堡城至高村河段,为使当前河势尽快向规划流路调整,在堡城工程下首400m 新建一处南河店工程,高村工程上延 1000m。根据前面的理论分析和计算,并结合近几十年来的河势控导效果,对黄河下游游荡型河段每处工程给出了具体的优化方案,如表 4-16 所示。

表 4-16 工程布局优化方案相关参数统计

序号	工程名称	工程布置		
		部位	原型长度/m	工程形式
1	白坡控导	上延 150m	150	潜坝
2	花园镇控导	下延 600m	600	潜坝
3	开仪控导	下延 240m	240	潜坝
4	赵沟控导	下延 200m	200	潜坝
5	化工控导	下延 240m	240	潜坝
6	裴峪控导	下延 600m	600	潜坝
7	大玉兰控导	下延 300m	300	潜坝
8	神堤控导	上延 720m	720	9 个垛
9	金沟控导	下延 800m	800	14 道坝
10	孤柏咀控导	下延 800m	800	透水桩
11	驾部控导	下延 500m	500	4 个拐头坝
12	枣树沟控导	下延 1000m	1000	护岸
13	东安控导	下延 1500m	1500	透水桩
14	桃花峪控导	下延 400m	400	潜坝
15	保合寨控导	下延 500m	500	潜坝
16	花园口险工	上延 1000m	1000	透水桩
17	东大坝控导	下延 500m	500	潜坝
18	双井控导	下延 300m	300	潜坝
19	马渡控导	下延 500m	500	潜坝

续表

序号	工程名称	工程布置		
		部位	原型长度/m	工程形式
20	武庄控导	上延 800m	800	10 个垛
21	赵口控导	下延 300m	300	潜坝
22	三官庙控导	上延 500m	500	5 道坝
23	大张庄控导	上连徐庄工程 1100m、填弯 270m、下延 500m	1870	上连 9 道坝、填弯 2 道坝、下延 5 个垛
24	顺河街控导	下延 500m	500	潜坝
25	柳园口控导	下延 200m	200	潜坝
26	大宫控导	下延 500m	500	5 道坝
27	王庵控导	填-14 垛与-25 垛空档	1200	17 个垛
28	古城控导	上延 1200m	1200	上延 12 道坝
29	府君寺控导	上延 800m	800	10 个垛
30	曹岗控导	下延 300m	300	潜坝
31	欧坦控导	上延 200m、下延 500m	700	上延 2 道坝、下延 500m 潜坝
32	贯台控导	下延 500m	500	潜坝
33	东坝头控导	下延 200m	200	2 道坝
34	蔡集控导	上延 500m、下延 500m	1000	上延 5 道坝、下延 5 道坝
35	王夹堤控导	下延 500m	500	5 道坝
36	大留寺控导	下延 500m	500	潜坝
37	辛店集	下延 300m	300	3 道坝
38	周营控导	下延 500m	500	下延 5 道坝
39	老君堂控导	下延 500m	500	5 道坝（35～39）
40	堡城险工	调弯、下延 400m	400	5 道坝
41	南河店	新建 1200m	1200	护岸
42	河道控导	下延 600m	600	上延 3 道坝、延长 2 道坝、下延 2 道坝
43	高村险工	上延 1000	1000	上延 11 道坝，调弯

4.3　下游河流生态系统对多重胁迫下水沙动态调控的响应机理

　　本节基于黄河下游设置的 10 个采样点，在 2018 年调水调沙前（6 月 21～23 日）、调水调沙期（7 月 5～7 日）和调水调沙结束后（8 月 5～7 日），分别对黄河下游小浪底—利津河段进行了调查，分析了水沙动态调控对下游河流关键生境因子的时空演变分布特征，阐明了关键生源要素的生物地球化学过程对泥沙动态调控的响应机理，通过遴选表征高含沙河流系统主河道、河漫滩生境特征的关键物种或种群，提出了典型生物对多重环境因素胁迫下的适应阈值，预测了泥沙动态调控下黄河下游典型生物适宜生境分布格局及时空演变趋势。采样点主要包括小浪底水库坝下（S1）、西霞院水库（S2）、西霞院水库坝下（S3）、宽滩区河段（S4～S8）和山东窄河段（S9～S10），见图 4-38。监测断面中除 S2 和 S3 外均与相应水文站点匹配。

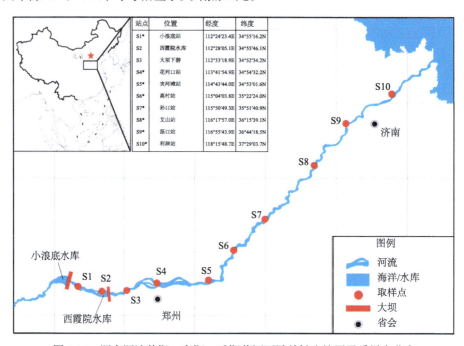

图 4-38　调水调沙前期—中期—后期黄河下游关键生境因子采样点分布

4.3.1　水沙动态调控对下游河道关键生境因子时空演变的影响

分别对 2018 年和 2019 年小浪底水库汛前调水调沙前期—中期—后期（简称前—中—后）下游河道沿程水环境因子进行跟踪监测，其特征值如表 4-17 所示。相对于调水调沙前，调水调沙期间流量、水温（T）、溶解氧（DO）、电导率（COND）、总溶解固体（TDS）均发生显著变化，除电导率和氧化还原电位（ORP）外大部分环境因子标准差也明显上升。调水调沙结束后，相关环境因子逐渐恢复，表明调水调沙对环境因子产生的影响是短期行为，但属于较强的外界胁迫。

表 4-17　水沙调控影响下不同时期下游河道水环境因子特征值

环境因子	平均值±标准差			最小值～最大值		
	调水调沙前	调水调沙中	调水调沙后	调水调沙前	调水调沙中	调水调沙后
$T/℃$	27.10±1.27	27.39±2.07	29.67±2.23	25.18～30.17	24.61～33.25	26.84～34.051
DO/（mg/L）	6.77±1.84	5.83±2.37	5.92±1.78	4.73～11.73	4.11～14.81	4.08～11.32

续表

环境因子	平均值±标准差			最小值~最大值		
	调水调沙前	调水调沙中	调水调沙后	调水调沙前	调水调沙中	调水调沙后
COND/（μS/cm）	1024.86±77.54	977.26±78.41	904.05±87.83	907~1163	875.00~1103.00	734~1136
TDS/（mg/L）	637.34±46.20	605.33±41.96	526.52±53.76	547.31~695.06	531.82~654.30	416.52~629.86
pH	8.31±0.35	8.21±0.42	8.50±0.43	7.53~8.81	7.63~8.76	7.91~9.11
ORP/mV	161.94±48.50	173.34±23.87	163.49±24.26	49.4~262	120.41~219.80	118.5~214.1
浊度（NTU）	378.51±416.74	1870.60±1652.57	665.12±433.10	2.24~1605	9.64~5771.20	9.18~1692.9
叶绿素 a（Chl-a）/（mg/L）	3.46±1.67	7.51±10.27	5.19±2.43	0.96~7.6	3.66~49.68	2.36~11.58
总氮(TN)/（mg/L）	1.30±0.18	1.20±0.34	1.22±0.44	0.864~1.514	0.00~1.51	0.003~1.476
总磷（TP）/（mg/L）	0.04±0.01	0.07±0.04	0.08±0.03	0.006~0.057	0.04~0.18	0.007~0.151
硅（Si）/（mg/L）	3.77±0.27	5.17±1.39	5.73±1.18	2.64~5.76	3.18~8.34	3.42~10.63

　　如图 4-39 所示，黄河下游总氮主要由硝酸盐氮组成，氨氮和亚硝酸盐氮除个别点位外均处于较低水平，调水调沙过程使得下游河道磷酸盐浓度提高，而总磷浓度变化较小，说明调水调沙过程促进了颗粒态磷向可溶性磷的转变。图 4-40 为综合营养指数（TLI）值的变化情况，可以看出，调水调沙中黄河整体 TLI 值小于 30，为贫营养状态，调水调沙前、后处于中营养状态。

　　黄河下游河道沉积物粒径组成以粗粉粒和细砂粒为主；调水调沙后较调水调沙前黄河下游河道沉积物粗砂粒含量增大，黏粒及细粉砂粒含量下降。调水调沙前黄河下游河

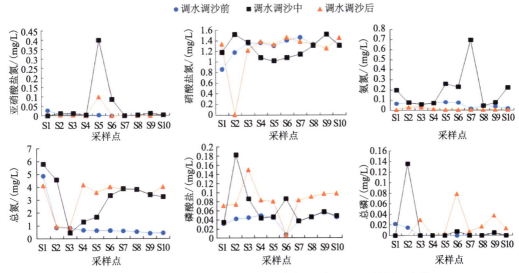

图 4-39　黄河调水调沙前—中—后营养盐指标和 TLI 的沿程变化

道各采样点沉积物的中值粒径为 22～72μm，调水调沙后各采样点中值粒径随着河道冲淤变化均有不同程度的调整，有粗化的也有细化的，为 16～99μm。

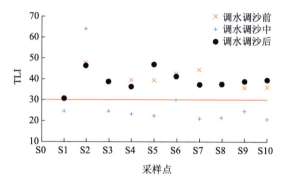

图 4-40　黄河调水调沙前—中—后 TLI 沿程变化（红线为贫富营养分界线）

如图 4-41 所示,调水调沙前黄河下游河道底质有机碳、全氮含量分别为 0.55～5.34 g/kg、0.09～0.53 g/kg；调水调沙后下游河道有机碳和全氮含量变化范围分别为 0.54～1.65 g/kg 和 0～0.27 g/kg。受小浪底水库调水调沙的影响，黄河下游河道底质有机碳含量及全氮含量大幅降低，一方面可能会影响黄河下游河道底栖生物的生存，另一方面也可能会使黄河口近海水域的营养水平增加。

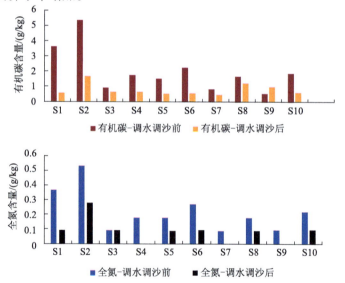

图 4-41　调水调沙前后黄河下游河道有机碳（上）和全氮（下）含量变化

调水调沙期间，黄河下游河道表面水体流速急剧增大，特别是在调水调沙前，原本流速较小的部分点位（S4、S7、S10）由于调水调沙进入下游河道的流量增大，过水断面发生变化，近岸缓流和回流区消失，同时挺水植被完全淹没在水面以下，失去了对微塑料的阻拦作用，使得调水调沙期间微塑料丰度急剧下降，在调水调沙结束后微塑料丰度回升，同时也说明了微塑料的迁移与滞留受流速影响较大。

4.3.2　水沙动态调控对下游河道关键群落结构的影响

1. 水沙动态调控对浮游生物的影响

在 2018 年和 2019 年调水调沙前、中、后期，分别对黄河下游进行了沿程水生生物调查。调查结果显示，黄河下游生态系统中水生生物的总体生物量和丰富度较低。浮游动植物和细菌群落对环境变化较为敏感，因此以浮游动植物和细菌群落为重点，分析调水调沙对下游河道生态的影响。鉴定了蓝藻门（Cyanophyta）、甲藻门（Pyrrophyta）、裸藻门（Euglenophyta）、硅藻门（Bacillariophyta）、隐藻门（Cryptophyta）和绿藻门（Chlorophyta）6 个门类 78 种浮游植物，其中绿藻门的种类数最多，有 30 种；其次是硅藻门，有 26 种；蓝藻门 11 种；裸藻门 5 种；甲藻门 4 种；隐藻门 2 种。鉴定了 3 门 10 科 28 种浮游动物，其中轮虫纲（Rotifera）25 种、枝角类（Cladocera）1 种、桡足类（Copepoda）2 种，见图 4-42。

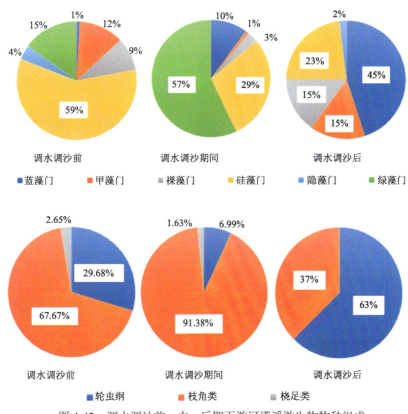

图 4-42　调水调沙前—中—后期下游河道浮游生物物种组成

2. 水沙动态调控对微生物群落的影响

在 2019 年的三次野外调查中，共获取到 4036 个操作分类单元 OTU，经物种注释划分为 45 个门、115 个纲、292 个目、480 个科、903 个属和 1778 个种。其中，变形菌门（Proteobacteria）、酸杆菌门（Acidobacteria）、放线菌门（Actinobacteria）、绿弯菌门（Chloroflexi）等在不同采样时期均占较大比例。各时期种属分布如图 4-43 所示。如图 4-43（a）所示，调水调沙前变形菌门（Proteobacteria）、拟杆菌门（Bacteroidetes）、绿弯菌门（Chloroflexi）、酸杆菌门（Acidobacteria）、放线菌门（Actinobacteria）和厚壁菌门（Firmicutes）等为该时期细菌中的优势物种，其中占比最大的为变形菌门（Proteobacteria），在细菌群落中总体占比为 47.50%。如图 4-43（b）所示，调水调沙期间变形菌门（Proteobacteria）、放线菌门（Actinobacteria）、拟杆菌门（Bacteroidetes）、厚壁菌门（Firmicutes）、芽单胞菌门（Gemmatimonadetes）为该时期细菌群落中的优势物种，其中占比最大的为变形菌门（Proteobacteria），在细菌群落中总体占比达 97.88%。图 4-43（c）所示，调水调沙后变形菌门（Proteobacteria）、放线菌门（Actinobacteria）、拟杆菌门（Bacteroidetes）、酸杆菌门（Acidobacteria）、厚壁菌门（Firmicutes）、绿杆菌门（Chloroflexi）和浮霉菌门（Planctomycetes）等成为该时期细菌群落的优势物种。其中，变形菌门细菌群落中所占比例为 47.50%。

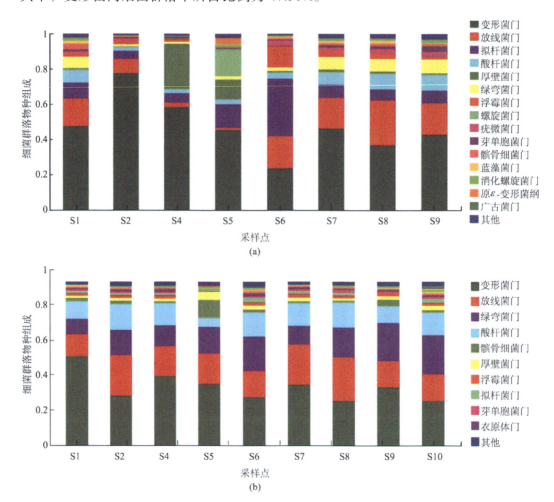

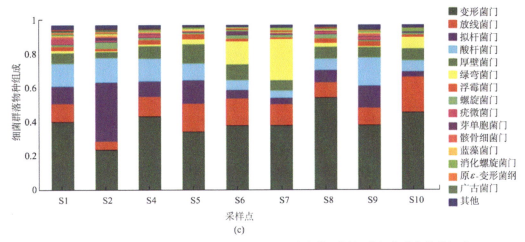

图 4-43　调水调沙前（a）—中（b）—后（c）期下游河道细菌群落物种组成

调水调沙前黄河下游浮游植物平均生物量为 0.66 mg/L，最低点出现在 S3，最高点出现在 S7，总体上 S1～S4 生物量较低，S5～S10 生物量较高；调水调沙中平均生物量降至 0.47mg/L，较之前降低了 28.79%，最低点出现在 S1，最高点出现在 S9；调水调沙后浮游植物平均生物量增至 0.61 mg/L，最低点出现在 S2，最高点出现在 S8，见图 4-44。

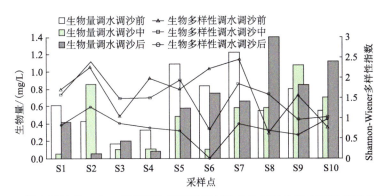

图 4-44　调水调沙前—中—后期下游河道浮游植物生物量及生物多样性指数沿程变化

浮游动物生物量分布规律受调水调沙过程影响，具有显著的时空特征。枝角类在三个采样时段内均为河道内浮游动物优势物种，调水调沙前平均生物量仅为 0.025mg/L，沿程分布较均匀，略微波动；调水调沙中平均生物量增长至 0.449mg/L，空间上生物量总体呈现自上游向下游逐渐减小的趋势，排除 S2 点位由于水库排空造成与河道隔离，S1～S4 段减小幅度较大，达 85.97%，S5～S10 则呈波动式下降；调水调沙后河道生物量回落至 0.032mg/L，但相较调水调沙前平均生物量仍有所上升，见图 4-45。

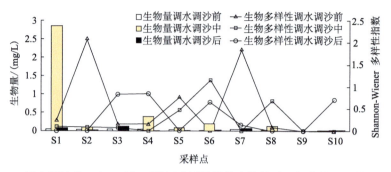

图 4-45　调水调沙前—中—后期下游河道浮游植物生物量及生物多样性指数沿程变化

4.3.3　下游河道典型生物对环境胁迫的响应规律

选取浮游生物作为下游河道典型生物，研究水沙调控影响下浮游生物对环境胁迫的适应阈值。由图 4-46（a）可知，调水调沙前 pH 的增大使得水体偏向碱性，导致浮游植物生物量下降；溶解氧浓度的上升使浮游植物的生物量明显增长。营养盐方面，可溶性硅酸盐（以 SiO_2 计）对浮游植物负向影响的路径系数最大，达 4.92，表明可溶性硅酸盐（以 SiO_2 计）的增长会显著降低水体中浮游植物的生物量；总磷增长与浮游植物生物量增长呈正相关，而总氮增长则与浮游植物生物量的增长呈负相关。浮游动物种群与环境因子间无显著的响应关系，但其生物量的增长显著降低了浮游植物的生物量，路径系数达 13.94。

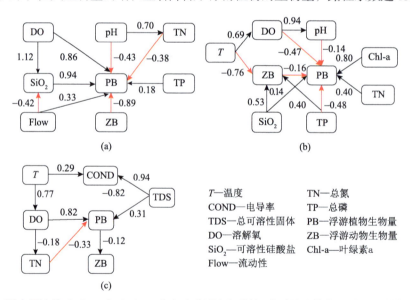

图 4-46　调水调沙前（a）—中（b）—后（c）期黄河下游河道浮游生物与环境因子结构方程优化

如图 4-46（b）所示，调水调沙期间叶绿素 a 浓度的增长与浮游植物生物量增长间存在显著的正相关，路径系数为 6.07；溶解氧浓度的上升导致浮游植物生物量的增长受到抑制；水体的 pH 增加对浮游植物仍有较强的抑制作用；温度升高对浮游动物生物量有明显抑制作用。营养盐方面，浮游植物生物量对可溶性硅酸盐（以 SiO_2 计）浓度的响应程度较调水调沙前明显降低；浮游植物生物量对总氮和总磷浓度的响应方式均发生了较大的变化，对总氮的响应由先前的负向变为正向，但总体路径系数较小，对总磷的响应则由先前的正向变为负向，路径系数由 1.55 增大至 4.2。温度上升对浮游动物生物量的上升有抑制作用，可溶性硅酸盐浓度的上升有正向响应，浮游动物生物量的增长仍对浮游植物种群增长有一定抑制作用。

如图 4-46（c）所示，调水调沙后影响浮游植物生物量的主要环境因子为总可溶性固体，路径系数为 1.43；溶解氧浓度的上升与浮游植物生物量的关系重新回到与调水调沙前相同的正向影响；电导率的升高抑制了浮游植物生物量的增长。营养盐方面，浮游植物仅随着总氮浓度升高而降低，且路径系数较小，为 0.5，浮游生物对总磷和可溶性硅酸盐浓度的响应均不显著。浮游植物生物量的增长对浮游动物的生物量起到了一定的抑制作用，二者关系相较于调水调沙前和调水调沙期间变为反向作用，即由浮游动物种群增长抑制浮游植物种群转变为浮游植物种群增长抑制浮游动物种群。

4.4 枢纽群泥沙动态调控与区域社会经济发展的相互约束机制

本节以黄河下游宽滩区为研究对象，厘清了泥沙动态调控对滩区土地利用方式的影响机制，揭示了泥沙动态调控与滩区土地利用格局变化的区域空间制约关系；建立了滩区土地利用动态模拟模型，预测了未来滩区土地利用格局和变化趋势；在此基础上，提出了新情势下黄河下游宽滩区土地管理优化方案。

4.4.1 泥沙动态调控对滩区土地利用方式的影响机制

1. 黄河下游滩区土地利用变化分析

基于遥感、地理信息系统（GIS）等技术手段，统计分析了 1985～2015 年黄河下游滩区土地利用类型及面积变化情况，利用 ArcGIS 空间分析工具，制作了土地利用空间动态变化图，得到了黄河下游滩区河南、山东两个省份土地利用结构及变化过程的整体认识。

根据黄河下游河南段宽滩区 1985～2015 年土地利用资料，编制了土地利用情况表（表 4-18 和表 4-19）。考虑到 1985～2015 年黄河下游滩区（河南段）的土地利用类型以耕地、水域和建设用地为主，这三类土地类型之和占总面积的 90%以上。因此，这里主要针对耕地面积、水域面积和建设用地的变化进行分析。

表 4-18　1985～2015 年黄河下游滩区（河南河段）土地利用面积　　（单位：km²）

土地利用类型	1985 年	1990 年	1995 年	2000 年	2005 年	2010 年	2015 年
耕地	1744.37	1806.81	2201.82	2219.96	2163.75	2187.78	2203.79
林地	24.6	26.36	81	40.37	38.79	38.01	69.34
草地	29.38	38.07	12.99	27.65	22.31	13.68	52.42

土地利用类型	1985 年	1990 年	1995 年	2000 年	2005 年	2010 年	2015 年
水域	816.1	684.03	378.18	296.01	375.11	439.14	324.36
建筑用地	333.95	336.32	290.14	342.98	345.08	317.3	353.8
未利用地	56.09	112.9	40.36	77.52	59.45	8.58	0.78

表 4-19　1985～2015 年黄河下游滩区（河南河段）土地利用占比　　（单位：%）

土地利用类型	1985 年	1990 年	1995 年	2000 年	2005 年	2010 年	2015 年
耕地	58.06	60.14	73.28	73.89	72.02	72.82	73.35
林地	0.82	0.88	2.70	1.34	1.29	1.27	2.31
草地	0.98	1.27	0.43	0.92	0.74	0.46	1.74
水域	27.16	22.77	12.59	9.85	12.48	14.62	10.80
建筑用地	11.12	11.19	9.66	11.42	11.49	10.56	11.78
未利用地	1.87	3.76	1.34	2.58	1.98	0.29	0.03

从以上统计结果可以看出，耕地面积呈现先升后平稳的变化趋势；其中，1985～1990年、1990～1995 年耕地面积呈现"阶梯式"增长，1995～2015 年耕地面积呈现平稳态势，中间略有波动。水域面积与耕地面积的变化趋势相反，呈现先减小后略有抬升的趋势；其中，1985～1990 年、1990～1995 年、1995～2000 年水域面积呈现"阶梯式"下降变化，2000 年以后水域面积开始增长，但是增长幅度不大。建筑用地面积整体呈现平稳变化趋势。

根据黄河下游山东河段滩区 1985～2015 年 7 年土地利用资料，统计了土地利用情况表（表 4-20 和表 4-21）。

表 4-20　1985～2015 年黄河下游滩区（山东河段）土地利用面积　　（单位：km²）

土地利用类型	1985 年	1990 年	1995 年	2000 年	2005 年	2010 年	2015 年
耕地	1016.11	1276.43	1267.28	1319.72	1380.82	1442.25	1414.16
林地	37.78	31.34	36.89	31.91	38.96	28.79	28.47
草地	61.71	172.71	205.6	175.59	80.29	17.2	17.21
水域	737.13	391.78	341.55	335.63	348.04	364.86	371.64
建筑用地	151.73	155.52	158.27	164.98	171.15	149.52	172.63
未利用地	91.15	67.83	86.02	67.78	76.35	92.99	91.5

表 4-21　1985～2015 年黄河下游滩区（山东河段）土地利用占比　　（单位：%）

土地利用类型	1985 年	1990 年	1995 年	2000 年	2005 年	2010 年	2015 年
耕地	48.49	60.91	60.47	62.98	65.89	68.82	67.48
林地	1.80	1.50	1.76	1.52	1.86	1.37	1.36

土地利用类型	1985 年	1990 年	1995 年	2000 年	2005 年	2010 年	2015 年
草地	2.94	8.24	9.81	8.38	3.83	0.82	0.82
水域	35.17	18.70	16.30	16.02	16.61	17.41	17.73
建筑用地	7.24	7.42	7.55	7.87	8.17	7.13	8.24
未利用地	4.35	3.24	4.10	3.23	3.64	4.44	4.37

根据表 4-21、表 4-22 统计结果可知，与河南河段类似，山东河段的滩区土地利用类型也以耕地、水域和建筑用地为主。山东河段的耕地面积呈现总体增长、中间略有波动的变化趋势；其中，1985～1990 年耕地面积呈现"阶梯式"跳跃增长，1990～2015 年耕地面积总体上涨趋势不变，中间略有波动。水域面积与耕地的变化趋势相反，呈现先减少后平稳的变化趋势；其中，1985～1990 年水域面积呈现"阶梯式"下降，1990～2005年水域面积呈现平稳下降的趋势，不再呈"阶梯式"下降。建筑用地面积整体呈现平稳的变化趋势。

2. 土地利用程度和多样性分析

采用土地利用程度综合指数，来全面反映不同用途的土地及其面积占比对土地利用程度的影响。如表 4-22 所示，参照土地自然综合体在社会因素影响下的自然平衡状态，按照土地的不同利用类型将土地分为四级并赋值。

表 4-22　土地利用程度分级表

土地利用类型	未利用地	林地+草地+水域	耕地	建筑用地
分级指数	1	2	3	4

土地利用程度综合指数计算公式为

$$L_{\mathrm{d}} = 100 \times \sum_{i=1}^{4}\left(A_i \times C_i\right) \qquad (4\text{-}18)$$

式中，L_{d} 为土地利用程度综合指数；A_i 为第 i 类土地利用程度分级指数；C_i 为第 i 类土地利用程度分级面积百分比。

采用土地利用多样性指数，描述土地类型的结构、功能随时间变化的多样性，反映土地利用类型的复杂性和丰富程度。土地利用多样性指数数值越大，表示该区域土地利用类型复杂度越高。其计算公式为

$$H = -\sum_{i}^{4} P_i \times \log_2 P_i \qquad (4\text{-}19)$$

式中，H 为研究区域土地利用多样性指数，其值越大表示土地利用类型多样化程度越高；P_i 为研究区第 i 类土地利用程度分级面积百分比。

图 4-47 和图 4-48 分别给出了下游滩区河南河段和山东河段的土地利用程度及多样性。结果显示，滩区内土地利用程度较高，滩区土地利用程度指数值基本上都在 280 左右，其主要原因是滩区的社会经济活动以农业为主，土地利用类型主要为耕地、水域和建筑用地，其他类型用地面积较小。相应地，滩区土地利用的多样性指数很低，最近几十年间一直处于下降状态，仅为 120～140，尤其是随着未利用地、林地和水域被开发成为耕地和建筑用地之后，黄河下游滩区土地利用的多样化程度进一步降低。

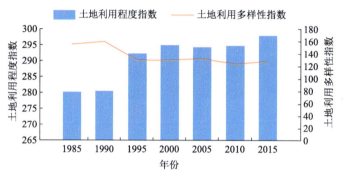

图 4-47 河南河段土地利用程度及多样性

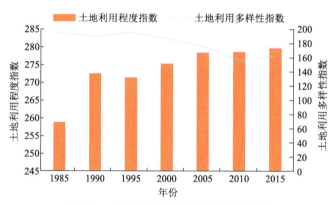

图 4-48 山东河段土地利用程度及多样性

3. 泥沙动态调控与土地利用的相互约束机制

选取 1985～2015 年黄河下游河南河段滩区耕地、水域和建筑用地不同土地利用类型及水利工程密度（包括河道整治工程和农田水利灌溉工程）进行相关性分析。采用 Pearson 相关系数衡量两者之间的相关程度，厘清水沙调控对滩区土地利用方式的影响机制。Pearson 相关系数输出范围为-1～1，0 代表无相关性，绝对值越接近于 1，说明相关性越强，计算结果见表 4-23。可以清楚地看出，河南河段滩区耕地与水利工程密度有较高的正相关性，水域与水利工程密度有较高的负相关性，而建筑用地几乎和水利工程密度无相关性。

表 4-23　1985～2015 年黄河下游河南河段滩区土地利用与水利工程密度相关性分析

年份	耕地	水域	建筑用地	水利工程密度
1985	1744.37	816.10	333.95	0.71
1990	1806.81	684.03	336.32	0.76
1995	2201.82	378.18	290.14	0.85
2000	2219.96	296.01	342.98	0.98
2005	2163.75	375.11	345.08	1.05
2010	2187.78	439.14	317.30	1.19
2015	2203.79	324.36	353.80	1.20
相关性系数	0.78	−0.74	0.27	

综合分析判断认为，上述计算结果是合理的。首先，国家投资在黄河下游河道及滩区内修建河道整治工程、农田水利灌溉工程等，黄河调水调沙塑造河槽、河道整治对河势的约束作用逐步增强，使得黄河下游的河槽基本趋于稳定，因此水域面积逐渐固定下来；继而，部分原本属于河槽的地方因此变成了新的滩地，随着滩区内社会经济发展及人口增长因素的影响，人们对耕地的需求增加，滩区居民为了拓展自身的生存空间及改善自身的生产生活环境，将新形成的滩地又逐渐开发为耕地，这是一个普遍的历史现象。

4.4.2　泥沙动态调控与滩区土地利用格局变化的区域空间制约关系

以河南省范县为研究对象，本书构建了黄河下游河道水动力学模型，模拟了花园口断面不同流量级来水条件下黄河下游河道的洪水演进过程。根据计算结果统计各流量级滩区土地的淹没范围及淹没面积（表 4-24）。其中，6000m³/s 流量下最大淹没面积为 334hm²，8000m³/s 流量下最大淹没面积为 7442hm²，10000m³/s 流量下最大淹没面积为 7866hm²，12370m³/s 流量下最大淹没面积为 7872hm²，15700m³/s 流量下最大淹没面积为 7912hm²，22000m³/s 流量下最大淹没面积为 7920hm²。可以看出，流量从 6000m³/s 到 8000m³/s，滩区的淹没面积陡然增加，当然淹没损失也会大幅度的增加；而流量大于 8000m³/s 以后，滩区的淹没面积仅仅增加约 6%，说明 8000m³/s 是一个分界点，该淹的土地基本上都淹掉了。为了便于直观对比，我们将计算结果绘于图 4-49。

表 4-24　河南省范县各年份滩区土地淹没总面积　　　　　（单位：km²）

流量级	各年份滩区土地淹没总面积				
	1990 年	2000 年	2005 年	2010 年	2015 年
6000m³/s	178	332	330	334	134
8000m³/s	6640	7370	7392	7442	4354
10000m³/s	6988	7794	7816	7866	4602
12370m³/s	6994	7800	7822	7872	4604
15700m³/s	7030	7836	7858	7912	4614
22000m³/s	7014	7848	7870	7920	4628

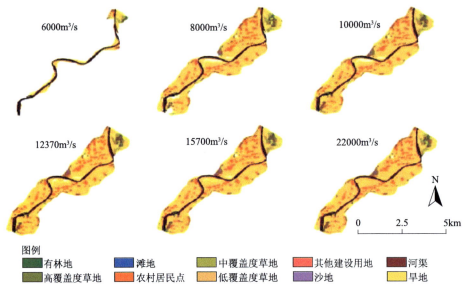

图 4-49　不同流量级下河南省范县各种土地利用类型淹没范围分布图

为了进一步了解不同洪水情景下范县土地淹没状况对土地利用的影响，将范县土地利用类型图分别与 2010 年 6000m³/s、22000m³/s 两个流量级下的淹没范围进行叠加，即可得出淹没村庄状况，定量描述洪水淹没风险对当地土地利用的影响，其结果参见图 4-50 和图 4-51。

结合滩区空间结构、土地利用程度和裁剪对比结果分析，6000m³/s 流量下范县淹没村庄面积较小，为 22hm²，主要分布在东北部；22000m³/s 流量下，范县淹没村庄面积陡然增加，面积为 1716hm²，主要分布在中部、东北部和西南部。

基于该模拟结果勾勒了不同流量级漫滩边界及范围（图中黄色部分），并结合范县 1990～2015 年土地利用数据，分析了不同土地利用类型漫滩状况，参见表 4-25。

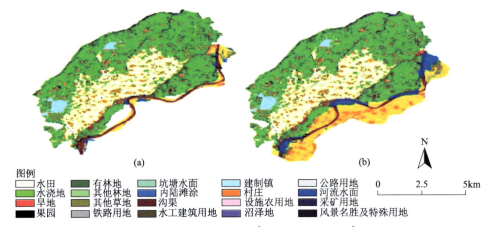

图 4-50　河南省范县土地利用类型与 6000m³/s（a）和 22000m³/s（b）淹没范围对比

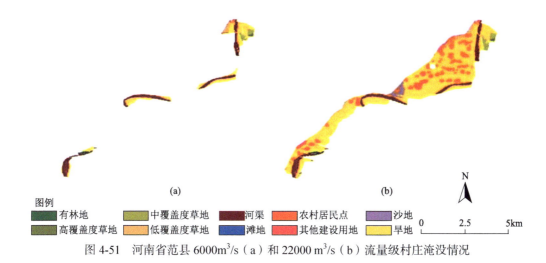

图 4-51　河南省范县 6000m³/s（a）和 22000 m³/s（b）流量级村庄淹没情况

表 4-25　2015 年不同流量级范县滩区不同土地利用类型淹没面积统计　（单位：hm²）

流量	不同土地利用类型淹没面积				
	耕地	林地	草地	水域	建设用地
6000m³/s	2226	10	284	39	2220
8000m³/s	17571	121	812	97	4520
10000m³/s	18336	120	918	109	4704
12370m³/s	18480	123	918	109	4666
15700m³/s	18650	123	933	109	4742
22000m³/s	18922	127	936	109	4776

研究结果发现，6000m³/s 流量下主要影响的土地利用类型是旱地和河道内未利用地；8000m³/s 与 10000m³/s 流量下受影响的土地就包括农村乡镇居民点。随着流量的不断增加，旱地占受影响的土地面积的比例也不断增大。受黄河下游滩区特殊地形影响（滩地横比降大），从 6000m³/s 流量增大到 8000m³/s 流量时，滩区淹没面积增大 4 倍左右，而 8000m³/s 流量增大到 22000m³/s 流量时，淹没面积变化不大。因此，建议滩区土地利用开发以 6000m³/s 流量级淹没范围划定土地用途管制区。

4.4.3　滩区土地利用动态模拟及变化趋势预测

1. 滩区土地利用动态演变模型构建

本次研究构建了黄河下游滩区行洪输沙-社会-经济协调发展的系统动力学流图，使用流位、流率、流、源、参数、辅助变量等符号量化描述系统运动过程中的因果关系（Vensim User's Guide，Vision 5），如图 4-52 所示。在此基础上，建立 DYNAMO 方程，并使用 2005～2016 年历史数据调试检验了仿真模型,确定了模型动态仿真运行所需的变量初值和参数。

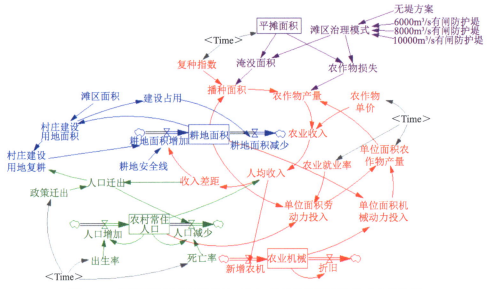

图 4-52　黄河下游滩区行洪输沙-社会-经济协调发展系统动力学流图

2. 滩区土地利用动态演变模型检验

本次研究主要针对沿黄宽滩区所在县统计局的年鉴资料,共调研了河南省 14 个县(市)97 个乡镇,山东省菏泽东明、鄄城、郓城 3 个县 15 个乡镇的农业数据,以此数据为基础进行了模型历史数据的检验,模型检验仿真步长为 1 年。表 4-26 为耕地面积、播种面积、人均收入和农村常住人口的仿真结果和误差统计。可以看出,仅有部分变量在部分年份的仿真值出现了超过 10%的误差,但变化趋势基本与统计值趋势相符,说明该系统动力学仿真模型具有较好的现实解释力,基本反映了黄河下游滩区行洪输沙-社会-经济协调发展的实际情况,可以用于预测未来滩区不同治理情形下行洪输沙-社会-经济的发展趋势。

表 4-26　系统动力学仿真模型检验结果

年份	耕地面积			播种面积		
	统计值/km²	仿真值/km²	误差/%	统计值/km²	仿真值/km²	误差/%
2005	1092.87	1092.87	0.00	1209.74	1209.73	0.00
2006	1101.59	1111.80	0.93	1225.57	1245.40	1.62
2007	1136.11	1148.89	1.12	1295.57	1320.43	1.92
2008	1199.72	1203.95	0.35	1438.13	1446.36	0.57
2009	1194.60	1277.02	6.90	1150.05	1292.89	12.42
2010	1190.39	1237.01	3.92	1153.99	1234.69	6.99
2011	1224.40	1218.39	−0.49	1219.39	1212.58	−0.56
2012	1226.31	1212.49	−1.13	1216.25	1192.68	−1.94
2013	1167.94	1220.42	4.49	1130.48	1222.23	8.12
2014	1170.40	1243.26	6.23	1152.45	1280.87	11.14
2015	1241.88	1274.11	2.60	1305.08	1284.91	−1.55
2016	1067.35	1264.36	18.46	1123.34	1295.35	15.31

年份	人均收入			农村常住人口		
	统计值/元	仿真值/元	误差/%	统计值/万人	仿真值/万人	误差/%
2005	2222.3	2602.3	17.1	179.13	179.13	0
2006	3399.8	3717.0	9.33	178.73	186.56	4.38
2007	4352.7	4623.4	6.22	184.59	188.78	2.27
2008	5350.4	5513.6	3.05	185.99	190.36	2.35
2009	3879.5	4755.2	22.57	186.96	186.77	−0.1
2010	4813.9	5648.6	17.34	181.88	190.74	4.87
2011	5455.5	6271.7	14.96	183.31	190.48	3.91
2012	6769.9	7607.4	12.37	181.51	191.35	5.42
2013	8421.3	9097.6	8.03	180.89	193.42	6.93
2014	8694.6	9424.1	8.39	183.87	197.31	7.31
2015	8273.1	8054.7	−2.64	184.92	190.57	3.06
2016	7890.5	8185.6	3.74	180.05	191.45	6.33

3. 不同治理模式下的滩区社会经济发展情景预测

小浪底水库建成运用后,进入下游的水沙条件和黄河下游的防洪形势发生了重大变化,社会经济的发展也对下游防洪提出了新的、更高的要求,新时期治水思路更加强调了人与自然的和谐相处,水库调度也正在由控制洪水向洪水管理转变。黄河下游"地上悬河"形势严峻,大洪水期滩区必须发挥蓄滞洪作用,使得黄河下游滩区经济发展严重滞后,生产生活水平与堤外差距越来越大,人与河争地的矛盾日益尖锐。水利部黄河水利委员会组织有关专家于 2004 年 2 月、3 月分别在北京和开封讨论今后一个时期黄河下游的治理方略,总结专家们的意见,确定在当前及今后一定时期黄河下游河道的治理方略为"稳定主河槽、调水调沙、宽河固堤、政策补偿"。然而,由于小浪底水库运用后黄河来水来沙量进一步减少,加之滩区群众致富的愿望更加强烈,社会对黄河下游滩区的运用模式再次引发强烈争议。2006 年 6 月原水利电力部部长钱正英考察黄河下游,根据黄河近期水沙变化特点和滩区社会经济发展需求,提出在黄河下游滩区修建两道防护堤,即控导工程连线防护,解放一部分滩区,发展经济,同时减少中常洪水滩区的灾害损失。

国家"十二五"科技支撑计划项目(2012BAB02B01)"黄河下游宽滩区滞洪沉沙功能及滩区减灾技术研究",首次将这一治理思路作为重要治理方案开展了科学研究。其中,控导工程连线布置考虑国内大部分专家意见,以及当时有关河道治理研究成果、滩槽划分成果及现状生产堤情况等,控导工程连线防洪标准参考黄河下游滩区补偿政策、《黄河流域综合规划修编》、"黄河下游滩区综合治理关键技术研究"、现状生产堤高程及控导工程防洪标准等,确定的研究方案包括"无控导工程连线"方案(即现状条件下生产堤全部破除)和"控导工程连线"方案,控导工程连线堤距宽度 3.5km,防护标准分别为 6000m³/s、8000m³/s、10000m³/s,通过实体模型试验和数学模型计算对比研究了不同运用方案下宽滩区滞洪沉沙功效及对山东窄河段冲淤和防洪安全的影响。"十三五"

期间，黄河水利科学研究院通过院所长基金项目"黄河下游滩槽协同治理架构及运行机制研究"（HKY-JBYW-2017-01），进一步开展了"宽河固堤"现状模式的生产堤全部破除、"宽河固堤"控导工程连线模式的控导工程连线不同间距（1.5km、2.5km、3.5km）和不同标准（6000 m³/s、8000 m³/s、10000 m³/s）组合、"窄河固堤"模式下不同堤距（3.5km、5km）等不同治理方案下宽滩区的滩槽协同效果的分析研究。

本次研究在上述研究基础上，重点研究不同治理方案下滩区行洪输沙对社会经济发展的影响，共设置了四种情景进行了模拟仿真预测，包括无控导工程连线方案（滩区生产堤全面破除）、6000m³/s 标准的控导工程连线方案、8000m³/s 标准的控导工程连线方案、10000m³/s 标准的控导工程连线方案。

（1）无控导工程连线方案下滩区社会经济发展情景仿真。需要说明的是，黄河下游河道的滩区部分不像主河槽一样，每年都固定有汛前汛后两次测量，中间有特殊情况还要加密观测，滩区现有最新的地形资料是 2013 年的。因此，我们的预测采用的滩区地形资料是 2013 年的实测数据。在无控导工程连线方案下，洪水淹没部分滩区耕地，当季农业生产所需的播种面积相应减少，并造成一定量的农作物损失。农村居民出于增产增收、改善生活水平的需求，希望耕地面积增加，但耕地面积受农村基本建设活动的影响，面积增加缓慢，且会出现一定程度的波动。如图 4-53 所示，该情景模拟中的滩区耕地面积和播种面积呈周期性波动，总面积增加不明显。但受技术进步等因素驱动，滩区农业生

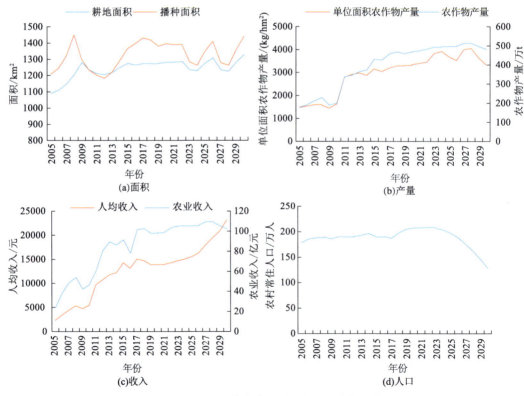

图 4-53　无控导工程连线方案下滩区农业生产情景模拟结果

产效率不断提高，单位面积农作物产量和农作物产量自 2011 年持续增长，相应地，滩区农业收入也不断增加。同时，受洪水淹没影响，滩区人口承载力相对较低，人口外流严重，造成滩区农村常住人口于 2022 后出现大幅度下跌现象，至 2030 年下降到 129.1 万人；在此情况下，滩区农村居民人均收入水平自 2022 年起快速提高，于 2030 年达到 23207.5 元。

（2）6000m³/s 标准控导工程连线方案下滩区社会经济发展情景仿真。6000m³/s 标准控导工程连线方案下，滩区耕地面积和播种面积变动幅度相对较小。如图 4-54 所示，2005~2009 年，滩区耕地面积快速增加至 1252.60 km² 的较高水平，之后基本保持在 1250~1300 km² 的稳定状态，滩区农业生产率在小幅波动中快速提高。滩区单位面积农作物产量仍然是随着播种面积的变化呈现周期性波动，但波动幅度较小，主要体现在技术进步带来的生产率提升。6000m³/s 标准控导工程连线方案在保障滩区农村居民的生产生活水平方面发挥了较大作用，在不考虑外迁政策因素和滩区人口限制政策因素等的特殊影响下，农村居民迁出人口有所减少，农村常住人口数量经过前期的小幅波动后基本保持稳定。

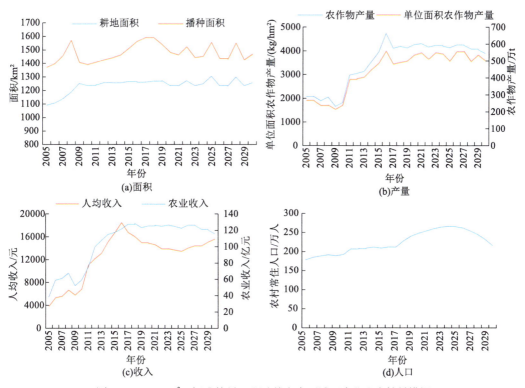

图 4-54　6000m³/s 标准控导工程连线方案下滩区农业生产情景模拟

（3）8000m³/s 标准控导工程连线方案下滩区社会经济发展情景仿真。8000m³/s 标准控导工程连线方案为滩区农村居民的生产生活提供了更好的保障，滩区常住人口的迁出相应减少。在既定滩区面积和居民住房面积的约束下，滩区耕地面积变动呈现一定幅度的周期性波动，滩区播种面积平均为 1575.13km²。如图 4-55 所示，在 8000m³/s 标准控导工程连线方案的保障下，滩区迁出农村居民相应较少，在不考虑外迁政策因素和滩区人口限制政策因素等的特殊影响下，农村常住人口数量在长期呈小幅增长趋势。

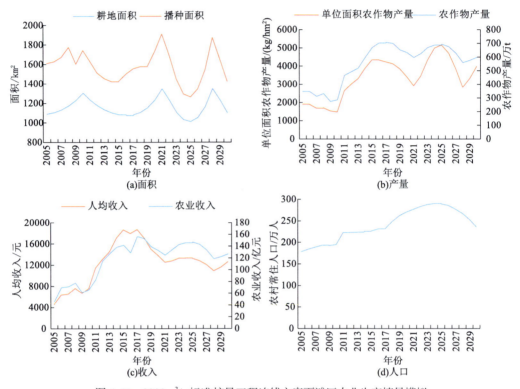

图 4-55　8000m³/s 标准控导工程连线方案下滩区农业生产情景模拟

（4）10000m³/s 标准控导工程连线方案下滩区社会经济发展情景仿真。10000m³/s 标准控导工程连线方案的防洪等级最高，保障堤内农村居民人数更多，政策性人口迁出比例进一步下降，滩区农村常住人口数量相对较多。滩区耕地面积和播种面积同样呈现周期性波动，波动周期更长。如图 4-56 所示，该方案的农业生产率提高相对较小，农作物产量和农业收入增幅也相应较小。10000m³/s 标准控导工程连线方案，在不考虑外迁政策因素和滩区人口限制政策因素等影响的情况下，2030 年滩区农村常住人口数量会增加较多，为四种模拟情形的最高水平。

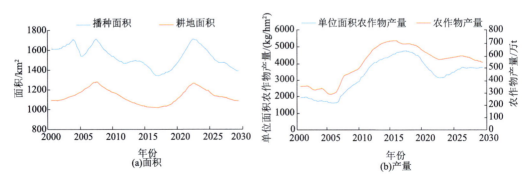

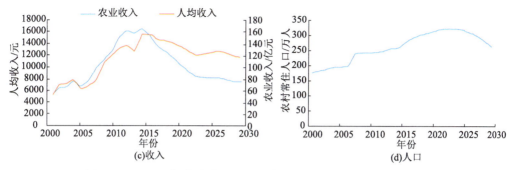

图 4-56　10000m³/s 标准控导工程连线方案下滩区农业生产情景模拟

4.4.4　滩区土地利用优化方案及管控措施

1. 滩区土地利用的多方需求

1）社会经济发展需求

通过调研和资料收集，了解到沿黄地方政府和群众对滩区土地利用有很多想法，各部门和各行业之间对滩区如何开发也存在着不同的意见。除个别滩区外，大多没有滩区土地开发利用的规划或方案。地方政府和群众对滩区土地利用主要的需求，包括现代高效农业开发、文化生态旅游开发、水产畜牧业养殖、光伏发电、风电开发等。

2）滩区综合治理需求

在进一步贯彻国家生态治理新理念的背景下，水环境治理、水生态良性维持对滩区土地资源的开发利用赋予了新内涵。尤其是黄河流域生态保护和高质量发展重大国家战略的推进，使得黄河下游滩区综合治理为滩区社会经济可持续发展提供了前提条件，成为必然趋势。要实现流域与区域的协同发展，就要充分研究滩区自然-经济-社会之间的因果与互馈关系，在保证防洪安全的前提下，协调土地利用与防洪安全、社会经济发展需求之间的关系，充分挖掘不同防洪标准情景下的土地开发利用方式最优解，同时还需要考虑经济发展与土地开发利用之间的互相促进与互相限制的作用，以黄河下游河道河流系统长远发展和总体最优为目标，探索优化土地资源配置方案。

2. 滩区土地利用优化方案

1）实施基于保持土地总量动态平衡的土地利用策略

优化土地转换方案，合理制定发展战略。在基于滩区防洪安全、经济发展、耕地保护的前提下，加大对滩区农田水利基础设施的投入，改善滩区生产条件，促进土地流转。立足试点县乡资源禀赋和产业基础，明确产业发展方向，突出产业重点，优化产业结构，壮大产业规模，为搬迁提供产业就业支撑，促进劳动力就业。大力发展新生劳动力的职业教育、青壮年劳动力的技能培训、农业生产劳动力的实用技术培训。实行产教融合、校企合作，开展订单、定向、定岗职业技能培训，增强转移就业能力和自我发展能力，实现外迁劳动力和安置区占地产生的需安置劳动力稳定就业。

2）优化农村产业结构

解决农村问题的关键是加快城市化进程，解决农业问题的根本是调整产业结构，解决农民问题的核心是增加农民收入，而所有这些都离不开便捷高质量的农村公路。加快农村公路建设可以加强城乡联系和沟通，促进农民更好地适应市场需求，调整种植业和产品结构，搞活农产品流通，提高农业综合效益；可以引导农村企业合理集聚，完善小城镇功能，改善农村生产生活条件，也可以改善各种生产要素流动条件，促进农民思想的转变，促进农业增效、农民增收。加强农村公路建设的立足点，就是促进路网结构优化和协调发展，充分发挥路网整体性功能，提高综合服务能力。

3）制定有利于农民在小城镇建房购房的房地产政策

对于滩区群众来说，地方政府应制定有利于农民在小城镇建房购房的房地产政策。大力发展小城镇商品房建设，鼓励滩区群众搬迁，减少滩区内的建筑用地，保障防洪安全。允许农民按照统一的规划和要求自建住房，大力提倡建造质量可靠、经济实用、面积较宽敞的多层公寓式商品楼房，以节约建房用地，降低建房成本。同时，根据保持耕地总量动态平衡的要求，还可以考虑在宅基地和小城镇建设用地问题上采取相应的配套政策。

3. 流域与区域协同发展的滩区管理政策

黄河下游滩区作为流域和区域共同管理的特殊地带，其管理措施可从流域与区域协同发展的角度，完善管理政策和措施。

（1）统筹利用工程和经济手段化解滩区人水矛盾。要积极探索治水治沙治滩与富民惠民安民有机结合的治理思路和途径，积极开发和运用工程设施建设、村庄外迁、临时撤离和就地避洪等多种滩区安全措施，切实落实好中央以及地方政府对滩区民众的各项补偿政策，在确保国家防洪安全的同时，多管齐下，有效保障滩区人民的生命财产安全，促进当地经济社会高质量发展。

（2）探索滩区分区分类管理和土地利用管制措施。黄河下游不同河段滩区的规模和类型多样，不宜采用统一的工程建设标准、防洪治理模式和土地开发利用模式。对规模较大且属于"高滩"或"二滩"的滩区，在保证防洪安全的前提下，允许适当发展高值化生产模式，提高居民生活和宜居水平。按照主体功能规划要求，可将下游主行洪河道和滩区土地分为三类区域，即行洪保障区、蓄滞洪与农业发展区、城镇发展区。同时，紧紧抓住土地高效利用"牛鼻子"，健全完善土地用途管制机制，探索实行产业负面清单管理机制，增加单位土地面积的经济产值，提升滩区居民生产生活水平和幸福指数，最大限度地提高滩区土地利用效能，构建符合黄河下游滩区整体功能定位、满足滩区居民发展需求的良性发展综合治理路径。

（3）开展滩区社会经济发展统计监测和动态跟踪。黄河下游滩区居民生产生活情况基础数据体系的构建，是理清滩区经济社会发展现状、探索滩区社会经济可持续发展路径、识别发展过程中可能出现的突出问题的前提，是跟踪评估滩区社会经济发展状态、与周边地区甚至全国平均水平进行横向比较的基础和依据。建立系统完整的滩区经济社会发展统计监测系统，可以使国家准确、系统地把握不同滩区和滩区不同区域土地资源变化、人口和经济社会发展现状及其动态调整，为因地制宜、科学制定滩区发展规划提供基础数据。

（4）明晰滩区管理边界及各方的管理范围与职责。在前期研究成果的基础上，合理划定主河槽、滩地和保护区管理边界。按照"尊重历史，承认现实，充分协商，因地制宜，妥善解决"的原则，充分利用河势控导工程，划定滩区管理边界线。将控导工程连线 100m 范围划定为滩区分区实物管理边界，流域机构依据《中华人民共和国防洪法》《中华人民共和国河道管理条例》实行直接管理；控导工程连线 100m 范围之外区域，由地方政府承担管理主体责任，流域机构承担监管责任。

（5）建立健全多方合作协调机制和属地责任制。实现黄河下游滩区社会经济可持续发展，需要处理好滩区行洪滞洪沉沙功能、滩区土地利用和居民生产生活水平提升等多方面的关系，需要国家防汛抗旱总指挥部、水利部、黄河水利委员会及其下属相关单位与滩区属地的河南省、山东省及其辖区地方政府、滩区居民等多方之间密切合作。统筹黄河防洪安全需求和地方群众生产生活需求，建立合作交流平台和联席协调机制，协同解决滩区行洪输沙与滩区生产生活之间的矛盾和重大政策等问题。

（6）探索建立滩区土地稳定开发利用保障机制。流域与区域的协同发展，就要把保障居民安全与防洪放在同样重要的位置，将滩区的土地利用与黄河防汛安全、地方社会经济发展及生态环境保护等多维利益有机融合起来。建立居民迁建和开发保障机制，完善中央和豫鲁两省分担安全建设成本机制，落实市、县地方主体责任。多渠道筹集安全建设资金，创新投融资体制机制，城乡建设用地增减挂钩指标适当向滩区倾斜，支持占用耕地地区在支付补充耕地指标调剂费用的基础上，对口支持滩区产业发展、基础设施建设等。

4.5　下游河流系统行洪输沙-生态环境-社会经济多过程耦合机制

本节在总结前述研究成果基础上，明晰了水沙调控与河床演变-生源物质传输-生物演替-社会经济发展等多过程耦合关系，揭示了下游河流系统行洪输沙-生态环境-社会经济的耦合作用机理，并构建了多过程耦合网络模型，预测了不同水沙动态调控情景下黄河下游河道行洪输沙-社会经济-生态环境的演变趋势。

4.5.1　水沙调控与河床演变-生源物质传输-生物演替-社会经济发展多过程耦合关系

1. 水沙调控与河床演变的关系

根据实测资料分析，上游来水来沙条件及水库调水调沙方式的改变会使下游河道物质组成和河床形态发生相应的变化。水库下游河流系统水-沙-床随时随地进行着调整，在上中游水库和枢纽群不同的运用阶段，泥沙调控始终处于动态变化中，下游河道的河床形态也处于动态调整过程中，调整的幅度随时间和空间变化各不相同。

从时间尺度来看，1960 年以前，黄河下游河道水沙属于天然来水来沙过程，且水量相对较丰；这一时期下游的河道整治工程很不完善，河势摆动非常大，河道床沙组成从上段到下段变化相对均匀，其中水沙演进到利津站的床沙级配约为花园口站级配的20.00%；2000 年之后，随着小浪底水库的运用和下游河道整治工程的逐步完善，河势摆动范围大幅度减小，河槽床沙调整幅度较大，利津站的级配变幅约为花园口站级配的48.28%，上下游河段床沙组成变化明显。

从空间尺度看，同一时期黄河下游河道物质沿程逐渐细化，河槽宽度的变幅沿程减小，粗化程度沿程减弱。2000～2015 年小浪底水库建成，开始下泄清水，河道萎缩趋势得到控制，主河槽深度及过流面积逐步增加。2002～2006 年 5 次调水调沙，各个河段冲淤强度极不均衡，各个河段床沙均存在粗化、细化交替调整的现象；随着河床冲刷的发展，输水输沙的河槽逐步得到恢复，床沙级配粗化的程度逐步达到相对稳定。2007～2009 年的 4 次调水调沙，下游河道也都发生了冲刷，各个河段冲淤变幅变化不大，上下游基本呈均衡发展态势。

河床形态的调整也会影响水沙输移。宽浅型河道在汛期是泥沙的堆积区，非汛期是泥沙的主要恢复来源区，河道断面形态的变化会导致河道边界条件和来水来沙条件的不适应，引起河床形态的自动响应和调整。对比黄河下游各河段主河槽面积、河宽、水深与平均水沙条件之间的关系可知，面积、河宽和水深随流量增加而增加，随含沙量增加而减小；各变量随流量和含沙量变化面积、河宽的调整变幅沿程减小，水深沿程增加。当含沙量大于水流挟沙能力时泥沙以横向贴边淤积为主，河宽缩窄，而当含沙量小于水流挟沙能力时泥沙优先以垂向冲刷为主，水深增加。研究表明，河道整治工程能够起到很好地控制河势的作用，有工程控制的河湾，河势比较稳定，上游或者下游未受控制的河湾，河势的演变就十分复杂，主流线的摆动幅度将会更大，畸形河湾出现的概率也会增加。

2. 水沙调控对生源物质（N、P）传输的影响

调水调沙过程中，一些水质指标如总磷、氨氮等在短期内急剧增加，大量水沙伴随着丰富的营养物质输入黄河下游河道和黄河口，对下游河道和黄河口营养盐结构造成显著影响。

根据前述监测结果，调水调沙前黄河下游河道全氮含量为 0.09～0.53 g/kg，受小浪底调水调沙的影响，在调水调沙过程中，氮浓度呈降低趋势（径流的稀释作用导致），调水调沙结束后径流量变小，稀释作用减弱，氮浓度呈升高趋势，调水调沙后下游河道全氮含量变化范围为 0～0.27 g/kg。

调水调沙使得下游河道磷酸盐浓度提高，而总磷浓度变化较小，说明调水调沙过程促进了颗粒态磷向可溶性磷的转变。调水调沙前，黄河下游总磷浓度处在较低水平，约 0.04 mg/L，随着水沙量的递增，高浓度悬浮颗粒物挟带更多的磷，同时水中悬浮物对磷有吸附-解吸的缓冲作用，总磷浓度约 0.07 mg/L。调水调沙过程中，黄河下游溶解态磷的浓度高于调水调沙前的水平（调水调沙过程促进了颗粒态磷向可溶性磷的转变），后期径流量减少大大降低了其对磷的稀释，总磷浓度又有升高的趋势，约 0.08 mg/L。

黄河调水调沙期间，河口各营养盐的浓度和组成均有明显变化，氮的浓度下降，磷的浓度升高，颗粒态营养盐的比例明显增加。氮、磷等生源物质在调水调沙中含量最高，调水调沙后次之，调水调沙前含量相对较低。调水调沙过程加剧了河口富营养化状态和有机污染程度，但也在一定程度上缓解了黄河口营养盐结构比例失衡的状况。

3. 水沙调控对生态演替的影响

水沙调控导致大量的水沙输入黄河下游河道和黄河口，下游和黄河口三角洲生态水文条件等发生明显变化，进而对下游河道和河口三角洲湿地生态系统造成显著影响。

水沙调控对生态环境的短期影响主要体现在对下游河道浮游生物的生物量方面。如前所述，调水调沙前黄河下游河道浮游植物平均生物量为 0.66 mg/L，调水调沙中平均生物量降至 0.47 mg/L，较之前降低了 28.79%；调水调沙后，浮游植物平均生物量增至 0.61 mg/L，相较调水调沙中平均生物量有所上升。浮游生物的生物量在河道的空间分布上总体呈现自上游向下游逐渐减小的趋势。

水沙调控对生态环境的长期影响主要体现在生态水文和湿地恢复方面。2002 年调水调沙后，利津断面水文情势有所改善，年极小值流量明显增加，年最大流量出现时间提前 15 天，小流量平均持续时间明显增加，大流量过程持续时间略有降低，但是水文过程变化率降低，趋于平缓。2008 年以来，水利部黄河水利委员会结合调水调沙，向三角洲自然保护区淡水湿地补水，随着黄河水的连年补给，河口淡水湿地的面积不断恢复，2018 年的湿地面积已由补水初期的 11475 hm² 恢复至 15173 hm²，基本达到自然保护区设立时的平均水平，黄河现行流路两侧的淡水湿地地下水位普遍升高 1 m 以上，对海水浸入湿地起到了一定的抵御作用。水文连通度增加以及湿地面积的扩大、保护区的鱼类大大增加，使得生物栖息环境得到明显改善，目前自然保护区鸟类种群数量增加明显，远超过自然保护区设立时鸟类种类水平，同时植物繁茂，生物多样性日渐丰富。

4. 水沙调控对社会经济的影响

对滩区社会经济的影响主要体现在淹没土地利用类型和村庄人口多少等方面。一般而言，流量越大，滩区淹没的经济损失越大。以范县为例，花园口断面在不同流量级条件下，对社会经济影响差异较大。6000 m³/s 流量级下，建设用地最大淹没面积为 334 hm²，范县淹没村庄面积较小，为 22 hm²，主要分布在东北部；8000 m³/s 流量级下，建设用地最大淹没面积为 7442 hm²；10000 m³/s 流量下，建设用地最大淹没面积为 7866 hm²；12370 m³/s 流量下，建设用地最大淹没面积为 7872 hm²；15700 m³/s 流量下，建设用地最大淹没面积为 7912 hm²；22000 m³/s 流量下，建设用地最大淹没面积为 7920 hm²，范县淹没村庄面积陡然增加，面积为 1716 hm²，主要分布在中部、东北部和西南部。

对区域社会经济的影响主要体现在两岸用水类型等方面。根据《黄河水资源公报》，我们统计了2003～2017年历年黄河下游水资源利用情况,可将黄河下游用水类型分为四种,即农业用水(农田灌溉用水和林牧渔用水)、工业用水、生活用水(居民生活用水和城镇公共用水)和生态用水四种类型。其中,农业用水平均值占比为77.12%,因此在社会经济约束因子选取过程中,偏重表征农业生产方面的因子,综合评估水沙调控对引黄灌区造成的用水压力和经济损失。

以山东省为例,采用统计学方法,考虑作物蒸散发和有效降雨,计算山东省引黄灌区(图4-57)灌溉需水量,在不同水沙调控情景下分析灌区可用水量的响应特征;以 GIS 为平台,计算具有时空差异的山东省引黄灌区农业用水安全配置。该计算方法体现了气象数据的空间差异对灌区需水的影响。具体分配方案计算方法如下:

$$(W_{ir}^r)_A = [(ET_m - P_e)_x R(S_p)_x + (ET_m - P_e)_y R(S_p)_y + \cdots$$
$$+ (ET_m - P_e)_n R(S_p)_n](S_p)_A \tag{4-20}$$

式中,$(W_{ir}^r)_A$ 为调控区 A 的灌溉需水量(m³);$(ET_m - P_e)_n$ 为气象站点 n 的作物蒸散发和有效降雨的差值(m);$R(S_p)_n$ 为气象站点 n 所生成的泰森多边形在调控区 A 中所占的比例;$(S_p)_A$ 为调控区 A 的灌溉面积(m²);$x, y, \cdots, n$ 为调控区 A 中所包含的气象站点。

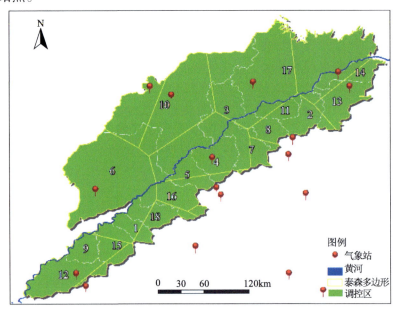

图4-57　不同调控区灌溉需水空间分配方案

山东省引黄灌区用水安全分析。表4-27 为分别采用常规的定额配水方法和式(4-20)计算的平水年不同水沙调控情景配水比例及灌溉用水短缺情况。2018 年,山东省出台了山东省地方标准《山东省主要农作物灌溉定额》,规定平水年山东省引黄灌区主要作物平均灌溉定额为 0.57m³/m²,配水比例等同于不同调控区灌溉面积的比例。在合理利用地表水及地下水资源而又没有其他调水工程的前提下,三种水沙调控情景下,山东省引黄灌区农业用水短缺分别为 31.46 亿 m³、55.26 亿 m³ 及 110.78 亿 m³。本次研究考虑水文气象条件的空间尺度差异、调控区安全用水压力指数的不同，得出最佳配水方案，在同样的条件下农业用水短缺分别为 0、18.24 亿 m³ 以及 73.77 亿 m³。

表 4-27　平水年不同水沙调控情景下农业配水比例及灌溉用水短缺情况

调控区	定额法				式（4-20）方法			
	配水比例/%	灌溉用水短缺/亿 m³			配水比例/%	灌溉用水短缺/亿 m³		
		最低	适宜	最高		最低	适宜	最高
1	2.57	0.81	1.42	2.85	2.43	0	0.44	1.79
2	1.30	0.41	0.72	1.44	1.44	0	0.26	1.06
3	4.53	1.43	2.50	5.02	3.70	0	0.67	2.73
4	1.91	0.60	1.06	2.12	0.78	0	0.14	0.57
5	0.09	0.03	0.05	0.10	0.02	0	0.00	0.01
6	35.60	11.20	19.68	39.44	36.10	0	6.59	26.63
7	1.37	0.43	0.76	1.52	1.19	0	0.22	0.88
8	2.47	0.78	1.36	2.73	2.59	0	0.47	1.91
9	5.00	1.57	2.76	5.54	4.43	0	0.81	3.27
10	18.23	5.73	10.08	20.20	20.05	0	3.66	14.79
11	9.58	3.01	5.29	10.61	10.10	0	1.84	7.45
12	3.52	1.11	1.94	3.89	3.11	0	0.57	2.29
13	1.79	0.56	0.99	1.98	1.92	0	0.35	1.42
14	0.34	0.11	0.19	0.38	0.39	0	0.07	0.29
15	2.07	0.65	1.14	2.29	1.92	0	0.35	1.42
16	0.82	0.26	0.45	0.91	0.22	0	0.04	0.16
17	8.45	2.66	4.67	9.36	9.30	0	1.70	6.86
18	0.36	0.11	0.20	0.40	0.32	0	0.06	0.24
总计	100	31.46	55.26	110.78	100	0	18.24	73.77

2008～2018 年，山东东部地区和鲁西北等地区的年均降水量不足 600 mm，而鲁中南地区的年均降水量在 900 mm 左右，水文气象条件的差异使得山东省引黄灌区的农业用水安全具有明显的空间异质性。水沙调控过程能够满足一定程度的生态用水，各大调控区的农业用水安全压力指数的均值为 23%，以打渔张、刘春家、麻湾和簸箕李等灌区为代表的调控区 2、11、13、14 和 17 的农业用水压力较大，其中调控区 2 和 13 的压力指数超过了 30%，而以胡家岸、田山和东风等灌区为代表的调控区的农业安全指数普遍低于 20%。山东省引黄灌区水量调配，应综合考虑农业节水措施的实施和水文气象条件差异的影响，在推行农业节水及调水工程的同时，考虑灌区农业用水安全压力进行"精

细配水",平水年份农业用水短缺由 55.28 亿 m³ 降低到 18.25 亿 m³,有效降低了农业和生态用水之间的矛盾。

进而,我们又开展了山东省引黄灌区经济损失分析。受上游来水、水沙调控和生态配水等多过程综合作用,占黄河引水量 90%以上(黄河水资源公报)的山东省引黄灌区的经济会受到明显的影响。本次研究采用高村站历年实际来水过程,模拟不同水沙调控情景下,山东省引黄灌区不同水文年农业经济损失的年际差异和年内差异。结果表明,典型枯水年(2002 年)、平水年(2003 年)和丰水年(2005 年)农业用水短缺分别为 14.78 亿 m³、12.99 亿 m³ 和 0.35 亿 m³,2002 年经济损失最高,为 3050.09 元/hm²,农业经济损失的最小值出现在 2005 年,仅为 18.89 元/hm²。

此外,受农业用水短缺的季节性差异影响,农业经济损失呈现出复杂特征。1999 年总的农业用水短缺仅为 3.14 亿 m³,但由于缺水主要集中在 1~2 月,占总缺水量的 72.45%,这一阶段农业缺水对冬小麦的影响最大,产量响应系数为 0.6,相应造成农业经济损失达 1638.94 元/hm²。相比之下,2001 年总缺水量为 20.35 亿 m³,高于其他年份的缺水量,然而该年度农业用水短缺主要集中在 10~12 月,该阶段农业缺水对冬小麦的影响最小(产量响应系数为 0.2),对应经济损失为 1219.60 元/hm²,仅为 2002 年计算结果的 39.99%。综合而言,经济损失受来水过程和水量调控的共同影响,单纯借助调水工程,农业和生态之间的矛盾难以调解,还需要借助农业节水等方面的措施来进一步缓解黄河生态环境的保护和经济发展之间的矛盾。

4.5.2　黄河下游行洪输沙-生态环境-社会经济多过程耦合机制及模型构建

1. 行洪输沙-生态环境-社会经济多过程耦合机制

河流系统兼有行洪输沙功能、社会经济服务功能和生态环境服务功能,是由行洪输沙、社会经济和生态环境三个子系统组成的开放复杂巨系统,各子系统在河流系统中分别发挥相应的功能,子系统之间以及河流系统与外界不断进行物质和能量的交换和信息的传递。各子系统之间的关联关系见图 4-58。

系统演化的主要影响因子包括:行洪输沙约束因子(径流泥沙指标、河道边界条件指标和水库调控指标)、生态环境约束因子(河流水质、水面面积、栖息地面积、生物多样性、生态需水、植被盖度等)、社会经济约束因子(国内生产总值、一产产值、种植面积、粮食产量、引水量等)。生态环境流量与花园口断面年均流量之间存在对应关系。当花园口断面年平均流量低于 1000m³/s 时,花园口 1~3 月、4~6 月、11~12 月的适宜流量保证率均较低,小于 50%;且 4~6 月适宜脉冲流量基本不会发生;利津站 1~3 月及 4 月适宜流量保证率小于 50%,4 月无适宜脉冲流量。当花园口断面年平均流量为 1000~1100m³/s 时,花园口断面 1~3 月、11~12 月适宜流量保证率超过 70%,4~6 月适宜流量保证率超过 90%,4~6 月适宜脉冲流量可发生 1 次;利津断面 1~3 月、4 月适宜流量保证率超过 70%。当花园口断面年平均流量为 1200~1300m³/s 时,花园口断面 4~6 月适宜流量保证率可达到 100%。当花园口断面年平

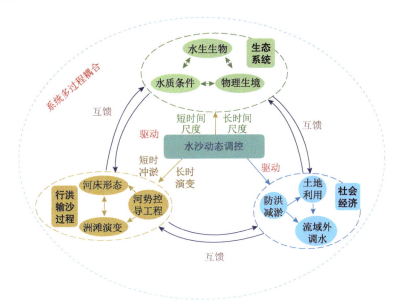

图 4-58　行洪输沙-生态环境-社会经济耦合作用机制

均流量为 1300～1400m³/s 时，利津断面 1～3 月、4 月适宜流量保证率可达到 100%，4～6 月适宜脉冲流量可发生 1 次。当花园口断面年平均流量大于 1400m³/s 时，花园口断面 1～3 月、11～12 月适宜流量保证率可达到 100%；大于 1500m³/s 时，利津断面 4 月适宜脉冲流量可发生 2 次；大于 2100m³/s 时，花园口断面 4～6 月适宜脉冲流量可发生 2 次以上。

黄河下游泥沙动态调控需满足行洪输沙、社会经济和生态环境三大子系统之间的协同关系，在其调控过程中，各子系统的主要约束因子尤其是相关性较高的主要约束因子应维持在其置信区间或阈值范围内。其中，水库调控能力和河道平滩流量属于硬约束，在泥沙动态调控过程中必须得到满足，生态需水属于软约束，可按照不同保证率来满足，根据黄河的实际情况，推荐按照生态需水保证率大于 70%考虑，保持花园口断面年均流量大于 1000m³/s，此时粮食产量也可基本保持稳定。

2. 行洪输沙-生态环境-社会经济系统耦合网络模型

研究区界定。模型系统的边界为小浪底水库下游河流系统（包括干流河道、沿黄区域和引黄灌区），综合考虑生态系统对水沙动态调控响应、水沙动态调控与区域社会经济发展相互约束机制的基础上，明确水沙、水质、水生态和社会经济各组分之间相互作用关系，基于 Stella 模型系统，构建黄河下游河流系统行洪输沙（水沙调控-河床演变）-社会经济-生态环境（水质-水生态）多过程耦合的系统动力学模型。

模型构建。以小浪底水库下游河流系统作为模型边界，根据子系统之间的关系，采用 Stella 软件，对系统进行构建，得到模型整体结构，如图 4-59 所示。三大子系统 4 类过程的主要变量如表 4-28 所示。

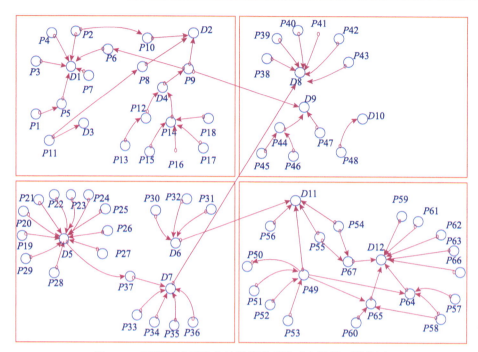

图 4-59　下游河流系统多过程模拟系统动力学模型结构图

表 4-28　行洪输沙-生态环境-社会经济各子系统主要变量

系统	因素名称	变量名称	简称
行洪输沙子系统 S1	河道物质组成 D1	床沙中值粒径、河道宽度、断面位置、时间节点、床沙级配、平滩流量、滩槽高差	P1～P7
	河道能量耗散 D2	浑水的容重、流量、河道横比降	P8～P10
	水库调控 D3	水库调控力度	P11
	河势控导工程 D4	河道平面形态、河流的弯曲系数、河道断面形态、河相系数、河道纵比降、主流线摆幅、河床稳定性指标	P12～P18
生态环境子系统之水质过程 S2	水质因子 D5	T（℃）、DO（mg/L）、COND（μS/cm）、TDS（mg/L）、ORP（mV）、pH、NTU、Chl-a（mg/L）、TN（mg/L）、TP（mg/L）、Si（mg/L）	P19～P29
	微塑料分布 D6	微塑料成分、微塑料形状、微塑料沿程分布情况	P30～P32
	水盐变化 D7	浅层土壤含水率、浅层土壤盐度、距离海岸线距离、地下水垂向水位差、环境因子	P33～P37
生态环境子系统之水生态过程 S3	生物多样性 D8	浮游生物物种种类、细菌物种组成、浮游植物生物量、浮游植物生物多样性指数、浮游动物生物量、浮游动物生物多样性指数	P38～P43
	生态需水 D9	外河道生态需水、城镇生态环境需水、农村生态环境需水、内河道生态需水	P44～P47
	盐沼植被 D10	植被指数	P48
社会经济子系统 S4	土地利用变化 D11	用地类型总体情况、耕地、建设用地、水域、未利用地、土地利用空间结构、土地利用程度、土地利用多样性指数	P49～P56
	社会经济因素 D12	年末总人口、人均 GDP、城镇化率、第三产业比重、农业生产总值、工业固定资产、商贸固定资产、地均 GDP、地均工业产值、地均第三产业产值、土地利用结构熵	P57～P67

4.5.3　黄河下游行洪输沙-社会经济-生态环境多过程模拟预测

1. 多过程多目标耦合模型构建

按照供水工程、自然地理位置关系，将研究区域（即黄河下游）分为 7 个河段，分别为花园口—夹河滩、夹河滩—高村、高村—孙口、孙口—艾山、艾山—泺口、泺口—利津、利津—河口；8 个节点分别为花园口、夹河滩、高村、孙口、艾山、泺口、利津、河口。据此，将黄河下游河流系统概化为如图 4-60 所示的拓扑结构，其中生态用水指的是河道外的生态用水。

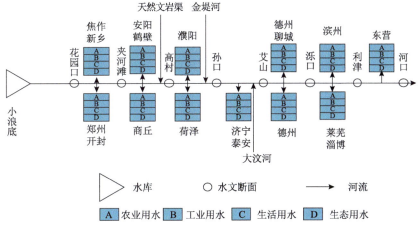

图 4-60　黄河下游河流系统空间概化图

模型构建方法，除了要考虑河道外需水外，还要考虑河道内需水；对这些因素进行具体的综合分析，根据黄河治理相关规划和流域实际情况，在水资源配置模型中将农业用水、工业用水、生活用水、生态用水（指的是河道外生态用水）、输沙和河道生态用水（河道内生态用水）作为三个目标五类用水户，同时结合时间、空间对水资源进行分配（图 4-61）。构建多过程多目标系统的水资源优化配置模型，应同时考虑目标、时间、空间等因素。调控目标要统筹河道行洪输沙、社会经济、生态环境三大功能的协同；时间尺度上要满足多过程不同时间节点的要求；空间尺度上要满足不同河段不同用水户的用水需求。

图 4-61　黄河下游河流系统功能配置概化图

水资源生态足迹主要由生产生活产生，即涉及农业、工业、生活三方面的水资源利用，因此以生态足迹作为目标函数可以平衡农业、工业、生活用水与生态环境之间的关系。以河道行洪输沙、生态环境满意度为目标函数，则反映了河流系统对行洪输沙、河道生态用水的需求。

目标函数的确定，不仅需要考虑水资源在分配给各个用水户时会产生效益，而且也需要考虑水资源在利用过程中会产生成本；水资源优化配置的目的就是通过对水资源进行分配，尽可能满足所有用户的用水需求，增加效益，降低成本。从黄河下游河流系统整体出发，必须满足防洪安全、生态安全，社会经济发展整体协同的要求，因此水沙调控目标函数包括生态效益目标函数、防洪安全目标函数和社会效益目标函数，相应地包括生态足迹函数、满意度函数、河道输沙满意度函数和缺水率函数。

约束函数具体包括水资源总量约束、引水断面水量平衡约束、河道内用水约束、引水用水量约束、供水能力约束、非负约束。水资源总量约束，即河道外用水户的取水量与河道内的水量之和不能超过水资源总量；引水断面水量平衡约束，即根据水量平衡原理，入流断面等于出流断面加上河段的取水量减去河段的退水量；河道内用水约束，即保证河道内有一定的流量用于输沙和保护生态环境,用河道输沙和生态用水约束来表示；引水用水量约束，从河道中取水不能超过其需水量；供水能力约束，从河道中取水不能大于其供水能力。

模型求解，采用主要目标函数法，即从子目标函数中选出一个主要目标函数，而将其余的子目标限制在一定的范围内，并转化为新的约束条件。本次采用的是美国 GAMS 模型系统，可执行各种数学优化问题计算。

模拟方案设置，结合黄河下游 2025 年、2030 年需水预测结果，考虑来水来沙的不确定性（水资源量频率、输沙用水范围），将来水情景分为丰水年、平水年、枯水年，与不同输沙生态满足度组合构成不同的模拟方案，其中不同输沙满足度的类型分为 A、B、C、D、E，分别对应满足度为 0、0.25、0.5、0.75、1 的情景，共设置了 30 种方案，以分析不同需水要求下不同来水条件、不同输沙要求与缺水率的定量关系，各模拟方案的参数设置如表 4-29 所示。

表 4-29 模拟方案情境与参数设置

满足度		不确定性		水资源量，满意度，需水量（亿 m³，无量纲，亿 m³）	
		水资源量设计频率/%	汛期输沙需水（90%置信度）	2025 年	2030 年
枯水年	A			（260, 0, 147.02）	（260, 0, 146.97）
	B			（260, 0.25, 147.02）	（260, 0.25, 146.97）
	C	75	49.40～144.75	（260, 0.5, 147.02）	（260, 0.5, 146.97）
	D			（260, 0.75, 147.02）	（260, 0.75, 146.97）
	E			（260, 1, 147.02）	（260, 1, 146.97）
平水年	A			（320, 0, 147.02）	（320, 0, 146.97）
	B			（320, 0.25, 147.02）	（320, 0.25, 146.97）
	C	50	112.70～199.27	（320, 0.5, 147.02）	（320, 0.5, 146.97）
	D			（320, 0.75, 147.02）	（320, 0.75, 146.97）
	E			（320, 1, 147.02）	（320, 1, 146.97）

满足度		不确定性		水资源量，满意度，需水量（亿 m³，无量纲，亿 m³）	
		水资源量设计频率/%	汛期输沙需水（90%置信度）	2025 年	2030 年
丰水年	A			（460，0，147.02）	（460，0，146.97）
	B			（460，0.25，147.02）	（460，0.25，146.97）
	C	25	177.87～269.93	（460，0.5，147.02）	（460，0.5，146.97）
	D			（460，0.75，147.02）	（460，0.75，146.97）
	E			（460，1，147.02）	（460，1，146.97）

2. 不同方案组合下整体缺水率变化

在不同来水情景下，2025 年 15 种方案黄河下游整体缺水率趋势预测结果如图 4-62 所示。可以看出，当输沙满足度上升时，河道外用水的缺水率增大。其中，枯水年、平水年情景方案中，只有当满足度为 0 和 0.25 时，才能保证河道外用水不缺水；而在丰水年情景下，河道外用水均能够得到满足。

2030 年 15 种方案黄河下游流域整体缺水率趋势预测结果如图 4-63 所示。可以看出，其整体的变化趋势与 2025 年的变化趋势相同，但是相比 2025 年，2030 年输沙满足度相同时，缺水率略有下降。

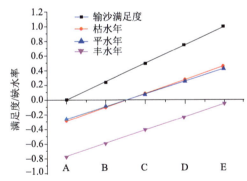

图 4-62　不同方案满足度与缺水率变化（2025 年）

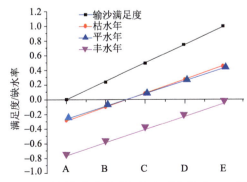

图 4-63　不同方案满足度与缺水率变化（2030 年）

3. 不同情景下适宜方案遴选

分别在 30 种方案中选取不同水平年及不同水资源配置情景下的适宜方案。丰水年选择满足度为 E 的配置方案，即方案 2025-E-丰、2030-E-丰；平水年选择满足度≥0.5、缺水率<10%的方案，2025 年及 2030 年均只有一个方案符合，即方案 2025-C-平、2030-C-平；枯水年选择满足度大于等于 0.5、缺水率小于 10%的方案，2025 年及 2030 年均只有一个方案符合，即方案 2025-C-枯、2030-C-枯。对上述 6 种方案基于生态足迹的配水方案结果进行分析，结果如图 4-64 所示。

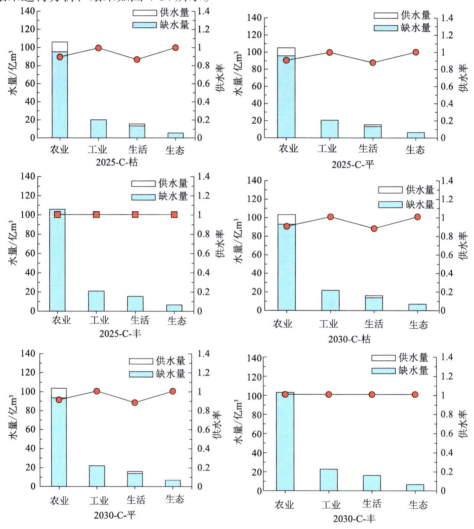

图 4-64　六种适宜方案水资源调控图

2025 年枯水年、平水年、丰水年适宜方案的缺水率分别为 8.45%、7.83%、0，2030 年枯水年、平水年、丰水年适宜方案的缺水率分别为 8.42%、7.80%、0。从相同年份看，2025 年平水年份和枯水年份河道外分配的水资源量缺水率略有下降，这是因为虽然平水年总的水资源量多于枯水年，但相比枯水年，平水年的输沙用水也增多，枯水年份河道用水量为 97.89 亿 m³，而平水年的河道用水量为 159.27 亿 m³。究其原因，随着来水量的增多，水流挟带的泥沙量增多，输沙需水量相应增加；虽然在平水年总的水资源量增多，但在同样的输沙满足度下，河道外分配的水资源并没有明显的改变。丰水年虽然输沙用水需求增加，但来水量大导致输沙效率提高，因此即使输沙用水的满足度增加(0.5~1)，河道外分配的水资源量也有明显的增加，能完全满足河道外所有用水需求。

黄河下游分区供水保证率分析结果表明，供水率最大的河段在河口—利津及孙口—艾山河段，接近于 1；供水率最小的河段在高村—孙口—泺口—利津河段，为 0.87，即高村—孙口河段及泺口—利津河段单位用水产生的生态足迹较大，应当采取措施降低单位用水污染物的排放量。在行业之间，农业和生活用水的供水率低于生态和工业用水，这反映了黄河下游单位用水量中，农业和生活产生的用水量较大，应当采取措施降低农业和生活用水污染物的排放量。在年度之间，平水年和枯水年的输沙用水和河道外用户用水矛盾较为明显，而丰水年有着较好的表现。

因此，平水年和枯水年水资源的调配要开源节流并举。"开源"，即增加水资源量，包括水资源年际间的水库调节、引入外来水资源，如南水北调，利用海水淡化补足黄河河口地区的用水需求；"节流"，由于黄河下游河道外用水最主要是农业用水，应该做好农业节水灌溉，提高水资源利用率，提高输沙效率，河道内用水主要是输沙用水，可以充分利用并完善河道整治工程和发挥小浪底等上、中游枢纽群调水调沙作用，进一步协调水沙关系。

第5章　黄河干支流骨干枢纽群多维功能协同的泥沙动态调控模式与技术

黄河流域特殊的地质地貌、气象水文等自然条件，决定了黄河在相当长的历史时期一直面临水少沙多、水沙关系不协调的难题（李强等，2014）。多年来，随着黄河干支流水利枢纽的逐步建设，国内外学者围绕黄河水沙调控开展了大量的理论探讨与应用技术研究，取得了丰硕的成果。但是，这些成果多以黄河下游防洪减淤为主要目标，而且现行的水沙调控工程体系调控能力仍有较大的局限性，水沙联合调控的效能还有待进一步提升（张仁，2005）。随着黄河流域系统内部和黄河受水区的社会经济不断发展，以及我国各广大人民群众对流域生态系统安全的要求日益提高，我国迫切需要建立基于水库库容长久维持、下游河道减淤、社会经济健康发展、生态环境良性维持的河流系统多维功能协同共赢的黄河干支流骨干枢纽群泥沙动态调控模式，研发适合黄河水沙情势变化特点的泥沙动态调控技术体系，为黄河干支流骨干枢纽群泥沙动态调控工程实践提供技术支持。鉴于此，本章在前述理论研究的基础上，借鉴已有研究成果和工程实践经验，系统构建了黄河干支流骨干枢纽群泥沙动态调控指标体系，确定了宁蒙河段、小北干流河段、黄河下游河段水沙调控指标阈值；针对不同调控目标（水量调控和泥沙调控）、边界条件（不同水沙条件，不同河段相应的防洪标准和平滩流量）、泥沙资源利用、生态环境、社会经济等约束条件，提出了不同情景下黄河干支流骨干枢纽群泥沙动态调控方式；凝练了提高溯源冲刷和异重流排沙效果的水库群联合调控技术、基于中短期径流泥沙预报的水库动态汛限水位控制技术，研发了气动冲沙和水力冲沙等强人工措施处理水库泥沙的系列技术；结合黄河干支流骨干枢纽群特点，提出了不同时期、不同洪水来源、不同约束条件下黄河干支流骨干枢纽群基于水动力-强人工措施有机结合的单-多库泥沙动态调控技术。

5.1　黄河干支流骨干枢纽群泥沙动态调控指标体系

调控指标体系和阈值是黄河干支流骨干枢纽群泥沙动态调控的重要依据。本节按照功能体系、调控目标、关键指标、调控阈值 4 个层次，构建了黄河干支流骨干枢纽群泥沙动态调控指标体系。在此基础上，根据不同河段面临的关键问题，分别从行洪输沙、生态环境和社会经济三大功能子系统角度，确定了宁蒙河段、小北干流河段、黄河下游河段水沙调控指标的阈值。

5.1.1　泥沙动态调控指标体系构建

鉴于黄河水沙调控体系的主要任务和黄河问题的复杂性，本次研究以河流系统服务功能三大子系统的多维功能协同为目标，分层次构建了不同河段、不同功能子系统、关键调控指标、调控阈值的调控指标体系架构。

《黄河流域综合规划（2012—2030 年）》（简称《规划》）明确提出构建黄河水沙调控体系的主要任务是：科学控制、利用和塑造洪水，协调水沙关系，为防洪、防凌安全提供保障；合理利用中常洪水，联合调水调沙，减轻河道淤积，塑造和维持中水河槽；联合调控塑造人工洪水过程，防止河道主河槽萎缩，维持水库长期有效库容和中水河槽；有效调节凌汛期流量，减少河道槽蓄水增量，减轻防凌压力；充分利用骨干水库的拦沙库容拦蓄泥沙，特别是拦蓄对下游河道淤积危害最大的粗泥沙；合理配置优化调度水资源，确保河道不断流，保障输沙用水和生态用水，保障生活、生产供水安全。《规划》明确提出黄河水沙调控体系由工程体系和非工程体系组成。《规划》还明确了以水库调度决策支持系统为主要内容的黄河水沙调控非工程体系，其为黄河水沙联合调度提供了技术支撑。因此，本次研究基于以往黄河水沙调控科学研究和工程实践成果，针对黄河水沙条件的动态变化、水库与河道边界条件的动态调整，统筹黄河流域社会经济高质量发展和生态环境的良性维持对水沙资源需求的变化情况，突出流域系统整体性，按照河流系统的服务功能将调控指标分为行洪输沙子系统调控指标、社会经济子系统调控指标、生态环境子系统调控指标三部分，如图 5-1 所示。进而通过系统研究，分别提出了不同河段泥沙动态调控的指标，为各调控指标阈值的确定奠定基础。

行洪输沙子系统调控指标重点考虑防洪防凌安全、输水输沙能力，调控指标分别包括洪峰流量、设防水位、凌峰流量、凌汛水位、槽蓄水增量、平滩流量、水沙关系等。社会经济子系统调控指标主要受工业、农业两个方面约束，本次研究重点包括水库发电、灌溉用水。生态环境子系统调控指标主要包括输沙用水和生态基流两个指标。

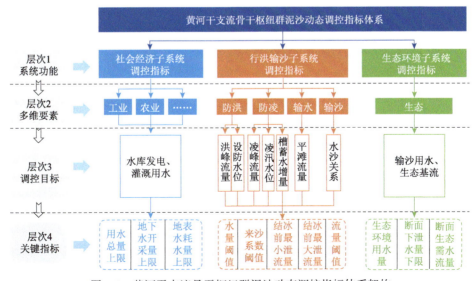

图 5-1　黄河干支流骨干枢纽群泥沙动态调控指标体系架构

5.1.2 泥沙动态调控指标阈值确定

水库不同运用阶段、不同调控目标、不同工程布局情景以及不同的水沙条件使泥沙动态调控的指标阈值不同；行洪输沙子系统调控指标阈值的确定又分为中长期和场次洪水两种不同情景进行分析。

首先，基于中长期洪水进行统计分析。

1. 行洪输沙子系统调控指标阈值确定

通过系统分析黄河不同河段水沙变化特点和河道冲淤演变特征，分别对黄河上游宁蒙河段、黄河中游小北干流河段和黄河下游河段进行了不同河段行洪输沙各相应调控指标阈值的研究。

1）防洪安全调控指标阈值

小北干流河段为无堤防河段，因此这里仅确定黄河上游宁蒙河段和黄河下游河段的防洪安全调控指标阈值。

黄河上游宁蒙河段。图 5-2 为宁蒙河段沿程各水文站最大日均流量历年变化过程。龙-刘水库联合调度运用以后，可控制最大下泄流量不超过 5000m³/s，使宁蒙河段的流量不超过现状设防流量，大大减轻了宁蒙河段的洪水威胁，下河沿站 2000m³/s 以上流量出现的天数占比不到 1%。图 5-3 为三湖河口站不同平滩流量下设防洪水位变化图。随着平滩流量的增加，河槽行洪能力提升，设防洪水位一直呈现降低的趋势；当平滩流量小于 2000m³/s 时，设防洪水位随着平滩流量增加降低得较快；当平滩流量大于 2000m³/s 时，随着平滩流量的增加，设防洪水位降低的速率逐渐趋缓。因此，宁蒙河段比较适宜的防洪安全调控流量指标阈值为 2000m³/s，最大值可参考现状设防流量确定为 5000m³/s 较为合适。

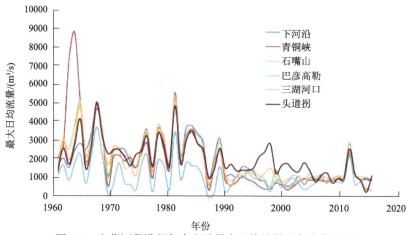

图 5-2 宁蒙河段沿程各水文站最大日均流量历年变化过程

黄河下游河段。综合考虑黄河大堤及滩区安全，重点从最大日均流量、主河槽行洪能力、设防洪水位等对黄河下游防洪安全调控指标进行分析。如图 5-4 和图 5-5 所示，

1986～2016 年，黄河下游花园口站最大日均流量平均为 3814m³/s；2000 年以来，大部分年份的最大日均流量在 4000m³/s 左右。中国水利水电科学研究院、黄河水利科学研究院等都认为黄河下游河道主河槽比较适宜的过流能力为 4000m³/s。因此，从近 30 年黄河下游最大日均流量和主河槽适宜过流能力看，黄河下游河道防洪安全调控流量应为 4000m³/s。当花园口站断面平滩流量大于 4000m³/s 时，相应的设防洪水位减小幅度明显变缓，滩区分洪比例将减小到 20%以下，洪水对滩区防洪的威胁会大大降低。

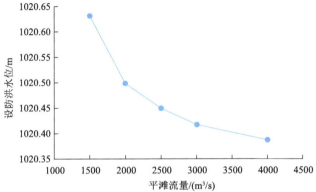

图 5-3　三湖河口站不同平滩流量下设防洪水位变化

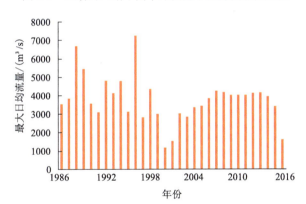

图 5-4　黄河下游花园口站 1986～2016 年历年最大日均流量变化过程

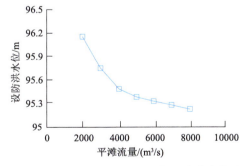

图 5-5　花园口断面平滩流量与设防洪水位图

此外，黄河下游堤防从花园口的 22000m³/s 逐步减小到孙口及以下的设防流量 11000m³/s，扣除平阴、长清南部山区加水（1000m³/s）后为 10000m³/s，当预报孙口水文站超过此流量时，为保证下游堤防安全，需要使用东平湖滞洪区分洪，因此对于大洪水要控制进入下游山东窄河道的流量不超过 10000m³/s。综合上述分析，黄河下游防洪安全调控流量应大于 4000m³/s，但不超过 10000m³/s。

2）防凌安全调控指标阈值

黄河上游宁蒙河段。图 5-6 为宁蒙河段三湖河口站历年平滩流量与凌汛水位大于 1020m 的天数变化过程。1998 年以前，三湖河口站平滩流量大于 1800m³/s，而凌汛水位大于 1020m 的天数很少，凌汛水位低且稳定；1998 年以后，三湖河口站平滩流量均在 1800m³/s 以下，相应年份的凌汛水位增高明显，且持续时间迅速增长。因此，与宁蒙河段凌汛安全相适应的平滩流量应大于 1800m³/s。

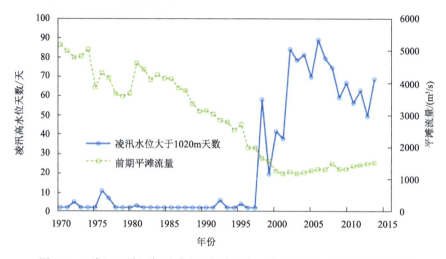

图 5-6　三湖河口站历年平滩流量与凌汛水位大于 1020m 的天数变化过程

槽蓄水增量的大小及沿程分布状况对开河凌峰流量的形成与大小有直接关系，是开河期凌汛的主要动力条件，是导致凌汛灾害发生的关键因子之一。影响河道槽蓄水增量大小的因素较多，其中河道平滩流量的影响最大。图 5-7 为宁蒙河段三湖河口站平滩流量与年最大槽蓄水增量的关系。可以看出，宁蒙河段年最大槽蓄水增量随河道平滩流量的减少而增大。1986 年以前，三湖河口站平滩流量大于 2000m³/s，宁蒙河段年最大槽蓄水增量均未超过 15 亿 m³；1987 年以来，宁蒙河段过流能力逐渐减小，三湖河口站平滩流量基本都小于 2000m³/s，而宁蒙河段最大槽蓄水增量大部分超过 15 亿 m³，最大甚至超过 20 亿 m³。根据多年的防凌运用经验，为保障防凌安全，宁蒙河段年最大槽蓄水增量应不超过 15 亿 m³，相应的三湖河口站平滩流量约为 2000m³/s。因此，与槽蓄水增量相适应的平滩流量应大于 2000m³/s。

综上，从宁蒙河段防凌安全需求分析可知，1986 年龙-刘水库联合调度运用以来，与凌峰流量、凌汛水位和槽蓄水增量相适应的河槽规模应大于 2000m³/s，即当宁蒙河段河槽过流能力达到 2000m³/s 时，可以使一般年份凌汛洪水不漫滩，同时可以增大凌汛期过冰能力、降低凌汛高水位、减少槽蓄水增量，从而减轻凌灾风险。

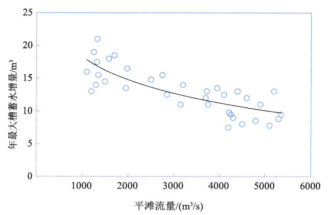

图 5-7　三湖河口站平滩流量与年最大槽蓄水增量的关系

黄河下游河段。小浪底水库运用以来，黄河下游河道的防凌压力大大缓解，小浪底水库与三门峡水库联合防凌运用，可以进一步增强黄河下游河道防凌调控能力，减轻黄河下游的凌汛威胁，近 20 年的防凌调度可谓安全平稳，因此，在此不再过多赘述。根据水利部黄河水利委员会近些年小浪底水库防凌运用方式，确定黄河下游河道防凌调度指标，每年 12 月下泄流量一般为 400～500m³/s，1 月下泄流量一般为 300～400m³/s，2 月下泄流量一般为 500～600m³/s。

3）输水输沙能力调控指标和阈值

由于不同河段水沙调控的边界条件或约束条件不同，因此设置的调控指标及阈值也不尽相同。

A. 黄河上游宁蒙河段

宁蒙河段输水输沙能力调控指标和阈值包括与高效输沙塑槽作用相适应的调控流量指标和阈值、与河槽过流能力相适应的来水来沙量调控指标和阈值、与河道冲淤平衡相适应的来沙系数调控指标和阈值。

（1）与高效输沙塑槽作用相适应的调控流量指标和阈值。图 5-8 为三湖河口站流速与流量、含沙量与流量的关系。可以看出，三湖河口站的流速和含沙量均随着流量的增大而增大，当三湖河口站流量达到 2000m³/s 以上时，流速和含沙量基本都达到了最大值，河道处于输沙最有利的状态。因此，与宁蒙河段高效输沙作用相适应的调控流量应大于 2000m³/s。

图 5-9 为 1981 年洪水期三湖河口站断面平滩面积与流量的关系。由图 5-9 可以看出，平滩面积与洪水期流量的关系明显表现出三个分段，当洪水期流量达到 1500m³/s 以上时，三湖河口断面平滩面积随洪水期流量增大的速度明显加快，表明洪水期流量大于 1500m³/s 时，宁蒙河段主河槽的冲刷效率开始增大，塑槽作用明显；当洪水期流量达到 2500m³/s 以上时，平滩面积随洪水期流量增大的速度明显变缓，表明洪水期流量大于 2500m³/s 时，宁蒙河段主河槽的冲刷效率开始减小，塑槽作用减弱。所以，与宁蒙河段高效塑槽作用相适应的调控流量应在 1500～2500m³/s。

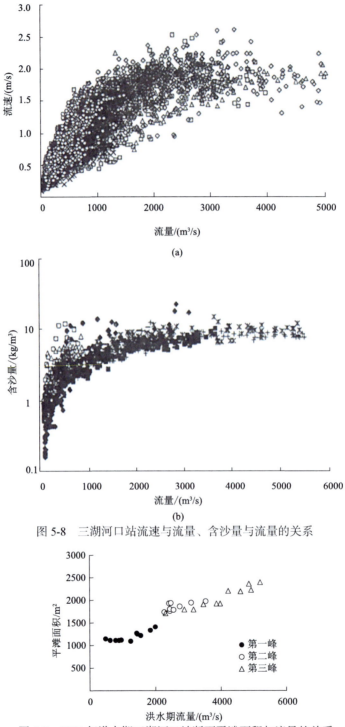

(a)

(b)

图 5-8　三湖河口站流速与流量、含沙量与流量的关系

图 5-9　1981 年洪水期三湖河口站断面平滩面积与流量的关系

综上，有利于宁蒙河段高效输沙塑槽的调控流量应大于 1500 m³/s，以 2000 m³/s 较为合适。

（2）与河槽过流能力相适应的来水来沙量调控指标和阈值。平滩流量作为一个表征河槽规模大小的特征值，是河道主河槽过流能力的重要标志，通过点绘宁蒙河段沿程各水文站平滩流量与来水来沙量的响应关系（图 5-10），可得当汛期水量（巴彦高勒站或三湖河口站）为 60 亿 m³ 左右、汛期平均来沙系数小于 0.009（kg·s）/m⁶ 时，宁蒙河段的平滩流量可达 2000m³/s。

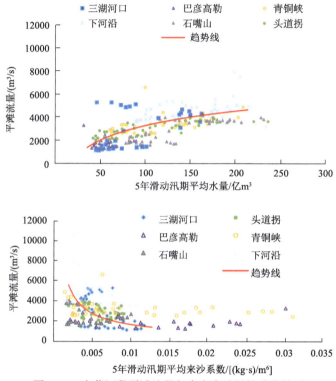

图 5-10　宁蒙河段平滩流量与来水来沙量的响应关系

（3）与河道冲淤平衡相适应的来沙系数调控指标和阈值。宁蒙河段河道具有明显冲积性河道特征，来水来沙量是影响河道冲淤演变的主要因素。通过建立宁蒙河段汛期冲淤量与下河沿站汛期来水来沙的响应关系（图 5-11），可得与宁蒙河段冲淤量相适应的来沙系数调控指标阈值为汛期流量在 2300m³/s 左右、来沙系数小于 0.004（kg·s）/m⁶。

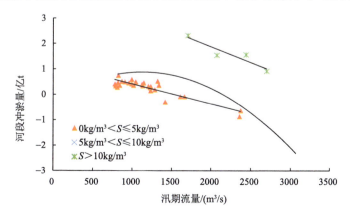

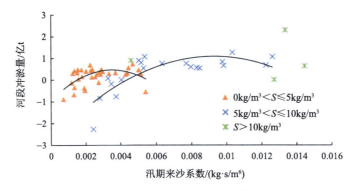

图 5-11　宁蒙河段汛期冲淤量与下河沿站汛期来水来沙响应关系

图中 S 表示含沙量，下同

B. 黄河中游小北干流河段

小北干流河段的调控指标和阈值包括，与河道冲淤相适应的调控指标和阈值、与潼关高程控制相适应的调控指标和阈值、与三门峡水库运用方式相适应的调控指标和阈值。

（1）与河道冲淤相适应的调控指标和阈值。图 5-12 为小北干流河段河道汛期冲淤量与来水来沙的响应关系。除个别特殊来水来沙年份外，小北干流河道冲淤量随流量的增加呈现减小的趋势，同时随着来沙系数的增加而呈现增大的趋势。当小北干流来水流量在 2500m³/s、来沙系数在 0.013（kg·s）/m⁶ 左右时，小北干流河段河道冲淤基本可以达到冲淤平衡状态。

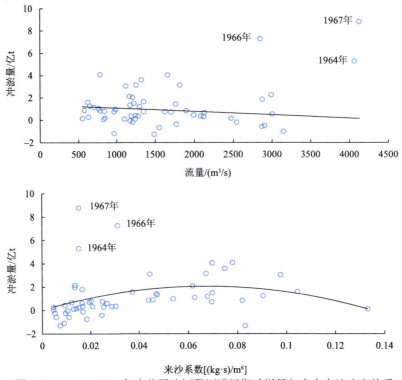

图 5-12　1960～2016 年小北干流河段河道汛期冲淤量与来水来沙响应关系

（2）与潼关高程控制相适应的调控指标和阈值。为了分析来水来沙条件对潼关高程的影响，将三门峡水库 1973 年采用"蓄清排浑"运用方式以来的入库水沙条件进行分时段统计，如表 5-1 所示。从统计结果看，1986 年以后，大流量出现频率明显减少，小流量出现频率明显增加，各流量级所携带的水沙量占汛期总水沙量的比例也发生了相应的调整。

表 5-1 不同时段汛期各流量级特征值统计

时段	项目	≤500m³/s	500～1500m³/s	1500～2500m³/s	>2500m³/s	合计	潼关高程变化值/m
1974～1986 年	天数/天	2.6	42.8	37.8	39.7	123.0	
	天数占比/%	2.1	34.8	30.8	32.3	1.0	
	水量/亿 m³	0.87	37.97	64.34	125.21	228.4	
	水量占比/%	0.4	16.6	28.2	54.8	1.0	0.53
	沙量/亿 t	0.02	1.83	3.17	3.32	8.3	
	沙量占比/%	0.2	21.9	38.0	39.8	1.0	
	来沙系数/[(kg·s)/m⁶]	0.050	0.047	0.025	0.007	0.017	
1987～2002 年	天数/天	29.8	68.2	18.3	6.8	123.0	
	天数占比/%	24.2	55.4	14.8	5.5	1.0	
	水量/亿 m³	7.79	52.33	29.55	19.27	108.9	
	水量占比/%	7.2	48.0	27.1	17.7	1.0	1.61
	沙量/亿 t	0.3	2.5	1.8	0.8	5.4	
	沙量占比/%	5.6	46.3	33.3	14.8	1.0	
	来沙系数/[(kg·s)/m⁶]	0.147	0.053	0.033	0.013	0.049	
2003～2016 年	天数/天	25.3	72.9	17.7	7.1	123.0	
	天数占比/%	20.6	59.3	14.4	5.7	1.0	
	水量/亿 m³	7.54	58.96	28.21	19.76	114.5	
	水量占比/%	6.6	51.5	24.6	17.3	1.0	维持在327.5～328
	沙量/亿 t	0.17	0.73	0.37	0.31	1.6	
	沙量占比/%	10.8	45.6	23.2	19.4	1.0	
	来沙系数/[(kg·s)/m⁶]	0.064	0.013	0.007	0.005	0.013	

由表 5-1 可知，潼关高程的变化与小北干流汛期来水来沙搭配关系密切相关。据此，

可以得到与潼关高程控制相适应的水沙调控指标和阈值，即当汛期来沙系数为 0.013（kg·s）/m⁶时（2003～2016 年汛期平均来沙系数），潼关高程将不再淤积抬高，基本可控制在不超过 328m，保持在 327.5～328m 变化。

（3）与三门峡水库运用方式相适应的调控指标和阈值。三门峡水利枢纽工程兴建后，水库运用方式先后经历了"蓄水拦沙""滞洪排沙"和"蓄清排浑"控制运用 3 个时期。表 5-2 为三门峡水库历年运用方式及潼关高程变化的情况。可以看出，水库的冲淤特性与水库各个时期的调度方式紧密相关，具体的控制指标主要是水库的运用水位。与三门峡水库运用方式相适应的调控指标阈值采用当前水库运用方式比较合适，即三门峡水库整体采用蓄清排浑运用方式，汛期运用水位控制在 305m（敞泄），非汛期平均运用水位 315m、最高运用水位控制在不超过 318m。

表 5-2　三门峡水库历年运用方式及潼关高程变化

时段	运用方式	三门峡水库运用水位		河道平均冲淤量/亿 m³	潼关高程变化
		汛期（平均）	非汛期（最高）		
1960～1961 年	蓄水拦沙	324.03m	332.58m	1.55	抬升 2.7m
1962～1973 年	滞洪排沙	320m 降到 300m 以下	327.91m	1.35	先抬升 1.89m 后下降 1.35m
1974～1986 年	蓄清排浑	304.35m	325.95m	0.08	抬升 0.53
1987～2002 年		303.77m	324.06m	0.43	抬升 1.61m
2003～2016 年		305m	平均 315m，不超过 318m	-0.18	维持在 328m 左右

C. 黄河下游河段

与宁蒙河段一样，黄河下游河道的输水输沙能力调控指标和阈值也采用与高效输沙塑槽作用相适应的调控指标和阈值、与河槽过流能力相适应的调控指标和阈值、与河道冲淤平衡相适应的调控指标和阈值。

（1）与高效输沙塑槽作用相适应的调控指标和阈值。根据小浪底水库运用前 1986～1997 年艾山站实测资料，点绘流量与 V^3/h 的关系，如图 5-13 所示。当流量大于 4000m³/s 后，挟沙能力因子显著减小。因此，可认为流量在 4000m³/s 左右时有利于主河槽高效输沙。

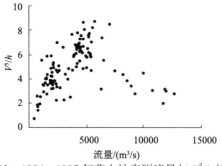

图 5-13　1986～1997 年艾山站实测流量与 V^3/h 的关系

再根据小浪底水库运用后实测资料统计，如图 5-14 所示，小浪底水库清水下泄期下游河道冲刷效率随着花园口站流量的增大而增大，当花园口站流量小于 4000m³/s 时，下游河道冲刷效率随着花园口站流量的增大而迅速降低，当花园口站流量大于 4000m³/s，黄河下游河道冲刷效率在 15～20kg/m³，此后随着花园口站流量的增大明显减缓。因此，与黄河下游河道高效塑槽相适应的调控流量应为 4000m³/s。

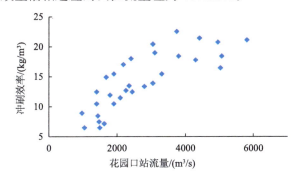

图 5-14　小浪底水库清水下泄期下游河道冲刷效率与流量的关系

（2）与河槽过流能力相适应的调控指标和阈值。图 5-15 为黄河下游四站平滩流量与来水来沙的响应关系。可以看出，黄河下游四站平滩流量随汛期来水量的增加而增大，随汛期来沙系数的增大而减小，当汛期来水量在 105 亿 m³ 以上、来沙系数小于 0.011（kg·s）/m⁶、最大日均流量在 2800m³/s 以上时，塑造出来的黄河下游河槽可以满足排洪输沙的要求。

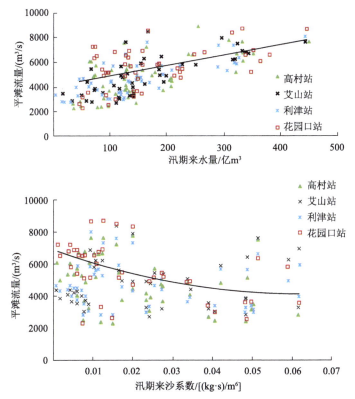

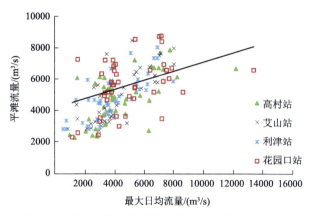

图 5-15　黄河下游四站平滩流量与来水来沙响应关系

（3）与河道冲淤平衡相适应的调控指标和阈值。图 5-16 为黄河下游河道排沙比与来水来沙的响应关系。黄河下游河道排沙比随着花园口站汛期来沙系数或汛期含沙量的增加而减小，当汛期来沙系数小于 0.01（kg·s）/m⁶ 或汛期含沙量小于 20kg/m³ 时，黄河下游河道排沙比随其增大而减小的速率较大；当汛期来沙系数大于 0.01（kg·s）/m⁶ 或汛期含沙量大于 20kg/m³ 时，黄河下游河道排沙比随其增大而减小的速率相对较小。进一步通过响应关系可以计算得到，当花园口站汛期来沙系数为 0.01（kg·s）/m⁶ 或汛期含沙量为 25.5kg/m³ 时，黄河下游河道基本处于冲淤平衡状态。

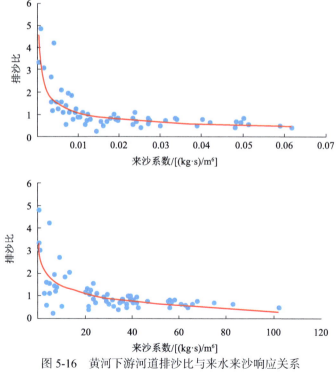

图 5-16　黄河下游河道排沙比与来水来沙响应关系

上述指标和阈值主要是基于中长期水沙过程（多年平均或汛期平均）提出的，本次研究还考虑了场次洪水情况下不同河段的输水输沙调控指标及阈值。

A. 黄河上游宁蒙河段

图 5-17 建立了宁蒙河段场次洪水冲淤效率与下河沿断面洪水的关系。当下河沿断面洪水平均含沙量大于 7kg/m³ 时，宁蒙河段以淤积为主；当下河沿断面洪水平均含沙量小于 7kg/m³ 时，宁蒙河段以冲刷为主；洪水平均流量为 2200～2500m³/s 时冲刷效率最大，此时洪水总水量应大于 25 亿 m³。因此，为避免宁蒙河段主河槽进一步淤积萎缩，确定场次洪水的调控流量应不小于 2200m³/s，含沙量应不大于 7kg/m³，洪水总水量应大于 25 亿 m³。

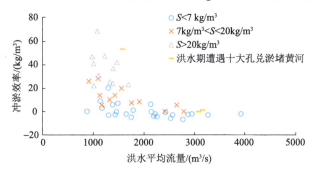

图 5-17　场次洪水冲淤效率与下河沿断面洪水的关系

B. 黄河中游小北干流河段

图 5-18 建立了小北干流河段场次洪水排沙比与来水来沙的响应关系。从图 5-18 中可以看出，洪水期平均流量达到 1500m³/s 以上，或者平均含沙量低于 30kg/m³ 时，小北干流河道排沙比绝大多数都能达到 80% 以上；这类洪水在三门峡水库畅泄运用情况下，

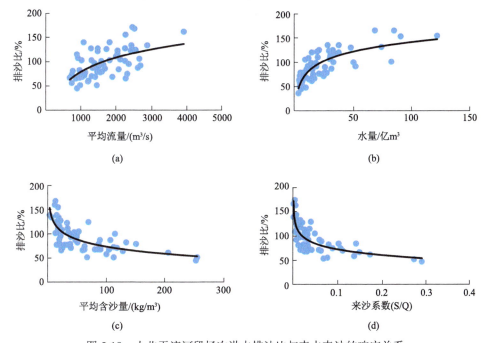

图 5-18　小北干流河段场次洪水排沙比与来水来沙的响应关系

当洪水期平均流量超过 2000m³/s 时，潼关以下库区河段的溯源冲刷才会明显发展到潼关断面。因此，从有利于潼关以下库容恢复和潼关高程冲刷下降考虑，确定小北干流调控指标阈值为：洪水期平均流量应达到或者超过 2000m³/s，洪峰流量为 2000～4000m³/s，含沙量低于 30kg/m³，水量约为 20 亿 m³，且尽量保证小北干流河段不发生严重的漫滩。

C. 黄河下游河道

图 5-19 建立了黄河下游场次洪水排沙比与洪水期径流总量和平均流量的响应关系，图中黑实线为数据点的上包线（许炯心，2002）。可以看出，黄河下游河道的排沙比存在着极大值，与之相应的径流量和平均流量分别为 30 亿 m³ 和 4000m³/s；同时，当场次洪水期径流总量为 20 亿 m³、平均流量在 2500m³/s 时，排沙比约为 1，基本可以实现黄河下游河道冲淤平衡。由此说明，黄河下游河道存在着一个最优的洪水流量级，使得泥沙输移的排沙比达到最大值，同时也存在一个保证下游河道不淤积的排沙比临界阈值，使得下游主要行洪输沙通道不发生淤积萎缩。因此，为了塑造一个进入黄河下游河道的和谐的水沙关系，使下游河道实现冲刷或者达到不淤积的目的，在黄河干支流骨干枢纽群联合水沙调控过程中，调控流量要尽可能达到或接近黄河下游河道主河槽最大过洪能力，同时搭配与之相适应的含沙量过程。

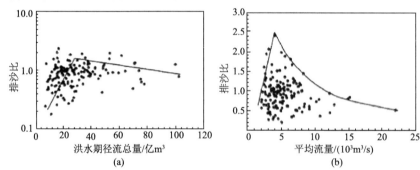

图 5-19　黄河下游场次洪水排沙比与洪水期径流总量（a）和平均流量（b）的关系

综合考虑小浪底运用和黄河下游河道平滩流量的现实状况，除黄河发生特大洪水，经全河联合调控也难以保证黄河下游不漫滩的情况外，场次洪水的调控以保证黄河下游河道不淤积为目标，确定黄河下游场次洪水调控指标阈值为：洪水流量 4000m³/s 左右、水量 30 亿 m³ 左右，来沙系数按 0.01（kg·s）/m⁶ 左右控制泥沙搭配。

综上，黄河干流各河段行洪输沙子系统调控指标和阈值汇总参见表 5-3～表 5-5。

表 5-3　黄河上游宁蒙河段行洪输沙子系统调控指标和阈值

调控指标/系统功能	行洪输沙子系统调控指标					
	防洪	防凌	河槽过流能力	河道冲淤	输沙塑槽	场次洪水
水量/亿 m³	—	—	>60	—	—	>25
流量/（m³/s）	2000～5000	封冻前：650～750 封冻后：350～460	>1500	>1600	>2000	>2200

续表

调控指标/系统功能	行洪输沙子系统调控指标					
	防洪	防凌	河槽过流能力	河道冲淤	输沙塑槽	场次洪水
含沙量/（kg/m³）	—	—	—	<5.0	—	<7.0
来沙系数/[（kg·s）/m⁶]	—	—	<0.010	—	—	—

表 5-4　黄河中游小北干流河段行洪输沙子系统调控指标和阈值

调控指标	潼关高程	河道冲淤	三门峡水库运用方式	场次洪水
水量/亿 m³	—	—		>20
流量/（m³/s）	>2500	>2500	三门峡水库汛期敞泄、非汛期控制运用（平均315m，不超过318m）	—
含沙/（kg/m³）	—	—		<30.0
来沙系数/[（kg·s）/m⁶]	<0.013	<0.013		—

注：除了场次洪水为单场洪水值外，其他均为汛期统计值。

表 5-5　黄河下游河道行洪输沙子系统调控指标和阈值

调控指标	防洪防凌功能		输水输沙功能			
	防洪	防凌	河槽过流能力	河道冲淤	输沙塑槽	场次洪水
水量/亿 m³	—	—	105	—	—	>30
流量/（m³/s）	4000~10000	封冻前：500~600 封冻后：300~400	>4000	>4000	>4000	>4000
含沙量/（kg/m³）	—	—	—	<25.5	—	—
来沙系数/[（kg·s）/m⁶]	—	—	<0.011	<0.01	—	<0.015

2. 社会经济子系统调控指标和阈值确定

黄河流域水资源严重短缺，水资源的合理配置与高效利用是保障黄河流域系统社会经济可持续发展的重要支撑。本次研究不涉及沿黄各用水户的具体配水方案和计划调整，遵循《黄河流域综合规划》和"八七"分水方案，统计分析各个河段及相关地区的供水指标、断面下泄水量指标，以此合理确定社会经济子系统调控指标和阈值。

根据《黄河流域综合规划》，在南水北调东、中线工程生效后至南水北调西线工程生效以前（2020 年水平），黄河流域水资源配置为缺水配置。按照黄河"八七"分水方案，采用同比例折算各省份可利用水量和入海水量。南水北调东中线工程生效后至西线一期工程生效前，地表水用水量不得超过 401.8 亿 m³，地表水消耗量不得超过 332.8 亿 m³，地下水开采量不得超过 123.7 亿 m³，入海水量下限为 187.00 亿 m³。南水北调西线一期等调水工程生效后（2030 年水平），预测黄河河川径流量将减少到 514.79 亿 m³，加上调入水量 97.63 亿 m³，黄河的径流总量为 612.42 亿 m³。按照水资源配置方案，地表水用水量不得超过 468.5 亿 m³，地表水消耗量不得超过 401.1 亿 m³，地下水开采量不得超过 125.3 亿 m³，入海水量下限为 211.4 亿 m³。

1）黄河上游河段

根据上述黄河水资源配置方案，南水北调西线一期等调水工程生效前，黄河上游河段地表水用水量不得超过 169.14 亿 m³，地表水消耗量不得超过 123.53 亿 m³，地下水开采量不得超过 31.85 亿 m³，参见表 5-6。

表 5-6 南水北调西线一期等调水工程生效前黄河上游用水总量表　　（单位：亿 m³）

| | 地表水用水量 | | | | 地下水开采量（上限） |
| | 用水量（上限） | | 消耗量（上限） | | |
	合计	其中：流域外	合计	其中：流域外	
龙羊峡以上	2.60		2.30		0.12
龙羊峡至兰州	29.39	0.40	22.68	0.40	5.33
兰州至河口镇	137.15	1.60	98.55	1.60	26.40
合计	169.14	2	123.53	2	31.85

同样地，南水北调西线一期等调水工程生效后（2030 年水平），黄河上游河段地表水用水量不得超过 209.19 亿 m³，地表水消耗量不得超过 168.03 亿 m³，地下水开采量不得超过 32.83 亿 m³，参见表 5-7。

表 5-7 南水北调西线一期等调水工程生效后黄河上游用水总量表　　（单位：亿 m³）

| | 地表水用水量 | | | | 地下水开采量（上限） |
| | 用水量（上限） | | 消耗量（上限） | | |
	合计	其中：流域外	合计	其中：流域外	
龙羊峡以上	3.31		2.99		0.12
龙羊峡至兰州	37.12	0.40	29.89	0.40	5.33
兰州至河口镇	168.76	1.60	135.15	5.60	27.38
合计	209.19	2	168.03	6	32.83

2）黄河中游河段

南水北调西线一期工程生效前，黄河中游地表水用水量不得超过 130.59 亿 m³，地表水消耗量不得超过 110.45 亿 m³，地下水开采量不得超过 68.24 亿 m³，参见表 5-8。

表 5-8　南水北调西线一期等调水工程生效前黄河中游用水总量表　（单位：亿 m³）

	地表水用水量				地下水开采量（上限）
	用水量（上限）		消耗量（上限）		
	合计	其中：流域外	合计	其中：流域外	
河口镇至龙门	20.18	5.60	17.23	5.60	7.48
龙门至三门峡	80.19		67.34		47.00
三门峡至花园口	30.22	8.22	25.88	8.22	13.76
合计	130.59	13.82	110.45	13.82	68.24

南水北调西线一期等调水工程生效后（2030 年水平），结合调入水量 97.63 亿 m³，黄河的径流总量为 612.42 亿 m³。按照水资源配置方案，黄河中游地表水用水量不得超过 156.96 亿 m³，地表水消耗量不得超过 134.03 亿 m³，地下水开采量不得超过 68.96 亿 m³，见表 5-9。

表 5-9　南水北调西线一期等调水工程生效后黄河中游用水总量表　（单位：亿 m³）

	地表用水量				地下水开采量（上限）
	用水量（上限）		消耗量（上限）		
	合计	其中：流域外	合计	其中：流域外	
河口镇至龙门	27.56	5.60	24.01	5.60	8.62
龙门至三门峡	97.75		82.56		46.77
三门峡至花园口	31.65	8.22	27.46	8.22	13.57
合计	156.96	13.82	134.03	13.82	68.96

3）黄河下游河道

南水北调西线一期等调水工程生效前，黄河下游地表水用水量不得超过 100.89 亿 m³，地表水消耗量不得超过 97.86 亿 m³，地下水开采量不得超过 20.33 亿 m³，参见表 5-10。

表 5-10　南水北调东中线生效后至西线生效前黄河下游用水总量表　（单位：亿 m³）

	地表水用水量				地下水开采量（上限）
	用水量（上限）		消耗量（上限）		
	合计	其中：流域外	合计	其中：流域外	
花园口以下	100.89	77.52	97.86	77.52	20.33

南水北调西线一期等调水工程生效后（2030 年水平），黄河花园口以下地表水用水量不得超过 100.93 亿 m³，地表水消耗量不得超过 96.56 亿 m³，地下水开采量不得超过

20.20 亿 m³，参见表 5-11。

表 5-11　南水北调西线一期等调水工程生效后黄河下游用水总量表　　（单位：亿 m³）

	地表水用水量				地下水开采量（上限）
	用水量（上限）		消耗量（上限）		
	合计	其中：流域外	合计	其中：流域外	
花园口以下	100.93	77.52	96.56	77.52	20.20

3. 生态环境子系统调控指标和阈值确定

生态环境子系统调控指标包括河道内生态环境用水量、控制断面下泄水量、重要断面生态流量等。

1）河道内生态环境用水量调控指标和阈值

黄河河道内生态环境用水量包括汛期输沙水量和非汛期河道生态基流两部分。研究结果表明，头道拐断面多年平均河道内生态环境需水量应不少于 200 亿 m³，其中汛期输沙需水量应不少于 120 亿 m³；利津断面多年平均河道内生态环境需水量应不少于 220 亿 m³，其中汛期输沙需水量应不少于 170 亿 m³。

考虑黄河水资源供需矛盾日趋尖锐的现实情况，统筹经济社会发展和生态环境用水需求，确定黄河干流不同阶段主要控制断面的生态环境用水量控制指标阈值。南水北调东中线工程生效后至西线一期工程生效前，头道拐断面多年平均生态环境用水量不少于 200 亿 m³，利津断面多年平均生态环境用水量不少于 187 亿 m³；西线一期工程生效后，利津断面多年平均生态环境用水量不少于 211 亿 m³。

2）控制断面下泄水量调控指标和阈值

统筹协调经济社会可持续发展用水和河道内生态环境良性维持用水关系，通过水资源供需平衡分析，提出南水北调东中线工程生效后至西线一期工程生效前，黄河干流龙羊峡、兰州、下河沿、石嘴山、头道拐、龙门、三门峡、花园口、高村、利津 10 个主要控制断面下泄水量控制指标依次为 209.7m³/s、304.9m³/s、299.6m³/s、260.9m³/s、200.0m³/s、229.9m³/s、258.7m³/s、282.8m³/s、256.5m³/s、187.0m³/s，如表 5-12 所示。

表 5-12　黄河干流主要控制断面下泄水量控制指标　　（单位：m³/s）

控制断面	断面下泄水量（下限）	控制断面	断面下泄水量（下限）
龙羊峡	209.7	龙门	229.9
兰州	304.9	三门峡	258.7
下河沿	299.6	花园口	282.8
石嘴山	260.9	高村	256.5
头道拐	200.0	利津	187.0

3）重要断面生态流量调控指标和阈值

重要断面生态流量调控指标需要通过调控重要断面的流量及过程实现。河川径流是鱼类生长发育和沿黄湿地维持的关键和制约因素之一，根据重点河段保护鱼类繁殖期、生长期对径流条件要求及沿黄洪漫湿地水分需求，考虑黄河水资源状况和水资源配置实现的可能性，参考《黄河流域综合规划》成果，确定黄河干流重要断面关键期（4～6 月）生态需水流量指标，如表 5-13 所示。

表 5-13　黄河干流重要断面关键期生态需水流量　　（单位：m³/s）

断面	需水等级划分	4 月	5 月	6 月	7～10 月
石嘴山	适宜	330	350*		一定量级洪水
	最小	330			
头道拐	适宜	250	250		输沙用水
	最小	75	180		
龙门	适宜	240*			一定量级洪水
	最小	180			
潼关	适宜	300			一定量级洪水
	最小	200			
花园口	适宜	320*			一定量级洪水
	最小	200			
利津	适宜	120	250*		输沙用水
	最小	75	150		

*表示淹及岸边水草的小洪水或小脉冲洪水，为鱼类产卵期所需要。

按照 2007 年水利部颁布实施的《黄河水量调度条例实施细则（试行）》要求，黄河干流各重要断面功能性不断流的流量控制应满足干流预警流量要求，参见表 5-14。

表 5-14　黄河上游干流省际和重要控制断面预警流量表　　（单位：m³/s）

断面	下河沿	石嘴山	头道拐	龙门	潼关	花园口	高村	孙口	泺口	利津
预警流量	200	150	50	100	50	150	120	100	80	30

5.2　黄河干支流骨干枢纽群泥沙动态调控模式

本节针对不同调控目标（水量调控和泥沙调控）、边界条件（不同水沙条件、河道防洪标准和平滩流量）、泥沙资源利用、生态环境、社会经济等约束条件，提出了黄河干支流骨干枢纽群泥沙动态调控模式。

5.2.1 黄河典型洪水及水沙特征

黄河流域水少沙多，大量泥沙淤积在河道和水库中，导致防洪风险上升、引水保障率下降、水库部分功能丧失等多种不利后果。黄河汛期来沙量占全年来沙量的90%，且往往集中在几场高含沙洪水过程中。因此，黄河水沙调控尤其是泥沙的动态调控主要集中在汛期开展，针对不同类型的典型洪水，调控模式需要作出相应的调整。

通过对历史洪水统计分析，按照"上大、下大、上下均大、高含沙、低含沙"等组合，选择了上大型高含沙（92.8[①]）洪水、上大型低含沙（81.9）洪水、上下均大型高含沙（96.8）洪水、上下均大型低含沙（53.8）洪水以及下大型低含沙（82.8）洪水。各种类型场次洪水的水沙特征如下。

1. 上大型高含沙洪水

选取的上大型高含沙洪水发生时间为1992年8月10～26日，洪水主要来自北干流区间，下河沿站、头道拐站、龙门站、潼关站和花园口站的平均流量分别为870.5m³/s、1065.1m³/s、1528.2m³/s、2544.7m³/s、2753.5m³/s；五个水文站的洪峰流量分别为1620m³/s、1590m³/s、1920m³/s、3590m³/s、4850m³/s。上大型高含沙洪水流量过程如表5-15所示。

表5-15　上大型高含沙洪水流量过程　　　　　（单位：m³/s）

时间	下河沿站	头道拐站	龙门站	潼关站	花园口站
1 天	1160	543	1650	2880	1370
2 天	596	821	1840	2390	2030
3 天	905	967	1540	2990	2710
4 天	1240	976	1150	3590	2950
5 天	1620	1090	1500	3570	3180
6 天	1020	1280	1480	3570	3940
7 天	968	1350	1360	2490	4850
8 天	750	1360	1380	1730	3670
9 天	636	1370	1630	1810	2230
10 天	685	1430	1510	1970	1860
11 天	589	1590	1530	2170	2020
12 天	581	1460	1920	2380	2370
13 天	666	1110	1770	2790	2600
14 天	809	813	1690	2790	2900

---

① 92.8指1992年8月，余同。

续表

时间	下河沿站	头道拐站	龙门站	潼关站	花园口站
15 天	968	672	1550	2420	3080
16 天	799	663	1250	2090	2830
17 天	806	612	1230	1630	2220
平均流量	870.5	1065.1	1528.2	2544.7	2753.5
洪峰流量	1620	1590	1920	3590	4850

下河沿站、头道拐站、龙门站、潼关站和花园口站的平均含沙量分别为29.270kg/m³、6.629kg/m³、70.659kg/m³、91.388kg/m³ 和 114.188kg/m³，潼关站以下含沙量达到 100kg/m³ 以上，属于典型的高含沙洪水。上大型高含沙洪水含沙量过程如表 5-16 所示。

表 5-16　上大型高含沙洪水含沙量过程

时间	下河沿站	头道拐站	龙门站	潼关站	花园口站
1 天/（kg/m³）	55.172	2.487	165.000	101.000	99.270
2 天/（kg/m³）	56.040	2.512	261.000	179.000	99.507
3 天/（kg/m³）	66.851	3.528	186.000	222.000	78.598
4 天/（kg/m³）	67.177	4.526	107.000	217.000	135.593
5 天/（kg/m³）	59.938	5.750	77.300	184.000	248.113
6 天/（kg/m³）	29.314	6.488	60.700	123.000	294.416
7 天/（kg/m³）	11.777	6.654	51.700	95.600	296.907
8 天/（kg/m³）	6.493	12.115	37.600	76.300	149.591
9 天/（kg/m³）	4.450	14.198	30.900	61.900	103.139
10 天/（kg/m³）	27.591	12.500	27.800	51.300	74.731
11 天/（kg/m³）	30.730	11.530	29.100	38.500	68.317
12 天/（kg/m³）	7.952	9.896	26.100	35.900	56.118
13 天/（kg/m³）	7.808	7.597	23.000	40.500	47.308
14 天/（kg/m³）	11.174	4.898	27.900	42.700	48.621
15 天/（kg/m³）	16.942	3.328	38.500	33.800	52.922
16 天/（kg/m³）	25.907	2.561	24.300	29.000	48.763
17 天/（kg/m³）	12.270	2.125	27.300	22.100	39.279
平均含沙量/（kg/m³）	29.270	6.629	70.659	91.388	114.188
平均来沙系数/[（kg·s）/m⁶]	0.034	0.006	0.046	0.036	0.041

2. 上大型低含沙洪水

选取的上大型低含沙洪水发生时间为 1981 年 9 月 24 日～10 月 10 日，洪水主要来自潼关以上区间，下河沿站、头道拐站、龙门站、潼关站和花园口站的平均流量分别为 3375.3m³/s、4557.6m³/s、4818.8m³/s、5260.0m³/s 和 5836.5m³/s；五个水文站的洪峰流量分别为 4690m³/s、5150m³/s、5390m³/s、5910m³/s、6880m³/s。上大型低含沙洪水流量过程如表 5-17 所示。

表 5-17　上大型低含沙洪水流量过程　　　　　　　（单位：m³/s）

时间	下河沿站	头道拐站	龙门站	潼关站	花园口站
1 天	4690	5070	4840	4920	4590
2 天	4630	5120	4880	4990	4850
3 天	4610	5150	4880	5100	5070
4 天	4110	5090	4940	5340	5440
5 天	3960	5030	5060	5640	5670
6 天	3920	4870	5090	5360	6530
7 天	3900	4750	5220	5280	6860
8 天	3630	4620	5210	5770	6880
9 天	3510	4620	5390	5650	6700
10 天	3380	4720	4520	5910	6550
11 天	3030	4650	4680	4980	6290
12 天	2940	4480	4590	5230	5800
13 天	2650	4300	4720	5280	5520
14 天	2080	4100	4630	5190	5400
15 天	2080	3900	4490	4930	5510
16 天	2210	3640	4380	4830	5780
17 天	2050	3370	4400	5020	5780
平均流量	3375.3	4557.6	4818.8	5260.0	5836.5
洪峰流量	4690	5150	5390	5910	6880

下河沿站、头道拐站、龙门站、潼关站和花园口站的平均含沙量分别为 1.524kg/m³、4.896kg/m³、9.849kg/m³、16.371kg/m³ 和 25.932kg/m³，全流域含沙量普遍不高。此次洪水过程中泥沙主要来自中游，五个水文站的平均来沙系数分别为 0.000、0.001（kg·s）/m⁶、0.002（kg·s）/m⁶、0.003（kg·s）/m⁶、0.004（kg·s）/m⁶，都在冲淤平衡的阈值以内，上大型低含沙洪水含沙量过程如表 5-18 所示。

表 5-18　上大型低含沙洪水含沙量过程

时间	下河沿站	头道拐站	龙门站	潼关站	花园口站
1 天/（kg/m³）	1.646	3.195	12.900	17.700	27.157
2 天/（kg/m³）	1.605	2.910	10.700	16.900	24.495
3 天/（kg/m³）	1.527	3.068	10.800	17.700	21.364
4 天/（kg/m³）	2.100	3.811	10.700	17.100	22.140
5 天/（kg/m³）	1.798	3.459	9.890	15.900	23.115
6 天/（kg/m³）	1.599	3.634	9.880	17.800	25.728
7 天/（kg/m³）	1.382	3.747	8.050	16.700	24.219
8 天/（kg/m³）	1.350	4.199	9.950	14.900	23.727
9 天/（kg/m³）	1.339	4.394	10.800	14.500	23.253
10 天/（kg/m³）	1.269	4.661	13.100	14.800	22.657
11 天/（kg/m³）	1.512	6.430	10.300	16.000	28.078
12 天/（kg/m³）	1.418	5.379	7.900	14.600	29.605
13 天/（kg/m³）	1.400	4.977	8.020	15.100	28.029
14 天/（kg/m³）	1.788	6.220	8.040	16.200	29.757
15 天/（kg/m³）	1.822	8.256	7.790	17.800	33.765
16 天/（kg/m³）	1.222	7.802	8.790	15.900	30.167
17 天/（kg/m³）	1.132	7.092	9.820	18.700	23.587
平均含沙量/（kg/m³）	1.524	4.896	9.849	16.371	25.932
平均来沙系数/[（kg·s）/m⁶]	0.000	0.001	0.002	0.003	0.004

3. 上下均大型高含沙洪水

选取的上下均大型高含沙洪水发生时间为 1996 年 8 月 1～17 日，洪水主要来自潼关以上区间，下河沿站、头道拐站、龙门站、潼关站和花园口站的平均流量分别为 837.2m³/s、955.3m³/s、1577.1m³/s、2411.8m³/s 和 3628.2m³/s；五个水文站的洪峰流量分别为 1440m³/s、1420m³/s、4970m³/s、5630m³/s、7270m³/s。上下均大型高含沙洪水流量过程如表 5-19 所示。

表 5-19　上下均大型高含沙洪水流量过程　　　　　　（单位：m³/s）

时间	下河沿站	头道拐站	龙门站	潼关站	花园口站
1 天	953	538	1690	1400	2470
2 天	919	974	2390	2980	3280

续表

时间	下河沿站	头道拐站	龙门站	潼关站	花园口站
3 天	741	1170	1140	3140	2910
4 天	736	1170	868	2070	4670
5 天	619	985	1280	2000	7270
6 天	670	987	1520	2070	5770
7 天	662	976	1600	1940	4420
8 天	706	745	1280	1910	3480
9 天	815	558	1470	1640	2930
10 天	1270	488	4970	2270	2950
11 天	1440	654	2020	5630	3080
12 天	1040	929	1260	3460	4280
13 天	790	966	1020	2330	4830
14 天	729	1060	1020	2170	2760
15 天	767	1240	1190	2110	2260
16 天	680	1380	992	2000	2200
17 天	696	1420	1100	1880	2120
平均流量	837.2	955.3	1577.1	2411.8	3628.2
洪峰流量	1440	1420	4970	5630	7270

下河沿站、头道拐站、龙门站、潼关站和花园口站的平均含沙量分别为 19.484 kg/m³、10.400 kg/m³、108.324 kg/m³、107.988 kg/m³ 和 90.576 kg/m³，北干流含沙量达到 100 kg/m³ 以上，属于典型的高含沙洪水。上下均大型高含沙洪水含沙量过程如表 5-20 所示。

表 5-20　上下均大型高含沙洪水含沙量过程

时间	下河沿站	头道拐站	龙门站	潼关站	花园口站
1 天/（kg/m³）	22.875	5.149	266.000	185.000	205.263
2 天/（kg/m³）	54.298	5.729	251.000	213.000	132.012
3 天/（kg/m³）	12.105	6.222	152.000	228.000	130.241
4 天/（kg/m³）	6.386	8.368	79.800	107.000	114.347
5 天/（kg/m³）	2.924	9.553	56.400	83.500	71.389
6 天/（kg/m³）	1.687	12.867	46.800	60.400	49.393
7 天/（kg/m³）	1.994	13.115	34.000	46.000	45.249
8 天/（kg/m³）	5.340	7.181	43.500	36.500	40.517

时间	下河沿站	头道拐站	龙门站	潼关站	花园口站
9 天/（kg/m³）	9.374	5.699	43.000	35.500	32.765
10 天/（kg/m³）	117.323	16.721	233.000	57.700	31.186
11 天/（kg/m³）	45.556	18.654	273.000	159.000	27.208
12 天/（kg/m³）	26.346	17.115	117.000	250.000	81.075
13 天/（kg/m³）	13.544	11.387	72.800	145.000	114.493
14 天/（kg/m³）	4.252	8.189	54.800	99.500	136.594
15 天/（kg/m³）	3.038	8.871	47.500	51.200	139.823
16 天/（kg/m³）	2.279	10.290	38.800	39.700	111.818
17 天/（kg/m³）	1.911	11.690	32.100	38.800	76.415
平均含沙量/（kg/m³）	19.484	10.400	108.324	107.988	90.576
平均来沙系数/[（kg·s）/m⁶]	0.023	0.011	0.069	0.045	0.025

4. 上下均大型低含沙洪水

选取的上下均大型低含沙洪水发生时间为 1953 年 7 月 31 日～8 月 16 日，洪水主要来自潼关以上区间，下河沿站、头道拐站、龙门站、潼关站和花园口站的平均流量分别为 1112.4m³/s、796.9m³/s、2011.8m³/s、2472.4m³/s 和 4431.8m³/s；五个水文站的洪峰流量分别为 1515m³/s、1130m³/s、2550m³/s、4500m³/s、9530m³/s。上下均大型低含沙洪水流量过程如表 5-21 所示。

表 5-21　上下均大型低含沙洪水流量过程　　　　　（单位：m³/s）

时间	下河沿站	头道拐站	龙门站	潼关站	花园口站
1 天	1502	1090	2330	2620	3660
2 天	1515	1030	2060	2850	5150
3 天	1419	1090	1810	3870	7310
4 天	1336	1130	1800	4500	9530
5 天	1214	1090	1770	3720	9270
6 天	1157	975	1710	3110	6180
7 天	1100	895	1850	2460	4350
8 天	1052	830	1660	2060	4190
9 天	1052	745	1620	2590	4000
10 天	1000	670	1660	2190	4070

续表

时间	下河沿站	头道拐站	龙门站	潼关站	花园口站
11 天	959	625	2130	1870	3660
12 天	932	570	2050	1590	2970
13 天	932	560	2190	1430	2520
14 天	910	585	2380	1250	2260
15 天	892	585	2550	2390	2050
16 天	892	550	2440	1870	1740
17 天	1046	528	2190	1660	2430
平均流量	1112.4	796.9	2011.8	2472.4	4431.8
洪峰流量	1515	1130	2550	4500	9530

下河沿站、头道拐站、龙门站、潼关站和花园口站的平均含沙量分别为6.291kg/m³、5.245kg/m³、25.044kg/m³、63.936kg/m³和39.873kg/m³，大部分区域含沙量较低。此次洪水过程中泥沙主要来自北干流区间，五个水文站的平均来沙系数分别为0.006(kg·s)/m⁶、0.007（kg·s）/m⁶、0.012（kg·s）/m⁶、0.026（kg·s）/m⁶、0.009（kg·s）/m⁶，接近冲淤平衡的来沙系数阈值，上下均大型低含沙洪水含沙量过程如表5-22所示。

表5-22　上下均大型低含沙洪水含沙量过程

时间	下河沿站	头道拐站	龙门站	潼关站	花园口站
1 天/（kg/m³）	9.001	5.569	11.780	81.370	89.190
2 天/（kg/m³）	6.832	5.621	9.760	79.940	80.270
3 天/（kg/m³）	8.851	10.018	13.420	71.280	52.990
4 天/（kg/m³）	6.527	8.301	8.950	95.260	44.300
5 天/（kg/m³）	4.160	7.229	13.420	53.380	49.910
6 天/（kg/m³）	3.310	7.692	98.750	53.000	42.240
7 天/（kg/m³）	4.064	6.626	84.430	45.850	34.430
8 天/（kg/m³）	4.411	5.217	30.370	38.190	37.350
9 天/（kg/m³）	17.918	4.564	16.670	63.870	30.320
10 天/（kg/m³）	15.600	3.955	11.270	44.230	30.890
11 天/（kg/m³）	6.475	4.864	16.670	38.920	33.910
12 天/（kg/m³）	3.562	3.807	44.390	28.650	33.130
13 天/（kg/m³）	3.305	3.054	17.490	32.300	27.310

时间	下河沿站	头道拐站	龙门站	潼关站	花园口站
14 天/（kg/m³）	2.099	3.162	13.000	25.870	25.920
15 天/（kg/m³）	2.197	3.111	13.120	73.920	21.080
16 天/（kg/m³）	4.013	3.055	10.470	140.390	17.080
17 天/（kg/m³）	4.618	3.314	11.780	120.500	27.520
平均含沙量/（kg/m³）	6.291	5.245	25.044	63.936	39.873
平均来沙系数/[（kg·s）/m⁶]	0.006	0.007	0.012	0.026	0.009

5. 下大型低含沙洪水

选取的下大型低含沙洪水发生时间为 1982 年 7 月 31 日～8 月 16 日，洪水主要来自潼关以上区间，下河沿站、头道拐站、龙门站、潼关站和花园口站的平均流量分别为 1437.6m³/s、1256.6m³/s、1955.3m³/s、2718.2m³/s 和 5695.3m³/s；五个水文站的洪峰流量分别为 1980m³/s、1920m³/s、3470m³/s、4110m³/s、13400m³/s，该洪水过程也是统计时段内下游出现的最大洪水过程。下大型低含沙洪水流量过程如表 5-23 所示。

表 5-23　下大型低含沙洪水流量过程　　　　　　（单位：m³/s）

时间	下河沿站	头道拐站	龙门站	潼关站	花园口站
1 天	1810	884	3470	2690	5510
2 天	1780	868	2690	4110	6650
3 天	1630	948	1940	3810	13100
4 天	1490	961	1700	3200	13400
5 天	1770	901	1490	3000	8410
6 天	1950	868	2010	2790	5710
7 天	1980	1110	1640	3370	4880
8 天	1560	1470	1120	2320	4780
9 天	1200	1460	1040	1740	4150
10 天	1630	1530	2530	1760	2800
11 天	1130	1730	1950	2800	2590
12 天	1080	1920	1700	2540	3530
13 天	1050	1910	1780	2140	3340
14 天	1110	1700	2110	2260	3450
15 天	1010	1240	2110	2660	4120
16 天	1130	973	2060	2510	5940

时间	下河沿站	头道拐站	龙门站	潼关站	花园口站
17 天	1130	889	1900	2510	4460
平均流量	1437.6	1256.6	1955.3	2718.2	5695.3
洪峰流量	1980	1920	3470	4110	13400

下河沿站、头道拐站、龙门站、潼关站和花园口站的平均含沙量分别为 5.072kg/m^3、5.328kg/m^3、60.524kg/m^3、47.488kg/m^3 和 35.155kg/m^3，北干流含沙量最大，宁蒙河段和黄河下游的含沙量相对较低。此次洪水过程中泥沙主要来自北干流区间，五个水文站的平均来沙系数分别为 0.004（kg·s）/m^6、0.004（kg·s）/m^6、0.031（kg·s）/m^6、0.017（kg·s）/m^6、0.006（kg·s）/m^6，北干流来沙系数偏大，其他河段来沙系数较小，下大型低含沙洪水含沙量过程如表 5-24 所示。

表 5-24 下大型低含沙洪水含沙量过程

时间	下河沿站	头道拐站	龙门站	潼关站	花园口站
1 天/（kg/m^3）	0.500	4.683	104.000	33.500	41.580
2 天/（kg/m^3）	0.542	4.470	129.000	69.800	24.592
3 天/（kg/m^3）	1.712	3.513	101.000	76.400	29.895
4 天/（kg/m^3）	2.557	3.424	77.600	56.300	40.106
5 天/（kg/m^3）	1.062	3.585	44.900	46.700	50.362
6 天/（kg/m^3）	9.487	3.491	45.600	42.300	32.053
7 天/（kg/m^3）	10.707	7.018	72.600	57.900	29.617
8 天/（kg/m^3）	3.013	10.068	64.400	55.200	30.899
9 天/（kg/m^3）	8.100	8.151	44.800	43.900	36.542
10 天/（kg/m^3）	8.037	5.797	38.300	37.000	34.096
11 天/（kg/m^3）	9.735	6.185	69.200	35.000	38.196
12 天/（kg/m^3）	16.389	6.406	54.400	46.100	42.250
13 天/（kg/m^3）	4.429	6.021	36.800	49.500	31.833
14 天/（kg/m^3）	2.432	4.918	28.200	40.800	29.636
15 天/（kg/m^3）	4.436	4.121	25.200	38.300	37.059
16 天/（kg/m^3）	1.956	4.018	37.600	35.200	40.032
17 天/（kg/m^3）	1.133	4.713	55.300	43.400	28.881

时间	下河沿站	头道拐站	龙门站	潼关站	花园口站
平均含沙量/（kg/m³）	5.072	5.328	60.524	47.488	35.155
平均来沙系数/[（kg·s）/m⁶]	0.004	0.004	0.031	0.017	0.006

5.2.2　泥沙动态调控模式构建的理论依据

1. 多目标协同调控的基本思路

为使建立的泥沙动态调控模式更加贴近实际调度情形，将三大子系统的关键调控目标分别对应防洪、防凌、减淤等行洪输沙因素，供水、发电等社会经济因素，河道与河口水生态环境因素等，其中防洪、减淤目标最为关键，作为首要调控目标考虑；三门峡、小浪底水库作为黄河下游"上拦下排、两岸分滞"防洪和水沙调控工程体系的主体，需对上游洪水进行防洪调蓄，确保防洪安全，同时担当水沙调控重任，花园口作为水沙调控的控制断面，保证小浪底水库下泄流量叠加小浪底—花园口来水满足花园口安全泄量标准，中小洪水尽量保证不超过平滩流量，特大洪水在保证枢纽自身安全的前提下尽量减少下泄流量，以降低下游防洪压力。对于供水和生态目标，保证小浪底水库全年各时段下泄流量满足小浪底—河口整个区间供水流量和花园口及以下控制断面生态需水流量标准；对于防凌调度，以每年 12 月至次年 2 月开河前为防凌调度期，保持其间封河前后下泄流量平稳过渡；对于发电调度，电调服从水调，在满足防洪、防凌、供水、生态等要求的前提下，开展水库发电调度，尽量利用高水头、大流量提高发电效益。对于泥沙调控而言，强调水库泥沙处理与泥沙资源利用有机结合，拓展"蓄清排浑"调度思维模式，在汛期以水库与下游河道综合减淤为目标，充分发挥水库拦粗排细作用，利用大洪水排沙减淤。由于水沙调控目标众多，且需要考虑水库间水沙调度的协同与利益博弈，采用约束法将部分目标转换为约束条件。具体而言，①防洪目标转化为下泄流量约束、库区水位约束；②防凌目标转化为凌汛期下泄流量约束；③供水与生态目标以下游花园口断面取水、生态需水流量为基准，设置下泄流量约束；④发电和减淤目标，则分别构建优化调度模型，建立发电与减淤目标相耦合的水沙联合调度目标函数。

2. 多目标协同调度模型

多目标协同调度模型耦合了发电调度子模型、泥沙调度子模型等。对于发电调度子模型，水电站年发电量一直是评价水电站发电调度运行是否合理、有效的指导性指标。因此，研究以水库群年发电量最大作为调度模型的目标函数，其具体形式如下：

$$\max E = \sum_{i=1}^{R} \sum_{j=1}^{T} N_{ij} \Delta t \tag{5-1}$$

$$N_{ij} = A_i H_{ij} Q_{ij}^{N} \tag{5-2}$$

式中，E 为发电目标，即年发电量；R 为参与调度的水库数量；T 为调度时段数；Δt 为时段长度；N_{ij} 为水库 i 在时段 j 的出力；A_i 为水库 i 的出力系数；H_{ij} 为水库 i 在时段 j 的发电水头；Q_{ij}^N 为水库 i 在时段 j 的发电流量。

对于泥沙调度子模型，为维持水库的长期排沙运行能力，将各水库的年淤积量最小作为目标函数，以减小水库淤积速度，采用《泥沙手册》（中国水利学会泥沙专业委员会编制）中焦恩泽公式计算水库排沙比（中国水利学会泥沙专业委员会，1992）。

$$\eta = 1 - \lambda, \lambda = 1 - K\left[\frac{Q_{\text{out}}}{Q_{\text{in}}}\frac{Q_{\text{out}}J^2}{Q_{\text{in}}^{2/3}S_{\text{in}}^{1/3}}\frac{Q_{\text{out}}}{V_{\text{s}}}\right]^m \tag{5-3}$$

式中，η、λ 分别为水库的排沙比和淤积比；K、m 为系数；Q_{in}、Q_{out} 分别为入库和出库流量；S_{in} 为入库含沙量；J 为水面坡降；V_{s} 为除去淤积库容的剩余水库库容。由于该公式适用情景较广，因此本书采用该公式进行水库排沙比计算，但由于数据限制，公式中部分参数，如水面坡降难以确定等，因此采用如下拟合曲线公式估算排沙比：

$$\Delta Y_{ij} = Q_{ij}^{\text{in}}S_{ij}^{\text{in}}\lambda_{ij}, \lambda_{ij} = \beta_1 x_{ij}^5 - \beta_2 x_{ij}^4 + \beta_3 x_{ij}^3 - \beta_4 x_{ij}^2 + \beta_5 x_{ij} - \beta_6 \tag{5-4}$$

$$x_{ij} = Q_{ij}^{\text{in}}\left(V_{ij} + V_{i,j+1}\right)\Big/2\left(Q_{ij}^{\text{out}}\right)^2 \tag{5-5}$$

式中，ΔY_{ij} 为水库 i 在时段 j 内单位时间水库泥沙冲淤量，正值为淤积，负值为冲刷；Q_{ij}^{in} 为水库 i 在时段 j 的入库流量；S_{ij}^{in} 为水库 i 在时段 j 的入库含沙量；λ_{ij} 为水库 i 在时段 j 的入库沙量的淤积比，由拟合曲线公式计算，排沙比为 $1 - \lambda_{ij}$；β 为拟合曲线公式系数；x_{ij} 为计算淤积比经验公式中的变量，即壅水指标；V_{ij} 和 $V_{i,j+1}$ 分别为水库 i 在时段 j 的初始和末尾库容；Q_{ij}^{out} 为水库 i 在时段 j 的下泄流量。

水库冲淤目标函数形式如下：

$$\min C = \sum_{i=1}^{R}\sum_{j=1}^{T}\Delta Y_{ij}\Delta t \tag{5-6}$$

式中，C 为泥沙冲淤目标，即年水库淤积量。

以上述两子模型为基础，将梯级水库发电量最大以及水库泥沙淤积量最小两个调度目标通过权重系数耦合，构建流域水库群分期多目标水沙联合优化调度模型：

$$\max F = \sum_{i=1}^{R}\sum_{j=1}^{T}\left(\alpha_{iN}N - \alpha_{i\Delta Y}\Delta Y_{ij}\right)\Delta t, \begin{cases}\alpha_{i\Delta Y} = \alpha_{i\Delta Y,1}, \text{if}\left(1 \leqslant j \leqslant T'\right)\\ \alpha_{i\Delta Y} = \alpha_{i\Delta Y,2}, \text{if}\left(T' < j < T\right)\end{cases} \tag{5-7}$$

式中，F 为总调度目标；α_{iN} 和 $\alpha_{i\Delta Y}$ 分别为水库 i 的发电目标与冲淤目标权重，且目标函数权重 α 根据水库不同运行时段调度目标的侧重点不同进行调整，以适应不同水库、不同运用时期的调度目标需求；T' 为汛期调度时段数。在历史序列数据中 1980~1990 年、

2000～2010 年汛期来沙量占全年比重为 75%左右，非汛期来沙量仍然占有一定的比重。因此，水库调度对非汛期排沙也应有所考虑，以尽量减小水库淤积压力，但由于非汛期来水一般较枯，较大权重可能影响水库非汛期供水、发电等综合效益，因此模型中对非汛期泥沙冲淤目标权重赋以较低水平，以兼顾其他调度目标。

由于不同水库的特性限制以及为满足水库防洪、供水、防凌、发电、冲淤等目标需求，所以对水库运行过程设定相应的约束条件。

水位约束：

$$Z_{ij}^{\min} \leqslant Z_{ij} \leqslant Z_{ij}^{\max} \tag{5-8}$$

式中，$Z_{ij}^{\min}$ 和 $Z_{ij}^{\max}$ 分别为水库 i 在时段 j 的运用水位下限和上限，其中汛期以防洪限制水位为上限约束，非汛期以正常蓄水位为上限约束、水库死水位为下限约束；Z_{ij} 为水库 i 在时段 j 的水位。

$$Z_{i0} = Z_i^{\mathrm{beg}}, Z_{iT} = Z_i^{\mathrm{end}} \tag{5-9}$$

式中，Z_{i0} 和 Z_{iT} 分别为水库 i 在调度过程中初始和末尾时段的水位；Z_i^{beg} 和 Z_i^{end} 分别为水库 i 指定调度过程的初始和末尾水位。

流量约束：

$$Q_{ij}^{\min} \leqslant Q_{ij}^{\mathrm{in}} \leqslant Q_{ij}^{\max} \tag{5-10}$$

式中，$Q_{ij}^{\min}$ 和 $Q_{ij}^{\max}$ 分别为水库 i 在时段 j 的下泄流量下限和上限，其中非凌汛期上限以水库以及下游防洪点防洪指标为上限，凌汛期下泄流量上限取根据历史凌汛期流量确定的下泄流量上限，而下限约束则将综合考虑供水、生态以及凌汛期下泄流量下限中的最大值作为下限流量；Q_{ij}^{in} 为水库 i 在时段 j 的下泄流量。

出力约束：

$$N_{ij}^{\min} \leqslant N_{ij} \leqslant N_{ij}^{\max} \tag{5-11}$$

式中，$N_{ij}^{\min}$ 和 $N_{ij}^{\max}$ 分别为水库 i 在时段 j 的出力下限和上限。

上下游水力联系：

$$Q_{ij}^{\mathrm{in}} = \sum_{k \in \Omega} Q_{kj}^{\mathrm{out}} + B_{ij} \tag{5-12}$$

式中，Q_{kj}^{out} 为时段 j 上游水库 k 直接到达水库 i 的流量；B_{ij} 为水库 i 上游区间在时段 j 的来水流量；Ω 为水库 i 的所有上游水库。

水量平衡：

$$V_{i,j+1} = V_{ij} + \left(Q_{ij}^{\mathrm{out}} - Q_{ij}^{\mathrm{in}} \right) \Delta t \tag{5-13}$$

沙量平衡：

$$C_{i,j+1} - C_{ij} = \Delta Y_{ij}\Delta t = \left(S_{ij}^{\text{in}}Q_{ij}^{\text{in}} - S_{ij}^{\text{out}}Q_{ij}^{\text{out}}\right)\Delta t, C_{i0}=C_i^{\text{beg}} \qquad （5-14）$$

式中，C_{ij} 和 $C_{i,j+1}$ 分别为水库 i 在时段 j 初始和末尾的水库淤积量；S_{ij}^{out} 为水库 i 在时段 j 的出库含沙量；C_{i0} 为水库 i 在调度时期第一个时段的初始淤积量；C_i^{beg} 为水库 i 指定的调度时期开始时的淤积值。

3. 约束条件阈值

1）河道冲淤的水沙阈值

黄河洪水往往挟带大量泥沙，容易造成河道淤积抬升，过流能力降低，威胁防洪安全。因此，河道冲淤是水库泥沙动态调控中场次洪水调度必须考虑的关键因素之一，根据前述研究确定场次洪水条件下各河段不淤积的水沙阈值，参见表 5-25。

表 5-25　场次洪水调控各河段不淤积水沙阈值

阈值指标	宁蒙河段	小北干流	黄河下游
含沙量/（kg/m³）	< 7.0	< 30	—
水量/亿 m³	> 25	> 20	> 30
来沙系数/[（kg·s）/m⁶]	—	—	0.015
平滩流量/（m³/s）	2200	—	4000

2）场次洪水调度水库排沙效率的影响因素

如何确定并控制场次洪水调度水库的排沙效率（排沙比）是水库排沙减淤的核心问题。黄河的水沙输移具有多来多排的特性，其输沙率不仅与本断面的流量有关，还与上断面的含沙量有关，可用如下关系式表示：

$$Q_{\text{s1}} = cQ_1^a S_0^b \qquad （5-15）$$

式中，c 为待定系数，a、b 为指数；Q_s 为输沙率（kg/s）；Q 为流量（m³/s）；S 为含沙量（kg/m³）；下标 0、1 分别表示河段进口和出口。由此得到场次洪水条件下水库的排沙效率的计算公式为

$$\eta = kJ^{1.2}\left(\rho H\right)^{0.2}\omega^{-0.8}\left(\frac{Q_1}{V}\right)^{0.6}\alpha^{-0.2}\left(\frac{Q_1}{Q_0}\right)^{1.2} \qquad （5-16）$$

式中，η 为排沙比；ρ 为泥沙密度（kg/m³）；H 为坝前壅水高度（m）；ω 为泥沙沉速（m/s）；V 为水库的库容或河道槽蓄量（亿 m³）；Q_0 为入库流量（m³/s）；Q_1 为出库流量（m³/s）；J 为水面比降；k 为系数，根据黄河下游输沙平衡反算得到 $k=0.5$。

影响水库排沙效率的因素很多，但水库运行中一般只能通过调节坝前水位和出库流量来控制排沙比，对式（5-16）中坝前水深和出库流量分别求导，得到：

$$\frac{\partial \eta}{\partial H} = k\rho^{0.2}\omega^{-0.8}\alpha^{-0.2}\left(\frac{Q_1}{Q_0}\right)^{1.2}\left[1.2L^{-1.2}(\Delta Z_b - H)^{0.2}\left(\frac{Q_1}{V}\right)^{0.6}\right.$$

$$\left. + 0.2H^{-0.8}\left(\frac{\Delta Z_b - H}{L}\right)^{1.2}\left(\frac{Q_1}{V}\right)^{0.6} + 0.6\left(\frac{\Delta Z_b - H}{L}\right)^{1.2}H^{0.2}Q_1^{0.6}\left(\frac{1}{V}\right)^{1.6}\frac{dV}{dH}\right]$$

$$\hspace{8cm}(5\text{-}17)$$

$$= k\rho^{0.2}\omega^{-0.8}\alpha^{-0.2}\left(\frac{Q_1}{Q_0}\right)^{1.2}\left[\left(0.2H^{-0.8} - 1.2\frac{H^{0.2}}{(\Delta Z_b - H)} - 0.6\frac{H^{0.2}}{V}\frac{dV}{dH}\right)\right.$$

$$\left(\frac{\Delta Z_b - H}{L}\right)^{1.2}\left(\frac{Q_1}{V}\right)^{0.6}\right]$$

$$\frac{\partial \eta}{\partial Q_1} = k\rho^{0.2}\omega^{-0.8}\alpha^{-0.2}\left(\frac{\Delta Z_b - H}{L}\right)^{12}H^{0.2}\left[1.2Q_1^{0.2}\left(\frac{1}{Q_0}\right)^{1.2}\left(\frac{Q_1}{V}\right)^{0.6} + 0.6Q_1^{-0.4}\left(\frac{Q_1}{Q_0}\right)^{1.2}\left(\frac{1}{V}\right)^{0.6}\right]$$

$$\hspace{8cm}(5\text{-}18)$$

$$d\eta = \frac{\partial \eta}{\partial H}dH + \frac{\partial \eta}{\partial Q_1}dQ_1 \hspace{4cm}(5\text{-}19)$$

由此可见，理论上要使水库在排沙过程中排沙比逐渐增大，应该在洪水入库前调节好对接水位（起调水位），洪水入库后增加出库流量，此时坝前水深也随之降低，排沙比将逐渐增大。

但是，对于不同水库，在不同运行阶段，其对应不同入库水沙条件，洪水入库时的起调水位还需要根据水库自身的特点来确定，最大排沙比的时间节点与沙峰入库时间协调对应，既能发挥水库拦截粗泥沙的作用，为泥沙资源利用提供前提条件，又能有效减少粗泥沙进入黄河下游造成河道的严重淤积，还能实现尽量多地排沙出库，减少水库淤积，彰显泥沙资源利用与泥沙动态调控有机结合的倍增效应。

3）泥沙资源利用潜力

黄河泥沙的资源属性越来越得到社会的认同。首先，它是良好的造地、改良土壤的原材料，在放淤改土方面应用潜力巨大。泥沙因含有大量矿物元素和有机质，被广泛用于改良土壤、提高土壤肥力，黄土高原流失的每吨泥土中含有氮 $0.8 \sim 1.5\,\text{kg}$、全磷 $1.5\,\text{kg}$、全钾 $20\,\text{kg}$。按每年流失 8 亿 t 泥土计算，合计约有 1900 t 氮、全磷和全钾流失。其次，泥沙是优良建筑材料，同时也是开发新型建筑材料的优质原料。粒径大于 $0.1\,\text{mm}$ 的泥沙可以直接作为建筑砂料，粉砂和黏土可以作为烧结空心砖、墙地砖、建筑瓦和琉璃瓦等装饰和建材的原材料。

此外，黄河泥沙在堤背放淤、清淤固堤、修筑河道整治工程、维持黄河三角洲不蚀退、入海口填海造地等方面也有广泛应用。结合淤滩、淤地、放淤固堤等，利用河道两岸有条件的地形放淤处理一部分泥沙，尤其是处理一部分粗颗粒泥沙，是解决黄河泥沙问题的重要措施。根据来水来沙、地形和河道条件，适合开展放淤的区域主要有内蒙古河段的十大孔兑、小北干流滩区、温孟滩区、下游滩区，放淤潜力约 195 亿 t。2030 年前可适时开展小北干流放淤、黄河下游滩区放淤及十大孔兑放淤。小北干流河段左右岸共有 9 块较大的滩区, 总面积约 710km², 2004 年水利部黄河水利委员会曾经开展了小北干流放淤试验, 并取得了一些研究成果。《黄河流域综合规划》修编中明确提出, 小北干流近期开展无坝自流放淤, 远期在古贤水利枢纽进入拦沙后期时实施有坝放淤, 以充分利用小北干流河道滩地堆沙容积, 包括左岸的清涧、连伯、永济滩和右岸的眢村、芝川、新民、朝邑滩共 7 个滩区。无坝自流放淤范围包括高程 335m 以上、河道整治治导控制线以外的滩区, 放淤总面积为 303.1km², 总放淤量为 10.9 亿 t。

水库在拦截泥沙的同时, 也对泥沙级配进行了自动分选, 为泥沙分类利用创造了条件。黄河下游的河道淤积泥沙主要来自少数几场高含沙洪水, 利用水库拦减高含沙洪水, 不仅可以减少黄河下游河道淤积和滩区淹没损失, 还可以为泥沙资源的集中利用创造前提条件, 具有巨大的社会和经济效益。

据估算, 未来 50 年, 黄河泥沙的利用潜力可达 177.66 亿 t, 年均处理泥沙约 3.56 亿 t。这一数值可达目前预测未来黄河年均沙量的一半左右。

4) 水库排沙的生态环境约束条件

水库排沙都会有高含沙水流下泄, 这容易对生态环境系统产生负面影响。一些国家制定了有关生态系统保护的排沙控制指标。我国相关专家也开展了水库排沙对下游河道生态的影响研究, 主要包括小浪底水库排沙前后下游河道内水环境的变化及其对以鱼类为代表的水生生物的影响, 水库排沙过程中水质变化对鱼类生命体的影响机理, 提出了影响鱼类生存的关键水质指标及其阈值。水库排沙对生态环境影响的关键指标包括:

(1) 出库含沙量指标。出库含沙量越大, 对生态的影响会越大, 含沙量尽量不要超过 60kg/m³。

(2) 泥沙级配控制指标。考虑对河流生态的影响, < 0.062mm 泥沙占比应控制在 80%以下。

(3) 水温控制指标。水库排沙时, 河道水温变化的绝对值尽量不要超过 0.3℃。

5.2.3　中长期泥沙动态调控模式

黄河干支流骨干枢纽群中长期泥沙动态调控理论模式可划分为三种, 即水动力泥沙动态调控模式、强人工泥沙动态调控模式、水动力与强人工措施有机结合的泥沙动态调控模式。

1. 水动力泥沙动态调控模式

该调控模式依据水动力条件又可细分为两种调控方式, 即单库调控方式和水库群联合调控方式。单库调控方式, 需要针对水库不同运用阶段设定水沙调控方式。水库拦沙初期, 有充足的拦沙库容, 水库以拦沙为主; 汛前和汛期在水沙条件满足调控需求时, 可尽量通过水库群的联合调控塑造异重流, 增加出库沙量, 减少水库淤积。水库拦沙后期, 拦沙库容基本淤满, 水库仍然保留有较多的有效库容, 一旦遇到有较大洪水入库时, 可以适时采用降低水位排沙方式, 尽可能多地冲刷一部分淤积在坝区附近库段的泥沙, 避免水库有效库容快速损失; 如果遭遇高含沙中小洪水, 则可以采用异重流排沙方式增加出库含沙量。当水库进入正常运用期时, 水库已经达到冲淤平衡, 水库库容相对较小, 尤其是在汛期受汛限水位制约，库区水深相对较小，洪水入库时适时降低水位，造成溯源冲刷，加大排沙效果，即说明适时降水冲刷是水库正常运用期泥沙动态调控的主要手段。

水库群联合调控方式，是目前和未来黄河水沙调控的主要方式。水库群的水沙联合调控，必须统筹考虑不同河段水库的蓄水情况、中长期天气形势预报和水沙情势预测、社会经济和生态环境对水沙资源的需求状况、水沙调控工程布局情况等因素，有针对性地设计中长期水沙联合调控方案。

一般地，对于丰水多沙、来沙主要源自宁蒙河段的情景，可继续按照现行万家寨、三门峡、小浪底水库调度方式，低水位接续排沙；古贤水库建成后，万家寨可适时寻求更多的机会低水位排沙，古贤水库可借鉴小浪底水库运用初期调水调沙模式，尽量塑造异重流多排沙出库，三门峡和小浪底水库可视入库来沙系数大小，及时实行低水位排沙运用。对于丰水多沙、来沙主要源自北干流区间的情景，现状工程布局条件下，东庄水库可适时实行异重流排沙，万家寨水库尽可能加大泄量，为三门峡和小浪底水库联合运用实施低水位排沙创造条件；古贤水库建成后，东庄水库、古贤水库可同时实施异重流排沙，同时为三门峡和小浪底水库低水位排沙提供后续动力，提升水库群联合调度高效排沙效能。

对于枯水多沙、宁蒙河段来沙较多的情景，在古贤水库建成运用前，万家寨水库和小浪底水库应适当拦沙，减轻小北干流河段和黄河下游河道输沙水量的需求压力，同时东庄、故县、陆浑、河口村水库视实际情况，在首先保证社会经济适度稳定用水需求的条件下，适时适当加大下泄流量，尽量满足小北干流和黄河下游社会经济、生态环境、协调水沙关系等多重需求。古贤水库建成运用后，万家寨水库可适当低水位排沙，古贤水库发挥拦沙和调节水沙关系的作用；当潼关来沙系数 > 0.013 $(kg·s)/m^6$ 时，适当加大出库流量协调三门峡入库水沙条件。对于枯水多沙、以北干流区间来沙为主的情景，古贤水库建成运用前，东庄水库要最大限度地发挥拦沙作用，减少进入三门峡水库的泥沙，三门峡水库与小浪底水库联合调节，尽可能协调进入下游河道的水沙关系，保障社会经济和生态环境的适度稳定；当花园口来沙系数 > 0.01 $(kg·s)/m^6$ 时，故县、陆浑、河口村水库应视自身实际情况，尽可能地加大泄量以协调水沙关系。在古贤水库建成运用后，古贤水库将首先发挥拦沙作用，适当加大出库流量，协调进入小北干流和黄河下游河道的水沙关系，当花园口来沙系数 > 0.01 $(kg·s)/m^6$ 时，故县、陆浑、河口村水库应酌情加大下泄流量，尽量满足黄河下游社会经济、生态环境、协调水沙关系等多重需求。

对于丰水少沙的情景，无古贤水库时，万家寨、三门峡、小浪底水库联合运用适时降水排沙；同时，如果遇到特别有利的水沙过程，可进一步通过优化小浪底水库调度过程，抓住有利时机进一步冲刷下游河槽。古贤水库建成后，黄河调水调沙后续动力保障水平将有效提升，三门峡、小浪底水库可联合降水排沙，提高排沙效率；同时，一旦小浪底水库排沙量加大，造成花园口来沙系数 > 0.01 $(kg·s)/m^6$ 时，古贤水库可实时持续加大泄量，为下游河道加大输沙效果提供后续动力，故县、陆浑、河口村也可加大下泄流量进一步协调水沙关系。

对于枯水少沙的情景，古贤水库建成前，龙羊峡水库应实时发挥多年调节作用，为沿黄工农业用水、引黄调水和生态用水储备充足水源，并进一步优化万家寨、三门峡、小浪底水库联合运用，调控对接时机，东庄、故县、陆浑、河口村水库作为补充，以不增加水库淤积和确保供水安全、兼顾发电效益为目标，尽可能地发挥协调进入黄河下游水沙关系的作用；古贤水库建成运用后，龙羊峡、古贤水库联合运用，将极大地提高供水保证率，三门峡、小浪底水库调控的灵活度会进一步增加，必要时故县、陆浑、河口村水库也可为协调水沙关系、保障下游河道社会经济和生态环境用水做出一定贡献。

2. 强人工泥沙动态调控模式

基于泥沙资源利用的强人工泥沙动态调控模式，是黄河有效"减沙"的重要措施。开展小浪底等水库清淤，开展黄河泥沙资源利用，已经写入《黄河流域生态保护和高质量发展规划纲要》，目前青铜峡、三门峡、小浪底、西霞院等水库正在开展水库清淤的前期工作。强人工措施直接调控的沙量与水动力调控模式调控的水量相比相对较小，但是如果合理确定清淤部位、与水动力配合，不仅可以起到四两拨千斤的作用，而且可以使泥沙资源利用的经济效益、生态效益极大。因此，强人工泥沙动态调控主要针对一些重点河段或者关键部位，采用扰沙或者直接清淤的方式，清除淤积在局部河段的粗泥沙，有效减轻水库和下游河道淤积与降低防洪风险。

强人工泥沙动态调控的技术手段主要有两种：第一种是射流冲沙方式，即将淤积在水库中的泥沙通过射流扰动，使泥沙再次悬浮，由水流带往下游，这种调控方式适用于细泥沙淤积为主的水库或关键部位，如支流的拦门沙坎、淤积形成的滩岸、关键河段的卡口部位等，扰动底部泥沙进入悬浮状态，增加水流的泥沙负载量，达到清淤和提高水流输沙效能的作用。第二种是直接挖沙清淤方式，针对以粗泥沙淤积为主的水库或河段，如在水库库尾淤积的泥沙往往较粗，通过挖沙清淤，可以恢复水库库容，减轻库区淤积，减少进入下游河道的粗泥沙，同时也为下一年度或未来一定时期的泥沙动态调控、后续洪水调节入库泥沙级配、优化库区淤积形态奠定前提条件，可谓一举多得。

3. 水动力与强人工措施有机结合的泥沙动态调控模式

未来水动力与强人工措施有机结合的泥沙动态调控模式将是黄河泥沙动态调控的主要模式。这种模式的精髓就是集上述两种模式之优势，实现 1+1 ≫ 2 的效果。其一，通过强人工扰沙、冲沙、直接清淤等手段，在水库运用初期或汛前调水调沙期，配合水库降水冲沙或异重流排沙等水动力调控技术，将支流拦门沙坎等关键部位的泥沙再悬浮排沙出库，增加水库调节库容。其二，无论在水库运用初期还是水库进入正常运用期，在库尾至库中河段均可以直接通过挖沙清淤，清淤出来的泥沙通过泥沙资源利用，不仅直接服务地方社会经济发展，还可优化水库干（支）流淤积形态，有利于发挥大洪水期或调水调沙期泥沙调节作用和加大排沙出库的效果，同时降低支流沟口拦门沙坎，保持支流库容的可持续利用。

5.2.4 场次洪水泥沙动态调控模式

根据前述不同类型洪水水沙运用和河道冲淤规律、调控指标及阈值研究成果，本书提出了场次洪水情景下黄河干支流骨干枢纽群单库泥沙动态调控模式和水库群联合调控模式，如表 5-26 所示。

表 5-26　中长期黄河干支流骨干枢纽群泥沙动态调控模式

(a) 水动力泥沙动态调控模式

调控模式	水库组合	运用阶段	水沙情景	工程布局	调控目标	泥沙调控方式
水动力泥沙动态调控模式	单库	拦沙期	汛前+汛初	—	下游河道防洪减淤、社会经济健康发展、生态环境良性维持	汛初降低水位排沙，腾出防洪库容
			主汛期	—	水库库容维持，下游河道防洪减淤	降低水位冲刷和异重流排沙相结合
			主汛后+非汛期	—	下游河道防洪减淤、社会经济健康发展、生态环境良性维持	抬高水位，拦蓄低含沙洪水、高含沙洪水择机排沙
		正常运用期	汛前+汛初	—	水库库容维持，下游河道防洪减淤、社会经济健康发展、生态环境良性维持	汛初降低水位冲刷泥沙
			主汛期	—	水库库容维持，下游河道防洪减淤	低水位溯源冲刷为主
			主汛后+非汛期	—	下游河道防洪减淤、社会经济健康发展、生态环境良性维持	抬高水位，拦蓄低含沙洪水、高含沙洪水排沙
	水库群	—	丰水多沙	无古贤	水库库容维持，下游河道防洪减淤	万家寨、三门峡、小浪底水库低水位接续排沙
			宁蒙河段来沙为主	有古贤	水库库容维持，下游河道防洪减淤	万家寨水库低水位排沙、古贤水库异重流排沙、三门峡、小浪底水库低水位排沙，库入来水沙系数较大时低水位排沙
		—	丰水多沙	无古贤	水库库容维持，下游河道防洪减淤	东庄水库异重流排沙、万家寨水库加大流量、三门峡、小浪底水库低水位排沙
			北干流来沙为主	有古贤	水库库容维持，下游河道防洪减淤	东庄、古贤水库异重流排沙、三门峡、小浪底水库低水位、小浪底水库排沙后加大流量输沙
		—	枯水少沙	无古贤	水库库容维持，下游河道防洪减淤、社会经济健康发展、生态环境良性维持	万家寨、小浪底水库拦沙、东庄、故县、陆浑、河口村水库加大下泄流量，协调水沙关系
			宁蒙河段来沙为主	有古贤	水库库容维持，下游河道防洪减淤、社会经济健康发展、生态环境良性维持	万家寨水库低水位排沙、古贤水库拦沙，当潼关水沙系数 > 0.013 $(kg \cdot s)/m^6$ 时，加大出库流量

续表

调控模式	水库组合	运用阶段	水沙情景	工程布局	调整目标	泥沙调控方式
水动力泥沙动态调控模式	水库群	—	枯水多沙、北干流来沙为主	无古贤	水库库容维持，下游河道防洪减淤，社会经济健康发展，生态环境良性维持	东庄水库排沙，三门峡水库排沙，小浪底水库适当排沙，当花园口水沙系数>0.01（kg·s）/m⁶时，故县、陆浑、河口村水库加大流量协调水沙关系
				有古贤	水库库容维持，下游河道防洪减淤，社会经济健康发展，生态环境良性维持	古贤水库拦沙，当花园口大出库流量协调水沙，三门峡、小浪底水库适当排沙，当花园口水沙系数>0.01（kg·s）/m⁶时，故县、陆浑、河口村水库加大下泄流量
		—	丰水少沙	无古贤	水库库容维持，下游河道防洪减淤	万家寨、三门峡、小浪底水库联合降水位排沙，当花园口沙系数>0.01（kg·s）/m⁶时，故县、陆浑、河口村水库加大下泄流量协调水沙关系
				有古贤	水库库容维持，下游河道防洪减淤	万家寨、三门峡、小浪底水库联合降水位排沙，当花园口水沙系数>0.01（kg·s）/m⁶时，古贤水库为三门峡提供冲沙动力，故县、陆浑、河口村水库加大下泄流量协调水沙关系
		—	枯水少沙	无古贤	水库库容维持，下游河道防洪减淤，社会经济健康发展，生态环境良性维持	龙羊峡、万家寨、三门峡、小浪底水库的同时排沙，故县、陆浑、河口村水库协调水沙关系
				有古贤	水库库容维持，下游河道防洪减淤，社会经济健康发展，生态环境良性维持	龙羊峡、万家寨、三门峡、小浪底水库补水的同时排沙，古贤、陆浑、河口村水库协调水沙关系

（b）强人工泥沙动态调控模式

调控模式	调整目标	调控区域	技术手段
强人工泥沙动态调控模式	增加水流中的泥沙负载量，清除淤积泥沙	支流拦门沙坎，淤积形成的高滩，关键河段卡口处	射流扰沙，气动扰沙
	清除淤积的粗泥沙，泥沙资源化利用，减少水库淤积量	库尾粗沙区，关键卡口河段	干挖，绞吸式清淤，耙吸式清淤等

（c）水动力与强人工措施有机结合的泥沙动态调控模式

调控模式	水库组合	运用阶段	调整目标	泥沙调控方式
水动力与强人工措施有机结合的泥沙动态调控模式	单库水库群	拦沙期	水库库容维持，下游河道防洪减淤	水库降水位冲沙或异重流排沙时通过扰沙或者挖除清除拦沙坎
	单库水库群	正常运行期	水库库容维持，下游河道防洪减淤	水库溯源冲刷时的扰沙或挖除清除拦沙坎和淤积高滩，挖除库尾粗沙进行资源化利用

场次洪水的单库泥沙动态调控模式可进一步细分为高效排沙调控模式、拦截泥沙调控模式和生态友好调控模式 3 种；水库群联合调控模式可进一步细分为库容置换调控模式、级联高效排沙调控模式（针对上下均大型洪水，所有干支流水库均可采用此方式）、联合拦截泥沙调控模式（针对高含沙洪水或水少沙多的中常洪水等，所有干支流水库遇到此类情况均可采取此方式次序拦截洪水泥沙）、联调造峰排沙调控模式 4 种。场次洪水的各泥沙动态调控模式汇总于表 5-27。

表 5-27　场次洪水黄河干支流骨干枢纽群泥沙动态调控模式

调控范围	调控模式	水库名称	启用条件	调控方式
单库调控	高效排沙调控模式	万家寨	入库流量 > 2000m³/s	低水位或敞泄排沙
		三门峡	入库流量 > 1500m³/s	敞泄排沙
		小浪底	入库流量 > 3000m³/s 且来沙系数 < 0.015（kg·s）/m⁶	低水位排沙，不增加下游防洪压力
	拦截泥沙调控模式	万家寨（古贤建成前）	入库悬沙中值粒径 > 0.05mm 且潼关平均含沙量 > 30 kg/m³、水量 < 20 亿 m³	高水位运行且水位不高于防洪高水位
		古贤、东庄	（1）拦沙库容未满；（2）入库悬沙中值粒径 > 0.05mm；（3）潼关平均含沙量 > 30 kg/m³ 且水量 < 20 亿 m³	高水位运行且水位不高于防洪高水位
		小浪底	（1）花园口流量 > 4000m³/s 且入库来沙系数 > 0.015（kg·s）/m⁶；（2）入库悬沙中值粒径 > 0.05mm	高水位运行且水位不高于防洪高水位
	生态友好调控模式	小浪底	（1）小浪底入库含沙量大于 60kg/m³；（2）小浪底入库含沙量小于 60kg/m³ 且小于 0.062mm 占比在 80%以上	保障洪水过程中下游含沙量不超过 60kg/m³，且小于 0.062mm 占比不超过 80%
联合调控	库容置换调控模式	古贤、东庄、三门峡、小浪底	潼关以上发生大洪水，且北干流来沙较多	古贤水库建成前，东庄水库低水位拦截泥沙，减少渭河下游和三门峡水库淤积；古贤水库建成后，古贤水库低水位拦沙，同时利用降水位过程中的弃水塑造洪水冲刷三门峡和小浪底水库库区，在不影响东庄和古贤水库有效库容的情况下，增加三门峡和小浪底水库有效库容

续表

调控范围	调控模式	水库名称	启用条件	调控方式
联合调控	级联高效排沙调控模式	所有干支流水库	上下均大型洪水	龙羊峡、古贤水库作为水量补充水库，海勃湾水库作为流量调节水库，重新塑造龙羊峡泄放的洪峰过程，万家寨、三门峡、小浪底水库低水位高效排沙
	联合拦截泥沙调控模式	万家寨（古贤）、三门峡、小浪底	上大高含沙洪水	万家寨（古贤）水库在洪水初期蓄水（拦沙模式）、洪水后期泄洪（输沙模式），为三门峡、小浪底水库在洪水后期排沙（排沙模式）提供动力
	联调造峰排沙调控模式	万家寨（古贤）、东庄、小浪底、故县、陆浑、河口村	上下均大高含沙洪水	古贤、东庄、小浪底水库均采用拦沙模式，故县、陆浑、河口村水库在下游洪水不超标的情况下稀释下游含沙量，减轻小浪底水库拦沙负担

5.3 黄河干支流骨干枢纽群泥沙动态调控技术

本节在前述泥沙动态调控序贯决策理论、水库高效输沙机理、泥沙资源利用与泥沙动态调控互馈机制、下游河流系统对枢纽群水沙调控响应机理及泥沙动态调控指标体系及阈值、泥沙动态调控模式等系统研究的基础上，提出了黄河干支流骨干枢纽群泥沙动态调控技术体系，包括基于水动力的黄河干支流骨干枢纽群泥沙动态调控技术，重点研究了骨干枢纽群联合调控下的异重流相机排沙技术、水库溯源冲刷技术、干支流已建水库群高效排沙时空叠加技术、待建水库建成后泥沙动态调控蓄泄对接技术等；基于强人工措施的黄河干支流水库泥沙动态调控技术，重点研究了黄河汛前调水调沙下泄清水期泥沙负载技术、基于泥沙资源利用的水库与河道有效减淤技术、提升强人工措施清淤效率的旋流泵性能优化、适宜黄河流域水库清淤的强人工措施干预方案。

5.3.1 基于水动力的黄河干支流骨干枢纽群泥沙动态调控技术

水流是泥沙在河道中输移的载体，依靠水动力进行泥沙动态调控是水库最主要和最常用的手段。通过水库或水库群的联合调控，调整水库的下泄过程和库区中的水流流态，达到调控出库泥沙量和调整库区淤积形态的目的。在水库运用初期，水库的调节库容较大，库区的水流动力较弱，一般可以采用人工塑造异重流的方式来增加出库含沙量；当水库接近冲淤平衡时，大量泥沙堆积到库区，库容显著减小，当来水条件较好时可适当降低水位增强库区水流动力，产生溯源冲刷，大量来沙和前期淤积的部分泥沙都可以随水流排沙出库。

1. 异重流相机排沙技术

在黄河水利科学研究院前期异重流理论研究成果的基础上，本次研究提出了适用于水库运用初期边界条件相近情况，以来水流量、含沙量及悬沙组成为主要因素的异重流持续运动条件，并基于水流功率与库区平均水深之间的相关关系定量表示异重流持续运动的临界条件。

异重流的流速及挟沙力与其含沙量成正比，形成异重流的流速与含沙量具有互补性。图 5-20 为不同时期小浪底水库异重流运移含沙量与流量的关系，从点群分布状况可大致划分为 A、B、C 三个区域。采用常规的 Q、S 分别表示流量（ m^3/s ）和含沙量（ kg/m^3 ），角标 i、o 分别表示入库及出库水沙的相关参数。

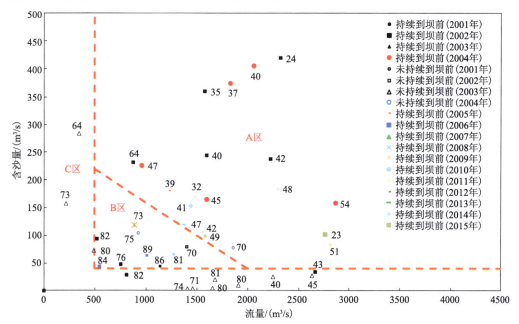

图 5-20　不同时期小浪底水库异重流运移含沙量与流量的关系

图中散点旁边标注的数据为细泥沙的沙重百分数

A 区为满足异重流持续运动至坝前的区域，即小浪底水库入库洪水过程在满足一定历时且悬移质泥沙中粒径小于 0.025mm 的沙重百分数约为 50% 的前提下，若 $500\ m^3/s \leqslant Q_i < 2000 m^3/s$，且满足 $S_i \geqslant 280 - 0.12 Q_i$，则异重流排沙量 $S_o > 0$，即可实现异重流排沙出库；若 $Q_i > 2000 m^3/s$，且满足 $S_i > 40\ kg/m^3$，也可以使得异重流排沙量 $S_o > 0$，实现异重流排沙出库。

B 区涵盖了异重流可持续运行到坝前与不能到达坝前两种情况。其中，异重流可持续运行到坝前往往需要具备三个条件。一是处于洪水落峰期，此时异重流行进过程中需要克服的阻力要小于其前锋所需要克服的阻力；二是虽然入库含沙量较低，但在水库进口与水库回水末端之间的库段产生强烈冲刷，使异重流潜入点断面含沙量明显增大，异重流可挟运的沙源充足；三是入库细泥沙的沙重百分数基本在 75% 以上，极细沙的减阻效应，使得异重流输运泥沙需要的动力减小，异重流持续运移至坝前的可能性增加。

C 区为 $Q_i < 500 \mathrm{m}^3/\mathrm{s}$ 或 $S_i < 40~\mathrm{kg/m}^3$ 部分，异重流往往不能运行到坝前。

当入库流量及水流含沙量较大时，悬移质泥沙中粒径小于 0.025mm 的沙重百分数 d_i 可略小，三者之间的函数关系基本可用公式 $S_i = 980\mathrm{e}^{-0.025d_i} - 0.12Q_i$ 描述。影响异重流输移的因素不仅与水沙条件有关，而且与边界条件关系密切，若边界条件发生较大变化，上述临界水沙条件亦会发生相应变化。

2. 水库溯源冲刷技术

依据前述溯源冲刷理论研究成果，统计万家寨水库、三门峡水库、小浪底水库降水拉沙过程的实测资料，得到水库溯源冲刷量与水流能量之间的关系（图 5-21），借此构建如下关系式：

$$W = 0.4\ln(QJ) + 0.5 \qquad (5\text{-}20)$$

式中，W 为水库溯源冲刷量（亿 t）；Q 为水库出库流量（m^3/s）；J 为库区比降。

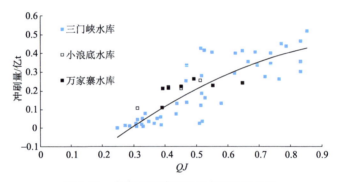

图 5-21　水库溯源冲刷量与水流能量关系

在溯源冲刷发展过程中，随着冲刷强度的不断增大，冲刷量也不断增大；溯源冲刷在初期阶段发展很快，随后逐渐趋于缓慢。根据冲刷过程中两断面间的沙量平衡方程 $Q_s = (Q_{s1} - Q_{s2})\Delta t$，可以看到，当出库水位、出库流量级、入库沙量一定时，冲刷量受入库流量影响很大，特别是水库群联合调度时，上游水库下泄流量为下游水库发生溯源冲刷、泥沙输送到坝前、排沙出库提供了至关重要的水动力条件。因此，水库群联合调控，对下游水库提高溯源冲刷的效果作用极大。

3. 干支流已建水库群高效排沙时空叠加技术

水库群高效排沙的时空叠加技术是指在水库群具有可调度水量或发生高含沙洪水的基础上，通过对干支流水库群的调度运用，塑造一定历时的不同量级的水沙过程，精准叠加小浪底库区或花园口断面的水位、水沙情景，使之在对接处形成协调的水沙过程，从而达到高效排沙的目的。

干支流已建水库群高效排沙时空叠加技术主要包括以下两项关键技术。

1）干流水库群水沙联合调度技术

水沙条件：小浪底水库上下游均未发生洪水，可利用的水资源仅为水库中汛限水位以上的水量。

技术思路：利用水库蓄水及自然条件，通过联合调度黄河干流万家寨、三门峡、小浪底水库，或辅以强人工干预措施，在小浪底库区塑造人工异重流，调整其库尾段淤积形态，并加大小浪底水库排沙量。同时，利用进入下游河道水流富余的挟沙能力，在黄河下游"二级悬河"及主河槽淤积最为严重的卡口河段实施河床泥沙扰动，扩大主河槽过洪能力。

万家寨水库泄流与三门峡水库蓄水对接的目标是最大限度地冲刷三门峡水库泥沙，为小浪底水库异重流提供连续的水流动力和充足的泥沙来源。为实现准确对接，需要准确把握三门峡水库水位，万家寨水库下泄的水量应在三门峡水库水位 310m 及其以下时实现对接，对接水位过高会导致三门峡水库无法得到有效冲刷，对接水位过低会导致万家寨-三门峡两水库泄流不能首尾衔接成为一个完整的水沙过程，三门峡水库临近泄空时产生的高含沙水流即使在小浪底库区形成异重流，亦会因无后续动力而迅速消失。同时，水流从万家寨水库至三门峡水库入库的演进时间约为 94.5h，因此需综合考虑三门峡水库对接水位及传播时间，科学确定万家寨水库泄流时机。

三门峡水库泄流与小浪底水库蓄水对接的目标是最大限度地冲刷小浪底库区，明流河段泥沙塑造人工异重流直至蓄水量基本泄完，同时万家寨水库下泄流量到达三门峡水库时，三门峡水库正好转为敞泄排沙运用，万家寨水库泄放的水流冲刷三门峡库区淤积的泥沙，将形成较高含沙量水流，为小浪底库区异重流提供后续动力。实践证明，当小浪底水库水位降至三角洲顶点高程以下时，异重流排沙效果较为理想。

2）干支流水库群水沙时空对接技术

水沙条件：小浪底水库上游发生洪水并挟带泥沙入库时，小浪底水库下游伊洛河、沁河也发生洪水，但其来水挟带泥沙数量较少，基本上可以认为是"清水"。

技术思路：利用小浪底水库不同泄水孔洞组合塑造一定历时和大小的流量、含沙量及泥沙颗粒级配过程，加载于小浪底水库下游伊洛河、沁河的"清水"之上，并使之在花园口站准确对接，形成花园口站协调的水沙关系，实现既排出小浪底水库的库区泥沙，又使小浪底-花园口区间"清水"不空载运行。其关键技术是小浪底水库下泄浑水与下游支流清水对接技术。其重点在于解决两大关键问题，一是小浪底至花园口区间洪水、泥沙的准确预报，二是准确对接（黄河干流）小浪底、（伊洛河）黑石关、（沁河）武陟三站在花园口站形成的水沙过程。根据预报（利用洪水预报模型）和实测的龙门、潼关、华县等站流量过程，三门峡水库的调控运用方式和龙门镇、白马寺、武陟、黑石关、小花干、五龙口等站（区间）的流量（含沙量）过程，以及陆浑、故县水库调控运用方式，结合四库联调模型、河道冲淤计算数学模型的分析计算结果，按如下公式推算出满足花园口站水沙调控指标的小浪底出库水沙过程，并下发调令（方案调令）。

具体对接调度方案按照输沙量平衡原理进行分析计算，公式如下：

$$(Q_1 \times S_1 + Q_2 \times S_2)/(Q_1 + Q_2) = S_3 \tag{5-21}$$

式中，Q_1 为预报的小-花间流量；S_1 为预报的小-花间含沙量，在初始计算中按 $5kg/m^3$

考虑，后期根据实测资料实时修正；Q_2 为要求的小浪底出库流量；S_3 为要求的花园口站调控含沙量；S_2 为小浪底来水含沙量，取决于小浪底出库含沙量及河道的调整。由此可推算小浪底出库含沙量 $S_小$ 为

$$S_小 = S_2 - k \times S_2 \tag{5-22}$$

式中，k 为实测小-花间冲刷量与小浪底出库沙量之比，初始计算中按10%考虑，后期跟踪实测资料实时修正。依据以上计算结果向小浪底水利枢纽建设管理局下发逐时段满足小浪底水库出库含沙量要求的调度指令。若花园口站水沙过程实况在调控指标的允许误差范围之内，则保持该调度指令执行；否则，实时修正小浪底出库水沙过程，下发修正调度指令。

3）水库群高效排沙的时空叠加调度方案效果预测

为检验上述水库群高效排沙的时空叠加技术调控效果，设定两种全河水沙联合调控方案，一是按现有常规调度规则，干流龙羊峡水库、刘家峡水库、万家寨水库、三门峡水库、小浪底水库（简称龙-刘-万-三-小水库群）时空对接调度方案，见表5-28；二是基于高效排沙的时空叠加调度方案，即三门峡水库在汛期可短暂突破305m汛限水位限制，最高水位可蓄至318m，为小浪底水库塑造大流量排沙后续动力提供条件，见表5-29。采用2020年汛前边界条件、一维水库与下游河道耦合的冲淤演变数学模型，从三门峡水库、小浪底水库排沙和下游河道冲淤演变两方面开展了两种调度方案排沙减淤效果的对比计算。

表 5-28　基于常规调度规则的时空对接调度方案

水库	时间	入库流量/（m³/s）	出库流量/（m³/s）	蓄水量/亿m³	水位/m	累积下泄水量/亿m³	水库	时间	入库流量/（m³/s）	出库流量/（m³/s）	蓄水量/亿m³	水位/m	累积下泄水量/亿m³
龙-刘	初始						龙-刘	06-24		2111			18.24
	06-15		2111			1.82		06-25		2111			20.06
	06-16		2111			3.65		06-26		2111			21.89
	06-17		2111			5.47		06-27		2111			23.71
	06-18		2111			7.30		06-28		2111			25.53
	06-19		2111			9.12		06-29		2111			27.36
	06-20		2111			10.94		06-30		2111			29.18
	06-21		2111			12.77	万家寨	初始			5.779	980.0	
	06-22		2111			14.59		06-24	1500	2055	5.300	978.3	1.78
	06-23		2111			16.42		06-25	1500	2055	4.820	976.5	3.55

续表

水库	时间	入库流量/（m³/s）	出库流量/（m³/s）	蓄水量/亿 m³	水位/m	累积下泄水量/亿 m³	水库	时间	入库流量/（m³/s）	出库流量/（m³/s）	蓄水量/亿 m³	水位/m	累积下泄水量/亿 m³
万家寨	06-26	1500	2055	4.341	974.5	5.33	三门峡	07-08	1645	1645	0.494	305	18.50
	06-27	1500	2055	3.861	972.4	7.10		07-09	1645	1645	0.494	305	19.92
	06-28	1500	2055	3.382	969.9	8.88		07-10	1645	1645	0.494	305	21.34
	06-29	1500	2055	2.902	967.2	10.65		07-11	1645	1645	0.494	305	22.77
	06-30	1500	2055	2.423	964.3	12.43		07-12	1645	1645	0.494	305	24.19
	07-01	1500	2055	1.943	960.9	14.20		07-13	1645	1645	0.494	305	25.61
	07-02	1500	2024	1.490	957.0	15.95		07-14	645	645	0.494	305	26.17
	07-03	1500	1500	1.490	957.0	17.25		初始			3.384	220	
	07-04	1500	1500	1.490	957.0	18.55		06-29	2200	3000	2.692	218.4	2.59
	07-05	1500	1500	1.490	957.0	19.84		06-30	2200	3000	2.001	216.4	5.18
	07-06	1500	1500	1.490	957.0	21.14		07-01	2200	3000	1.310	213.3	7.78
	07-07	1500	1500	1.490	957.0	22.43		07-02	2200	2688	0.888	210	10.10
	07-08	1500	1500	1.490	957.0	23.73		07-03	2200	2200	0.888	210	12.00
	07-09	1500	500	2.354	963.8	24.16		07-04	2200	2200	0.888	210	13.90
三门峡	初始			0.494	305			07-05	2200	2200	0.888	210	15.80
	06-29	2200	2200	0.494	305	1.90	小浪底	07-06	2200	2200	0.888	210	17.70
	06-30	2200	2200	0.494	305	3.80		07-07	2169	2169	0.888	210	19.58
	07-01	2200	2200	0.494	305	5.70		07-08	1645	1645	0.888	210	21.00
	07-02	2200	2200	0.494	305	7.60		07-09	1645	1645	0.888	210	22.42
	07-03	2200	2200	0.494	305	9.50		07-10	1645	1645	0.888	210	23.84
	07-04	2200	2200	0.494	305	11.40		07-11	1645	1645	0.888	210	25.26
	07-05	2200	2200	0.494	305	13.31		07-12	1645	1645	0.888	210	26.68
	07-06	2200	2200	0.494	305	15.21		07-13	1645	1645	0.888	210	28.10
	07-07	2169	2169	0.494	305	17.08		07-14	645	645	0.888	210	28.66

表 5-29　基于高效排沙的时空叠加调度方案

三门峡水库						小浪底水库					
时间	入库流量/（m³/s）	出库流量/（m³/s）	蓄水量/亿m³	水位/m	累积下泄水量/亿m³	时间	入库流量/（m³/s）	出库流量/（m³/s）	蓄水量/亿m³	水位/m	累积下泄水量/亿m³
初始			0.494	305.0		初始			3.384	220.0	
06-29	2200	250	2.179	311.7	0.22	06-29	250	1800	2.044	216.6	1.56
06-30	2200	250	3.864	315.4	0.43	06-30	250	1100	1.310	213.3	2.51
07-01	2200	250	5.549	317.6	0.65	07-01	250	738	0.888	210.0	3.14
07-02	2200	4000	3.994	315.6	4.10	07-02	4000	4000	0.888	210.0	6.60
07-03	2200	4000	2.438	312.4	7.56	07-03	4000	4000	0.888	210.0	10.06
07-04	2200	4000	0.883	307.3	11.02	07-04	4000	4000	0.888	210.0	13.51
07-05	2200	2650	0.494	305.0	13.31	07-05	2650	2650	0.888	210.0	15.80
07-06	2200	2200	0.494	305.0	15.21	07-06	2200	2200	0.888	210.0	17.70
07-07	2169	2169	0.494	305.0	17.08	07-07	2169	2169	0.888	210.0	19.58
07-08	1645	1645	0.494	305.0	18.50	07-08	1645	1645	0.888	210.0	21.00
07-09	1645	1645	0.494	305.0	19.92	07-09	1645	1645	0.888	210.0	22.42
07-10	1645	1645	0.494	305.0	21.34	07-10	1645	1645	0.888	210.0	23.84
07-11	1645	1645	0.494	305.0	22.77	07-11	1645	1645	0.888	210.0	25.26
07-12	1645	1645	0.494	305.0	24.19	07-12	1645	1645	0.888	210.0	26.68
07-13	1645	1645	0.494	305.0	25.61	07-13	1645	1645	0.888	210.0	28.10
07-14	645	645	0.494	305.0	26.17	07-14	645	645	0.888	210.0	28.66

（1）水库群排沙效果分析。计算得到的三门峡、小浪底水库排沙量参见表 5-30。从对比结果看，两种方案对三门峡水库库容的恢复作用有限，其中基于高效排沙的时空叠加调度方案的三门峡水库冲刷量增大；三门峡水库水位维持在 305m，保持进出库平衡，当入库流量达到 2200m³/s 时，三门峡库区即产生冲刷；三门峡水库蓄水至 318m 左右后下泄 4000m³/s，前期蓄水阶段无法对水库产生显著冲刷。

表 5-30　三门峡、小浪底水库排沙量　　　　　　（单位：亿吨）

调度方案	三门峡	小浪底
基于常规调度规则的时空对接调度方案	0.123	1.451
基于高效排沙的时空叠加调度方案	0.089	1.913

对于小浪底水库而言，高效排沙的时空叠加调度方案排沙效果显著优于时空对接调度方案。其主要原因是，高效排沙的时空叠加调度方案坝前水位降至对接水位 210m 后，小浪底库区被三门峡水库出库大流量持续冲刷。在坝前水位 210m 这个阶段，高效排沙

的时空叠加调度方案塑造了 3 天、4000m³/s 和 3 天、2200m³/s 左右的流量过程，而同期时空对接调度方案只有 1 天、2688m³/s 和 5 天、2200m³/s 左右的流量过程。

（2）下游河道冲淤演变分析。表 5-31 给出了下游各河段的冲淤量。从对比结果看，两种调度方案下，下游河道（小浪底—利津）淤积量分别为 0.113 亿 t、0.221 亿 t，可见对淤积影响不大。淤积部位主要发生在高村以上河段，分别占全下游淤积量的 116%、114%；高村以下河道淤积较少，艾山以下河道以冲刷为主。

表 5-31　黄河下游各河段冲淤量　（单位：亿 t）

调度方案	小浪底—花园口	花园口—高村	高村—艾山	艾山—利津	全下游
基于常规调度规则的时空对接调度方案	0.027	0.104	0.015	−0.033	0.113
基于高效排沙的时空叠加调度方案	0.100	0.152	0.012	−0.043	0.221

需要指出的是，尽管高效排沙的时空叠加调度方案的下游河道的淤积比前者略多，但并没有给下游河道造成更大的负担，反而河口地区输送了更多的泥沙，更加有利于河口地区的生态修复；而且，为下游河道提供了 3 天左右的 4000m³/s 流量过程，这对于维持下游中水河槽、改善畸形河势均十分有利，同时也可检验河道整治工程的适应性。

综上所述，若能适当突破三门峡水库的汛期调度规则限制，或在龙刘水库和小浪底水库之间提供新的能够有效调节流量过程的大型水库，则能够更好地利用龙刘水库下泄流量过程，塑造长历时、较大流量的洪水过程，冲刷小浪底库区和下游河道，减轻水库淤积，输送更多的泥沙入海。即使在现状工程条件和调度规则下，本书提出的全河水沙调控时空叠加调度方案也能够实现显著冲刷小浪底库区和输送 1.3 亿 t 泥沙入海的目标，具备切实的可行性。

4. 待建水库建成后泥沙动态调控蓄泄对接技术

古贤水库建成运用初期，主汛期以古贤水库和小浪底水库为主进行调水调沙运用，古贤水库可发挥对入库水沙进行调节的作用，避免下泄流量 600～2000m³/s 的水沙过程；当入库为流量大于 1500m³/s 的高含沙洪水，且小浪底水库累计淤积量小于 74 亿 m³ 时，古贤水库进行异重流排沙，控制出库流量不大于 10000m³/s。小浪底水库对古贤—小浪底水库区间的水沙进行调节，凑泄花园口断面流量 800m³/s 且出库流量不小于 600m³/s；当入库流量为大于 2000m³/s 的高含沙洪水时，实行进出口平衡运用，实时调控异重流排沙；当小浪底水库槽库容淤积严重时，维持低水位壅水排沙；当小浪底水库蓄水位接近汛限水位时，维持水库蓄水位不变。当两水库蓄水和预报河道来水满足一次调水调沙大流量泄放的水量要求时，根据下游河道平滩流量变化和小浪底水库槽库容淤积情况，尽可能下泄有利于下游河道输沙的水沙过程（上限调控流量为 4000m³/s 左右），冲刷恢复下游河道主河槽过流能力或冲刷恢复小浪底水库有效库容。其他调节期，古贤、三门峡和小浪底水库调节径流，以满足河道生态、水质、工农业供水和发电等要求。

古贤水库拦沙后期，根据黄河下游平滩流量和小浪底水库库容变化情况，古贤、小浪底水库进行联合调水调沙运用，适时蓄水（原则同拦沙初期）或利用天然来水冲刷黄河下游河道和小浪底库区泥沙。当黄河下游平滩流量大于 4000m³/s 时，古贤、小浪底水库原则上不大量蓄水，将水位调整到低雍状态，进行拦粗排细运用，当遇较大流量的低含沙洪水而小浪底水库槽库容淤积严重时，小浪底水库敞泄排沙恢复库容。当黄河下游平滩流量小于 4000m³/s 时，古贤、小浪底水库共同蓄水运用，下泄流量过程维持和恢复下游河道过流能力，小浪底水库可根据槽库容淤积情况，适当控制水库蓄水量，遇到合适的水沙条件时冲刷恢复库容。两水库蓄水和预报河道来水满足一次调水调沙大流量泄放的水量要求时，即按照调控指标要求联合下泄洪水过程，冲刷恢复下游河道主河槽过流能力或冲刷恢复小浪底水库有效库容。其他调节期，水库联合调控运用原则同拦沙初期。

古贤水库进入正常运用期，当古贤水库槽库容淤积不严重时，古贤、小浪底水库联合调水调沙运用原则同拦沙后期；当古贤水库槽库容淤积较严重时，充分利用入库流量冲刷排沙，恢复槽库容。其他调节期，水库联合调控运用原则同拦沙初期。

对于古贤、三门峡、小浪底水库联合调度的过程，为提高三门峡、小浪底水库排沙效果，若能够让"小浪底、三门峡水库群自下而上、接力溯源冲刷"（图 5-22），则更有利于延续 100kg/m³ 以上相对高含沙洪水过程。其中，前 4 天含沙量大于 200kg/m³，第 5~第 6 天含沙量为 100kg/m³ 以上。当小浪底、三门峡库区集聚的沙量分别达到 2.5 亿 t、1.5 亿 t 时，古贤水库集聚调水调沙水量 17 亿 m³ 并结合后续水流开始调水调沙。首先，小浪底水库预泄 2600~4000m³/s 流量过程（清水）不少于 2 天；其次，待水库泄空后，古贤水库连续泄放 4000m³/s 大流量过程 5~6 天（水库补水 17 亿 m³），其中前 2 天以冲刷小浪底库区泥沙为主，三门峡水库保持 305m 低水位发电运用；再次，从第 3 天开始三门峡水库敞泄，溯源冲刷排沙，小浪底水库继续溯源冲刷排沙，形成 5 天含沙量较高的水沙过程；最后，再由古贤水库泄放 2600~4000m³/s 流量过程（清水）1~2 天，避免或尽量减少高含沙水流在下游输移过程中出现沙峰滞后落淤现象。

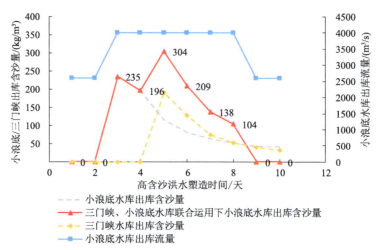

图 5-22　古贤水库泄水冲刷小浪底和三门峡水库塑造高含沙过程示意图

5.3.2　基于强人工措施的黄河干支流水库泥沙动态调控技术

单纯依靠水动力的黄河调水调沙技术经过长期的工程实践应用，已被证明是黄河干支流骨干枢纽群泥沙动态调控行之有效的方法之一，但其明显存在部分时段出库泥沙浓度较小、水资源利用效率不高等问题。因此，在水动力调控基础上，采取有效的强人工措施，提高调水调沙初期阶段的泥沙负载，提升水流挟沙能力范围内水体的含沙量和输沙效率，以减少水库及下游河道的泥沙淤积显得十分必要。此外，基于强人工措施的挖沙清淤与泥沙资源利用，不仅可以有效清除水库淤积的泥沙，实现水库有效减淤，优化水库淤积形态，提高水库运移能力，同时有利于改善出库泥沙级配，有利于下游河道的输沙效率，可谓一举多得。

1. 黄河汛前调水调沙下泄清水期泥沙负载技术

出于防洪安全考虑，水库在汛前需要加大下泄流量，以腾出防洪库容。汛前入库含沙量往往较低，水库在降水初期一般都需要一定的时间下泄清水，进入下游河道以后完全靠床沙补给运移泥沙，造成水流动力输沙的作用未能充分利用。因此，在汛前调水调沙下泄清水期，通过射流冲刷、气动扰沙等技术手段，使淤积在水库中的细泥沙起动、悬浮于水中，适当增加下泄清水期水流的泥沙负载，这样不仅可以减少水库泥沙淤积，还可以使细泥沙长距离输移至下游河道和河口地区，为生物提供栖息地和丰富的营养物质，维护生物多样性。

1）调水调沙下泄清水期射流冲刷泥沙负载技术

首先开展了圆柱淹没射流冲刷泥沙试验。试验选用花园口泥沙，颗粒中值粒径为0.048mm。经实验室振捣、排水等处理，制备获得整体密度为 1.983g/cm³、含水率为 25.88%的试验初始河床。

通过测量，依次确定了数值模拟所需的关键泥沙参数，包括泥沙比重、粒径级配、密实度等。同时，对泥沙起动、悬浮、迁移和沉降过程进行模拟，其关键模型参数包括：泥沙临界体积分数、泥沙的水下休止角、临界希尔兹数、泥沙挟带系数和推移质系数。依据试验结果，确定了花园口泥沙的上述关键参数。以冲刷深度、截面面积和冲刷体积为检验指标，验证了数值模拟方法的有效性和可靠性。

根据建立的三维泥沙冲淤数值模型，分别模拟了泥沙的定点射流冲刷、水流作用下射流冲刷和移动射流冲刷过程，其冲刷过程中泥沙悬浮情况如图 5-23～图 5-25 所示。

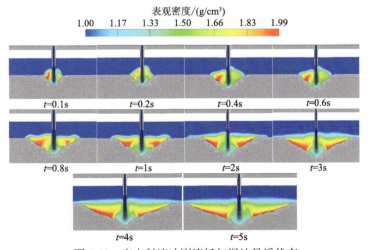

图 5-23　定点射流冲刷流场与泥沙悬浮状态

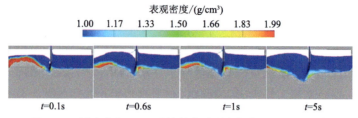

图 5-24 射流速度 2m/s 时的射流冲刷流场与泥沙悬浮状态

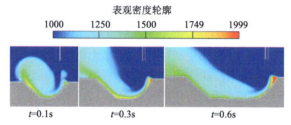

图 5-25 移动射流冲刷流场与泥沙悬浮状态

在 1s 时间内，冲刷坑深度和悬沙高度是不断增加的，1s 后的变化非常缓慢。据观察，0.1s 时刻射流主体对河床猛烈冲刷并将泥沙颗粒不断抛出冲刷坑；1s 时刻，射流主体悬浮泥沙颗粒在坑内旋转，只有少部分泥沙被抛出冲刷坑；5s 时刻，冲刷坑内形成较大漩涡，水流能量全部消耗于涡漩，导致泥沙无法被带出冲刷坑。可见，射流冲刷在开始的数秒内效率较高，而后效率逐渐下降。因此，射流冲刷现场施工时，必须采用移动射流冲刷的运行方式，冲刷效率才会保持在较高状态，固定在一点进行长时间冲刷的效果会显著降低。

冲刷坑的尺寸随着射流速度的增大而增大，随靶距的增大呈现出"先增后减"的趋势，而且不同射流强度均存在一个最优靶距，使得冲刷坑尺寸达到最大；同时发现，冲刷坑尺寸随泥沙粒径的增大而减小。

为进一步分析上述参数对冲刷效果的综合影响，引入了无量纲冲刷参数 E_c 来反映射流冲刷的相对强度：

$$E_c = \frac{u_0 \left(d_0 / h \right)}{\sqrt{g \dfrac{D_s \left(\rho_s - \rho_w \right)}{\rho_w}}} \tag{5-23}$$

式中，u_0 为喷嘴出口处射流速度；d_0 为喷嘴直径；h 为射流靶距；g 为重力加速度；D_s 为泥砂粒径；ρ_s 为泥沙颗粒密度；ρ_w 为水流密度。

采用冲刷靶距 h 作为冲刷深度 ε 的无量纲因子，获得的无量纲冲刷深度（5s 时刻）与冲刷强度的关系如图 5-26 所示。可以看到，在模拟的冲刷强度范围内（$E_c < 26$），无量纲冲刷坑深度基本随冲刷强度呈线性增长：

$$\frac{\varepsilon}{h} = 0.0427 E_c + 0.0204 \tag{5-24}$$

该拟合公式的相关性系数 R=0.9587，拟合度较高。

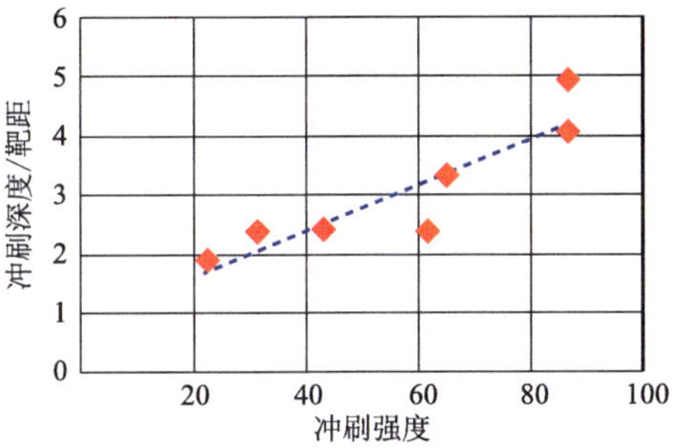

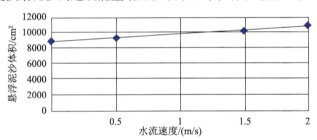

图 5-26　冲刷坑深度随冲刷强度的变化

然而，依靠定点射流冲刷负载的泥沙量毕竟有限，为了充分发挥河道水流的挟沙能力，必须不停地移动喷头，扩大射流冲刷范围，产生可观的泥沙起动悬浮。因此，本次研究探讨了河道内水流运动速度和射流移动速度对冲刷效果的影响。此外，清淤工程更关心的是悬浮的泥沙体积和所需的能耗，因此将这两个量作为考核射流冲刷效果的重要指标。

通过对河道水流速度 0.5 m/s、1.5 m/s 和 2m/s 分别进行模拟，获得悬浮泥沙体积随水流速度变化的关系，如图 5-27 所示。可见，水流速度增大，悬浮泥沙的体积量线性增长。

将比能记为单位体积悬浮泥沙所需射流能量，那么比能越小越节能。将不同水流速度下的比能绘制在图 5-28 中。可以看出，随着水流速度的增加，比能呈现减小的趋势，这是因为水流环境提供给泥沙的起动能量增加，减小了单位体积悬浮泥沙所需的射流能量。

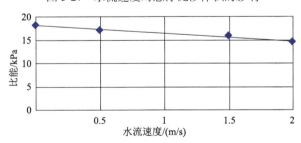

图 5-27　水流速度对悬浮泥沙体积的影响

图 5-28　水流速度对能耗的影响

不同移动速度下悬浮泥沙体积和比能的影响如图 5-29 所示。可以看出，射流冲刷存在一个最优移动速度，在该移动速度下射流悬浮的泥沙体积最大，而单位体积所消耗的射流能量最小。经过对多组模拟结果的对比分析，可以发现，最优移动速度与射流速度的比值约为 0.009。

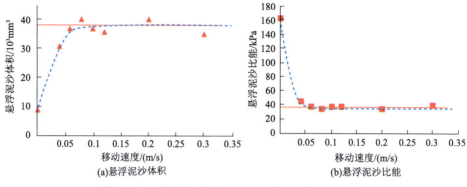

图 5-29　不同移动速度下悬浮泥沙体积和比能的影响

2）调水调沙清水下泄期气动冲沙泥沙负载技术

气动冲沙泥沙负载技术的基本原理，是利用空气在水中比重轻而在上升过程中产生上升水流，带动泥沙上扬进入流动水体，提高水流挟沙能力，使泥沙得以远距离输送。

对于封闭环境中的气体而言，压力、环境体积及温度是最重要的三个物理量。在气动冲沙的实际工程背景下，气体温度不会发生很大变化，因此可以忽略其变化，而产生气体的体积直接决定于气罐大小。因此，若要研究气体对悬移质及推移质起动悬浮的影响，首先要摸清水流中气体对泥沙起动及输运的影响机理，即气体压力对水流能量产生的影响。水流能量在其运动过程中，一部分用于克服河床阻力，一部分通过脉动能量悬浮泥沙，还有一部分用以输送底沙。窦国仁等（1995）根据能量消耗原理，推导出单位水体水流挟沙力 S_* 和底沙单宽输沙量 q_{sb} 的关系式，具体如下：

$$S_* = \alpha \frac{\gamma \gamma_s}{\gamma_s - \gamma} \frac{n^2 v^2}{H^{4/3} \omega} \tag{5-25}$$

$$q_{sb} = \frac{K_0}{C_0^2} \frac{\gamma_s \gamma}{\gamma_s - \gamma} (v - v_c) \frac{v^3}{gw} \tag{5-26}$$

式中，α 为水流挟沙能量消耗系数；γ_s 和 γ 分别为泥沙颗粒和水的容重；n 为曼宁系数；v 为平均流速；v_c 为用平均流速表示的泥沙起动临界流速；H 为水深；g 为重力加速度；w 为泥沙颗粒沉速；C_0 为谢才系数。根据长江、黄河实测资料和试验室资料分析论证，窦国仁公式中的系数为

$$\alpha = 0.023 \tag{5-27}$$

$$K_0 = K_1 K = 0.1 \tag{5-28}$$

式中，K 为水流用于输送临底推移和半悬移泥沙的消耗系数；K_1 为底沙颗粒在水流作用下的移动速度，泥沙颗粒移动的速度应比水流的速度小，故一般情况下 $K_1 < 1.0$，但目前还缺少 C_0 确切的测量资料，作为估算，我们近似取 K_1=0.8，则 K=0.125，也就是说，用于输送临底泥沙的能量仅占水流总能量的 12.5%；α=0.023，是水流挟沙消耗能量的系数，也就是水流挟沙输移消耗水流能量的 2.3%。可见，水流挟沙与输送底沙及临底悬沙

相比，水流挟沙更是低能效的输沙方式。

为探究气动冲沙效果，基于 Fluent 软件，选用欧拉多相流法，对气动冲沙的机理进行探索，水、沙、气不同相被处理成互相贯穿的连续介质。考虑到计算机的硬件条件及模拟精度要求，采用立面二维模型。选取长 1m、高 0.3m 的一个矩形渠道，渠道中间有一个高 0.2m、宽 0.4m 的沉沙池，沉沙池底部的中间设置两个高 0.002m 的进口，进口的法向方向与渠道方向平行。采用结构化网格分区域进行网格划分，不同区域采用不同的网格尺寸。其中，沉沙池中采用边长为 0.001m 的网格，矩形渠道中最大网格为 0.005m。

初始状态下，沉沙池中均为泥沙，渠道充满水。待水流计算稳定后，对进口 2 和进口 3 充气，并用模型模拟计算。泥沙粒径选用中值粒径 0.014mm，泥沙密度选取 2500kg/m³，泥沙休止角选取 30°；根据经验，泥沙的孔隙率选为 60%。

如表 5-32 所示，设计 4 种工况。其中，作为对比，M-1 为射流冲沙工况，M-2～M-4 为气动冲沙工况。

表 5-32　气动冲沙计算工况

工况	速度进口 1/（m/s）	速度进口 2 和 3/（m/s）	备注
M-1	0.5	5	进口 2 和 3 为水流
M-2	0.5	5	
M-3	0.5	10	进口 2 和 3 为气体
M-4	0.5	15	

注：速度进口 1 中水流流速为 0.5m/s，余同。

图 5-30 和图 5-31 为工况 M-1 和 M-2 的对比结果。可以看出，二者均可将泥沙扬动，并带入下游。相对于气动冲沙，射流冲沙中水射流射程长，冲沙范围更大；但射流冲刷

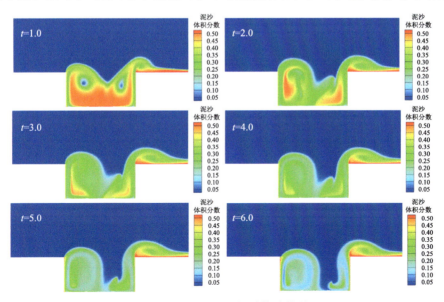

图 5-30　工况 M-1 泥沙扰动情况

工况下，泥沙不易扬动或扬动的泥沙较易再次沉入河底，而气动冲沙泥沙扬动明显，在相同的渠道流速下，扬动的泥沙能够被带到下游的更远处。对比二者的冲沙效果可知，气动冲沙法扰动泥沙更加强烈。

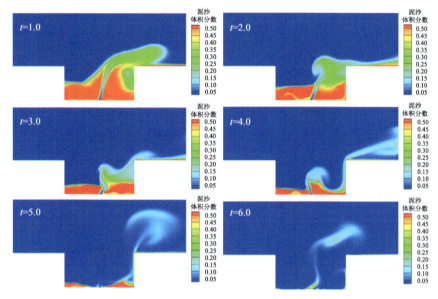

图 5-31　工况 M-2 泥沙扰动情况

为进一步分析气流特性对泥沙起动悬浮的影响，对 M-2～M-4 三种不同冲沙气流速度下的气流场进行分析，各时刻的含气量见图 5-32。可以看出，在冲沙的初始时刻，气流从喷口垂直射向沙床，在沙床的阻力作用下水平向速度迅速下降，转而气动方向向上。气流在向上运动的过程中，受沙床阻力的影响，形成向上运动的挟沙气团，扬动沉沙池中的泥沙。在冲刷过程中，气流向上运动，会出现左右摇晃的流态，加大了沉沙池中流态的紊乱程度，使冲沙效率提高。

在此，定义沉沙池中气体体积与沉沙池体积的比值为沉沙池的含气量 C_{air}，在冲沙过程中，各工况下沉沙池中气体的含气量会随时间变化上下波动。总体上，随气流速度的增大含气量略有增大，水流速度为 0.1m/s，气体速度分别为 5m/s、10m/s、15m/s 时，最大含气量 C_{air} 分别为 0.20、0.26、0.30；水流流速为 0.5m/s，气体速度分别为 5m/s、10m/s、15m/s 时，最大含气量 C_{air} 分别为 0.22、0.31、0.32。相同气体速度下，水流速度越大，沉沙池中的含气量会略有增加，但增加幅度很小，气体速度 15m/s，水流速度为 0.1m/s 时，含气量为 0.30，仅比水流速度 0.5m/s 时的最大含气量 0.32 小 0.02。

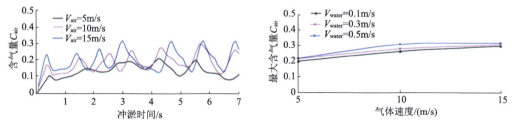

图 5-32　沙过程中含气量与最大含气量变化

M-2～M-4 工况（即气动冲沙速度分别为 5m/s、10m/s、15m/s 工况）下沉沙池泥沙体积随冲淤时间的变化见图 5-33。可以看出，在各冲刷流速下，靠近气孔及气孔上方的泥沙在气流的作用下迅速向上扬动，并被水流带向下游。由于附近泥沙的填补，沉沙池内沙床床面基本上保持整体下降趋势，直至床沙被全部冲走。

矩形渠道在流速一定的条件下，气体流速越大，冲沙效果越明显。气流以 5m/s 的流速运行 7s 后，0.4m×0.2m 沉沙池范围内的泥沙均可全部被冲走；气流速度增至 10m/s 时，5.5s 即可将该范围内的泥沙全部冲走；气流速度增至 15s 后，4.5s 可将泥沙全部冲走。气体弗劳德数 Fr_{air} 与平均冲沙率呈线性相关关系，气体弗劳德数 Fr_{air} 越大，平均冲沙率越大。

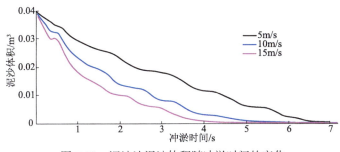

图 5-33　沉沙池泥沙体积随冲淤时间的变化

3）气动冲沙物理模型试验

试验水槽总长度 16.0m，净宽度 0.7m，净深度 1.3m，位于南京水利科学研究院铁心桥试验基地水工新技术试验厅，试验水槽情况见图 5-34，水槽概略图见图 5-35。

(a)试验水槽主体段　　　　(b)清水池、闸阀、水泵及电磁流量计

(c)槽首　　　　　　　　(d)槽尾

图 5-34　试验水槽概况

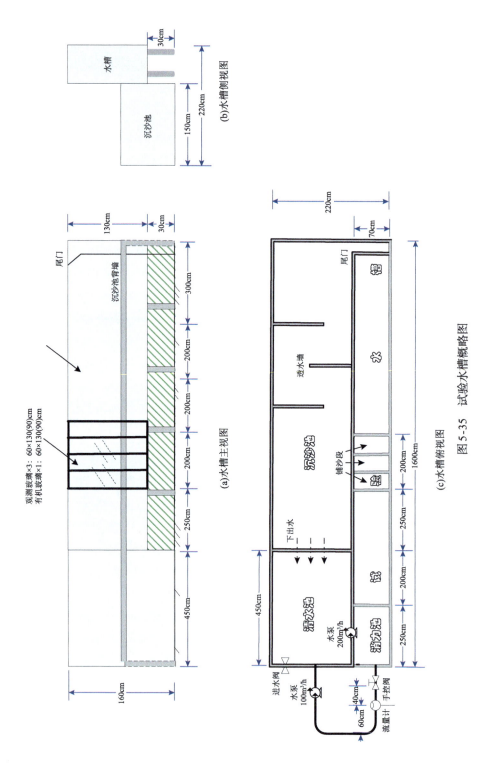

图 5-35 试验水槽概略图

试验水槽的槽首设有一套可调节流量的水泵,最大流量为 100m³/h,水泵连接清水池、闸阀、电磁流量计和槽首,闸阀控制流量,电磁流量计记录进入水槽的实时流量过程。水流由流量泵输入槽首,经消力池消能后进入水槽,水槽主体高 130cm、内侧宽 70cm,外侧安装有三块 130cm×60cm 的有机玻璃,可用于观测试验过程中的水沙起动悬浮及运移状况。水槽的槽尾设有一扇尾门,用于调节水槽水位,水流流过尾门后流入沉沙池,经过三层沉沙过滤后流入清水池,可在清水池内继续沉淀泥沙,清水池内泥沙需定期清除,待水槽需水时继续由水泵将水输入试验水槽,组成闭合循环供水造流系统。

为尽可能反映背景水库——小浪底水库的实际情况,模型试验泥沙选择原型沙。根据 2018 年第 1 次实测黄河小浪底水库淤积泥沙颗粒级配成果(汛前),选择郑州市花园口将军坝附近水厂沉沙池中淤积的泥沙,中值粒径为 0.041mm,小于 0.002mm 累计百分含量为 3.06%,小于 0.004mm 累计百分含量为 6.50%,小于 0.008mm 累计百分含量为 12.20%。

主要试验设备包括空压机和气排。空压机的最大排气量为 280L/min,最大排气压力为 0.8MPa,当气压低于 0.45MPa 时空压机开始打气,气压达到 0.8MPa 时停止打气。为便于调节空压机排气压力,在出气口处连接有调压阀、气压计和气体流量计,调压阀可准确调控输出气压,气压计可显示输出气压数值,气体流量计可实时监测输出的排气量。

本次试验设计了一种可架立于水槽之上的气排设备(图 5-36),由连接结构、压重、滑槽、管身和喷嘴五部分组成。连接结构可直接架立于水槽之上,布置时注意保证装置整体与地面垂直。滑槽安装在连接结构之上,其安装有滑块及手旋拧紧结构。压重安装于滑块之上,可沿上下游方向滑动,其作用是保证气排重量+压重>浮力+排气反作用力,避免排气时装置剧烈晃动。管身穿过压重,通过螺栓固定,可通过调节螺栓,上下移动管身,以改变排气高度;管顶部有软管连接空压机。喷嘴位于气管底部,主要分上、中、下三个连接部位。上部为一三通,连接管身、喷嘴中部和气压计,可监测喷嘴处的压力值;中部为角度调节结构,可选择 45°斜向下游及 90°垂直向下两种角度;下部为孔径调节结构,可拆卸,以更换喷嘴排气孔孔径。

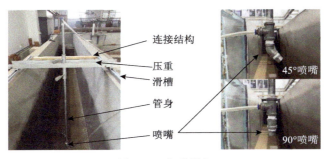

图 5-36　气排设备

首先进行槽底无铺沙情况的清水试验。分别选取 90°垂直向下和 45°斜向下游两种喷射角度,气压分别为 0.15MPa、0.25MPa、0.35MPa 和 0.45MPa 四种情况。上游流量 20m³/h,

水位 100cm，排气孔径 2mm。

90°垂直向下排气时气体在水体中的运动过程见图 5-37。

　(a)形成阶段　　　　　(b)发展阶段　　　　　(c)上浮阶段　　　　　(d)扩散阶段

图 5-37　90°垂直向下排气试验

可以看出，90°垂直向下排气时，气体在水体中的运动过程可概括为以下四个阶段。

（a）形成阶段：气体排出，形成向下的羽流，气泡密集且细小；

（b）发展阶段：在初始动量作用下，羽流不断向下延伸，轴向距离和径向尺寸逐渐增大，将周围的水体不断卷吸进来，此时附近水体的紊动明显加强；

（c）上浮阶段：当初始动量消耗完后，羽流轴向达到最大长度，不再向下运动，气体在浮力的作用下开始向上运动，环境压力随羽流上升逐渐降低，羽流体积逐渐增大；

（d）扩散阶段：当气体上浮至水面时，气体与表层水相互作用，以溢出点为中心向四周拓展，形成倒立的锥形羽流结构。

不同气压下 90°垂直向下排气时，气体在水体中的紊动情况见图 5-38。可以看出，随着气压增大，羽流的轴向和径向的最大尺寸也逐渐增大。当气压达到 0.15MPa 以上时，气体从底部运动至水面仍保留有一定的速度，在水体表面形成涌流，在水面溢出点附近产生沸腾效应，引起表层水回流，在溢出点区域两侧形成漩涡流动，并向溢出点两侧传递。

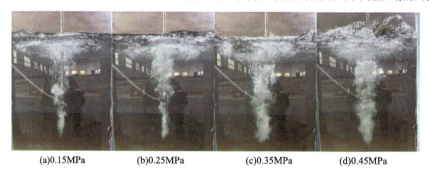

　(a)0.15MPa　　　　　(b)0.25MPa　　　　　(c)0.35MPa　　　　　(d)0.45MPa

图 5-38　不同气压下 90°垂直向下排气试验

45°斜向下游排气冲刷时，气体在水体中的运动过程见图 5-39。由图 5-39 可知，与 90°垂直向下排气情况相类似，45°斜向下游排气时的气体在水体中的运动过程也同样经历了形成、发展、上浮和扩散阶段。与 90°垂直排气不同的是，45°排气后气体的上升在羽流发展阶段就已经出现，且趋势逐渐加强。

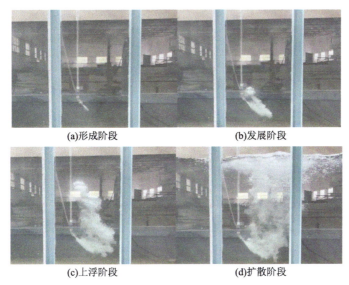

(a)形成阶段　　　　　　　　　(b)发展阶段

(c)上浮阶段　　　　　　　　　(d)扩散阶段

图 5-39　45°斜向下游排气时气体运动过程

不同气压下 45°斜向下游排气时，气体在水体中的紊动情况见图 5-40。可以看出，随着气压的增大，羽流的轴向和径向最大尺寸有明显的增大，气体羽流的范围也随之增大，当气压达到 0.15MPa 及以上时，同样会产生漩涡流动，在水流表面形成涌流效应。与 90°垂直向下排气有所不同是，45°斜向下游排气的上升羽流结构变成柱状，羽流影响范围要远大于 90°垂直向下排气时的情况。

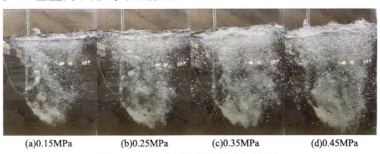

(a)0.15MPa　　　(b)0.25MPa　　　(c)0.35MPa　　　(d)0.45MPa

图 5-40　45°斜向下游排气试验照片

在距离喷嘴下游 0.5m、1m、2m、3m 和 4m 处，分别测量水体表面流速，无排气时水体表面流速为 1.53cm/s；90°垂直向下和 45°斜向下游排气时，水槽中五个测点处的水体表面流速见表 5-33 和表 5-34。

表 5-33　90°垂直排气时水体表面流速　　　　　（单位：cm/s）

气压	距离				
	0.5m	1m	2m	3m	4m
0.15MPa	14.89	9.03	3.19	3.29	2.10
0.25MPa	16.99	9.91	3.53	3.29	2.57

续表

气压	距离				
	0.5m	1m	2m	3m	4m
0.35MPa	18.47	11.55	4.43	3.67	2.91
0.45MPa	21.46	13.63	5.05	3.89	3.15

表 5-34　45° 斜向下游排气时水体表面流速　　　　（单位：cm/s）

气压	距离				
	0.5m	1m	2m	3m	4m
0.15MPa	18.43	9.75	3.24	2.03	1.82
0.25MPa	22.03	14.14	4.66	2.57	2.12
0.35MPa	28.18	15.38	4.95	3.34	2.93
0.45MPa	29.79	17.44	5.18	4.04	3.27

拟合排气量与水体表面流速的关系，推导水体表面流速 v 的公式如下所示：

$$v = a\frac{Q_{气}}{hx} + \beta\frac{Q_{水}}{BH} \qquad (5-29)$$

式中，x 为气排喷嘴下游侧距离（m）；a 为常数，与排气角度有关，90°垂直向下取 $a=9800$，45°斜向下游取 $a=13900$；Q 为流量（m³/s）；B 为水槽宽度，本次水槽宽度为 0.7m；H 为水深，本次试验水深为 1.0m；β 为系数，本水槽可取 1.95；h 为喷嘴距离水体表面的距离。

因此，经过水槽清水试验，可初步判断气动冲沙作用由两部分组成。首先，排气孔处垂向流速明显增大，使得该处泥沙易于起动且难于落淤；其次，气泡顺水流方向的流动使得水流流速增大，挟沙能力增强。

冲沙试验分别针对排气时间、排气气压、喷嘴至泥沙表面的距离等不同影响因素，共开展 12 个组次的试验研究。其中，排气时间共进行了 2min、4min、8min 和 12min 四个组次，其余各组次相关因素设计见表 5-35，试验结果见表 5-36 和图 5-41。

表 5-35　不同排气时间各组次相关因素设计

	流量/（m³/h）	水位/cm	孔径/mm	气压/MPa	间距/cm	角度/（°）
水平	40	75	2	0.25	1.0	45

表 5-36　不同排气时间各组次试验结果

时间	最大深度/cm	体积/cm³	表面面积/cm²
2min	6.25	2425	795
4min	8.41	4404	1336

续表

时间	最大深度/cm	体积/cm³	表面面积/cm²
8min	8.96	5254	1462
12min	10.12	5362	1428

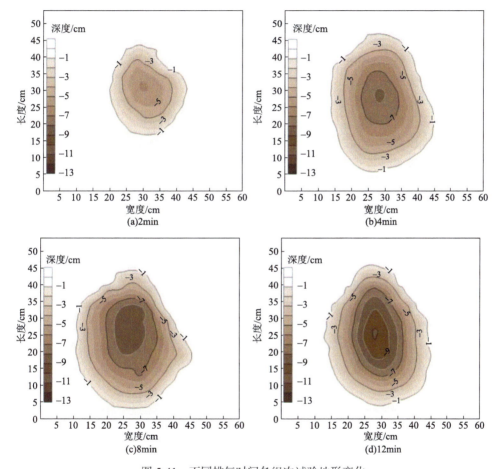

图 5-41　不同排气时间各组次试验地形变化

根据以上试验结果，本书绘制了冲刷坑最大深度和体积关于时间的变化曲线，并进行了拟合，拟合精度达到 0.99 以上，参见图 5-42。

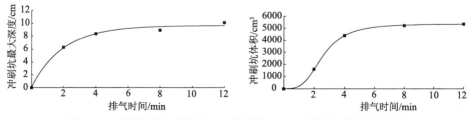

图 5-42　冲刷坑最大深度（左）和体积（右）随排气时间变化曲线

由图 5-42 可知，冲刷坑的最大深度在 2min 之前有着较大幅度的增加，在 2～4min 时增加幅度开始减缓，4～8min 最大深度变化开始趋于稳定，在第 8min 后基本稳定在 10cm 左右，达到了该工况下冲刷的最大深度；冲刷坑的体积在 4min 之前有着较大幅度的增加，增大的趋势为先增大后减小。

根据清水排气试验，我们发现，接近喷嘴处的气体压力较大，气泡小且密集，此处气体掺混水体可以直接对底部泥沙产生作用；在气体向下游运行过程中，气体的压力减小，羽流的径向和轴向开始发展，将周围的水体卷吸进来，加强附近水体的紊动，水体挟沙的能力得到大幅度提高，冲刷能力也逐步得到了加强，因此冲刷坑体积增大的幅度也在不断加大。在接近 4min 时，冲刷坑体积已经明显扩大，羽流对冲刷坑表面水体的紊动作用已经被大幅削弱，使得冲刷效果逐步开始减弱，体积增大的趋势开始减缓。8min 后，冲刷坑的体积开始趋于稳定，基本达到了紊动水体的最大影响范围。可以认为，当其他因素变幅不大时，排气的前 8min 是冲刷的高效时段。

排气气压的影响试验共进行了 0.15MPa、0.25MPa、0.35MPa 和 0.45MPa 四个组次，其他各组次相关因素设计见表 5-37，试验结果见表 5-38 和图 5-43。冲刷坑最大深度和体积与气压变化的关系曲线见图 5-44。

表 5-37　不同气压各组次相关因素设计

	流量/（m³/h）	水位/cm	孔径/mm	时间/min	间距/cm	角度/（°）
水平	40	75	2	8	1.0	45

表 5-38　不同气压各组次试验结果

气压	最大深度/cm	体积/cm³	表面面积/cm²
0.15MPa	7.22	2834	986
0.25MPa	8.96	5254	1426
0.35MPa	9.55	5631	1502
0.45MPa	10.12	5960	1457

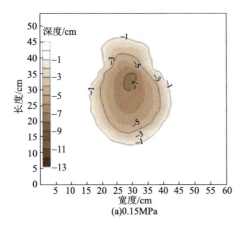

(a)0.15MPa

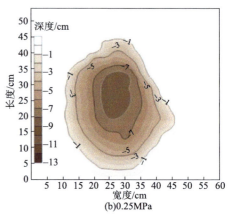

(b)0.25MPa

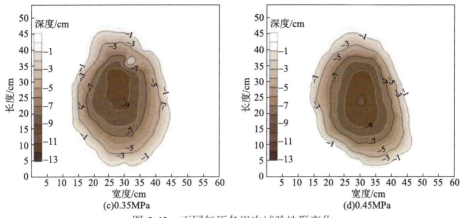

图 5-43　不同气压各组次试验地形变化

由图 5-44 可以看出,冲刷坑的最大深度和体积均随着气压的增大而增大,同时 0.15～0.25MPa 的增幅要大于 0.25～0.45MPa 的增幅。究其原因,0.25MPa 冲气的高效时段是在 8min,而 0.15MPa 的初始动量较小,羽流最大的径向和轴向距离也较小,紊动水体具有的挟沙能力相对较弱,且冲气的高效时段相对小于 8min,即在 8min 以前便达到了冲刷稳定状态,只有增大气压才会进一步增大冲刷体积和最大冲刷深度。0.35MPa 和 0.45MPa 的初始动量较大,羽流最大的径向和轴向距离均大于 0.25MPa 带动的距离,因此紊动水体影响范围较大,在 8min 时还未达到冲刷稳定状态,仍有一定的冲刷体积和最大深度的富裕,但受试验时间限制,冲刷体积和最大深度增长的幅度未达到极限状态,若继续增大排气时间仍可能继续增大冲刷体积和最大冲刷深度。

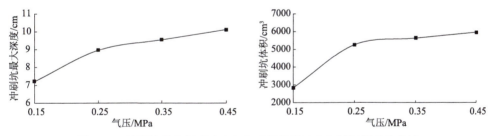

图 5-44　冲刷坑最大深度（左）和冲刷体积（右）随气压变化曲线

喷嘴至泥沙表面距离试验分别进行了 0.0cm、0.5cm、1.0cm 和 1.5cm 四个组次,其他各相关因素设计参见表 5-39,试验结果见表 5-40 和图 5-45,冲刷坑最大深度、体积和表面面积与间距变化的关系曲线见图 5-46。

表 5-39　喷嘴至泥沙表面距离各组次相关因素设计

	流量/（m³/h）	水位/cm	孔径/mm	时间/min	气压/MPa	角度/（°）
水平	40	75	2	8	0.25	45

表 5-40　喷嘴至泥沙表面距离各组次试验结果

距离	最大深度/cm	体积/cm³	表面面积/cm²
0.0cm	8.5	4347	1232
0.5cm	8.97	5050	1415
1.0cm	9.08	5254	1462
1.5cm	8.96	4677	1292

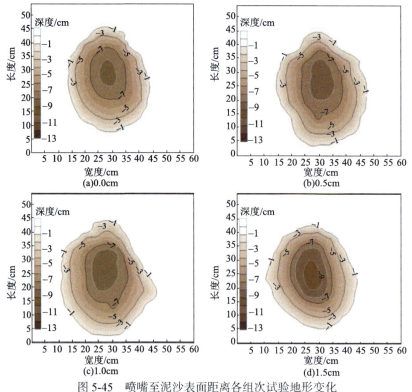

图 5-45　喷嘴至泥沙表面距离各组次试验地形变化

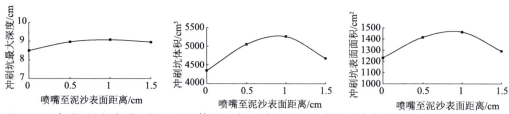

图 5-46　冲刷坑最大冲刷深度（左）-体积（中）-表面面积（右）随喷嘴至泥沙表面距离变化曲线

　　由图 5-46 可知，喷嘴距离泥沙表面距离为 0～1cm 时，冲刷坑最大深度逐渐增加。在离地 1cm 工况时的最大冲刷深度最大，此后最大深度开始变浅。同样，冲刷坑体积和表面面积也是在离地 1cm 工况时达到最大值，喷嘴至泥沙表面距离增大或减小均带来冲刷坑体积和表面面积的减小。

根据上述分析，在排气前 2min 内的冲刷效果要劣于 2～4min 的冲刷效果，这是由于刚开始时气体掺混水体对河底泥沙直接作用，到排气中间时段冲刷坑达到一定的面积和深度后，羽流可以将周围的水体卷吸进来，增强附近水体的紊动，才使得水体挟沙的能力得到了大幅度提高，冲刷能力也得到进一步加强。当喷嘴距离泥沙表面过近时，气体直接作用于泥沙，水体紊动挟沙的作用时间缩短，紊动难以得到充分发育，使得冲刷效果减弱；间距在 0.5cm 时的冲刷效果逐渐增强，但仍小于间距为 1cm 的冲刷效果。同时，在间距 1cm、8min 后排气进入稳定状态，冲刷达到相应气压的最大冲刷深度；当间距增大到 1.5cm 时，气体造成的羽流可以影响的范围减小，形成的冲刷坑面积和最大冲刷深度均有所减小，冲刷坑的体积也因此有所减小。可以看出，在各影响因素确定的情况下，控制喷嘴至泥沙表面距离可以大幅提高冲沙效率和冲刷效果。

2. 基于泥沙资源利用的水库与河道有效减淤技术

水少沙多、水沙关系不协调是黄河复杂难治的症结所在。"拦—排—调—放—挖"综合处理泥沙利用的治河方略，几十年来对减轻黄河泥沙灾害发挥了巨大作用。然而，这些措施只是在空间尺度改变了泥沙灾害链的分布，在时间尺度延缓了泥沙灾害的发生时间。"拦"的泥沙直接影响水库长期有效库容和水资源高效利用效益发挥，进一步加大防洪和工程安全风险；"排—调—放—挖"因没有广开"用"的途径，其功效与潜力难以得到充分挖掘。河流治理开发已步入后工程时代，国家生态安全等重大战略的实施，迫切需要转变传统观念，变泥沙灾害被动防御为泥沙资源主动利用，实现防洪减淤和解决砂（沙）石资源紧缺的有机协同；"黄河生态保护和高质量发展"重大国家战略的推进，亟待破解泥沙资源利用途径方向不明、成套技术装备缺乏、转型利用成本高、综合效益评价方法和运行机制缺失等瓶颈问题，为黄河长治久安从根本上协调黄河水沙关系提供前提条件。为此，黄河水利科学研究院江恩慧带领团队，联合清华大学、大连理工大学、焦作黄河河务局、洛阳中冶重工集团等单位，历时 10 余年联合攻关，取得了普适性强、理论创新突出、技术装备领先的泥沙资源利用"测—取—输—用—评"全链条技术，获得 2020 年度河南省科技进步奖一等奖。

2020 年 9 月 24 日，在习近平总书记发表"黄河流域生态保护和高质量发展"重要讲话一周年之际，中国水利杂志社、黄河水利科学研究院、中国大坝工程学会水库泥沙处理与资源利用技术专业委员会联合发起共同举办了"黄河泥沙之辨"玉渊六人谈，来自科研院所、地方水行政部门、相关企业的 30 多名代表应邀参会，分享了泥沙处理与资源利用工程实践经验，与嘉宾进行了互动交流。目前，水库泥沙清淤与资源利用有机结合的理念已经得到社会各界的广泛认同和推广，写入了《黄河流域生态保护和高质量发展规划纲要》。

针对黄河流域典型水库泥沙淤积特征和现有不同清淤设备特点，对各清淤工艺的技术适用性、经济可行性进行了综合分析。从机械清淤和水力排沙清淤两个方面，理清了不同清淤方式与相关装备的适用条件、清淤效果及能耗特性。泥沙资源利用的途径主要包括放淤固堤、放淤改土、采煤沉陷区修复、围海造陆、制作建筑材料等。表 5-41 详细列出了各清淤方式与装备的工作原理、特点以及适用范围。

表 5-41 清淤方式与装备的工作原理、特点及适用范围

清淤方式与装备		结构	操作	作业深度	输送距离	泥沙粒径	工作原理	适用范围
常规机械清淤方式	干挖	挖掘与输送各自独立，需配合调度	工艺简便，易控制	较浅，水上作业	不限，仅受陆上交通条件制约	不限	降低水位或放空水库，采用常规的挖掘机械进行淤泥、沙土的挖掘与运输	排空区或水位以上区域清淤
	绞吸挖泥船	独立工作，仅调遣和移位时需借助辅助船舶	工艺简便，易控制	大型挖泥船可达45m，一般但陆上调遣不易；中小型挖泥船挖深一般小于30m	仅依靠自带泥泵，一般3~5km；若配备接力泵站，则可输送20km以上	不限	绞刀头切削水下泥沙，在绞刀头的旋转运动作用下，形成由液两相混合物，在泥泵抽吸地作用下，经管道输送至预定地点排放与处理	对最小宽度和吃水深度有要求，不同大小船舶的要求不同
	自航耙吸挖泥船	独立工作，简单易组织，陆上调遣较困难	工艺简便，易控制	大型挖泥船最大可达155m，但调遣非常困难，中小型挖泥船挖深一般小于40m	水上运输不限	基本不限。密实沙土需配备高压冲水辅助切削；硬质黏土需配备主动耙头	下放耙管，启动泥泵，到达泥面后，开始疏波挖掘作业。泥沙被泥泵抽吸入泥舱，直至装满泥舱，满船后停泵，收泥管，加大航速至排空填区或其他航区，开始新的循环作业	要求水域宽阔，最小吃水深度也有要求，中小型不低于10m
	达孔水下泵(DOP)挖泥船	独立工作，简单易组织，调遣方便	工艺简便，易控制	最大可达100m	自带泥泵输送距离较短，长距离输送需借助接力泵	不限	采用一台液压电机或电动机直接驱动DOP潜水泵，并在刚性外壳中附加各种专用抽吸装置，由于使用了潜水式疏波泵，DOP挖泥船能够轻松地到达其他挖泥船不具备的深度	适合于深水抽吸
	水力虹吸	简单易组织	工艺简便，易控制	受大坝泄洪口（排沙孔）高度限制	较短	中细沙、淤泥	利用水库上下游水位差产生的虹吸作用进行清淤	坝前清淤
特殊机械清淤方式	气力泵清淤	简单易组织	工艺复杂	不限	管道输送，距离短	无黏性沙	分为三个阶段。排空阶段：打开气力泵气阀抽出泵内空气，随后气力泵气阀关闭；进料阶段：打开进料口阀门，在水的压力与真空负载作用下，使泥、沙及小石块等物料快速进入泵体；进气阶段：再打开气力泵气阀，将其由排料口排出泵体。底泥通过疏波管道输送至岸上，经过预处理过滤除渣后，压滤机脱水固化后，催化改性反应，可形成45~65mm厚度的硬质烧制陶泥饼，可用作烧制陶泥和生态砖的原材料	用于污染底泥的清淤

续表

清淤方式与装备		结构	操作	作业深度	输送距离	泥沙粒径	工作原理	适用范围
特殊机械清淤方式	射流船冲淤	简单易组织	工艺简单易组织	不限	受自然水流条件制约	无黏性/小黏性中细沙、淤泥	水泵抽吸河水泵送至高压水仓，然后由一系列喷嘴喷出高速射流，冲击泥沙使其不断悬浮，形成水沙混合层，逐渐变成密度均匀的固液悬浮混合层，在自然水流和密度差的作用下，混合层开始移动，形成所谓的密度流而向输运区不断移动	水动力条件足够时的坝前中小距离或河道的清淤
	射流泵清淤	简单易组织	工艺简单易组织	不限	管道输送，距离短，长距离输送需借助接力泵	无黏性中细沙、淤泥	运用伯努利效应在吸头内产生吸力，从水下抽取水和泥沙的混合物，并经管路运输到指定地点排放	小范围，局部区域清淤
	气动冲淤	大面积清淤 对设备初期敷设要求高，工程量大	工艺简单易组织	不限	受自然水流条件制约	无黏性中细沙、淤泥	向河底通入空气，引起气、流、沙的充分混合，进而产生混合运动，提高水流紊动能力，最终实现冲淤	水动力条件足够时的坝前中小距离或狭窄小闸室清淤
水力排沙清淤方式	异重流排沙	无设备	需结合系统调控进行	不限	受水动力条件制约	中细沙、淤泥	挟带细颗粒泥沙的浑水开始潜入库底，由于浑水密度比清水密度大，进而形成底部异重流。底床异重流沿着泥沙沿库底河床向前运行，清水不断掺入，最后流经坝前排沙洞，排沙出库	水动力条件足够的多库联调，水库间河道等
	泄洪排沙	无设备	需结合系统调控进行	不限	受水动力条件制约	中细沙、淤泥	当洪水大量入库时，细颗粒泥沙来不及沉积便被水流带至坝前排沙出库	水库汛期低水位运行甚至空库迎汛时期
	水力冲沙	无设备	需结合系统调控进行	不限	受水动力条件制约	中细沙、淤泥	利用自然水力条件或人为创造水力条件，扰动水库淤积的泥沙，以实现泄空冲刷和横向冲蚀等方式，常见有泄空冲刷出库	水动力条件无足时调沙出库

3. 提升强人工措施清淤效率的旋流泵性能优化

水库淤积泥沙和漂浮物情况复杂多样，极易造成强人工措施清淤过程中泥浆泵和输送管道的缠绕堵塞，严重影响水库清淤和输沙效率。为此，针对黄河水库泥沙淤积特性，重点对防缠绕性能优越的旋流泵进行了深入研究。在保持大通过性的基础上聚焦提高旋流泵效率，对旋流泵的直径、叶轮宽度、包角等关键参数进行了优化设计。采用数值方法，剖析了叶轮外径、叶片形式、叶片宽度、叶片包角等关键结构参数对旋流泵性能的影响。

首先，对三种叶轮外径的旋流泵进行对比研究。在无叶腔中心局部放大图中可以看到，所有的低速区域内都产生了旋涡状流动；三种叶轮外径旋流泵中心区产生的旋涡数量和密集程度明显不同。其中，叶轮直径（D_2）= 490 mm 旋流泵的中心旋涡数量比其他两个泵型都要多，旋涡也相对更加密集。旋流泵中心的局部旋涡和回流是其主要水力损失，会引起能量耗散，降低泵的效率。当叶轮直径增大时，旋流泵内部局部旋涡运动增强，流动更趋于紊乱，水力损失加大，造成水泵效率进一步降低。相对而言，叶轮直径为 480 mm 比 490 mm 在大部分流量范围内的效率稍高（图 5-47）。

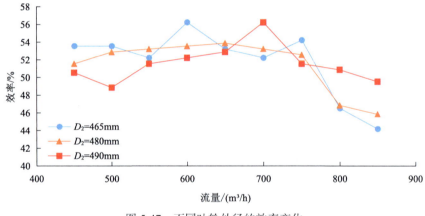

图 5-47　不同叶轮外径的效率变化

其次，分别模拟了直叶片、后弯叶片和前弯叶片三种不同叶片形式的涡量分布，以分析不同叶片形式的能量损失，其结果如图 5-48 和图 5-49 所示。带有后弯叶片的旋流

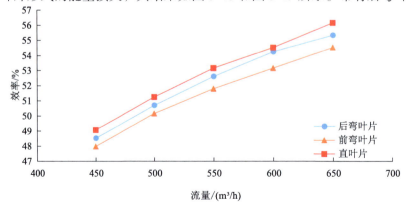

图 5-48　不同叶片形式的效率曲线

泵与其他两种形式相比在运行时更加稳定，扬程下降更加平缓，虽然效率在三者中不是最高的，但是其内部流场的流动情况比其他两种形式相对平稳，所以旋流泵的最终叶片仍采用后弯叶片。

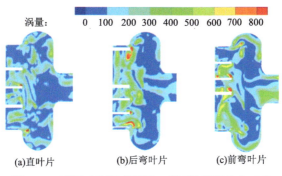

(a)直叶片　　　(b)后弯叶片　　　(c)前弯叶片

图 5-49　不同叶片形式下同一截面的涡量分布对比

最后，又依次分析了叶片宽度（b_2）和包角（φ）对扬程和效率的影响，结果如图 5-50 和图 5-51 所示。

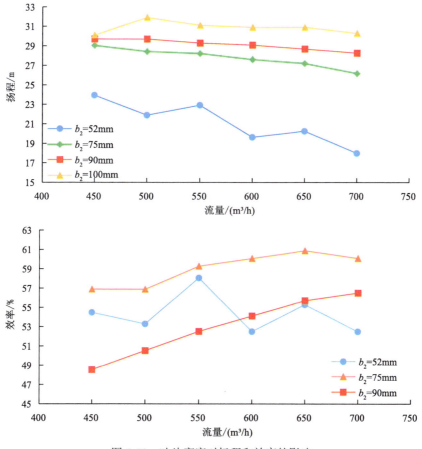

图 5-50　叶片宽度对扬程和效率的影响

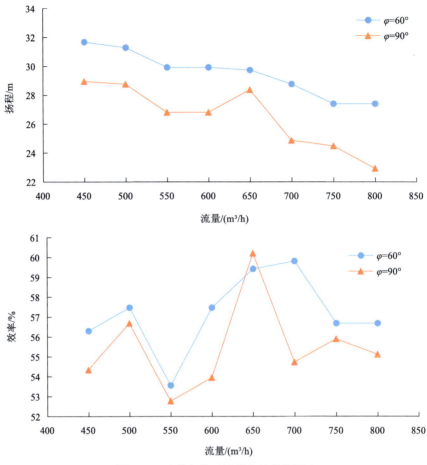

图 5-51 叶片包角对扬程和效率的影响

从图 5-50 和图 5-51 中可以看出，在叶片宽度为 90 mm 时，旋流泵的扬程和效率均能达到设计要求，综合性能更好一些，运行时内部流动更加平稳；从内部流动的稳定性和泵外特性的表现来看，60°包角的旋流泵在运行时内部流场更加稳定，波动性更小，可以获得设计所要求的扬程和效率。

当然，旋流泵主要用于输送水沙两相流，泥沙特性对旋流泵的影响至关重要。为此，本书进一步开展了旋流泵输送泥沙的试验与数值模拟，探索了泥沙特性对旋流泵性能的影响。通过计算，确定了最终的旋流泵参数（表 5-42），并建立了旋流泵结构的三维模型，如图 5-52 所示。

表 5-42 旋流泵参数

	无叶腔宽度/mm	进口直径/mm	出口直径/mm	叶轮直径/mm	叶片包角/(°)	叶片宽度/mm	叶片厚度/mm	叶轮与后缩腔间隙/mm	额定转速/(r/min)
参数	160	252	202	480	60	90	12	17.5	950

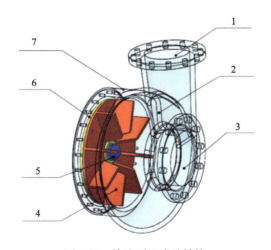

图 5-52　旋流泵组成及结构

1-出口段；2-无叶腔；3-进口段；4-叶片；5-轴固定帽；6-叶轮底板；7-后缩腔

4. 适宜黄河流域水库清淤的强人工措施干预方案

通过调研和对现有清淤技术的综合分析发现，黄河流域水库淤积量相当可观，基于现有技术手段，单纯依靠强人工措施产生的清淤效益有限，必须借助洪水期或调水调沙时产生的大流量才能达到可观清淤量，所以针对黄河流域水库的强人工清淤措施的关键在于，实现大范围泥沙的持续悬浮，提高水流负载。为此，以射流清淤为例，介绍相应的清淤方案，以供参考。

水库清淤必须与泥沙资源利用相结合，为提高泥沙资源利用的经济性和环保性，泥沙抽取和转运堆放的过程应采用管道输送方式。为此，本书还简单介绍了抽吸泵送方案。

1）射流清淤方案

针对水库清淤区域和清淤量都非常大的特点，采用多船移动持续冲刷的方式，可以保证大范围泥沙的长时间悬浮，再配合大流量上游来流，可保证较为可观的清淤量。

射流船清淤的工作原理是，水泵抽吸河水，泵送至高压水仓，然后由一系列喷嘴喷出高速射流，喷射到床面使泥沙不断悬浮，逐渐变成水沙混合层；随着涡流的持续搅动，原本密度不一的水沙混合层，逐渐变成密度均匀的固液悬浮混合层；由于过渡区的密度大于周围水的密度，在密度差的作用下，混合层开始移动，形成所谓的密度流，带动泥沙向下游移动。通过多船配合，将泥沙输移至坝前排沙洞口排沙出库或泵送至泥沙资源转型利用场地。

当自然水流速度达到 0.2m/s 以上时，即可采用射流冲刷的方式进行清淤，清淤船沿水流方向顺流或逆流往复施工；为提高冲刷效果，可采用多条冲沙船配合工作，如图 5-53所示。

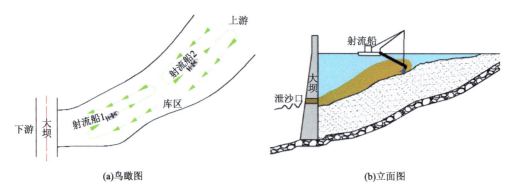

(a)鸟瞰图　　　　　　　　　　　(b)立面图

图 5-53　射流清淤船施工方案示意图

2）抽吸泵送方案

因泥沙资源利用或其他要求需将泥沙送至分选场或堆场时，可采用旋流泵提供动力，通过管道进行输送。这一方案技术成熟，适合中小型水库小规模清淤。但是，水库清淤时，考虑到水库内水草、杂物复杂多样、易缠绕等特点，动力泵需采用旋流泵；根据输送量和输送距离，管道直径以 200～600mm 为宜。当水域无通航要求时，可直接采用水上浮管，浮管由胶管和钢管交替联结；若水域有通航要求，则应敷设水下管道，同时还应根据输送距离设置不同数量的接力泵，具体布置如图 5-54 所示。

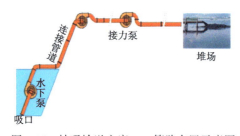

图 5-54　抽吸输送方案——管路布置示意图

5.4　水动力-强人工措施有机结合的泥沙动态调控技术

根据前述调水调沙清水下泄期泥沙负载与水库群联合调度技术，结合不同强度下的泥沙资源利用空间布局和运行方式，本书提出了不同时期、不同洪水来源、不同约束条件下，黄河干支流骨干枢纽群基于水动力-强人工措施有机结合的单-多库泥沙动态调控技术。

5.4.1　清水下泄期泥沙负载与水库群联合调度技术

以小浪底水库与三门峡水库联合运用为例，该技术旨在水库泥沙清淤和资源利用的基础上，采用气动冲沙和射流冲沙等泥沙负载技术，起动悬浮沉淀在河床上面的泥沙，使其进入流动的水体或者跟随已经形成的异重流一起运移，提高水库群联合调度过程中泥沙的补给能力和挟运量，加大水库下泄清水期抑或其他低含沙时段水流的含沙量，加大整个调度过程的水库排沙量，减少库容淤损速度，增大防洪库容。小浪底水库下泄清水期多指汛前调水调沙的初期阶段，前期水库水位较高，一般开启上层明流洞，出库水流基本为清水，到了水库水位接近汛限水位，由于汛前上游来水量小、含沙量低，小浪底水库入库水沙过程含沙量的大小主要取决于三门峡水库下泄水沙过程。实际上，这些年三门峡水库与小浪底水库的联合调度中，小浪底水库的对接水位基本上在 230m 及以下。因此，研究清水下泄期泥沙负载与水库群联合调度技术的工程意义重大。

1. 泥沙负载与水库群联合调度技术方案设计

根据黄河防洪调度规程要求，三门峡水库和小浪底水库必须在 7 月 1 日主汛期到来之前将水库水位下降至汛限水位。配合水库降低水位下泄清水过程，在小浪底水库库区不同部位采用气动冲沙或射流冲沙等清水下泄期泥沙负载技术，扰动泥沙提高清水下泄期的泥沙负载，负载效果如何与不同技术的配合时机密切相关。按照目前三门峡水库和小浪底水库正常调度方式进行方案设计，即三门峡水库水位由汛前 318m 下降至汛限水位 305m，小浪底水库按汛前 250m 下降至汛限水位 235m。泥沙负载技术分别采用射流冲沙和气动冲沙两种技术措施，施工河段选择小浪底水库三角洲顶点附近 HH05～HH08 断面和库区中后部淤积比较严重的区域 HH32～HH37 断面（图 5-55），这样有利于水库发生溯源冲刷或异重流排沙。冲沙强度以含沙量增加值为设计条件，如表 5-43 所示。下游河道平滩流量分别将 4500m³/s 或 4000m³/s 作为约束条件。

图 5-55　小浪底水库人工措施实施断面示意图

表 5-43　下泄清水期泥沙负载与水库群联合调度方案

时期	冲沙时机	万家寨—古贤水库	三门峡水库	小浪底水库	下游河道	冲沙断面	冲沙强度（增加含沙量）/（kg/m³）	方案
下泄清水期	异重流流量最大时	无	318m 起调汛前降至305m	250m 起调汛前降至235m	下游河道4000m³/s	无	无	1
						HH32～HH37	5	2
							10	3
							15	4
						HH05～HH08	5	5
							10	6
							15	7
					下游河道4500m³/s	无	无	8
						HH32～HH37	5	9
							10	10
							15	11
						HH05～HH08	5	12
							10	13
							15	14
	异重流开始时	无	同上	同上	上述方案最适宜结果	上述方案最适宜结果	无	15

2. 泥沙负载与水库群联合调度效果对比

根据不同起调水位、不同约束条件，在不同部位实施泥沙负载技术，按照表 5-43 中的方案设计，开展了调水调沙下泄清水期联合调控方案实施效果的对比计算。

汛前三门峡水库上游来沙量少，潼关站含沙量以 0 计，视作清水入库。按现有调度规则，三门峡水库从 318m 开始降低水位，6 月 30 日降至汛限水位 305m，由此得到三门峡水库进出库水沙过程。经计算，三门峡水库该时段内总出库沙量为 0.307 亿 t。

小浪底水库按现有调度规则，从 250m 开始降低水位，至 6 月 30 日降至汛限水位 235m。根据二维数学模型计算结果，在无冲沙增加泥沙负载的状态下，小浪底水库产生异重流的时间为 6 月 25 日，异重流流量最大的出现时间为 6 月 30 日。在此设定在异重流流量最大时开始冲沙。根据三门峡水库出库水沙过程，计算不同冲沙位置、冲沙强度的小浪底水库出库排沙量，见图 5-56。其中，方案 2～4 和方案 9～11 是在 HH32～HH37 断面冲沙的情况，方案 5～7 和方案 12～14 是在 HH05～HH08 断面冲沙的情况。

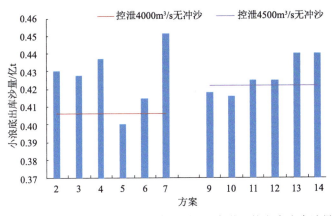

图 5-56　下泄清水期小浪底水库不同泥沙负载调控方案出库沙量

可以看出，当在 HH32～HH37 实施冲沙、小浪底水库控泄 4000m³/s 时，由于冲沙部位靠近回水末端，可以促进异重流的形成与发展，冲沙使得出库含沙量增加且持续稳定的时间延长，排沙效果较好；当小浪底水库控泄 4500m³/s 时，由于出库流量较大，异重流持续排沙的时间可能缩短，该方案排沙效果整体下降。当冲沙断面在 HH05～HH08、小浪底水库控泄 4000m³/s 时，冲沙部位靠近大坝，易起动的细泥沙含量充足，显得冲沙负载的强度较大，出库沙量也明显较大，且出库沙量随扰沙强度的增大而增加；当小浪底水库控泄 4500m³/s 时，同样存在出库沙量随冲沙强度增大而增加的现象，但由于后续动力不足，负载后的高含沙水流未能完全排出水库。由此，下泄清水期泥沙负载技术的应用，推荐在小浪底水库出库流量控泄 4000m³/s 时，在水库中后段（HH32～HH37）冲沙或靠近坝体的三角洲顶点附近（HH05～HH08）进行高强度扰沙效果最好。

根据二维数学模型计算结果，实施冲沙时机为异重流流量达到最大，冲沙部位为水库中后段（HH32～HH37）时，各方案异重流流量及含沙量的对比情况见表 5-44。

表 5-44　各方案异重流参数对比情况

方案	冲沙部位	小浪底控泄流量/（m³/s）	冲沙后异重流流量/（m³/s）	冲沙后异重流含沙量/（kg/m³）
1			2132.486	13.842
2		4000	2128.354	16.919
3			2141.247	20.007
4	HH32～HH37		2157.543	22.991
8			2139.498	13.980
9		4500	2159.252	16.801
10			2142.674	19.942
11			2153.209	22.946

由表 5-44 可知，冲沙对异重流流量的影响较小，但对异重流含沙量的影响较大。

因此，冲沙负载泥沙技术措施的扰沙时机，可以参考异重流排沙效果最佳的方案 4 确定，即小浪底水库刚发生异重流时（6 月 25 日）开始实施；冲沙部位为 HH32～HH37，小浪底控泄流量为 4000m³/s 时，计算的小浪底水库出库沙量如表 5-45 所示。

表 5-45　不同冲沙时机的小浪底水库出库沙量

下游河道平滩流量	冲沙部位	冲沙强度	冲沙时机	小浪底水库出库沙量/亿 t
4000m³/s	HH32～HH37	含沙量增加 15kg/m³	异重流流量最大时	0.437
			异重流开始时	0.451

可见，当冲沙时机为异重流流量最大时，小浪底水库出库沙量为 0.437 亿 t；当冲沙时机选择为异重流开始时，小浪底水库出库沙量为 0.451 亿 t。故在下泄清水期，为促进异重流的持续运行，选择异重流刚发生时即开始冲沙，能达到更好的排沙效果。

根据小浪底水库出库水沙情况，计算了下游河道冲淤情况（图 5-57）。冲沙部位位于 HH32～HH37 时，冲沙强度对下游河道冲淤的影响较小；当冲沙部位位于 HH05～HH08 时，冲沙强度对下游河道冲淤的影响较大。小浪底水库控泄 4000m³/s 比控泄 4500m³/s 下游河道的整体冲刷量要大。

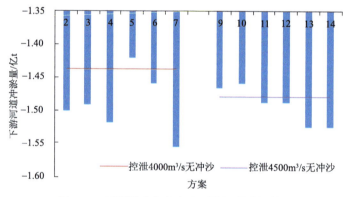

图 5-57　下泄清水期各方案下游河道冲淤情况

下游河道各河段冲淤情况计算结果见表 5-46。对于下泄清水期，下游河道各河段整体呈冲刷状态。其中，小浪底—花园口、花园口—高村、艾山—利津三个河段的冲刷量较大，高村—艾山河段的冲刷量偏小。

表 5-46　下泄清水期各方案下游河道各河段冲淤情况

方案	河段冲淤量/亿 t				下游河道冲淤量/亿 t
	小浪底—花园口	花园口—高村	高村—艾山	艾山—利津	
1	−0.406	−0.481	−0.071	−0.477	−1.435
2	−0.426	−0.500	−0.077	−0.498	−1.501
3	−0.423	−0.498	−0.076	−0.495	−1.492

续表

方案	河段冲淤量/亿 t				下游河道冲淤量/亿 t
	小浪底—花园口	花园口—高村	高村—艾山	艾山—利津	
4	−0.431	−0.505	−0.079	−0.503	−1.518
5	−0.402	−0.477	−0.069	−0.473	−1.421
6	−0.413	−0.488	−0.073	−0.485	−1.459
7	−0.442	−0.515	−0.083	−0.514	−1.554
8	−0.419	−0.494	−0.075	−0.491	−1.479
9	−0.416	−0.490	−0.074	−0.487	−1.467
10	−0.414	−0.489	−0.073	−0.486	−1.462
11	−0.422	−0.496	−0.076	−0.494	−1.488
12	−0.421	−0.496	−0.076	−0.493	−1.486
13	−0.433	−0.507	−0.080	−0.505	−1.525
14	−0.433	−0.507	−0.080	−0.505	−1.525

因此,下泄清水期的泥沙负载方案,推荐小浪底水库控泄 4000m³/s,扰沙部位 HH05～HH08,高扰沙强度(含沙量增加 15kg/m³),扰沙时机为异重流刚形成时期,这样更有利于小浪底水库排沙及下游河道冲刷。

5.4.2 洪水期水动力–强人工措施结合的泥沙动态调控方案

1. 水动力–强人工措施结合的泥沙动态调控方案设计

强人工措施的实施旨在利用丰水少沙洪水,提高洪水泥沙负载,达到对库区淤积泥沙冲刷的目的。三门峡水库按照洪水期运用调度原则,实施敞泄运用、水位控制在 305m 以下;小浪底水库最低水位分别按 215m、210m 两种方案控制运用。强人工措施采用射流冲刷,扰沙断面仍然选择小浪底水库三角洲顶点附近 HH05～HH08 和库中后部淤积严重河段 HH32～HH37 两种方案。扰沙强度设计含沙量增加 15kg/m³、30kg/m³、60kg/m³、120kg/m³四种方案;下游河道平滩流量设置 4500m³/s、4000m³/s 两种方案作为约束条件(表 5-47)。

表 5-47 洪水期水动力–强人工措施结合的水库群联合调度方案

万家寨—古贤水库	三门峡水库	小浪底水库	下游河道	冲沙断面	冲沙强度	方案
万家寨、古贤水库控泄(保小北干流不漫滩)	敞泄 305m	控 215m	小浪底下泄 <4000m³/s	无	无	16
				HH32～HH37	含沙量增加 15kg/m³	17

续表

万家寨—古贤水库	三门峡水库	小浪底水库	下游河道	冲沙断面	冲沙强度	方案
				HH32～HH37	含沙量增加 30kg/m³	18
					含沙量增加 60kg/m³	19
			小浪底下泄<		含沙量增加 120kg/m³	20
			4000m³/s		含沙量增加 15kg/m³	21
				HH05～HH08	含沙量增加 30kg/m³	22
					含沙量增加 60kg/m³	23
					含沙量增加 120kg/m³	24
		控 215m		无	无	25
					含沙量增加 15kg/m³	26
				HH32～HH37	含沙量增加 30kg/m³	27
			小浪底下泄<		含沙量增加 60kg/m³	28
			4500m³/s		含沙量增加 120kg/m³	29
					含沙量增加 15kg/m³	30
				HH05～HH08	含沙量增加 30kg/m³	31
					含沙量增加 60kg/m³	32
万家寨、古贤水库					含沙量增加 120kg/m³	33
控泄（保小北干流	敞泄 305m			无	无	34
不漫滩）					含沙量增加 15kg/m³	35
				HH32～HH37	含沙量增加 30kg/m³	36
			小浪底下泄<		含沙量增加 60kg/m³	37
			4000m³/s		含沙量增加 120kg/m³	38
					含沙量增加 15kg/m³	39
				HH05～HH08	含沙量增加 30kg/m³	40
					含沙量增加 60kg/m³	41
		控 210m			含沙量增加 120kg/m³	42
				无	无	43
					含沙量增加 15kg/m³	44
				HH32～HH37	含沙量增加 30kg/m³	45
			小浪底下泄<		含沙量增加 60kg/m³	46
			4500m³/s		含沙量增加 120kg/m³	47
					含沙量增加 15kg/m³	48
				HH05～HH08	含沙量增加 30kg/m³	49
					含沙量增加 60kg/m³	50
					含沙量增加 120kg/m³	51

注：敞泄 305m 指敞泄运用，水位控制在 305m 以下；控 215m 指最低水位按 215m 控制运用；控 210m 指最低水位按 210m 控制运用。

场次洪水选择 2018 年 7 月 12~31 日洪水，潼关洪峰流量为 4620m³/s，最大含沙量为 21.5kg/m³，平均含沙量为 11.3kg/m³。当洪水来沙量较小时，在小浪底水库不同部位实施射流冲沙，利用洪水期对库区淤积泥沙进行冲刷减淤，以维持或恢复小浪底水库库容。

2. 水动力–强人工措施结合的泥沙动态调控方案实施效果

计算不同设计方案情景下小浪底水库出库沙量，如图 5-58 所示。可以看出，小浪底水库控 215m 方案的出库沙量均小于控 210m 方案的出库沙量；小浪底控泄 4500m³/s 的出库沙量明显大于控泄 4000m³/s 的出库沙量。这表明，较低的水库水位、更大的出库流量更有利于水库排沙。

图 5-58（a）是方案 17~20 和方案 26~29 在 HH32~HH37 断面冲沙、方案 21~24 和方案 30~33 为在 HH05~HH08 断面冲沙的计算结果。图 5-58（b）是方案 35~38 和方案 44~47 在 HH32~HH37 断面冲沙、方案 39~42 和方案 48~51 为在 HH05~HH08 断面冲沙的计算结果。当小浪底水库控泄 4000m³/s，冲沙断面为 HH32~HH37，水流挟运泥沙的距离较远，在冲沙强度使含沙量增加 30kg/m³ 时，出库沙量最多，排沙效果最好。当小浪底水库控泄 4000m³/s，冲沙断面为 HH05~HH08，水流挟运泥沙的距离较近，在冲沙强度使含沙量增加 60kg/m³ 时，出库沙量最多，排沙效果最好。当小浪底水库控泄 4500m³/s，冲沙断面为 HH32~HH37，水流挟运泥沙的距离较远，在冲沙强度达到使含沙量增加 60~120kg/m³ 时，出库沙量最多，排沙效果最好。当小浪底水库控泄 4500m³/s，冲沙断面为 HH05~HH08，在冲沙强度使含沙量增加 120kg/m³ 时，出库沙量最多，排沙效果最好。由此，推荐在小浪底水库洪水期实施水动力与强人工措施相结合的泥沙动态调控方案时，水库水位可按 210m 控制，出库流量采用 4500 m³/s，在靠近大坝的三角洲顶点附近（HH05~HH08）实施扰沙。

根据小浪底水库出库水沙情况，计算了下游河道冲淤量，见图 5-59 和图 5-60。小浪底水库控 215m 方案下游河道冲刷量均小于控 210m 方案。小浪底水库控泄流量为 4500m³/s 时，下游河道总体呈淤积状态，控泄流量为 4000m³/s 时，下游河道整体呈冲刷状态。究其原因，是 210m、4000m³/s 调控方案，有利于塑造更长时间的大流量过程，更有利于下游河道冲刷。

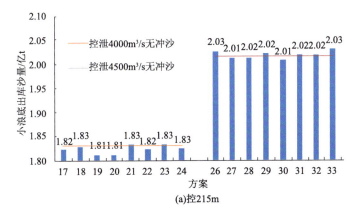

(a)控215m

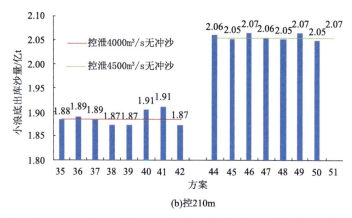

(b)控210m

图 5-58　小浪底水库洪水期实施水动力与强人工相结合调控方案实施效果

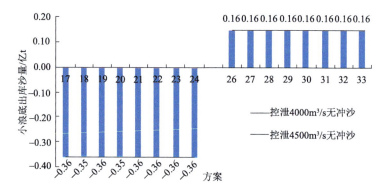

图 5-59　小浪底水库坝前水位按 215m 控制时下游河道冲淤情况

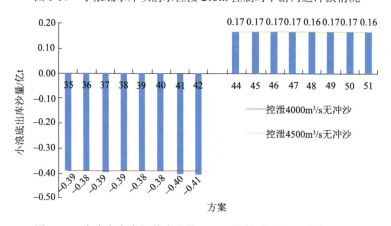

图 5-60　小浪底水库坝前水位按 210m 控制时下游河道冲淤情况

　　下游河道各区间冲淤情况计算结果见表 5-48。小浪底控泄流量为 4000m³/s 时，下游河道小浪底—花园口、艾山—利津河段为冲刷状态，花园口—高村、高村—艾山河段为淤积状态。小浪底控泄流量为 4500m³/s 时，下游河道艾山—利津河段为冲刷状态，小浪底—花园口、花园口—高村和高村—艾山河段为淤积状态。因此，洪水期水动力与强人工措施相结合的泥沙动态调控方案，综合推荐小浪底水库水位控 210m，下泄流量

4000m³/s，冲沙部位 HH05～HH08，冲沙强度为中强度（含沙量增加 60kg/m³），这样更有利于小浪底水库排沙及下游河道冲刷。

表 5-48　各方案下游河道冲淤情况　　　（单位：亿 t）

方案	河段冲淤量				下游河道冲淤量
	小浪底—花园口	花园口—高村	高村—艾山	艾山—利津	
16	−0.223	0.105	0.140	−0.383	−0.361
17	−0.220	0.105	0.140	−0.382	−0.357
18	−0.217	0.106	0.140	−0.381	−0.352
19	−0.223	0.105	0.140	−0.383	−0.361
20	−0.217	0.106	0.140	−0.381	−0.352
21	−0.224	0.105	0.139	−0.383	−0.363
22	−0.221	0.105	0.140	−0.382	−0.358
23	−0.220	0.106	0.140	−0.382	−0.356
24	−0.224	0.105	0.139	−0.383	−0.363
25	0.042	0.145	0.021	−0.048	0.160
26	0.042	0.146	0.021	−0.048	0.161
27	0.042	0.145	0.021	−0.048	0.160
28	0.042	0.145	0.021	−0.048	0.160
29	0.042	0.145	0.021	−0.048	0.160
30	0.041	0.144	0.021	−0.047	0.159
31	0.043	0.146	0.021	−0.048	0.162
32	0.042	0.145	0.021	−0.048	0.160
33	0.042	0.145	0.021	−0.048	0.161
34	−0.240	0.103	0.137	−0.389	−0.389
35	−0.241	0.103	0.137	−0.389	−0.390
36	−0.237	0.103	0.138	−0.388	−0.384
37	−0.243	0.103	0.136	−0.390	−0.394
38	−0.241	0.103	0.137	−0.389	−0.390
39	−0.236	0.104	0.138	−0.387	−0.381
40	−0.237	0.103	0.138	−0.388	−0.384
41	−0.248	0.102	0.135	−0.391	−0.402

方案	河段冲淤量				下游河道冲淤量
	小浪底—花园口	花园口—高村	高村—艾山	艾山—利津	
42	−0.250	0.101	0.135	−0.392	−0.406
43	0.045	0.149	0.022	−0.049	0.167
44	0.045	0.149	0.022	−0.049	0.167
45	0.045	0.148	0.022	−0.049	0.166
46	0.044	0.148	0.022	−0.049	0.165
47	0.046	0.149	0.022	−0.050	0.167
48	0.044	0.148	0.021	−0.049	0.164
49	0.046	0.149	0.022	−0.050	0.167
50	0.045	0.149	0.022	−0.050	0.166
51	0.044	0.148	0.021	−0.049	0.164

第6章 黄河干支流骨干枢纽群泥沙动态调控模拟仿真与智慧决策

黄河水沙调控是一个极其复杂的系统工程。从黄河流域系统可持续发展的宏观角度看，水沙调控涉及系统内整体社会经济的健康发展、生态环境的良性维持，更是破解黄河水沙关系不协调的主要抓手。从黄河地理地貌基本特征和水文泥沙情势看，水资源严重短缺、水少沙多、水沙异源是制约黄河流域生态保护和高质量发展重大国家战略实施的关键因素，水沙调控是实现水沙资源合理配置、协同上下游-左右岸关系的重要依托。如何实现流域系统的可持续发展，如何协调如此复杂的博弈关系，如何科学配置水沙资源，构建一套全流域干支流水沙联合调控模拟系统，搭建一个可供决策者直观研判的智慧决策平台，显得尤其必要。因此，本章以"模型耦合—方案计算—平台构建"为主线，提出了黄河流域干支流泥沙动态调控多模型多尺度自适应耦合技术，构建了全流域干支流水沙联合调控模拟仿真系统；编制了中长期及场次洪水泥沙动态调控方案，基于所构建的模拟仿真系统，开展了多方案计算与对比研究；基于黄河流域地理信息系统，构建了包括数据库、模型库、方案库等板块的黄河干支流骨干枢纽群泥沙动态调控智慧决策平台。

6.1 泥沙动态调控多模型多尺度自适应耦合技术及模拟仿真系统

泥沙动态调控的模拟仿真和智慧决策应包括水库群水量调度、水库和河道冲淤演变等多个物理过程、智慧反馈、动态研判紧密耦合的模拟计算，需要水量平衡、水动力和水沙演进、优化计算等不同类型的模型及算法相互耦合协同完成。针对目前黄河水沙调控与防洪调度工程实践中，水资源调度、水库水沙运移、河道冲淤响应多单位多模型松散耦合的模拟方式存在的计算效率低、适应性差、不连续等问题，本节开展了泥沙动态调控多模型多时空尺度的自适应耦合研究，研发了泥沙动态调控模拟仿真系统，为中长期泥沙动态调控及场次洪水泥沙动态调控方案的计算提供了技术支撑。

6.1.1 泥沙动态调控模拟仿真系统内嵌模型

在此，首先分析了泥沙动态调控所需要的各类模型特点及互馈关系，探讨了多模型尺度的差异及数据交互的难点，为进一步研究多模型自适应耦合模式的构建提供了聚焦的方向。

1. 黄河干支流骨干枢纽群泥沙动态调控内嵌模型需求分析

根据黄河流域泥沙动态调控需求，本书提出了黄河流域泥沙动态调控所需要的五方面的建模需求，即流域水资源配置、枢纽群联合调度、水库优化调度、水库水沙模拟、河道水沙模拟，如图 6-1 所示。其中，流域水资源配置需要建立流域水量平衡模型；枢纽群联合调度需要建立骨干水库兴利调度模型、骨干水库调洪演算模型以及河道流量演进模型；水库优化调度需要采用多目标优化算法；水库水沙模拟需要建立水库一维冲淤模拟模型，并与骨干水库兴利调度模型、骨干水库调洪演算模型相耦合；河道水沙模拟需要构建河道一维、二维水沙动力学模型。

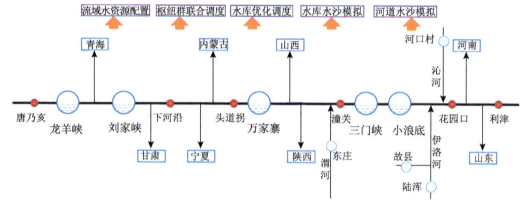

图 6-1　黄河干支流骨干枢纽群泥沙动态调控模型需求

2. 黄河干支流骨干枢纽群泥沙动态调控内嵌模型组织架构

黄河干支流骨干枢纽群泥沙动态调控需要分别考虑针对典型年或系列年的调控模拟计算和场次洪水的调控模拟计算需求。针对典型年或系列年的泥沙调控方案计算需要考虑沿线各省份用水需求、骨干水库防洪与兴利调度、河道水流演进以及中下游水库与河道的水沙输移和河床冲淤演变，因此该情景下模拟系统的组织机构需要融合流域水量平衡模型、骨干水库兴利调度模型、水库一维冲淤模拟模型、河道流量演进模型、河道一维水沙动力学模型以及多目标优化求解技术等。针对场次洪水的泥沙动态调控方案计算需要考虑骨干水库的洪水调节与水库冲淤变化、下游河道的洪水演进、高效输沙以及漫滩洪水模拟等问题，因此该情景下模拟系统的组织架构需要融合骨干水库调洪演算模型、水库一维冲淤模拟模型、河道一维水沙动力学模型以及河道二维水沙动力学模型等（图 6-2）。

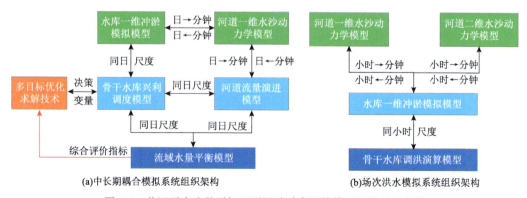

图 6-2　黄河干支流骨干枢纽群泥沙动态调控模拟系统组织架构

3. 多模型之间存在的尺度差异与数据交互难题

不同空间尺度模型间数据交互难题体现为不同模型对系统要素概化（如水库、河道等）的不同，其导致模型边界输入信息的多样化和精度差异化，从而影响模型间数据交互精度与耦合效率。

不同时间尺度模型间数据交互难题体现为模型计算步长的差异，其导致模型间数据交互产生较大误差。当由大步长模型向小步长模型传输数据时，较大的计算时间步长带来的时间序列数据坦化问题，在进行数据降尺度时会带来较大误差。当由小步长模型向大步长模型传输数据时，较小的计算时间步长带来的测量误差累计问题，在进行数据升尺度时会带来较大误差。

6.1.2　泥沙动态调控多模型自适应耦合模式

1. 多模型时空尺度转换准则

根据前文的分析，中长期泥沙调控模拟模型群组耦合和场次洪水泥沙调控模拟模型群组耦合，均需要解决众多模型的时空尺度差异所导致的数据交互问题，因此需要建立统一的模型间时空尺度转换准则。

1）在空间尺度上

各模型需要在统一的系统网络图上进行叠加耦合，并遵循从上游至下游逐步耦合与数据交互的原则。其主要分为以下三种情况：①当两个需要耦合的模型在计算网络上有相同计算单元时（如水库、河道及其组合），即空间尺度相同，可直接进行相互调用与数据交互；②当数据输出端模型的计算网络单元大于数据输入端模型的计算网格单元时，需要按照输入端模型计算网格单元的划分方式对输出端数据进行降尺度操作，一般可采用均值法、插值法或空间分布配比法等方法来获取小尺度的边界输入信息；③当数据输出端模型的计算网络单元小于数据输入端模型的计算网格单元时，需要按照输入端模型的计算网格单元划分方式对输出端数据进行升尺度操作，一般可采用求和法、加权法等方法来获取大尺度的边界输入信息。

2）在时间尺度上

各模型需要在统一的时间窗口下进行叠加耦合，并遵循时间先后顺序从前至后逐步耦合与数据交互的原则。其主要可分为以下三种情况：①当两个耦合模型的计算时间步长相同时，可直接进行相互调用与数据交互，但需要注意相同数据项的时段均值与瞬时值的转换；②当数据输出端模型的计算步长大于数据输入端模型的计算步长时，需要按照输入端模型计算步长对输出端数据进行降尺度操作，一般可采用均值法、插值法或分配曲线法等方法来获取小步长的时间序列信息；③当数据输出端模型的计算步长小于数据输入端模型计算步长时，需要按照输入端模型计算步长对输出端数据进行升尺度操作，一般可采用求和法、加权法等方法来获取大步长的时间序列信息。

3）时空尺度联合转换方式

对于紧密耦合模式，应遵循先时间后空间逐步迭代的转换方式，如在进行场次洪水的泥沙动态调控模拟计算时，由于洪水期水量大、挟带的泥沙多，库区及河道的冲淤变化幅度大，河床调整明显，因此需要采用紧密耦合的模式。对于松散耦合模式，应遵循先空间后时间的两阶段转换方式，如在进行枯水年或年度内枯水期的泥沙动态调控模拟计算时，由于水量较小，通常情况下含沙量也较少，水沙过程对水库冲淤和河道地形的影响相对较小，此时可以采用滚动的松散耦合模式，即每间隔一段时间（如 10 天或 1 个月）更新一次地形信息。

2. 多模型数据交换机制

基于以上时空尺度转换准则，本章提出黄河干支流泥沙动态调控多模型间数据交换机制，具体如下。

1）中长期泥沙动态调控多模型数据交换机制

流域水资源调度模型、骨干水库兴利调度模型以及河道流量演进模型，三者在时空尺度上均一致。空间尺度上，流域水量平衡模型通过水库、河道分别与骨干水库兴利调度模型以及河道流量演进模型进行耦合，水量数据的输入输出交接可基于上下游关系直接进行交换；时间尺度上，均以日为计算步长，模型间的水量序列数据可直接交换。

骨干水库兴利调度模型与水库一维冲淤模拟模型，两者在时空尺度上均一致。两个模型在具有明显调沙作用的万家寨、三门峡、小浪底等水库调度和联合调控中都需要进行耦合计算，耦合方式为松散耦合。骨干水库兴利调度模型为水库一维冲淤模拟模型提供水量、水位边界等条件，水库一维冲淤模拟模型每间隔一段时间为骨干水库兴利调度模型更新水位库容曲线。

河道流量演进模型与河道一维水沙动力学模型，两者在时空尺度上存在差异。以小浪底下游为例，在空间尺度上，河道流量演进模型需要将不同河段分别建模，以提高模拟精度，而河道一维水沙动力学模型则采用整体建模的方式。在时间尺度上，河道流量演进模型计算步长为日，河道一维水沙动力学模型一般为分钟级（5～30min）。因此，两个模型的数据交互需要对河道流量演进模型的水量模拟结果进行空间上的聚合及时间上的分解；反之，需要对河道一维水沙动力学模型的水沙过程进行空间上的分解及时间上的聚合。

水库一维冲淤模拟模型与河道一维水沙动力学模型，两者在时间尺度上存在差异。以小浪底水库及下游河道水沙演进与河道冲淤演变模拟为例，在空间尺度上，水库与下游河道为上下游关系，水沙数据的输入输出可以直接进行交换；在时间尺度上，水库一维冲淤模拟模型计算步长为日，河道一维水沙动力学模型一般为分钟级，两个模型的数据交互需要对水库一维冲淤模拟模型的水沙过程进行时间上的分解，反之需要对河道一维水沙动力学模型的水沙过程进行时间上的聚合。

2）场次洪水泥沙动态调控模型间数据交换机制

骨干水库调洪演算模型与水库一维冲淤模拟模型，两者在时空尺度上均一致，但耦合方式需采用紧密耦合的方式。在任意时段，骨干水库调洪演算模型为水库一维冲淤模拟模型提供水量、水位等边界条件，水库一维冲淤模拟模型为骨干水库调洪演算模型实时更新水位库容曲线。

水库一维冲淤模拟模型、河道一维水沙动力学模型与河道二维水沙动力学模型，三者的耦合比较复杂。水库一维冲淤模拟模型与河道一、二维水沙动力学模型分别进行耦合，它们存在时间尺度上的差异。同样以小浪底水库及下游水沙模拟为例，在空间尺度上，水沙条件的输入输出数据可以直接进行交换；在时间尺度上，水库一维冲淤模拟模型计算步长为小时级（2～24h），河道一维水沙动力学模型步长一般为分钟级，二维水沙动力学模型步长为秒级（根据网格自动判断计算步长，范围为 0.1～1s），因此在数据交互时，需要根据对洪水是否漫滩的判断，来对水库一维冲淤模拟模型的出库水沙过程进行时间上的分解，反之需要分别对河道一维或二维水沙动力学模型的水沙过程进行时间上的聚合。

3. 多模型自适应耦合模式

中长期黄河流域泥沙动态调控自适应耦合模型系统组织架构如图 6-3 所示。对于中长期泥沙动态调控的模拟，首先，进行逐日的流域水量兴利调度计算，更新水库及河道水沙模拟模型的水量边界条件；其次，进行该方案调度期内库区冲淤及河道水沙输移与河床演变的模拟；然后，根据水沙模拟结果重新校正水库兴利调度模型；最后，将水沙动态调控综合评价指标作为多目标优化的技术指标进行优化求解。对于场次洪水泥沙动态调控的模拟，首先，进行逐小时尺度的水库防洪冲淤模拟；其次，进行同时段内的河道洪水演进及水沙输移与河床演变模拟计算；然后，逐时段滚动完成场次洪水的水沙演进与河床演变模拟计算；最后，根据模拟结果，反馈提出泥沙动态调控指标的调控要求。

根据泥沙动态调控方案设计、调控目标以及是否需要考虑优化调度等，构建 7 种水沙调控耦合模拟计算模式，如表 6-1 所示。在方案计算中，仿真系统将根据用户选择的计算模式自适应地组装模型，构建特定模式下的调控模型。

表 6-1　水沙多模型耦合模式

	耦合模式	水量兴利调度模型	水库一维冲淤模拟模型	水库二维冲淤模拟模型	河道二维水沙动力学模型	优化算法
中长期	水量模拟调度	☑				
	水量优化调度	☑				☑
	泥沙动态调控模拟		☑	☑		
	水沙联合调控模拟	☑	☑	☑		
	水沙联合调控优化	☑	☑	☑		☑
场次洪水	无漫滩模式		☑	☑		
	漫滩模式		☑		☑	

1）中长期泥沙动态调控多模型耦合模式

水量模拟调度模式。采用已建黄河流域水资源调度模型，基于确定性的来水预报和水库调度规程或规则进行模拟计算。水库调度的控制因素包括出入库水量平衡控制、水位控制、出库流量控制和电站出力控制等。

水量优化调度模式。黄河水资源短缺，但水能资源丰富，因此突出流域系统整体性，开展流域供水等水资源高效配置、发电等水能资源的高效利用的多目标优化调度计算，对黄河流域生态保护和高质量发展意义重大。多目标优化调度应分别模拟不同优化级别下，各水库的调度方式、各区域的供水方式等。优化目标包括供水保证率最大、供水差额最小、供水全流域平衡和泥沙动态调控度效果最好、水库发电量最大等。

泥沙动态调控模拟。基于历史上的水量、流量、水位、泥沙等基础水沙数据，根据黄河骨干水利枢纽边界条件，分别耦合相关水库水量兴利调度模型、水库与河道水沙模型，组建适应黄河不同区域的泥沙动态调控的模拟模型，对主要枢纽工程及关键水库与河道断面的泥沙调控过程进行模拟计算。

水沙联合调控模拟。基于黄河流域水资源调度模型计算黄河全流域关键断面水量、流量、水位等边界条件；基于历史数据设定泥沙情景边界条件，组合构建黄河流域骨干枢纽群泥沙动态调控模拟系统，对各相关水利枢纽及关键断面的水沙过程及水库、河道冲淤演变进行模拟计算。

水沙联合调控优化。水沙联合调控优化的目标，不仅包括水资源的年度和多年优化调度、水利枢纽的发电效益、社会经济发展和生态环境修复的供水需求，而且还重点考虑泥沙动态调控目标，以最大限度地减轻水库-河道的泥沙淤积，恢复和保持水库长期有效库容、恢复和提升河道的排洪输沙能力。模拟系统运行首先进行水量优化调度计算，然后在每一个水量优化调度的结果方案中，再进行水沙演进与河床冲淤计算，最后给出各断面水量、流量、含沙量等指标。

2）场次洪水泥沙动态调控模型耦合模式

无漫滩模式。当洪水量级较小，经过上中游水库群联合调控以后，进入下游河道的洪水不会出现漫滩的情况，因此仅需要对河槽内的洪水演进与输沙过程进行模拟，可以耦合水库一维冲淤模拟模型与河道一维水沙动力学模型，构建无漫滩模式的场次洪水泥沙动态调控水沙动力学模拟系统，将水库与河道初始地形资料输入，即可进行洪水期水沙调控与输移过程的模拟计算，预测水库群联合调控效果。

漫滩模式。当洪水量级较大，经过上中游水库群的联合调控，仍然避免不了下游河道洪水发生漫滩的情况时，就必须对不同调控方案下两岸漫滩淹没的情势进行模拟预测，构建水库一维冲淤模拟模型与河道二维水沙动力学模型耦合的水沙动力学模型，基于水库与河道地形资料以及典型洪水期的水沙过程分析典型洪水下的洪水演进、泥沙输移以及淹没损失等。

4. 黄河流域干支流骨干枢纽群泥沙动态调控自适应耦合模型构建

基于本章提出的多模型时空尺度转换准则、数据交换机制以及构建的自适应耦合模式，本节构建了黄河流域干支流骨干枢纽群泥沙动态调控自适应耦合模型系统。中长期黄河流域泥沙动态调控自适应耦合模型系统组织架构如图 6-3 所示，场次洪水泥沙动态调控自适应耦合模型系统架构如图 6-4 所示。

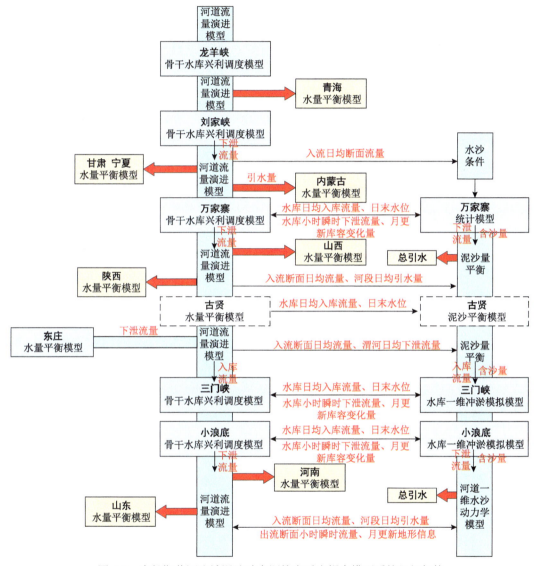

图 6-3　中长期黄河流域泥沙动态调控自适应耦合模型系统组织架构

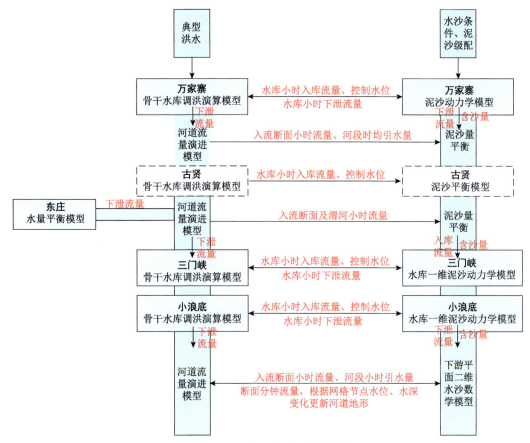

图 6-4　场次洪水泥沙动态调控自适应耦合模型系统架构

6.1.3　泥沙动态调控模拟仿真系统

1. 泥沙动态调控系列模型标准化封装技术

1）系统接口原则

接口设计遵循的原则包括：①安全可靠性原则，系统应提供良好的安全性和可靠性策略，支持采用多种安全而可靠的技术手段，制定严格的安全可靠的管理措施；②开放性原则，提供开放式标准接口，提供与其他系统的互联互通；③灵活性原则，提供灵活的接口设计，便于接口的变动；④可扩展性原则，支持新业务的扩展以及接口容量与接口性能的提高；⑤可管理性原则，提供良好的管理机制，保证在运行过程中提供给管理员方便的管理方式，以处理各种情况；⑥统一性原则，应当保证系统的接口方式、接口形式、使用的协议等标准、统一。

2）模型接口

根据黄河流域系统性的水沙及水沙联合调控需求不同，模型系统搭建需要连接的模型也不同。因此，为清楚起见，不同调度运算的模型接口情况汇总于表6-2。

表 6-2　模型接口表

模型	接口名称	任务
水量调度	createNewScheme	方案初始化信息，包括方案开始时间、结束时间、时段类型、时段类型数、前期预热时段数、计算对象、计算模型、优化方案数等
	initSchemeData	初始化模型输入，包括初始单值输入、区间预报输入、前期预热流量输入、供水计划、水库和河道约束、水库混合控制模式等
	modifyTableData	手动修改输入过程接口
	modelCalculate	模型计算调用
	loadViewData	加载模型输出数据接口，模型计算生成多方案结果，接口调取其中一条方案结果，可切换方案展示，结果包括水库调度结果、供水结果、河道断面流量等
水库冲淤模型	res_schemeRefresh	加载调度方案结果，并获取模型计算时间、区间、计算步长
	res_init	初始化输入数据，包括边界数据输入、入库流量、水库末水位、入库含沙量等
	res_saveInput	手动修改模型输入参数接口
	res_calc	模型计算调用
	res_tabContent	加载模型输出数据接口，从对应输出文件读取数据结果，结果包括水库下泄流量、下泄含沙量、水库淤积量
河道输沙模型	ss2_schemeRefresh	加载调度方案结果，并获取模型计算时间区间
	ss2_init	初始化输入数据，包括边界数据输入、支流数据输入、引水量数据输入、糙率数据输入、断面信息、断面高程等，并写入对应输入文档
	ss2_saveInput	手动修改模型输入参数接口
	ss2_calc	模型计算调用
	ss2_tabContent	加载模型输出数据接口，从对应输出文件读取数据结果，结果包括河道断面冲淤量、滩地冲淤量、主河槽冲淤量、流量、水位、含沙量等

2. 基于空间地理信息可视化的泥沙动态调控模拟仿真系统

耦合模拟仿真系统采用分层式架构，共分为 4 层，分别为数据访问层（数据层）、业务逻辑层（应用层）、模型运算层（支撑层）、图形交互层（表示层）。分层的程序设计的目的是让层间保持松散的耦合关系，使得程序结构清晰，降低升级和维护的成本。在构建过程中，更改某一层次的具体实现，不会影响到程序的其他层，这使得本层的设计更加专注，对提高软件质量有很大益处。

系统根据上述原则及满足不同需求的模型组合架构，实现了多模型的自适应耦合，搭建完成了黄河干支流骨干枢纽群泥沙动态调控模拟仿真系统，并预留了水质等模型接口，可实现系统对后续模型的接入。利用该仿真系统，开展了系列年与典型年泥沙动态调控方案多要素筛选，结合《黄河泥沙公报》每年向社会公布的基本泥沙信息，对不同情景下的不同调控方案进行模拟计算和指标的对比分析，实现了不同边界条件下泥沙调控方案及效果的直观展示。模拟仿真系统初始界面如图 6-5 所示。

图 6-5　模拟仿真系统初始界面展示

　　泥（水）沙动态调控模拟计算分为两个模块展示，一个是长系列泥（水）沙动态调控的模拟仿真；另一个是场次洪水泥（水）沙动态调控的模拟仿真。长系列泥（水）沙动态调控模块的模型配置界面如图 6-6 所示，共有 5 种配置模式可供选择；场次洪水泥沙动态调控模块的模型配置界面如图 6-7 所示，共有两种配置模式可供选择。系统可单独进行水量及水库、河道水沙输移模拟计算，也可通过灵活的方案设计功能，设定不同边界条件，实现丰富的多种情景组合，如图 6-8 所示。

图 6-6　长系列泥（水）沙动态调控模块的模型配置界面

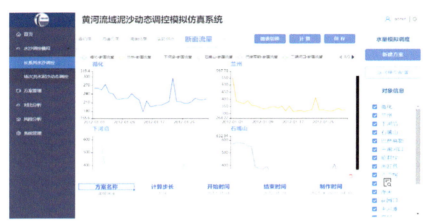

图 6-7　场次洪水泥沙动态调控模块的模型配置界面

图 6-8　水沙调控综合模拟结果

6.2　中长期洪水泥沙动态调控方案设计与计算

综合考虑黄河干支流骨干枢纽群运用阶段、调控目标、水沙条件和工程布局等要素的复杂组合方式，本节开展了多要素不同组合情景下的泥沙动态调控系列年与典型年调控方案设计；基于泥沙动态调控模拟仿真系统，开展了黄河干支流骨干枢纽群不同边界条件下泥沙动态调控各情景方案计算；基于第 5 章建立的黄河干支流骨干枢纽群泥沙动态调控指标体系，对比分析了不同调控方案、不同边界条件下泥沙动态调控效果。

6.2.1　动态调控影响因素分析

1. 工程布局

水沙调控体系包括干流龙羊峡水库、刘家峡水库、万家寨水库、三门峡水库和小浪底水库，支流泾河上在建的东庄水库、故县水库、陆浑水库和河口村水库，以及规划中的古贤水库。其中，古贤水库坝址下游龙门站实测多年平均输沙量 8.57 亿 t，占全河沙量的 64%，粗泥沙量占全河沙量的 80%，而河口镇至龙门区间也是黄河"上大洪水"的主要来源区。该水库设计拦沙库容 118 亿 t，根据规划可在 50 年内维持下游河道 4000m³/s 中水河槽的行洪输沙能力，具有重大的研究价值。选定的参与水沙调控的工程及其布局如表 6-3 所示。

表 6-3　黄河干支流水沙调控工程布局

工程布局	枢纽工程
现状布局	龙羊峡、刘家峡、万家寨、三门峡、小浪底、故县、陆浑、河口村
东庄+现状布局	龙羊峡、刘家峡、万家寨、东庄、三门峡、小浪底、故县、陆浑、河口村
东庄+古贤+现状布局	龙羊峡、刘家峡、万家寨、古贤、东庄、三门峡、小浪底、故县、陆浑、河口村

2. 水沙条件

水沙条件是触发骨干枢纽群进行动态调控响应的重要因素。黄河泥沙主要产自中游河口镇至三门峡区间，来沙量占全河的 89.1%，来水仅占全河的 28%。同时，汛期 7～10 月来沙量约占全年来沙量的 90%，且主要集中在汛期的几场暴雨洪水中。根据水利部黄河水利委员会研究成果，目前黄土高原水土保持措施减少入黄泥沙量 3.5 亿～4.5 亿 t，即黄河还要来沙 11.2 亿～12.5 亿 t；在水土保持措施全部实施后，黄河来沙量大约 8 亿 t。近期黄河水沙情势发生了很大变化，特别是流域面上水利工程和水保工程大规模建设，"十三五"国家重点研发计划项目"黄河流域水沙变化机理与趋势预测"研究，预估未来 30 年入黄泥沙 3 亿 t 左右。出于黄河治理保护长治久安考虑，本次研究更注重成果的包罗性，年均来沙量仍采用 3 亿 t、6 亿 t、8 亿 t 三种情景。

结合前述 5.2 节研究成果，将水沙边界条件划分为丰水多沙系列、枯水多沙系列、丰水少沙系列和枯水少沙系列四种类型。

在此基础上，对泥沙来源及级配进一步细化，如上游宁蒙河段来沙可分为以风沙为主的细沙入河，以及十大孔兑暴雨洪水所导致的粗沙入河两种情况。十大孔兑来沙情景的设置主要通过对三湖河口断面和头道拐断面间的入河水量及沙量进行配置，但十大孔兑洪水持续时间普遍较短，鉴于模型步长为日，因此选取 1976 年 8 月十大孔兑洪水过程，洪水历时约两天。水沙调控方面，2018 年万家寨水库开始持续降水排沙，汛后防洪库容显著增加，可尝试单库调节，并可通过人工清淤继续增大调节库容；万家寨、三门峡和小浪底水库联合调控，可有效增加水库减淤量以及下游河道减淤量；在古贤工程建设完成后，可结合古贤水库进行水沙联合调控。针对大北干流来粗沙的情景，选取河龙区间的窟野河温家川站进行水沙边界条件设置，该水沙条件下的调控以干流三门峡和小浪底水库联合调控为主，后期可联合古贤水库进行调节。

3. 调控目标

黄河流域水沙调控的目标包括防洪、防凌、供水、发电、减淤、生态等。本次研究以长系列泥沙动态调控为核心,主要考虑供水与泥沙调控,将防洪、生态、防凌等目标作为约束条件。其中,防洪目标以水库汛限水位及关键控制断面控制流量约束为主,生态、防凌等目标主要考虑关键控制断面控制流量约束。

在供水调度方面,在满足防洪约束条件下,通过水库预泄预蓄等调度方式提高水库在汛末的蓄满率,为下一个调度年储备可供水量。在减淤调度目标方面,重点考虑汛期干流河道减淤(主要是宁蒙河段、下游河道)和全时段高效输沙(全河段)、水库库区排沙等。

4. 工程运用方式

根据黄河流域水沙来源的差异性,本次研究将不同区域所涉及的水库整体划分为调水和水沙协同调控两大类。其中,上游以龙羊峡和刘家峡水库为主,侧重于调水运用,与黄河上游其他水库配合进行水沙调控,以宁蒙河段协调水沙关系塑造为重点;万家寨水库、拟建古贤水库、三门峡水库和小浪底水库,分别以不同的单-多库联合调控协调水沙关系,以最大程度地保障水库与小北干流、黄河下游的防洪减淤,当入库沙量大于 6亿 t 时,考虑泥沙资源利用,打开调度空间,如表 6-4 所示。

表 6-4　黄河干支流不同枢纽工程运行方式

建设阶段	工程	运用阶段(运行方式)
现状工程	龙羊峡	调节水量
	刘家峡	调节水量
	万家寨	辅助调沙/泥沙资源利用
	三门峡	蓄清排浑/泥沙资源利用
	小浪底	拦沙后期/泥沙资源利用
	支流水库	辅助调水调沙
拟建工程	古贤	初期拦沙运用

6.2.2　中长期泥沙动态调控方案设计

1. 典型年泥沙动态调控方案设计

在丰水多沙、枯水多沙、枯水少沙、丰水少沙 4 种典型年情景下,结合不同影响因素,设置多种水库群联合运用方案。

丰水多沙以 1967 年作为典型年。在该典型年内,设置不同泥沙来源区,并据此进行水库群工程组合实施水沙调控；在此基础上，假设针对现状水库泥沙淤积状况实施强人工措施清淤，在恢复水库一定拦沙库容的同时，对清淤出来的泥沙实行资源利用。1967年典型年泥沙动态调控方案设置见表6-5。

表6-5　1967年典型年泥沙动态调控方案设置

典型年	水沙条件		工程组合	工程运用阶段	调控目标	方案编号
	粗沙来源	粗沙来沙过程				
1967年	窟野河	叠加窟野河2016年水沙过程最大流量4300m³/s，最大含沙量158kg/m³	三-小联合	现状	高效输沙	1967-1
				三门峡人工减淤1亿t		1967-2
				三门峡人工减淤5亿t		1967-3
				三小各人工减淤5亿t		1967-4
			古贤+三-小联合	古贤拦沙初期		1967-5
			古贤+东庄+三-小联合	东庄+古贤拦沙初期		1967-6
	渭河		三-小联合	现状		1967-7
				三门峡人工减淤1亿t		1967-8
				三门峡人工减淤5亿t		1967-9
				三小各人工减淤5亿t		1967-10
			东庄+三-小联合	东庄拦沙初期		1967-11

注："三-小"指三门峡-小浪底，下同。

枯水多沙以1951作为典型年。该年份来沙较多，来水较少，全河水沙调控能力有限，因此该典型年的主要调控目标是减少进入下游河道的泥沙量，即汛期高含沙洪水到来后，抬高水库运用水位拦沙，再择机将淤积在水库的泥沙实施清淤和泥沙资源利用，具体调控方案见表6-6。

表6-6　1951年典型年泥沙动态调控方案设置

典型年	水沙条件		工程组合	工程运用阶段	调控目标	方案编号
	粗沙来源	粗沙来沙过程				
1951年	窟野河	叠加窟野河2016年吴堡站水沙过程最大流量4300m³/s，最大含沙量158kg/m³	三-小联合	现状	泥沙资源利用减少进入河道泥沙	1951-1
			万-三-小联合	三门峡及小浪底水库均人工清淤1亿t		1951-2
	渭河	叠加窟野河2016年吴堡站水沙过程最大流量4300m³/s，最大含沙量158kg/m³	古贤+三-小联合	古贤拦沙初期		1951-3
				现状		1951-4
			古贤+三-小联合	三门峡及小浪底水库均人工清淤1亿t		1951-5
			东庄+古贤+三-小联合	东庄+古贤拦沙初期		1951-6

注："万-三-小"指万家寨-三门峡-小浪底，下同。

枯水少沙以 2013 年作为典型年。这种情况下尽管进入下游河道的水量有限，但仍可通过全河水沙联合调控，实现水库尽量多排沙，并尽可能多地向近海输送，这样不仅可以减少水库泥沙淤积，还可以为河口三角洲地区生态修复和环渤海湾地区海洋生物多输送营养物质，具体调控方案见表 6-7。

表 6-7　2013 年典型年泥沙动态调控方案设置

典型年	工程组合及工程运用阶段	方案编号
2013 年	现状工程（无古贤和东庄），现行调控规则	2013-1
	三门峡清淤 0.5 亿 t，小浪底降低水位运用	2013-2
	三门峡清淤 0.5 亿 t，三门峡+小浪底降水位运用，泥沙资源利用	2013-3
	三门峡清淤 1 亿 t，小浪底降低水位运用，泥沙资源利用	2013-4
	三门峡清淤 1 亿 t，三门峡+小浪底均降低水位运用，泥沙资源利用	2013-5
	三门峡清淤 1 亿 t，三门峡+小浪底降水位运用，泥沙资源利用	2013-6
	有古贤，三门峡+小浪底均降低水位排沙	2013-7

丰水少沙以 2018 年作为典型年。对于黄河而言，丰水少沙是难得的有利水沙过程，可以抓住这种年份的有利时机，通过水动力和强人工措施结合的泥沙负载或清淤技术，实现水库减淤和多输沙入海。具体调控方案设置如下表 6-8。

表 6-8　2018 年典型年泥沙动态调控方案设置

典型年	工程组合及工程运用阶段	调控目标
2018 年	现状工程，现行调控规则	2018-1
	龙羊峡高水位，小浪底降水位单库排沙运用	2018-2
	龙羊峡高水位，三-小降水位联合排沙运用	2018-3
	龙羊峡高水位，三-小各清淤 1 亿 t，三-小降水位排沙运用	2018-4
	龙羊峡高水位，古贤拦沙，三-小各清淤 1 亿 t，三-小降水位排沙运用	2018-5

2. 长系列泥沙动态调控方案设计

根据头道拐、龙门、泾河和华县站泥沙情况，设置 30 年年均 3 亿 t、6 亿 t、8 亿 t 入河泥沙情景。其中，3 亿 t 方案，直接选用 2000～2009 年实测 10 年系列连续循环 3 次；6 亿 t 方案，直接选取 1956～1985 年水沙系列；8 亿 t 方案，以 6 亿 t 方案 1956～1985 年水沙系列为基础放大。初始条件采用 2018 年末数据，即计算时段为 2019 年 1 月 1 日～2047 年 12 月 31 日。

如表 6-9 所示，长系列年方案共分为两组，现状方案为现状工程条件和运行方式，优化方案的过程条件为 2024 年东庄水库投入运行、2033 年古贤水库投入运行。其他水库运用方式根据典型年运行方案实时动态调控泥沙，即万家寨水库、三门峡水库和小浪底水库适时采取强人工措施清淤和泥沙资源利用。

表 6-9　长系列方案设置

工程布局	调控目标	水沙条件	水库运用阶段	方案名称
现状	泥沙动态调控	3 亿 t	现状条件	3 亿 t 现状方案
		6 亿 t		6 亿 t 现状方案
		8 亿 t		8 亿 t 现状方案
2024 年东庄水库投入运行 2033 年古贤水库投入运行		3 亿 t	万家寨水库、三门峡水库和小浪底水库适时人工清淤	3 亿 t 优化方案
		6 亿 t		6 亿 t 优化方案
		8 亿 t		8 亿 t 优化方案

6.2.3　中长期泥沙动态调控方案计算

1. 典型年泥沙动态调控方案计算

1）1967 年典型年

在 1967 年丰水多沙条件下，通过三门峡及小浪底水库清淤和泥沙资源利用、水库降水位排沙，输沙效率提升显著，计算结果见表 6-10。

表 6-10　1967 年典型年各方案冲淤计算结果　　　（单位：亿 t）

方案编号	万家寨水库	三门峡水库	小浪底水库	下游河道冲淤量
1967-1	0.58	1.13	2.11	3.52
1967-2	0.58	1.34	2.03	3.47
1967-3	0.58	1.94	1.63	3.26
1967-4	0.58	1.94	3.22	2.81
1967-5	0.58	0.69	0.98	0.94
1967-6	0.58	0.36	0.46	0.51
1967-7	0.58	1.27	2.22	3.76
1967-8	0.58	1.53	2.06	3.7
1967-9	0.58	2.19	1.71	3.55
1967-10	0.58	2.19	3.39	3.01
1967-11	0.58	0.87	1.09	1.33

2）1951 年典型年

该水沙情景下，在不考虑古贤工程时，通过恢复三门峡及小浪底水库有效库容，可提升水库水沙调节能力，从而减少下游河道淤积，计算结果见表 6-11。

表 6-11　1951 年典型年各方案冲淤计算结果　　　（单位：亿 t）

方案编号	万家寨水库	三门峡水库	小浪底水库	下游河道冲淤量
1951-1	0.31	0.89	1.15	2.34
1951-2	0.31	1.17	0.96	2.19
1951-3	0.31	0.21	0.44	0.75
1951-4	0.31	0.8	1.04	2.21
1951-5	0.31	1.05	0.89	2.1
1951-6	0.31	0.15	0.32	0.69

表 6-11 中方案 1951-3 和方案 1951-6 均为古贤水库拦沙运用，因此减淤效果明显；方案 1951-2 和方案 1951-5 是三门峡和小浪底水库进行低水位排沙运用，恢复了一定的库容，且较方案 1951-1 和方案 1951-4 现行调控方式对下游河道的减淤作用有所提升。

3）2013 年典型年

该典型年枯水少沙，计算结果见表 6-12。方案 2013-1 为现行调控方式，方案 2013-2～方案 2013-7 实施泥沙动态调控的整体效果逐步提高。其中，方案 2013-2 和方案 2013-3 因水库库容恢复有限，对提升下游河道的减淤效果都没有其他方案明显；方案 2013-4 和方案 2013-5 对三门峡水库和小浪底水库前期拦沙、后期降低水位排沙，拦截的泥沙又实施泥沙资源利用，因此库容均得到较大幅度的提升，对下游河道的减淤效果明显比方案 2013-2 和方案 2013-3 大；方案 2013-4 为小浪底单库降低水位排沙，方案 2013-5 和方案 2013-6 是两座水库共同降低水位排沙，计算结果表明，三门峡水库和小浪底水库联合调控，运用效果更加明显；方案 2013-7 为古贤水库建成运用初期阶段，大量泥沙被古贤水库拦截，下游河道的减淤效果是各方案中最优的一个方案。

表 6-12　2013 年典型年各方案冲淤计算结果　　　（单位：亿 t）

方案	万家寨水库	三门峡水库	小浪底水库	下游河道冲淤量
2013-1	−0.05	−0.13	−0.16	0.92
2013-2	−0.05	−0.13	−0.58	0.88
2013-3	−0.05	−0.14	−0.63	0.8
2013-4	−0.05	−0.16	−0.67	0.74
2013-5	−0.05	−0.17	−0.71	0.68
2013-6	−0.05	0.1	−0.8	0.59
2013-7	−0.05	−0.25	−1.3	0.41

4）2018 年典型年

2018 年为典型的丰水少沙年。在水量较为丰沛的情况下，各方案均实现了库区与下游河道明显的减淤，整体趋势依然是枢纽群联合调控、库容增加明显的情况下，可显著提升下游河道的减淤效果，具体结果参见表 6-13。上游龙羊峡水库高水位运用，最低控制水位为 2587m，相较现状调控方案，减淤效果明显。

表 6-13　2018 年典型年各方案冲淤计算结果　　　　　　（单位：亿 t）

方案	万家寨水库	三门峡水库	小浪底水库	下游河道冲淤量
2018-1	−0.4	−0.55	0.62	−0.45
2018-2	−0.4	−0.77	0.67	−1.08
2018-3	−0.4	−0.86	0.65	−1.05
2018-4	−0.4	−0.86	0.64	−1.11
2018-5	−0.4	−0.99	−0.45	−1.55

2. 长系列泥沙动态调控方案计算

长系列不同水沙条件下现状方案与优化方案万家寨、三门峡、小浪底三个水库的冲淤计算结果（多年平均）见表 6-14 和表 6-15。现状方案，万家寨水库与三门峡水库计算结果在三组方案中变化不大，其中万家寨基本冲淤平衡，三门峡水库有少量冲刷；小浪底水库则随着来沙量增大排沙比有所增大，但水库整体仍呈淤积状态。

表 6-14　长系列现状方案万家寨-三门峡-小浪底三个水库冲淤计算结果　　（单位：亿 t）

水库	水沙系列	实际平均入库沙量	水库排沙量	冲淤量
万家寨水库	3	0.53	0.56	−0.03
	6	0.85	0.86	−0.01
	8	1.13	1.14	−0.01
三门峡水库	3	3.41	3.45	−0.04
	6	6.21	6.28	−0.07
	8	8.42	8.50	−0.08
小浪底水库	3	3.51	2.42	1.09
	6	6.32	4.87	1.45
	8	8.22	6.41	1.81

表 6-15　长系列优化方案万家寨-三门峡-小浪底三个水库冲淤计算结果（单位：亿 t）

水库	水沙系列	实际平均入库沙量	水库排沙量	人工清淤量	冲淤量
万家寨水库	3	0.53	0.56	0.1	−0.03
	6	0.85	0.87	0.1	−0.02
	8	1.13	1.19	0.1	−0.06
三门峡水库	3	2.43	2.61	0.2	−0.18
	6	5.42	5.62	0.2	−0.2
	8	7.4	7.54	0.2	−0.14
小浪底水库	3	2.49	2.03	0.3	0.46
	6	5.23	4.18	0.3	1.05
	8	7.58	6.01	0.3	1.58

优化方案，各水库排沙比相对现状方案变化不大；但是优化方案由于东庄和古贤水库的先后投入运用，进入三门峡水库的泥沙量显著减少，小浪底水库拦蓄的泥沙，配合人工清淤和泥沙资源利用，有效减少了进入下游河道的泥沙，见表 6-16 和表 6-17。

表 6-16　长系列现状方案下游河道冲淤计算结果　　（单位：亿 t）

	多年平均来沙量	下游来沙	小浪底—花园口	花园口—夹河滩	夹河滩—高村	高村—孙口	孙口—艾山	艾山—泺口	泺口—利津	小浪底—利津合计
多年平均	3	2.43	−0.068	−0.048	−0.043	−0.025	−0.022	−0.021	−0.021	−0.25
30 年累积			−2.04	−1.44	−1.29	−0.75	−0.66	−0.63	−0.63	−7.44
多年平均	6	4.88	0.098	0.162	0.157	0.071	0.068	0.043	0.042	0.641
30 年累积			2.94	4.86	4.71	2.13	2.04	1.29	1.26	19.23
多年平均	8	7.31	0.156	0.259	0.251	0.114	0.109	0.069	0.067	1.03
30 年累积			4.704	7.776	7.536	3.408	3.264	2.064	2.016	30.77

表 6-17　长系列优化方案下游河道冲淤计算结果　　（单位：亿 t）

	多年平均来沙量	下游来沙	小浪底—花园口	花园口—夹河滩	夹河滩—高村	高村—孙口	高村—艾山	艾山—泺口	泺口—利津	小浪底—利津合计
多年平均	3	2.09	−0.108	−0.065	−0.051	−0.044	−0.038	−0.035	−0.028	−0.369
30 年累积			−3.24	−1.95	−1.53	−1.32	−1.14	−1.05	−0.84	−11.07

续表

	多年平均来沙量	下游来沙	小浪底—花园口	花园口—夹河滩	夹河滩—高村	高村—孙口	高村—艾山	艾山—泺口	泺口—利津	小浪底—利津合计
多年平均			0.062	0.147	0.139	0.066	0.057	0.035	0.031	0.537
30年累积	6	4.21	1.86	4.41	4.17	1.98	1.71	1.05	0.93	16.11
多年平均			0.100	0.237	0.224	0.106	0.092	0.056	0.050	0.865
30年累积	8	6.03	2.99	7.10	6.71	3.19	2.75	1.69	1.50	25.93

从表 6-16 和表 6-17 可以看出，水库群联合实施优化调控，进入下游河道的泥沙量显著减少，下游河道小浪底至利津河段在 3 亿 t 泥沙入河情景下年均冲刷量增大 48.8%，6 亿 t 和 8 亿 t 情景下多年累积淤积量分别减少 3.12 亿 t 和 4.84 亿 t。

6.2.4 中长期泥沙动态调控效果综合分析

1. 基于水库清淤与泥沙资源利用的调控效果对比

将上述基于水库人工清淤并实施泥沙资源利用的所有方案计算结果汇集在一起，可以对比分析实施水库清淤和泥沙资源利用与否，以及不同清淤和泥沙资源利用强度下，水库与下游河道的冲淤变化情况，从而以其对比分析基于水库清淤与泥沙资源利用的枢纽群联合调控效果。图 6-9（a）为 1967 年典型年窟野河来沙情景下，小浪底库区不同人工清淤量条件下，各方案水库与下游河道冲淤计算结果，可以明显看出，水库人工清淤量增大后泥沙淤积量也增大，但整体而言水库的拦沙空间呈增大趋势，从而可以拦蓄更多泥沙，避免其进入下游河道，减少了河道泥沙淤积。

图 6-9（b）为 2013 年典型年三门峡库区不同人工清淤量下，小浪底水库单库降低水位运用的条件下，水库群及下游河道总冲淤量对比，其中人工清淤 0.5 亿 t 对应方案 2013-2，人工清淤 1 亿 t 对应方案 2013-4。可以看出，随着人工清淤量的增大，下游河道淤积量相较现状条件下分别减少了 4.3% 和 19.5%。

图 6-9（c）为 2013 年典型年三门峡库区不同人工清淤量下与小浪底水库共同降低水位运用，其中人工清淤 0.5 亿 t 对应 2013-3 方案，人工清淤 1 亿 t 对应 2013-5 方案。同样可以看出，随着人工清淤量的增大，两个泥沙动态调控方案与现状调控运用方式相比，减淤效果均呈提升趋势。经过清淤后的水库由于调节库容的增大，其调节能力也得到一定程度恢复，同时对水库群联合运用产生积极影响，可以提升水库群的整体调节能力。

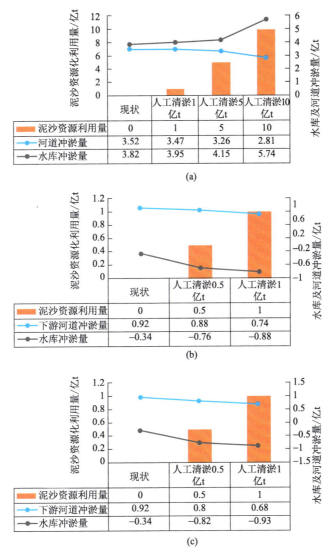

图 6-9　泥沙资源利用量与冲淤量分析

（a）1967 年典型年窑野河来沙情景+小浪底库区不同人工清淤量；（b）2003 年典型年水沙情景+三门峡库区不同人工清淤量+小浪底水库降低水位运用；（c）2003 年典型年水沙情景+三门峡库区不同人工清淤量+三门峡小浪底两库共同降低水位运用

2. 单库与多库联合调控减淤效果对比

以 2013 年典型年方案为例，在人工清淤强度相同时，分别选择小浪底水库单库降低水位排沙、三门峡联合小浪底水库共同降低水位排沙进行对比。

图 6-10 为 2013 年典型年各调控方案水库与河道减淤效果及总减淤效果的汇总情况。可以看出，方案 2013-2~方案 2013-7 的减淤效果均优于现状调控方案（方案 2013-1 为现行调控方式）。其中，在三门峡水库人工清淤与泥沙资源利用量相同的情况下，方案 2013-3 三门峡水库和小浪底水库两库联合运用比方案 2013-2 小浪底水库单库调控的减

淤效果更优。当水库清淤和泥沙资源利用量增大后（方案 2013-4 和方案 2013-5 比方案 2013-2 和方案 2013-3 的人工清淤量大），水库与河道的整体减淤效果明显较优，且仍呈现三门峡和小浪底水库双库联合运用优于小浪底水库单库运用。方案 2013-6 采用的是三门峡水库拦沙与小浪底水库降低水位排沙联合运用，下游河道的减淤效果优于方案 2013-4 和方案 2013-5，但三门峡水库拦截泥沙造成库区淤积量增加，使其与方案 2013-4 和 2013-5 双库联合排沙运用整体减淤效果差。方案 2013-7，东庄水库和古贤水库已开始拦沙运用，大量泥沙被拦截在这两个新运行水库内，使其下游的三门峡和小浪底两座水库及下游河道减淤效果最为明显。

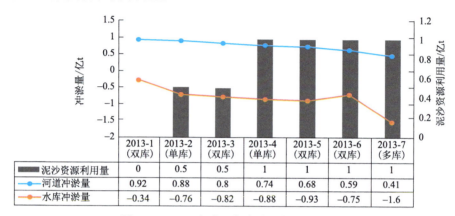

图 6-10　2013 年典型年水沙调控结果对比

3. 泥沙动态调控增大水库拦沙库容对整体调控效果的影响

根据前述方案计算结果，随着水库清淤和泥沙资源利用等强人工措施与水库群联合调控运用，水库的拦沙总库容增大，水库群的调控能力增加，水库及下游河道的减淤效果均有一定程度的提升，相互促进的作用显著。为此，我们绘制了窟野河来沙为主的水沙条件下，以及渭河来沙为主的水沙条件下水库群拦沙库容与下游河道冲淤量的关系图（图 6-11 和图 6-12）。从图 6-11 和图 6-12 中可以看出，东庄水库和古贤水库分别对两个

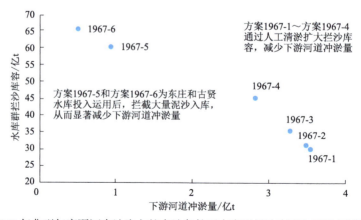

图 6-11　1967 年典型年窟野河来沙为主的水沙条件下水库群拦沙库容与下游河道冲淤量关系

主要来沙区域的泥沙进行拦截，可明显提高其下游的三门峡水库和小浪底水库及下游河道的减淤效果；而在没有这两个枢纽工程参与调控的情况下，万家寨、三门峡、小浪底三个水库组成的枢纽群在不利的丰水多沙水沙条件下，联合调控的效果也随着枢纽群拦沙库容的增加而增大，同时配合水库降低水位加大排沙，减淤效果更有所提升，但整体调控效果还是明显小于上游新建东庄水库及待建古贤水库投运后的调控效果。

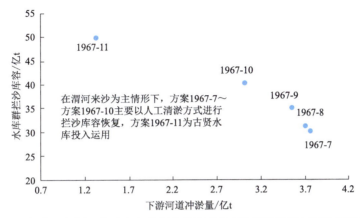

图 6-12　1967 年典型年渭河来沙为主的水沙条件下水库群拦沙库容与下游河道冲淤量关系

4. 水沙调控体系逐步完善对调控结果的影响

根据 2018 年典型年方案计算结果可以看出，与现状工程体系下现状调控方式（方案 2018-1）相比，后续调控方案分别由小浪底水库单库降低水位排沙运用（方案 2018-2），到三门峡水库与小浪底水库两库联合降水位排沙运用（方案 2018-3），再到清淤与调控相结合使水库拦沙库容恢复的多库联合调控（方案 2018-4），最后到由古贤水库参与的多库联合调控（方案 2018-5），调控工程体系逐渐完善，调控能力逐步提升，其综合减淤效果不断提高，特别是方案 2018-5 的减淤效果明显提高。各方案调控效果对比情况详见图 6-13。

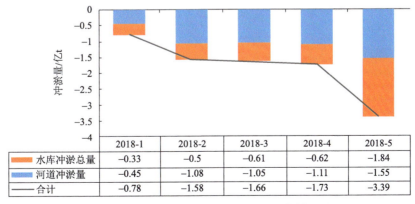

	2018-1	2018-2	2018-3	2018-4	2018-5
水库冲淤总量	−0.33	−0.5	−0.61	−0.62	−1.84
河道冲淤量	−0.45	−1.08	−1.05	−1.11	−1.55
合计	−0.78	−1.58	−1.66	−1.73	−3.39

图 6-13　2018 年典型年不同调控方式调控效果对比

6.3　场次洪水泥沙动态调控方案设计与计算

本节综合考虑黄河干支流骨干枢纽群运用阶段、调控目标、水沙条件和工程布局等要素,进行多要素不同组合情景下的场次洪水泥沙动态调控方案设计;完善水沙演进和河床冲淤演变二维模型与水库排沙模型高效耦合方式,开展黄河干支流骨干枢纽群不同边界条件下泥沙动态调控各情景方案计算;基于建立的泥沙动态调控指标体系,对比分析不同调控方案、不同边界条件下场次洪水的泥沙动态调控效果。

6.3.1　场次洪水泥沙动态调控方案设计

1. 设计原则

场次洪水泥沙动态调控方案设计,主要依据黄河干支流骨干枢纽群泥沙动态调控模式研究成果,确定 3 项调控方案设计原则:①综合考虑黄河干支流水库群的防洪(防凌)减淤、供水发电、生态环境等调控目标,在确保水库安全运行的前提下,尽可能发挥更大的综合效益;②尽可能保证青海、甘肃、宁夏、内蒙古河段河道过流安全,提高上游宁蒙河段及中游小北干流河段河道过流能力,维持下游河道中水河槽,减少河道淤积,尽可能多输沙入海;③以全河干支流骨干枢纽群水沙联合调控模式为主,统筹单库调度与多库联合调度,恢复并维持水库长期有效库容,调整库区淤积形态,实现洪水-泥沙资源的高效利用。

2. 水沙边界条件

场次洪水泥沙动态调控方案设计必须综合考虑黄河水少沙多、水沙异源的水文泥沙特性,并结合历史大洪水实测资料,进行水沙边界条件的设置。

水沙来源时空组合。主要考虑洪水来源区的不同,包括上游、中游支流(十大孔兑、窟野河、无定河、汾河、北洛河、泾河、渭河等)、小花间(小浪底—花园口的伊河、洛河、沁河等)、大汶河来水;泥沙来源主要考虑十大孔兑、窟野河、无定河、汾河、北洛河、泾河、渭河等。

水库边界条件。以现状各水库运行状态为主,考虑水动力泥沙动态调控、水库清淤和泥沙资源利用等库容恢复措施,分别设置现状、10 年、30 年水库边界条件。

水库清淤和泥沙资源利用。视场次洪水来沙量、来沙组成及水库库容恢复情况,单库有能力调节该场次洪水来沙时,就以单库调节为主;如果单库不能完全满足泥沙调节需求时,采用多库乃至全河所有水库联合调控洪水泥沙。泥沙动态调控应根据洪水来源区、洪水量级等基本信息,提前研判场次洪水粗细沙占比,分类决策水库(群)调控预案。对于细泥沙而言,根据水库与下游河道均衡输沙条件,应尽量通过调度,尽可能多地排沙出库进入下游河道;如果洪水水量有限,则让细沙淤积在水库库内即可。对于粗沙而言,应遵循泥沙动态调控和资源利用的理念,让粗沙尽可能淤积在库尾,以利于泥沙资源的集中利用；水库清淤和泥沙资源利用的量应以场次洪水来沙组成的中、粗沙沙量多少为依据。库容淤损到一定年限后（或常态化），适时采用强人工措施清淤，清淤后的地形作为下阶段计算的地形边界条件。

3. 场次洪水泥沙动态调控方案设计

根据国务院批复的《黄河防御洪水方案》（国函〔2014〕44号）、国家防汛抗旱总指挥部批复的《黄河洪水调度方案》（国汛〔2015〕19号），视场次洪水来水来沙情况，选择单库或多库联合调控，设计方案见表6-18。

表6-18　场次洪水泥沙动态调控方案设计汇总表

水沙来源	典型过程	水库群	下游保滩流量 / （m³/s）	泥沙资源利用	水库运用阶段
上游宁蒙河段以上来水来沙为主	2018 年汛期	万家寨、古贤、三门峡、小浪底、陆浑、故县、河口村	4500	先拦（粗沙）后挖	现状库容恢复10年库容恢复30年
十大孔兑来沙为主	2018 年汛期洪水 1966 年、1989 年西柳沟高含沙洪水				
大北干流来沙为主	2018 年汛期洪水 无定河"7.26"高含沙洪水				
十大孔兑和大北干流同时来沙	2018 年汛期洪水 1966 年、1989 年西柳沟高含沙洪水 无定河"7.26"高含沙洪水				
上大洪水	1933 年、1977 年	东庄、古贤、三门峡、小浪底、陆浑、故县、河口村	10000 4500 8000		
下大洪水	1958 年、1982 年	三门峡、小浪底、陆浑、故县、河口村	10000 8000		

6.3.2　场次洪水泥沙动态调控方案计算

1. 计算边界条件

地形条件均采用黄河干支流水库、黄河下游河道 2018 年汛后地形。涉及泥沙动态调控的各相关水库调度的基本约束条件如下：万家寨水库，实行拦粗排细，汛期按照不超汛限水位 966.0m、排沙期最高运用水位 957.0m 运用；三门峡水库，汛期按照不超汛限水位 305.0m 运用，当入库流量大于 1500m³/s 时，三门峡水库敞泄运用；小浪底水库，根据不同洪水类型，分别采用三种调度方式，即批复的常规防洪运用方式（也可称作现状地形不保滩运用方式)、控制花园口流量 4500m³/s 保滩运用方式(也可称作现状地形保滩运用方式)、8000m³/s 标准控导工程连线(也有称 8000m³/s 标准防护堤)保滩运用方式;陆浑、故县、河口村水库,按照批复的防洪运用方式运用。待建古贤水库,6 月底水库预留 6 亿 m³ 蓄水量,于 7 月上半月均匀泄放,保证黄河下游抗旱灌溉用水,主汛期古贤、小浪底水库联合调水调沙运用;在建的东庄水库,按照拦沙运用期运用方式考虑,大洪水期间充分发挥防洪作用,尽可能拦蓄洪峰。

2. 不同运用时期水库库容恢复预设

为充分发挥水库拦粗排细作用,对淤积在库尾的粗泥沙通过人工清淤和泥沙资源利用、淤积在坝前的细颗粒泥沙通过汛前和汛期调水调沙冲刷出库,多措并举尽可能恢复并保持水库长期有效库容,持续发挥水库的防洪和水资源综合利用效益。为了在模拟计算的过程中反映水库库容恢复与保持的效应,我们在水库的不同运用时期,简化预设了水库库容恢复量。其中,万家寨水库 10 年、30 年后库容恢复分别按照最大限度恢复量 6.0 亿 m³、7.0 亿 m³ 考虑;三门峡水库按照平均每年恢复 0.1 亿 m³ 考虑,10 年、30 年后水库恢复库容分别按增大 1 亿 m³、3.0 亿 m³ 计;小浪底水库开始运用至 2021 年汛前已累计淤积泥沙 32.01 亿 m³,占水库设计拦沙库容的 42.40%,本次计算小浪底水库库容按照每年恢复 0.3 亿 m³ 考虑,恢复至 10 年、30 年时,库容分别增加 3 亿 m³、9.0 亿 m³。

3. 上游宁蒙河段以上来水来沙为主的典型洪水调控方案计算

选择 2018 年汛期洪水过程作为上游宁蒙河段以上来水来沙为主的典型洪水调控案例。考虑万家寨、古贤(待建)、三门峡、小浪底等干流主要水库的联合调控运用,根据 2018 年汛期洪水水沙过程及泥沙组成,实时调整确定对泥沙进行单库或多库联合调度,分别考虑干支流骨干枢纽群泥沙动态调控水库库容恢复 10 年、30 年后的不同运用阶段,共设计了 3 种计算工况。

不同调控方案计算结果见表 6-19。可以看出,水库库容恢复 30 年后与现状地形条件相比,万家寨水库的淤积量从 0.447 亿 t 增大到 0.523 亿 t,增大了 17.0%。三门峡水库以敞泄运用为主,计算得到水库净冲刷量从 0.614 亿 t 减小到 0.583 亿 t,减小了 5.0%。小浪底水库淤积量从 0.321 亿 t 增大到 0.398 亿 t,增大了 24.0%。黄河下游河道冲刷量从 0.224 亿 t 增大到 0.248 亿 t,增加了 10.7%。输沙入海量从 0.882 亿 t 减小到 0.662 亿 t,减少了 24.9%。万家寨、三门峡、小浪底水库泥沙资源利用的总量从 0.988 亿 t 增大到 1.065 亿 t,增大了 7.8%。

综合对比这三个计算方案,针对 2018 年汛期这种水沙条件,上游来沙相对较少,通过万家寨单库就能够实现对粗泥沙的调控,水库库容逐步恢复至 10 年、30 年后,较现状库容都有不同程度的增加;在相同入库水沙条件、相同运用方式下,水库水深越大、流速越小,越有利于粗泥沙在水库落淤,从而增加了库区泥沙资源利用量,同时减小了进入黄河下游的泥沙含量,特别是减少了粗泥沙进入下游的含量,更有利于增大下游河道的冲刷效果。如此,黄河即进入良性循环状态。

表 6-19　上游宁蒙河段以上来水来沙为主的场次洪水调控方案计算结果汇总　　（单位：亿 t）

| 方案 | 水库运用阶段 | 万家寨 | | | 三门峡 | | 小浪底 | | 下游冲淤 | 入海 |
		入库	冲淤	资源利用	冲淤	资源利用	冲淤	资源利用		
1	现状	0.752	0.447	0.234	−0.614	0.433	0.321	0.321	−0.224	0.822
2	10 年	0.752	0.481	0.234	−0.598	0.433	0.354	0.354	−0.232	0.747
3	30 年	0.752	0.523	0.234	−0.583	0.433	0.398	0.398	−0.248	0.662

4. 十大孔兑来沙为主的场次洪水调控方案计算

以上游来水为主，考虑内蒙古十大孔兑突发性暴雨洪水产生的短历时、高含沙、泥沙级配粗的水沙过程进入黄河干流，暂不考虑泥沙集中入黄在干流口门产生淤堵的情况。水沙过程采用实测 2018 年 7 月 1 日～10 月 31 日头道拐日均流量、含沙量过程及泥沙平均级配；孔兑来沙采用的是两次实际发生在十大孔兑之一的西柳沟实测洪水泥沙过程。

各调控方案计算结果见表 6-20。可以看出，现状工程联合调控下，水库库容恢复 30 年后与现状地形条件相比，万家寨水库淤积量增大了 15.3%，三门峡水库冲刷量减小了 2.0%，小浪底水库淤积量增大了 1.3%，黄河下游河道冲刷量增加了 14.7%，输沙入海量减小了 15.0%。万家寨、三门峡、小浪底水库泥沙资源利用的总量增大了 0.4%。

考虑待建古贤水库拦沙期运用，各种地形条件下均按照泥沙全部淤积在古贤库区内，出库以清水为主。与现状工程联合调控相比，因万家寨水库位于古贤水库上游，它的冲淤计算结果没有变化。与现状工程条件相比，水库库容恢复 30 年后，三门峡水库冲刷量从 0.719 亿 t 增大到 0.854 亿 t，增大 18.9%；小浪底水库淤积量从 0.563 亿 t 减小到 0.436 亿 t，减小了 22.7%；黄河下游冲刷量从 0.25 亿 t 增大到 0.255 亿 t，增大了 2.0%。受古贤水库拦蓄泥沙的影响，万家寨、三门峡、小浪底水库泥沙资源利用的总量从 1.570 亿 t 减小到 1.443 亿 t，减小了 8.1%。

针对十大孔兑来沙为主、泥沙组成偏粗的这种水沙条件，通过万家寨单库能够实现对大部分粗泥沙的调控，水库库容恢复后，黄河中游枢纽群的淤积量和泥沙资源利用量都有所增大。古贤水库拦沙运用（图 6-14），可减小万家寨、三门峡、小浪底等中游水库的泥沙淤积，三门峡水库可实现多冲刷泥沙出库，小浪底水库减淤明显，整体防洪减淤、社会经济、生态环境效益显著。

表 6-20　十大孔兑来沙为主的场次洪水调控方案计算结果汇总　　（单位：亿 t）

| 方案 | 水库运用阶段 | 万家寨 | | | 古贤 | 三门峡 | | 小浪底 | | 下游冲淤 | 入海 |
		入库	冲淤	资源利用	冲淤	冲淤	资源利用	冲淤	资源利用		
1	现状	1.319	0.895	0.574	不运用	−0.734	0.433	0.556	0.556	−0.218	0.820

续表

方案	水库运用阶段	万家寨			古贤	三门峡		小浪底		下游冲淤	入海
		入库	冲淤	资源利用	冲淤	冲淤	资源利用	冲淤	资源利用		
2	10 年	1.319	0.956	0.574	不运用	−0.725	0.433	0.555	0.555	−0.223	0.780
3	30 年	1.319	1.032	0.574		−0.719	0.433	0.563	0.563	−0.25	0.697
4	现状	1.319	0.895	0.574	0.424	−0.893	0.433	0.366	0.366	−0.228	0.750
5	10 年	1.319	0.956	0.574	0.363	−0.869	0.433	0.391	0.391	−0.247	0.706
6	30 年	1.319	1.032	0.574	0.287	−0.854	0.433	0.436	0.436	−0.255	0.668

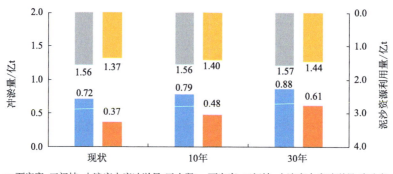

图 6-14 十大孔兑来沙为主的万家寨-三门峡-小浪底水库泥沙冲淤量和资源利用量对比

5. 大北干流来沙为主的场次洪水调控方案计算

上游基流采用 2018 年洪水过程，大北干流来沙采用 2017 年 "7.26" 无定河流域特大暴雨洪水过程；上游来水来沙与 "7.26" 无定河集中降雨产生的高含沙洪水叠加，且泥沙级配相对较粗。

各调控方案计算结果见表 6-21。现状工程联合调控下，水库库容恢复 30 年后与现状地形条件相比，万家寨水库淤积量增大了 17.0%，三门峡水库冲刷量减小了 15.8%，小浪底水库淤积量增大了 6.9%，黄河下游河道冲刷量增加了 11.6%，输沙入海量减小了 21.0%。万家寨、三门峡、小浪底水库泥沙资源利用的总量增大了 3.9%。

表 6-21 大北干流来沙为主的场次洪水调控方案计算结果汇总 （单位：亿 t）

方案	水库运用阶段	万家寨			古贤	三门峡		小浪底		下游	入海
		入库	冲淤	资源利用	冲淤	冲淤	资源利用	冲淤	资源利用		
1	现状	0.752	0.447	0.234	不运用	−0.493	0.433	0.860	0.860	−0.121	0.947

续表

方案	水库运用阶段	万家寨			古贤	三门峡		小浪底		下游	入海
		入库	冲淤	资源利用	冲淤	冲淤	资源利用	冲淤	资源利用		
2	10 年	0.752	0.481	0.234	不运用	−0.466	0.433	0.894	0.894	−0.127	0.858
3	30 年	0.752	0.523	0.234		−0.415	0.433	0.919	0.919	−0.135	0.748
4	现状	0.752	0.447	0.234	1.193	−0.929	0.433	0.455	0.455	−0.242	0.716
5	10 年	0.752	0.481	0.234	1.159	−0.904	0.433	0.479	0.479	−0.246	0.671
6	30 年	0.752	0.523	0.234	1.117	−0.888	0.433	0.515	0.515	−0.250	0.623

考虑待建古贤水库拦沙运用，与现状工程联合调控相比，万家寨水库位于大北干流的上游，计算结果没有变化。水库库容恢复 30 年后，三门峡水库冲刷量从 0.415 亿 t 增大到 0.888 亿 t，增大 114.0%。小浪底水库淤积量从 0.919 亿 t 减小到 0.515 亿 t，减小了 44.0%。黄河下游冲刷量从 0.135 亿 t 增大到 0.250 亿 t，增大了 85.2%。受古贤水库拦蓄泥沙的影响，万家寨、三门峡、小浪底水库泥沙淤积总量从 1.027 亿 t，降低到 0.150 亿 t，泥沙资源利用的总量从 1.586 亿 t 减小到 1.182 亿 t，减小了 25.5%。

针对大北干流来沙为主、泥沙组成偏粗的这种水沙条件，需要三门峡、小浪底等水库的联合调控运用。古贤水库拦沙运用（图 6-15），在现状地形条件下，万家寨、三门峡、小浪底水库总冲淤量基本处于平衡状态，即对三门峡水库多冲刷恢复库容、小浪底水库综合减淤、黄河下游基本排洪输沙河槽维持等作用明显。

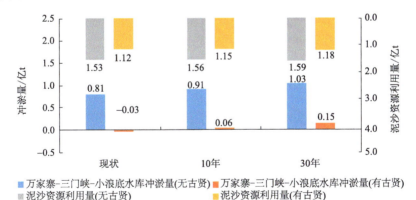

图 6-15　大北干流来沙为主方案万家寨-三门峡-小浪底水库泥沙冲淤量和资源利用量对比

6. 十大孔兑与大北干流同时来沙的场次洪水调控方案计算

上游基流来水仍采用 2018 年洪水过程，来沙过程分别采用 2016 年 "8.17" 发生在西柳沟的高含沙暴雨洪水过程和 2017 年 "7.26" 无定河流域特大暴雨洪水过程，三个不同来源的洪水泥沙过程发生叠加。

各调控方案计算结果见表 6-22。现状工程联合调控下，水库库容恢复 30 年后与现状地形条件相比，万家寨水库淤积量增大了 15.3%，三门峡水库冲刷量减小了 14.1%，小浪底水库淤积量增大了 4.1%，黄河下游河道冲刷量增加了 16.2%，输沙入海量减小了 23.1%。万家寨、三门峡、小浪底水库泥沙资源利用的总量增大了 2.0%。

表 6-22　孔兑与大北干流同时来沙的场次洪水调控方案计算结果汇总　　　　（单位：亿 t）

| 方案 | 水库运用阶段 | 万家寨 | | | 古贤 | 三门峡 | | 小浪底 | | 下游 | 入海 |
		入库	冲淤	资源利用	冲淤	冲淤	资源利用	冲淤	资源利用		
1	现状	1.319	0.895	0.574	不运用	−0.505	0.433	0.927	0.927	−0.105	0.996
2	10 年	1.319	0.956	0.574		−0.471	0.433	0.947	0.947	−0.114	0.889
3	30 年	1.319	1.032	0.574		−0.434	0.433	0.965	0.965	−0.122	0.766
4	现状	1.319	0.895	0.574	1.312	−0.960	0.433	0.470	0.470	−0.221	0.711
5	10 年	1.319	0.956	0.574	1.251	−0.934	0.433	0.495	0.495	−0.229	0.668
6	30 年	1.319	1.032	0.574	1.175	−0.918	0.433	0.532	0.532	−0.232	0.618

考虑待建古贤水库拦沙运用，与现状工程联合调控相比，万家寨水库位于古贤上游，计算结果没有变化。水库库容恢复 30 年后，三门峡水库冲刷量增大 111.5%，小浪底水库淤积量减小了 44.8%，黄河下游河道冲刷量增大了 90.2%。万家寨、三门峡、小浪底水库泥沙淤积总量从 1.563 亿 t，降低到 0.646 亿 t，减小了 58.7%。

针对孔兑与大北干流同时来沙、泥沙组成偏粗的这种水沙条件，需要万家寨、古贤、三门峡、小浪底等水库联合调控运用，万家寨水库主要调控大北干流入库粗泥沙，古贤水库拦沙运用（图 6-16），整体上三门峡水库和小浪底水库减淤、恢复并保持长期有效库容，以及增加黄河下游河道冲刷的作用明显。

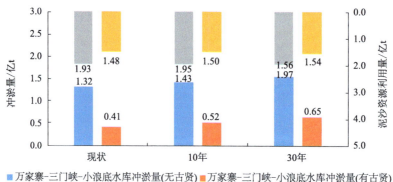

图 6-16　孔兑与大北干流同时来沙为主万家寨-三门峡-小浪底水库泥沙冲淤量和资源利用量对比

7. 上大洪水的调控方案计算

采用 1933 年典型上大洪水进行方案对比计算。1933 年 8 月上旬，黄河陕县站发生了自 1919 年有水文记录以来的最大洪水。这次洪水主要来源于龙门以上的三川河、无定河、清涧河及延河等支流和龙门以下的泾河、渭河、北洛河、汾河等支流。8 月 10 日陕县站出现洪峰，峰高量大，洪峰流量 22000m³/s，5 天洪量 51.8 亿 m³，12 天洪量 90.73 亿 m³；洪水挟带巨量泥沙，最大 12 天沙量达到 22.1 亿 t。

根据该场洪水、泥沙来源及特点，采用在建东庄水库，待建古贤水库，已建三门峡、小浪底、陆浑、故县、河口村等水库群，按照不同调控理念实施联合调控。水库运用阶段考虑三门峡、小浪底水库库容恢复 10 年、30 年状况。黄河下游分别采用常规调度运用（也可称作现状地形不保滩运用）、最大调控流量 10000m³/s；控制花园口流量保滩运用（也可称作现状地形保滩运用）、保滩流量按 4500m³/s 控制；控导工程连线保滩运用，调控流量按 8000m³/s 控制。

1）常规调度运用结果

表 6-23 为各调控方案计算结果。可以看出，三门峡水库敞泄运用，最高库水位达 323.04m，比坝前滩面高程 317.5m 高出 5.54m，泥沙淤积造成库容淤损。当黄河下游花园口最大洪峰流量控制在 10000m³/s 时，小浪底水库的库水位最高为 250.22m，黄河下游万级流量持续时间为 316h，见图 6-17。三门峡水库和小浪底水库共淤积泥沙 18.14 亿 t，其中粗泥沙约 7.2 亿 t，如果辅以强人工措施对库尾淤积的粗泥沙进行清淤和泥沙资源利用，不仅经济效益可观，而且可以恢复和持续保持水库的有效库容。该调度方式下黄河下游河道共淤积泥沙 2.426 亿 t。当古贤水库和东庄水库都投入运用时，三门峡水库和小浪底水库的库水位分别降低 4.4m、1.54m，洪水期三门峡水库和小浪底水库共淤积泥沙 4.97 亿 t，淤积量减小了 72.6%；黄河下游主河槽的冲刷量增大、滩地淤积量减小。图 6-18 和图 6-19 为东庄水库、古贤水库均投入运用后的三门峡水库和小浪底水库调度过程。

表 6-23　上大洪水常规调度运用计算结果汇总

方案	水库运用阶段	古贤入库/亿 t	东庄入库/亿 t	三门峡			小浪底		下游冲淤	
				入库/亿 t	冲淤/亿 t	库水位/m	冲淤/亿 t	库水位/m	主河槽/亿 t	滩地/亿 t
1	现状	不运用	不运用	27.36	4.23	323.04	13.91	250.22	-0.344	2.77
2		14.06	6.02	7.28	-0.19	318.64	5.16	248.68	-1.79	0.663
3	10 年	不运用	6.02	21.34	3.94	321.55	12.08	248.8	-1.034	1.948
4		14.06	6.02	7.28	0.06	318.43	5.4	248.22	-1.958	0.704
5	30 年	14.06	6.02	7.28	0.53	317.95	5.51	247.56	-2.215	0.732

水库通过清淤等措施，以及东庄水库和古贤水库的投入运用，使库容恢复 10 年后，与现状地形相比，三门峡水库和小浪底水库的库水位分别降低 0.21m 和 0.46m；三门峡

水库和小浪底水库共淤积泥沙 5.46 亿 t，增加了 9.9%；黄河下游河道多冲刷 0.127 亿 t，增大了 11.3%。水库库容恢复 30 年与现状地形相比，同样条件下三门峡水库和小浪底水库的库水位分别下降 0.69m 和 1.12m；三门峡水库和小浪底水库共淤积泥沙 6.04 亿 t，增加了 21.5%；黄河下游河道多冲刷 0.356 亿 t，增大了 31.6%。

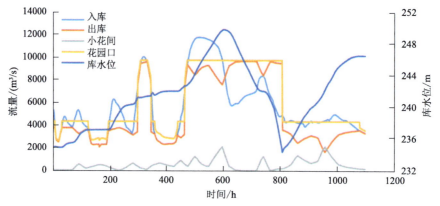

图 6-17　东庄水库和古贤水库不运用时小浪底水库的运用过程

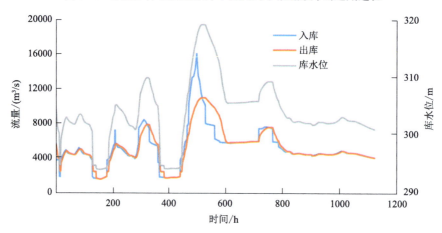

图 6-18　东庄水库和古贤水库投入运用时三门峡水库的运用过程

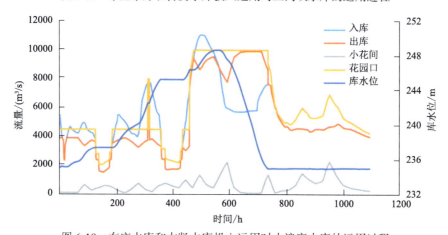

图 6-19　东庄水库和古贤水库投入运用时小浪底水库的运用过程

　　东庄水库和古贤水库参与水沙联合调度，分别对泾河和大北干流水沙关系进行调控，在拦蓄泥沙的同时，古贤水库滞洪量约 21.0 亿 m³，能够有效削减洪峰，使三门峡入库洪峰从 22000m³/s 降低为 15968m³/s，这样不仅能降低三门峡水库和小浪底水库的库水位，减小水库边滩的淤积，同时也能塑造出有利的库区淤积形态，三门峡水库和小浪底水库多淤积的泥沙，为泥沙资源利用提供了宝贵的沙源。

　　2）控制花园口流量保滩运用

　　小浪底水库按照控制花园口 4500m³/s 保滩运用，各调控方案计算结果见表 6-24。从表 6-24 中可以看出，当古贤水库不投入运用时，小浪底水库的库水位均超过防洪运用水位 275m，说明面对类似这场典型的上大大洪水，在古贤水库建成运用之前，黄河下游保滩运用方案是不可行的。

表 6-24　保滩运用调控方案计算结果汇总

方案	水库运用阶段	古贤入库/亿 t	东庄入库/亿 t	三门峡			小浪底		下游冲淤	
				入库/亿 t	冲淤/亿 t	库水位/m	冲淤/亿 t	库水位/m	主河槽/亿 t	滩地/亿 t
1	现状	不运用	不运用	27.36	4.23	323.04	—	>280	—	—
2		14.06	6.02	7.28	−0.19	318.64	6.7	272.51	−1.081	0
3	10 年	不运用	6.02	21.34	3.94	321.55	—	>280	—	—
4		14.06	6.02	7.28	0.06	318.43	6.7	271.07	−1.105	0
5	30 年	14.06	6.02	7.28	0.53	317.95	6.48	270.06	−1.354	0

　　东庄水库和古贤水库投入运用以后，能够有效滞蓄洪水、削减洪峰，无论是现状地形还是水库库容恢复 10 年、30 年后的地形，小浪底水库的库水位均超过 270m（270.06～272.51m），说明即使东庄水库和古贤水库建成运用进一步完善了黄河水沙调控工程体系，但一旦遭遇黄河特大洪水，黄河下游保滩运用的风险依然较大。

　　3）控导工程连线保滩运用

　　黄河下游河道存在特殊的滩槽关系，滩区防洪与 190 万老百姓的生命财产安全和滩区社会经济的高质量发展之间的矛盾一直是黄河下游河道综合治理的瓶颈问题。近 10 年来，黄河水利科学研究院江恩慧团队联合河南黄河河务局、中国水利水电科学研究院、清华大学、中国社会科学院数量经济与技术经济研究所等，在"十二五"国家科技支撑计划项目，国家自然科学基金重点项目、面上项目，中央级公益性科研院所基本科研业务费专项等的资助下，开展了黄河下游河道滩槽协同治理理论与技术的研究工作，阐明了"宽河固堤"现状方案、不同堤距的"宽河固堤"控导工程连线方案（包括"宽河固堤"控导工程连线方案）、"窄河固堤"等不同治理模式与方案对滩区防洪减灾、滩区社会经济发展等的综合效应，并提出了现阶段《中华人民共和国黄河保护法》没有实施之前，在流域与区域协同的良性运行机制还没有完全建立的情况下，黄河下游河道可综合考虑防洪抢险交通便利、滩区群众生产生活方便与汛期防护中常洪水不漫滩等问题，以现行河道管理办法为准则，修建高度不超过当地滩面 0.5m "宽河固堤" 控导工程连线的建设方案。本次研究即在这些研究成果的基础上，按照当前花园口断面在控导工程连线防护下主河槽可过流 8000m³/s 考虑，分别计算了水库不同运用条件下水库群联合调控的效果。各调控方案计算结果见表 6-25。

表 6-25 黄河下游滩区修建控导工程连线的保滩运用计算结果汇总

方案	水库运用阶段	古贤入库/亿t	东庄入库/亿t	三门峡			小浪底		下游冲淤	
				入库/亿t	冲淤/亿t	库水位/m	冲淤/亿t	库水位/m	主河槽/亿t	滩地/亿t
1	现状	不运用	不运用	27.36	4.23	323.04	16.29	251.69	-0.875	0.915
2		14.06	6.02	7.28	-0.19	318.64	3.95	243.54	-1.243	0.61
3	10 年	不运用	6.02	21.34	3.94	321.55	12.72	248.79	-1.079	0.756
4		14.06	6.02	7.28	0.06	318.43	4.39	242.76	-1.308	0.573
5	30 年	14.06	6.02	7.28	0.53	317.95	5.12	242.34	-1.602	0.632

从表 6-25 中可以看出，黄河下游如果按照 8000m³/s 流量保滩运用，在水库现状地形条件下，小浪底水库最高运用水位为 251.69m，未超过 254m。与常规调控方案的控花园口流量不超过 10000m³/s 运用相比，按照 8000m³/s 流量保滩运用，需增大小浪底水库蓄水实现下游保滩，小浪底水库最高运用水位较常规调控方案高 1.47m，减少了滩地淹没，见图 6-20。东庄水库、古贤水库运用后，既削减洪峰又拦蓄水量，与常规调控方案的先按 4500m³/s 保滩运用相比，按照 8000m³/s 流量保滩运用，小浪底水库的库水位降低了 5.0～5.5m，淤积量减小了 0.39 亿～1.21 亿 t。因此，东庄水库、古贤水库运用后，按照 8000m³/s 流量保滩运用，降低了小浪底水库的运行水位，增大了黄河下游河道的调度空间，也减小了黄河下游滩区淹没损失。

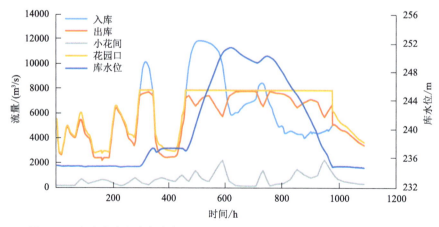

图 6-20 东庄水库和古贤水库不运用时下游控导工程连线保滩调度运用过程

总之，针对 1933 年典型年上大洪水，水量、沙量均较大，泥沙组成偏粗，4500m³/s 保滩运用方案是不可行的。常规运用和 8000m³/s 保滩运用均会在小浪底水库产生大量淤积，但这完全没有问题，随后的水库清淤和泥沙资源利用完全可以将这些淤积在库区的泥沙消化掉。特别有益的是，8000m³/s 保滩运用方案，小浪底水库的库水位最低，排沙比最大，洪水在控导工程连线的防护下，在主河槽内行洪，仅出现部分嫩滩漫滩，这样能够大大减少黄河下游滩区的淹没损失；而且，东庄水库、古贤水库的建成运用，直接参与黄河水沙联合调控，大大减小了三门峡水库和小浪底水库的淤积，降低了水库运行水位，塑造了有利的水库淤积形态，也大大减小了黄河下游漫滩历时。水库清淤和泥沙资源利用使水库有效库容得到恢复以后，水库滞洪拦沙能力增强，相同来水来沙情况下，更利于粗泥沙的进一步淤积，通过人工措施对库尾淤积的粗泥沙进行清淤和泥沙资源利用，不仅经济效益可观，而且也可以持续恢复和保持水库的长期有效库容，使水库进入良性的可持续运行状态。

8. 下大洪水的调控方案计算

选择 1958 年 7 月洪水开展不同方案的对比计算。1958 年 7 月，黄河三门峡至花园口干流区间（简称三—花间）、伊洛河流域出现持续性暴雨，"58.7"洪水主要来自三门峡和小浪底区间（简称三—小间）、伊洛河流域，其次来自三门峡以上、沁河和蟒河等。三门峡 7 月 16 日洪峰流量 7940m³/s；小浪底 17 日洪峰流量 17000 m³/s；伊洛河黑石关站 17 日洪峰流量 9450m³/s；沁河小董站 17 日洪峰流量 1050m³/s；花园口站 18 日 0 时洪峰流量达到 22300m³/s，为该站有实测资料以来的最大洪水，10000m³/s 以上流量持续 81h。从花园口站洪峰的组成比例来看，三门峡来流量占花园口洪峰流量的 26.9%，三—花间组合来流量占 73.1%。

如果黄河目前再发生这类洪水，则主要靠三门峡水库和小浪底水库的联合调控。模拟计算结果表明，三门峡水库实施敞泄运用，最大入库流量 8790m³/s，最大出库流量 7354m³/s，最高库水位 309.0m；入库泥沙 6.02 亿 t，淤积 0.14 亿 t，排沙比为 97.7%。

小浪底水库的调度运用，考虑两种下游河道边界条件：一是黄河下游河道无控导工程连线防护，二是黄河下游河道有控导工程连线防护。图 6-21 为现状条件下小浪底水库运用过程。无控导工程连线情况下小浪底水库的最高库水位 247.59m，小浪底入库沙量 6.28 亿 t，水库淤积 3.96 亿 t，排沙比为 36.9%，黄河下游超 10000m³/s 流量历时 155h；黄河下游河道冲刷 0.381 亿 t，其中主河槽冲刷 1.184 亿 t，滩地淤积 0.803 亿 t。有控导工程连线情况下，按照调控花园口断面 8000m³/s 流量保滩运用，小浪底水库的最高库水位为 247.87m，黄河下游超 10000m³/s 流量历时 8h；小浪底水库入库沙量 6.28 亿 t，水库淤积 4.52 亿 t，排沙比为 28.0%。两种情景相比，从防洪安全角度看，前者小浪底水库水位低 1.9m，下游河道超 10000m³/s 流量历时比后者明显延长达 147h，黄河下游滩区和黄河大堤长时间处于淹没和偎水状态，对黄河防洪安全与滩区老百姓的生命财产安全都极其不利。

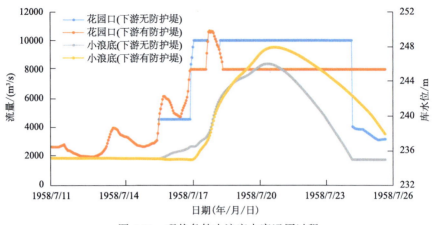

图 6-21　现状条件小浪底水库运用过程

图 6-22 为小浪底水库水位与冲淤量计算结果。当水库库容分别恢复至 10 年、30 年时,三门峡水库多淤积泥沙 0.04 亿 t、0.11 亿 t;小浪底水库淤积量均有所增大,下游无控导工程连线情况下分别增大 5.6%、10.6%,有控导工程连线情况下分别增大 3.5%、7.7%;而小浪底水库的库水位均有所降低,下游无控导工程连线情况下分别降低 0.25m、0.75m,有控导工程连线情况下分别降低 0.28m、0.82m。黄河下游河道的冲刷量增大,其中无控导工程连线情况下分别增大 22.8%、48.8%,有控导工程连线情况下分别增大 21.8%、42.1%。

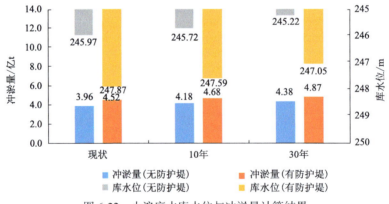

图 6-22　小浪底水库水位与冲淤量计算结果

总之,针对 1958 年典型洪水,主要靠三门峡水库和小浪底水库联合运用进行水沙调控。控导工程连线防护增加了黄河下游防洪调度空间,大大减小了黄河下游滩区淹没范围和淹没历时;如果对水库淤积的泥沙实施清淤和泥沙资源利用,水库库容得到一定的恢复,将会增强它拦蓄洪水和调控泥沙的能力,水库的运用水位将会降低,当然排沙比也会相应地减小,这更有利于进入库区的粗泥沙进一步落淤和泥沙资源利用效益的提升;同时,调控出库的较细泥沙可使黄河下游主河槽的冲刷量增大,滩地淤积量减少,从而更有利于维持黄河下游中水河槽和抑制悬河的发育。

6.4　黄河干支流骨干枢纽群泥沙动态调控智慧决策平台

根据黄河干支流骨干枢纽的相关资料、前述研究确定的模型参数、调控方案、模拟结果等,本节构建了黄河干支流骨干枢纽群泥沙动态调控智慧决策平台的数据库、模型库和方案库;基于模糊识别与逐级降维寻优等技术,研发了枢纽群多年调控、年调控以及场次洪水调控方案的智能识别模块;开发了数据库管理、泥沙动态调控方案、调控方案的模拟结果等信息的可视化展示模块等,共同构建了黄河干支流骨干枢纽群泥沙动态调控智慧决策平台。

6.4.1　数据库-模型库-方案库设计与构建

1. 数据库

数据库结构设计概念模型的描述通常使用实体-联系图(E-R图)来表示,其支持需求分析阶段对水文泥沙数据库的概念设计。

(1)元数据库和用户数据库:元数据库是针对数据结构的组织和存储等信息进行数据描述的数据库。用户数据库是针对数据库使用过程中,根据浏览权限和操作管理权限不同而设定的,包括一般用户、水沙动态调控科研人员与机关部门管理人员等。

(2)专题数据库:包括水情数据库、泥沙数据库、径流数据库、降水数据库、水沙情景数据库等。水情数据库包括流域基本资料、历史洪水整编资料、调查资料、大洪水预报和调度档案资料、水情站实测资料等;泥沙数据库包括含沙量、输沙率、泥沙颗粒级配、泥沙特征粒径、推移质输沙率、糙率、总冲淤量、主河槽和滩地冲淤量等;径流数据库存储径流数据,以及实时径流量、径流模数、模比系数等,以便系统根据实时输入信息进行实时调控方案的跟踪计算与决策;降水数据库包含测站名称代码及实时雨量;水沙情景数据库包括初始含沙量、支流流量、引水量、主要断面参数、下边界水位流量关系等。

2. 模型库

模型库主要包括:模型元数据库、模型参数库和模型模板管理库。模型参数库主要对模型涉及的参数进行归纳整理分类,对参数意义进行简要说明,为后续方案智慧决策需考虑的关键要素提供参考,见表6-26。模型模板管理库主要对涉及的调控方案进行各种模拟计算的数学模型(包括水流连续方程、水流运动方程、泥沙连续方程、河床变形方程等)进行归纳整理,涉及的复杂河段需要使用更精确、更细化的参数化公式时,可以通过添加相关模型的相关公式入库。

表 6-26　模型参数库

LWL_MDL_SATR	模型参数		数据类型	计量单位	属性
名称	注释				
River name	河道名称		VARCHAR2（64）	—	TRUE

LWL_MDL_SATR	模型参数	数据类型	计量单位	属性
名称	注释			
River_LEN	河道长度	VARCHAR2（64）	km	TRUE
SecIndex	断面序号	VARCHAR2（36）	—	TRUE
SecAbbreviation	断面缩写	VARCHAR2（64）	—	FALSE
SecName	断面名称	VARCHAR2（36）	—	FALSE
SecDistance	断面之间距离	VARCHAR2（36）	km	TRUE
SecAltitude	断面高程	VARCHAR2（64）	m	FALSE
IniSand	初始含沙量	VARCHAR2（64）	kg/m^3	FALSE
IniD50	$D50$	VARCHAR2（64）	mm	FALSE
IniDAverage	D平均	VARCHAR2（64）	mm	FALSE
Q	流量	VARCHAR2（64）	m^3/s	FALSE
Z	水位	VARCHAR2（64）	m	FALSE
Z_1	库水位	VARCHAR2（64）	m	FALSE
W_0	蓄水量	VARCHAR2（64）	万 m^3	FALSE
A	断面面积	VARCHAR2（36）	m^2	FALSE
B	水面宽度	VARCHAR2（64）	m	FALSE
S_1	断面分组含沙量	VARCHAR2（36）	kg/m^3	FALSE
g	重力加速度	VARCHAR2（36）	m/s^2	FALSE
t	时间	VARCHAR2（64）	S	FALSE
C_s	洪水期冲淤量	VARCHAR2（64）	亿 t	FALSE
W_s	洪水期来沙量	VARCHAR2（64）	亿 t	FALSE

3. 方案库

方案库的内容包括：方案元数据库、方案模板库（包括方案名称、类型、目标、边界条件、相关参数等）、水沙情景库（包括龙羊峡水库、三门峡水库、万家寨水库、小浪底水库等各自特定水位、流量、含沙量、入库沙量、出库沙量等）、目标库（包括发电、排沙、防洪、蓄水、灌溉、防凌等）、边界条件库（包括主要控制断面参数、上边界流量过程、下边界水位流量关系、糙率、初始含沙量、支流流量、含沙量、所属河段、水库群组成等）、控制要素库（包括地理信息、水生态指标、水位流量关系、水沙关系、河道弯曲程度、城市居民及社会经济发展需水指标等）、方案计算结果库（包括防洪减淤、发电供水、生态环境、综合效益等指标）。

针对典型场次洪水、典型年水沙过程、长序列水沙过程分别设计了场次洪水调控方案集、典型年调控方案集与长序列水沙调控方案集。表 6-27 给出了 1933 年典型年水沙调控方案在方案库中的信息录入情况。

表 6-27　1933 年典型年水沙调控方案信息录入情况

目标	情景	边界条件	控制要素 A	控制要素 B	控制要素 C
防洪保滩	8 月 10 日陕县站	三川河、无定河、清涧河、延河等支流	三门峡水库敞泄、小浪底水库不低于起调水位 212m、花园口站流量为不漫滩流量	花园口站不漫滩流量 4500m³/s、小浪底库水位超过 254m、小浪底按控制花园口站 10000m³/s 运用	小浪底水库拦蓄至 254m、控花园口站 10000m³/s
	洪峰流量 22000m³/s	泾河、渭河、北洛河、汾河等支流上游地区			
	5 天洪量 51.8 亿 m³	三门峡水库	入库 2670m³/s、出库 5455m³/s、库水位 304.5m		
	12 天洪量 90.73 亿 m³	小浪底水库	入库 5472m³/s、出库 4592.25m³/s、库水位 212.06m		
	12 天沙量 22.1 亿 t	花园口站	4700m³/s		
	地形 2019 年汛后实测大断面资料	小—花间	107.75m³/s		

调控结果 A	调控结果 B	调控结果 C
三门峡敞泄、库水位 >305m、历时 432h（最高库水位=322.45m）	小浪底库水位超过 254m 继续保滩运用、小浪底库区淤积泥沙 14.99 亿 t、最高运用水位超过 277.27m、最大滞洪量 83.19 亿 m³、保滩历时持续 1095h、若整个洪水期不漫滩、小浪底库水位超过最高防洪水位 275m	小浪底最高运用水位为 256.01m、未超过最高防洪水位、保滩历时持续 555h

6.4.2　泥沙动态调控智慧决策模块开发

黄河多年的水沙调控工程实践给我们积累了宝贵的经验，也告诉我们构建一个整体性突出、实用性强、可操作性优的黄河流域系统水沙联合调控智慧决策平台，对场次洪水调控、年度水资源调配、长系列优化等研判决策的重要性。为此，本次研究专门开发了水沙动态调控智慧决策模块，即面对调度决策的众多不确定因素，综合考虑水沙情景、水库与河道边界条件、调度目标、控制因素等基本信息，在平台上已建方案库中自动寻优，给出包括需要哪几个水库参与调度、如何调度的建议调控方案，在此基础上再针对降雨径流等不确定因素的预设进行更接近实际情况的多方案预测预演模拟计算，快速地给决策者提供可供参考的建议调控方案，以期为黄河干支流及全流域水沙联合调控的前期预演决策、实时调度决策、未来中长期调控策略制定提供科技支撑。

1. 场次洪水（水）沙动态调控智慧决策方案

场次洪水的调度决策是我们每年汛期防汛工作的重中之重。然而，实际调度决策的过程往往十分艰难，影响调度决策的因素纷繁复杂，如果没有科学的调度决策支持平台综合反映不同影响因素的作用、不同调度方案的效果，就可能使决策失之偏颇。2021 年罕见的秋汛洪水，就给我们再次敲响了警钟，也检验了水利部黄河水利委员会在整个秋汛洪水防御工作中每一步决策的正确性，本书研究成果也直接服务了这次防汛大战。

2021 年 8 月下旬至 10 月底，黄河流域遭遇罕见的华西秋雨，发生中华人民共和国成立以来最严重秋汛，累计发生 7 次强降雨过程。降雨主要集中在山陕南部、汾河、泾河、渭河、北洛河及三门峡以下地区，累积平均面雨量均位列 1961 年有系统监测资料以来同期第 1 位。其中，10 月上旬全流域累积降水较常年同期偏多 6 倍，汾河、山陕南部、北洛河、泾河等地偏多达 6~10 倍。受持续降雨影响，黄河干流共发生 3 场编号洪水，支流出现多场洪水过程，多个水文站达到建站以来秋汛洪水最大流量。潼关站 9 月 27 日、10 月 5 日分别形成 2021 年黄河第 1 号、第 3 号洪水；其中，3 号洪水 10 月 7 日 11 时洪峰流量 8360m³/s，为 1979 年以来最大。9 月 27 日 21 时，黄河下游花园口站流量达到 4020m³/s，为 2021 年黄河第 2 号洪水。黄河干流大堤最大偎水长度 24.31km，生产堤最大偎水长度 176.55km；205 处工程 1552 道坝出险 3505 次。

这次洪水发生在黄河主汛期之后，几大水库也开始陆续回蓄为下一年度抗旱供水储备水资源。如此大范围高强度持续性降雨，为保下游河道不漫滩、不影响冬小麦种植、确保滩区老百姓生命财产安全，干流三门峡水库、小浪底水库，支流陆浑水库、故县水库、河口村水库，乃至上中游的龙羊峡水库、刘家峡水库、海勃湾水库和万家寨水库的联合调控都面临极大考验。党中央、国务院高度重视黄河秋汛洪水防御工作，2021 年 10 月 20 日习近平总书记来到黄河入海口，察看河道水情。他指出，要强化综合性防洪减灾体系建设，加强水生态空间管控，提升水旱灾害应急处置能力，确保黄河沿岸安全。10 月 22 日，在深入推动黄河流域生态保护和高质量发展座谈会上，总书记强调，要立足防大汛、抗大灾，针对防汛救灾暴露出的薄弱环节，迅速查漏补缺，补好灾害预警监测短板，补好防灾基础设施短板。李克强总理、胡春华副总理多次对黄河秋汛洪水防御工作做出重要批示。国务委员、国家防汛抗旱总指挥部总指挥王勇两次深入黄河防汛一线检查指导工作。国家防汛抗旱总指挥部副总指挥、水利部部长李国英 4 次视频连线水利部黄河水利委员会，会商研判秋汛洪水防御形势，并亲临黄河一线考察河势、水情，指导工程防守。黄河防汛总指挥部总指挥、河南省省长王凯亲自主持召开晋、陕、豫、鲁四省防汛视频会商会，统筹安排防御工作，全力应对黄河秋汛洪水。水利部黄河水利委员会认真贯彻落实习近平总书记关于防汛救灾工作重要指示精神和中央领导同志关于黄河秋汛洪水防御工作批示要求，按照水利部部署和防御大洪水工作机制，强化"预报、预警、预演、预案"措施，科学研判、精细调度，不同时期适时调整调度指标，做足"绣花功夫"，以 2h 为单位调整调度方案，充分发挥水库滞洪、削峰、错峰作用，实现了优化洪水过程的精准时空对接；水库与下游河道管理部门，主动防御、全面防守，最大限度地减轻洪水灾害损失，实现了稳定控制花园口站流量 4800m³/s 左右、确保水库安全和下游不漫滩的调度目标，将花园口站两次还原洪峰流量超 10000m³/s 洪水削减至 4800m³/s 左右，避免了下游滩区 140 万人转移和 399 万亩①耕地受淹。科学的调度不仅实现了防洪安全的各项目标，还为沿黄工农业用水、流域抗旱、调水调沙和生态用水储备了充足水源，截至 10 月 31 日龙羊峡、刘家峡、小浪底等干支流 10 座大型水库总蓄水量 367.3 亿 m³。

---

① 1 亩 ≈ 666.7m²。

针对秋汛洪水防御过程中反映出来的问题，我们必须要进一步完善黄河流域天-空-地一体化水文监测现代化感知网络，完善水文预报-预警模拟系统，提升水文气象、降雨产流产沙预报、气象-降雨-洪水等水文精准化预警技术水平与能力；必须加快黄河流域水沙联合调度系统的建设，提升应对突发性水灾害的能力；加强跟踪性野外观测监测，构建河道防洪工程安全监控系统，以数字孪生黄河建设为抓手，"三条黄河"联动，充分发挥水利部黄河水利委员会实体模型、数学模型、原型分析等技术优势，实现多维度、多时空尺度黄河水沙演进和灾情险情的智慧化模拟，提高工程险情抢护水平和能力。

黄河流域洪水来源、组成复杂，水沙动态调控需要考虑的因素众多，因此制定场次洪水调控的智慧决策方案应遵循的原则如下。

1）强化洪水资源利用，统筹洪灾旱灾兼防

在确保防洪安全的前提下，根据防洪形势、气象水文预报，综合考虑水资源、水生态等需求，利用黄河干支流水库群在汛期适度蓄水、汛末提前蓄水等措施，合理利用洪水资源，统筹洪灾旱灾兼防，更大地发挥水库群的综合效益。

2）突出流域系统整体，统筹上中下游协同

黄河水资源短缺，要从流域系统整体性出发，统筹黄河上中下游协同，正确处理流域与区域、除害与兴利、汛期与非汛期、单库与多库的协同博弈关系，统筹兼顾上中下游各调控群组之间、水库各利益主体之间、行洪输沙-社会经济-生态环境多维功能之间的不同需求，科学安排干支流、上下游水库蓄泄秩序与补偿方案，实现全流域水资源高效配置及高效利用。

3）倡导泥沙资源利用，统筹水沙资源配置

正确认识水沙灾害和水沙利用的相互关系，对黄河泥沙资源进行优化配置和综合利用。继续深化黄河泥沙"拦、排、调、放、挖"等治理方略，利用黄河干支流水库群拦沙库容合理拦沙、拦粗排细，减少下游淤积。对于淤积的粗泥沙，利用"测—取—输—用—评"系列方法，基于强人工措施的挖沙清淤与泥沙资源利用，不仅可以有效清除水库淤积的泥沙，实现水库有效减淤，优化水库淤积形态，提高水库运移能力，改善出库泥沙级配，提高下游河道的输沙效率；还可以为地方经济建设提供所需砂石资源，有利于生态环境维持和国家生态安全战略实施，为水库泥沙动态调控打开更大的调度空间，达到兴利除害和充分利用泥沙资源的目的。

4）跟踪优化精细调度，统筹水库河道安全

紧密结合气象、水文预报技术，强化"预报、预警、预演、预案"措施，开展水沙跟踪优化精细调度。通过黄河干支流骨干枢纽群水沙联合调控，科学管理洪水，协调水沙关系，尽可能实现水库河道减淤，长期保持水库有效库容，协同发挥河流多维功能，统筹水库河道安全。

5）兼顾水沙生态经济，提升调控综合效益

统筹考虑变化的水沙过程、动态调整的边界约束条件、水库群组合方式等，建立以防洪减淤为主、兼顾水沙生态经济的水沙调控指标体系，实现黄河水沙调控的行洪输沙-社会经济-生态环境多维功能协同，提升泥沙动态调控综合效益。

据此，制定黄河流域干支流骨干枢纽群联合调控场次洪水智慧决策方案的流程如图 6-23 所示。

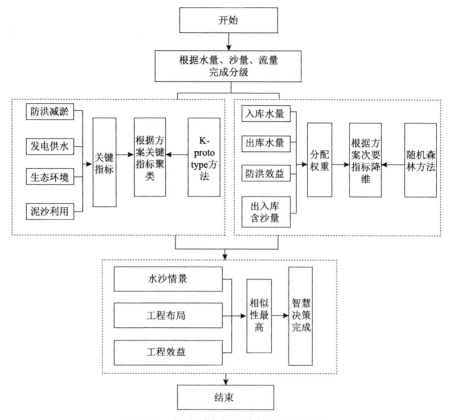

图 6-23 场次洪水智慧决策方案流程图

其中，对于以调沙为主的几种方式，主要考虑上游宁蒙河段以上来水来沙为主、十大孔兑来沙为主、北干流来沙为主、十大孔兑和北干流同时来沙情景，结合万家寨水库三种运用方式[初设运用（952m）、防洪汛限水位运用（966m）、初设运用（952m，泥沙资源利用）]、保滩、常规，进行方案组合、降维分析、方案聚类。然后根据输入的水沙情景确定方案大类，以大类方案中的泥沙资源利用，即入海沙量为主要目标，推荐出最优方案。对于以调洪为主的两种方式，主要考虑上大洪水、下大洪水情景，结合万家寨水库两种运用方式（保滩、常规）进行方案组合，应用降维分析和聚类方法，然后根据输入的水沙情景确定方案大类，以大类方案中的综合效益评价结果为主要目标，推荐出最优方案。

2. 年度水沙动态调控智慧决策方案

典型年方案主要考虑四种水沙情况（丰水多沙、枯水多沙、枯水少沙、丰水少沙），设定具体水沙情景，即潼关站的年径流量与年输沙量，结合古贤水库有无以及龙羊峡+刘家峡、万家寨、三门峡、小浪底等水库的运用方式，进行方案组合、降维分析和方案聚类（表 6-28）。然后根据输入的水沙情景确定方案大类，以大类方案中的综合效益评价结果为主要目标，推荐出最优方案。

表 6-28　典型年洪水调控方案集

条件	年份	潼关站实测		古贤	龙羊峡+刘家峡		万家寨		三门峡	小浪底		方案供水量/亿m³	发电量/亿kW·h					小浪底输沙量/亿t	方案效益/亿元
		年径流量/亿m³	年输沙量/亿t	有无	保障供水	塑造内蒙古河段大流量	正常运用	配合调水调沙	运用	正常运用	拦沙运用		龙羊峡	刘家峡	万家寨	三门峡	小浪底		
丰水多沙	1964	651.91	23.36	0	1	0	1	0	1	1	0	312.62	58.092	54.684	15.54	23.108	77.88	4.96	5073.55
	1964	651.91	23.36	0	0	1	0	1	1	0	1	312.62	57.133	56.525	14.182	21.476	59.767	-0.26	5056.6
	1964	651.91	23.36	1	0	1	1	0	1	1	0	312.62	56.332	55.912	18.803	25.329	59.105	-0.89	4941.42
	1964	651.91	23.36	1	1	0	0	1	1	0	1	312.62	57.133	56.525	14.182	21.476	59.767	-0.26	4925.55
	1967	627.86	21.37	0	0	0	1	0	1	1	0	291.81	64.86	50.778	12.74	19.292	53.69	5.8	4653.58
	1967	627.86	21.37	0	0	1	0	1	1	0	1	291.81	57.133	56.525	14.182	21.476	59.767	0.38	4639.9
	1967	627.86	21.37	1	0	1	1	0	1	1	0	291.81	60.4	52.3	13.6	19.9	55.7	8.4	4570.13
	1967	627.86	21.37	1	1	1	0	1	1	0	1	291.81	56.4	58.144	15.162	23.85	68.853	0.38	4569.1
丰水少沙	2011（放大200%）	519.17	2.64	0	1	0	1	0	1	1	0	428.89	56.4	55.8	14	21.2	59	4.63	6833.65
	2011（放大200%）	519.17	2.64	0	0	1	0	1	1	0	1	432.03	58.769	60.431	15.75	24.74	71.272	5.31	6832.52
	2011（放大200%）	519.17	2.64	1	0	1	1	0	1	1	0	428.89	56.8	54.9	15.1	21.4	60.1	6.7	6750.35
	2011（放大200%）	519.17	2.64	1	1	0	0	1	1	0	1	432.03	59.769	61.473	16.833	25.865	72.439	0.13	6753.74

续表

条件	年份	潼关站实测 年径流量/亿m³	潼关站实测 年输沙量/亿t	古贤 有无	龙羊峡+刘家峡 保障供水	龙羊峡+刘家峡 塑造内蒙古河段大流量	万家寨 正常运用	万家寨 配合调水调沙	三门峡 运用	小浪底 正常运用	小浪底 拦沙运用	方案供水量/亿m³	发电量 龙羊峡	发电量 刘家峡	发电量 万家寨	发电量 三门峡	发电量 小浪底	小浪底输沙量/亿t	方案效益/亿元
丰水少沙	2019（放大22%）	507.03	2.05	0	1	0	1	0	1	1	0								
	2019（放大23%）	507.03	2.05	0	0	1	0	1	1	0	1								
	2019（放大24%）	507.03	2.05	1	0	1	1	0	1	1	0								
	2019（放大25%）	507.03	2.05	1	1	0	0	1	1	0	1								
	1951	454.2	11.76	0	0	0	1	0	1	1	0	261.58	41.548	35.34	11.6	14.133	45.233	0.8	4040.94
	1951	454.2	11.76	0	0	1	0	1	1	0	1	261.81	42.214	41.817	11.345	16.643	44.278	-1.3	4023.75
	1951	454.2	11.76	1	1	1	1	0	1	1	0	261.58	40.9	36.8	12.1	13.7	42.3	1.1	4014.71
	1951	454.2	11.76	1	1	0	0	1	1	0	1	261.81	60.106	59.407	13.552	21.402	62.789	-2.3	4036.23
枯水多沙	2018	414.6	3.73	0	0	0	1	0	1	1	0								
	2018	414.6	3.73	0	0	0	0	1	1	0	1								
	2018	414.6	3.73	1	1	1	1	0	1	1	0								
	2018	414.6	3.73	1	1	0	0	1	1	0	1								

续表

条件	年份	潼关站实测 年径流量/亿m³	潼关站实测 年输沙量/亿t	古贤 有无	龙羊峡+刘家峡 保障供水	龙羊峡+刘家峡 塑造内蒙古河段大流量	万家寨 正常运用	万家寨 配合调水调沙	三门峡 运用	小浪底 正常运用	小浪底 拦沙运用	方案供水量/亿m³	发电量 龙羊峡	发电量 刘家峡	发电量 万家寨	发电量 三门峡	发电量 小浪底	小浪底输沙量/亿t	方案效益/亿元
	2012	350.9	2.06	0	0	0	1	0	1	1	0	256.06	54.6	59.5	29.7	21.2	51.7	2.3	4318.23
	2012	350.9	2.06	0	0	1	0	1	1	0	1	252.50	57.02	56.414	14.154	21.433	59.649	2.63	4316.08
	2012	350.9	2.06	1	0	1	1	0	1	1	0	256.06	54.6	59.5	29.7	21.2	51.7	2.74	4186.15
	2012	350.9	2.06	1	1	0	0	1	1	0	1	252.50	59.84	59.204	14.854	22.493	62.599	-0.7	4186.43
枯水少沙	2013	304.5	3.05	0	0	0	1	0	1	1	0	264.63	54.6	59.5	29.7	21.2	51.7	2.8	3839.99
	2013	304.5	3.05	0	0	1	0	1	1	0	1	266.84	41.426	40.985	10.283	15.571	43.336	1.74	3829.32
	2013	304.5	3.05	1	0	1	1	0	1	1	0	266.84	54.6	59.5	29.7	21.2	51.7	2.3	3660.25
	2013	304.5	3.05	1	1	0	0	1	1	0	1	266.84	36.66	36.27	9.1	13.78	38.35	1.56	3656.34

注：表中 0 和 1 分别表示"否"和"是"。

3. 长序列水沙动态调控智慧决策方案

长序列方案主要设定来沙量为 3 亿 t、6 亿 t 和 8 亿 t，在考虑常规多年平均、常规 30 年积累、优化多年平均、优化 30 年积累等具体水沙情况的基础上，将方案计算时间步长设定为 10 年、30 年，同时结合古贤水库有无以及龙羊峡+刘家峡、万家寨、三门峡、小浪底等水库的运用方式，进行方案聚类与降维分析。然后根据输入的潼关站年径流量与年输沙量等水沙情景确定方案大类。最后以大类方案中供水、各库发电量、小浪底输沙量以及防洪减淤、发电供水、生态环境等综合效益评价结果为主要目标，推荐出最优方案。

6.4.3 泥沙动态调控智慧决策平台构建

1. 平台构建总体框架

系统总体构架，从逻辑上划分为应用层、服务层、数据层、支撑层（图 6-24）。应用层包括业务部门通过调用系统应用开发接口，实现综合查询、情景分析、数据录入、泥沙分析、水量分析、断面分析等业务。服务层实现软件在线服务功能，供应用层调用，主要包括在线地理信息服务和防汛业务信息服务。数据层按照统一技术标准和规范进行处理、建库，实现地理实体化及空间关联，利用存储设施和数据库软件进行数据的存储、访问和管理。支撑层包括服务器系统、网络系统、存储备份系统、安全系统、机房等软硬件环境，以及平台建设与运行管理过程中需要遵守的标准规范、管理办法。

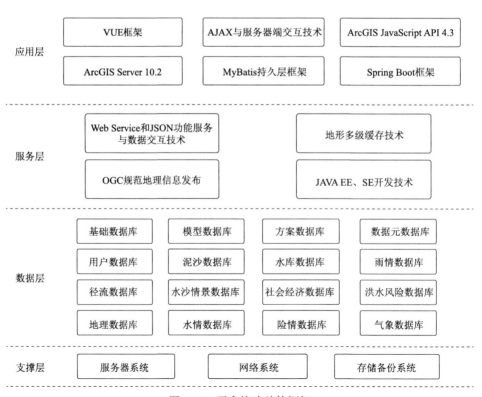

图 6-24 平台构建总体框架

黄河水沙调控智慧决策平台界面主要由菜单界面和内容显示界面构成，其中菜单界面展示了黄河水沙调控智慧决策平台系统的主要模块，包括：黄河干支流资料统计、黄河径流情况展示、黄河泥沙情况展示、数据库、模型库、方案库、方案优选、方案展示、综合效益评估、泥沙动态调控智慧决策。不同的功能模块所显示的内容不同，便于人员进行功能切换。

2. 地图服务模块的实现

地图服务模块的实现需要本地部署 Tomcat，在 Tomcat 中加入 ArcGIS_JSAPI，再利用 ArcGIS 发布矢量数据到 ArcGIS for Server 服务器，服务器自带接口，通过 VUE 中部署的 ArcGIS_API 可以连接到服务器接口，将矢量数据显示到系统内容显示界面，同时可以建立多个图层，发布不同的矢量数据。用户还能在地图上查看浏览水文各类测站点的分布信息，能按行政区划、流域、测站类型查看测站的分布情况。

3. 数据库管理

数据库管理中包括用户数据库、水情数据库、沙情数据库、水库数据库等，通过 AJAX 技术异步请求到后台服务器，后台服务器将数据库中的数据与服务器相连，完成参数录入，管理其专题的数据库。鉴于方案计算主要涉及干支流、水库、经典断面以及水文站的水情与沙情，因此前端主要对水情数据、沙情数据进行展示。

4. 模型库管理

对方案计算涉及模型进行管理，由于耦合模型的复杂性、参数的多样性，本书所管理的模型库只是对其模型的参数及模型使用的主要公式进行管理。

5. 方案库管理

对场次水沙调控方案、典型年水沙调控方案、长序列水沙调控方案分别进行库管理，根据方案内容设置不同的水沙情景、工程布局、方案计算结果、效益评价等模块。场次水沙调控方案为 24 个，典型年水沙调控方案为 36 个，长序列水沙调控方案为 12 个。

6. 方案智慧决策

通过输入不同情景要素及控制要素对诸方案进行聚类、降维的方法，将相似性比较高的方案聚类到一起，形成不同水沙情景的方案集合，对聚类完成后的各方案集再进行降维，找出属于此种方案集的主要特征元素，进行综合对比找出最优方案。

对于场次调控方案，主要采取十大孔兑沙量、头道拐水量、头道拐沙量、北干流沙量、河口镇—龙门区间 12 天洪量、陕县站 12 天洪量、三门峡—花园口间 12 天洪量、古贤有无作为判断条件，通过输入判断条件，可以得到情景相似的历史调控方案作参考；对于年调控方案，主要采取水沙情景的具体情况与古贤有无作为判断条件，通过输入判断条件，可以推荐得到相似的方案以供调控水沙参考。

7. 效益评价展示

对场次调控、年调控和长系列年调控结果方案的效益评价结果进行展示，包括防洪减淤、发电供水、生态环境和综合效益等，可以选择不同类型调控方案及不同效益进行组合展示，从而有助于更好地分析不同调控模式下的不同效益。

第 7 章　黄河干支流骨干枢纽群泥沙动态调控潜力与应用示范

黄河调水调沙实践表明，水库群的联合调节可以实现对水量和水动力过程的调控，但现阶段还难以实现进入下游河道的泥沙过程和量级与水动力过程的匹配，特别是清水下泄期的水流空载无法充分发挥调控水流的挟沙潜力，造成水流挟沙能力的浪费；后期水库水位降低以后，过多的泥沙排往下游河道，又会造成相应的淤积，好在下一年度调水调沙初期下泄的清水可以将上一年度大部分淤积在河道的泥沙冲走，实现泥沙跨年度的水库-河道联合调节，这实际上也是泥沙动态调控的一种类型。

淤积在水库的泥沙，特别是粗泥沙又是宝贵的资源，可以通过对泥沙资源的直接利用和转型利用，达到直接"减沙"的效果。从生态、环保和资源保护层面看，黄河干支流水库淤积的巨量泥沙可用于加固堤防、淤筑村台、改良土壤、制作防汛石材以及绿色生态建材等高附加值制品，这将极大地推动耕地资源保护、社会经济发展和生态环境改善。因此，耦合水动力调控技术、清水期泥沙负载技术、强人工措施处理水库泥沙的系列技术与装备，结合泥沙资源利用，挖掘干支流枢纽群泥沙动态调控的潜力，对保障黄河长治久安、维护国家生态安全、促进乡村振兴等意义重大。

本章在上述理论研究与技术研发的基础上，提出了泥沙动态调控潜力的概念和计算方法，阐明了场次洪水和中长期时间尺度下黄河干支流骨干枢纽群泥沙动态调控的潜力与实现途径；提出了不同情景下黄河干支流单-多库泥沙动态调控规则，编制了骨干枢纽群泥沙动态调控技术规程；在万家寨-三门峡-小浪底水库的联合调度中，开展了基于泥沙动态调控的桃汛洪水冲刷降低潼关站高程试验和调水调沙清水下泄期泥沙负载技术应用示范，定量评价了泥沙动态调控的潜力与效果。

7.1　黄河干支流骨干枢纽群泥沙动态调控潜力与实现途径

本节从调控技术、效果和目标 3 个层次阐释了黄河干支流骨干枢纽群泥沙动态调控潜力的内涵，构建了调控潜力价值指标体系，基于多目标灰靶理论-累积前景理论提出了调控潜力的量化方法；结合第 6 章不同调控方案的计算成果，对不同典型年和长系列年不同水沙条件、不同调控方式下黄河流域骨干枢纽群泥沙调控潜力进行了定量评价，提出了黄河流域干支流骨干枢纽群泥沙动态调控能力的提升空间与实现途径。

7.1.1 泥沙动态调控潜力概念和内涵

1. 泥沙动态调控潜力概念

"潜力"（potential）是一个相对概念，商务印书馆 1980 年出版的《新华辞典》对于潜力的定义为：潜在的尚未发挥出来的力量。它是指在一定时期、一定生产力水平、某种既定用途下，某一指标可能提高或节约的能力。对于流域泥沙动态调控这一实践性工作而言，泥沙动态调控潜力就是在黄河流域当前和未来水沙条件下，在当前已建骨干枢纽群的水沙调控能力、水沙联合调度和水沙动态控制运用的基础上，通过对未来水沙变化趋势分析和判断，借助工程措施或非工程措施，采用优化的水沙联合调度方式，实现流域行洪输沙、社会经济和生态环境综合效益最大化的能力。

对于黄河流域骨干枢纽群动态调控而言，动态调控潜力可以理解为基于一定时期、一定生产力水平，针对某一流域范围内某种特定的影响泥沙用途的能力，通过在行政、经济、法律和技术等方面采取一系列措施，可以实现行洪输沙功能、社会经济服务功能和生态环境服务功能。它是一种潜在的尚未发挥出来的作用力，它既包括当前水沙及流域边界条件下能够认识到或者通过一定的工程技术措施能够实现的部分，又包括局限于当前工程和水沙条件而无法实现甚至无法认识的部分，还包括一切客观存在的潜力。

从黄河流域综合治理和开发与保护的实践角度出发，黄河干支流骨干枢纽群泥沙动态调控潜力的定义为：在一定水沙条件和流域水沙调控体系的前提下，基于当前骨干枢纽的泥沙调控能力，通过水库优化调度技术、泥沙优化配置和泥沙资源利用技术，提高水库库容使用效率，塑造协调水沙关系，提高河道输沙能力，提升水沙资源利用效率，实现流域行洪输沙功能、社会经济服务功能和生态环境服务功能。

2. 泥沙动态调控潜力内涵

泥沙动态调控潜力表征未来一定周期内黄河骨干枢纽群调节水沙的能力，是下游中水河槽功能长期维持的保证。泥沙动态调控潜力的内涵从以下几个方面阐释：

（1）泥沙动态调控潜力是一个相对的概念，在当前初步建成的黄河下游防洪减淤工程体系下，结合当前全流域梯级水库联合调度技术，减少水库淤积，提高调节库容使用效率，同时塑造有利于高效输沙的水沙关系，提高河道泥沙输沙入海的能力。

（2）泥沙动态调控潜力受水库调节库容、库区拦沙及泥沙淤积形态影响，对于通过水库调控难以恢复的调节库容或影响行洪的泥沙淤积问题，需要采取必要的强人工干预措施进行清淤来提高水库的泥沙动态调控潜力；或者人工清淤调整河床形态，提高河道输沙能力。

常用的强人工清淤技术包括：①射流清淤，通过射流装置冲起大量泥沙，一方面提高水流含沙量，另一方面改善河槽形态，提高输沙能力；②扰流清淤，通过扰动加速河床泥沙起动，增加河道输沙；③气动冲沙技术，利用河底气流带动泥沙上扬，提高水流挟沙能力，在水流作用下使泥沙得以远距离输送。

（3）人工清淤可以和泥沙资源利用相结合，如细沙可以直接用于放淤改土与生态重建、粗沙可以直接用作建筑材料，或者通过新技术加工成人工防汛石材、混凝土砌块、各种建筑用砖和装饰产品等。

通过强人工技术、泥沙资源利用和水库调度的结合，增加水库排沙能力，恢复部分水库库容，提高枢纽群泥沙调控潜力，发挥水库的综合效益；同时也改善水库下游河槽形态，增加河道输沙能力，这对河道防洪减淤和维持河口生态环境具有重要意义。

3. 泥沙动态调控潜力评价指体系

根据黄河流域干支流骨干枢纽群泥沙动态调控的战略需求和主要目标，本节构建了包括行洪输沙功能提升潜力（简称行洪输沙潜力）、社会经济服务功能提升潜力（简称社会经济潜力）、生态环境服务功能提升潜力（简称生态环境潜力），3 个一级指标和 7 个特征指标的黄河流域干支流骨干枢纽群泥沙调控潜力评价指标体系如图 7-1 所示。其中，除了泥沙资源利用效益外，其余指标均采用 2.4 节计算方法。

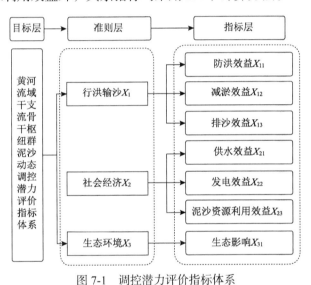

图 7-1 调控潜力评价指标体系

考虑到粗沙的直接经济效益显著，以粗沙在全沙中的占比表示泥沙资源利用的潜力 X_{23}，其计算公式为

$$X_{23} = C / F \qquad (7\text{-}1)$$

式中，C 为水库或河道淤积的粗沙量；F 为水库或河道的全沙量。其占比越高则表示可利用的粗沙量潜力越大。

7.1.2 泥沙动态调控潜力的计算方法

由于黄河流域干支流骨干枢纽群泥沙动态调控潜力与各个水库泥沙动态调控能力和水库群联合调度方案密切相关，因此有必要先评估当前骨干枢纽（群）的泥沙动态调控能力，基于不同调度方案，分析其泥沙动态调控效果，提出泥沙动态调控潜力计算方法，挖掘其调控潜力。本书研究基于灰靶理论、累积前景理论和模糊数学理论方法，结合黄河流域梯级水库泥沙调控潜力影响因素，提出了基于灰靶理论-累积前景理论的泥沙调控利用潜力评价方法。

1. 计算流程

选取原始样本数据，计算其各二级潜力指标并构建决策矩阵，利用灰靶理论对决策矩阵进行处理，确定各潜力指标的正（负）靶心，计算并构建正（负）靶心系数矩阵；结合累积前景理论，以前景值最大化为目标，评估潜力，得到各水库的行洪输沙潜力、社会经济潜力和生态环境潜力；通过模糊评判法对每个水库的泥沙动态调控潜力进行综合评估，评估后得出各水库的泥沙动态调控潜力综合评分。泥沙动态调控潜力评估流程如图 7-2 所示。

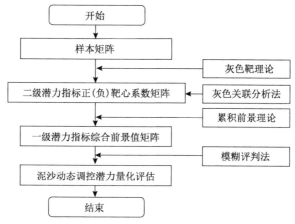

图 7-2　泥沙动态调控潜力评估流程

2. 多目标灰靶理论

灰色系统理论主要研究信息不确定的小样本问题（邓聚龙，2002；吴冰和张筱慧，2011；梁冰等，2013；曲武，2020）。对于黄河流域干支流骨干枢纽群的泥沙动态调控潜力价值体系而言，一部分信息是已知的，另一部分信息是未知的，系统内各因素间存在不确定性关联关系，且建立的指标体系为小样本数据，故利用灰色系统理论的多目标灰靶理论（王正新等，2010）来处理由泥沙动态调控潜力价值体系所构建的决策矩阵，其核心是根据指标性质构造正（负）靶心，并将水库各调控潜力指标数据与靶心进行比较，得出正（负）靶心系数，进而从两个方向实现潜力指标的量化。

黄河流域干支流骨干枢纽群泥沙动态调控是多指标约束的多目标决策问题。设每一个水利枢纽对应 n 个决策方案。方案集 $S = s_1, s_2, \cdots, s_n$，各水利枢纽对应的各个一级潜力指标有 m 个指标（特征指标和静态指标），它们组成指标集 $O = o_1, o_2, \cdots, o_n$。方案 s_i 对指标 o_j 的效果样本值表示为 $x_{ij}(i=1,2,\cdots,n, j=1,2,\cdots,m)$，则方案集 S 对指标集 O 的决策矩阵（效果样本矩阵）为

$$X = \begin{bmatrix} x_{11} & x_{12} & \cdots & x_{1m} \\ x_{21} & x_{22} & \cdots & x_{2m} \\ \vdots & \vdots & \ddots & \vdots \\ x_{n1} & x_{n2} & \cdots & x_{nm} \end{bmatrix} \tag{7-2}$$

令

$$z_j = \frac{1}{n} \sum_{i=1}^{n} x_{ij} \tag{7-3}$$

对各潜力指标性质进行区分，若对应指标为效益型，则有

$$y_{ij} = \frac{x_{ij} - z_j}{|z_j|} \tag{7-4}$$

若对应指标为成本型，则有

$$y_{ij} = \frac{z_j - x_{ij}}{|z_j|} \tag{7-5}$$

变换后的矩阵记为

$$D = (y_{ij})_{n \times m} \tag{7-6}$$

将矩阵 D 规范化，得到规范决策矩阵 R：

$$R = (r_{ij})_{n \times m} \tag{7-7}$$

其规范化方法为

$$r_{ij} = \frac{y_{ij}}{\max_j(|y_{ij}|)} \tag{7-8}$$

确定决策矩阵中每个指标的正（负）靶心，其中：

$$r_j^+ = \max(r_{ij}) \tag{7-9}$$

$$r^+ = \{r_1^+, r_2^+, \cdots, r_m^+\} \tag{7-10}$$

r^+ 为灰靶决策最优效果向量，称为各潜力指标的正靶心。

$$r_j^- = \min(r_{ij}) \tag{7-11}$$

$$r^- = \{r_1^-, r_2^-, \cdots, r_m^-\} \tag{7-12}$$

r^- 为灰靶决策最劣效果向量，称为各潜力指标的负靶心。

根据多目标灰靶理论，每个指标与靶心的接近程度反映了指标的优劣。本书采用灰色关联分析方法，计算每个指标与正、负靶心的正、负关联系数。

设 r_j^+ 与 r_j^- 分别为正、负靶心，则正、负靶心系数分别为

$$\xi_{ij}^+ = \frac{\min\limits_{i}\min\limits_{j}|r_{ij}-r_j^+| + \rho\max\limits_{i}\max\limits_{j}|r_{ij}-r_j^+|}{|r_{ij}-r_j^+| + \rho\max\limits_{i}\max\limits_{j}|r_{ij}-r_j^+|} \qquad (7\text{-}13)$$

$$\xi_{ij}^- = \frac{\min\limits_{i}\min\limits_{j}|r_{ij}-r_j^-| + \rho\max\limits_{i}\max\limits_{j}|r_{ij}-r_j^-|}{|r_{ij}-r_j^-| + \rho\max\limits_{i}\max\limits_{j}|r_{ij}-r_j^-|} \qquad (7\text{-}14)$$

式中，$\rho \in [0,1]$，为分辨系数，一般 $\rho = 0.5$。正靶心系数所表示的潜力指标值与一级潜力指标的大小成正比，负靶心系数所表示的潜力指标值与一级潜力指标的大小成反比，且各潜力指标的正（负）靶心系数限制在 $(0,1)$。获取正、负靶心系数即对二级潜力指标实现了量化。

3. 累积前景理论

累积前景理论由前景理论改进而来，相较于前景理论，累积前景理论实现了多结果的综合分析，允许收益和损失有不同的权重函数。前景理论是根据前景价值的大小选择行动方案，由价值函数和决策权重共同决定（刘勇等，2013；Tversky and Kahneman，1992），其表达式为

$$V = \sum_{i=1}^{n} \pi(p_i)v(x_i) \qquad (7\text{-}15)$$

式中，V 为前景值；$\pi(p_i)$ 为决策权重；$v(x_i)$ 为价值函数。

各指标对应的前景价值函数，即

$$v(r_{ij}) = \begin{cases} (1-\xi_{ij}^-)^\alpha \\ -\theta[-(\xi_{ij}^+-1)]^\beta \end{cases} \qquad (7\text{-}16)$$

式中，参数 α 和 β 分别表示收益和损失区域价值幂函数的凹凸程度，$\alpha < 1$ 和 $\beta < 1$ 表示敏感性递减；系数 θ 表示损失区域比收益区域更陡的特征，$\theta > 1$ 表示损失厌恶。一般取 $\alpha = \beta = 0.88$，$\theta = 2.25$（隋大鹏等，2011）。$v^+(r_{ij}) = (1-\xi_{ij}^-)^\alpha$ 是以负靶心系数为参考点，定义为正前景价值函数；$v^-(r_{ij}) = -\theta[-(\xi_{ij}^+-1)]^\beta$ 是以正靶心系数为参考点，定义为负前景价值函数。价值函数表达式对于本评价体系而言，其含义表示的是潜力指标价值体系在面对收益情形时是风险厌恶的、在面对损失情形时是风险追寻的。

设潜力指标价值体系面临收益和损失时的前景权重函数分别为 $\pi^+(w_{ij})$ 和 $\pi^-(w_{ij})$，其表达式如下：

$$\pi^+(w_{ij}) = \frac{w_j^{r+}}{[w_j^{r+} + (1-w_j)^{r+}]^{1/r+}} \qquad (7\text{-}17)$$

$$\pi^-(w_{ij}) = \frac{w_j^{r-}}{[w_j^{r-} + (1-w_j)^{r-}]^{1/r-}} \qquad (7\text{-}18)$$

式中，w_j 为每个指标的权重；前景权重函数中的参数 r^+=0.61、r^-=0.69（隋大鹏等，2011）。

方案集 S 的指标集 O 的综合前景值为

$$V_i = \sum_{j=1}^{m} v^+(r_{ij})\pi^+(w_j) + \sum_{j=1}^{m} v^-(r_{ij})\pi^-(w_j) \qquad (7\text{-}19)$$

式中，V_i 为一级潜力指标的综合前景值（潜力值）。计算出各水利枢纽的一级潜力指标的综合前景值，实现一级潜力指标的量化，构建综合前景值矩阵。

设各水利枢纽的各个一级潜力指标权重向量为 $w=(w_1, w_2, \cdots, w_m)$，其中，$a_j \leqslant w_j \leqslant b_j$，$0 \leqslant a_j \leqslant b_j \leqslant 1$。对于每个水利枢纽 S_i，其各个一级潜力指标的综合前景值总是越大越好，因此可以构建优化模型，其目标函数可以表示为

$$
\begin{aligned}
&\max V = (V_1, V_2, \cdots, V_n) = \sum_{i=1}^{n}\sum_{j=1}^{m} v^+(r_{ij})\pi^+(w_j) + \sum_{i=1}^{n}\sum_{j=1}^{m} v^-(r_{ij})\pi^-(w_j) \\
&\text{s.t. } a_j \leqslant w_j \leqslant b_j, 0 \leqslant a_j \leqslant b_j \leqslant 1 \\
&\sum_{j=1}^{m} w_j = 1, w_j \geqslant 0 \\
&i = 1, 2, \cdots, n, \ j = 1, 2, \cdots, m
\end{aligned}
\qquad (7\text{-}20)
$$

式中，$\max V$ 表示选取一级潜力指标中综合前景值最大。

通过规划求解工具，求解出上述目标函数的最优解，得到最优权重 $w^*=(w_1^*, w_2^*, \cdots, w_m^*)$，用于综合前景值的计算。

4. 模糊评判法

模糊评判法是基于模糊数学的一种决策方法，其由于良好的实用性，已被广泛应用于各个领域。上文根据累积前景理论构建了水利枢纽泥沙动态调控潜力价值体系的一级潜力指标量化矩阵，然后结合模糊评判法分析各个一级指标所对应的最优选项，通过计算最终对各水库的泥沙动态调控潜力进行量化评分。

将泥沙动态调控潜力价值分为 5 个级别，即评判集 $A=\{A_1(很高)、A_2(较高)、A_3(一般)、A_4(较低)和 A_5(很低)\}$。采用高斯隶属函数确定综合前景值 v_{ik} 对不同评判等级的模糊子集，其形式如下：

$$f(x, \delta, c) = e^{-(x-c)^2/(2\delta^2)} \qquad (7\text{-}21)$$

式中，δ 和 c 为高斯隶属函数的两个参数。c 用于确定高斯函数的曲线中心，对应于不同的评判等级，$C=\{c_1=1,c_2=0.75,c_3=0.5,c_4=0.25,\ c_5=0\}$，将其代入式（7-21）可得到 5 个评判等级对应的隶属函数；δ 为高斯函数的宽度参数，为了保证评判结果的区分度，可对 δ 进行调整，选取合适的值。

将各个一级调控潜力指标的综合前景值 v_{ik} 代入式（7-21），得到方案集 i 隶属于评判集 W 的模糊评判矩阵 F_i：

$$F_i = \begin{bmatrix} f_{A_1}(v_{i1}) & \cdots & f_{A_5}(v_{i1}) \\ f_{A_1}(v_{i2}) & \cdots & f_{A_5}(v_{i2}) \\ f_{A_1}(v_{i3}) & \cdots & f_{A_5}(v_{i3}) \end{bmatrix} \quad （7\text{-}22）$$

式中，$f_{A_k}(v_{ik})$ 为 v_{ik} 在不同评判等级 A_t 的隶属度（$t=1,2,\cdots,5$）。

根据一级潜力指标之间的关联性，取其权重向量为 $\lambda=(\lambda_1,\lambda_2,\cdots,\lambda_k)$，对模糊评判矩阵 F_i 和权重向量 λ 采用算子 M 进行模糊乘积运算，线性加权后得到模糊评判结果 S_i：

$$S_i = \lambda_\circ F_i = \begin{bmatrix} s_i(A_1) & s_i(A_2) & s_i(A_3) & s_i(A_4) & s_i(A_5) \end{bmatrix} \quad （7\text{-}23）$$

式中，$s_i(A_t)$（$t=1,2,\cdots,5$）为决策方案 i 相对于评判等级 A_t 的隶属度，表示决策方案 i 由 A_t 可描述的程度，由此可确定各水利枢纽泥沙动态调控潜力在各评判等级下的隶属度，根据最大隶属度原则，筛选出最优潜力指标。

对评判集 A 进行量化：

$$A = \begin{bmatrix} A_1 & A_2 & A_3 & A_4 & A_5 \end{bmatrix} = \begin{bmatrix} 95 & 85 & 75 & 65 & 55 \end{bmatrix} \quad （7\text{-}24）$$

第 i 个水利枢纽的泥沙动态调控潜力价值评估得分为

$$Z_i = \sum_{t=1}^{5} s_i(A_t)A_t \quad （7\text{-}25）$$

式中，Z_i 为各水利枢纽的泥沙动态调控潜力的最终评分。对价值评分进行排序得到黄河流域各水利枢纽关于泥沙动态调控潜力的排名，这在一定程度上反映了各水利枢纽的泥沙动态调控能力。

5. 算例应用效果分析

以 2018 年汛期全河实际洪水调度过程为例，对黄河流域干支流骨干枢纽群泥沙动态调控潜力计算方法进行综合测试分析。

1）正（负）靶心系数矩阵构建

以水库的一级潜力指标行洪输沙潜力为例，行洪输沙潜力下的泥沙淤积形态、拦沙库容和汛期水位潜力指标为效益型指标，水库淤沙量和泥沙粒径为成本型指标。依据多目标灰靶理论，对行洪输沙潜力指标的决策矩阵进行规范化，从而得到规范决策矩阵，确定各二级指标的正（负）靶心，计算出行洪输沙潜力的正（负）靶心系数，结果见表 7-1 和表 7-2。

表 7-1　行洪输沙潜力的正靶心系数

水库	X_{11}	X_{12}	X_{13}
龙羊峡水库	0.59	0.99	0.33
刘家峡水库	0.46	0.33	0.42
万家寨水库	0.33	0.46	0.52
三门峡水库	0.57	0.33	0.74
小浪底水库	1.00	1.00	1.00

表 7-2　行洪输沙潜力的负靶心系数

水库	X_{11}	X_{12}	X_{13}
龙羊峡水库	0.43	0.33	1.00
刘家峡水库	0.55	1.00	0.62
万家寨水库	1.00	0.54	0.48
三门峡水库	0.45	1.00	0.38
小浪底水库	0.33	0.33	0.33

同样，可依次计算出社会经济潜力、生态环境潜力的正（负）靶心系数。

2）综合前景值计算

为使指标在各个一级潜力指标量化评估中占比适中，对各指标权重 w_t 进行限制，即 $0.1 \leqslant w_t \leqslant 0.3$。以各水库的一级潜力指标前景值最大为目标，获取行洪输沙潜力、社会经济潜力和生态环境潜力下的各特征、静态指标的最优权重，获取各潜力指标的最优权重之后即可计算出行洪输沙潜力、社会经济潜力和生态环境潜力的综合前景值，见表 7-3。

表 7-3　水库各潜力的综合前景值

水库	行洪输沙潜力	社会经济潜力	生态环境潜力
龙羊峡水库	−0.49	−0.50	−0.93
刘家峡水库	−1.19	−1.02	−1.58
万家寨水库	−1.06	−1.06	−0.47
三门峡水库	−0.74	−0.93	−0.01
小浪底水库	0.71	0.18	0.70

由表 7-3 可见，各个一级潜力指标中小浪底水库的综合前景值均为最大。建立各水库的一级潜力指标的综合前景值雷达图，如图 7-3 所示。其中，生态环境潜力各水库差异最大，其次为行洪输沙潜力；各水库的社会经济潜力差异相对较小。

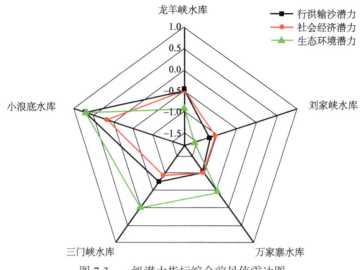

图 7-3　一级潜力指标综合前景值雷达图

3）泥沙动态调控潜力价值评估

基于各水库行洪输沙潜力、社会经济潜力和生态环境潜力的综合前景值，利用模糊评判法对水库的泥沙动态调控潜力价值进行综合评估。

各水库的泥沙动态调控潜力评价方法检验结果如图 7-4 所示。可以看出，小浪底水库的泥沙动态调控潜力价值评分最高，其次依次为三门峡水库、龙羊峡水库、万家寨水库和刘家峡水库。结合各水库所在位置及其指标初始值的大小等实际情况分析可知，其潜力价值评估结果符合实际情况，表明该水利枢纽泥沙动态调控潜力价值评估方法合理且有效。

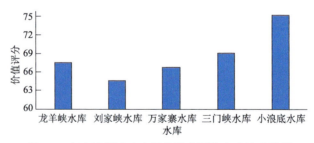

图 7-4　各水库泥沙动态调控潜力评价方法检验结果

7.1.3　不同调控方案泥沙动态调控潜力评价

采用建立的泥沙动态调控潜力量化评价方法，根据第 6 章不同调控方案行洪输沙（主要是水库、河道减淤）、社会经济、生态环境各种效益模拟计算结果，分别评价典型年、长系列年、场次洪水的泥沙动态调控潜力。

1. 典型年泥沙动态调控潜力评价

根据 6.2 节典型年泥沙动态调控方案设置情况,对 1967 年(丰水多沙)、1951 年(枯水多沙)、2013 年(枯水少沙)、2018 年(丰水少沙)典型年情景进行泥沙动态调控潜力评价分析。

1)1967 年典型年

A. 窟野河来沙情形

窟野河来沙为主的 1967 年典型年泥沙动态调控潜力评价结果如图 7-5 和图 7-6 所示。可以看出,各方案生态环境效益较为接近,方案 1967-6 的行洪输沙和社会经济效益以及综合效益为最优,故方案 1967-6 为最优方案。

方案 1967-6 中,在三门峡、小浪底水库联合应用的基础上,加入了规划应用的古贤与东庄水库,三门峡、小浪底水库工程运用为现状水平,未考虑清淤措施,然而方案 1967-6 的行洪输沙效益均优于方案 1967-1～1967-5,可见东庄与古贤水库投入使用后产生的行洪输沙效果比水库清淤效果更为显著。

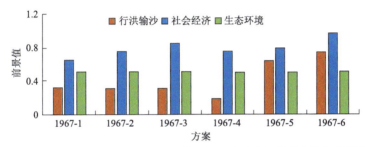

图 7-5　窟野河来沙为主的 1967 年典型年泥沙动态调控潜力指标前景值

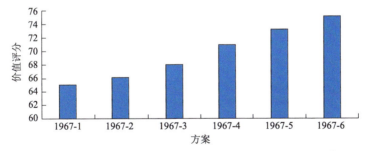

图 7-6　窟野河来沙为主的 1967 年典型年泥沙动态调控潜力综合评价

B. 渭河来沙为主

渭河来沙为主的 1967 年典型年泥沙动态调控潜力评价结果如图 7-7 和图 7-8 所示。可以看出,方案 1967-11 为最优方案,各维效益(尤其是行洪输沙)效益均为最优水平。与其他方案相比,该方案考虑了东庄水库的投入运用(三门峡、小浪底水库均为现状运用方式),这表明东庄水库投入运用显著提高了黄河流域水沙调控能力,产生的减淤效果优于人工清淤等措施。

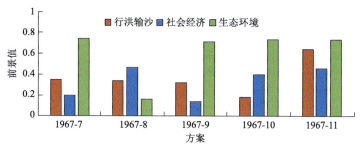

图 7-7　渭河来沙为主的 1967 年典型年泥沙动态调控潜力指标前景值

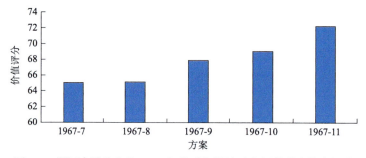

图 7-8　渭河来沙为主的 1967 年典型年泥沙动态调控潜力综合评价

2）1951 年典型年

1951 年为典型的枯水多沙年，方案 1951-1～1951-6 泥沙动态调控潜力评价结果如图 7-9 和图 7-10 所示。可以看出，不论是窟野河来沙还是渭河来沙，最优方案均为"古贤水库投入运用，三门峡、小浪底水库人工清淤+降水位排沙"方案，即方案 1951-3 与 1951-6，其所产生的行洪输沙效益较高，表明古贤水库的投入运行，以及对三门峡和小浪底水库实施人工清淤，能够有效减少水库、河道泥沙淤积。

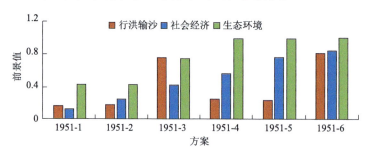

图 7-9　1951 年典型年泥沙动态调控潜力指标前景值

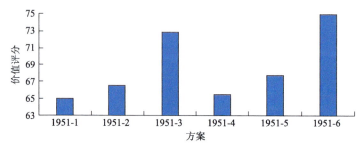

图 7-10　1951 年典型年泥沙动态调控潜力综合评价

3）2013 年典型年

2013 为典型的枯水少沙年，方案 2013-1～2013-7 泥沙动态调控潜力评价结果如图 7-11 和图 7-12 所示。可以看出，方案 2013-7 为最优方案（古贤、东庄水库运用，三门峡、小浪底水库降低水位排沙），所产生的行洪输沙效益也最高，表明古贤水库与东庄水库的投入运用，以及三门峡、小浪底水库降低水位排沙，有力地提高了黄河流域水沙调控能力，减少了水库、河道泥沙淤积。

图 7-11　2013 年典型年泥沙动态调控潜力指标前景值

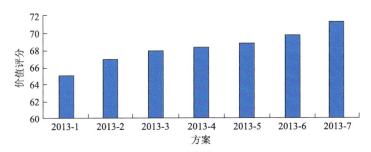

图 7-12　2013 年典型年泥沙动态调控潜力综合评价

4）2018 年典型年

2018 年为典型的丰水少沙年，方案 2018-1～2018-5 泥沙动态调控潜力评价结果如图 7-13 和图 7-14 所示。可以看出，方案 2018-5 所产生的综合效益最高。结合各水库联合调度方案，从行洪输沙方面来看，加入古贤水库和人工清淤的联合调度方案 2018-5，能更有效地减少水库、河道泥沙淤积，间接提高河道行洪能力，保障下游生命财产安全。

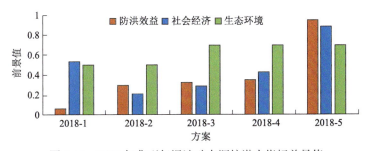

图 7-13　2018 年典型年泥沙动态调控潜力指标前景值

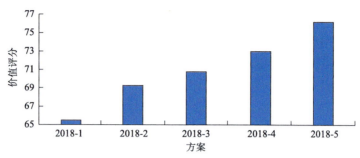

图 7-14 2018 年典型年泥沙动态调控潜力综合评价

综合以上计算分析，古贤水库的建设运用不仅可以拦截上游来沙，也可以为三门峡水库和小浪底水库调水调沙、冲刷恢复并保持长期有效库容提供可靠的后续动力，有效提高骨干枢纽群对泥沙的动态调控能力；古贤水库与三门峡水库、小浪底水库的联合能够根据洪水来源区和量级的不同，进行水量和泥沙的动态协同调控，不仅可以显著提升水库排沙能力，减轻库区淤积，恢复淤损库容，改善水库泥沙淤积形态，更好地发挥淤粗排细的作用，而且可以通过人工清淤等措施，将集中淤积在水库里的泥沙清理出库，实施泥沙资源利用，这样既增大了水库拦沙库容，又能发挥泥沙资源利用的经济效益。

2. 长系列年泥沙动态调控潜力评价

根据 6.2 节长系列年泥沙动态调控方案设置情况，对年均来沙 3 亿 t、6 亿 t、8 亿 t 等长系列年情景进行泥沙动态调控潜力评价分析，结果如图 7-15 和图 7-16 所示。可以看出，三种水沙情景下，优化方案的各维效益与综合效益都显著优于常规方案。效益差异性主要体现在行洪输沙效益和生态环境效益上，优化方案能够有效减少水库与河道淤积。

东庄与古贤水库加入联合应用后，在调蓄洪水的同时，能够充分利用新建水库允许拦沙库容，减少进入下游的沙量。此外，优化方案中每年对万家寨、三门峡与小浪底水库进行人工清淤，能够一定程度上增加有效库容，发挥水库拦沙作用，减少下游淤积。为实现水库与河道冲淤，水库适当加大下泄流量，同时增加了下游河道内水量，从而保证河流水生态环境质量，提高生态环境效益。

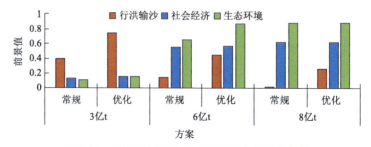

图 7-15 长系列年泥沙动态调控潜力指标前景值

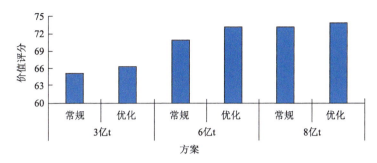

图 7-16　长系列年泥沙动态调控潜力综合评价

3. 场次洪水泥沙动态调控潜力评价

根据 6.3 节场次洪水泥沙动态调控方案设置情况,对中上游来水来沙(包括上游宁蒙河段以上来水来沙为主、十大孔兑来沙为主、北干流来沙为主、十大孔兑与北干流同时来沙)、上大洪水、下大洪水等场次洪水情景进行泥沙动态调控潜力评价分析。

1)中上游来水来沙

A. 上游宁蒙河段以上来水来沙为主

上游宁蒙河段以上来水来沙为主的 3 种场次洪水调度方案(S1、S2、S3)泥沙动态调控潜力评价结果如图 7-17 和图 7-18 所示。可以看出,利用水库拦蓄中粗颗粒泥沙,再通过挖沙等人工措施,水库库容能够逐渐恢复,减少进入下游水库或河道的粗泥沙量,同时增大泥沙可资源利用量,从而有利于下游河道的减淤或冲刷。库容恢复对行洪输沙和社会经济的影响更大,生态环境有小幅改善。水库库容恢复 30 年方案较其他两个方案有更大的防洪拦沙库容,其调控潜力最大,其次为水库库容恢复 10 年方案,现状库容方案调控潜力最小。水库库容恢复 30 年方案较现状库容方案可提升 4.9% 的调控潜力,水库库容恢复 10 年方案较现状库容方案有 1.5% 的调控潜力。库容恢复有利于泥沙调控潜力的挖掘。

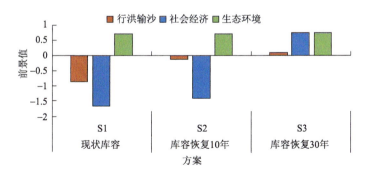

图 7-17　上游宁蒙河段以上来水来沙为主的场次洪水泥沙动态调控潜力指标前景值

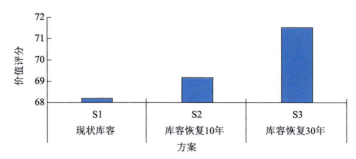

图 7-18　上游宁蒙河段以上来水来沙为主的场次洪水泥沙动态调控潜力综合评价

B. 十大孔兑来沙为主

十大孔兑来沙为主的 6 种场次洪水调度方案（K1、K2、K3、K4、K5、K6）泥沙动态调控潜力评价结果如图 7-19 和图 7-20 所示。可以看出，古贤水库与小浪底水库联合调沙时，古贤水库给小浪底水库提供更充足的水动力条件，调控潜力有更大的提升空间，各潜力指标值均有显著提高。在相同万家寨-三门峡-小浪底水库库容情况下，有古贤水库的调控潜力可提升 12.7%～13.6%；无古贤水库情况下，万家寨-三门峡-小浪底水库库容恢复 30 年较现状库容方案的调控潜力可提升 4.9%；有古贤水库情况下，万家寨-三门峡-小浪底水库库容恢复 30 年较现状库容方案的调控潜力可提升 4.2%，较无古贤水库现状库容方案可提升 18.3%。

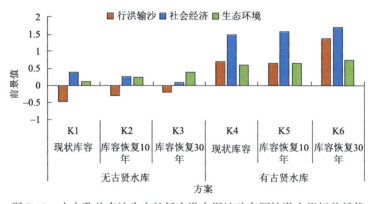

图 7-19　十大孔兑来沙为主的场次洪水泥沙动态调控潜力指标前景值

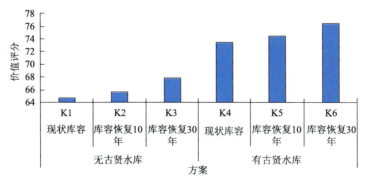

图 7-20　十大孔兑来沙为主的场次洪水泥沙动态调控潜力综合评价

C. 北干流来沙为主

北干流来沙为主的 6 种场次洪水调度方案（B1、B2、B3、B4、B5、B6）泥沙动态调控潜力评价结果如图 7-21 和图 7-22 所示。可以看出，古贤水库与小浪底水库联合调沙时，古贤水库给小浪底水库提供更充足的水动力条件，调控潜力有更大的提升空间。在相同万家寨-三门峡-小浪底水库库容情况下，有古贤水库的调控潜力可提升 4.6%～7.9%；万家寨-三门峡-小浪底水库库容恢复 30 年，无古贤水库情况下仅能提升调控潜力 0.5%，有古贤水库情况下可提升调控潜力 3.6%。库容恢复 30 年、考虑古贤水库运用与现状无古贤水库相比，泥沙调控潜力可提升 8.4%。

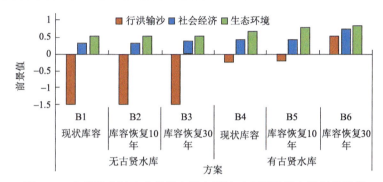

图 7-21　北干流来沙为主的场次洪水泥沙动态调控潜力指标前景值

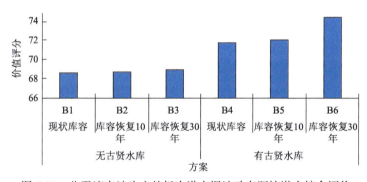

图 7-22　北干流来沙为主的场次洪水泥沙动态调控潜力综合评价

D. 十大孔兑与北干流同时来沙

十大孔兑与北干流同时来沙的 6 种场次洪水调度方案（KB1、KB2、KB3、KB4、KB5、KB6）泥沙动态调控潜力评价结果如图 7-23 和图 7-24 所示。可以看出，随万家寨-三门峡-小浪底水库库容恢复和古贤水库运用，综合泥沙调控潜力值增加显著。无古贤水库情况下，万家寨-三门峡-小浪底水库库容恢复 30 年调控潜力仅提升 1.6%；有古贤水库情况下，万家寨-三门峡-小浪底水库库容恢复 30 年较现状库容可提升调控潜力 6.2%；在相同万家寨-三门峡-小浪底水库库容情况下，有古贤水库的调控潜力可提升 2.8%～7.3%；库容恢复 30 年有古贤水库方案较现状无古贤水库泥沙动态调控潜力可提升 9.1%。古贤水库与小浪底水库联合调沙时，古贤水库给小浪底水库提供更充足的水动力条件，调控潜力有更大的提升空间。

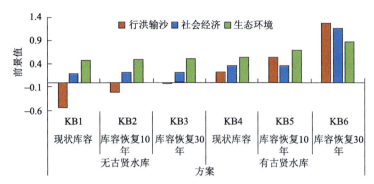

图 7-23　十大孔兑和北干流同时来沙的场次洪水泥沙动态调控潜力指标前景值

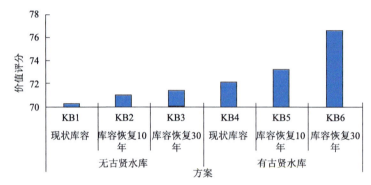

图 7-24　十大孔兑和北干流同时来沙的场次洪水泥沙动态调控潜力综合评价

2）上大洪水

上大洪水（1933 年）13 种场次洪水调度方案（X1、X2、X3、X4、X5、HA1、HA2、HA3、HA4、HA5、HB1、HB2、HB3）泥沙动态调控潜力评价结果如图 7-25 和图 7-26 所示。可以看出，现状库容和库容恢复 10 年有东庄水库运用方案，因为产生了洪灾淹没损失，行洪输沙呈负效益；保滩方案的行洪输沙效益、社会经济效益和生态环境效益优于相应的常规方案，综合价值评分高于相应常规方案 0.3%～2.4%；13 个调度方案中，最优方案为 HB3，即"库容恢复 30 年+考虑古贤、东庄+防护堤地形"，较现状库容、古贤和东庄水库运用方案 X5 可提升综合调控潜力 1.8%，较现状常规方案 X1 可提升综合调控潜力 6.1%。

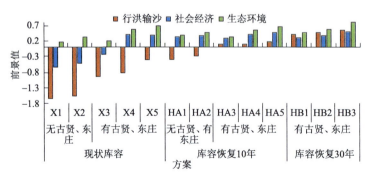

图 7-25　上大洪水（1933 年）泥沙动态调控潜力指标前景值

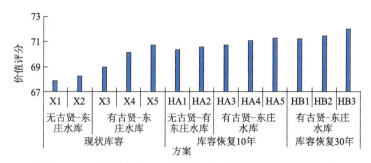

图 7-26　上大洪水（1933 年）泥沙动态调控潜力综合评价

3）下大洪水

A. 下大洪水 1958 年

下大洪水（1958 年）6 种场次洪水调度方案（X1、X2、HA1、HA2、HB1、HB2）泥沙动态调控潜力评价结果如图 7-27 和图 7-28 所示。可以看出，小浪底水库采取保滩方案充分削减洪峰，行洪风险减小，使得社会经济效益和生态环境效益较现状地形不保滩方案显著提高，综合价值评分提高 0.94%～1.6%；6 个调度方案中，最优方案为 HB2，即"库容恢复 30 年+防护堤地形"，较现状库容地形不保滩方案 X1 提升调控潜力 5.1%。

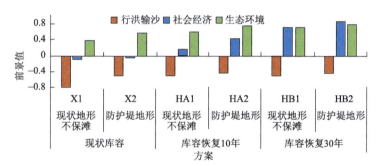

图 7-27　下大洪水（1958 年）泥沙动态调控潜力指标前景值

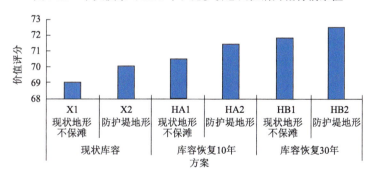

图 7-28　下大洪水（1958 年）泥沙动态调控潜力综合评价

B. 下大洪水 1982 年

下大洪水（1982 年）6 种场次洪水调度方案（X1、X2、HA1、HA2、HB1、HB2）泥沙动态调控潜力评价结果如图 7-29 和图 7-30 所示。可以看出，小浪底水库采取保滩方案削减洪峰，行洪风险减小，使得社会经济效益和生态环境效益较现状地形不保滩方案提高，综合价值评分提高 0.67%～1.2%；6 个调度方案中，最优方案为 HB2，即"库容恢复 30 年+防护堤地形"，较现状库容+现状地形不保滩方案 X1 可以提升调控潜力 2.6%。

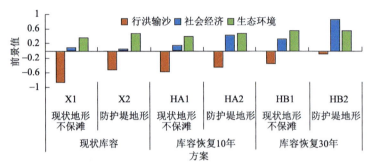

图 7-29　下大洪水（1982 年）泥沙动态调控潜力指标前景值

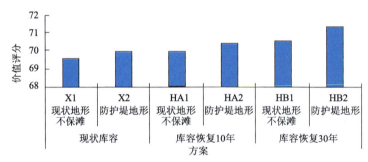

图 7-30　下大洪水（1982 年）泥沙动态调控潜力综合评价

对大洪水的分析可以看出，保滩方案明显优于现状地形不保滩方案。因此，采用保滩方案预防下游洪水灾害，是水库联合运用下多维效益综合能力提高的有效方式。

7.1.4　泥沙动态调控潜力的提升空间与实现途径

水库一旦建成投入运用，随着逐年拦沙，库容将逐步减小。泥沙动态调控的主要目的就是通过水库或水库群的联合调控，依赖水动力调水调沙、强人工措施清淤或者两者的有机结合，挖掘泥沙调控的潜力，恢复和保持水库的长期有效库容。因此，科学地调控有利于挖掘水库或水库群对泥沙（包括已经淤积在库区的泥沙和未来随洪水的持续来沙）动态调控的潜力。泥沙动态调控潜力包括水库的拦沙潜力、水动力对泥沙动态调控的潜力、清淤与泥沙资源利用的潜力，三者之间相互依托、相互促进。其中，前两个的制约因素主要是水库（群）调控能力，故将其合并，称为水库（群）调控能力的潜力；最后一个的制约因素主要是泥沙资源利用的能力和水平，将其归纳为泥沙资源利用能力的潜力。

1. 泥沙动态调控潜力的提升空间

1）水库调控能力的提升空间

水库调控能力的提升，首先要树立全流域"一盘棋"的思想，突出流域系统整体性。黄河流域不同区域的来水来沙特征不同，对入黄水沙量的贡献不同，则其区域内的水库（群）（水）沙动态调控的要求和目标也不相同。

在黄河上游，主要依托龙羊峡水库和刘家峡水库联合调控，特别是要充分挖掘龙羊峡水库对水资源的多年调节作用，利用好动态汛限水位的调度空间，适当拦洪削峰，适度控制水库水位上涨速度，在确保水库运行安全的基础上，更好地兼顾水资源高效利用和宁蒙河段的防洪安全。

万家寨水库位于黄河主要来沙区的黄土高原，其尽管调节库容有限，但在应对宁蒙河段特别是十大孔兑来沙的调节作用方面不容忽视。万家寨水库调节能力提升主要表现在两个方面：一是一旦遭遇入库较大含沙量的洪水过程时，必须发挥万家寨水库和龙口水库的联合调控作用，适时拦截高含沙洪水及其所挟带的粗泥沙；二是在遇到较有利的洪水过程时，要降低水位及时排沙运行，并在可能的情况下尽量延长低水位排沙时间，以提高水库排沙效率，恢复或延缓防洪库容淤损。

目前和未来一定时期，待建的古贤水库、在建的东庄水库和已建的三门峡水库、小浪底水库是黄河中游地区主要的水沙联合调控的枢纽工程。三门峡水库洪水期以敞泄排沙运用为主，这一调度原则短时间内不可能改变，三门峡水库调控能力的提升主要体现在后汛期。汛期降水冲刷要配合好入库水沙过程，利用好敞泄排沙这个时机，提升洪水期多来多排多冲刷的效能；洪水过后，三门峡水库要及时回蓄转入正常防洪运用，尽量发挥水库的治河利用效益。

小浪底水库是黄河水沙调控的关键性工程。汛期主要发挥防洪作用，汛前调水调沙，后期要尽可能的低水位排沙，做好当前与上游龙羊峡等水库、未来与中游古贤等水库能够提供的后续动力水源的衔接，发挥水库群联合调控的倍增效应；特别是近 20 年探索的小浪底水库后期排沙与下游河道暂存泥沙相结合的年际间调水调沙模式，对打开汛前调水调沙后期调度空间发挥了很好的作用。后汛期在满足各种供水发电等需求的同时尽量高水位运行，尽量为次年储备更多的水资源。

水库调节能力的提升很大程度上取决于水库群联合调控的协同性。小浪底水库自身调水与调沙存在的矛盾已明显表现出库容恢复难度大、排沙效率不高等问题。水利部黄河水利委员会预估，2040 年小浪底水库拦沙库容将淤满，届时小浪底水库的调水调沙效果将受到极大的影响，此后黄河下游河床可能进入下一轮淤积抬升过程。因此，现阶段在发挥好已建水库的联合调控能力的同时，加快完善黄河干支流水沙调控工程体系迫在眉睫。从黄河洪水、泥沙地域分布特征来看，河口镇至龙门区间是黄河粗泥沙的主要来源区，也是黄河"上大洪水"和粗泥沙的重要来源区之一。粗泥沙是河道淤积的主体，因此在该河段布置控制性骨干枢纽工程——古贤水库，可以控制黄河全部泥沙的 66%、粗泥沙的 57%，利用古贤水库人工塑造适合于小北干流放淤的水沙过程，可以对水库发挥"淤粗排细"功能，从根本上改变进入潼关河段不利的水沙过程，进一步减少进入黄河下游的粗泥沙，并使小北干流河段发生持续冲刷，使潼关站高程显著降低，且长期维持在较低状态，对减轻渭河及黄河下游防洪压力具有重要作用。

2）泥沙资源利用的提升空间

黄河泥沙资源利用有多种途径，如黄河防洪、放淤改土与生态重建、河口造陆及湿地水生态维持、建筑与工业材料制作等。从生态、环保和资源保护等方面，黄河泥沙资源具有得天独厚的优势。

在防洪方面，每年需要大量的防汛备石，过去均是采购天然石料，根据"黄河泥沙资源利用全链条技术"研究成果，利用黄河泥沙制造抢险用大块石，即人工防汛石材，可以节省大量天然石料，这项技术已经得到推广应用，具有长远的应用前景。黄河泥沙在下游放淤固堤、填充坑塘方面也有大量需求。河道泥沙输送到黄河河口地区，不仅可以改良盐碱土地，而且对黄河三角洲湿地生物、植物多样性维持，近海地区海洋生物品质提升，都具有不可替代的作用；同时对淤积延伸三角洲、增加土地面积或防止海岸线侵蚀后退都意义重大。

近 20 年来，经过对黄河泥沙特性的深入研究和认识，研制出了一系列装饰材料、建筑产品和新型工业原材料，包括内燃砖、灰砂实心砖、空心砖、多孔砖、建筑瓦和琉璃瓦、墙地砖、拓扑互锁结构砖以及干混砂浆、免蒸加气混凝土砌块、陶粒、微晶玻璃等。通过这些新技术和新产品的推广，泥沙资源利用在建筑与工业材料方面的应用前景广阔。

黄河流域有 6 个大型的煤炭基地，并存在大量采煤沉陷区或其他矿业开发遗留的坑塘，需要大量泥沙填充进行生态修复；同时，沿黄地区有大量的盐碱地，可通过漫滩洪水或放淤措施，覆盖盐碱地，从而起到改良土壤和涵养河滩的作用。

根据黄河流域可采砂河段分布，仅考虑可直接作为建筑材料的粗泥沙，预估近期年利用黄河泥沙约 600 万 m^3，随着远期建筑市场的稳定，泥沙利用的潜力可稳定在 400 万 m^3/a 左右；黄河流域下游防洪基本建设、堤防维修养护及抢险石材需求稳定，年需求量约 60 万 m^3，每年可利用黄河泥沙约 40 万 m^3；干流河道适宜年采砂量约为 800 万 m^3。总之，黄河干流泥沙建筑利用的年均潜力为 1440 万 m^3，约 1900 万 t。

2. 提升泥沙动态调控潜力的实现途径

1）加强已建水库群联合调控技术和能力的优化

实施并优化已建龙羊峡水库、刘家峡水库、万家寨水库、三门峡水库、小浪底水库及支流陆浑水库、故县水库和河口村水库等骨干水库的联合调控技术方案，上游龙羊峡和刘家峡水库联合调度，按照"蓄丰补枯"的原则尽可能保持较大的调节能力，为全河跨年度水量调节发挥关键作用，为下游水库群泥沙动态调控提供后续动力，从而有效提高对黄河流域泥沙动态调控的能力和潜力。

加强中游水库群对泥沙实施动态调控的作用，增加水库排沙能力，减轻库区淤积，恢复淤损库容，同时改善水库泥沙淤积形态，发挥淤粗排细的作用；水库清淤与泥沙资源利用有机结合，实现拦沙库容的重复利用，进一步挖掘泥沙动态调控潜力。

2）加快古贤水库的建设

在现状工程运用条件下，上游骨干水库承担全河水量调节任务，对于增强小浪底水库后续动力、配合小浪底水库协调黄河水沙关系难以获得明显的效果；中游水库群现有调控能力不足以塑造可持续的人工洪水过程，彰显三门峡水库与小浪底水库的联合调水调沙作用，而且三门峡水库运用受潼关站高程限制，因此提高汛限水位，补充调水调沙后续动力的可能性极小。古贤水库的建设和运行不仅可以拦截上游来沙，且具有比较大的调节库容，是解决小浪底水库调水调沙后续动力不足的首选措施，可有效提高小浪底水库对黄河流域泥沙的调控能力。古贤水利枢纽建成投运后，和小浪底水利枢纽联合运行，可进一步完善黄河中下游水沙调控工程体系，对确保黄河长治久安、保障和促进区域经济社会发展作用巨大。

3）推进人工清淤与泥沙资源利用常态化

多沙河流的水库均存在泥沙淤积和库容损失问题，其影响水库的开发任务和综合效益的发挥，甚至导致水库报废。在水力措施减淤效果有限的条件下，通过人工清淤等措施，将水库、河道里的泥沙清理出去，以目前技术水平和经济条件，细沙可用于改善土壤和环境，粗颗粒泥沙可用作各种建筑材料，实现泥沙资源的全方位利用，这样既能增大水库拦沙库容、提高河道行洪输沙过流能力，又能发挥泥沙资源的经济效益、增强黄河流域泥沙动态调控能力，从而实现流域防洪安全和社会经济可持续发展的双赢。

4）加强河道整治提升河道输沙（入海）能力

河道是行洪和输沙的重要通道，通过堤防工程、控导工程、护滩护堤工程、裁弯取直、汊河封堵等工程措施，归顺河道流路，控制河势游荡摆动，可以有效提高河道的行洪输沙能力，有利于挖掘泥沙动态调控的潜力。

5）完善黄河流域干支流骨干枢纽群泥沙动态调控管理机制

水库调度作为水沙调控的重要非工程措施之一，在保证防洪安全，增加洪水资源可利用量，充分发挥水库灌溉、发电、航运等兴利综合效益等方面发挥了重要的作用。位于不同区域的水库具有不同的开发任务和目标，其相应遵守不同的调度规程，由于黄河水沙异源，依靠单一水库各自的调控方式难以实现流域综合调控达到效益最优的全局目标。提高黄河流域泥沙动态的综合调控能力，需要制定枢纽群泥沙动态调控技术规程，通过对历史水库调度实践的分析和总结，细化不同洪水来源区水库（群）联合调控的原则和蓄泄秩序，加强流域骨干水库的统一调度管理，实现水资源和泥沙动态调配，发挥水库群综合调控潜力，推进黄河流域高质量发展。

7.2　泥沙动态调控技术在桃汛洪水调度中的应用示范

针对 20 世纪 90 年代以来潼关高程居高不下和汛期洪水明显减少的现实情况，为更好地发挥桃汛洪水冲刷降低潼关高程的作用，2006 年开始水利部黄河水利委员会开展了利用并优化桃汛洪水过程冲刷降低潼关高程的原型试验和调度运用，通过万家寨水库调控桃汛洪水过程，达到冲刷降低潼关高程的目标。近年来，随着各种防凌措施的实施和水资源综合利用需求的增加，宁蒙河段开河形势发生了很大变化，开河期水量减少，同时黄河水沙多目标协同调控的需求也给万家寨水库桃汛洪水调度提出了更高要求。本节针对桃汛期水沙过程的变化和多目标调度需求，开展了泥沙动态调控技术在桃汛洪水调度中的应用示范研究，并在2018~2020年桃汛期和主汛期通过万家寨水库的泥沙动态调控，进行了水库降低水位拉沙的实践运用，实现了库区大规模的冲刷，恢复了部分槽库容，提高了水库调蓄能力。

7.2.1 基于泥沙动态调控的桃汛洪水冲刷降低潼关高程试验方案

由于万家寨水库的持续淤积，水库的蓄水调控能力降低，兼之开河期桃汛洪峰和洪量的减少，优化利于冲刷降低潼关高程的桃汛洪水过程更加困难。针对万家寨水库淤积现状及存在的问题，一是通过水沙动态调控，在汛期大流量时降低库水位进行冲沙运用，恢复有效库容；二是结合人工清淤措施和泥沙资源利用，恢复淤损库容，增加水库调控能力，兼顾水资源的综合利用，塑造有利于冲刷降低潼关高程的优化桃汛洪水过程，实现潼关高程的冲刷降低和相对稳定，发挥水库多目标综合调控效益。

2006~2018年的桃汛洪水调度以优化桃汛洪水冲刷降低潼关高程为主要目标，在确保防凌安全的前提下，以开河期头道拐洪峰和洪量为启动限制条件。一般情况下，当三湖河口出现洪峰向下游演进、头道拐开始起涨且流量大于1000m³/s时启动试验；当头道拐洪峰流量不满足要求或出现严重凌情时，调整方案或放弃桃汛洪水调度，转入正常运用。近年来，由于各种防凌措施的实施和水资源综合利用的需求，封、开河条件及水库补水条件发生较大变化，潼关高程冲刷降低难度增加，同时社会经济发展和生态环境建设对水资源综合利用和水库综合效益提升等都提出更高的要求，桃汛期冲刷降低潼关高程的万家寨水库调度也由单一目标向多目标综合调度转化，在保证防凌安全的前提下，一是优化洪水过程达到控制或降低潼关高程的目的，二是调整三门峡水库非汛期淤积部位，三是发挥水库发电、供水、生态补水等综合效益，保证万家寨水库的供水效益，减少水库弃水。泥沙动态调控指标需要考虑各种需求和客观约束条件，如潼关高程冲刷降低的洪水条件、凌汛开河期洪水条件和水库补水条件等。

1. 潼关高程冲刷降低的洪水条件

根据前期研究成果，实现桃汛期潼关高程有效冲刷的最优洪水过程特征为：洪峰流量达到2500m³/s以上，保持缓涨快落的单一洪水峰型；尽量延长2000m³/s以上流量的持续时间；沙峰与洪峰尽可能同步；10日洪量尽可能保持多年平均值13亿m³左右；平均含沙量不超过17kg/m³。

一般情况下，桃汛期潼关高程有效冲刷的最优洪峰流量为2500m³/s，洪峰高于此值潼关高程下降值增幅很小；水位控制在318m以下时，潼关高程冲淤的临界流量约为1500m³/s，即桃汛期控制潼关高程不升高的洪峰流量为1500m³/s（图7-31）；根据2006~2018年试验期资料分析，与自然情况相比，洪峰在2000m³/s以上潼关高程冲刷降低，2000m³/s以下微淤升高，说明2003~2005年潼关高程下降后，受非汛期来沙量减少、回淤量减少的影响，潼关高程冲刷下降难度增加。同时，洪水期潼关高程的变化还与初始高程密切关联，考虑前汛期水沙不确定性和潼关高程初始值的影响，控制潼关高程不抬升的洪峰阈值为 1500～2500m³/s。

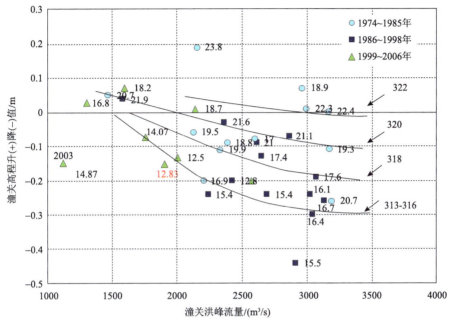

图 7-31　潼关高程变化与洪峰流量和起调水位的关系

数据标注（+300）为起调水位

2. 凌汛开河期洪水条件

内蒙古河段开河期的水量和最大流量与气温过程、槽蓄水增量、上游来流过程、凌期分水等因素相关。内蒙古河段的河槽过流能力和封河流量直接影响凌期槽蓄水增量。1987 年以来，内蒙古河段的平滩流量经历了持续减小和回升的过程，2004 年达最小，之后缓慢恢复；从水文断面看，昭君坟平滩流量最小，从约 3000m³/s 减至 1000m³/s 左右，目前，内蒙古河段的平滩流量基本恢复到 2600～3000m³/s。河槽过流能力增大后槽蓄水增量减少，开河时释放的水量减少。

2008 年以来，内蒙古河套灌区及乌梁素海承担黄河内蒙古河段的防凌任务，并沿黄河两岸建设了乌兰布和、杭锦淖尔、小白河应急分洪区，承担相关河段的应急分凌任务，同时改善乌梁素海的水质和生态环境，减轻内蒙古河段防凌压力。根据 2009 年以来生态补水和应急防凌的统计，每年凌情不同，分凌量差异较大，最大补水量为 2020 年达 5.8亿 m³。乌梁素海生态补水和内蒙古应急分凌的结果减少了开河期头道拐断面水量，相应最大 10 日水量和洪峰流量减少。

海勃湾水库 2013 年建成，配合上游龙羊峡、刘家峡水库防凌调度，与下游三盛公水利枢纽工程共同构成完善的防凌工程体系，提高黄河内蒙古河段防洪标准，为平稳封河、开河创造良好条件，减轻宁蒙河段防凌负担。例如，2020～2021 年防凌预案中，流凌封河期库水位按 1073.0m 左右调控运用；稳封期按不超过 1075.00m 水位运用；开河期降低水位至 1073.5m 以下，配合刘家峡水库运用。2014 年开始防凌调度以来对凌汛安全发挥了作用。

因此，由于凌期开河形势的不确定性，可以根据开河期实时预报结果和头道拐凌峰流量采取不同控制指标。

3. 万家寨水库补水运用条件

万家寨水库调度的约束条件：一是水库蓄水调控能力和供水任务，二是最大发电流量和弃水。

从万家寨水库引黄供水，不仅可以满足太原、朔州、大同等城市社会经济发展、城市群众生活用水需求，而且可以向汾河实施生态补水，改善生态环境。根据《永定河综合治理与生态修复总体方案》，到 2020 年，永定河河流生态水量得到基本保障，河流水环境状况明显好转，生态功能得到有效提升，初步形成永定河绿色生态河流廊道。因此，从 2017 年起，万家寨水库又开始向桑干河、永定河进行生态供水，使永定河生态水量得到基本保障。

万家寨水库引水流量的蓄水位为 957m，桃汛期补水运用时最低水位不低于 957m。根据水库凌期调度原则，开河期控制水位 970m，水库补水从 970m 到 957m。根据 2018 年汛后库容曲线，970m 到 957m 的库容为 1.86 亿 m³，即最大补水量。

龙口水库 2011 年开始配合万家寨水库进行调度运用，起调水位按 898m 控制，调度结束后库水位降至 888m，最大可补水量 1.14 亿 m³。

从机组泄流能力看，万家寨水库有 6 台机组，最大泄流能力约为 1800m³/s。当开河期入库流量小或洪量小、后期来流量可能不足时，万家寨水库尽量减少弃水，出库流量按 1800m³/s 控制。

4. 万家寨水库调控指标

水流从万家寨水库（龙口水库）出库演进到潼关，当最大流量持续一天以上时洪峰流量衰减很小，区间流量增加一般在 0～200m³/s，故确定出库控制指标时不需考虑区间变化，主要根据入库流量过程和可补水量来确定。当头道拐最大 10 日洪量为 10 亿 m³ 以上时，出库流量按 2500m³/s 控制，满足桃汛洪水优化过程，实现潼关高程冲刷降低；当 10 日洪量为 7 亿～10 亿 m³ 时，减少万家寨水库弃水，按最大发电流量 1800m³/s 控制，潼关流量可能在 1800～2000m³/s；当 10 日洪量低于 7 亿 m³ 时，洪峰流量在 1000m³/s 以上时补至 1500m³/s 以上，满足潼关高程不升高条件，洪峰流量在 1000m³/s 以下时按进出库平衡运用，控制水库水位不低于 960m，减少泥沙出库并保证供水需求，避免水库排沙对河道及潼关高程淤积的影响。

5. 三门峡水库控制水位

三门峡水库非汛期 318m 控制运用，对潼关河段冲淤变化影响很小。根据桃汛期潼关高程变化与坝前水位的关系，当坝前水位在 313～316m 时，潼关高程升高或降低的临界流量为 1500m³/s，大于 1500m³/s 时潼关高程一般冲刷降低。为促进大流量时库区上段冲刷沿程向下发展，当潼关站流量大于 1500m³/s 或含沙量较高时，三门峡水库蓄水位按313～316m 控制。

7.2.2　桃汛洪水冲刷降低潼关高程调度方案设计

根据 2019～2021 年内蒙古河段凌汛及开河条件，以及万家寨水库的补水能力，本书编制了年度桃汛洪水调度预案。预案内容包括年度调度背景、调度指导思想和目标、当年水库及河道约束边界条件、凌汛特征及头道拐桃汛洪水预估、年度水库调控指标、补水分析及实时调度方案、应急措施及风险分析等。

1. 2019 年度试验方案

2019 年度，宁蒙河段流凌和封河日期偏晚，河道冰下过流能力较好，槽蓄水增量偏小，分洪区分滞凌水近 5 亿 m³，预估头道拐站开河最大 10 日洪量为 5.5 亿 m³ 左右，开河期最大流量为 800m³/s 左右，均较常年严重偏小。调度预案按枯水方案编制，出库最大流量控制指标为 1800m³/s。根据实测资料分析，2016 年开河期 10 日洪量最小，头道拐站为 7.2 亿 m³，洪峰为 1670m³/s，以 2016 年流量过程为基础，进行万家寨水库补水调度分析（侯素珍等，2010）。

根据 2018 年汛后万家寨水库库容曲线，从 970m 开始补水至 957m 结束，最大补水量为 1.86 亿 m³。龙口水库从正常蓄水位 898m 至最低发电水位 888m，蓄水量为 0.89 亿 m³，桃汛期间与万家寨水库联合调度相机补水运用，两库联合最大补水量为 2.75 亿 m³。

根据开河时间和头道拐预报流量过程，出现涨水过程且流量约为 1000m³/s 时，首先调度万家寨水库，增加出库流量到 1800m³/s，当万家寨水库补水不能满足出库流量要求时，再适时调度龙口水库补水，补水过程中尽可能延长大流量持续时间，补水结束后维持 1～2 天进出库平衡运用。水库补水运用后最大 10 日水量可达 8.25 亿 m³。补水调度后的流量过程见图 7-32。

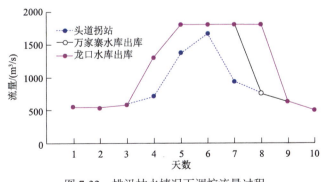

图 7-32　桃汛枯水情况下调控流量过程

根据 2017 年汛后库容曲线，高程 970m 至 957m 的库容为 1.60 亿 m³，由于 2018 年汛期万家寨水库泄空冲沙，故较 2017 年汛后库容增加 0.26 亿 m³，即补水量增加 0.26 亿 m³，延长了 1800m³/s 持续时间近 1 天。

2. 2020 年度试验方案

2020 年，开河前内蒙古分洪区累计分凌量 3.91 亿 m³，预估头道拐站开河最大 10 日洪量为 7.5 亿 m³ 左右，开河期最大流量为 1600m³/s 左右，均较常年偏小。调度预案按枯水方案编制，出库洪峰按不低于 1800m³/s 控制。根据 2019 年汛后库容曲线，高程 970m 至 957m 的库容为 1.90 亿 m³，与 2018 年汛后相比略有增加，增加 0.04 亿 m³，较 2017 年汛后增加 0.30 亿 m³，可补水量增加 0.34 亿 m³，延长了 1800m³/s 持续时间 1 天。

3. 2021 年度试验方案

2021 年度开河前内蒙古槽蓄水增量为 6.7 亿 m³，预估头道拐站开河最大 10 日洪量为 7 亿 m³ 左右，开河期最大流量为 1000m³/s 左右，均较常年偏小，遇到气温异常或堆冰也可能达 1500m³/s 左右。调度预案按枯水方案编制，出库洪峰按不低于 1500~1800m³/s 控制，即满足潼关高程冲刷或不淤的条件。

根据 2020 年汛后万家寨水库库容曲线，从 970m 开始补水至 957m 结束，最大补水量为 1.94 亿 m³；龙口水库从正常蓄水位 898m 至最低发电水位 888m，蓄水量为 0.89 亿 m³，桃汛期间与万家寨水库联合调度相机补水运用，两库联合最大补水量为 2.83 亿 m³。

分析近年来开河流量过程，2016 年开河期头道拐站洪峰为 1670m³/s，10 日洪量为 7.2 亿 m³；2019 年头道拐站洪峰为 978m³/s，10 日洪量为 6.7 亿 m³；两年的 10 日洪量分别与预估值接近，洪峰分别与正常预估值或可能值接近。以 2016 年和 2019 年实际开河流量过程为基础，进行万家寨水库补水调度分析。

根据开河时间和头道拐预报流量过程，出现涨水过程且流量约 1000m³/s 时，首先调度万家寨水库，增加出库流量到 1800m³/s，当万家寨水库补水不能满足出库流量要求时，再适时调度龙口水库补水，补水过程中尽可能延长大流量持续时间，补水结束后维持 1~2 天进出库平衡运用。水库补水运用后最大 10 日水量可达 9.8 亿 m³，补水调度后的流量过程如图 7-33 和图 7-34 所示。可知，维持 1800m³/s 可以达 3~4 天。如果万家寨水库从 966m 到 957m，补水量减少 0.71 亿 m³，1800m³/s 可以达 2~3 天。

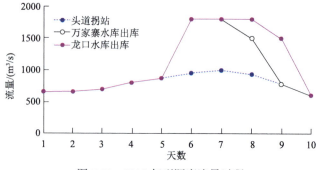

图 7-33　2019 年型调度流量过程

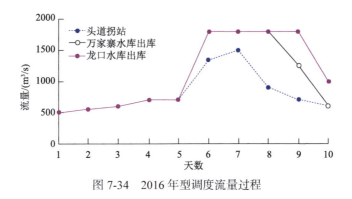

图 7-34　2016 年型调度流量过程

7.2.3　桃汛洪水冲刷降低潼关高程示范运用效果

2019～2021 年针对不同的开河过程和头道拐站洪峰大小，万家寨水库采取了不同的调度方式，进出库水量特征见表 7-4，潼关站水沙特征及潼关高程变化见表 7-5。

表 7-4　桃汛期万家寨水库调度运用及进出库特征

年份	最大日均流量/(m³/s)		最大 10 日洪量/亿 m³			水库调度		
	入库	出库	入库	出库	进出库差值	补水起始水位/m	最低水位/m	蓄变量/亿 m³
2019	978	812	6.75	5.37	−1.38	965.71	965.71	0
2020	909	1130	6.96	7.35	0.39	965.42	963.74	0.26
2021	1210	1450	8.31	8.90	0.59	968.46	965.48	

表 7-5　潼关站不同时段桃汛洪水特征值比较（平均）

年份	洪峰流量/(m³/s)	最大 10 日洪量/亿 m³	相应沙量/亿 t	流量大于 1500m³/s 天数/天	三门峡最低水位/m	潼关高程变化值/m
2019	864	5.99	0.009	0	318	0.04
2020	1310	7.84	0.010	0	318	−0.02
2021	1780	10.3	0.019	2	317.26	−0.03

1. 2019 年度试验效果

1）凌汛期水库调度

2018～2019 年内蒙古河段封河流量 835m³/s，冰下过流能力较好，槽蓄水增量偏少，巴彦高勒至头道拐河段最大槽蓄水增量 7.4 亿 m³，较多年平均值 12.8 亿 m³ 偏少近 42%。2 月下旬到 3 月上旬平均气温偏高，如磴口站 3 月上旬平均气温 1.1℃，较 1975～2015 年同期偏高 4.4℃。开河期气温整体偏高，导致宁蒙河段各站开河较常年偏早。3 月 4 日巴彦高勒水文断面解冻开河，内蒙古河段进入开河期，3 月 16 日三湖河口水文断面开河，3 月 23 日内蒙古河段全线开通，开河日期分别较常年（1970～2015 年）偏早 2 天、5 天、3 天。

万家寨水库2月下旬以来运用水位从970m开始逐渐降低,到3月中旬开河前降到965m以下。针对凌汛期头道拐断面平稳的流量过程,以及万家寨水库较低运用水位,没有足够蓄水补充来满足设计出库流量指标要求,万家寨水库按常规运用模式缓慢回蓄到正常运用水位。3月19日头道拐站出现最大流量1000m³/s,经万家寨和龙口水库调蓄后,河曲站最大流量812m³/s,进出库流量过程见图7-35。

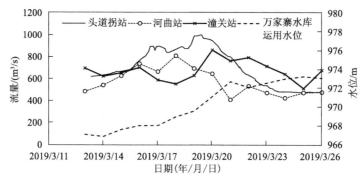

图7-35　2019年开河期万家寨水位及流量沿程变化过程

2)桃汛洪水冲刷降低潼关高程试验效果

凌汛期洪水演进到潼关过程中,区间支流加水较少,没有明显的涨水过程,最大日均流量由河曲站的812m³/s增加到864m³/s,最大含沙量2.61kg/m³,最大10日洪量5.99亿m³,沙量93.6万t。由于桃汛洪水过程极其平缓,三门峡水库基本维持318m控制运用。桃汛期潼关站水位-流量关系表明,潼关(八)断面呈顺时针绳套关系,即洪水过后同流量水位略有降低;而潼关(六)则呈逆时针绳套关系,即洪水过后同流量水位略有升高,如果延长水位流量关系曲线到1000m³/s,桃汛前后潼关高程上升0.04m,见图7-36。

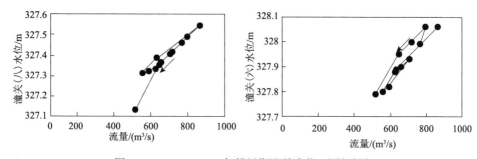

图7-36　2018~2019年桃汛期潼关水位-流量关系

2. 2020年度试验效果

1)凌汛期水库调度

2019~2020年内蒙古河段封河流量807m³/s,较常年封河流量611m³/s偏大32%,封冻冰面较高,冰下河道过流能力较好,槽蓄水增量较小,巴彦高勒至头道拐河段最大槽蓄水增量约为9.4亿m³,较多年均值12.8亿m³偏小27%,较2009~2018年均值(11

亿 m³）偏小 15%。开河前期气温回升平稳，开河后期气温波动回升，开河历时较长，槽蓄水增量缓慢释放，内蒙古河段各站未出现明显凌峰过程。头道拐下游万家寨库尾段率先开通，并未形成明显冰坝，从而为头道拐河段平稳开河创造了有利条件。2 月 20 日，巴彦高勒断面文开河开河日期较常年（1970～2015 年）偏早 14 天，内蒙古河段进入开河期；3 月 10 日三湖河口断面文开河开河日期较常年（1970～2015 年）偏早 6 天；3 月 14 日头道拐河段文开河开河日期较常年（1970～2015 年）偏早 4 天。3 月 18 日内蒙古河段全线开通，较常年（1970～2015 年）偏早 8 天。

万家寨水库稳封期按库水位不超 975m 控制运用。开河期自 2 月 20 日起按不超 970m 控制运用。自 3 月 12 日起降低库水位，按库水位不超 965m 控制运用。自 3 月 18 日起，结束凌汛期调度，转为正常运用。3 月 12 日头道拐站出现最大流量 909m³/s，经万家寨和龙口水库运用后，河曲站形成两个峰值，峰型尖瘦，最大瞬时流量 1720m³/s，日均最大流量 1130m³/s，万家寨水库进出库流量过程见图 7-37。

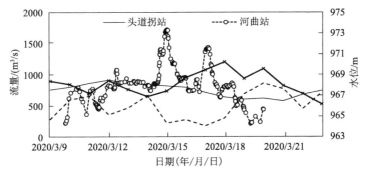

图 7-37　2020 年开河期万家寨水库水位及流量沿程变化过程

2）桃汛洪水冲刷降低潼关高程试验效果

河曲洪水演进到潼关，基本维持两个峰值形态，峰值衰减。根据实测资料，潼关站洪水期瞬时最大流量为 1310m³/s，最大日均流量较河曲站有所增加，达到 1200m³/s，最大含沙量 2.97kg/m³，最大 10 日水量 7.84 亿 m³，沙量 100.1 万 t。针对入库小流量过程，三门峡水库仍按 318m 控制运用。桃汛期潼关水位-流量关系如图 7-38 所示，潼关（八）断面呈逆时针关系，流量 1000m³/s 时落水期水位略高于涨水期水位；潼关（六）断面呈顺时针关系，洪水前后潼关高程降低 0.02m。

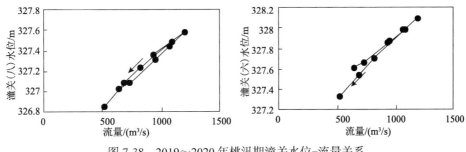

图 7-38　2019～2020 年桃汛期潼关水位-流量关系

3. 2021 年度试验效果

1）凌汛期水库调度

2020～2021 年内蒙古河段封河流量 861m³/s，较常年封河流量 611m³/s 偏大 41%（250m³/s），较近 10 年平均值偏大 140m³/s；冰盖高、冰下过流能力大，槽蓄水增量减少，巴彦高勒至头道拐河段最大槽蓄水增量 9.1 亿 m³，较多年平均值偏少 29%，较近 10 年平均值偏少 12%。1 月中旬到 2 月底平均气温显著偏高，如包头站平均气温 −4.2℃，较 1975～2015 年同期偏高 4.1℃。开河期气温整体偏高，宁蒙河段各主要水文断面开河较常年均偏早。其中，三湖河口水文断面 3 月 5 日开河，为有资料统计以来最早，较近 10 年平均偏早 11 天；巴彦高勒水文断面 2 月 20 日开河，较近 10 年平均偏早 14 天；3 月 13 日内蒙古河段全线开通，较常年（1970～2015 年）偏早 13 天，较近 10 年平均偏早 11 天。

流凌封河期万家寨水库蓄水位按 970m 控制，开河期结合防凌调度及时调整了桃汛洪水冲刷潼关高程试验预案。万家寨水库运用分两个阶段，一是 3 月 4 日库区曹家湾河段出现冰坝壅水险情，紧急降低万家寨水库水位，由 970m 降至 965m，出库最大流量达到潼关高程不升高的临界值 1500m³/s，实际河曲站最大流量 1450m³/s，万家寨水库最低水位 965.48m。由于入库流量小和水库补水能力不足，险情解除后水库回蓄，等待洪峰时再次补水。二是 3 月 10 日头道拐站出现最大流量 1210m³/s，经万家寨和龙口水库，河曲站最大流量 1440m³/s，接近潼关高程不淤临界指标。经水库调度和自然凌汛洪水过程下泄，河曲站形成两个洪峰接近 1500m³/s 的洪水过程，万家寨水库进出库流量过程见图 7-39。

图 7-39　2021 年开河期万家寨水库水位及流量沿程变化过程

2）桃汛洪水冲刷降低潼关高程试验效果

出库流量过程演进到潼关，受区间支流加水和局部河段融冰的影响，峰型仍然保持双峰，最大流量分别增加到 1740m³/s 和 1780m³/s，相应的最大含沙量分别为 4.27m³/s 和 2.68m³/s；最大日均流量 1620m³/s，含沙量 3.66kg/m³，包含两个洪峰的最大 10 日（3 月 7～16 日）水量 10.33 亿 m³，沙量 193 万 t。开河期桃汛期潼关站水位-流量关系如图 7-40 所示，第一次洪水过程，潼关（八）断面水位-流量位于同一趋势线，第二次洪水过程也呈同一趋势，但流量 1200m³/s 以上时水位明显低于第一次洪水，流量 1000m³/s

时水位保持稳定；潼关（六）断面与潼关（八）关系相近，但两次洪峰后 1000m³/s 水位略有下降，洪水前后潼关高程分别为 327.79m、327.76m，下降 0.03m。

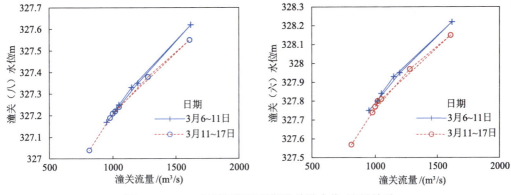

图 7-40　2021 年开河期桃汛期潼关站水位-流量关系

桃汛洪水前后对三门峡库区部分断面进行了测量，从洪水前后横断面调整看，潼关（六）洪水前主河槽居中、底部相对宽阔，洪水后淤积抬升，主河槽移位刷深，靠左岸行洪；黄淤 41 断面形态变化较小，右侧河槽刷深，两侧主河槽更加明显，总体为冲刷；黄淤 36 断面洪水前后明显淤积，深泓高程抬升约 2.5m（图 7-41）。

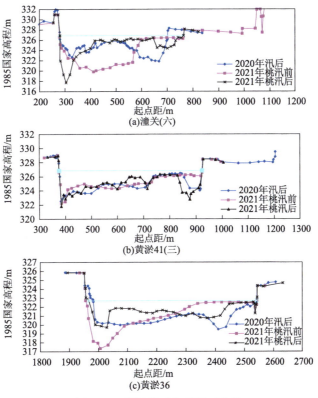

图 7-41　桃汛前后典型断面变化

从沿程各断面冲淤变化看（图7-42），黄淤38～41为冲刷，黄淤31～36虽然淤积但变化值很小，黄淤25～29为淤积集中河段，可见三门峡水库318m蓄水运用时，淤积主要发生在黄淤31以下。2021年桃汛洪水前后，潼关高程略有下降，除潼关（六）断面淤积外，黄淤38以上河段总体为冲刷，说明洪峰流量达1600m³/s时，一般不会造成潼关高程的抬升。

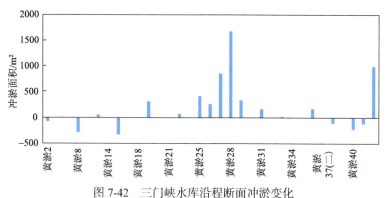

图7-42　三门峡水库沿程断面冲淤变化

从万家寨水库综合效益看，开河期水位在965m以上，保证了向山西和北京供水；同时没有泥沙出库，减轻了小水挟带泥沙对河道的不利影响。

图7-43给出了示范运用期潼关高程变化与不同时期的对比。可以看出，2019～2021年示范运用期潼关洪峰流量较2006～2018年试验期偏小，洪水期平均含沙量仅1.3～1.9kg/m³，小于试验期平均值6.8kg/m³，对潼关高程的作用优于试验期；2019年流量不足1000m³/s潼关高程仅略有抬升，2020年和2021年潼关高程略有冲刷，与试验前自然情况的变化关系一致，达到预期效果。

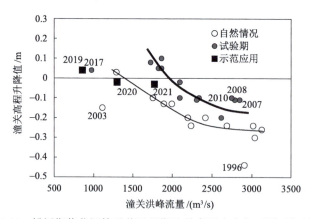

图7-43　桃汛期优化调控示范运用期潼关高程变化与不同时期的对比

总体来看，针对变化的开河形势和生态经济发展对水资源的综合需求，结合头道拐桃汛流量过程，在不影响万家寨水库供水和发电不弃水的情况下，万家寨水库联合龙口水库对入库洪水过程进行了适当调控。对于调控桃汛洪水冲刷潼关高程而言，在来水不利和补水调度受限的情况下，2020年和2021年潼关站洪峰接近冲淤临界流量指标，实现了潼关高程的稳定和较大流量时水位降低，达到预期效果，同时也保证了万家寨水库综合效益的发挥，满足了水库多目标需求。

7.3　调水调沙下泄清水期泥沙负载技术示范及效果评价

本节主要介绍应用气动冲沙技术，构建了调水调沙下泄清水期泥沙负载气动冲沙系统，并在小浪底水库进行了两次清水下泄期泥沙负载技术示范运用及效果评价。

7.3.1　泥沙负载技术示范方案设计

1. 气动冲沙系统设计

1）空压机设备选型

目前，市面上主流的空气压缩机（简称空压机）有活塞式、单螺杆（蜗杆）式、双螺杆式、离心式等，按工作原理，空压机分为容积型和速度型，分别通过体积变化和气体动能变化来产生压缩空气。往复式空压机（也称活塞式空压机）的工作原理是直接压缩气体，当气体达到一定压力后排出；螺杆式空压机的工作原理是压缩气体的体积，使单位体积内气体分子的密度增加，以提高压缩空气的压力；离心式空压机的工作原理是提高气体分子的运动速度，使气体分子具有的动能转化为气体的压力能，从而提高压缩空气的压力。通过比较选择，拟采用螺杆式空压机，以满足冲淤工程安装方便、产气平稳、维护简便、能自动维持设定压力等要求。根据现场水流条件，设备参数选择见表 7-6。

表 7-6　小浪底库区气动冲沙现场试验系统设备表

主设备名称	型号	数量	尺寸，重量
空压机	KSCY680-14.5 柴油移动螺杆	1 台	3200 mm（长）×1800 mm（宽）×2600mm（高），3200 kg（重量）
储气罐	申江	2 个	$5m^3$/1.6MPa，1625kg（重量）1600mm（直径）×4000mm（高）
冲沙气排	自制	4 个	3000mm（长度）×250 个（气孔数量）

2）冲沙气排设计

依据前述研究成果和以往经验，气孔宜小，以便保持气量溢出均匀，以直径 1～2mm 适中。排气管道开孔直径 1.5mm 为宜，孔口向床底 0°～45°，孔距约 60mm，以便直接冲动更多的泥沙，理论上排气管道间距越密越好，但间距越密则溢气量越大，对空压机、储气罐以及冲沙管网等经济考虑，选择排气管道间距 0.32m，便于施工安全，气排管道的放置采用从岸边支伸形成管线沉排形式。

冲沙气排管道的布设由小到大，河底最终开设小孔的冲沙管道为第三级排气管，第三级排气管孔径面积应与该管所开孔径的总面积相当，以此类推，连接储气罐的一级管道的管径与连接二级管道的管径相当。冲沙气排置于水下，一般采用硬连接，与水上的连接部分拟用软连接，且有一定的适应长度，使气排沉于含水率较大的泥床后不至于扯断。

冲沙气排入水后，无论用 PVC-U/ FRPP/ABS（硬聚氯乙烯/增强聚丙烯/ABS 管）还是其他管道，管道内高压气体排挤水体后都会产生一定浮力，加上操作时高速气流有反作用力产生，即冲沙气排要采取一定的压载措施以防浮扬。因此，管道敷设应满足：水中重量+压重>浮力+反作用力。

气动冲沙系统布置和气排管道设备参见图 7-44 和图 7-45。

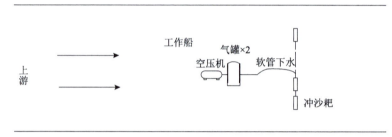

图 7-44　气动冲沙系统布置示意图

图 7-45　冲沙气排管道设备现场照片

2. 试验区域选择

针对小浪底水库淤积情况，支流拦门沙与干流淤积三角洲理论上均适合采用气动冲沙的方式缓解淤积。考虑到水库支流拦门沙依靠水库调度冲刷的难度大，通过强人工措施解决支流拦门沙淤积问题将会产生一定的社会效益与经济效益，故选定小浪底水库的最大支流畛水河口进行本次现场示范。畛水河口及设备运输与施工船位置见图 7-46。

根据 2019 年 11 月多波束测量的小浪底水库畛水 DEM 空间分布图（图 7-47），畛水在拦门沙淤积的影响下主河槽游荡明显，由 2019 年 6 月的左侧位置摆向了右侧，因此示范试验选择畛水口门靠近左岸处。该处高程在 220～225m，试验期间水深在 30m 以内，故将 30m 水深作为气动设备参数选择的重要依据。

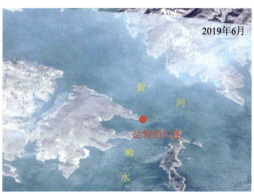

图 7-46　畛水河口及设备运输与施工船位置

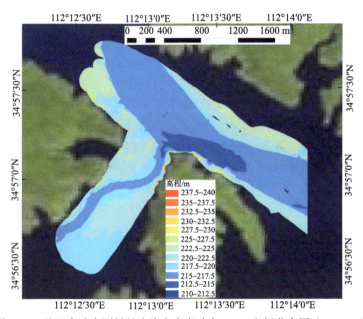

图 7-47　基于多波束测量的小浪底水库畛水 DEM 空间分布图（2019.11）

3. 试验时间选择

库水位下降期间水流有一定流速，这期间有利于现场示范，可在气动装置的作用下将河床底部泥沙启动并顺水流向下游运输。若水位太高，泥沙启动后悬浮和输移的阻力增加，不利于浑水输移；若水位变幅大，作业和测量均不安全；若水位降低太多，畛水河床出露后又缺少水流动力。因此，考虑到试验期间测量船舶航行条件，根据小浪底水库调度过程，保证畛水河口有一定水深和流速，定于 6 月下旬或 9 月上中旬进行现场示范。

7.3.2　第一次现场示范试验实施效果跟踪观测与评价

2020 年 6 月 27 日在畛水河口拦门沙附近进行了现场示范（图 7-48），开展了流速、流向、含沙量以及地形测量。当天畛水河口水深为 25～30m，试验期间流速为 0.3～0.5m/s。试验过程中，通过气排排气，可使河床上的泥沙随气泡产生的羽流悬浮上升，表层水面可见明显的清浑水界面，排气 11min 后气排下部地形下降 10cm。

图 7-48　排气过程产生的清浑水界面

无人机航拍对底沙起动后形成的悬沙团扩散过程进行了记录，如图 7-49 所示。排气前 30s，气泡尚处于从底部上升到表面的过程中，因此前 30s 水体表面无变化。30s 后气泡上升至水体表面，同时泥沙被带至表层，浑水面积不断增加。对表层浑水面积变化进行统计，1min 时表层浑水面积为 0.2 万 m^2，5min 时表层浑水面积为 1.7 万 m^2，10min 时表层浑水面积为 3.2 万 m^2。根据数值模拟，气泡上升过程中会形成圆柱状羽流，因此本次排气影响到水体的体积约为 3.2 万 m^2×30m×1/3=32 万 m^3。即使该部分水体平均含沙量仅增大 0.001kg/m^3，则排气 10min 可使约 1m^2 河床范围内 320kg 底沙起动，同时水体的紊动可使这部分泥沙成为悬沙（与地形下降 10cm 计算结果大体一致），被水流带至下游，效果可观。试验效果示意图如图 7-50 所示。

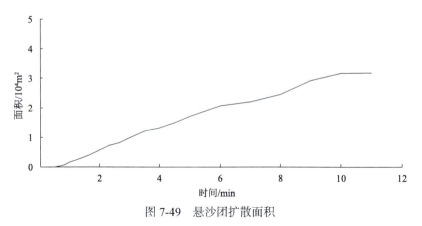

图 7-49　悬沙团扩散面积

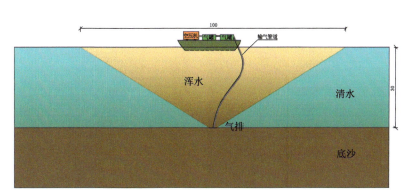

图 7-50　气动冲沙效果示意图

7.3.3　第二次现场示范试验实施效果跟踪观测与评价

　　根据第一次现场示范试验发现的问题,对排气设备、排气方式和测量方式进行了进一步改进和优化,于 2020 年 9 月 11 日在畛水河口拦门沙附近进行第二次现场示范试验(图 7-51),试验全程进行了含沙量检测,试验结束又进行了地形测量。试验期间,小浪底水库相应出库流量约 1900m³/s,坝前水位在 241m 左右。畛水河口及附近黄河干流水深为 15~30m。9 月 12 日在 1 位置再次进行了试验。

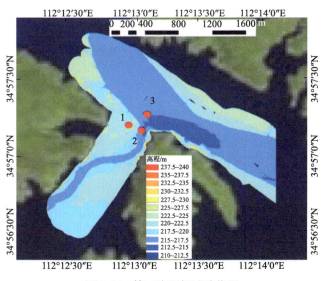

图 7-51　第二次现场试验位置

1. 试验方案优化

1) 设备优化

对设备中输气管道、排气管道进行了改造(图 7-52)。输气管道方面,内径从 20mm

增加至 50mm。排气管道方面，直径从 20mm 增加至 65mm，材料由 PPR 管改变为镀锌管。

图 7-52　输气管道和排气管道改造

2）排气方案优化

第一次试验采用的是两个气罐串联的排气方式，且排气过程中空压机不再给气罐打气。本次试验仍然采用串联方式排气 10min，但本次排气过程中，空压机仍持续给气罐供气，且根据空压机工作需要，采用间歇性脉冲供气方式，即空压机开 5s 后停 5s 再启动，如此循环。为加大对河床底部地形的影响，上述排气过程完成，且表面无明显浑水团悬浮后，换用并联排气方式脉冲排气，即保证气压维持在 1.2MPa 以上。在每个试验点，两种排气方式共排气 30min。

3）测验方法优化

悬沙含沙量测量方面，采用无人机表层取水、深水取水器、OBS-3A 光学浊度仪、无人机多光谱影像反演的方法测量，参见图 7-53。地形测量方面，采用测深铅锤、单波束测深仪、多波束测深仪相结合的方法测量。

无人机表层取水

深水取水器

OBS-3A光学浊度仪

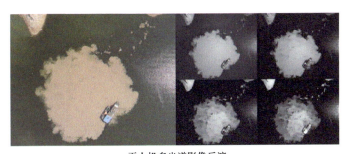

无人机多光谱影像反演

图 7-53　悬沙含沙量测量设备

2. 试验效果

1）干流 3#点位试验效果

以干流 3#点位为例，全过程的光影像如图 7-54 所示。在排气过程中，表层浑水面积有明显增大、扩散，浑水团最大面积约 10000m²。停止排气以后，表层浑水面积逐渐减小，泥沙浓度逐渐降低。在整个过程中，由于库区水体流速极小，浑水团位置变动很小。

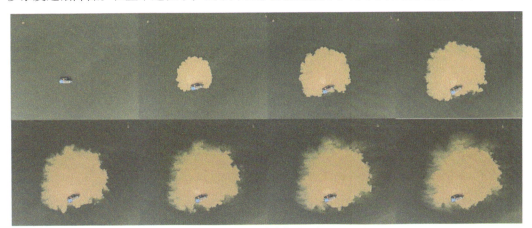

（a）排气过程中表层浑水变化过程（1～14min）

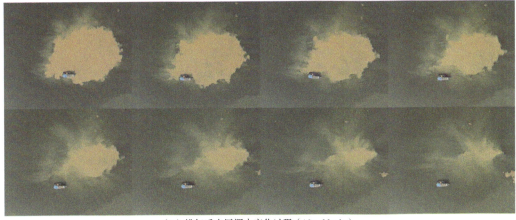

（b）排气后表层浑水变化过程（18～32min）

图 7-54　排气过程中和排气后表层浑水变化过程

用称重法对深水取样器取样结果进行分析，在排气冲沙悬浮作用下，水库底层悬沙含沙量由排气之前基本为清水增大至 144kg/m³。

OBS-3A 光学浊度仪显示，底层浊度仪在排气过程中，大部分时间浊度已经达到检出上限。因本次试验在表层采样处均配合了人工取样，因此可对水样进行烘干测量，获取实测含沙量，经率定后得到含沙量实时变化过程。表层 1（气排上方近水面）和表层 2（作业船外侧）OBS-3A 光学浊度反演后含沙量变化曲线如图 7-55 所示。排气前 10min 表层 1 最大含沙量为 5.71kg/m³，平均含沙量为 2.93kg/m³，表层 2 最大含沙量为 1.59kg/m³，平均含沙量为 0.89kg/m³。

根据多光谱摄影资料，近红外光谱反演泥沙浓度扩散如图 7-56 所示，排气中泥沙浓度 a=6kg/m³。

经测深铅锤测量，经过 30min 排气，水深由 27.9m 增大至 28.3m，即水下地形高程下降 0.4m。

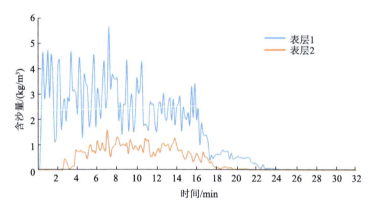

图 7-55　表层含沙量变化过程

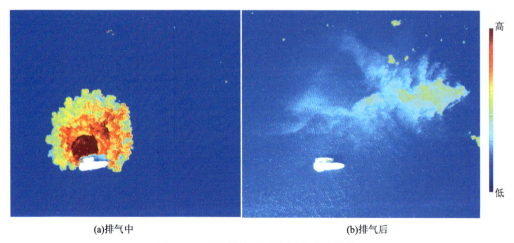

(a)排气中　　　　　　　　　　　　　　(b)排气后

图 7-56　近红外光谱反演泥沙浓度扩散

2）不同位置试验结果比较

各试验区域排气前后深水处含沙量如表 7-7 所示，底部（距床面约 0.5m）最大含沙量达 198kg/m³，气动冲沙局部水体的含沙量均比较高，气排上方浑水团表层含沙量在 3～5 kg/m³，测船背浑水团侧含沙量约 1kg/m³。

经 30min 排气，测深铅锤测量气排处下沉深度如表 7-8 所示，深槽处排气后冲刷深度最大，干流侧排气后冲刷深度较小。

表 7-7　排气后瞬间气排处含沙量　　　　　　　　　　（单位：kg/m³）

位置	排气前含沙量	排气后含沙量
浅滩（1#）	0	181
深槽（2#）	0	198
干流（3#）	0	144

表 7-8　气排处地形变化　　　　　　　　　　　　（单位：m）

位置	排气前水深	排气后水深	地形变化
浅滩（1#）	16.1	18.4	−2.3
深槽（2#）	24.8	30.0	−5.2
干流（3#）	27.9	28.3	−0.4

根据试验后第 2 天多波束测量结果分析，浅滩处有一个面积 1468m² 的冲坑，冲出底沙的体积为 977m³，见图 7-57。

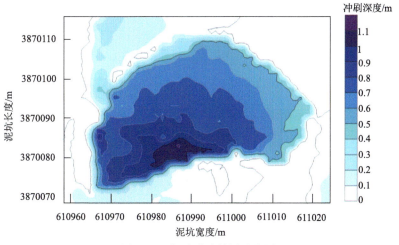

图 7-57　气动冲沙效果示意图

3）试验效果综合分析

本次现场试验，表层含沙量增加明显，浑水扩散范围达 10000m² 以上，底层含沙量达 144～198 kg/m³，气排处河床冲深显著。但由于受经费限制，试验范围小，持续时间短，加上水体流速小，泥沙得不到后续的动力和沙源补充。因此，解决生产实践中水库淤积的实际问题，需要和动力输移相结合，在低水位大流量时期进行负载加沙，从而起到更有效的清淤效果。气动冲沙减淤防淤技术，对于改善水库淤积部位和改变局部河势是一种有效的方法；对于水库淤积严重、水动力条件不足的区域，可尝试预埋排气管道，适时排气冲沙，减轻泥沙淤积。我国多沙河流水库众多，泥沙淤积问题严重，许多中小水库因泥沙淤积问题而成为病险水库，而气动冲沙减淤防淤技术在水动力条件不足的多沙河流水库和大型水库局部淤积问题方面具有广阔的应用前景。

第8章 枢纽群泥沙动态调控序贯决策技术规程及综合效益评价

近年来，万家寨、三门峡和小浪底水库的调度运用实践表明，依靠单一水库的水沙调控恢复水库库容的成效有限，上中游-干支流水库群联合调控、水资源调度和泥沙动态调控相结合，使河流的行洪输沙功能提升、流域内社会经济发展和生态环境保护的效益倍增。目前，黄河上已建水库多有自己的调度规则，不同水库调度均以自身的开发目标和任务为指导，为实现各自综合效益最大化而采取相应的调度方式。水库在流域空间位置不同，入库水沙特性和开发目标不同，水库的调度方式也不同。因此，迫切需要以补充研究构建的黄河干支流骨干枢纽群泥沙动态调控关键技术为基础，统筹全河干支流、上中下游，本章研究提出单-多库泥沙动态调控补偿原则与蓄泄秩序及其综合效益动态评估方法，编制黄河干支流骨干枢纽群泥沙动态调控技术规程，以切实提高黄河流域干支流骨干枢纽群泥沙动态调控的防洪减淤-供水发电-生态环境等综合效益。

8.1 黄河干支流骨干枢纽群泥沙动态调控技术规程

本节以本次研究提出的黄河干支流骨干枢纽群泥沙动态调控关键技术为基础，以"在确保水库防洪安全运行和河道行洪安全的前提下，通过黄河干支流骨干枢纽群水沙联合调控，尽可能实现水库河道减淤，长期保持水库有效库容，协同发挥河流多维功能，最大限度地高效利用黄河水资源"为调度目标，结合现有黄河干支流各水库调度规程和调度运行经验，提出了骨干枢纽群蓄泄补偿原则与蓄泄秩序，科学制定了黄河干支流骨干枢纽群泥沙动态调控技术规程。

8.1.1 骨干枢纽群蓄泄补偿原则和蓄泄秩序

1. 骨干枢纽群蓄泄补偿关系和补偿原则

1）骨干枢纽群蓄泄补偿关系

黄河流域干支流骨干枢纽群的蓄泄补偿以干流骨干水库为主。在黄河干流梯级水库群联合调度过程中，为满足流域内和流域外受水区范围内防洪减淤、灌溉供水、生态修复等高质量发展的综合需求，上中游调节性能好的大型水利枢纽就会牺牲本身的发电效益，以满足其下游水库水资源调度运用要求，使中下游地区获得显著的社会经济和生态环境效益。

根据黄河干流梯级水库的调节特点、流域实际情况和水库运用条件及联合调控目标等要素，将黄河干流水库按照全河水资源统一调配和水库蓄泄补偿关系，将其划分为补偿性水库与被补偿性水库。

A. 龙羊峡—刘家峡水库补偿单元

龙羊峡水库建成于 1986 年，居黄河上游龙头位置，总库容 247 亿 m^3，调节库容 194 亿 m^3，是一座具有多年调节功能的大型综合性水利枢纽，对黄河流域水资源的统一调配意义重大。刘家峡水库 1968 年投入运用，总库容 57 亿 m^3，截至 2021 年底，由于泥沙淤积，剩余有效库容 41.5 亿 m^3，实际上，1986 年龙羊峡水库建成运用之后，刘家峡水库已经开始密切配合龙羊峡水库实施补偿调度。因此，将龙羊峡水库和刘家峡水库作为一个联合体，称其为黄河流域（水）沙联合调控的补偿单元，为下游被补偿水库提供防洪减淤、供水发电、生态环境等效益补偿。例如，当黄河的宁蒙河段、山陕区间、黄河下游、黄河三角洲地区干旱缺水时，通过全河水资源统一调度系统，龙羊峡—刘家峡水库联合为其提供水资源保障；黄河汛前调水调沙期间，龙羊峡—刘家峡水库联合为其下游的万家寨水库、三门峡水库、小浪底水库提供后续动力，其对减轻水库及河道淤积具有极其重要的作用，还可显著增加下游各个水库的综合效益。

B. 万家寨—三门峡—小浪底水库被补偿单元

万家寨水库、三门峡水库、小浪底水库位于黄河中游，分别承接了来自黄河上游、黄河中游的绝大部分泥沙，负责调节与之相关的不同区域的暴雨洪水；而且这三座水库所在的相关区域多属我国典型的干旱和半干旱地区，在水资源调配上接受龙羊峡—刘家峡水库补偿单元的基流调节。作为黄河流域水资源的被补偿单元，万家寨水库、三门峡水库和小浪底水库在水库防洪减淤、供水发电等综合效益提升层面，给上游龙羊峡—刘家峡水库补偿单元提出水资源调节量和过程的需求。例如，龙羊峡水库、刘家峡水库两座水库蓄丰补枯的调节原则，将减少万家寨水库、三门峡水库和小浪底水库的汛期来水，一定程度上减轻其汛期的防洪压力；非汛期又为万家寨水库、三门峡水库、小浪底水库等补充了非汛期来水，缓解其下游所有相关水库的供水发电等矛盾。

C. 小浪底水库兼具补偿性和被补偿性

小浪底水库控制流域面积的 92.3%，总库容 126.5 亿 m^3，淤沙库容 75.5 亿 m^3，调水调沙库容 10.5 亿 m^3，长期有效库容 51 亿 m^3，1999 年底投入运用，库容较大，但属不完全年调节水库。对于上游水库而言，它是被补偿性水库；但是对于下游河道来说，它又是补偿性水库。小浪底水库承担着减轻下游河道防洪压力、减缓下游河道淤积、维持下游生态环境、为沿黄两岸及相关受水区供水等众多任务。

2）枢纽群泥沙动态调控补偿调节特点

黄河流域骨干枢纽群泥沙动态调控补偿调节是一个复杂的系统工程，目前和未来一段时间内涉及 6 座干流骨干水库和 4 座支流骨干水库。黄河流域枢纽群泥沙动态调控的补偿调节具有以下明显的特点：

A. 不同水库泥沙淤积的严重程度不同

由于水库所处的位置和开发时间长短不一，水库的来水来沙过程差异很大，受泥沙影响的程度不同，在黄河流域干支流骨干枢纽群的联合调控过程中对泥沙动态调控的需求就会出现很大的差别。例如，龙羊峡水库面临的主要不是泥沙淤积问题，而是如何兼顾自身工程安全、发电等经济效益与全河水资源的合理配置的协同；刘家峡水库以下绝大部分水库都面临严重的泥沙淤积及其相应的综合效益难以有效发挥的问题。

B. 不同水库的开发功能和调节性能各异

目前，黄河干流上承担综合开发功能的水库主要有龙羊峡、刘家峡、海勃湾、万家寨、三门峡、小浪底等水库，黄河支流上的故县、陆浑、河口村等水库主要配合小浪底水库承担黄河下游的防洪任务。龙羊峡、刘家峡水库以发电为主，因库容较大拦截了入库的大部分泥沙，具有多年调节径流的性能；万家寨、三门峡水库已进入正常运用期，基本实现对入库泥沙进行年际调节；小浪底水库自投入运用以来，通过拦沙与调水调沙，在完成对下游减淤的同时，水库自身淤积状态尚处于拦沙运用后期的第一阶段。

承担任务的水库库容大小不一，调节性能各异，主要功能和承担的任务也不相同，调节时必须考虑各水库的性能和任务。

C. 泥沙动态调控需要考虑的因素众多

泥沙动态调控的时段主要在汛期，尤其是前汛期，需要考虑的因素主要包括暴雨洪水、河道边界、各水库限制水位与排沙时机、河道行洪及输沙能力、水库兴利功能、沿程引水等，必须区分主次、动态跟踪预测、综合分析评估，提出科学的泥沙动态调控方案。

补偿调节不仅要考虑防洪、减淤，还要考虑水库的发电、供水和灌溉等其他综合效益。

D. 干支流枢纽工程管理的隶属关系复杂

黄河干支流水库众多，分属不同单位管理，既有事业单位，也有企业单位，隶属关系十分复杂。黄河流域水资源已实行统一调度，黄河防洪基本由黄河防汛抗旱总指挥部统一调度，调度秩序日渐完善。由于黄河水情沙情复杂多变，汛期黄河支流一些水库无序泄水问题时有发生，黄河干流一些径流电站无序排沙问题普遍存在，这些给黄河防洪减淤调度带来较大干扰。

黄河流域水库发电业务分属不同的电力系统管辖，有不同的电力要求，在泥沙动态调控时不仅要考虑上游发电效益，而且要考虑中、下游综合利用需求。

E. 不同情景下枢纽群联合调控目标不同

其突出表现在枢纽群排沙时机不同步、排沙流量难以加大。例如，青铜峡水库因库容淤损殆尽、汛期仍要承担灌溉引水任务，一般选择在汛后停机泄空排沙，此时刘家峡水库出库流量较小，为了满足青铜峡水库泄空排沙的需要，要求刘家峡出库流量短时间加大至 1500m³/s，但仍达不到高效排沙目标。又如，小浪底水库进入后汛期时，水库水位较高，水库以蓄水运用为主，而三门峡水库遇洪水入库仍要敞泄排沙，此时进入小浪底水库的泥沙大部分被拦蓄在库内。

利益主体竞争关系不同对调度的要求也不同，不同目标间相互竞争、相互博弈。

3）枢纽群泥沙动态调控补偿原则

黄河流域骨干枢纽群泥沙动态调控需从流域全局角度出发，综合考虑防洪减淤、供水发电、生态环境等因素，统筹安排干支流、上下游骨干水库调控秩序，提高枢纽群减淤的协同效应。因此，基于黄河枢纽群调控补偿特点、水库开发目标、泥沙运移规律等，骨干枢纽群泥沙动态调控原则如下：

A. 突出流域系统整体性, 统筹兼顾上下游

黄河上游龙羊峡、刘家峡水库是枢纽群泥沙动态调控体系中水量调控子体系的关键工程, 通过两库联合运用, 在实现全河水资源统一调配的基础上, 为刘家峡水库以下水库河道减淤提供后续动力。

B. 突出河流功能协同性, 统筹兼顾子系统

黄河宁蒙河道、小北干流河道、下游河道为黄河干流三大冲积型河段, 堆积型特征十分明显, 河槽行洪输沙功能维持与改善难度很大, 枢纽群泥沙动态调控必须把提高河流功能协同性摆在突出位置。中游水库群(万家寨、三门峡和小浪底水库)构成全河水沙调控体系泥沙调控子体系, 该体系开展泥沙动态调控、发挥自身调节作用的同时, 应统筹发挥上游水量调控子体系的补偿作用。

中游水库群(万家寨、三门峡和小浪底水库)联合水沙调控时, 首先发挥自身的调节作用, 不能满足要求时再由上游龙羊峡、刘家峡水库进行补偿。

C. 突出水资源刚性约束, 强化洪水资源利用

黄河流域资源型缺水的特征十分显著, 必须坚持全河水资源统一调度, 始终把水资源刚性约束放在首位。要把握黄河降水产流产沙规律, 在确保枢纽群安全的前提下, 科学利用洪水资源。在现状水沙调控工程体系下, 通过水库群联合调度, 塑造较协调的水沙过程, 运用河道泥沙多年接续调节技术, 尽可能减轻水库河道淤积, 维持黄河下游卡口河段的过流能力。

D. 突出问题导向, 强化重要目标引领

黄河来水来沙条件不断变化, 对河道边界条件做出相应调整, 各水库前期淤积状况差异性很大, 因此要深入分析枢纽群泥沙动态调控面临的各种问题, 分轻重缓急确立调控目标, 制定实施方案, 确保防洪减淤、发电供水、生态环境多目标统筹兼顾。单库出库水沙过程要尽可能遵循水沙关系协调原则, 尽量减轻集中排沙对水库以下河段防洪、供水、生态等带来的不利影响。

E. 突出多措并举, 强化泥沙资源利用

长期研究与实践表明, 解决黄河泥沙问题必须采取综合措施, 要突出泥沙资源的属性, 把减淤与泥沙资源利用有机结合起来, 尤其是水动力条件难以奏效的部位, 应强化人工措施, 在恢复库区、河道部分功能的同时, 把清淤出的泥沙转化为资源加以利用。

2. 枢纽群的水沙蓄泄秩序

1)水库对全年来沙的调节作用

A. 三门峡水库

自 1973 年潼关以下河段形成高滩深槽的冲淤形态后, 三门峡水库至今采用蓄清排浑控制运用方式。据统计, 1999 年 11 月~2018 年 10 月, 潼关站年均来沙 2.50 亿 t, 三门峡年均出库沙量 2.94 亿 t, 潼关以下库区年均冲刷量 0.444 亿 t(表 8-1), 同期断面法年均冲刷 0.064 亿 m^3, 三门峡水库能够保持冲淤基本平衡, 将入库泥沙排泄出库。

表 8-1　1999 年 11 月～2018 年 10 月三门峡水库进出库沙量统计表 （单位：亿 t）

年份	入库沙量	出库沙量	冲淤量	年份	入库沙量	出库沙量	冲淤量
2000	3.513	3.571	−0.058	2010	2.289	3.511	−1.222
2001	3.369	2.941	0.428	2011	1.238	1.753	−0.515
2002	4.502	4.476	0.027	2012	2.087	3.328	−1.241
2003	6.077	7.760	−1.683	2013	3.043	3.955	−0.911
2004	3.105	2.724	0.382	2014	0.734	1.389	−0.654
2005	3.336	4.074	−0.739	2015	0.545	0.501	0.044
2006	2.555	2.325	0.230	2016	1.079	1.115	−0.036
2007	2.478	3.125	−0.646	2017	1.268	1.122	0.146
2008	1.379	1.337	0.043	2018	3.721	4.891	−1.169
2009	1.125	1.980	−0.855	平均	2.50	2.94	−0.444

从潼关站水沙过程来看，入库年沙量总体呈减少趋势，场次洪水沙量减少更多，如 2005 年以来潼关站汛期场次洪水沙量平均不超过 1 亿 t，但全年均有泥沙入库（图 8-1）。每年 10 月至次年 6 月，三门峡水库抬高水位蓄水运用，入库泥沙全部被拦蓄；汛期降低水位控制运用，洪水期水库实施敞泄排沙，库区呈现集中冲刷特征，前期淤积物在敞泄期不断被冲刷出库。

三门峡水库的运用表明，非汛期入库泥沙被拦截在库区，大部分淤积在河槽；汛期遇合适的水沙条件，水库敞泄运用，淤积在河槽的泥沙能大部分或全部冲刷出库。三门峡水库对全年来沙过程进行了再调节，使得出库泥沙过程更趋集中。

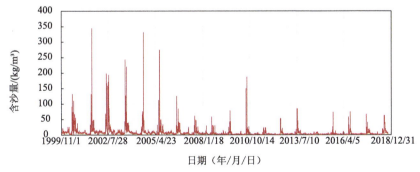

图 8-1　1999 年 11 月～2018 年 12 月潼关站含沙量过程

B. 万家寨水库

自 2010 年汛后以来，万家寨水库基本进入正常运用期。据 2010 年 11 月～2018 年 10 月资料统计，年均进、出库沙量分别为 0.457 亿 t 和 0.490 亿 t，年均冲刷 0.033 亿 t，同期断面法年均冲刷 0.119 亿 m³，其中仅 2018 年汛期万家寨水库便冲刷 1.57 亿 m³。由此表明，万家寨水库进入正常运用期以来，从库区冲淤总量来看达到了冲淤平衡，但出库泥沙年际间差异性加大。枯水年水库多表现为淤积，丰水年水库冲刷较为明显。

2018～2020 年黄河上游来水持续偏丰，万家寨入库年水量超过 300 亿 m³。利用入库流量大、历时长的特点,万家寨、龙口水库共开展了4次联合冲沙调度,取得了显著效果(表8-2)。其中,2018年2次冲沙运行期间,输沙量法计算水库冲刷1.532亿t,高程980m以下汛期总库容恢复了1.563亿m³,意味着将2011~2017年淤积的泥沙全部冲刷出库。

表8-2 万家寨水库2018~2020年冲沙运用效果特征值

年份	入库沙量/亿t	出库沙量/亿t	冲淤量/亿t	排沙比/%	汛期总库容恢复/亿m³	汛期调洪库容恢复/亿m³
2018	0.183	1.715	−1.532	939.6	1.563	0.120
2019	0.068	0.816	−0.748	1197.4	0.297	0.073
2020	0.165	1.085	−0.920	655.8	0.426	0.047

采用输沙率法计算(表8-3),2018年第2次冲沙结束后至2019年冲沙运行结束期间,万家寨水库入库沙量1.196亿t,出库沙量1.222亿t;2019年冲沙结束至2020年冲沙结束期间,万家寨水库入库沙量1.422亿t,出库沙量1.463亿t。这意味着丰水年万家寨水库实施低水位排沙运行,可实现水库年度冲淤平衡。

表8-3 万家寨水库上年排沙结束至下年排沙开始时段进出库沙量统计(单位:亿t)

时段	入库沙量	出库沙量	冲淤量
2018年9月30日~2019年9月1日	1.196	1.222	−0.026
2019年9月2日~2020年9月5日	1.422	1.463	−0.041

万家寨水库正常运用以来,具有泥沙冲淤多年基本平衡特征。头道拐站上年10月至当年7月入库泥沙基本淤积在水库,水库排沙主要集中在入库较大流量、库水位大幅降低时段。

C. 小浪底水库

2018~2020年黄河流域连续3年来水较丰,小浪底水库低水位迎洪运行。其间,不同时段进出库沙量及冲淤量统计见表8-4。可以得到,2018~2020年累计入库沙量11.132亿t,累计出库沙量为13.372亿t,累计冲沙2.240亿t;出库泥沙主要集中在排沙时段。

表8-4 2018~2020年小浪底水库不同时段排沙统计

时段	入库沙量/亿t	出库沙量/亿t	冲淤量/亿t	排沙比/%
6月	0.11	0.001	0.109	0.9
7月	4.235	11.586	−7.351	273.6
8月	3.889	1.646	2.243	42.3
9月	2.406	0.135	2.271	5.6
10月	0.493	0.004	0.489	0.8
7~8月	8.124	13.232	−5.108	162.9
主要排沙时段	4.164	12.272	−8.108	294.7
汛期	11.022	13.371	−2.349	121.3
全年	11.132	13.372	−2.240	120.1

注:因数值修约表中个别数据略有误差。

2020 年前汛期，小浪底水库进行降低水位排沙运用的主要时段 7 月 4 日～8 月 6 日进出库沙量分别为 1.196 亿 t、2.814 亿 t，库区冲刷 1.618 亿 t，排沙比 235.3%，远大于汛期排沙比 95.4%（表 8-5）。从断面法计算结果来看，2020 年小浪底水库全库区冲刷 0.645 亿 m³，库容得到有效恢复。

表 8-5　2020 年小浪底水库不同时段排沙统计

时段	入库沙量/亿 t	出库沙量/亿 t	冲淤量/亿 t	排沙比/%
6 月	0.001	0.000	0.001	0.0
7 月	1.134	2.615	−1.481	268.4
8 月	1.623	0.628	0.995	38.7
9 月	0.645	0.042	0.603	6.5
10 月	0.041	0.000	0.041	0.0
7～8 月	2.757	3.243	−0.486	117.6
7 月 4 日～8 月 6 日	1.196	2.814	−1.618	235.3
汛期	3.442	3.285	0.157	95.4
全年	3.443	3.285	0.158	95.4

注：因数值修约表中个别数据略有误差。

从小浪底水库的进出库水沙过程来看，后汛期入库泥沙淤积在库区内，非汛期入库泥沙极少，翌年汛期遇合适的水沙条件进行低水位运行，不仅可将前一年淤积泥沙全部冲刷出库，甚至还可带走一部分前期淤积泥沙，使水库库容得到有效恢复。

2）不同水平年水库群泥沙动态调控蓄泄秩序

根据实际调度过程分析，枢纽群泥沙动态调控必须考虑多目标协同需求，而不同水平年具有不同的径流泥沙过程，黄河干流枢纽群水沙动态调控相应有不同的蓄泄秩序。

A. 丰水年

对于汛期上游来水较丰情况，应抓住机遇，上游水库调控水资源、中游水库多排沙，实行全河水沙调控。通过龙羊峡—刘家峡水库调控泄放大流量过程，沿程万家寨水库和三门峡水库降低水位冲刷排沙，小浪底水库降低水位腾库迎洪，充分利用上游水库群来水接力冲刷小浪底库区。

B. 平水年

对于汛期中水中沙情况，水库淤积较严重，可相机开展汛前调水调沙，延缓水库及下游河道淤积。利用中游万家寨—三门峡—小浪底水库群联合调控，提高小浪底水库异重流排沙效果，增大细颗粒泥沙出库量，利于水库淤积形态调整和下游河道排沙。万家寨水库下泄大流量，进入三门峡水库时正好转为敞泄排沙运用，三门峡水库下泄大流量，进入小浪底水库时水位降低至对接水位，即利用万家寨泄放的水流冲刷三门峡库区淤积的泥沙，形成较高含沙水流，为小浪底库区异重流提供后续动力，使塑造形成的异重流尽量多地排出库外。

C. 枯水年

对于上游来水持续偏枯情况，下游水库可能出现淤积严重，以致影响水库调节功能的正常发挥，应由上游水库（龙羊峡水库和刘家峡水库）发挥补偿作用，泄放一定流量利于下游水库（如青铜峡水库、万家寨水库等）进行排沙调度，恢复其有效库容，延长水库使用寿命。

3）不同情景下泥沙动态调控蓄泄秩序

A. 上游来水为主

此类洪水主要来源于兰州以上，其特点是流量过程较平稳、历时长、水量大、含沙量低，对宁蒙河段、下游河道均有较好的冲刷作用。因此，洪水期沿程水库可低水位排沙，实现水库库容有效恢复。小浪底水库可以低水位迎洪，通过对入库水沙过程的调控，减少漫滩概率，减轻洪水漫滩程度。充分利用大流量输沙能力大的特性，实现多输沙入海。

B. 中游来水为主

此类洪水主要来源于河口镇至龙门区间，洪水具有峰高、含沙量大、来沙组成偏粗、历时相对较短等特点，尤其当场次洪水沙量超过 2 亿 t 时一般表现为高含沙洪水，演进至黄河下游会造成沿程淤积且主要淤积在河槽的现象，对下游的危害最为严重。当发生这类高含沙洪水且预测将会引起下游严重淤积时，洪水期三门峡水库实施敞泄运用，小浪底水库在确保防洪安全的前提下，通过水库预泄、控泄和泥沙资源利用等方式，努力实现水库及下游河道共同减淤。

C. 渭河来水为主

当渭河发生高含沙洪水时，一般来沙组成偏细，对黄河下游河道危害较轻，洪水期三门峡水库实施敞泄运用，充分发挥渭河高含沙洪水冲刷潼关河床的有利作用，小浪底水库尽量不拦蓄，洪水期实现小浪底水库多排沙、下游河道多输沙。当渭河发生一般含沙量洪水时，三门峡水库实施敞泄运用，小浪底水库低水位迎洪，对入库水沙过程进行调控，减少漫滩概率，减轻洪水漫滩程度。

D. 下游来水为主

当伊洛河、沁河发生洪水时，一般含沙量低，对下游河道冲刷有利。如果洪水量级在黄河下游最小平滩流量以下，可以采用基于不同来源区水沙过程对接的调水调沙模式，实现洪水期小浪底水库补沙、花园口断面水沙过程尽量协调；当伊洛河、沁河发生更大量级洪水时，协同小浪底水库调控能力和控制洪水漫滩程度，按"黄河洪水调度方案"要求进行洪水调度。

8.1.2　不同情景下单-多库泥沙动态调控规则

1. 单库泥沙动态调控规则

1）万家寨水库

调控任务是控制泥沙淤积末端在库尾拐上断面以下，尽可能减缓泥沙淤积速度，优化泥沙淤积形态，在可能的情况下尽量维持、恢复调洪库容。

调控原则是在满足泥沙调度任务的前提下，尽量缩短电站停机时间，并尽量抬高库水位，最大限度地发挥枢纽的位能优势。龙口水库泥沙调度原则是：维持库容在 0.74 亿 m^3 以上，在保持调洪库容的基础上尽量高水位发电。

汛期调控方式是当入库流量小于 $800m^3/s$ 且持续时间不短于 5 天时，水库日调节调峰运行，控制运行水位不超过 966m，如果预报头道拐将出现大于 $5kg/m^3$ 的含沙量时，及时降低库水位至 954m 来进行排沙运行；当入库流量大于 $800m^3/s$ 且持续时间不少于 5 天时，水库弃水调峰或基荷运行，控制运行水位不超过 954m；当入库流量大于 $1000m^3/s$ 且持续时间不短于 5 天时，水库停机排沙，停机排沙时间 5～20 天。

桃汛排沙调控方式是当水库淤积严重、本年度开河期预报入库流量超过 $1000m^3/s$ 时，实施桃汛排沙调度。

龙口水库配合万家寨水库泄洪排沙。

2）三门峡水库

调控任务是增加水库排沙，场次洪水过程实施敞泄冲刷，避免库区持续淤积，控制年度冲淤平衡和潼关站高程抬升；配合小浪底水库联合调控的任务是塑造洪水过程，冲刷小浪底库尾河段泥沙，改善小浪底水库库区淤积形态并为小浪底水库异重流排沙提供后续动力。

调控原则是水沙调控与防洪调度运用结合，汛期降低水位至 305m 来进行控制运用，洪水期进行低水位敞泄排沙运用，平水期与发电调度运用结合，即开启泄流设施排沙的同时保持一定水位进行控制运用。

调控方式是至 7 月 1 日蓄水位从非汛期的 318m 降至 305m，当潼关站出现流量大于 $1500m^3/s$ 的一般洪水过程时，进行敞泄排沙运用，10 月中旬水库开始抬高水位；与小浪底等水库联合运用时，按水沙调控方案要求控制出库过程。当潼关站出现大洪水过程时，按水库防洪调度运用方式进行调控。

3）小浪底水库

调控任务是在利用水库合理拦沙尽可能延长小浪底水库拦沙运用年限的同时，通过对出库水沙过程的调节，尽可能减少下游河道主河槽的淤积，增加并维持河道主河槽的过流能力。

调控原则是考虑来水来沙条件、水库前期冲淤状况、黄河下游主河槽过流能力等，充分利用下游河道输沙能力，水库下泄流量应在满足灌溉、发电用水并考虑下游河道生态用水条件下尽量取小值；最低运用水位一般不低于 210m，调控库容和调控流量应考虑水库淤积状况、下游河道演变和滩区治理的要求。

调控方式是汛期当水库运用水位达到汛限水位时，应结合上游来水情况，适时降低水位排沙运用，以塑造合理的库区淤积形态；当潼关站含沙量大于 $200kg/m^3$、流量小于编号洪水（$4000m^3/s$）时，小浪底水库应在满足黄河下游河道减淤的条件下尽量多排沙；预报花园口站洪峰流量为 $4000～8000m^3/s$ 时，需根据中期天气预报和潼关站含沙量情况，确定不同的泄洪方式。

西霞院水库配合小浪底水库泄洪排沙。

2. 水库群泥沙动态调控规则

1）黄河上游丰水年泥沙动态调控

当龙羊峡库水位不低于 2588m 时，龙羊峡水库高水位控泄，黄河上游来水经龙羊峡、刘家峡水库联合调度后，进入宁蒙河段的流量较大、历时较长时，应开展全河层面的水沙调控。

万家寨水库应利用较大流量过程控制低水位排沙运用，择机实施停机排沙；三门峡水库在较大流量过程中敞泄运用，冲刷三门峡库区；小浪底水库应提前泄水腾库迎洪，并维持低水位运行，且尽可能多排沙。

2）黄河上游平水年、枯水年泥沙动态调控

当龙羊峡水库水位低于 2588m 且下游河道淤积较严重时，依据中游水库前期蓄水情况及河道基流，相机开展汛前调水调沙，减缓水库淤积，维持下游主河槽排洪输沙能力。

进入汛期后，视来水来沙条件，利用中游万家寨、三门峡、小浪底水库群联合调控，尽可能塑造利于小浪底水库多排沙的条件，增大细颗粒泥沙出库量，改善水库淤积形态。

当黄河干流部分水库出现严重淤积甚至影响水库功能的正常发挥时，应由上游水库发挥补偿作用，泄放一定历时的较大流量，这样有利于沿程水库进行排沙调度，恢复其有效库容。

3）不同洪水来源的水库群泥沙动态调控方式

A. 黄河上游来水为主

洪水期沿程水库可低水位排沙，实现水库库容有效恢复。小浪底水库可以低水位迎洪，对入库水沙过程进行调控，减轻洪水漫滩程度；充分利用大流量输沙能力大的特性，实现多输沙入海。

B. 以河口镇—龙门区间来水为主

当发生这类高含沙洪水且预测将会引起下游严重淤积时，洪水期三门峡水库实施敞泄运用，小浪底水库在确保防洪安全的前提下，通过预泄、控泄等方式，努力实现水库、下游河道双减淤。

C. 以泾河、渭河、北洛河来水为主

三门峡水库仍敞泄运用，充分发挥渭河高含沙洪水冲刷潼关站河床的有利作用，小浪底水库尽量不加拦蓄，洪水期实现小浪底水库多排沙、下游河道多输沙。

当渭河发生一般含沙量洪水时，其调度思路与黄河上游发生洪水类似。

D. 以小浪底—花园口区间来水为主的泥沙动态调控方式

采用基于不同来源区水沙过程对接的调水调沙模式，即洪水期小浪底水库补沙，陆浑水库、故县水库、河口村水库配合补水，实现实时空间尺度的水沙联合调度，通过对时空差的控制，实现水沙过程在花园口的对接，使花园口断面水沙过程尽量协调。

当伊洛河、沁河发生更大量级洪水时，则按"黄河洪水调度方案"要求进行洪水调度。

8.1.3　黄河干支流骨干枢纽群泥沙动态调控技术规程

根据对单库调度规程的分析和水库群调度目标，本书提出了《黄河干支流骨干枢纽群泥沙动态调控技术规程》初稿，包括总则、调度运用参数与指标、水工建筑物安全运用条件、单库水沙调控、枢纽群水沙联合调度、水库调度运行管理、附则和附录，见图8-2。其中，规程编制目的及依据、规程适用阶段、水沙动态调控目标、水沙联合调控原则、水沙调控工程体系和水沙联合调控时段如下。

黄河干支流骨干枢纽群
泥沙动态调控技术规程

主编单位：黄河水利委员会黄河水利科学研究院
2021年6月

图 8-2　《黄河干支流骨干枢纽群泥沙动态调控技术规程》

1. 规程编制目的及依据

为科学、合理地进行黄河泥沙动态调控，明确黄河骨干枢纽群泥沙调控和运行管理有关各方的职责，在确保各枢纽工程安全的前提下，充分发挥枢纽群的综合效益，依据《中华人民共和国水法》《中华人民共和国防洪法》《中华人民共和国防汛条例》《综合利用水库调度通则》《黄河水量调度管理办法》《大中型水电站水库调度规范》《黄河防御洪水方案》《黄河洪水调度方案》《水库调度规程编制导则》《水库大坝安全管理条例》等法律、规范，结合各枢纽（水库）初步设计、枢纽群联合水沙调控运用方式研究成果以及实际运行经验，制定《黄河干支流骨干枢纽群泥沙动态调控技术规程》。

2. 规程适用阶段

该规程适用于小浪底水利枢纽拦沙后期第一阶段，即水库泥沙淤积总量达到 42

亿 m^3 以内。

3. 水沙动态调控目标

在确保水库防洪安全运行和河道行洪安全的前提下,通过黄河干支流骨干枢纽群水沙联合调控,科学管理洪水,为防洪、防凌安全提供重要保障;利用骨干水库的拦沙库容拦蓄泥沙并调控水沙,协调水沙关系,尽可能实现水库河道减淤,长期保持水库有效库容,协同发挥河流多维功能,最大限度地高效利用黄河水资源。

4. 水沙联合调控原则

(1)枢纽群水沙联合调控应综合考虑防洪、防凌、供水、生态、发电等因素,统筹安排干支流、上下游水库调控秩序,有序调控,提高枢纽群减淤的协同效应。

(2)单库出库水沙过程要尽可能遵循水沙关系协调原则,尽量减轻集中排沙对水库以下河段防洪、供水、生态等带来的不利影响。

(3)在现状水沙调控工程体系下,通过水库群联合调度,塑造较协调的水沙过程,运用河道泥沙多年接续调节技术,尽可能减轻水库河道淤积,维持黄河下游卡口河段的过流能力。

5. 水沙调控工程体系

黄河干支流骨干枢纽群水沙动态调控工程体系以干流龙羊峡、刘家峡、三门峡、小浪底等骨干水利枢纽为主体,以海勃湾、万家寨水库为补充,与支流的陆浑、故县、河口村等控制性水库共同构成。

龙羊峡和刘家峡水库主要构成黄河上游以水量调控为主的子体系,它们联合对黄河水量进行多年调节和水资源优化调度,并满足上游河段防凌、防洪减淤要求;万家寨水库(龙口水库配合)承上启下,对水沙调控水量进行传递,是黄河水量"调节"的重要一环;三门峡和小浪底水库主要构成中游以洪水泥沙调控为主的子体系,管理黄河中游洪水,进行拦沙和调水调沙,联合支流的故县、陆浑、河口村等水库,协调黄河水沙关系,承担黄河下游防洪减淤和水资源利用任务。

6. 水沙联合调控时段

每年根据水库蓄水等情况确定,一般宜安排黄河干支流骨干枢纽群水沙动态调控在6月下旬至9月下旬进行。其他时段以水资源统一调度为主。当遇到类似2021年严重的秋汛等洪水时,转入汛期水沙联合调控方式。

8.2 泥沙动态调控防洪减淤–供水发电–生态环境等效益综合评估

本节针对泥沙动态调控效益综合评估方法缺失的现实需求,构建多维度多层次效益综合评估指标体系，建立了泥沙动态调控效益综合评估模型，包括行洪输沙-社会经济-生态环境三大子系统的生态经济价值核算模块、多维效益综合评估模块，嵌入了黄河流域干支流骨干枢纽群泥沙动态调控智慧决策平台。在此基础上，分别基于第 6 章所有方案模拟计算结果，评估了中长期泥沙动态调控和场次洪水泥沙动态调控各方案的综合效益，整体框架如图 8-3 所示。

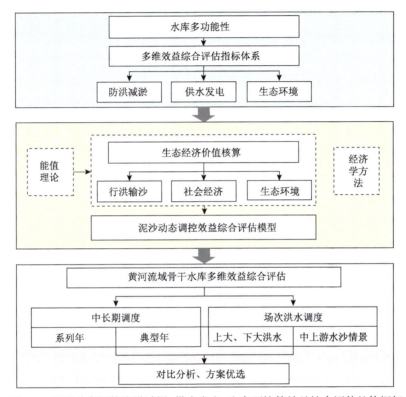

图 8-3　泥沙动态调控防洪减淤-供水发电-生态环境等效益综合评估整体框架

8.2.1　泥沙动态调控多维效益指标及其量化方法

黄河干支流骨干枢纽群泥沙动态调控的效益具有多维性，本节根据前述研究成果，分别提出了防洪减淤、供水发电、生态环境等多维效益综合评估的代表性指标。其中，防洪减淤效益包括洪灾淹没损失负效益、水库排沙效益与河道输沙效益等；供水发电效益包括水力发电效益、工业供水效益、农业供水效益、生活供水效益等；生态环境效益评估以生态系统服务功能效益为主，评估指标包括生物多样性效益、净初级生产力效益、水库调节净化效益、出库水污染损失效益、河道水体自净效益、河道水污染损失效益、局地气候调节效益、固碳释氧效益、底泥释氮效益等，具体评估指标的名称、表现形式、公式、符号释义参见表 8-6。

表8-6 多维效益综合评估指标体系

效益类型	评估指标	表现形式	公式	符号释义
防洪减淤	洪灾淹没损失负效益*	洪水造成的不同类型土地淹没损失，修建防洪工程后可减免的洪灾损失	$EF_s = \sum_{i=1}^{n}\left[(A_i^0 - A_i) \times E_i^f \times \theta_i\right]$	A_i^0 与 A_i 分别为第 i 种土地类型在调度前、后的淹没面积，m^2；E_i^f 为第 i 种土地类型的单位面积价值，元/m^2；θ_i 为不同土地类型土地利用的淹没损失率
	水库排沙效益	库区淤积泥沙随水流排出库外的多少	$EG_R = S_r \times P_r$	S_r 为水库淤积泥沙流失的造地面积，m^2；P_r 为单位面积土地价值，元/m^2
	河道输沙效益	水流挟带泥沙能力，河床冲淤情况	$EG_H = V_h \times P_h$	V_h 为河道泥沙清淤量，t；P_h 为疏浚费用，元/t
供水发电	水力发电效益	水库利用水头差发电多少	$E = A \times Q \times H \times T_e$ $EMP_e = E \times C_e \times \tau_c$ $EP = EMP_e / EDR$	EMP_e 为水力发电能值效益，sej；E 为发电量，kW·h；Q 为发电流量，m^3/s；H 为净水头，m；A 为水电站出力系数；T_e 为发电时间；C_e 为水力发电的太阳能值转换率，J/(kW·h)；τ_c 为水力发电的能值货币比率，sej/元；EDR 为该水电站所在地区的能值货币比率，sej/元
	工业供水效益	调度期内黄河向工业供水多少	$ES_I = EP_I \times W_I$	EP_I 为工业系统单方水资源价值，元/m^3；W_I 为水库运行期间向工业系统供水量，m^3
	农业供水效益	调度期内黄河向农业供水多少	$ES_A = EP_A \times W_A$	EP_A 为农业系统单方水资源价值，元/m^3；W_A 为水库运行期间向农业系统供水量，m^3
	生活供水效益	调度期内黄河向居民生活供水多少	$ES_L = EP_L \times W_L$	EP_L 为生活系统单方水资源价值，元/m^3；W_L 为水库运行期间向生活系统供水量，m^3
生态环境	生物多样性效益	维持物种种多样性	$EM_b = N \times R \times \tau_b$	N 为地区水生生物种数，种；R 为该地区水域面积占全球水域面积（5.21×10^{14} m^2）的比例；τ_b 为生物种能值转换率
	净初级生产力效益	绿色植物用于自身生长的有机物碳量	$EM_{bpp} = A_{npp} \times P_{npp} \times \tau_{npp}$	A_{npp} 为地区水域水生植物面积，m^2；P_{npp} 为地区水域水生植物单位面积生物量，g/m^2；τ_{npp} 为生物量的能值转换率
	水库调节净化效益	来水经过水库调节，对污染物的净化作用	$EM_s = \Delta EM_{s,COD} + \Delta EM_{s,NH_3\text{-}N}$ $\Delta EM_{s,COD} = (C_{COD,上} \times R_上 - C_{COD,F} \times R_F) \times \tau_{COD}$ $\Delta EM_{s,NH_3\text{-}N} = (C_{NH_3\text{-}N,上} \times R_上 - C_{NH_3\text{-}N,F} \times R_F) \times \tau_{NH_3\text{-}N}$	$\Delta EM_{s,COD}$、$\Delta EM_{s,NH_3\text{-}N}$ 分别为水体净化污染物 COD、$NH_3\text{-}N$ 消耗的能值；$C_{COD,上}$、$C_{COD,F}$ 分别为水库入库、出库的 COD 浓度，mg/L；$C_{NH_3\text{-}N,上}$、$C_{NH_3\text{-}N,F}$ 分别为水库入库、出库的 $NH_3\text{-}N$ 浓度，mg/L；$R_上$、R_F 分别为水库入库、出库水量，m^3；τ_{COD}、$\tau_{NH_3\text{-}N}$ 分别为 COD、$NH_3\text{-}N$ 能值转换率

续表

效益类型	评估指标	表现形式	公式	符号释义
	出库水污染损失效益*	出库水流物的富营养化程度	$\text{EM}_l = \Delta\text{EM}_{\text{COD,超}} + \Delta\text{EM}_{\text{NH}_3\text{-N,超}}$ $\Delta\text{EM}_{\text{NH}_3\text{-N,超}} = (C_{\text{NH}_3\text{-N,实}} - C_{\text{NH}_3\text{-N,标}}) \times R \times \tau_{\text{NH}_3\text{-N}}$	$\Delta\text{EM}_{\text{COD,超}}$、$\Delta\text{EM}_{\text{NH}_3\text{-N,超}}$ 分别为 COD 与 NH$_3$-N 的超标损失价值，sej；$C_{\text{COD,实}}$、$C_{\text{NH}_3\text{-N,实}}$ 分别为 COD、NH$_3$-N 出库断面的实测浓度，mg/L；$C_{\text{COD,标}}$、$C_{\text{NH}_3\text{-N,标}}$ 分别为该断面所在功能区水质 COD、NH$_3$-N 标准值，mg/L
	河道水体自净效益*	水体自身运动使污染物浓度降低	$\text{EM}_s = \Delta\text{EM}_{s,\text{COD}} + \Delta\text{EM}_{s,\text{NH}_3\text{-N}}$ $\Delta\text{EM}_{s,\text{NH}_3\text{-N}} = (C_{\text{NH}_3\text{-N,上}} \times R_\text{上} - C_{\text{NH}_3\text{-N,下}} \times R_\text{下}) \times \tau_{\text{NH}_3\text{-N}}$	$C_{\text{COD,上}}$、$C_{\text{COD,F}}$ 分别为河道上、下游断面 COD 浓度，mg/L；$C_{\text{NH}_3\text{-N,上}}$、$C_{\text{NH}_3\text{-N,F}}$ 分别为河道上、下游断面 NH$_3$-N 浓度，mg/L；$R_\text{上}$、R_F 分别为调度周期内河道上、下游断面通过的水量，m^3
生态环境	河道水污染损失效益*	河道水体物的富营养化程度	$\text{EM}_l = \Delta\text{EM}_{\text{COD,超}} + \Delta\text{EM}_{\text{NH}_3\text{-N,超}}$ $\Delta\text{EM}_{\text{COD,超}} = (C_{\text{COD,实}} - C_{\text{COD,标}}) \times R \times \tau_{\text{COD}}$ $\Delta\text{EM}_{\text{NH}_3\text{-N,超}} = (C_{\text{NH}_3\text{-N,实}} - C_{\text{NH}_3\text{-N,标}}) \times R \times \tau_{\text{NH}_3\text{-N}}$	$C_{\text{COD,实}}$、$C_{\text{NH}_3\text{-N,实}}$ 分别为河道上、下游断面 COD、NH$_3$-N 的实测浓度，mg/L；R 为通过该断面的水量，m^3
	局地气候调节效益	水汽蒸腾对当地温度的改变	$L = 2507.4 - 2.39T$ $E = L \times G$ $\text{EM}_q = E \times \tau_q$	L 为蒸发潜热，J/g；T 为区域平均气温，℃；G 为蒸发量，g；τ_q 为蒸汽能值转换率
	固碳释氧效益	林木光合作用固定 CO$_2$ 并释放 O$_2$	$\text{EM}_t = \sigma_{\text{CO}_2} \times P_t \times S_t \times \tau_{\text{CO}_2} + \sigma_{\text{O}_2} \times P_t \times S_t \times \tau_{\text{O}_2}$	σ_{CO_2}、σ_{O_2} 分别为 1.47g、1.07g；P_t 为植被的平均生产力，g/hm^2；S_t 为植被面积，hm^2；τ_{CO_2}、τ_{O_2} 为能值转换率
	底泥释氨效益	底泥向水体释放的氨素	$\text{EM}_n = R_n \times \tau_N = V_n \times \rho_n \times \tau_N$	V_n 为水库出库的水量，m^3；ρ_n 为底泥释氨浓度，29.1mg/L；τ_N 为氮素能值转换率

*代表短期指标，其余为共同指标。

8.2.2 枢纽群泥沙动态调控多维效益综合评估模型

基于能值理论与经济学方法，将多维效益指标转换为价值统一量纲，来进行综合效益评估，建立枢纽群泥沙动态调控多维效益综合评估模型。该模型包括了行洪输沙-社会经济-生态环境各子系统的生态经济价值核算模块与多维效益综合评估模块；前者主要为效益评估提供基础的单位生态经济价值，结合多维效益综合评估指标体系与黄河流域干支流骨干枢纽群中长期和场次洪水泥沙动态调控方案计算结果，应用后者即可得到综合效益的评估结果。模型结构如图8-4所示。

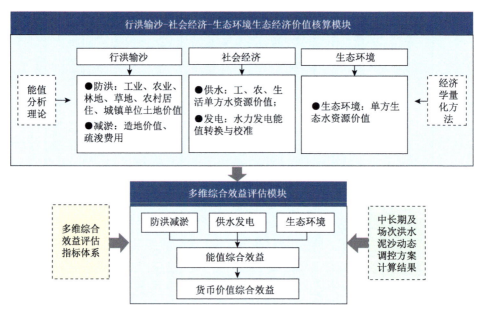

图8-4 枢纽群泥沙动态调控多维效益综合评估模型框架图

1. 生态经济价值核算模块

1）行洪输沙子系统

根据前述各场次洪水计算结果，将洪灾淹没图层与土地利用分类图层相叠加，可得到洪水淹没范围内具体的受灾土地信息，通过计算各类型土地利用的单位经济价值，结合淹没水深-洪灾损失率关系，即可计算洪灾淹没损失负效益值。各类型单位土地经济价值计算结果如表8-7所示。针对不同水沙情景，采用频率法，估算不同水沙动态调控方案下洪灾减免损失的差值作为防洪效益。

表8-7 各类型单位土地经济价值计算汇总表

名称	释义	计算公式	符号释义
工业用地单位面积价值	体现在企业资产损失为实物形态损失，将工矿企业资产值在城镇工矿用地面积上展布得到	$E_1^f = CA_1 / A_1$	式中，CA_1 为城市工业固定资产值，元；A_1 为工业用地面积，m^2

续表

名称	释义	计算公式	符号释义
农业用地单位面积价值	以种植业能值总产出代表农业总产值，在耕地面积上展布得到	$EM_2^f = EM_2 / A_2$ $E_2^f = EM_2^f / EDR$	EM_2 为该市农作物年总产出能值，sej；A_2 为农作物种植面积，m^2；EDR 为能值/货币比率，sej/元
林地单位面积价值	包括单位面积林地土壤所蕴含的能量与单位面积林地的产值	$E_3^f = C_t \times \tau_t / EDR + Q_t / A_3$	C_t 为林地的能量折算系数，J/m^2；τ_t 为林地的能值转换率，sej/J；Q_t 为林业产值，元；A_3 为林地面积，m^2
草地单位面积价值	洪水淹没草地对土壤有机物造成影响，使得能量损失	$E_4^f = C_g \times \tau_g / EDR$	C_g 为草地的能量折算系数，J/m^2；τ_g 为草地的能值转换率，sej/J
农村居住地单位面积价值	房屋造价在农村居住用地面积上展布得到	$E_5^f = P \times (1 - \alpha) \times A_h / A_5$	P 为砖混材料和钢筋混凝土房的平均造价，元/m^2；α 为年折旧率；A_h 为该市农村住房面积，m^2；A_5 为农村居住地总面积，m^2
城镇用地单位面积价值	包括城镇居民用地和商业用地，将城镇固定资产在城镇用地上展布得到	$E_6^f = (CA_2 + CA_3) / A_6$	CA_2、CA_3 分别代表城镇居民固定资产值和商业固定资产值，元；A_6 为城镇用地面积，m^2

　　天然状态下，大量泥沙被河水带往流域中下游和入海口，造就了大片的冲积平原，为人类生存发展拓展了空间；黄河更是如此，由于其独特的地理位置，造就了广袤的华北平原，山东省东营市被称为我国最年轻的土地。河流修建水库大坝后，大部分泥沙被拦在库内，在减轻下游河道防洪安全压力的同时，也造成了淤填造地的作用。因此，水库冲淤采用单位造地价值进行估算。河道冲淤关乎泄洪能力和灌溉、供水、生态等功能，为了恢复并维持河道的正常行洪输沙功能，需要对河道进行清淤疏浚；因此，河道冲淤采用单位疏浚费用进行估算。

　　2）社会经济子系统

　　河流的社会经济服务功能，主要体现在社会经济发展的供水效益和枢纽工程的发电效益等。其中，供水效益包括流域内和流域外受水区范围内各地市的工、农、生活用水。因此，分别绘制各行业能值系统图，编制能值分析表，依次计算各地市各行业的单方供水水资源价值。在此，以工业为例进行说明，如表 8-8 所示。

表 8-8　工业供水的水资源价值计算方法

名称	公式	说明
水资源贡献率	$WCR_I = EM_{IW} / EM_{IU}$	EM_{IW} 为工业系统特定年份用水能值，sej；EM_{IU} 为工业系统总投入能值，sej
工业系统水资源能值价值	$ES_I = WCR_I \times EM_{IY}$	EM_{IY} 为工业系统总产出能值，sej
单方水货币价值	$EM_{PI} = ES_I / W_I$ $E_{PI} = EM_{PI} / EDR$	E_{PI} 为工业单方水货币价值，元/m^3；W_I 为工业系统用水总量，m^3

　　水库的发电效益在枢纽群水沙联合调控工程中不容忽视，它为社会经济发展提供宝

贵的清洁能源，减少碳排放、减轻环境污染。针对场次洪水的调控而言，根据各水利枢纽发电站的发电特征参数及水库流量下泄过程，计算调度周期内水电站的发电量；中长期调度方案的发电量以年发电量计。根据能值理论，通过线性拟合得到水力发电能值转换率，拟合结果如图 8-5 所示；考虑能值系统整体投入与产出的关系，由实际上网电价除以实际居民电价得到折算系数；根据水库发电量、水力发电能值转化率及折算系数得到校准后的发电效益。

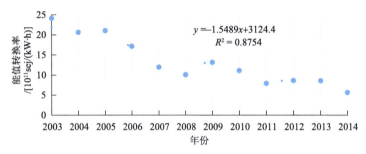

图 8-5　水力发电能值转换率拟合结果

3）生态环境子系统

同样地，采用能值理论方法计算枢纽群泥沙动态调控的生态环境效益，主要包括生物多样性效益、净初级生产力效益、水库调节净化效益、出库水污染损失效益、河道水体自净效益、河道水污染损失效益、局地气候调节效益、固碳释氧效益、底泥释氮效益。考虑到河道水体与其所在地市水资源的关联性，假设它们所发挥的生态服务功能一样，则单方水的生态环境价值计算如下：

$$\mathrm{EM}_{\mathrm{PE}} = \sum_{i=1}^{n} \mathrm{EM}_i \,/\, Q_{\mathrm{E}} \qquad\qquad (8\text{-}1)$$

$$E_{\mathrm{PE}} = \mathrm{EM}_{\mathrm{PE}} \,/\, \mathrm{EDR} \qquad\qquad (8\text{-}2)$$

式中，E_{PE} 为单方水的生态环境价值，元/m³；EDR 为河道代表断面所在地市的能值/货币比率，sej/元；Q_{E} 为代表断面的年径流量，m³。

2. 多维综合效益评估模块

根据生态经济价值核算结果，结合黄河干支流骨干水库群中长期及场次洪水泥沙动态调控方案计算结果，提取多维效益各能值量化指标基本数据，评估不同调控方案下的防洪减淤-供水发电-生态环境三维综合效益，并进行多方案对比分析。

泥沙动态调控的综合效益计算方法如下：

$$\mathrm{ET}^z = \sum_{i=1}^{n} \left(\mathrm{EF}_i + \mathrm{EP}_i + \mathrm{EG}_i + \mathrm{ES}_i + \mathrm{EM}_i \right) \qquad\qquad (8\text{-}3)$$

$$\mathrm{EF}_i = \sum_{j=1}^{6} E_{i,j}^{f} \qquad\qquad (8\text{-}4)$$

$$\text{EG}_i = \text{EG}_{i,\text{R}} + \text{EG}_{i,\text{L}} \tag{8-5}$$

$$\text{ES}_i = \text{ES}_{i,\text{I}} + \text{ES}_{i,\text{A}} + \text{ES}_{i,\text{L}} \tag{8-6}$$

$$\text{EM}_i = \sum_{v=1}^{m} \text{EM}_{i,\text{PE}}^{v} \times Q_i^{v} \tag{8-7}$$

式中，ET^z 为中长期水库群泥沙动态调控综合效益；EF_i 为第 i 个水库所对应的洪灾淹没损失效益；$E_{i,j}^f$ 为第 i 个水库所对应的第 j 种土地类型（共 6 种，分别为工业用地、农业用地、林地、草地、农村居住地和城镇用地）淹没损失效益；EP_i 为第 i 个水库所对应的发电效益；EG_i 为第 i 个水库所对应的减淤效益；$\text{EG}_{i,\text{R}}$ 和 $\text{EG}_{i,\text{L}}$ 分别为第 i 个水库所对应的水库排沙效益和河道输沙效益；ES_i 为第 i 个水库所对应的供水效益；$\text{ES}_{i,\text{I}}$、$\text{ES}_{i,\text{A}}$ 和 $\text{ES}_{i,\text{L}}$ 分别为第 i 个水库所对应的工业供水、农业供水和生活供水效益；EM_i 为第 i 个水库所对应的生态环境效益；$\text{EM}_{i,\text{PE}}^v$ 为第 i 个水库下游河道第 v 个断面单方水的生态环境价值；Q_i^v 为第 i 个水库下游河道第 v 个断面的流量；n 为水库总数；m 为断面总数。

需要注意的是，中长期和场次洪水泥沙动态调控综合效益的计算方法是一致的。

根据该计算方法，构建了泥沙动态调控综合效益评估模型，并嵌入黄河流域干支流骨干枢纽群泥沙动态调控智慧决策平台。

8.2.3　骨干枢纽群中长期泥沙动态调控多维效益综合评估计算

1. 长系列年泥沙动态调控综合效益评估计算

根据前述 30 年 3 亿 t、6 亿 t、8 亿 t 三种水沙情景模拟计算结果，采用上述长系列泥沙动态调控综合效益评估方法和构建的评估模型，对长系列年各调控方案的防洪减淤-供水发电-生态环境等多维效益及综合效益进行了计算。

1）防洪减淤效益

对于防洪减淤效益，分别从长系列年中选取历史洪水事件，结合场次洪水淹没损失计算结果，利用频率法，编制了有无水利枢纽工程和采取非工程措施的洪水频率-洪灾损失关系表（表 8-9）。经计算，水利枢纽工程的建设及联合调控应用可减免历史洪水造成的洪灾损失，可得多年平均防洪效益为 124.08 亿元，此即为长系列年调控方案的防洪效益。

表 8-9　长系列年防洪效益计算表

年份	频率 P	频率差 ΔP	无枢纽工程和非工程措施			有枢纽工程和非工程措施		
			洪灾损失 S_i/亿元	洪灾损失均值 $(S_{i+1}+S_i)/2$/亿元	防洪效益 ΔPS/亿元	洪灾损失 S_i/亿元	洪灾损失均值 $(S_{i+1}+S_i)/2$/亿元	防洪效益 ΔPS/亿元
	0.66		0			0		
1977	0.657	0.003	42.42	21.21	0.06	0	0	0
1982	0.451	0.206	180.3	111.36	22.94	0	0	0

续表

年份	频率 P	频率差 ΔP	无枢纽工程和非工程措施			有枢纽工程和非工程措施		
			洪灾损失 S_i/亿元	洪灾损失均值 $(S_{i+1}+S_i)/2$/亿元	防洪效益 ΔPS/亿元	洪灾损失 S_i/亿元	洪灾损失均值 $(S_{i+1}+S_i)/2$/亿元	防洪效益 ΔPS/亿元
1933	0.186	0.265	235.2	207.75	55.05	0	0	0
1958	0.059	0.127	244.1	239.65	30.44	0	0	0
1843	0.001	0.049	283.6	263.85	15.30	0	0	0
1761	可能最大	0.001	344.0	294.05	0.29	0	0	0
小计					124.08			0

　　减淤效益的计算，主要考虑水库与河道减淤。根据水库淤积泥沙所能形成的造陆面积，结合农业用地单方土地价值计算水库减淤效益，通过河道清淤费用间接计算河道减淤效益，计算结果如表 8-10 所示。

表 8-10　长系列年三种水沙情景各调控方案减淤效益　　　（单位：亿元）

方案		水库减淤效益				河道减淤效益	总减淤效益
		万家寨	三门峡	小浪底	总和		
3亿t	现状	0.15	0.19	−5.30	−4.96	0.77	−4.19
	优化	0.63	1.85	−0.78	1.70	1.14	2.84
6亿t	现状	0.05	0.34	−7.05	−6.66	−1.99	−8.65
	优化	0.58	1.94	−3.64	−1.12	−1.66	−2.78
8亿t	现状	0.05	0.39	−8.80	−8.36	−3.18	−11.54
	优化	0.78	1.65	−6.22	−3.79	−2.68	−6.47

　　2）供水发电效益

　　根据各方案下各地市各行业供水量现状与优化调控方案的供水量相同，结合工业、农业、生活用水的水资源价值，得到各调控方案的供水效益，如图 8-6 所示。

图 8-6　长系列年三种水沙情景各方案各河段供水效益

结合水力发电能值转换率 $1.8176×10^{11}$sej/kW·h，由实际上网电价除以实际居民电价得到折算系数，龙羊峡水库、刘家峡水库、万家寨水库、三门峡水库、小浪底水库的电价折算系数分别为 1.334、1.096、0.660、0.451、0.564，即可得到不同水沙情景下各调控方案的发电效益如表 8-11 所示。

表 8-11　长系列年不同水沙情景下各水库发电量及发电效益

水库		3 亿 t		6 亿 t		8 亿 t	
		现状	优化	现状	优化	现状	优化
龙羊峡水库	发电量/亿 kW·h	41.43	41.43	48.05	48.05	49.50	49.50
	发电效益/亿元	6.75	6.75	7.83	7.83	8.07	8.07
刘家峡水库	发电量/亿 kW·h	40.99	40.99	47.54	47.54	48.11	48.11
	发电效益/亿元	5.49	5.49	6.36	6.36	6.44	6.44
万家寨水库	发电量/亿 kW·h	10.28	10.28	11.93	11.93	12.52	12.52
	发电效益/亿元	0.83	0.83	0.96	0.96	1.01	1.01
三门峡水库	发电量/亿 kW·h	15.57	15.57	18.06	18.06	18.24	18.24
	发电效益/亿元	0.86	0.86	1.00	1.00	1.01	1.01
小浪底水库	发电量/亿 kW·h	43.34	46.81	50.27	50.27	50.97	53.01
	发电效益/亿元	2.99	3.23	3.47	3.47	3.51	3.65
方案发电总效益/亿元		16.92	17.16	19.62	19.62	20.04	20.18

3）生态环境效益

根据各调控方案 15 个关键断面的流量过程，结合生态环境用水的水资源价值，得到不同水沙情景下各调控方案的生态环境效益，如图 8-7 所示。

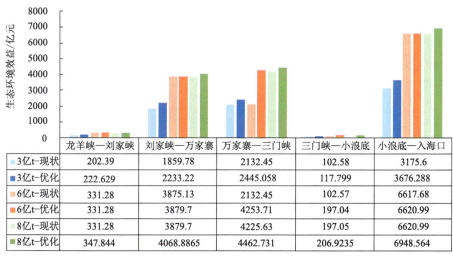

	龙羊峡一刘家峡	刘家峡一万家寨	万家寨一三门峡	三门峡一小浪底	小浪底一入海口
3亿t-现状	202.39	1859.78	2132.45	102.58	3175.6
3亿t-优化	222.629	2233.22	2445.058	117.799	3676.288
6亿t-现状	331.28	3875.13	2132.45	102.57	6617.68
6亿t-优化	331.28	3879.7	4253.71	197.04	6620.99
8亿t-现状	331.28	3879.7	4225.63	197.05	6620.99
8亿t-优化	347.844	4068.8865	4462.731	206.9235	6948.564

图 8-7　长系列年不同水沙情景下各调控方案不同河段生态环境效益

4）多维效益综合评估计算

汇总上述各维度效益值，可得到长系列年不同水沙情景下各调控方案的综合效益，计算结果如图 8-8 所示，其中，箭头所指为最优方案。由计算结果可知，三种水沙情景下，优化方案的综合效益都显著优于现状方案，且在减少水库淤积上也有较大优势。

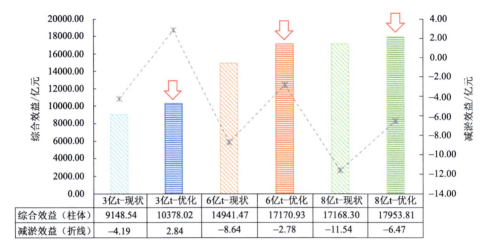

	3亿t-现状	3亿t-优化	6亿t-现状	6亿t-优化	8亿t-现状	8亿t-优化
综合效益（柱体）	9148.54	10378.02	14941.47	17170.93	17168.30	17953.81
减淤效益（折线）	−4.19	2.84	−8.64	−2.78	−11.54	−6.47

图 8-8　长系列年三种水沙情况下各调控方案各维度减淤效益和综合效益对比

2. 典型年调控方案综合效益评估

典型年调控方案计算过程与长系列年基本一致，其中，防洪效益根据典型年来水量的水文频率，通过查询水文频率-洪灾损失关系表得到（表格中没有的频率通过插值得到）。典型年包括枯水多沙（1951 年）、丰水多沙（1967 年）、枯水少沙（2013 年）、丰水少沙（2018 年），综合效益计算结果如图 8-9～图 8-14 所示。

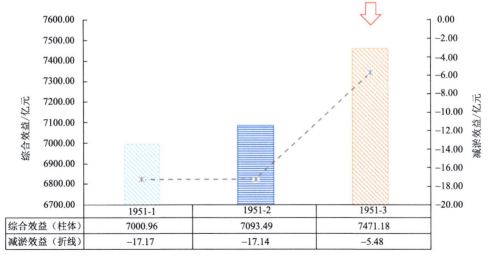

	1951-1	1951-2	1951-3
综合效益（柱体）	7000.96	7093.49	7471.18
减淤效益（折线）	−17.17	−17.14	−5.48

图 8-9　1951 年枯水多沙中游来沙不同调度方案减淤效益与综合效益对比

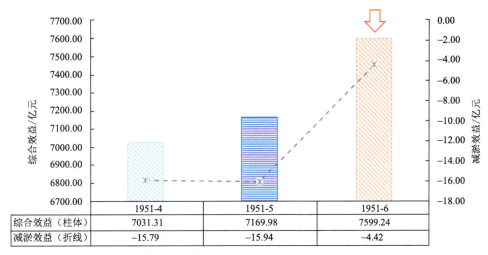

	1951-4	1951-5	1951-6
综合效益（柱体）	7031.31	7169.98	7599.24
减淤效益（折线）	−15.79	−15.94	−4.42

图 8-10　1951 年枯水多沙渭河来沙不同调度方案减淤效益与综合效益对比

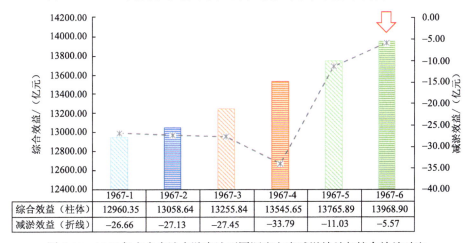

	1967-1	1967-2	1967-3	1967-4	1967-5	1967-6
综合效益（柱体）	12960.35	13058.64	13255.84	13545.65	13765.89	13968.90
减淤效益（折线）	−26.66	−27.13	−27.45	−33.79	−11.03	−5.57

图 8-11　1967 年丰水多沙中游来沙不同调度方案减淤效益与综合效益对比

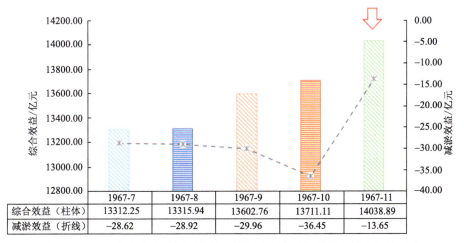

	1967-7	1967-8	1967-9	1967-10	1967-11
综合效益（柱体）	13312.25	13315.94	13602.76	13711.11	14038.89
减淤效益（折线）	−28.62	−28.92	−29.96	−36.45	−13.65

图 8-12　1967 年丰水多沙渭河来沙不同调度方案减淤效益与综合效益对比

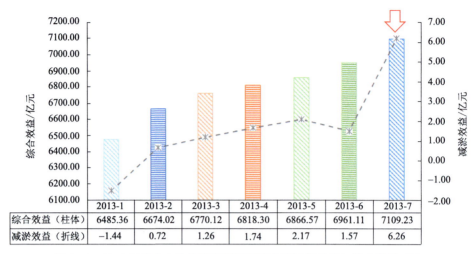

	2013-1	2013-2	2013-3	2013-4	2013-5	2013-6	2013-7
综合效益（柱体）	6485.36	6674.02	6770.12	6818.30	6866.57	6961.11	7109.23
减淤效益（折线）	−1.44	0.72	1.26	1.74	2.17	1.57	6.26

图 8-13　2013 年枯水少沙典型年不同调度方案减淤效益与综合效益对比

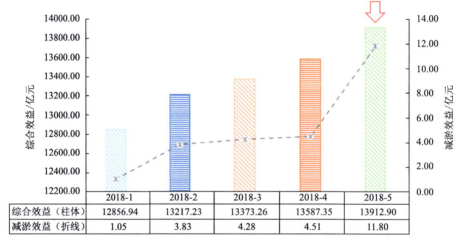

	2018-1	2018-2	2018-3	2018-4	2018-5
综合效益（柱体）	12856.94	13217.23	13373.26	13587.35	13912.90
减淤效益（折线）	1.05	3.83	4.28	4.51	11.80

图 8-14　2018 年丰水少沙典型年不同调度方案减淤效益与综合效益对比

联合分析四个典型年水库联合调度方案综合效益，对于多沙典型年，1967 年（丰水多沙）窟野河方案组与 2013 年（枯水多沙）方案组中的最优方案均为"古贤+东庄+三门峡-小浪底联合"（1967-6 与 2013-7），1967 年渭河方案组中最优方案为"东庄+三门峡-小浪底联合"（1967-11）；2018 年（丰水少沙）最优方案为"古贤+龙羊峡+三门峡-小浪底联合"（2018-5）；1951 年无论窟野河还是渭河方案组，均是"古贤+三门峡-小浪底联合"方案最优（1951-3 与 1951-6）。结果表明，古贤与东庄投入使用后能够有效提高综合效益，水库联合运用更能发挥水库的多功能性，全面提升水库多维效益水平。

3. 泥沙动态调控下中长期调度效益增益分析

对比分析长系列年和典型年不同来沙情景下现状方案与优化方案的综合效益，如表 8-12 与表 8-13 所示。对于长系列年，3 亿 t、6 亿 t 和 8 亿 t 来沙情景下的泥沙动态调控优化方案的减淤量均明显大于现状方案，优化方案增幅为 40.22%～193.38%（现状方案增幅为 43.93%～167.78%），优化方案的综合效益均也大于现状方案。对于典型年，不同水沙情景的典型年泥沙动态调控优化方案的减淤量均明显大于现状方案，优化方案增幅为 54.62%～686.84%（现状方案增幅为 52.31%～1023.81%）；优化方案的综合效益均大于现状方案，但增幅相对较小，不超过 10%。

表 8-12　长系列年现状方案与优化方案的效益对比

方案		综合效益/亿元	增幅/%	减淤效益/亿元	增幅/%
3 亿 t 水沙	现状	9148.54	13.44	−4.19	167.78（193.38）
	优化	10378.02		2.84	
6 亿 t 水沙	现状	14941.47	14.92	−8.64	67.82（61.86）
	优化	17170.93		−2.78	
8 亿 t 水沙	现状	17168.3	4.53	−11.54	43.93（40.22）
	优化	17946.23		−6.47	

注：最后一列括号内为减淤量的增幅。

表 8-13　典型年现状方案与优化方案的效益对比

方案		综合效益/亿元	增幅/%	减淤效益/亿元	增幅/%
丰水多沙（1967 年）中游来沙	现状 1967-1	12960.35	7.78	−26.66	79.11（80.33）
	优化 1967-6	13968.9		−5.57	
丰水多沙（1967 年）渭河来沙	现状 1967-7	13312.25	5.46	−28.62	52.31（54.62）
	优化 1967-11	14038.89		−13.65	
枯水多沙（1951 年）中游来沙	现状 1951-1	7000.96	6.72	−17.17	68.08（68.04）
	优化 1951-3	7471.18		−5.48	
枯水多沙（1951 年）渭河来沙	现状 1951-4	7031.31	8.08	−15.79	72.01（71.36）
	优化 1951-6	7599.24		−4.42	
枯水少沙（2013 年）	现状 2013-1	6485.36	9.62	−1.44	534.72（280.95）
	优化 2013-7	7109.23		6.26	
丰水少沙（2018 年）	现状 2018-1	12856.94	8.21	1.05	1023.81（686.84）
	优化 2018-5	13912.90		11.80	

注：最后一列括号内为减淤量的增幅。

8.2.4　场次洪水调度水库多维效益计算

1. 上大和下大场次洪水调度方案计算

分别根据下游现状地形不保滩、现状地形保滩运用、控导工程连线保滩运用等方式，结合上大、下大场次洪水方案特点，设置现状库容、库容恢复10年、库容恢复30年条件下，上大、下大场次洪水计算方案，具体方案设置及水库联合调度如表8-14和表8-15所示。

表 8-14　上大场次洪水（1933 年）调度方案设计

方案		古贤	东庄	三门峡	小浪底		下游
					起调水位/m	保滩流量/（m³/s）	
现状	X1	无	无	敞泄	235	批复运用	现状地形不保滩
	X2					8000	控导工程连线保滩运用
	X3	有	有	敞泄	235	批复运用	现状地形不保滩
	X4					4500	现状地形保滩运用
	X5					8000	控导工程连线保滩运用
恢复 10 年	HA1	无	有	敞泄	235	批复运用	现状地形不保滩
	HA2					8000	控导工程连线保滩运用
	HA3	有	有	敞泄	235	批复运用	现状地形不保滩
	HA4					4500	现状地形保滩运用
	HA5					8000	控导工程连线保滩运用
恢复 30 年	HB1	有	有	敞泄	235	批复运用	现状地形不保滩
	HB2					4500	现状地形保滩运用
	HB3					8000	控导工程连线保滩运用

表 8-15　下大场次洪水（1958 年、1982 年）调度方案设计

	方案		古贤	东庄	三门峡	小浪底		下游
						起调水位/m	保滩流量/（m³/s）	
1958 年	现状	X1	无	无	敞泄	235	批复运用	现状地形不保滩
		X2					8000	控导工程连线保滩运用
	恢复 10 年	HA1	无	无	敞泄	235	批复运用	现状地形不保滩
		HA2					8000	控导工程连线保滩运用
	恢复 30 年	HB1	无	无	敞泄	235	批复运用	现状地形不保滩
		HB2					8000	控导工程连线保滩运用
1982 年	现状	X1	无	无	敞泄	235	批复运用	现状地形不保滩
		X2					8000	控导工程连线保滩运用
	恢复 10 年	HA1	无	无	敞泄	235	批复运用	现状地形不保滩
		HA2					8000	控导工程连线保滩运用
	恢复 30 年	HB1	无	无	敞泄	235	批复运用	现状地形不保滩
		HB2					8000	控导工程连线保滩运用

以上大场次洪水（1933 年）各方案为例，进行防洪减淤-供水发电-生态环境多维效益及综合效益计算过程展示。

1）上大场次洪水防洪减淤效益

由上大场次洪水调度结果提供的下游淹没图层，叠加土地利用类型图层，结合单方土地经济价值、淹没水深-洪灾淹没损失率关系，计算洪灾淹没损失负效益。下游防护对象分别设置现状地形不保滩、现状地形保滩运用、控导工程连线保滩运用三种情形，其中，现状地形不保滩情形下（方案 X1、X3、HA1、HA3、HB1）产生了洪灾淹没损失负效益，结果如表 8-16 与图 8-15 所示。

表 8-16　上大场次洪水（1933 年）各方案损失计算结果　　　（单位：亿元）

方案			洪灾淹没损失负效益
现状	无古贤、东庄	X1	−392.62
		X2	0.00
	有古贤、东庄	X3	−391.15
		X4	0.00
		X5	0.00
恢复 10 年	无古贤、有东庄	HA1	−393.38
		HA2	0.00
	有古贤、东庄	HA3	−393.38
		HA4	0.00
		HA5	0.00
恢复 30 年	有古贤、东庄	HB1	−390.28
		HB2	0.00
		HB3	0.00

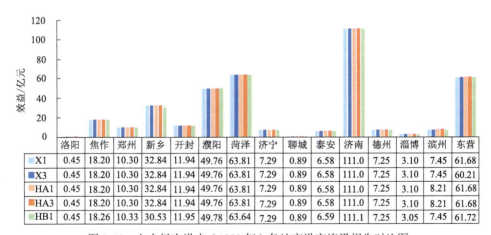

	洛阳	焦作	郑州	新乡	开封	濮阳	菏泽	济宁	聊城	泰安	济南	德州	淄博	滨州	东营
X1	0.45	18.20	10.30	32.84	11.94	49.76	63.81	7.29	0.89	6.58	111.0	7.25	3.10	7.45	61.68
X3	0.45	18.20	10.30	32.84	11.94	49.76	63.81	7.29	0.89	6.58	111.0	7.25	3.10	7.45	60.21
HA1	0.45	18.20	10.30	32.84	11.94	49.76	63.81	7.29	0.89	6.58	111.0	7.25	3.10	8.21	61.68
HA3	0.45	18.20	10.30	32.84	11.94	49.76	63.81	7.29	0.89	6.58	111.0	7.25	3.10	8.21	61.68
HB1	0.45	18.26	10.33	30.53	11.95	49.78	63.64	7.29	0.89	6.59	111.1	7.25	3.05	7.45	61.72

图 8-15　上大场次洪水（1933 年）各地市洪灾淹没损失对比图

在减淤效益计算中，考虑三门峡水库冲淤、下游河道冲淤以及三门峡与小浪底水库泥沙资源化利用三种减淤效益，计算结果如表 8-17 所示。

表 8-17　上大场次洪水（1933 年）减淤效益汇总　　　　（单位：亿元）

方案			水库减淤	河道减淤	泥沙资源化	总减淤效益
现状	无古贤、东庄	X1	−20.56	−7.52	0.00	−28.08
		X2	−20.56	−0.12	0.00	−20.68
	有古贤、东庄	X3	0.92	3.49	0.00	4.41
		X4	0.92	3.35	0.00	4.27
		X5	0.92	1.96	0.00	2.88
恢复 10 年	无古贤、有东庄	HA1	−19.15	−2.83	19.44	−2.54
		HA2	−19.15	1.00	19.44	1.29
	有古贤、东庄	HA3	−0.29	3.89	19.44	23.04
		HA4	−0.29	3.43	19.44	22.58
		HA5	−0.29	2.28	19.44	21.43
恢复 30 年	有古贤、东庄	HB1	−2.58	4.60	58.31	60.33
		HB2	−2.58	4.20	58.31	59.93
		HB3	−2.58	3.01	58.31	58.74

2）上大场次洪水（1933 年）供水发电效益

根据河南省和山东省汛期沿黄各市引水量，统计多年汛期日均引水量，按用水比例将引水量分配到工业、农业、生活中，当成沿黄各市各行业多年日均引水量，结合各行业水资源价值，得到供水效益，如表 8-18 所示。场次洪水均能满足下游引水条件，故各方案供水效益一致。

表 8-18　上大场次洪水（1933 年）各市供水量与供水效益

用水户	引水量/万 m³			供水效益/万元			小计
	工业	农业	生活	工业	农业	生活	
郑州	3385.36	2712.35	1875.44	63615.43	20494.23	50812.86	134922.5
开封	2993.37	3715.43	3956.35	49853.26	23171.43	100273.40	173298.1
新乡	456.13	6509.99	539.56	7658.43	50028.52	12744.60	70431.55
焦作	1498.84	4227.88	314.18	18361.30	24845.95	7229.82	50437.07
濮阳	1569.36	10789.16	747.91	23206.27	83923.40	18406.05	125535.7
洛阳	116.26	109.11	45.15	2068.12	824.52	1076.74	3969.38
三门峡	44.97	30.13	10.92	561.55	66.20	264.59	892.34
菏泽	530.09	6368.01	746.95	8981.78	36721.28	17786.30	63489.36
济宁	64.80	518.68	61.94	1104.68	4062.16	1623.06	6789.9
聊城	197.57	1529.84	152.14	2978.78	7413.90	3410.28	13802.96

用水户	引水量/万 m³			供水效益/万元			小计
	工业	农业	生活	工业	农业	生活	
德州	701.36	6677.28	475.78	12306.97	53612.80	10756.91	76676.68
济南	820.64	3087.36	817.03	16099.69	26899.41	24085.49	67084.59
淄博	668.90	1239.42	279.80	11038.76	7073.49	7671.78	25784.03
滨州	688.08	8373.99	763.77	9698.83	40605.16	19061.04	69365.03
东营	1743.56	5483.61	885.33	29158.82	44356.02	24659.78	98174.62
总计	15479.29	61372.24	11672.25	256692.67	424098.47	299862.70	980653.84

发电效益涉及水库包括古贤、三门峡与小浪底水库。其中，古贤水库（在建），采用间接法进行计算，通过古贤坝址多年平均径流量（384.34 亿 m³）与多年平均发电量（70.96 亿 kW·h），计算多年单位径流发电量为 0.185 kW·h/m³。各方案各水库发电量与发电效益如表 8-19 所示。

表 8-19　上大场次洪水（1933 年）各方案各水库发电量与发电效益

方案			发电量/（亿 kW·h）			发电效益/亿元			发电效益/亿元
			古贤	三门峡	小浪底	古贤	三门峡	小浪底	
现状	无古贤东庄	X1	0.00	1.81	16.06	0.00	0.46	4.94	5.40
		X2	0.00	1.81	17.32	0.00	0.46	5.33	5.79
现状	有古贤东庄	X3	18.32	1.48	16.41	9.13	0.38	5.05	14.56
		X4	18.32	1.48	18.79	9.13	0.38	5.78	15.29
		X5	18.32	1.48	15.93	9.13	0.38	4.90	14.41
恢复10年	无古贤有东庄	HA1	0.00	1.85	16.47	0.00	0.47	5.07	5.54
		HA2	0.00	1.85	16.44	0.00	0.47	5.06	5.53
	有古贤东庄	HA3	18.32	1.53	16.37	9.13	0.39	5.04	14.56
		HA4	18.32	1.53	18.62	9.13	0.39	5.73	15.25
		HA5	18.32	1.53	15.87	9.13	0.39	4.88	14.40
恢复30年	有古贤东庄	HB1	18.32	1.53	16.34	9.13	0.39	5.03	14.55
		HB2	18.32	1.53	18.52	9.13	0.39	5.70	15.22
		HB3	18.32	1.53	15.86	9.13	0.39	4.88	14.40

3）上大场次洪水（1933 年）生态环境效益

根据上大场次洪水调控模拟计算结果，提取三门峡至利津断面流量过程模拟结果，扣除其间各供水地市引水量后，得到各断面的过流量；另外，古贤水库在场次洪水调度中起积蓄洪水、削峰错峰的作用，对于积蓄的水量，在场次洪水结束后，统筹下游不同用水需求进行控泄。结合生态水资源价值，得到生态环境效益，如表 8-20 所示。

表 8-20　上大场次洪水（1933 年）各方案各断面生态环境效益　（单位：10 亿元）

方案			三门峡	小浪底	花园口	高村	艾山	利津	总和
现状	无古贤、东庄	X1	4.63	9.44	8.63	4.35	2.71	9.72	39.48
		X2	4.63	8.39	7.66	3.85	2.41	8.60	35.54
	有古贤、东庄	X3	4.66	9.53	8.68	4.35	2.72	9.70	39.64
		X4	4.66	6.89	6.24	3.11	1.93	6.85	29.68
		X5	4.66	9.54	8.68	4.36	2.72	9.71	39.67
恢复 10 年	无古贤、有东庄	HA1	4.63	9.47	8.63	4.33	2.70	9.65	39.41
		HA2	4.63	9.44	8.60	4.32	2.70	9.63	39.32
	有古贤、东庄	HA3	4.65	9.52	8.66	7.82	2.71	9.69	43.05
		HA4	4.65	6.89	6.24	6.58	1.93	6.85	33.14
		HA5	4.65	9.53	8.67	7.82	2.72	9.70	43.09
恢复 30 年	有古贤、东庄	HB1	4.65	9.52	8.67	7.82	2.71	9.69	43.06
		HB2	4.65	6.89	6.24	6.58	1.93	6.86	33.15
		HB3	4.65	9.53	8.67	7.82	2.72	9.70	43.09

4）上大场次洪水（1933 年）综合效益

汇总得到三种库容情况下不同下游河道工程边界条件下各方案的综合效益，如图 8-16 所示。

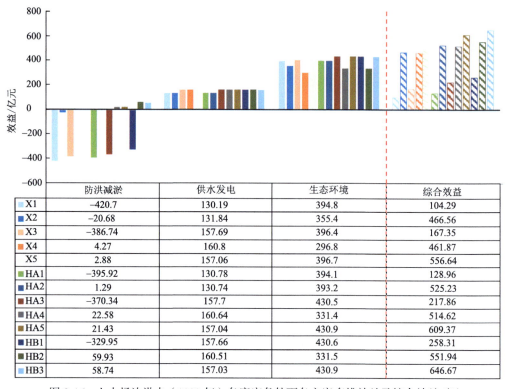

	防洪减淤	供水发电	生态环境	综合效益
X1	−420.7	130.19	394.8	104.29
X2	−20.68	131.84	355.4	466.56
X3	−386.74	157.69	396.4	167.35
X4	4.27	160.8	296.8	461.87
X5	2.88	157.06	396.7	556.64
HA1	−395.92	130.78	394.1	128.96
HA2	1.29	130.74	393.2	525.23
HA3	−370.34	157.7	430.5	217.86
HA4	22.58	160.64	331.4	514.62
HA5	21.43	157.04	430.9	609.37
HB1	−329.95	157.66	430.6	258.31
HB2	59.93	160.51	331.5	551.94
HB3	58.74	157.03	430.9	646.67

图 8-16　上大场次洪水（1933 年）各库容条件下各方案多维效益及综合效益对比

5）下大场次洪水（1958 年、1982 年）综合效益

下大场次洪水（1958 年、1982 年）的防洪减淤、供水发电、生态环境效益的计算过程与上大场次洪水（1933 年）相同，其综合效益计算结果分别见图 8-17 和图 8-18。

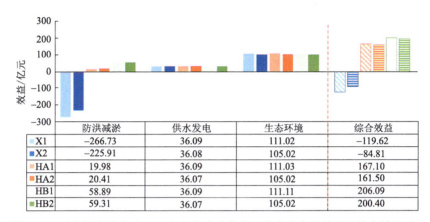

	防洪减淤	供水发电	生态环境	综合效益
X1	−266.73	36.09	111.02	−119.62
X2	−225.91	36.08	105.02	−84.81
HA1	19.98	36.09	111.03	167.10
HA2	20.41	36.07	105.02	161.50
HB1	58.89	36.09	111.11	206.09
HB2	59.31	36.07	105.02	200.40

图 8-17　下大场次洪水（1958 年）各库容条件下各方案多维效益及综合效益对比

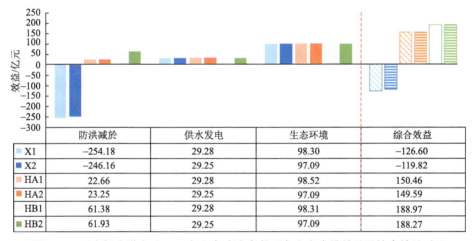

	防洪减淤	供水发电	生态环境	综合效益
X1	−254.18	29.28	98.30	−126.60
X2	−246.16	29.25	97.09	−119.82
HA1	22.66	29.28	98.52	150.46
HA2	23.25	29.25	97.09	149.59
HB1	61.38	29.28	98.31	188.97
HB2	61.93	29.25	97.09	188.27

图 8-18　下大场次洪水（1982 年）各库容条件下各方案多维效益及综合效益对比

2. 中上游水沙情景调度方案计算

中上游水沙情景包括四种：上游宁蒙以上来水来沙为主、十大孔兑来沙为主、北干流来沙为主、十大孔兑+北干流同时来沙。工程组合主要包括万家寨、古贤、三门峡与小浪底水库，其中，结合目前规划在建的古贤水库，分别以万家寨、三门峡与小浪底水库现状库容、库容恢复 10 年、库容恢复 30 年为条件，设置不同的联合调度方式。四种来水来沙情景场次洪水调度方案见表 8-21。分别计算不同来水来沙情景各调度方案多维效益及综合效益，结果见图 8-19～图 8-22。

表 8-21　四种来水来沙情景下场次洪水调度方案

来水来沙情景	方案	
	编号	设置
上游宁蒙以上来水来沙为主	S1	现状库容+无古贤
	S2	库容恢复 10 年+无古贤
	S3	库容恢复 30 年+无古贤
十大孔兑来沙为主	K1	现状库容+无古贤
	K2	库容恢复 10 年+无古贤
	K3	库容恢复 30 年+无古贤
	K4	现状库容+有古贤
	K5	库容恢复 10 年+有古贤
	K6	库容恢复 30 年+有古贤
北干流来沙为主	B1	现状库容+无古贤
	B2	库容恢复 10 年+无古贤
	B3	库容恢复 30 年+无古贤
	B4	现状库容+有古贤
	B5	库容恢复 10 年+有古贤
	B6	库容恢复 30 年+有古贤
十大孔兑+北干流同时来沙	KB1	现状库容+无古贤
	KB2	库容恢复 10 年+无古贤
	KB3	库容恢复 30 年+无古贤
	KB4	现状库容+有古贤
	KB5	库容恢复 10 年+有古贤
	KB6	库容恢复 30 年+有古贤

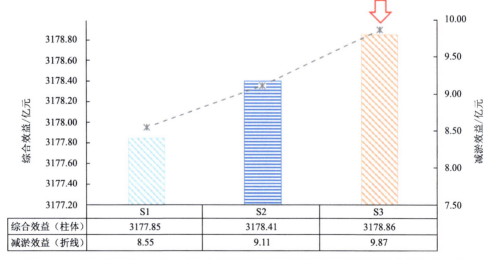

	S1	S2	S3
综合效益（柱体）	3177.85	3178.41	3178.86
减淤效益（折线）	8.55	9.11	9.87

图 8-19　上游宁蒙以上来水来沙为主情景下不同调度方案减淤效益及综合效益对比图

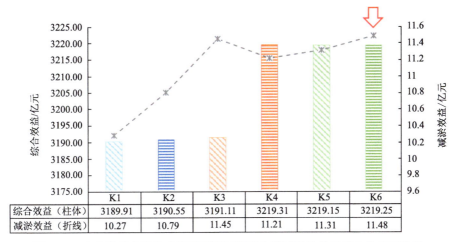

	K1	K2	K3	K4	K5	K6
综合效益（柱体）	3189.91	3190.55	3191.11	3219.31	3219.15	3219.25
减淤效益（折线）	10.27	10.79	11.45	11.21	11.31	11.48

图 8-20　十大孔兑来沙为主情景下不同调度方案减淤效益及综合效益对比图

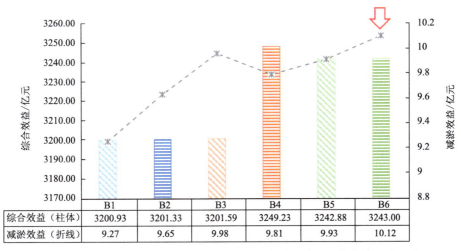

	B1	B2	B3	B4	B5	B6
综合效益（柱体）	3200.93	3201.33	3201.59	3249.23	3242.88	3243.00
减淤效益（折线）	9.27	9.65	9.98	9.81	9.93	10.12

图 8-21　北干流来沙为主情景下不同调度方案减淤效益及综合效益对比图

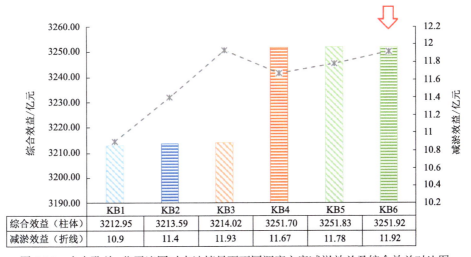

	KB1	KB2	KB3	KB4	KB5	KB6
综合效益（柱体）	3212.95	3213.59	3214.02	3251.70	3251.83	3251.92
减淤效益（折线）	10.9	11.4	11.93	11.67	11.78	11.92

图 8-22　十大孔兑+北干流同时来沙情景下不同调度方案减淤效益及综合效益对比图

3. 场次洪水泥沙动态调控综合效益对比分析

1）上大、下大场次洪水对比分析

联合分析上大、下大三场洪水综合效益，如图 8-23、图 8-24 所示。上大场次洪水（1933年）的最优方案为 HB3，即"库容恢复 30 年+考虑古贤、东庄+控导工程连线保滩运用"；下大场次洪水（1958 年、1982 年）最优方案为 HB1 与 HB2，表明实施"库容恢复 30年"措施对综合效益有显著提高。现对 HB1 与 HB2 方案展开分析，多维效益结构如图8-24 所示，虽然 HB1 方案综合效益优于 HB2 方案，但原因在于其生态环境效益较大，而在汛期场次洪水期间，流量较大，均能满足基本生态环境需求，故在此基础上，按照安全性优先的原则，以减淤效益为主要考虑目标来筛选方案，减淤效益包括三门峡水库冲淤、三门峡与小浪底水库泥沙资源利用、河道冲淤三方面，下大 1958 年与 1982 洪水的 HB2 方案的减淤效益都优于 HB1 方案，故选取 HB2，即"库容恢复 30 年+控导工程连线保滩运用（8000m³/s 标准）"为最优方案。

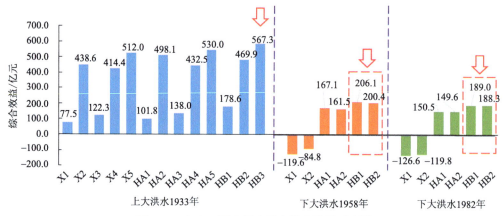

图 8-23 上大、下大场次洪水综合效益对比图

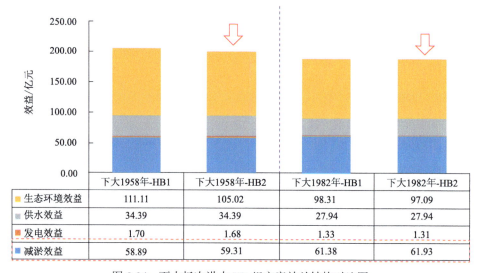

	下大1958年-HB1	下大1958年-HB2	下大1982年-HB1	下大1982年-HB2
生态环境效益	111.11	105.02	98.31	97.09
供水效益	34.39	34.39	27.94	27.94
发电效益	1.70	1.68	1.33	1.31
减淤效益	58.89	59.31	61.38	61.93

图 8-24 下大场次洪水 HB 组方案效益结构对比图

2）中上游水沙多情景调控方案对比分析

上游宁蒙以上来水来沙为主、十大孔兑来沙为主、北干流来沙为主、十大孔兑+北干流同时来沙四种来水来沙情景下，对万家寨、古贤、三门峡、小浪底水库进行联合调控，除中上游水沙情景设置 3 种调度方案外，其余水沙情景均设置 6 种调度方案。方案变动对防洪、发电、供水、生态环境效益的影响不大，主要对减淤效益产生较大影响。虽然减淤效益在综合效益中占比较小，但其波动对综合效益变化影响显著。因此，着重对比分析十大孔兑来沙为主（方案 K1~K6）、北干流来沙为主（方案 B1~B6）、十大孔兑+北干流同时来沙（KB1~KB6）各方案的减淤效益结果。从总体上来说（图 8-25），三种水沙情景下，库容恢复 30 年后的方案要显著优于现状库容与库容恢复 10 年的方案，此外，考虑古贤水库投入应用三种方案优于不考虑古贤水库时的对应方案。因此，库容恢复 30 年+有古贤方案（K6、B6、KB6）的减淤效益均接近于最大，故该方案为最优推荐方案。

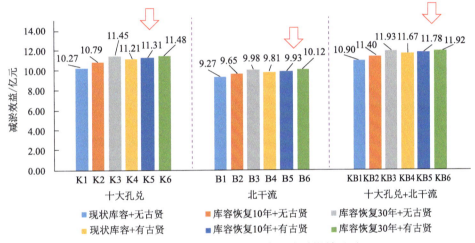

图 8-25 三种来水来沙情景下各方案减淤效益对比

在水库冲淤与河道冲淤方面，水库冲淤由于各类水沙情景各设置方案均达到万家寨、古贤、小浪底水库的拦沙库容，而三门峡水库由于前期淤积严重，汛期大洪水能够有效冲沙，因此仅考虑三门峡水库的冲淤效益。由图 8-26 可知，古贤水库投入应用后，

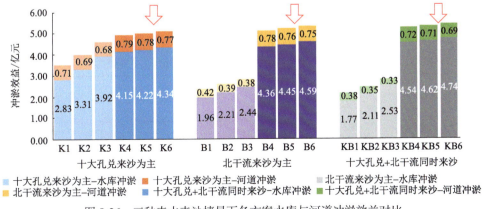

图 8-26 三种来水来沙情景下各方案水库与河道冲淤效益对比

能够有效减少三门峡水库的入库沙量与进入下游河道的泥沙量，从而增加三门峡水库的冲沙量与下游河道冲淤量，充分发挥水库水沙调蓄功能，恢复三门峡水库库容，且保证下游河道安全。对比各类水沙情景下设置的方案组，水库冲淤与河道冲淤方面的最优方案均为 K6、B6、KB6。因此，综合考虑水库冲淤、水库泥沙资源化利用、河道冲淤三方面，方案 6"库容恢复 30 年+有古贤"方案为最优方案。

4. 泥沙动态调控下场次洪水调度效益增益分析

对比分析上大、下大场次洪水以及中上游、十大孔兑来沙为主、北干流来沙为主、十大孔兑+北干流同时来沙四种水沙情景下优化方案与现状方案的综合效益，如表 8-22 与表 8-23 所示。对于上大和下大场次洪水情景，上大 1933 年、下大 1958 年和下大 1982 年泥沙动态调控优化方案的减淤量均明显大于现状方案，优化方案增幅为 7.24%～106.61%（现状方案增幅为 2.26%～101.53%）。

优化方案的综合效益均也大于现状方案，且增幅较大，为 248.72%～631.57%。对于上游宁蒙以上来水来沙为主、十大孔兑来沙为主、北干流来沙为主、十大孔兑+北干流同时来沙四种水沙情景，泥沙动态调控优化方案的减淤量均明显大于现状方案，优化方案增幅为 22.35%～145.79%（现状方案增幅为 25.33%～152.56%）；优化方案的综合效益均也大于现状方案，但增幅相对较小，不超过 2%。

表 8-22　上大和下大场次洪水现状方案与优化方案的效益对比

方案		综合效益/亿元	增幅/%	减淤效益/亿元	增幅/%
上大 1933 年	现状 X1	77.54	631.57	−28.08	101.53
	优化 HB3	567.26		0.43	（106.61）
下大 1958 年	现状 X1	−119.62	272.29	0.50	32.00
	优化 HB1	206.09		0.66	（21.54）
下大 1982 年	现状 X1	−126.59	248.72	3.54	2.26
	优化 HB1	188.27		3.62	（7.24）

注：最后一列括号内为减淤量的增幅。

表 8-23　中上游水沙情景现状方案与优化方案的效益对比

方案		综合效益/亿元	增幅/%	减淤效益/亿元	增幅/%
上游宁蒙以上来水来沙为主	现状 S1	3177.86	0.03	3.75	25.33（22.35）
	优化 S3	3178.87		4.70	
十大孔兑来沙为主	现状 K1	3189.91	0.92	3.53	44.76（40.74）
	优化 K6	3219.25		5.11	
北干流来沙为主	现状 B1	3200.93	1.31	2.38	124.37
	优化 B6	3243.00		5.34	（120.63）

续表

方案		综合效益/亿元	增幅/%	减淤效益/亿元	增幅/%
十大孔兑+大北干流同时来沙	现状 KB1	3212.95	1.21	2.15	152.56 （145.79）
	优化 KB6	3251.92		5.43	

注：最后一列括号内为减淤量的增幅。

第9章 结 论

本书紧扣国家战略重大需求，引入系统学理论和方法，以理论研究、模型试验、数值模拟、地理信息技术等手段为支撑，围绕黄河干支流骨干枢纽群泥沙动态调控序贯决策理论、水库高效输沙机理及泥沙资源利用与动态调控互馈效应、下游河道河流系统对泥沙动态调控的多过程综合响应机理、黄河干支流骨干枢纽群多维功能协同的泥沙动态调控模式与技术、黄河干支流骨干枢纽群泥沙动态调控模拟仿真与智慧决策、黄河干支流骨干枢纽群泥沙动态调控潜力与应用示范等技术难题开展系统研究，构建黄河干支流骨干枢纽群泥沙动态调控理论技术体系。主要成果及结论如下：

（1）提出黄河干支流骨干枢纽群泥沙动态调控序贯决策理论。

本书调研和分析了黄河干支流 11 座骨干枢纽（含在/待建水库）水库泥沙淤积的时空演变特征与调控能力，揭示了泥沙灾害在库区-河道-河口的累积效应与致灾机理，确定了库区-河道-河口泥沙灾害多元响应关系及其阈值，预测了泥沙灾害的发展趋势；基于系统理论与方法，建立了东庄-渭河下游、万家寨（古贤）-北干流、干流龙羊峡-刘家峡-万家寨-三门峡-小浪底-黄河下游河道、全流域干支流骨干枢纽群-下游河道-河口系统不同时空尺度多维协同的泥沙动态调控目标函数；揭示了不同时空尺度黄河流域水库群防洪、发电、供水、排沙效益和下游河道减淤等多维目标的动态协同-博弈关系，构建了全河泥沙动态调控合作博弈模型，提出了合作条件下各博弈方水沙效益重分配方法，形成了黄河干支流骨干枢纽群多维协同的泥沙动态调控序贯决策理论。模型计算结果表明，全河大联盟合作模式最优，效益增量高达 2.1580 亿元，且随着来水来沙的增多，其优势不断增大。

（2）揭示多沙河流水库高效输沙的水-沙-床互馈动力学机理。

本书分析了模型试验与原型观测中跌坎的形成与演化过程，对比分析了有无跌坎情形下水库溯源冲刷过程水沙运动控制方程，确定了跌坎形成条件和演化机制。针对跌坎水流流态急缓流交替的特点，建立了水库溯源冲刷过程水沙数值模型，开展了多种情景下的数值模拟，根据模拟结果阐明了溯源冲刷的发展趋势和极限状态；基于长程异重流稳定传播过程的原型观测，探明了清水与异重流交界面处紊流掺混层的紊动特征、异重流与河床交界面处的泥沙起动特性与阻力关系，建立了水-沙-床耦合动力学控制方程，揭示了库区异重流长距离稳定运移的动力学机制和临界条件；构建了描述细颗粒淤积物重力驱动流动及溯源冲刷中滩面失稳滑塌过程的三维水沙动力学耦合模型，揭示了不同类型水库不同淤积形态对泥沙动态调控的响应机理。

（3）阐明黄河下游河流-河口生态系统对泥沙动态调控的多过程响应机理。

本书基于大量跟踪监测、室内试验和理论研究，揭示了河势控导工程不同布局形式与水沙过程调控的互馈效应；辨识了黄河下游河流关键生境因子时空分布特征，阐明了关键生源要素的生物地球化学过程对水沙动态调控的响应机理，定量预测了黄河枢纽群水沙动态调控影响下环境因子及典型生物群落适宜生境分布格局与时空演变趋势；厘清了泥沙动态调控对下游滩区土地利用方式的影响机制，揭示了泥沙动态调控与滩区土地利用格局变化的区域空间制约关系；明晰了下游河流系统防洪减淤措施-生源物质传输-生物演替-社会经济发展多过程耦合关系，揭示了下游河流系统防洪减淤-生态环境-社会经济耦合作用机制，构建了水沙-水质-水生态-社会经济多过程耦合网络模型系统，预测了不同水沙动态调控情景下下游河道行洪输沙、生态环境及社会经济系统的演变趋势。

（4）提出黄河干支流骨干枢纽群泥沙动态调控指标体系及阈值。

统筹考虑变化的水沙过程、动态调整的边界约束条件、枢纽群组合方式，按照行洪输沙、社会经济和生态环境三种功能，构建了黄河干支流骨干枢纽群多层次多组合的泥沙动态调控指标网络架构与指标体系；基于黄河不同调控目标（水量调控和泥沙调控）、边界条件（不同水沙条件、防洪标准和平滩流量）、泥沙资源利用、生态环境、社会经济等约束条件，提出了实现水库库容维持、下游防洪减淤、社会经济健康发展、生态环境良性维持的黄河干支流单-多库泥沙动态调控理论模式，确定了宁蒙河段、小北干流河段和黄河下游不同水库运行阶段、不同水沙条件、不同调控组合的泥沙调控指标阈值。

（5）研发水动力-强人工措施相结合的黄河干支流骨干枢纽群泥沙动态调控技术。

本书提出了基于中短期径流泥沙预报的水库动态汛限水位控制技术、干支流水库群高效排沙的时空叠加技术、干支流水库群泥沙动态调控蓄泄对接技术等基于水动力的泥沙动态调控技术；研发了以射流冲沙、气动扰沙为主的汛前调水调沙下泄清水期泥沙负载技术与装备，剖析了干支流骨干枢纽群泥沙时空分布规律，揭示了水库泥沙资源利用与泥沙动态调控的互馈机制；以实现水库有效库容长久维持和多维功能协同发挥为目标，确定了以泥沙处理与资源利用为主的强人工措施与水流动力相结合的最优调控时机，研发了基于水库泥沙资源利用的水动力-强人工措施有机结合的泥沙动态调控技术。

（6）构建集"过程模拟-效益评价-方案优选"于一体的黄河干支流骨干枢纽群泥沙动态调控智慧决策平台。

本书在研发泥沙动态调控多模型多尺度自适应耦合技术的基础上，集成骨干水库兴利调度、水库冲淤和河道输沙等模型，应用计算机仿真技术、标准化接口设计方法、空间地理信息可视化技术，建立了泥沙动态调控模拟仿真系统，开展了 3 亿 t、6 亿 t、8 亿 t 三个长系列年类型，丰水多沙、枯水多沙、枯水少沙、丰水少沙四种典型年类型，以及上游宁蒙以上来水来沙为主、十大孔兑来沙为主、北干流来沙为主、孔兑与北干流同时来沙、上大洪水、下大洪水六个场次洪水类型泥沙调控方案计算；基于能值理论集成了泥沙动态调控方案多维效益评估模型，全面评估了中长期泥沙动态调控和场次洪水泥沙动态调控各方案的综合效益。结果表明，不同水沙情景下泥沙动态调控优化方案的库区及河道减淤量均明显大于现状方案，增幅为 7.24%～686.84%（均超过 5%），且综合效益也都大于现状方案。

（7）开展黄河干支流骨干枢纽群泥沙动态调控应用示范。

本书根据水沙变化形势并兼顾水资源综合利用，开展了基于泥沙动态调控的桃汛洪水冲刷降低潼关站高程应用示范，2020 年洪水前后潼关站高程降低 0.02m，2021 年洪水前后潼关站高程降低 0.03m；应用气动冲沙技术，在浐水河口拦门沙附近开展了调水调沙清水下泄期泥沙负载技术应用示范，30min 排气后浅滩、深槽和河口附近干流的含沙量分别增加 181kg/m³、198kg/m³、144kg/m³，水深分别增加 2.3m、5.2m、0.4m；基于黄河干支流骨干枢纽群泥沙动态调控方案研究，提炼出枢纽群泥沙动态调控的补偿原则和蓄泄秩序，编制了黄河干支流单库及枢纽群泥沙动态调控与技术规程，在万家寨、小浪底等水库开展了泥沙调控示范应用，万家寨水库 2018～2020 年累计总库容恢复 1.446 亿 m³，小浪底水库累计冲刷 5.10 亿 t，下游河道累计冲刷 850 万 m³。

参 考 文 献

曹文洪, 陈东. 1998. 阿斯旺大坝的泥沙效应及启示[J]. 泥沙研究, (4): 79-85.

曹志先. 2012. 异重流耦合积分模式与演化机理研究[R]. 武汉大学.

常温花, 王平, 侯素珍, 等. 2012. 黄河宁蒙河段冲淤演变特点及趋势分析[J]. 水资源与水工程学报, (4): 145-147.

陈广才. 2011. 长江干支流水库群综合调度的多利益主体协调框架探讨[J]. 长江科学院院报, 28(12): 64-67.

陈建国, 周文浩, 陈强. 2012. 小浪底水库运用十年黄河下游河道的再造床[J]. 水利学报, 43(2): 127-135.

陈力, 段唯鑫. 2014. 三峡蓄水后库区洪水波传播规律初步分析[J]. 水文, 34(1): 30-34.

崔保山, 杨志峰. 2006. 湿地学[M]. 北京: 北京师范大学出版社.

邓聚龙. 2002. 灰预测与灰决策[M]. 武汉: 华中科技大学出版社.

窦国仁, 董风舞, Dou X B. 1995. 潮流和波浪的挟沙能力[J]. 科学通报, (5): 443-446.

杜殿勋, 戴明英. 1981. 三门峡水库修建前后渭河下游河道泥沙问题的研究[J]. 泥沙研究, (3): 1-18.

范家骅. 2011. 异重流与泥沙工程实验与设计[M]. 北京: 中国水利水电出版社.

费祥俊, 傅旭东, 张仁. 2009. 黄河下游河道排沙比、淤积率与输沙特性研究[J]. 人民黄河, 31(11): 11, 132.

官厅水库水文实验站. 1958. 官厅水库泥沙测验工作[J]. 泥沙研究, (2): 42-50.

韩其为. 2003. 水库淤积[M]. 北京: 科学出版社.

韩其为. 2008. 论黄河调水调沙[J]. 天津大学学报, 41(9): 1015-1026.

韩其为, 陈绪坚, 薛晓春. 2010. 不平衡输沙含沙量垂线分布研究[J]. 水科学进展, 21(4): 512-523.

韩其为, 何明民. 1997. 论非均匀悬移质二维不平衡输沙方程及其边界条件[J]. 水利学报, (1): 1-10.

贺强, 崔保山, 赵欣胜, 等. 2009. 黄河河口盐沼植被分布, 多样性与土壤化学因子的相关关系[J]. 生态学报, 29(2): 676-687.

侯素珍, 常温花, 王平, 等. 2010. 黄河内蒙古河段河床演变特征分析[J]. 泥沙研究, (3): 44-50.

胡春宏. 2016a. 黄河水沙变化与治理方略研究[J]. 水力发电学报, 35(10): 1-11.

胡春宏. 2016b. 我国多沙河流水库"蓄清排浑"运用方式的发展与实践[J]. 水利学报, 47(3): 283-291.

胡春宏, 曹文洪. 2003. 黄河口水沙变异与调控 I——黄河口水沙运动与演变基本规律[J]. 泥沙研究, (5): 1-8.

胡春宏, 陈建国, 郭庆超. 2008. 三门峡水库淤积与潼关高程[M]. 北京: 科学出版社.

胡春宏, 张双虎, 张晓明. 2022. 新形势下黄河水沙调控策略研究[J]. 中国工程科学, 24(1): 122-130.

胡一三, 曹常胜. 1997. 黄河下游"96·8"洪水及河势工情[J]. 人民黄河, (5): 1-8, 61.

胡一三, 江恩惠, 曹长胜, 等. 2020. 黄河河道整治[M]. 北京: 科学出版社.

胡一三, 张红武. 1998. 黄河下游游荡性河段河道整治[M]. 郑州: 黄河水利出版社.

黄强, 畅建霞. 2007. 水资源系统多维临界调控的理论与方法[M]. 北京: 中国水利水电出版社.

江恩惠. 2008. 河道治理工程及其效用[M]. 郑州: 黄河水利出版社.

江恩慧. 2019. 黄河流域系统与黄河流域的系统治理[J]. 人民黄河, 410(10): 167.

江恩惠, 李军华, 曹永涛, 等. 2008. 长期中小流量下河道整治工程迎送流关系研究[J]. 泥沙研究, (5): 38-42.

江恩惠, 李军华, 刘社教. 2005. 立用寿命周期模式思考三门峡水库的运用问题[J]. 人民黄河, 27(10): 4-5,11.

江恩慧, 曹永涛, 董其华, 等. 2015. 黄河泥沙资源利用的长远效应[J]. 人民黄河, 37(2): 1-5.

江恩慧, 宋万增, 曹永涛, 等. 2021. 黄河泥沙资源利用关键技术与应用[J]. 中国科技成果, (7): 72-74.

江恩慧, 王远见, 李军华, 等. 2019. 黄河水库群泥沙动态调控关键技术研究与展望[J]. 人民黄河, 41(5): 32-37.

江恩慧, 王远见, 田世民, 等. 2020. 流域系统科学初探[J]. 水利学报, 51(9): 1026-1037.

姜乃森, 傅玲燕. 1997. 中国的水库泥沙淤积问题[J]. 湖泊科学, 9(1): 1-8.

李国英. 2004. 基于空间尺度的黄河调水调沙[J]. 人民黄河, 26(2): 1-5.

李国英. 2006. 基于水库群联合调度和人工扰动的黄河调水调沙[J]. 水利学报, 37(12): 1439-1446.

李国英. 2012. 黄河调水调沙关键技术[J]. 前沿科学, 21(6): 17-21.

李会安. 2000. 黄河干流水电站水库群水量实施调度及风险研[D]. 西安: 西安理工大学.

李景宗. 2006. 黄河小浪底水利枢纽规划设计丛书: 工程规划[M]. 北京: 中国水利水电出版社.

李军华, 江恩慧, 董其华, 等. 2018. 黄河下游均衡输沙与游荡性河道整治[M]. 郑州: 黄河水利出版社.

李强, 王义民, 白涛. 2014. 黄河水沙调控研究综述[J]. 西北农林科技大学学报: 自然科学版, (12): 227-234.

李涛, 张俊华, 夏军强, 等. 2016. 小浪底水库溯源冲刷效率评估试验[J]. 水科学进展, 27(5): 716-725.

连煜, 王新功, 黄翀, 等. 2008. 基于生态水文学的黄河口湿地生态需水评价[J]. 地理学报, 63(5): 451-461.

梁冰, 秦冰, 孙维吉, 等. 2013. 智能加权灰靶决策模型在煤与瓦斯突出危险评价中的应用[J]. 煤炭学报, 38(9): 1611-1615.

刘茜. 2015. 跌坎冲刷的一维数值计算的研究[D]. 北京: 北京交通大学.

刘勇, Jeffrey F, 刘思峰, 等. 2013. 基于前景理论的多目标灰靶决策方法[J]. 控制与决策, 28(3): 345-350.

庞家珍, 姜明星. 2003. 黄河河口演变(Ⅱ): 1855 年以来黄河三角洲流路变迁及海岸线变化及其他[J]. 海洋湖沼通报, 4: 2-14.

齐梅兰, 邹艳荣. 2017. 河床溯源冲刷影响下的桥墩冲刷[J]. 水利学报, 48(7): 791-798.

钱宁, 张仁, 赵业安, 等. 1978. 从黄河下游的河床演变规律来看河道治理中的调水调沙问题[J]. 地理学报, 33(1): 13-24.

乔西现. 2019. 黄河水量统一调度回顾与展望[J]. 人民黄河, 41(9): 1-5.

曲武. 2020. 灰色系统理论在水文地质实践中的应用探讨[J]. 长江技术经济, (S01): 3.

水利部黄河水利委员会. 2013. 黄河流域综合规划: 2012-2030 年[M]. 郑州: 黄河水利出版社.

宋劼, 易雨君, 周扬, 等. 2020. 小浪底水库下游浮游生物及细菌群落对水沙调控的响应规律[J]. 水利学报, 51(9): 1121-1130.

苏晓慧, 张晓华, 田世民. 2013. 黄河上游宁蒙河段水沙变化特征分析[J]. 人民黄河, (2): 13-15.

隋大鹏, 张应语, 张玉忠. 2011. 前景理论及其价值函数与权重函数研究述评[J]. 商业时代, (31): 73-75.

谈广鸣, 邰国明, 王远见, 等. 2018. 基于水库-河道耦合关系的水库水沙联合调度模型研究与应用[J]. 水利水电快报, 39(8): 795-802.

谈国良, 万军. 2002. 美国田纳西河的流域管理[J]. 中国水利, (10): 157-159.

田世民, 邓从响, 谢宝丰, 等. 2013. 龙刘水库联合运用对宁蒙河道冲淤的影响[J]. 水利水电科技进展, 33(3): 59-63.

涂启华, 杨赉斐. 2006. 泥沙设计手册[C]. 北京: 中国水利水电出版社.

王光谦, 周建军, 杨本均. 2000. 二维泥沙异重流运动的数学模型[J]. 应用基础与工程科学学报, 8(1): 52-60.

王开荣, 茹玉英, 陈孝田, 等. 2007. 黄河河口三角洲岸线动态平衡问题的探讨[J]. 泥沙研究, (6): 66-70.

王士强. 1996. 小浪底水库调水调沙减少黄河下游河道淤积的研究[J]. 人民黄河, 18(7): 10-14.

王婷, 马迎平, 张俊华, 等. 2014. 小浪底水库降水冲刷效果影响因素试验研究[J]. 人民黄河, 36(8): 4-6.

王煜, 彭少明, 武见, 等. 2019. 黄河"八七"分水方案实施30a回顾与展望[J]. 人民黄河, 41(9): 6-13.

王远见, 江恩慧, 吴国英, 等. 2018. 泥沙资源利用的综合效益评价方法研究[R]. 成都: 第七届水库大坝新技术推广研讨会论文集.

王远见, 江恩慧, 张翎, 等. 2020. 黄河流域全河水沙调控的可行性与模式探索[J]. 人民黄河, 42(9):6.

王增辉, 夏军强, 李涛, 等. 2015. 水库异重流一维水沙耦合模型[J]. 水科学进展, 26(1): 74-82.

王正新, 党耀国, 杨虎. 2010. 改进的多目标灰靶决策方法[J]. 系统工程与电子技术, 31(11): 2634-2636.

王忠静, 石羽佳, 张腾. 2021. TRMM 遥感降水低估还是高估中国大陆地区的降水?[J]. 地球科学进展, 36(6): 604-615.

王忠静, 郑航. 2019. 黄河"八七"分水方案过程点滴及现实意义[J]. 人民黄河, 41(10): 109-112.

魏向阳, 杨会颖, 赵咸榕, 等. 2021. 黄河"一高一低"水库调度实践与思考[J]. 中国水利, (9): 4.

吴保生. 2008a. 冲积河流河床演变的滞后响应模型-Ⅰ模型建立[J]. 泥沙研究, (6): 1-7.

吴保生. 2008b. 冲积河流河床演变的滞后响应模型-Ⅱ模型应用[J]. 泥沙研究, (6): 30-37.

吴保生, 夏军强, 张原锋. 2007. 黄河下游平滩流量对来水来沙变化的响应[J]. 水利学报, 38(7): 886-892.

吴冰, 张筱慧. 2011. 模糊数与多指标灰靶决策理论相结合的小区负荷预测方法[J]. 电力系统保护与控制, 39(11): 124-128.

许炯心. 2002. 黄河下游洪水的泥沙输移特征[J]. 水科学进展, 13(5): 562-568.

许炯心. 2012. 黄河河流地貌过程[M]. 北京: 科学出版社.

姚文艺, 侯素珍, 丁赟. 2017. 龙羊峡, 刘家峡水库运用对黄河上游水沙关系的调控机制[J]. 水科学进展, 28(1): 1-13.

余欣, 张原锋, 于守兵, 等. 2018. 黄河口演变与流路稳定综合治理研究[J]. 人民黄河, 40(3): 1-6.

岳瑜素, 王宏伟, 江恩慧, 等. 2020. 滩区自然-经济-社会协同的可持续发展模式[J]. 水利学报, 51(9): 1131-1137, 1148.

张红艺, 杨明, 张俊华, 等. 2001. 高含沙水库泥沙运动数学模型的研究及应用[J]. 水利学报, 32(11): 20-26.

张俊华, 江春波, 王国栋, 等. 2001. 黄河水库泥沙模型相似律的初步研究[J]. 水力发电学报, 20(3): 52-58.

张俊华, 马怀宝, 夏军强, 等.2018.小浪底水库异重流高效输沙理论与调控[J]. 水利学报, 49(1): 62-71.

张俊华, 张红武, 李远发, 等. 1997.水库泥沙模型异重流运动相似条件的研究[J]. 应用基础与工程科学学报, 5(3): 309-316.

张俊华, 张红武, 王严平, 等. 1999. 多沙水库准二维泥沙数学模型[J]. 水动力学研究与进展: A 辑, (1): 45-50.

张启舜, 张振秋. 1982. 水库冲淤形态及其过程的计算[J]. 泥沙研究, (01): 1-13.

张庆宁. 1993. 世界大河流域的开发与治理[M]. 北京: 地质出版社.

张仁. 2005. 对黄河水沙调控体系建设的几点看法[J]. 人民黄河, 27(9): 3-4.

张晓华, 郑艳爽, 尚红霞. 2008. 宁蒙河道冲淤规律及输沙特性研究[J]. 人民黄河, 30(11): 42-44.

章光新. 2008. 湿地生态需水研究进展[J]. 生态学杂志, 27(12): 2228-2234.

赵纯厚, 朱振宏, 周端庄. 2000. 世界江河与大坝[M]. 北京: 中国水利水电出版社.

赵炜. 2009. 王化云在黄河治理方略上的探索与实践[J]. 中国水利, 15(4): 4-6.

中国水利学会泥沙专业委员会. 1992. 泥沙手册[J]. 北京: 中国环境科学出版社.

朱鹏程. 1987. 防洪未尝治黄治黄首宜治沙[J]. 科技导报, 5(8702): 22-25.

Azpiroz-Zabala M, Cartigny M J, Talling P J, et al. 2017.Newly recognized turbidity current structure can explain prolonged flushing of submarine canyons[J]. Science Advances, 3(10): e1700200.

Carriaga C C, Mays L W. 1995. Optimization modeling for sedimentation in alluvial rivers[J]. Journal of Water Resources Planning and Management, 121(3): 251-259.

De Cesare G, Boillat J L, Schleiss A J. 2006. Circulation in stratified lakes due to flood-induced turbidity currents[J]. Journal of Environmental Engineering, 132(11): 1508-1517.

Determan R T, White J D, Mckenna Iii L W. 2021. Quantile regression illuminates the successes and shortcomings of long-term eutrophication remediation efforts in an urban river system[J]. Water Research, 202: 117434.

Garcia M H. 1993. Hydraulic jumps insediment-drivenbottomcurrents[J]. Journal of Hydraulic Engineering, 119(10): 1094-1117.

Gately D. 1974. Sharing the gains from regional cooperation: A game theoretic application to planning investment in electric power[J]. International Economic Review, 15(1): 195-208.

Hein T, Hauer C, Schmid M, et al. 2021.The coupled socio-ecohydrological evolution of river systems: Towards an integrative perspective of river systems in the 21st century[J]. Science of the Total Environment, 801: 149619.

Hou C, Yi Y, Song J, et al. 2021. Effect of water-sediment regulation operation on sediment grain size and nutrient content in the lower Yellow River[J]. Journal of Cleaner Production, 279: 123533.

Hu P, Cao Z, Pender G, et al. 2012. Numerical modelling of turbidity currents in the Xiaolangdi reservoir, Yellow River, China[J]. Journal of Hydrology, 464: 41-53.

Khan N M, Tingsanchali T. 2009. Optimization and simulation of reservoir operation with sediment evacuation: A case study of the Tarbela Dam, Pakistan[J]. Hydrological Processes, 23: 730-747.

Li R, Chen Q, Tonina D, et al. 2015. Effects of upstream reservoir regulation on the hydrological regime and fish habitats of the Lijiang River, China-ScienceDirect[J]. Ecological Engineering, 76: 75-83.

Ma H, Nittrouer J A, Wu B, et al. 2020. Universal relation with regime transition for sediment transport in fine-grained rivers[J]. Proceedings of the National Academy of Sciences, 117(1): 171-176.

Nash J. 1953. Two-person cooperative games[J]. Econometrica: Journal of the Econometric Society, 21(1): 128-140.

Nicklow J W, Mays L W. 2000. Optimization of multiple reservoir networks for sedimentation control[J]. Journal of Hydraulic Engineering, 126(4): 232-242.

Parker G. 1982. Conditions for the ignition of catastrophically erosive turbidity currents[J]. Marine Geology, 46(3/4): 307-327.

Parker G, Fukushima Y, Pantin H M. 1986. Self-accelerating turbidity currents[J]. Journal of Fluid Mechanics, 171: 145-181.

Rijn L C V. 1986. Mathematical modeling of suspended sediment in nonuniform flows[J]. Journal of Hydraulic Engineering, 112(6): 433-455.

Sequeiros O E, Naruse H, Endo N, et al. 2009. Experimental study on self‐accelerating turbidity currents[J]. Journal of Geophysical Research: Oceans, 114(C5): C05025.

Shapley L S. 1997. A value for n-person games[J]. Contributions to the Theory of Games, 2(28): 307-317.

Song J, Hou C, Liu Q, et al. 2020. Spatial and temporal variations in the plankton community because of water and sediment regulation in the lower reaches of Yellow River[J]. Journal of Cleaner Production, 261: 120972.

Tversky A, Kahneman D. 1992. Advances in prospect theory: cumulative representation of uncertainty[J]. Journal of Risk and Uncertainty, 5(4): 297-323.

Van-Rijin L C. 1986. Sedimentation of dredged channels by currents and waves[J]. Journal of Waterway Port, Coastaland Ocean, Engineering, 112(5): 541-559.

Wang S, Fu B, Piao S, et al. 2015. Reduced sediment transport in the Yellow River due to anthropogenic changes[J]. Nature Geoscience, 9(1): 1-5.

Yi Y J, Wang Z Y, Yang Z F. 2010. Impact of the Gezhouba and Three Gorges Dams on habitat suitability of carps in the Yangtze River[J]. Journal of Hydrology, 387(3/4): 283-291.

Yi Y, Cheng X, Wieprech S, et al. 2014. Comparison of habitat suitability models using different habitat suitability evaluation methods[J]. Ecological Engineering, 71: 335-345.